이 책의 효과적인 학습 안내

'뽐/초등수학4·5·6' 학년별 활용법

"초등수학의 필수 개념을 단기간에 정리하고 싶은 학생"

중학교에 입학하면 처음으로 보는 시험이 반편성 배치고사입니다.
뽐 초등수학 4·5·6은 초등수학 전 과정 필수 개념을 영역별로 담고 있는 문제집으로 중학수학 선행 전 초등수학을 정리하고 싶은 학생이나 반편성 배치고사를 대비하는 예비중학생이 활용하기 좋습니다.

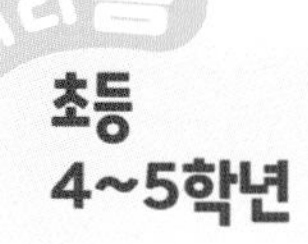

초등 4~5학년

초등수학 전 과정을 정리하고, 중학수학으로 입문하고 싶은 학생

최상위권으로 가기 위해서는 수학적인 충분한 성취를 만들어 냄으로써 아이들의 공부 체질을 바꿔 주어야 합니다.
뽐 초등수학 4·5·6은 영역별(수와 연산, 도형과 측정, 규칙성, 자료와 가능성)로 4학년부터 6학년까지 학년을 구분하여 계통에 맞게 현행학습과 선행학습을 순차적으로 연결하여 공부할 수 있습니다. 이와 더불어 각 개념의 다양한 유형의 문제를 반복적으로 학습함으로써 초등수학 전 과정을 확실하게 익힐 수 있습니다.

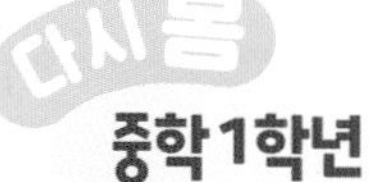

중학 1학년

중학수학과 연결되는 초등수학의 핵심 개념만을 정리하고 싶은 학생

초등에서 중등으로 넘어오면서 난도가 갑자기 높아짐에 따라 수포자가 늘어나고 있습니다.
뽐 초등수학 4·5·6은 중학수학과 연결된 핵심 개념을 단기간에 볼 수 있는 문제집으로 기본기가 부족한 중학생을 위해 중학수학과 연결된 필수 개념 100개로 초등의 기본기를 탄탄하게 다지고 중학수학으로 연결하여 학습할 수 있도록 도와 줄 것입니다.

빅터 초등수학4·5·6

25일 완성! 학습 계획표

일차	공부할 내용		학년	쪽수	공부한 날
01	I 수와 연산	01 분수의 덧셈과 뺄셈	4학년 2학기	008~013	월 일
02		02 소수의 덧셈과 뺄셈	4학년 2학기	014~021	월 일
03		03 자연수의 혼합 계산	5학년 1학기	022~027	월 일
04		04 약수와 배수	5학년 1학기	028~037	월 일
05		05 약분과 통분	5학년 1학기	038~043	월 일
06		06 분수의 덧셈과 뺄셈	5학년 1학기	044~053	월 일
07		07 분수의 곱셈	5학년 2학기	054~059	월 일
08		08 소수의 곱셈	5학년 2학기	060~069	월 일
09		09 분수의 나눗셈(1) 10 소수의 나눗셈(1)	6학년 1학기	070~079	월 일
10		11 분수의 나눗셈(2) 12 소수의 나눗셈(2)	6학년 2학기	080~093	월 일
11	II 도형과 측정	13 각도	4학년 1학기	096~101	월 일
12		14 평면도형의 이동	4학년 1학기	102~109	월 일
13		15 삼각형 16 사각형 17 다각형	4학년 2학기	110~125	월 일
14		18 다각형의 넓이	5학년 1학기	126~131	월 일
15		19 합동과 대칭	5학년 2학기	132~137	월 일
16		20 직육면체	5학년 2학기	138~147	월 일
17		21 각기둥과 각뿔 22 직육면체의 부피와 겉넓이	6학년 1학기	148~153	월 일
18		23 원의 넓이 24 원기둥, 원뿔, 구	6학년 2학기	154~163	월 일
19	III 규칙성, 자료와 가능성	25 막대그래프 26 꺾은선그래프	4학년 1학기 4학년 2학기	166~173	월 일
20		27 규칙과 대응 28 평균과 가능성	5학년 1학기 5학년 2학기	174~181	월 일
21		29 비와 비율	6학년 1학기	182~187	월 일
22		30 여러 가지 그래프	6학년 1학기	188~197	월 일
23		31 비례식과 비례배분	6학년 2학기	198~207	월 일
24	반편성 배치고사 1회		6학년	208~211	월 일
25	반편성 배치고사 2회		6학년	212~215	월 일

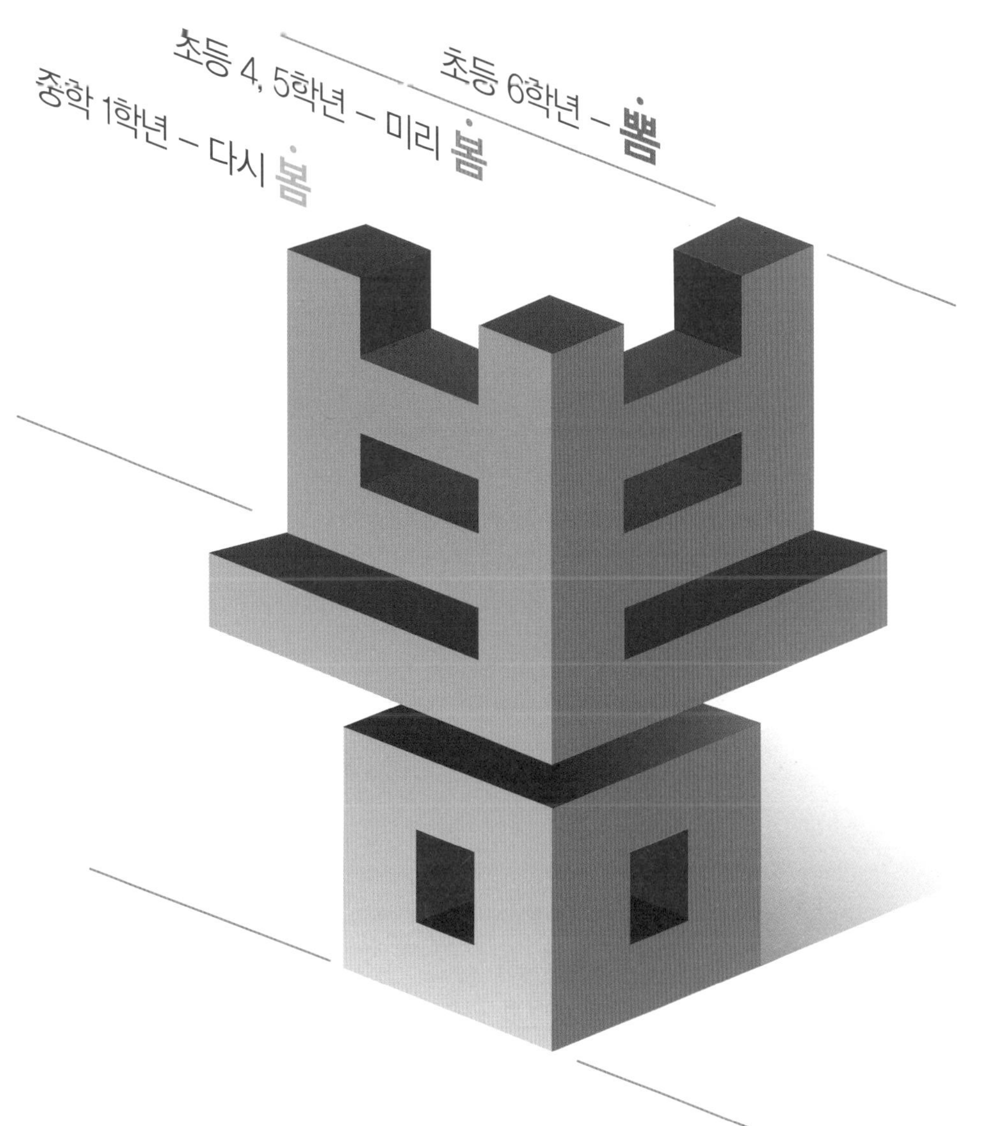

뽐 초등수학4·5·6

개념 총정리

GUIDE 구성과 특징

중학수학과 연결된 100개의 필수 개념을 완벽 이해할 수 있는 '뽐 초등수학4·5·6'

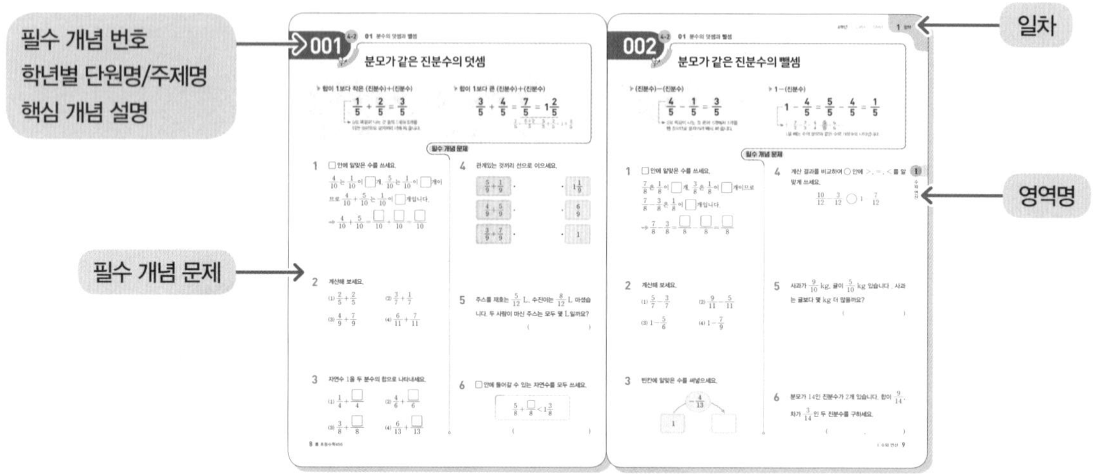

필수 개념 100 > 중학수학과 연계된 초등수학 필수 개념 100개로 핵심 개념을 완벽히 이해하자!

CASE별 실전 개념 응용 문제로 반복적으로 실력을 키울 수 있는 '뽐 초등수학4·5·6'

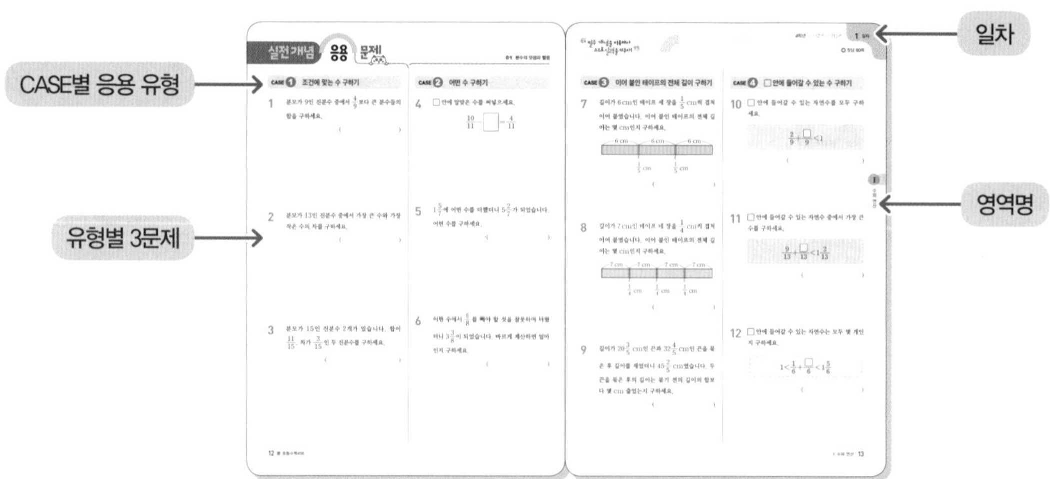

실전개념 응용 문제 > 필수 개념을 적용해서 다양한 유형의 문제를 반복해서 스스로 실력을 키우자!

학년별 총정리 테스트로 정리하고, 중학 개념을 미리 맛볼 수 있는 '뽐 초등수학4·5·6'

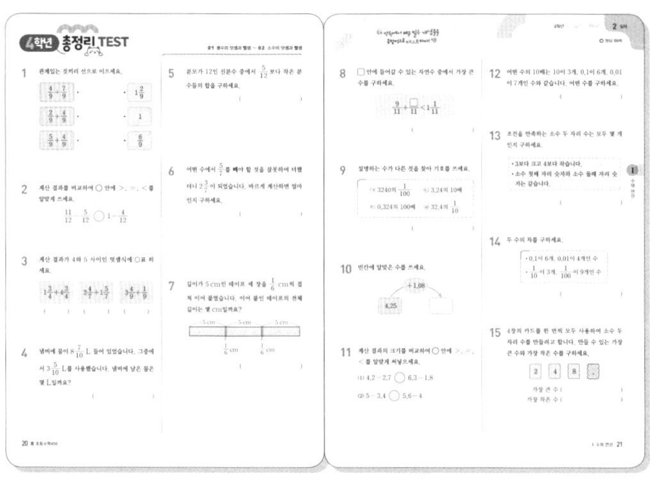

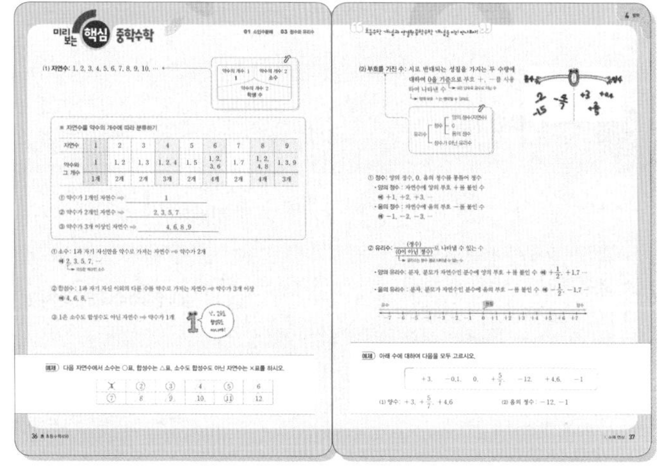

학년별 총정리 TEST > 학년별로 단원에서 배운 필수 개념들을 종합적으로 테스트하자!

미리 보는 핵심 중학수학 > 초등수학 개념과 연결된 중학수학 개념을 미리 만나 보자!

반편성 배치고사로 중학교 첫 시험을 준비할 수 있는 '뽐 초등수학4·5·6'

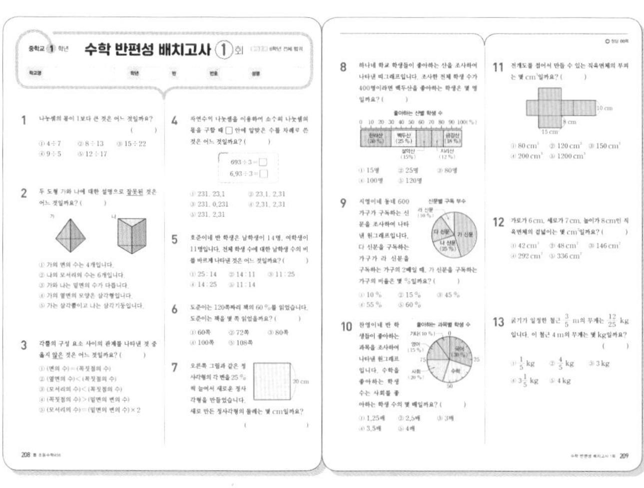

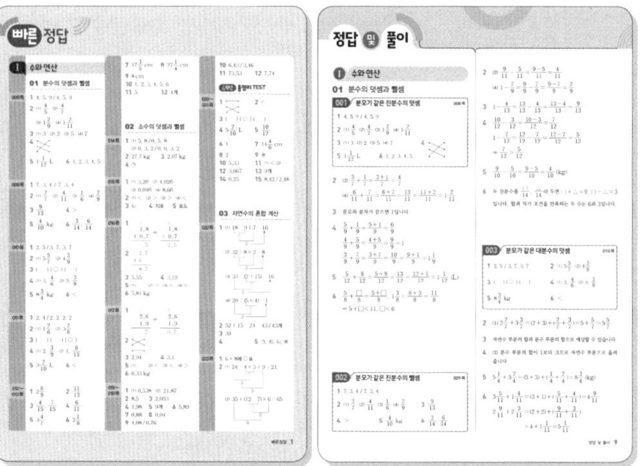

반편성 배치고사 > 중학교 첫 시험을 준비하자!

빠른 정답과 정답 및 풀이 > 채점을 편리하고 빠르게 하고, 혼자서도 쉽게 이해하자!

차례

한 권으로 미리 봄 다시 봄 개념 총정리
초등수학4·5·6 / 

Ⅰ 수와 연산

Ⅱ 도형과 측정

학습내용		4학년 1학기	4학년 2학기	5학년 1학기	5학년 2학기	6학년 1학기	6학년 2학기
045 직각보다 작은 각과 큰 각	13 각도	★					
046 각도의 합과 차		★					
047 삼각형의 세 각의 크기의 합		★					
048 사각형의 네 각의 크기의 합		★					
049 평면도형 밀기	14 평면도형의 이동	★					
050 평면도형 뒤집기		★					
051 평면도형 돌리기		★					
052 평면도형 뒤집고 돌리기		★					
053 이등변삼각형의 성질	15 삼각형		★				
054 정삼각형의 성질			★				
055 수직과 평행	16 사각형		★				
056 사다리꼴			★				
057 평행사변형			★				
058 마름모			★				
059 다각형	17 다각형		★				
060 대각선			★				
061 평행사변형의 넓이	18 다각형의 넓이			★			
062 삼각형의 넓이				★			
063 마름모의 넓이				★			
064 사다리꼴의 넓이				★			
065 도형의 합동	19 합동과 대칭				★		
066 합동인 도형의 성질					★		
067 선대칭도형과 성질					★		
068 점대칭도형과 성질					★		
069 사각형 6개로 둘러싸인 도형	20 직육면체				★		
070 직육면체의 성질					★		
071 직육면체의 겨냥도					★		
072 직육면체의 전개도					★		
073 각기둥	21 각기둥과 각뿔					★	
074 각뿔						★	
075 직육면체의 부피 구하기	22 직육면체의 부피와 겉넓이					★	
076 직육면체의 겉넓이 구하기						★	
077 원주와 지름 구하기	23 원의 넓이						★
078 원의 넓이 구하기							★
079 원기둥	24 원기둥, 원뿔, 구						★
080 원뿔, 구							★

Ⅲ 규칙성, 자료와 가능성

학습내용		4학년 1학기	4학년 2학기	5학년 1학기	5학년 2학기	6학년 1학기	6학년 2학기
081 막대그래프	25 막대그래프	★					
082 막대그래프로 나타내기		★					
083 꺾은선그래프	26 꺾은선그래프		★				
084 꺾은선그래프로 나타내기			★				
085 두 양 사이의 관계	27 규칙과 대응			★			
086 대응 관계를 식으로 나타내는 방법				★			
087 평균	28 평균과 가능성				★		
088 일이 일어날 가능성					★		
089 두 수를 비교하기	29 비와 비율					★	
090 비						★	
091 비율						★	
092 백분율						★	
093 그림그래프	30 여러 가지 그래프					★	
094 띠그래프						★	
095 원그래프						★	
096 여러 가지 그래프						★	
097 비의 성질	31 비례식과 비례배분						★
098 비례식							★
099 비례식의 성질							★
100 비례배분							★

Ⅰ 수와 연산

분모가 같은 진분수의 덧셈

▶ 합이 1보다 작은 (진분수)+(진분수)

$$\frac{1}{5} + \frac{2}{5} = \frac{3}{5}$$

→ 5로 똑같이 나눈 것 중의 1개와 2개를 더한 것이므로 분자끼리 더해 써 줍니다.

▶ 합이 1보다 큰 (진분수)+(진분수)

$$\frac{3}{5} + \frac{4}{5} = \frac{7}{5} = 1\frac{2}{5}$$

$\frac{7}{5}=\frac{5+2}{5}=\frac{5}{5}+\frac{2}{5}=1+\frac{2}{5}$

필수 개념 문제

1 □ 안에 알맞은 수를 쓰세요.

$\frac{4}{10}$는 $\frac{1}{10}$이 □개, $\frac{5}{10}$는 $\frac{1}{10}$이 □개이므로 $\frac{4}{10}+\frac{5}{10}$는 $\frac{1}{10}$이 □개입니다.

➡ $\frac{4}{10}+\frac{5}{10}=\frac{\square}{10}+\frac{\square}{10}=\frac{\square}{10}$

2 계산해 보세요.

(1) $\frac{2}{5}+\frac{2}{5}$ (2) $\frac{3}{7}+\frac{1}{7}$

(3) $\frac{4}{9}+\frac{7}{9}$ (4) $\frac{6}{11}+\frac{7}{11}$

3 자연수 1을 두 분수의 합으로 나타내세요.

(1) $\frac{1}{4}+\frac{\square}{4}$ (2) $\frac{4}{6}+\frac{\square}{6}$

(3) $\frac{3}{8}+\frac{\square}{8}$ (4) $\frac{6}{13}+\frac{\square}{13}$

4 관계있는 것끼리 선으로 이으세요.

$\frac{5}{9}+\frac{1}{9}$ •	• $1\frac{1}{9}$
$\frac{4}{9}+\frac{5}{9}$ •	• $\frac{6}{9}$
$\frac{3}{9}+\frac{7}{9}$ •	• 1

5 주스를 재호는 $\frac{5}{12}$ L, 수진이는 $\frac{8}{12}$ L 마셨습니다. 두 사람이 마신 주스는 모두 몇 L일까요?

( )

6 □ 안에 들어갈 수 있는 자연수를 모두 쓰세요.

$$\frac{5}{8}+\frac{\square}{8}<1\frac{3}{8}$$

( )

4-2 01 분수의 덧셈과 뺄셈

분모가 같은 진분수의 뺄셈

▸ (진분수)−(진분수)

$$\frac{4}{5}-\frac{1}{5}=\frac{3}{5}$$

→ 5로 똑같이 나눈 것 중의 4개에서 1개를 뺀 것이므로 분자끼리 빼서 써 줍니다.

▸ 1−(진분수)

$$1-\frac{4}{5}=\frac{5}{5}-\frac{4}{5}=\frac{1}{5}$$

→ $1=\frac{2}{2}=\frac{3}{3}=\frac{4}{4}=\frac{5}{5}=\frac{6}{6}=\cdots$

1을 빼는 수의 분모와 같은 수의 가분수로 나타냅니다.

필수 개념 문제

1 □ 안에 알맞은 수를 쓰세요.

$\frac{7}{8}$은 $\frac{1}{8}$이 □개, $\frac{3}{8}$은 $\frac{1}{8}$이 □개이므로

$\frac{7}{8}-\frac{3}{8}$은 $\frac{1}{8}$이 □개입니다.

→ $\frac{7}{8}-\frac{3}{8}=\frac{\square}{8}-\frac{\square}{8}=\frac{\square}{8}$

2 계산해 보세요.

(1) $\frac{5}{7}-\frac{3}{7}$ (2) $\frac{9}{11}-\frac{5}{11}$

(3) $1-\frac{5}{6}$ (4) $1-\frac{7}{9}$

3 빈칸에 알맞은 수를 써넣으세요.

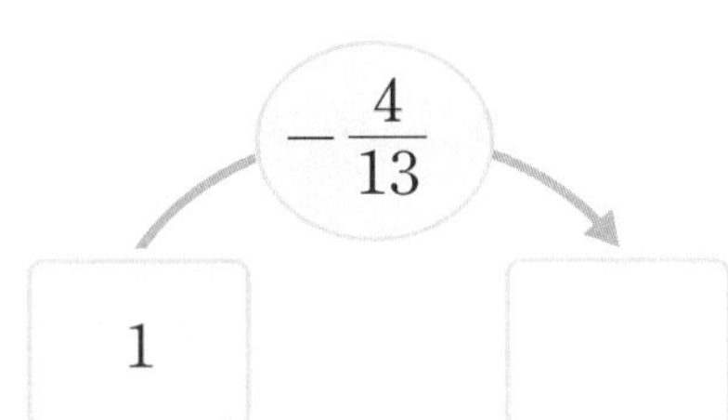

4 계산 결과를 비교하여 ○ 안에 >, =, <를 알맞게 쓰세요.

$$\frac{10}{12}-\frac{3}{12} \bigcirc 1-\frac{7}{12}$$

5 사과가 $\frac{9}{10}$ kg, 귤이 $\frac{5}{10}$ kg 있습니다. 사과는 귤보다 몇 kg 더 많을까요?

(   )

6 분모가 14인 두 진분수가 있습니다. 합이 $\frac{9}{14}$, 차가 $\frac{3}{14}$인 두 진분수를 구하세요.

(,   )

003 분모가 같은 대분수의 덧셈

▶ (대분수)+(대분수)

방법 1 자연수 부분과 분수 부분으로 나누어 계산하기

$$1\frac{4}{5}+2\frac{3}{5}=(\underbrace{1+2}_{3})+(\underbrace{\frac{4}{5}+\frac{3}{5}}_{\frac{7}{5}=\frac{5}{5}+\frac{2}{5}=1+\frac{2}{5}})=4\frac{2}{5}$$

방법 2 대분수를 모두 가분수로 고쳐서 계산하기

$$\underbrace{1\frac{4}{5}+2\frac{3}{5}=\frac{9}{5}+\frac{13}{5}}_{\text{대분수}\Rightarrow\text{가분수}}=\underbrace{\frac{22}{5}=4\frac{2}{5}}_{\text{가분수}\Rightarrow\text{대분수}}$$

필수 개념 문제

1 □ 안에 알맞은 수를 써넣으세요.

$$1\frac{2}{8}+2\frac{5}{8}=(1+2)+(\frac{\square}{8}+\frac{\square}{8})$$

$$=\square+\frac{\square}{8}=\square\frac{\square}{8}$$

2 계산해 보세요.

(1) $2\frac{2}{7}+3\frac{3}{7}$

(2) $1\frac{5}{9}+2\frac{7}{9}$

3 계산 결과가 4와 5 사이인 덧셈식에 ○표 하세요.

$1\frac{1}{5}+4\frac{2}{5}$	$2\frac{4}{8}+1\frac{5}{8}$	$3\frac{2}{6}+\frac{3}{6}$
(　　)	(　　)	(　　)

4 계산을 하세요.

(1)

	자연수	분수
	2	$\frac{3}{6}$
+	1	$\frac{1}{6}$

(2)

	자연수	분수
	5	$\frac{5}{8}$
+	3	$\frac{7}{8}$

5 고구마가 $5\frac{1}{4}$ kg, 감자가 $3\frac{2}{4}$ kg 있습니다. 고구마와 감자는 모두 몇 kg일까요?

(　　　　　　　)

6 계산 결과를 비교하여 ○ 안에 >, =, <를 알맞게 써넣으세요.

$$3\frac{5}{11}+1\frac{4}{11}\ \bigcirc\ 2\frac{9}{11}+2\frac{3}{11}$$

4-2 01 분수의 덧셈과 뺄셈

분모가 같은 대분수의 뺄셈

(대분수) (대분수)

방법 1 지연수 부분과 분수 부분으로 나누어 계산하기

$$3\frac{1}{5}-1\frac{3}{5}=2\frac{6}{5}-1\frac{3}{5}=(2-1)+(\frac{6}{5}-\frac{3}{5})=1\frac{3}{5}$$

분수 부분끼리 뺄 수 없을 때는 자연수에서 1만큼을 분수로 바꾸어 계산합니다.

$3\frac{1}{5}=1+2\frac{1}{5}=\frac{5}{5}+2\frac{1}{5}=2\frac{6}{5}$

방법 2 대분수를 모두 가분수로 고쳐서 계산하기

$$3\frac{1}{5}-1\frac{3}{5}=\frac{16}{5}-\frac{8}{5}=\frac{8}{5}=1\frac{3}{5}$$

대분수 ⇒ 가분수　　가분수 ⇒ 대분수

I 수와 연산

필수 개념 문제

1 □ 안에 알맞은 수를 써넣으세요.

$$4\frac{6}{7}-2\frac{4}{7}=(4-\square)+(\frac{6}{7}-\frac{\square}{7})$$
$$=\square+\frac{\square}{7}=\square\frac{\square}{7}$$

2 계산해 보세요.

(1) $2\frac{5}{6}-1\frac{3}{6}$　　(2) $5\frac{7}{8}-2\frac{5}{8}$

3 계산 결과가 1과 2 사이인 뺄셈식에 ○표 하세요.

$3\frac{3}{5}-1\frac{1}{5}$ (　　)　　$4\frac{7}{8}-1\frac{5}{8}$ (　　)　　$6\frac{6}{10}-5\frac{3}{10}$ (　　)

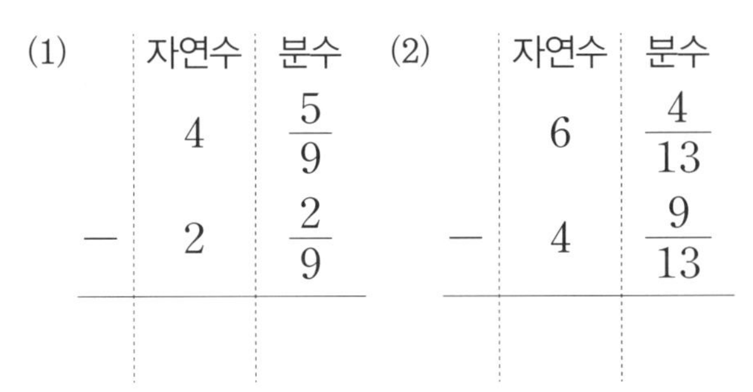

4 계산을 하세요.

(1)

	자연수	분수
	4	$\frac{5}{9}$
−	2	$\frac{2}{9}$

(2)

	자연수	분수
	6	$\frac{4}{13}$
−	4	$\frac{9}{13}$

5 욕조에 물이 $5\frac{7}{10}$ L 들어 있었습니다. 그중에서 $2\frac{5}{10}$ L를 사용했습니다. 욕조에 남은 물은 몇 L일까요?

(　　　　　　　　)

6 계산 결과를 비교하여 ○ 안에 >, =, <를 알맞게 써넣으세요.

$$4\frac{2}{8}-1\frac{6}{8} \bigcirc 5\frac{3}{8}-2\frac{5}{8}$$

CASE 1 조건에 맞는 수 구하기

1 분모가 9인 진분수 중에서 $\frac{4}{9}$보다 큰 분수들의 합을 구하세요.

( )

2 분모가 13인 진분수 중에서 가장 큰 수와 가장 작은 수의 차를 구하세요.

( )

3 분모가 15인 두 진분수가 있습니다. 합이 $\frac{11}{15}$, 차가 $\frac{3}{15}$인 두 진분수를 구하세요.

( )

CASE 2 어떤 수 구하기

4 □ 안에 알맞은 수를 써넣으세요.

$$\frac{10}{11}-\square=\frac{4}{11}$$

5 $1\frac{5}{7}$에 어떤 수를 더했더니 $5\frac{2}{7}$가 되었습니다. 어떤 수를 구하세요.

( )

6 어떤 수에서 $\frac{5}{8}$를 빼야 할 것을 잘못하여 더했더니 $3\frac{3}{8}$이 되었습니다. 바르게 계산하면 얼마인지 구하세요.

( )

CASE 3 이어 붙인 테이프의 전체 길이 구하기

7 길이가 6 cm인 테이프 세 장을 $\frac{1}{5}$ cm씩 겹쳐 이어 붙였습니다. 이어 붙인 테이프의 전체 길이는 몇 cm인지 구하세요.

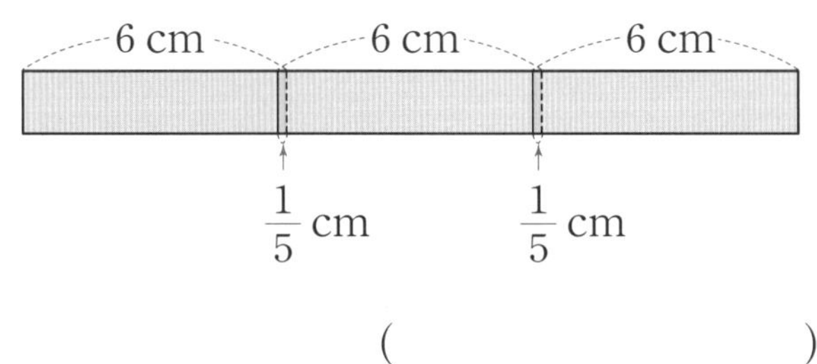

( )

8 길이가 7 cm인 테이프 네 장을 $\frac{1}{4}$ cm씩 겹쳐 이어 붙였습니다. 이어 붙인 테이프의 전체 길이는 몇 cm인지 구하세요.

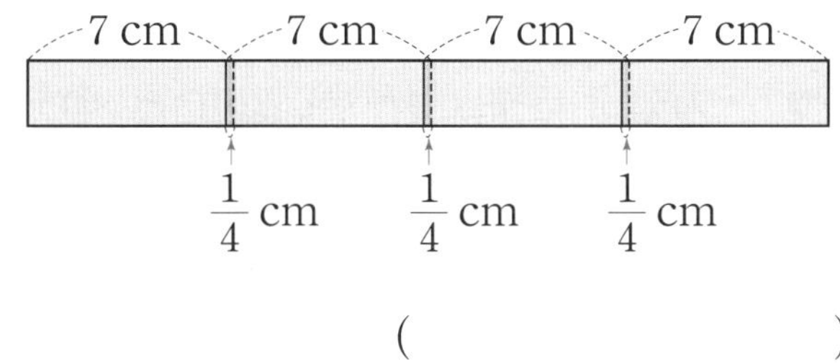

( )

9 길이가 $20\frac{3}{5}$ cm인 끈과 $32\frac{4}{5}$ cm인 끈을 묶은 후 길이를 재었더니 $45\frac{2}{5}$ cm였습니다. 두 끈을 묶은 후의 길이는 묶기 전의 길이의 합보다 몇 cm 줄었는지 구하세요.

( )

CASE 4 □ 안에 들어갈 수 있는 수 구하기

10 □ 안에 들어갈 수 있는 자연수를 모두 구하세요.

$$\frac{2}{9}+\frac{\square}{9}<1$$

( )

11 □ 안에 들어갈 수 있는 자연수 중에서 가장 큰 수를 구하세요.

$$\frac{9}{13}+\frac{\square}{13}<1\frac{2}{13}$$

( )

12 □ 안에 들어갈 수 있는 자연수는 모두 몇 개인지 구하세요.

$$1<\frac{1}{6}+\frac{\square}{6}<1\frac{5}{6}$$

( )

소수 사이의 관계

소수 사이의 관계

일의 자리		소수 첫째 자리	소수 둘째 자리	소수 셋째 자리
8	.	3		
0	.	8	3	
0	.	0	8	3

10배 / $\frac{1}{10}$

소수점 왼쪽의 빈자리에 0을 채웁니다.

- 10배 하면 소수점을 기준으로 수가 왼쪽으로 한 자리씩 이동합니다.
- $\frac{1}{10}$을 하면 소수점을 기준으로 수가 오른쪽으로 한 자리씩 이동합니다.

단위 사이의 관계

길이	1 mm = 0.1 cm, 1 cm = 0.01 m, 1 m = 0.001 km
무게	1 g = 0.001 kg
들이	1 mL = 0.001 L

필수 개념 문제

1 빈칸에 알맞은 수를 쓰세요.

(1)

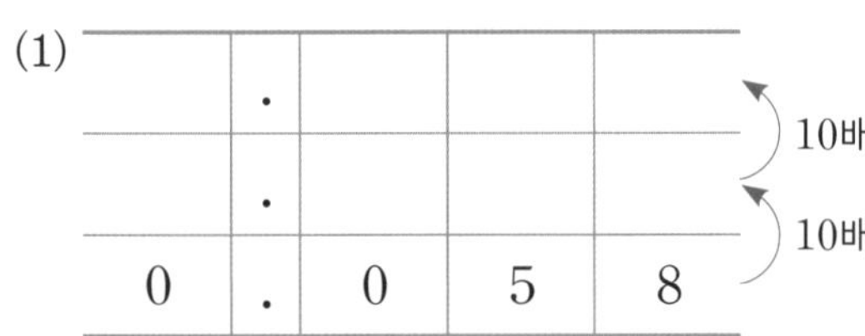

(2)

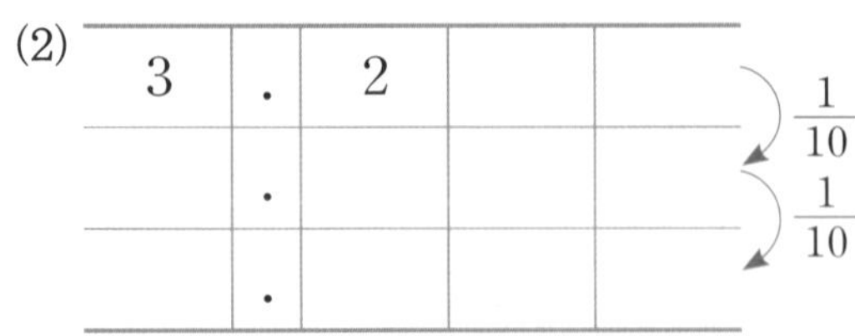

2 귤 1개의 무게는 0.277 kg입니다. 귤 100개의 무게는 몇 kg일까요?

( )

3 상자의 무게는 20.7 kg입니다. 상자 무게의 $\frac{1}{10}$은 몇 kg일까요?

( )

4 설명하는 수가 다른 것을 찾아 기호를 쓰세요.

㉠ 25.3의 $\frac{1}{10}$　㉡ 2.53의 10배

㉢ 0.253의 100배　㉣ 253의 $\frac{1}{10}$

( )

02 소수의 덧셈과 뺄셈

소수의 크기 비교

여러 가지 소수의 크기 비교

자연수 부분 비교하기	소수 첫째 자리 숫자 비교하기	소수 둘째 자리 숫자 비교하기	소수 셋째 자리 숫자 비교하기
0.42 4.2	4.2 4.64	4.64 4.673	4.673 4.679
0.42 < 4.2	4.2 < 4.64	4.64 < 4.673	4.673 < 4.679

소수에서 생략할 수 있는 숫자 0

0.4와 0.40은 같은 수입니다. 필요한 경우 소수의 오른쪽 끝자리에 0을 붙여서 나타낼 수 있습니다.

0.4 = 0.40

필수 개념 문제

1 소수에서 생략할 수 있는 0을 찾아 보기 와 같이 나타내세요.

보기

7.0̸=7　　　0.390̸=0.39

(1) 3.20　　　(2) 4.020

(3) 0.040　　　(4) 8.60

2 ○ 안에 >, =, <를 알맞게 써넣으세요.

(1) 0.582 ○ 5.82

(2) 3.16 ○ 3.13

(3) 0.219 ○ 0.214

(4) 4.306 ○ 4.601

3 가장 작은 수를 찾아 기호를 쓰세요.

㉠ 2.109　　㉡ 2.009　　㉢ 2.09

(　　　　　　　)

4 지호는 1.548 km, 태희는 1.495 km를 걸었습니다. 더 많이 걸은 사람은 누구일까요?

(　　　　　　　)

5 사과, 바나나, 포도의 무게를 재어 보니 다음과 같았습니다. 가장 무거운 과일은 어느 것일까요?

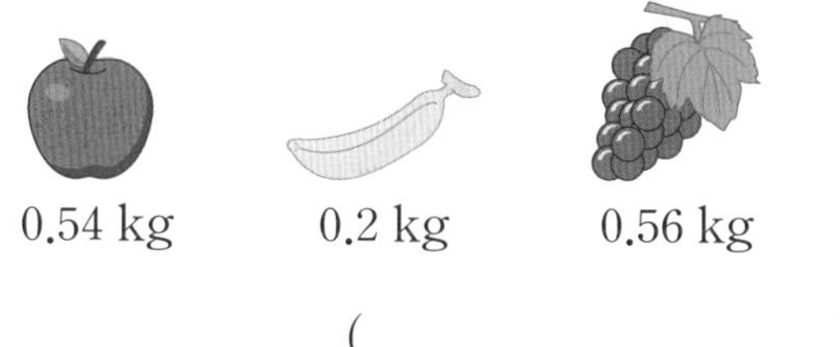

(　　　　　　　)

소수의 덧셈

1.27+2.45

자연수의 덧셈과 같은 방법으로 계산하고, 소수점을 잊지 않고 찍습니다.

	일의 자리		소수 첫째 자리	소수 둘째 자리
	1	.	2	7
+	2	.	4	5

자리를 맞추어 씁니다.

	일의 자리		소수 첫째 자리	소수 둘째 자리
	1	.	1 2	7
+	2	.	4	5
	3		7	2

자연수와 같은 방법으로 계산합니다.

	일의 자리		소수 첫째 자리	소수 둘째 자리
	1	.	2	7
+	2	.	4	5
	3	.	7	2

소수점을 맞추어 찍습니다.

필수 개념 문제

1 □ 안에 알맞은 수를 쓰세요.

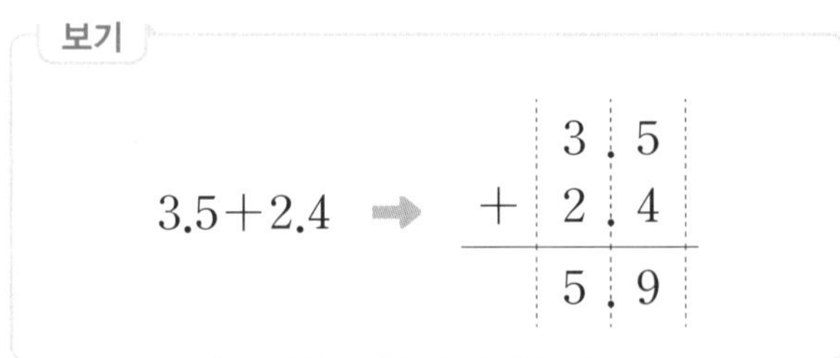

2 보기 와 같이 소수점의 자리를 맞추어 세로셈으로 나타내고 계산하세요.

보기

3.5+2.4 → 3.5 + 2.4 = 5.9

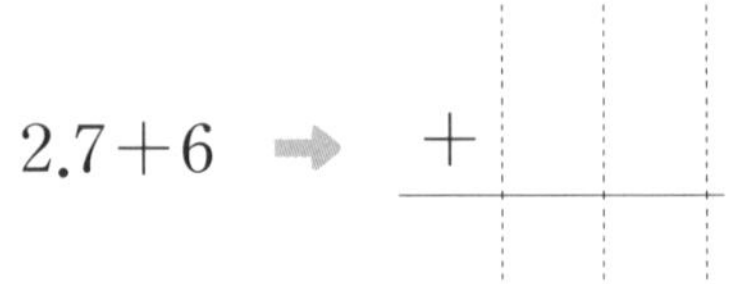

3 빈칸에 알맞은 수를 쓰세요.

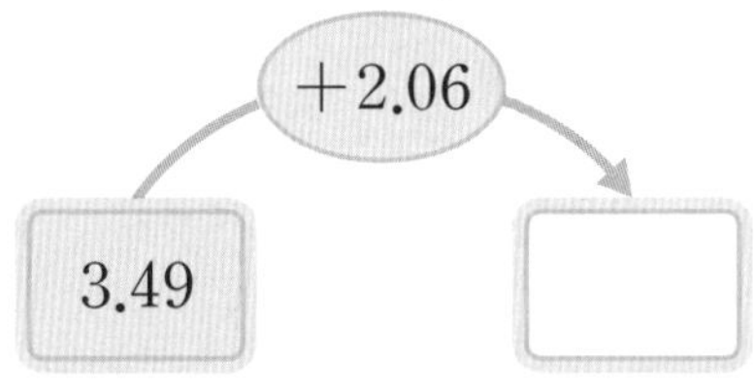

4 설명하는 수가 얼마인지 구하세요.

0.37보다 2.82 큰 수

( )

5 계산 결과의 크기를 비교하여 ○ 안에 >, =, <를 알맞게 써넣으세요.

(1) 1.8+2.4 ○ 2.1+2.1

(2) 3.4+2 ○ 2.1+3

(3) 4.02+1.56 ○ 2.36+3.24

(4) 1.98+3 ○ 3.42+2

6 미주의 책가방 무게는 2.55 kg이고, 중원이의 책가방 무게는 3.26 kg입니다. 미주와 중원이의 책가방 무게를 더하면 모두 몇 kg일까요?

( )

4-2 02 소수의 덧셈과 뺄셈

소수의 뺄셈

5−1.64 → 5=5.00과 같습니다. 소수점 오른쪽 끝자리의 0은 생략 가능합니다.

자연수의 뺄셈과 같은 방법으로 계산하고 소수점을 잊지 않고 찍습니다.

	일의 자리		소수 첫째 자리	소수 둘째 자리
	5	.	0	0
−	1	.	5	4

자리를 맞추어 씁니다.

	일의 자리		소수 첫째 자리	소수 둘째 자리
	4 ~~5~~	.	9 ~~0~~	10 0
−	1	.	5	4
	3		4	6

자연수와 같은 방법으로 계산합니다.

	일의 자리		소수 첫째 자리	소수 둘째 자리
	5	.	0	0
−	1	.	5	4
	3	.	4	6

소수점을 맞추어 찍습니다.

필수 개념 문제

1 □ 안에 알맞은 수를 쓰세요.

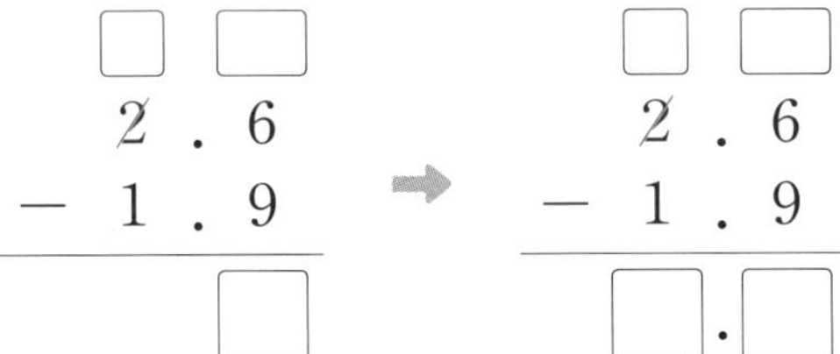

2 계산 결과가 같은 것끼리 이어 보세요.

2−1.5 •	• 1.2−0.8
0.7−0.3 •	• 4.2−3.7
3.2−2.5 •	• 0.9−0.2

3 빈칸에 알맞은 수를 쓰세요.

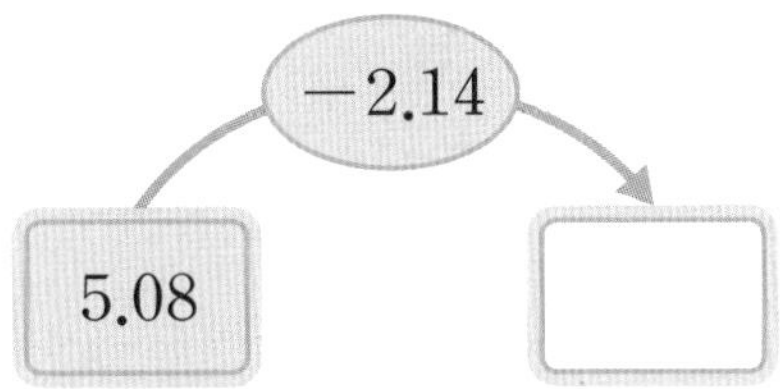

4 가장 큰 수와 가장 작은 수의 차를 구하세요.

3.1 0.9 1.7 4

( )

5 계산 결과의 크기를 비교하여 ◯ 안에 >, =, <를 알맞게 써넣으세요.

(1) 3.1−1.3 ◯ 4.5−2.7

(2) 4−2.7 ◯ 6.3−3

(3) 5.39−2.36 ◯ 4.87−1.08

(4) 6−2.08 ◯ 7−3.92

6 감자가 들어 있는 바구니의 무게는 4.25 kg입니다. 감자의 무게가 3.92 kg일 때 빈 바구니는 몇 kg일까요?

( )

CASE 1 어떤 수 구하기

1 □ 안에 알맞은 수를 쓰세요.

(1) $\square \times 100 = 53.8$

(2) $\square \times \frac{1}{10} = 2.187$

2 어떤 수의 $\frac{1}{100}$은 0.085입니다. 어떤 수를 구하세요.

(   )

3 어떤 수의 10배는 10이 2개, 0.1이 9개, 0.01이 3개인 수와 같습니다. 어떤 수를 구하세요.

(   )

CASE 2 조건을 만족하는 소수 구하기

4 조건을 만족하는 소수 두 자리 수를 구하세요.

- 1보다 크고 2보다 작습니다.
- 소수 첫째 자리 숫자는 9입니다.
- 소수 둘째 자리 숫자는 8입니다.

(   )

5 조건을 만족하는 소수 두 자리 수는 모두 몇 개인지 구하세요.

- 2보다 크고 3보다 작습니다.
- 소수 첫째 자리 숫자와 소수 둘째 자리 숫자는 같습니다.

(   )

6 조건을 만족하는 소수 두 자리 수를 구하세요.

- 5보다 크고 6보다 작습니다.
- 소수 첫째 자리 숫자는 8입니다.
- 소수 둘째 자리 숫자는 홀수입니다.
- 소수 첫째 자리 숫자는 소수 둘째 자리 숫자보다 작습니다.

(   )

CASE 3 조건에 맞는 두 수의 합과 차 구하기

7 두 수의 합을 구하세요.

• 0.1이 3개, 0.01이 6개인 수
• $\frac{1}{10}$이 5개, $\frac{1}{100}$이 2개인 수

( )

8 두 수의 차를 구하세요.

• 0.1이 6개, 0.01이 9개인 수
• $\frac{1}{10}$이 7개, $\frac{1}{100}$이 3개인 수

( )

9 두 수의 합과 차를 구하세요.

• 0.1이 23개, 0.01이 12개인 수
• $\frac{1}{10}$이 15개, $\frac{1}{100}$이 16개인 수

합 ( )
차 ( )

CASE 4 카드로 조건에 맞는 소수 만들기

10 4장의 카드를 한 번씩 모두 사용하여 소수 두 자리 수를 만들려고 합니다. 만들 수 있는 가장 큰 수와 가장 작은 수를 구하세요.

3 4 6 .

가장 큰 수 ( )
가장 작은 수 ( )

11 4장의 카드를 한 번씩 모두 사용하여 만들 수 있는 가장 큰 소수 한 자리 수와 가장 작은 소수 두 자리 수의 차를 구하세요.

1 5 7 .

( )

12 4장의 카드를 한 번씩 모두 사용하여 소수 두 자리 수를 만들려고 합니다. 만들 수 있는 가장 큰 수와 가장 작은 수의 차를 구하세요. (단, 소수의 오른쪽 끝자리에는 0이 오지 않습니다.)

2 8 0 .

( )

1 관계있는 것끼리 선으로 이으세요.

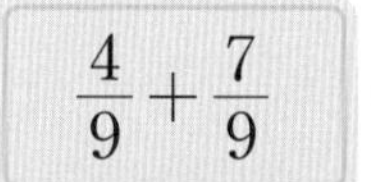

$\frac{4}{9}+\frac{7}{9}$ •	• $1\frac{2}{9}$
$\frac{2}{9}+\frac{4}{9}$ •	• 1
$\frac{5}{9}+\frac{4}{9}$ •	• $\frac{6}{9}$

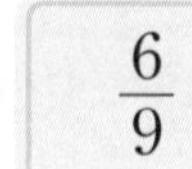

2 계산 결과를 비교하여 ◯ 안에 >, =, <를 알맞게 쓰세요.

$$\frac{11}{12}-\frac{5}{12} \bigcirc 1-\frac{4}{12}$$

3 계산 결과가 4와 5 사이인 덧셈식에 ○표 하세요.

$1\frac{3}{4}+4\frac{3}{4}$	$2\frac{4}{7}+1\frac{5}{7}$	$3\frac{4}{9}+\frac{1}{9}$
(　　)	(　　)	(　　)

4 냄비에 물이 $8\frac{7}{10}$ L 들어 있었습니다. 그중에서 $3\frac{5}{10}$ L를 사용했습니다. 냄비에 남은 물은 몇 L일까요?

(　　　　　　)

5 분모가 12인 진분수 중에서 $\frac{5}{12}$보다 작은 분수들의 합을 구하세요.

(　　　　　　)

6 어떤 수에서 $\frac{5}{7}$를 빼야 할 것을 잘못하여 더했더니 $2\frac{3}{7}$이 되었습니다. 바르게 계산하면 얼마인지 구하세요.

(　　　　　　)

7 길이가 5 cm인 테이프 세 장을 $\frac{1}{6}$ cm씩 겹쳐 이어 붙였습니다. 이어 붙인 테이프의 전체 길이는 몇 cm일까요?

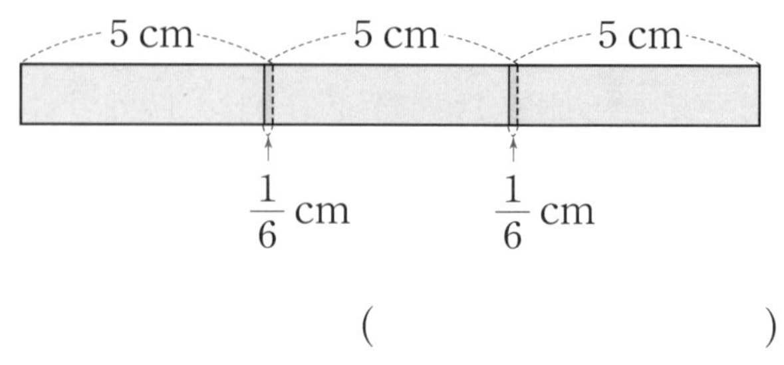

(　　　　　　)

8 □ 안에 들어갈 수 있는 자연수 중에서 가장 큰 수를 구하세요.

$$\frac{9}{11}+\frac{\square}{11}<1\frac{1}{11}$$

( )

9 설명하는 수가 다른 것을 찾아 기호를 쓰세요.

㉠ 3240의 $\frac{1}{100}$ ㉡ 3.24의 10배

㉢ 0.324의 100배 ㉣ 32.4의 $\frac{1}{10}$

( )

10 빈칸에 알맞은 수를 쓰세요.

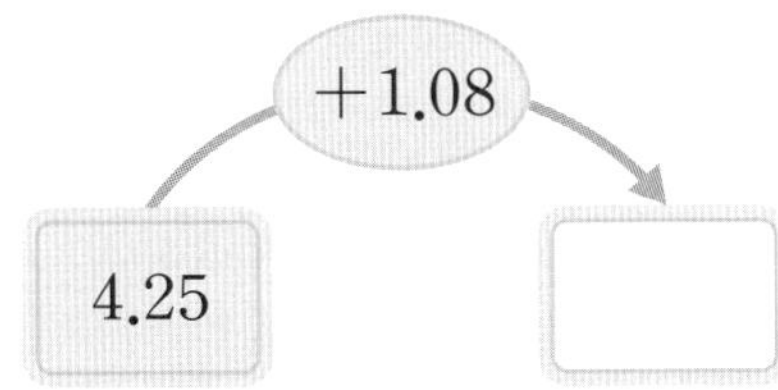

11 계산 결과의 크기를 비교하여 ◯ 안에 >, =, <를 알맞게 써넣으세요.

(1) 4.2−2.7 ◯ 6.3−1.8

(2) 5−3.4 ◯ 5.6−4

12 어떤 수의 10배는 10이 3개, 0.1이 6개, 0.01이 7개인 수와 같습니다. 어떤 수를 구하세요.

( )

13 조건을 만족하는 소수 두 자리 수는 모두 몇 개인지 구하세요.

- 3보다 크고 4보다 작습니다.
- 소수 첫째 자리 숫자와 소수 둘째 자리 숫자는 같습니다.

( )

14 두 수의 차를 구하세요.

- 0.1이 6개, 0.01이 4개인 수
- $\frac{1}{10}$이 3개, $\frac{1}{100}$이 9개인 수

( )

15 4장의 카드를 한 번씩 모두 사용하여 소수 두 자리 수를 만들려고 합니다. 만들 수 있는 가장 큰 수와 가장 작은 수를 구하세요.

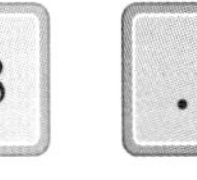

2 4 8 

가장 큰 수 ( )

가장 작은 수 ( )

I 수와 연산

009 덧셈과 뺄셈, 곱셈과 나눗셈이 섞여 있는 식

25－4＋8, 18÷3×2, 25－(4＋8), 18÷(3×2)

• 덧셈과 뺄셈, 곱셈과 나눗셈이 섞여 있는 식은 앞에서부터 차례로 계산합니다.

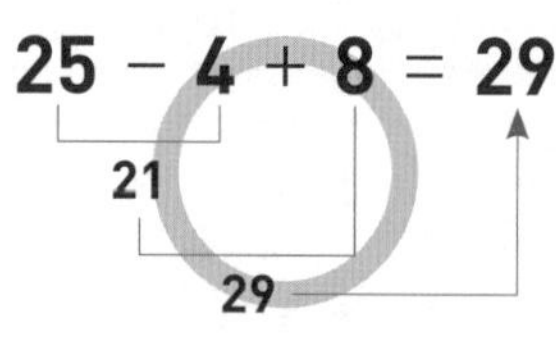

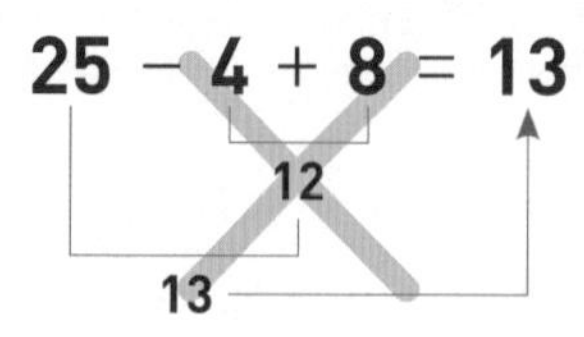

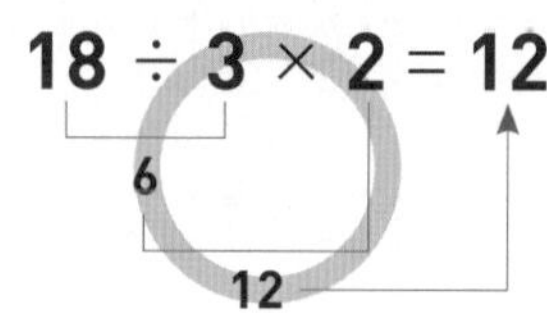

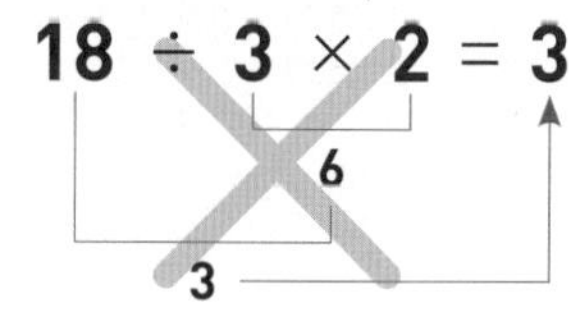

• ( )가 있는 식에서는 ( ) 안을 먼저 계산합니다.

25 − (4 + 8) = 13
12
13

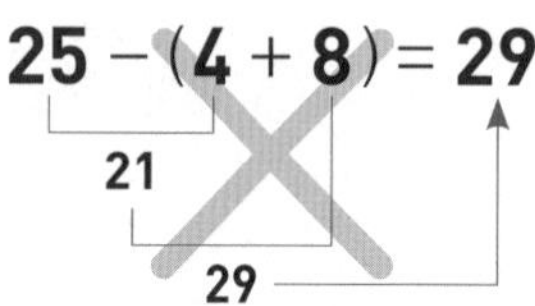

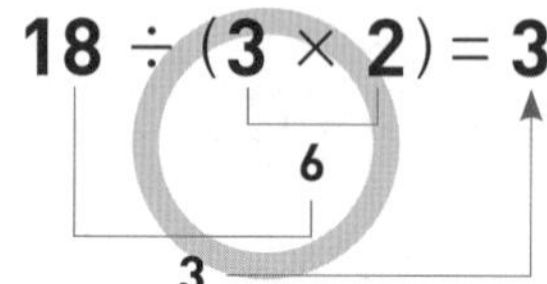

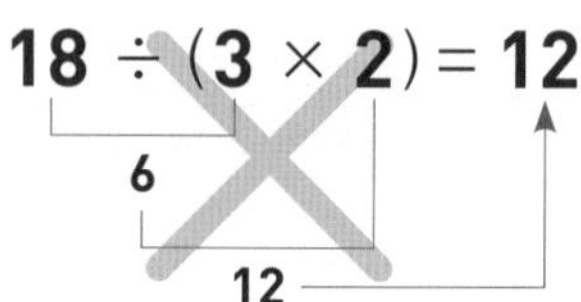

필수 개념 문제

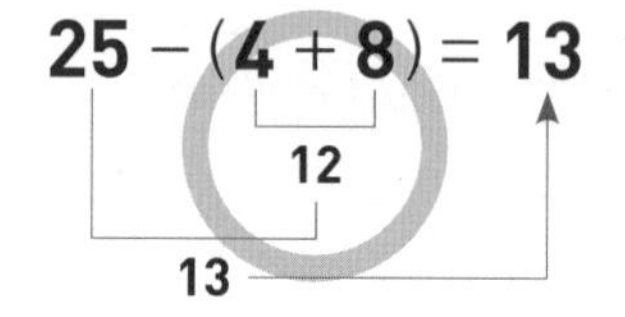

1 계산 순서를 나타내고, 순서에 맞게 계산하세요.

(1) 18－9＋7

(2) 32÷8×2

(3) 33－(2＋15)

(4) 20÷(5×4)

2 과일 가게에 사과가 52개, 배가 15개 있습니다. 이 중 사과 24개를 팔았다면 남은 사과와 배는 모두 몇 개일까요?

3 수직선을 보고 □ 안에 알맞은 수를 쓰세요.

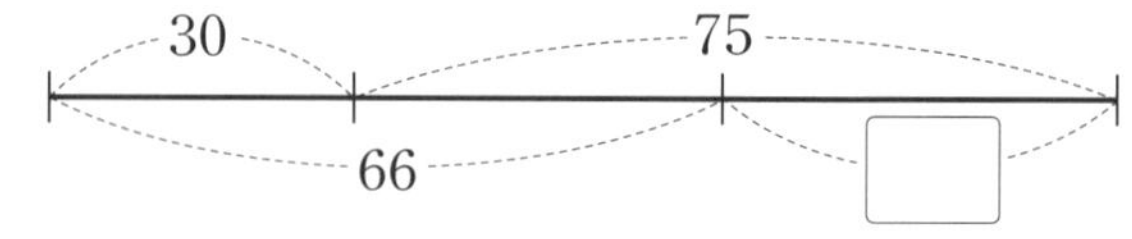

4 계산 결과의 크기를 비교하여 ○ 안에 $>$, $=$, $<$를 알맞게 써넣으세요.

24×6÷3 ○ 24×(6÷3)

5 계산 결과가 큰 것부터 차례로 기호를 쓰세요.

㉠ 48÷6×8	㉡ 6×8÷4
㉢ 14－6＋7	㉣ 25－(8＋6)

(   )

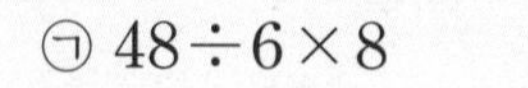

5-1 **03** 자연수의 혼합 계산

덧셈, 뺄셈, 곱셈이 섞여 있는 식

▸ 12+4×7−2, 12+4×(7−2)

- 덧셈, 뺄셈, 곱셈이 섞여 있는 식은 곱셈을 먼저 계산한 다음 앞에서부터 차례로 계산합니다.
- (　)가 있으면 (　) 안을 가장 먼저 계산합니다.

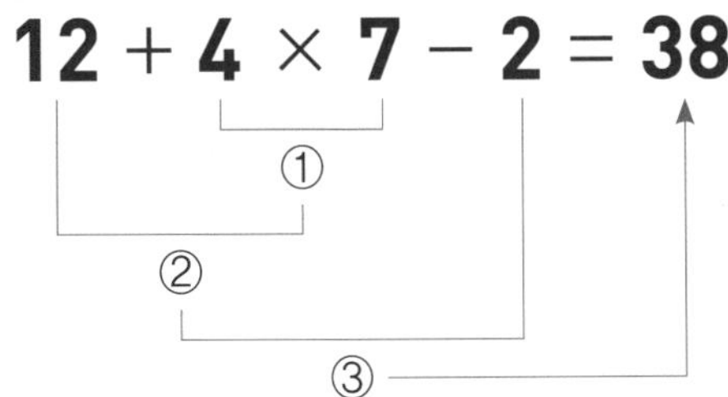

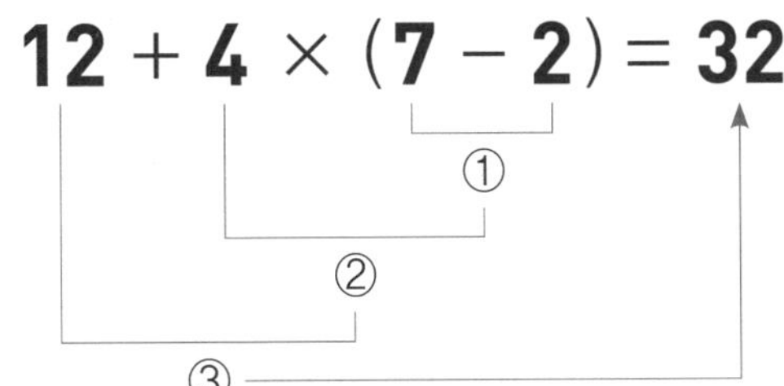

필수 개념 문제

1 가장 먼저 계산해야 하는 부분에 ○표 하세요.

$13 + 6 \times 8 - 5$

2 계산 순서를 나타내고, 순서에 맞게 계산하세요.

(1) $24-4\times3+9$

(2) $35+(12-7)\times6$

3 바르게 계산한 사람은 누구일까요?

지호: $9+12-6\times3=18$
승우: $60-(8+12)\times2=20$

(　　　　　　　)

4 계산 결과가 다른 하나를 찾아 기호를 쓰세요.

㉠ $50-5\times3+2$
㉡ $50-(5\times3)+2$
㉢ $50-5\times(3+2)$

(　　　　　　　)

5 (　)를 사용하여 두 식을 하나의 식으로 만들어 보세요.

$7+5\times8=47$　　$44-39=5$

식 ____________________

6 공책이 50권 있습니다. 남학생 4명과 여학생 3명에게 각각 5권씩 나누어 주었습니다. 남은 공책은 몇 권인지 하나의 식으로 나타내어 구하세요.

식 ____________________

답 ____________________

덧셈, 뺄셈, 나눗셈이 섞여 있는 식

13+16÷4−2, 13+16÷(4−2)

• 덧셈, 뺄셈, 나눗셈이 섞여 있는 식은 나눗셈을 먼저 계산한 다음 앞에서부터 차례로 계산합니다.

• (   )가 있으면 (   ) 안을 가장 먼저 계산합니다.

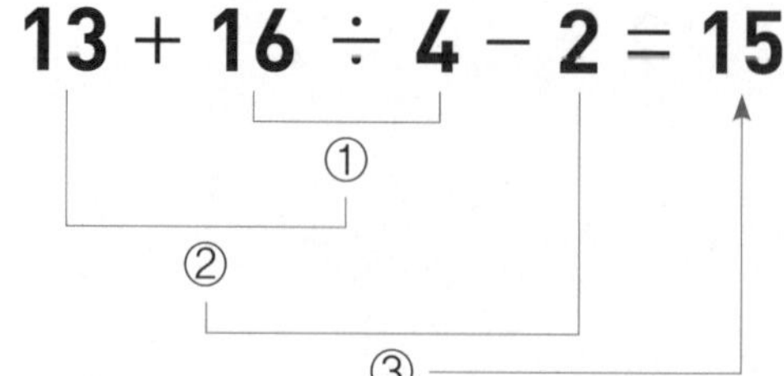

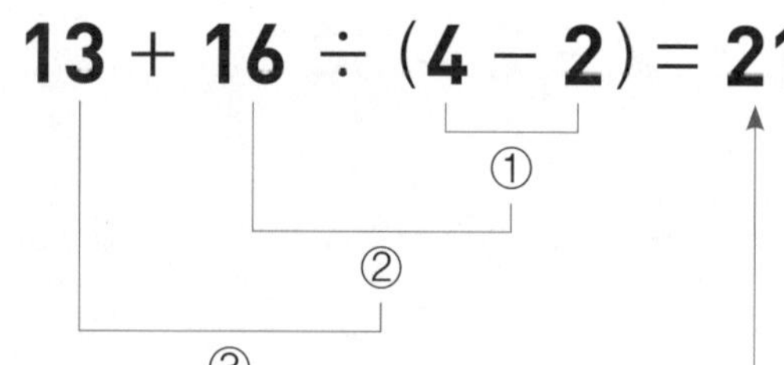

필수 개념 문제

1 계산하세요.

(1) $27+32\div4-9$

(2) $14+(43-19)\div6$

2 계산이 잘못된 곳을 찾아 표시하고, 옳게 고쳐 계산하세요.

$96-60\div4+28=36\div4+28$
$=9+28$
$=37$

⬇

3 계산 결과가 더 큰 것의 기호를 쓰세요.

㉠ $8+30-21\div3$
㉡ $8+(30-21)\div3$

(　　　　　)

4 계산 결과의 크기를 비교하여 ○ 안에 >, =, <를 알맞게 써넣으세요.

$64\div(8-4)+7$ ○ $64\div8-4+7$

5 □ 안에 알맞은 수를 구하세요.

$15+56\div\square-6=23$

(　　　　　)

6 어머니는 46살, 아버지는 49살이고, 범주는 어머니와 아버지의 나이의 합을 5로 나눈 것보다 2살 더 적습니다. 범주의 나이를 구하세요.

식 ____________

답 ____________

012 5-1 03 지연수의 혼합 계산

덧셈, 뺄셈, 곱셈, 나눗셈이 섞여 있는 식

▶ 96÷8−5×2+12, 96÷(8−5)×2+12

• 덧셈, 뺄셈, 곱셈, 나눗셈이 섞여 있는 식은 곱셈과 나눗셈을 먼저 계산하고 덧셈과 뺄셈을 계산합니다.

• ( )가 있으면 ( ) 안을 가장 먼저 계산합니다.

$96 \div 8 - 5 \times 2 + 12 = 14$

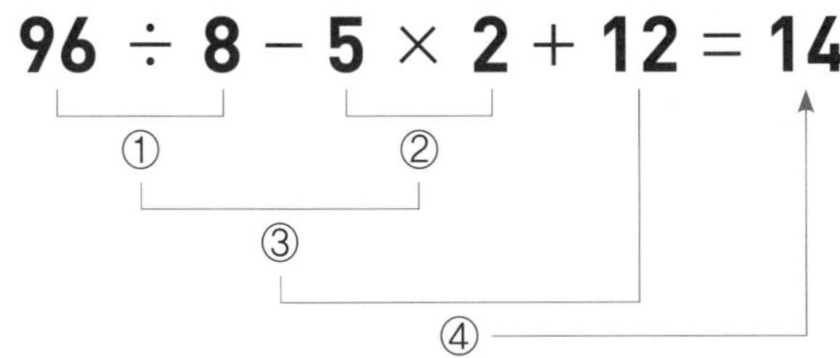

$96 \div (8 - 5) \times 2 + 12 = 76$

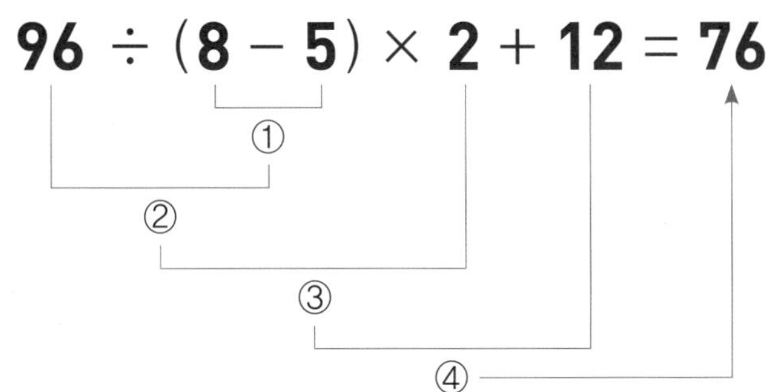

필수 개념 문제

1 계산 순서에 맞게 기호를 차례로 쓰세요.

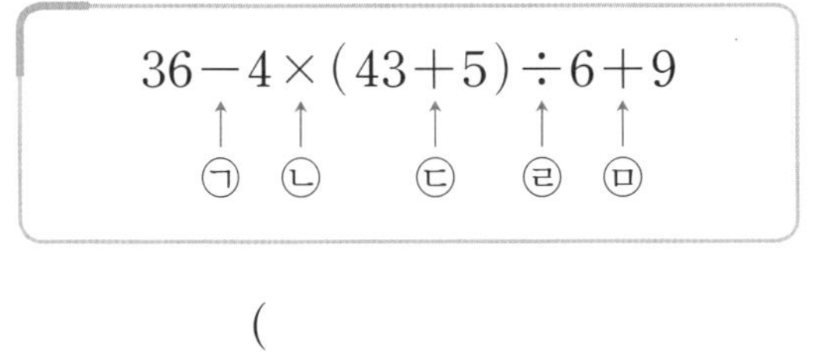

(   )

2 ( )를 생략해도 계산 결과가 같은 식은 어느 것일까요? (   )

① (9+18)÷9
② 13×(4+7)−6
③ (30−21)÷3+5×4
④ 30+(14÷2)×6
⑤ 4×(8−3)+12

3 □ 안에 알맞은 수를 구하세요.

210÷(4×□−5)+14=44

(   )

4 식이 성립하도록 ○ 안에 +, −, ×, ÷를 알맞게 써넣으세요. (단, 한 기호를 여러 번 사용해도 되고, ( )를 사용해도 됩니다.)

3 ○ 3 ○ 3 ○ 3 = 1

5 식이 성립하도록 ( )로 묶어 보세요.

81 − 24 ÷ 6 × 5 + 8 = 29

6 온도를 나타내는 단위에는 섭씨(℃)와 화씨(℉)가 있습니다. 섭씨와 화씨에 대한 설명을 읽고 화씨 104도(℉)를 섭씨로 나타내면 몇 도(℃)인지 구하세요.

화씨온도에서 32를 뺀 수에 10을 곱하고 18로 나누면 섭씨온도입니다.

(   )

CASE 1 □ 안에 알맞은 수 구하기

1 □ 안에 알맞은 수를 구하세요.

$72 \div (\square \times 3) = 8$

( )

2 □ 안에 알맞은 수를 구하세요.

$26 - (\square \div 4 + 8) = 6$

( )

3 □ 안에 알맞은 수를 구하세요.

$35 + (\square - 4) \times 6 \div 4$
$= 53 + 3 - 36 \div 4$

( )

CASE 2 수 카드를 사용하여 식 만들기

4 수 카드 2, 4, 6을 한 번씩 사용하여 아래와 같이 식을 만들려고 합니다. 계산 결과가 가장 크게 되도록 □ 안에 알맞은 수를 써넣고 답을 구하세요.

$\square \times \square \div \square$

( )

5 수 카드 3, 5, 7을 한 번씩 사용하여 아래와 같이 식을 만들려고 합니다. 계산 결과가 가장 클 때의 값을 구하세요.

$\square + 4 \times \square - \square$

( )

6 수 카드 2, 4, 8을 한 번씩 사용하여 아래와 같이 식을 만들려고 합니다. 계산 결과가 가장 클 때와 가장 작을 때의 값을 구하세요.

$\square + 64 \div (\square \times \square)$

가장 클 때 ( )
가장 작을 때 ( )

정답 17쪽

CASE 3 ◯ 안에 알맞은 사칙연산 넣기

7 등식이 성립하도록 ◯ 안에 +, −, ×, ÷를 알맞게 써넣으세요.

35×7 ◯ 5=49

8 등식이 성립하도록 ◯ 안에 +, −, ×, ÷를 알맞게 써넣으세요.

64÷(5 ◯ 3) ◯ 5=40

9 등식이 성립하도록 ◯ 안에 +, −, ×, ÷를 알맞게 써넣으세요. (단, 한 기호를 여러 번 사용해도 되고, ( )를 사용해도 됩니다.)

4 ◯ 4 ◯ 4 ◯ 4 = 2

CASE 4 약속에 따라 계산하기

10 다음과 같이 약속할 때, 23◎5를 계산하세요.

가◎나=가×4+나×8

(   )

11 다음과 같이 약속할 때, 15◇4를 계산하세요.

가◇나=(가−나)×나+가

(   )

12 가☆나=8×(가−나)÷나라고 약속할 때 다음을 계산하세요.

20 ☆ 4

(   )

I 수와 연산

약수와 배수

약수

어떤 수를 나누어떨어지게 하는 수

㉮ 6의 약수 구하기

$6 \div 1 = 6$　　$6 \div 4 = 1 \cdots 2$

$6 \div 2 = 3$　　$6 \div 5 = 1 \cdots 1$ → 나머지가 있는 것은 나누어떨어지는 것이 아닙니다.

$6 \div 3 = 2$　　$6 \div 6 = 1$

➡ 6의 약수: 1, 2, 3, 6

- 1은 모든 자연수의 약수입니다.
- 약수 중에서 가장 큰 수는 자기 자신입니다.
- 약수의 개수는 정해져 있습니다.

배수

어떤 수를 1배, 2배, 3배……한 수

㉮ 6의 배수 구하기

6을 1배 한 수: $6 \times 1 = 6$

6을 2배 한 수: $6 \times 2 = 12$

6을 3배 한 수: $6 \times 3 = 18$

6을 4배 한 수: $6 \times 4 = 24$

➡ 6의 배수: 6, 12, 18, 24……

- 배수 중에서 가장 작은 수는 자기 자신입니다.
- 배수의 개수는 셀 수 없이 많습니다.

필수 개념 문제

1 왼쪽의 수가 오른쪽 수의 약수인 것에 ○표, 아닌 것에 ×표 하세요.

4	44

(　　　)

8	18

(　　　)

6	50

(　　　)

9	63

(　　　)

2 30의 약수는 모두 몇 개일까요?

(　　　　　　　)

3 어떤 수의 약수를 작은 수부터 차례로 모두 쓴 것입니다. 물음에 답하세요.

1, 2, 3, □, 6, 9, □, 18, 36

(1) 어떤 수는 얼마일까요?

(　　　　　　　)

(2) □ 안에 알맞은 수를 쓰세요.

4 6의 배수를 모두 고르세요. (　　　　　)

① 12　　② 20　　③ 25
④ 30　　⑤ 38

5 어떤 수의 배수를 가장 작은 수부터 차례로 쓴 것입니다. 12번째 수를 구하세요.

7, 14, 21, 28, 35, 42……

(　　　　　　　)

6 15의 배수 중에서 가장 작은 세 자리 수를 구하세요.

(　　　　　　　)

7 지하철이 오전 5시부터 8분 간격으로 출발합니다. 오전 6시까지 지하철은 몇 번 출발할까요?

(　　　　　　　)

014 5-1 04 약수와 배수

약수와 배수의 관계

두 수의 곱으로 나타내기

예 8을 두 수의 곱으로 나타내기

$8=1\times8 \quad 8=2\times4$

➡ **8**은 **1**, **2**, **4**, **8**의 배수입니다.
1, **2**, **4**, **8**은 **8**의 약수입니다.

여러 수의 곱으로 나타내기

예 8을 여러 수의 곱으로 나타내기

$8=2\times2\times2$

➡ **8**은 **1**, **2**, **2**×**2**, **2**×**2**×**2**의 배수입니다.
1, **2**, **2**×**2**, **2**×**2**×**2**는 **8**의 약수입니다.

필수 개념 문제

1 왼쪽은 약수, 오른쪽은 배수가 되도록 빈칸에 1 이외의 알맞은 수를 쓰세요.

(1) | 5 | □ |

(2) | □ | 52 |

2 15와 약수와 배수의 관계인 수를 모두 찾아 쓰세요.

45 10 2 6 30 5

( )

3 20을 여러 수의 곱으로 나타낸 식을 보고 바르게 설명한 것을 모두 고르세요. ( )

$20=2\times2\times5$

① 20은 5의 배수입니다.
② 2는 5의 약수입니다.
③ 2×2는 20의 배수입니다.
④ 20은 2×5의 배수입니다.
⑤ 20의 약수는 2, 5뿐입니다.

4 13은 234의 약수이고, 234는 13의 배수입니다. 이 관계를 식으로 나타내세요.

식 ____________

5 두 수가 약수와 배수의 관계가 아닌 것은 어느 것일까요? ( )

① (4, 20) ② (36, 12) ③ (11, 44)
④ (34, 8) ⑤ (18, 54)

6 오른쪽 수는 왼쪽 수의 배수입니다. □ 안에 들어갈 수 있는 수를 모두 구하세요.

(□, 30)

( )

7 4의 배수인 어떤 수가 있습니다. 이 수의 약수를 모두 더하였더니 28이 되었습니다. 어떤 수를 구하세요.

( )

I 수와 연산

공약수와 최대공약수

공약수

두 수의 공통된 약수

㉑ 12와 20의 공약수 구하기

12의 약수: **1, 2, 3, 4, 6, 12**

20의 약수: **1, 2, 4, 5, 10, 20**

➡ **12**와 **20**의 공약수: **1, 2, 4**

최대공약수

공약수 중에서 가장 큰 수

㉑ 12와 30의 최대공약수 구하기

$$\begin{array}{r|rr} 2 & 12 & 30 \\ \hline 3 & 6 & 15 \\ \hline & 2 & 5 \end{array}$$

2×3 → **12**와 **30**의 최대공약수: **6**

➡ **12**와 **30**의 공약수: **1, 2, 3, 6**

공약수는 최대공약수의 약수와 같습니다.

필수 개념 문제

1 두 수의 공약수와 최대공약수를 구하세요.

(25 , 20)

공약수 (　　　　　　　　)

최대공약수 (　　　　　　　　)

2 곱셈식을 보고 10과 30의 최대공약수를 구하세요.

$10=2\times5$　　　$30=2\times3\times5$

(　　　　　　　　)

3 다음을 보고 24와 42의 최대공약수를 구하세요.

$$\begin{array}{r|rr} 2 & 24 & 42 \\ \hline 3 & 12 & 21 \\ \hline & 4 & 7 \end{array}$$

(　　　　　　　　)

4 두 수의 최대공약수가 더 큰 것의 기호를 쓰세요.

㉠ (25, 15)　　㉡ (36, 28)

(　　　　　　　　)

5 어떤 두 수의 최대공약수가 12일 때 이 두 수의 공약수를 모두 구하세요.

(　　　　　　　　)

6 연필 36자루와 지우개 20개를 될 수 있는 대로 많은 사람에게 남김없이 똑같이 나누어주려고 합니다. 몇 명에게 나누어 줄 수 있을까요?

(　　　　　　　　)

016 5-1 **04** 약수와 배수

공배수와 최소공배수

공배수

두 수의 공통된 배수

㉠ 3과 5의 공배수 구하기

3의 배수: **3, 6, 9, 12, 15, 18, 21, 24, 27, 30** ······

5의 배수: **5, 10, 15, 20, 25, 30** ······

➡ **3**과 **5**의 공배수: **15, 30**······

최소공배수

공배수 중에서 가장 작은 수

㉠ 12와 30의 최소공배수 구하기

$$\begin{array}{r|rr} 2 & 12 & 30 \\ \hline 3 & 6 & 15 \\ \hline & 2 & 5 \end{array} \Rightarrow 2\times3\times2\times5$$

→ **12**와 **30**의 최소공배수: **60**

➡ **12**와 **30**의 공배수: **60, 120, 180**······

공배수는 최소공배수의 배수와 같습니다.

필수 개념 문제

1 6과 9의 공배수와 최소공배수를 구하세요.
(단, 공배수는 가장 작은 수부터 3개만 쓰세요.)

6의 배수: 6, 12, 18, 24, 30, 36, 42······
9의 배수: 9, 18, 27, 36, 45, 54, 63······

공배수 (　　　　　　　　)
최소공배수 (　　　　　　　　)

2 □ 안에 알맞은 수를 쓰세요.

$12=2\times2\times\square$

$42=2\times\square\times7$

12와 42의 최소공배수

➡ $2\times\square\times\square\times\square=\square$

3 어떤 두 수의 최소공배수가 25일 때 이 두 수의 공배수를 가장 작은 수부터 3개 쓰세요.

(　　　　　　　　)

4 □ 안에 알맞은 수를 쓰세요.

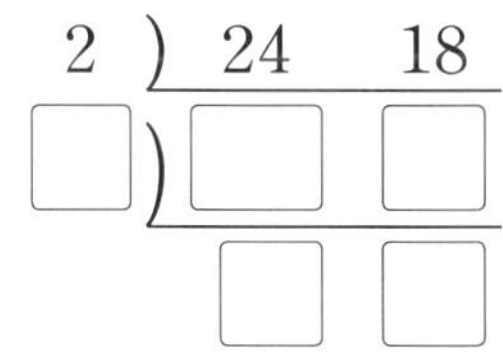

24와 18의 최소공배수

➡ $2\times\square\times\square\times\square=\square$

5 두 수의 공배수 중 100보다 작은 수를 모두 구하세요.

(15, 9)

(　　　　　　　　)

6 ㉮ 버스는 7분마다 ㉯ 버스는 9분마다 출발한다고 합니다. 오전 6시에 두 버스가 동시에 출발하였다면 다음번에 동시에 출발하는 시각은 오전 몇 시 몇 분일까요?

(　　　　　　　　)

I 수와 연산

CASE 1 어떤 수 구하기

1 어떤 수로 28을 나누면 나머지가 4이고, 32를 나누면 나머지가 2입니다. 어떤 수를 구하세요.

( )

2 어떤 수로 19를 나누면 나머지가 3이고, 28을 나누면 나머지가 4입니다. 어떤 수를 구하세요.

( )

3 ■가 될 수 있는 수를 모두 구하세요.

51÷■=★···3
62÷■=▲···2

( )

CASE 2 최대공약수 활용하기

4 28과 36을 어떤 수로 나누면 모두 나누어떨어집니다. 어떤 수가 될 수 있는 자연수 중 가장 큰 수를 구하세요.

( )

5 가로가 90 cm, 세로가 48 cm인 직사각형 모양의 종이를 가장 큰 정사각형 여러 개로 남김없이 자르려고 합니다. 정사각형의 한 변의 길이를 몇 cm로 해야 할까요?

( )

6 사과 32개와 귤 24개를 최대한 많은 바구니에 남김없이 똑같이 나누어 담으려고 합니다. 한 바구니에 사과와 귤을 각각 몇 개씩 담을 수 있을까요?

사과 ( )
귤 ( )

정답 18쪽

CASE 3 최소공배수 활용하기

7 6의 배수도 되고 15의 배수도 되는 수 중에서 가장 작은 수를 구하세요.

(　　　　　　)

8 가로가 12 cm, 세로가 30 cm인 직사각형 모양의 종이를 겹치지 않게 늘어놓아 될 수 있는 대로 작은 정사각형을 만들었습니다. 만든 정사각형의 한 변의 길이를 구하세요.

(　　　　　　)

9 가로가 60 cm, 세로가 45 cm인 직사각형 모양의 종이를 겹치지 않게 늘어놓아 될 수 있는 대로 작은 정사각형을 만들려고 합니다. 필요한 종이는 모두 몇 장인지 구하세요.

(　　　　　　)

CASE 4 조건에 맞는 수 구하기

10 어떤 두 수의 최대공약수는 8이고, 최소공배수는 160입니다. 한 수가 32일 때, 다른 한 수를 구하세요.

(　　　　　　)

11 어떤 두 수의 최대공약수는 12이고, 최소공배수는 72입니다. 한 수가 24일 때, 다른 한 수를 구하세요.

(　　　　　　)

12 어떤 두 수의 최대공약수는 16이고, 최소공배수는 160입니다. 두 수가 모두 두 자리 수일 때, 두 수를 구하세요.

(　　　　　,　　　　　)

1 계산 결과가 큰 것부터 차례로 기호를 쓰세요.

㉠ $56\div8\times6$　㉡ $8\times21\div7$
㉢ $25-9+6$　㉣ $32-(9+7)$

(　　　　　　)

2 (　)를 사용하여 두 식을 하나의 식으로 만들어 보세요.

$6+4\times8=38$　　$31-27=4$

 ______________________

3 계산 결과의 크기를 비교하여 ○ 안에 >, =, <를 알맞게 써넣으세요.

$45\div(9-4)+8$ ○ $45\div9-4+8$

4 (　)를 생략해도 계산 결과가 같은 식은 어느 것일까요? (　　　)

① $(8+16)\div8$
② $12\times(5+3)-5$
③ $25+(10\div5)\times3$
④ $(24-8)\div4+5\times5$
⑤ $7\times(9-2)+11$

5 □ 안에 알맞은 수를 구하세요.

$32-(\square\div9+7)=19$

(　　　　　　)

6 수 카드 [2], [5], [9]를 한 번씩 사용하여 아래와 같이 식을 만들려고 합니다. 계산 결과가 가장 클 때의 값을 구하세요.

$\square+4\times\square-\square$

(　　　　　　)

7 등식이 성립하도록 ○ 안에 +, −, ×, ÷를 알맞게 써넣으세요.

$63\div(4$ ○ $3)$ ○ $8=72$

8 다음과 같이 약속할 때, 12◇5를 계산하세요.

가◇나=(가−나)×가+나

(　　　　　　)

9 어떤 수의 배수를 가장 작은 수부터 차례로 쓴 것입니다. 11번째 수를 구하세요.

8, 16, 24, 32, 40, 48……

( )

10 두 수가 약수와 배수의 관계가 아닌 것은 어느 것일까요? ( )

① (5, 15) ② (24, 12) ③ (13, 30)
④ (36, 6) ⑤ (72, 18)

11 사과 28개와 귤 36개를 될 수 있는 대로 많은 사람에게 남김없이 똑같이 나누어 주려고 합니다. 몇 명에게 나누어 줄 수 있을까요?

( )

12 두 수의 공배수 중 100보다 작은 수를 모두 구하세요.

(14, 21)

( )

13 어떤 수로 20을 나누면 나머지가 4이고, 29를 나누면 나머지가 5입니다. 어떤 수를 구하세요.

( )

14 가로가 60 cm, 세로가 36 cm인 직사각형 모양의 종이를 가장 큰 정사각형 여러 개로 남김없이 자르려고 합니다. 정사각형의 한 변의 길이를 몇 cm로 해야 할까요?

( )

15 가로가 30 cm, 세로가 45 cm인 직사각형 모양의 종이를 겹치지 않게 늘어놓아 될 수 있는 대로 작은 정사각형을 만들려고 합니다. 필요한 종이는 모두 몇 장인지 구하세요.

( )

16 어떤 두 수의 최대공약수는 6이고, 최소공배수는 210입니다. 한 수가 30일 때, 다른 한 수를 구하세요.

( )

(1) **자연수**: 1, 2, 3, 4, 5, 6, 7, 8, 9, 10, ⋯

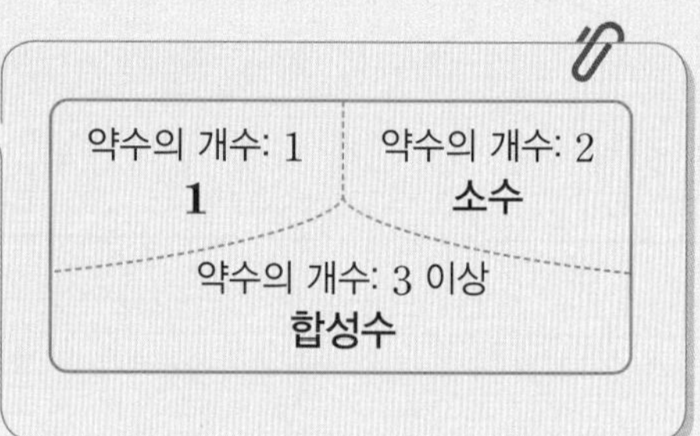

자연수를 약수의 개수에 따라 분류하기

자연수	1	2	3	4	5	6	7	8	9
약수와 그 개수	1	1, 2	1, 3	1, 2, 4	1, 5	1, 2, 3, 6	1, 7	1, 2, 4, 8	1, 3, 9
	1개	2개	2개	3개	2개	4개	2개	4개	3개

① 약수가 1개인 자연수 ➡ 1

② 약수가 2개인 자연수 ➡ 2, 3, 5, 7

③ 약수가 3개 이상인 자연수 ➡ 4, 6, 8 ,9

① 소수: 1과 자기 자신만을 약수로 가지는 자연수 ➡ 약수가 2개
예 2, 3, 5, 7, ⋯
(2 → 유일한 짝수인 소수)

② 합성수: 1과 자기 자신 이외의 다른 수를 약수로 가지는 자연수 ➡ 약수가 3개 이상
예 4, 6, 8, 9, ⋯

③ 1은 소수도 합성수도 아닌 자연수 ➡ 약수가 1개

예제 다음 자연수에서 소수는 ○표, 합성수는 △표, 소수도 합성수도 아닌 자연수는 ×표를 하시오.

1 (×)	2 (○)	3 (○)	4 (△)	5 (○)	6 (△)
7 (○)	8 (△)	9 (△)	10 (△)	11 (○)	12 (△)

초등수학 개념과 연결된 중학수학 개념을 미리 만나보자!

(2) **부호를 가진 수**: 서로 반대되는 성질을 가지는 두 수량에 대하여 0을 기준으로 부호 +, −를 사용하여 나타낸 수

▶ 0은 양수도 음수도 아닌 수

▶ 양의 부호 +는 생략할 수 있어요.

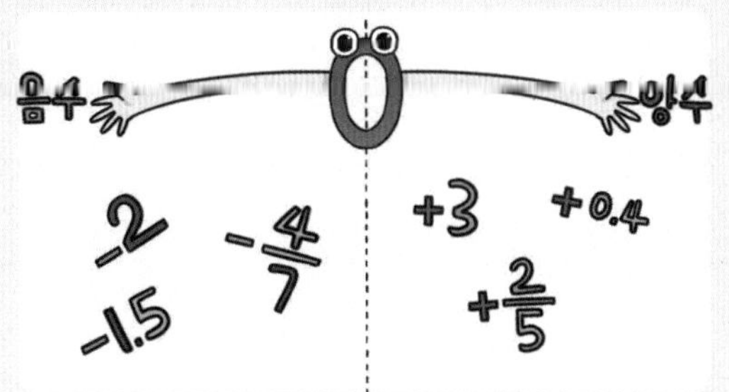

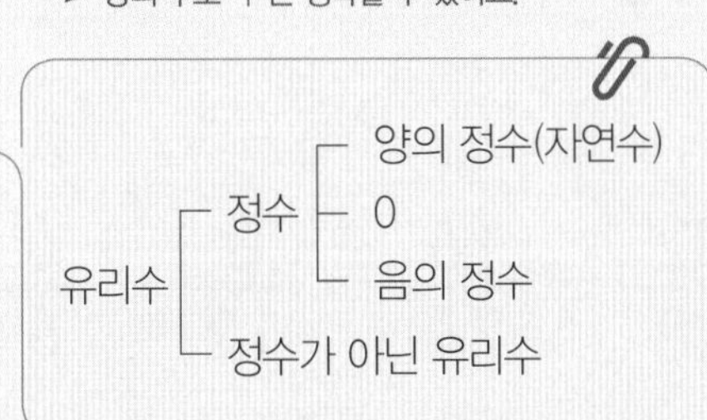

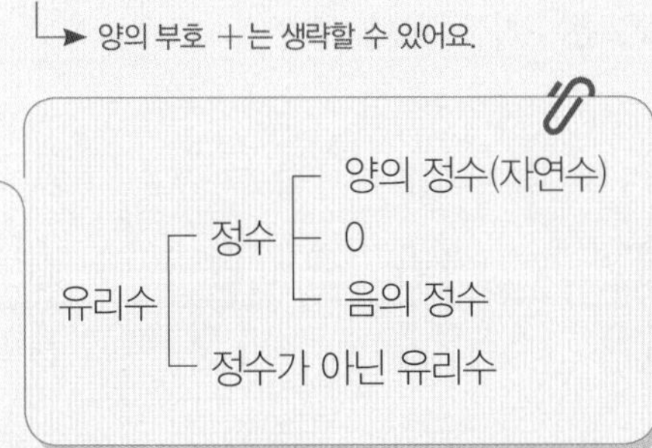

① **정수**: 양의 정수, 0, 음의 정수를 통틀어 정수

- **양의 정수**: 자연수에 양의 부호 +를 붙인 수

예 $+1$, $+2$, $+3$, ⋯

- **음의 정수**: 자연수에 음의 부호 −를 붙인 수

예 -1, -2, -3, ⋯

② **유리수**: $\frac{(\text{정수})}{(0\text{이 아닌 정수})}$로 나타낼 수 있는 수

▶ 유리수는 분수 꼴로 나타낼 수 있는 수

- **양의 유리수**: 분자, 분모가 자연수인 분수에 양의 부호 +를 붙인 수 예 $+\frac{1}{2}$, $+1.7$, ⋯

- **음의 유리수**: 분자, 분모가 자연수인 분수에 음의 부호 −를 붙인 수 예 $-\frac{1}{2}$, -1.7, ⋯

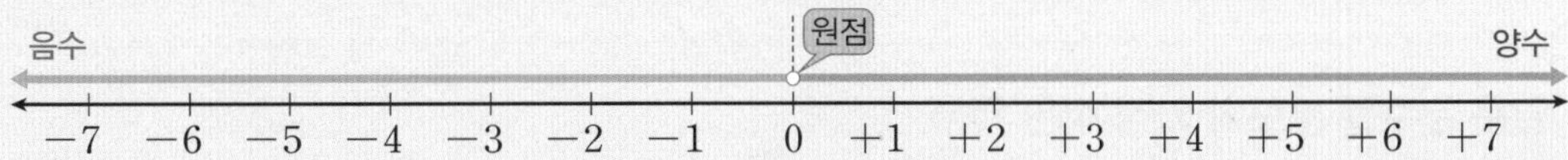

예제 아래 수에 대하여 다음을 모두 고르시오.

$+3$, -0.1, 0, $+\frac{5}{7}$, -12, $+4.6$, -1

(1) 양수: $+3$, $+\frac{5}{7}$, $+4.6$

(2) 음의 정수: -12, -1

크기가 같은 분수

크기가 같은 분수 만드는 방법

- 분모와 분자에 각각 0이 아닌 같은 수를 곱하면 크기가 같은 분수가 됩니다.
- 분모와 분자를 각각 0이 아닌 같은 수로 나누면 크기가 같은 분수가 됩니다.

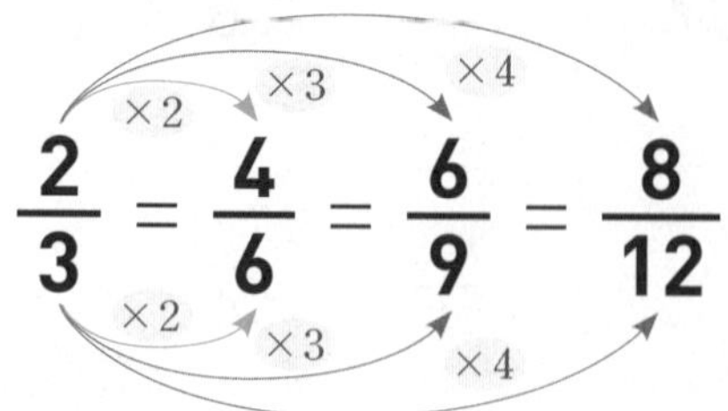

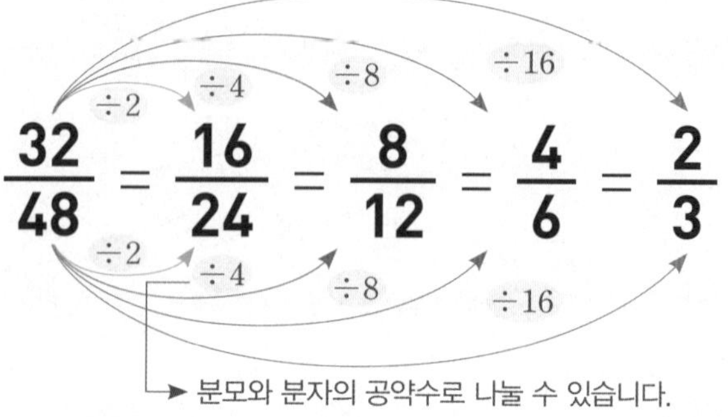

필수 개념 문제

1 □ 안에 알맞은 수를 써넣어 크기가 같은 분수를 만들어 보세요.

(1) $\frac{2}{7}=\frac{\square}{28}=\frac{\square}{56}$

(2) $\frac{24}{52}=\frac{\square}{26}=\frac{6}{\square}$

2 $\frac{3}{8}$과 크기가 같은 분수를 분모가 가장 작은 것부터 3개 쓰세요.

( )

3 왼쪽 분수와 크기가 같은 분수를 모두 찾아 ○표 하세요.

$\frac{20}{28}$ | $\frac{5}{7}$ $\frac{30}{38}$ $\frac{10}{14}$ $\frac{25}{32}$

4 크기가 같은 분수끼리 선으로 이어 보세요.

$\frac{3}{7}$ •	• $\frac{5}{7}$
$\frac{5}{9}$ •	• $\frac{25}{45}$
$\frac{20}{28}$ •	• $\frac{12}{28}$

5 분모가 25보다 크고 35보다 작은 분수 중에서 $\frac{3}{4}$과 크기가 같은 분수를 모두 쓰세요.

( )

6 $\frac{5}{11}$와 크기가 같은 분수 중에서 분모와 분자의 합이 48인 분수를 쓰세요.

( )

018 5-1 05 약분과 통분

약분

약분

분모와 분자를 공약수로 나누어 간단히 하는 것

예) $\frac{8}{12}$을 약분하기

① 분모와 분자의 공약수 구하기

➡ 8과 12의 공약수: 1, 2, 4

② 분모와 분자를 1을 제외한 공약수로 나누기

$\frac{8}{12}=\frac{4}{6}$ (÷2)　　$\frac{8}{12}=\frac{2}{3}$ (÷4)

기약분수

• 분모와 분자의 공약수가 1뿐인 분수

예) $\frac{2}{3}$, $\frac{3}{5}$, $\frac{5}{6}$ 분모와 분자의 공약수가 1뿐입니다.

• 기약분수로 나타내는 방법

방법 1 분모와 분자의 공약수가 1이 될 때까지 나누기

방법 2 분모와 분자의 최대공약수로 나누기

예) $\frac{32}{48}=\frac{16}{24}=\frac{8}{12}=\frac{4}{6}=\frac{2}{3}$　　$\frac{32}{48}=\frac{2}{3}$

32와 48의 최대공약수 16으로 나누기

I 수와 연산

필수 개념 문제

1 약분한 분수를 쓰세요.

(1) $\frac{9}{15}$ ➡ $\frac{\square}{\square}$

(2) $\frac{8}{16}$ ➡ $\frac{\square}{\square}$, $\frac{\square}{\square}$, $\frac{\square}{\square}$

2 $\frac{18}{30}$을 약분하려고 합니다. 1을 제외하고 분모와 분자를 나눌 수 있는 수를 모두 쓰세요.

(　　　　　　　　)

3 $\frac{32}{64}$를 약분한 분수가 아닌 것은 어느 것일까요? (　　　)

① $\frac{16}{32}$　② $\frac{1}{2}$　③ $\frac{4}{6}$　④ $\frac{4}{8}$　⑤ $\frac{8}{16}$

4 기약분수를 모두 찾아 쓰세요.

$\frac{8}{10}$　$\frac{4}{21}$　$\frac{9}{15}$　$\frac{11}{33}$　$\frac{25}{41}$

(　　　　　　　　)

5 기약분수로 나타내려고 합니다. □ 안에 알맞은 수를 써넣으세요.

(1) $\frac{35}{42}=\frac{35\div\square}{42\div\square}=\frac{\square}{\square}$

(2) $\frac{27}{63}=\frac{27\div\square}{63\div\square}=\frac{\square}{\square}$

6 $\frac{18}{24}$을 기약분수로 나타내었을 때 분모와 분자의 합을 구하세요.

(　　　　　　　　)

5-1 05 약분과 통분

019 통분

통분

• 여러 분수들의 분모를 같게 하는 것을 통분이라 하고 이때 같아진 분모를 공통분모라 합니다.

• 통분하는 방법

방법 1 분모의 곱을 공통분모로 하여 통분하기

방법 2 분모의 최소공배수를 공통분모로 하여 통분하기

예 $\frac{3}{8}$과 $\frac{5}{6}$를 통분하기

방법 1 $(\frac{3}{8}, \frac{5}{6}) \rightarrow (\frac{3\times6}{8\times6}, \frac{5\times8}{6\times8}) \rightarrow (\frac{18}{48}, \frac{40}{48})$ 최소공배수를 구하지 않아도 되서 편리하지만 두 분수의 분모가 클 경우 수가 커집니다.

방법 2 $(\frac{3}{8}, \frac{5}{6}) \rightarrow (\frac{3\times3}{8\times3}, \frac{5\times4}{6\times4}) \rightarrow (\frac{9}{24}, \frac{20}{24})$ 두 분모의 최소공배수를 구해야 하는 불편함이 있지만 수가 커지지 않습니다.

필수 개념 문제

1 두 분수를 분모의 곱을 공통분모로 하여 통분하세요.

$(\frac{4}{9}, \frac{7}{12})$

(　　　　　　　　　　)

2 두 분수를 분모의 최소공배수를 공통분모로 하여 통분하려고 합니다. 공통분모가 같은 것끼리 선으로 이으세요.

$(\frac{1}{3}, \frac{1}{4})$ •	• $(\frac{5}{6}, \frac{7}{12})$
$(\frac{1}{6}, \frac{5}{9})$ •	• $(\frac{3}{5}, \frac{3}{4})$
$(\frac{3}{10}, \frac{1}{4})$ •	• $(\frac{2}{3}, \frac{5}{18})$

3 $\frac{2}{3}$와 $\frac{5}{8}$를 통분하려고 합니다. 공통분모가 될 수 있는 수를 작은 것부터 차례로 3개 쓰세요.

(　　　　　　　　　　)

4 어떤 두 기약분수를 통분한 것입니다. 통분하기 전의 두 분수를 쓰세요.

$(\frac{15}{36}, \frac{24}{36})$

(　　　　　　　　　　)

5 $\frac{1}{5}$과 $\frac{1}{3}$ 사이에 있는 분수 중에서 분모가 45인 분수는 모두 몇 개인지 쓰세요.

(　　　　　　　　　　)

5-1 05 약분과 통분

분수와 소수의 크기 비교

분모가 다른 분수의 크기 비교

분모를 통분하여 분자의 크기를 비교합니다.

예) $\frac{3}{4}$과 $\frac{2}{5}$의 크기 비교

$(\frac{3}{4}, \frac{2}{5}) \Rightarrow (\frac{15}{20}, \frac{8}{20}) \Rightarrow \frac{3}{4} > \frac{2}{5}$

→ 분모가 같은 분수는 분자의 크기가 큰 쪽이 더 큽니다.

분수와 소수의 크기 비교

분수를 소수로 또는 소수를 분수로 바꾸어 형태를 맞춘 다음 크기를 비교합니다.

예) $\frac{3}{5}$과 0.7의 크기 비교

$\frac{3}{5} = \frac{6}{10} = 0.6$, $0.6 < 0.7 \Rightarrow \frac{3}{5} < 0.7$

$0.7 = \frac{7}{10}$, $\frac{3}{5} = \frac{6}{10} \Rightarrow \frac{6}{10} < \frac{7}{10} \Rightarrow \frac{3}{5} < 0.7$

→ 이경우 분수도 분모가 10인 크기가 같은 분수로 바꿔야 해서 불편합니다.

필수 개념 문제

1 분수의 크기를 비교하려고 합니다. □ 안에 알맞은 수를 써넣고, ○ 안에 >, =, <를 알맞게 써넣으세요.

(1) $(\frac{3}{5}, \frac{7}{11}) \Rightarrow (\frac{\square}{55}, \frac{\square}{55})$

$\Rightarrow \frac{3}{5} \bigcirc \frac{7}{11}$

(2) $(\frac{3}{10}, \frac{2}{9}) \Rightarrow (\frac{\square}{90}, \frac{\square}{90})$

$\Rightarrow \frac{3}{10} \bigcirc \frac{2}{9}$

2 더 큰 분수에 ○표 하세요.

$\frac{5}{6}$ $\frac{17}{20}$

3 빨간색 테이프가 $2\frac{4}{5}$ m, 파란색 테이프가 $2\frac{7}{10}$ m 있습니다. 어떤 색 테이프의 길이가 더 긴지 쓰세요.

( )

4 두 수의 크기를 비교하여 ○ 안에 >, =, <를 알맞게 써넣으세요.

(1) $\frac{3}{8} \bigcirc 0.5$　　(2) $0.9 \bigcirc \frac{4}{5}$

5 분수와 소수의 크기를 비교하여 큰 수부터 차례로 쓰세요.

1.2　$\frac{3}{4}$　0.6　$1\frac{2}{5}$

( )

6 수 카드가 4장 있습니다. 이 중 2장을 뽑아 한 번씩만 사용하여 만들 수 있는 진분수 중에서 가장 큰 진분수를 소수로 나타내세요.

1　2　4　5

( )

CASE 1 크기가 같은 분수 구하기

1 $\frac{5}{8}$의 분모에 32를 더했을 때 분자에 얼마를 더해야 크기가 변하지 않을까요?

( )

2 $\frac{30}{84}$의 분자에서 20을 뺐을 때 분모에서 얼마를 빼야 크기가 변하지 않을까요?

( )

3 $\frac{3}{7}$의 분모와 분자에 같은 수를 더하여 $\frac{8}{9}$과 크기가 같은 분수를 만들었습니다. 분모와 분자에 더한 수는 얼마일까요?

( )

CASE 2 통분하기 전의 분수 구하기

4 분모의 최소공배수를 공통분모로 하여 통분한 것입니다. □ 안에 알맞은 수를 구하세요.

$$\left(\frac{5}{12}, \frac{13}{\square}\right) \rightarrow \left(\frac{15}{36}, \frac{26}{36}\right)$$

( )

5 분모의 곱을 공통분모로 하여 통분한 것입니다. □ 안에 알맞은 분수를 구하세요.

$$\left(\square, \frac{3}{8}\right) \rightarrow \left(\frac{32}{56}, \frac{21}{56}\right)$$

( )

6 어떤 두 기약분수를 통분하면 다음과 같습니다. 통분하기 전의 두 기약분수를 구하세요.

$$\left(\frac{10}{45}, \frac{21}{45}\right)$$

( )

정답 21쪽

CASE 3 □ 안에 들어갈 수 있는 수 구하기

7 □ 안에 알맞은 수를 구하세요.

$$\frac{\square}{7}=\frac{18}{42}$$

(　　　　　　　　)

8 1부터 9까지의 수 중에서 □ 안에 들어갈 수 있는 자연수를 모두 구하세요.

$$\frac{\square}{8}<\frac{23}{48}$$

(　　　　　　　　)

9 □ 안에 들어갈 수 있는 자연수 중에서 가장 작은 수를 구하세요.

$$\frac{7}{12}<\frac{\square}{20}$$

(　　　　　　　　)

CASE 4 조건에 맞는 분수 구하기

10 분모와 분자의 합이 30이고 차가 18인 진분수를 기약분수로 나타내세요.

(　　　　　　　　)

11 분모와 분자의 합이 26이고 차가 6인 진분수를 기약분수로 나타내세요.

(　　　　　　　　)

12 분모와 분자의 합이 40이고 차가 24인 진분수를 구하고, 약분하여 나타낼 수 있는 분수를 모두 쓰세요.

진분수 (　　　　　　　　)

약분한 분수 (　　　　　　　　)

분모가 다른 진분수의 덧셈

▶ (진분수)+(진분수)

방법 1 분모의 곱으로 통분하기

$$\frac{3}{4}+\frac{5}{6}=\frac{3\times6}{4\times6}+\frac{5\times4}{6\times4}=\frac{18}{24}+\frac{20}{24}=\frac{38}{24}=1\frac{14}{24}=1\frac{7}{12}$$

공통분모를 구하기 쉽지만 수가 커져서 약분이 필요할 수 있습니다.

방법 2 분모의 최소공배수로 통분하기

$$\frac{3}{4}+\frac{5}{6}=\frac{3\times3}{4\times3}+\frac{5\times2}{6\times2}=\frac{9}{12}+\frac{10}{12}=\frac{19}{12}=1\frac{7}{12}$$

계산 결과를 약분할 필요가 없거나 간단하게 나타낼 수 있습니다.

필수 개념 문제

1 □ 안에 알맞은 수를 쓰세요.

$$\frac{7}{12}+\frac{1}{18}=\frac{7\times\square}{12\times\square}+\frac{1\times\square}{18\times\square}$$

분모의 최소공배수로 통분하기

$$=\frac{\square}{\square}+\frac{\square}{\square}=\frac{\square}{\square}$$

2 계산해 보세요.

(1) $\frac{1}{4}+\frac{2}{5}$ (2) $\frac{2}{7}+\frac{5}{21}$

(3) $\frac{5}{8}+\frac{7}{12}$ (4) $\frac{3}{5}+\frac{5}{6}$

3 계산 결과를 비교하여 ○ 안에 >, =, <를 알맞게 쓰세요.

(1) $\frac{2}{3}+\frac{1}{4}$ ○ $\frac{1}{6}+\frac{7}{9}$

(2) $\frac{6}{7}+\frac{2}{3}$ ○ $\frac{3}{4}+\frac{5}{9}$

4 관계있는 것끼리 선으로 이으세요.

$\frac{1}{2}+\frac{5}{7}$ •	• $1\frac{3}{14}$
$\frac{4}{7}+\frac{1}{3}$ •	• $\frac{19}{24}$
$\frac{1}{6}+\frac{5}{8}$ •	• $\frac{19}{21}$

5 형호의 키는 동생의 키보다 $\frac{3}{8}$ m 더 큽니다. 동생의 키가 $\frac{5}{4}$ m라면 형호의 키는 몇 m일까요?

( )

6 삼각형의 세 변의 합은 몇 m일까요?

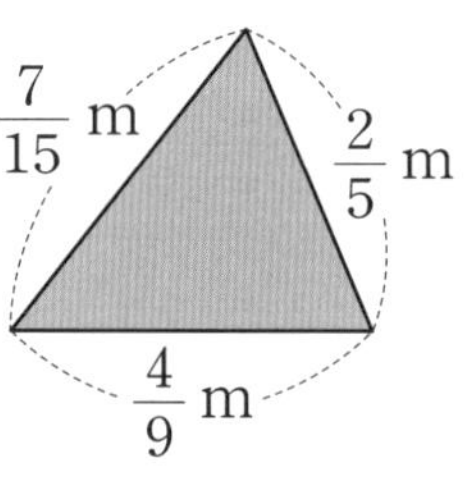

( )

5-1 06 분수의 덧셈과 뺄셈

분모가 다른 대분수의 덧셈

(대분수)+(대분수)

방법 1 자연수 부분과 분수 부분으로 나누어 계산하기

$$1\frac{2}{3}+2\frac{2}{5}=1\frac{10}{15}+2\frac{6}{15}=(1+2)+(\frac{10}{15}+\frac{6}{15})$$
$$=3+\frac{16}{15}=3+1\frac{1}{15}=4\frac{1}{15}$$

자연수와 분수 부분을 나누어 계산하면 분수 부분의 계산이 간단합니다.

방법 2 대분수를 모두 가분수로 고쳐서 계산하기

$$1\frac{2}{3}+2\frac{2}{5}=\frac{5}{3}+\frac{12}{5}=\frac{25}{15}+\frac{36}{15}=\frac{61}{15}=4\frac{1}{15}$$

필수 개념 문제

1 □ 안에 알맞은 수를 쓰세요.

$$1\frac{2}{5}+4\frac{6}{7}=1\frac{\square}{35}+4\frac{\square}{35}$$
$$=(1+4)+(\frac{\square}{35}+\frac{\square}{35})$$
$$=5+\frac{\square}{35}=5+\square\frac{\square}{35}$$
$$=\square$$

2 계산해 보세요.

(1) $1\frac{3}{4}+1\frac{1}{3}$　　(2) $2\frac{2}{3}+1\frac{4}{7}$

3 계산 결과를 비교하여 ○ 안에 >, =, <를 알맞게 쓰세요.

$1\frac{1}{2}+2\frac{5}{7}$ ○ $3\frac{1}{4}+1\frac{4}{5}$

4 계산 결과가 5보다 큰 것에 ○표 하세요.

$3\frac{3}{10}+1\frac{3}{4}$	$2\frac{4}{5}+2\frac{1}{6}$	$2\frac{1}{9}+2\frac{2}{3}$
(　　)	(　　)	(　　)

5 두 색 테이프의 길이의 합은 몇 m일까요?

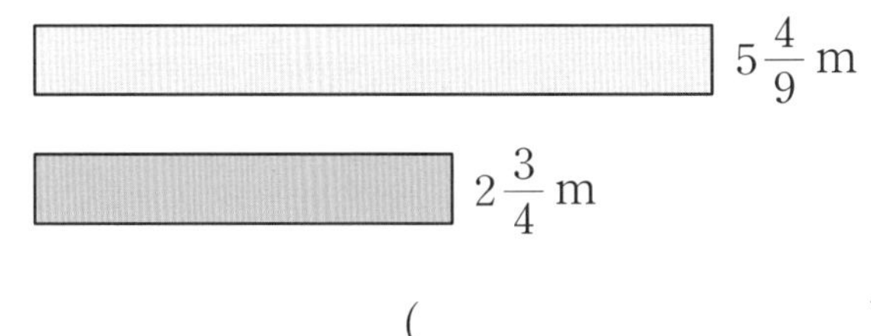

(　　　　　)

6 수 카드를 한 번씩 모두 사용하여 만들 수 있는 대분수 중에서 가장 큰 수와 가장 작은 수의 합을 구하세요.

3　5　7

(　　　　　)

분모가 다른 진분수의 뺄셈

▸ (진분수)−(진분수)

방법 1 분모의 곱으로 통분하기

$$\frac{5}{6}-\frac{1}{4}=\frac{5\times4}{6\times4}-\frac{1\times6}{4\times6}=\frac{20}{24}-\frac{6}{24}=\frac{14}{24}=\frac{7}{12}$$

공통분모를 구하기 쉽지만 수가 커져서 약분이 필요할 수 있습니다.

방법 2 분모의 최소공배수로 통분하기

$$\frac{5}{6}-\frac{1}{4}=\frac{5\times2}{6\times2}-\frac{1\times3}{4\times3}=\frac{10}{12}-\frac{3}{12}=\frac{7}{12}$$

계산 결과를 약분할 필요가 없거나 간단하게 나타낼 수 있습니다.

필수 개념 문제

1 보기 와 같은 방법으로 계산하세요.

보기

$$\frac{3}{4}-\frac{3}{10}=\frac{30}{40}-\frac{12}{40}=\frac{18}{40}=\frac{9}{20}$$

$\frac{5}{6}-\frac{7}{15}$

2 계산해 보세요.

(1) $\frac{3}{4}-\frac{1}{5}$ (2) $\frac{7}{12}-\frac{3}{8}$

(3) $\frac{7}{8}-\frac{3}{5}$ (4) $\frac{8}{9}-\frac{5}{6}$

3 계산 결과가 가장 큰 것을 찾아 기호를 쓰세요.

㉠ $\frac{3}{4}-\frac{3}{5}$ ㉡ $\frac{5}{7}-\frac{1}{2}$ ㉢ $\frac{1}{3}-\frac{2}{7}$

( )

4 길이가 $\frac{9}{10}$ m인 철사가 있습니다. 그중에서 $\frac{1}{4}$ m를 잘라서 사용했다면 남은 철사는 몇 m일까요?

( )

5 □ 안에 알맞은 수를 쓰세요.

$\square+\frac{4}{9}=\frac{11}{15}$

6 4장의 카드 중 2장을 골라 만들 수 있는 진분수 중 가장 큰 수와 가장 작은 수의 차를 구하세요.

( )

024 5-1 06 분수의 덧셈과 뺄셈

분모가 다른 대분수의 뺄셈

▶ (대분수)−(대분수)

방법 1 자연수 부분과 분수 부분으로 나누어 계산하기

분자끼리 뺄 수 없을 때는 자연수 부분에서 1을 받아내려 계산합니다.

$$3\frac{1}{3}-1\frac{3}{5}=3\frac{5}{15}-1\frac{9}{15}=2\frac{20}{15}-1\frac{9}{15}=(2-1)+(\frac{20}{15}-\frac{9}{15})$$

$$=1+\frac{11}{15}=1\frac{11}{15}$$

대분수는 (자연수＋분수)로 이루어졌으므로 뺄셈이라고 이 부분을 뺄셈으로 바꾸지 않도록 주의합니다.

방법 2 대분수를 모두 가분수로 고쳐서 계산하기

$$3\frac{1}{3}-1\frac{3}{5}=\frac{10}{3}-\frac{8}{5}=\frac{50}{15}-\frac{24}{15}=\frac{26}{15}=1\frac{11}{15}$$

대분수를 가분수로 나타내면 받아내림없이 계산할 수 있습니다.

필수 개념 문제

1 □ 안에 알맞은 수를 쓰세요.

$$3\frac{7}{9}-2\frac{2}{3}=\frac{\square}{9}-\frac{\square}{3}$$

$$=\frac{\square}{9}-\frac{\square}{9}$$

$$=\frac{\square}{9}=\square$$

2 계산해 보세요.

(1) $2\frac{1}{2}-1\frac{1}{5}$ (2) $4\frac{5}{12}-2\frac{4}{9}$

3 계산 결과를 비교하여 ◯ 안에 >, =, <를 알맞게 쓰세요.

$$2\frac{3}{8}-1\frac{5}{6} \bigcirc 3\frac{7}{12}-2\frac{5}{9}$$

4 직사각형에서 가로는 세로보다 몇 cm 더 길까요?

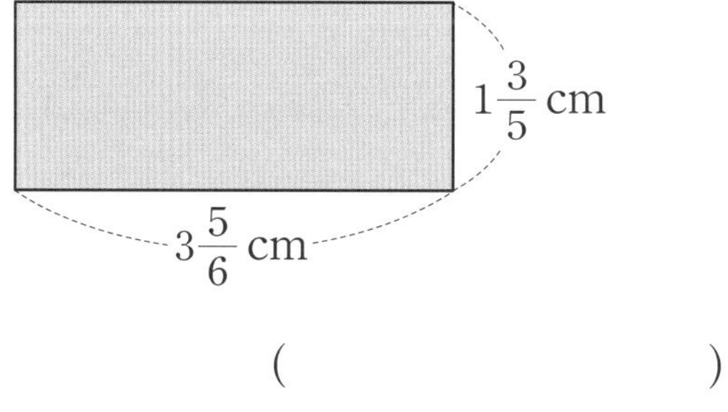

(　　　　　　　　)

5 귤 한 상자의 무게는 $2\frac{1}{5}$ kg입니다. 상자 안에 들어 있는 귤의 무게가 $1\frac{3}{4}$ kg이라면 상자 만의 무게는 몇 kg일까요?

(　　　　　　　　)

6 가장 큰 수와 가장 작은 수의 차를 구하세요.

$3\frac{2}{3}$　$4\frac{1}{2}$　$2\frac{3}{5}$

(　　　　　　　　)

실전개념 응용 문제

CASE 1 바르게 계산한 값 구하기

1 어떤 수에서 $\frac{4}{15}$를 빼야 할 것을 잘못하여 더했더니 $1\frac{3}{5}$이 되었습니다. 바르게 계산한 값을 구하세요.

(　　　　　　　　)

2 어떤 수에 $1\frac{5}{8}$를 더해야 할 것을 잘못하여 뺐더니 $1\frac{13}{20}$이 되었습니다. 바르게 계산한 값을 구하세요.

(　　　　　　　　)

3 어떤 수에서 $\frac{1}{6}$을 빼고 $\frac{17}{24}$을 더해야 할 것을 잘못하여 $\frac{1}{6}$을 더하고 $\frac{17}{24}$을 뺐더니 $\frac{3}{4}$이 되었습니다. 바르게 계산한 값을 구하세요.

(　　　　　　　　)

CASE 2 □ 안에 들어갈 수 있는 수 구하기

4 □ 안에 들어갈 수 있는 자연수는 모두 몇 개일까요?

$$\frac{\square}{9} < \frac{1}{3} + \frac{1}{5}$$

(　　　　　　　　)

5 □ 안에 들어갈 수 있는 자연수를 모두 쓰세요.

$$\frac{\square}{12} < \frac{7}{8} - \frac{1}{4}$$

(　　　　　　　　)

6 □ 안에 들어갈 수 있는 자연수 중에서 가장 큰 수를 구하세요.

$$\frac{11}{12} - \frac{7}{8} < \frac{\square}{120} < \frac{1}{3} + \frac{2}{15}$$

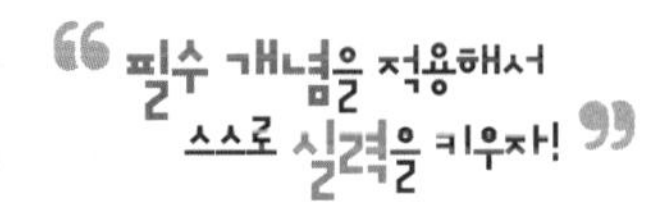

(　　　　　　　　)

CASE 3 이어 붙인 테이프의 전체 길이 구하기

7 길이가 $5\frac{1}{4}$ cm인 테이프 두 장을 $1\frac{1}{12}$ cm만큼 겹치게 이어 붙였습니다. 이어 붙인 색 테이프 전체의 길이는 몇 cm일까요?

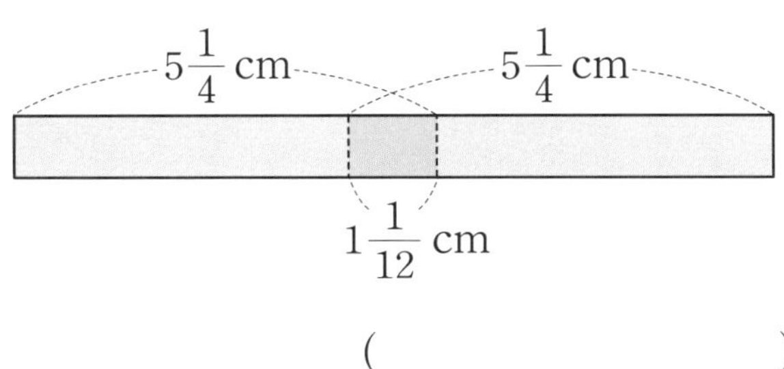

( )

8 길이가 $3\frac{3}{5}$ cm인 테이프 세 장을 $1\frac{1}{6}$ cm만큼 겹치게 이어 붙였습니다. 이어 붙인 색 테이프 전체의 길이는 몇 cm일까요?

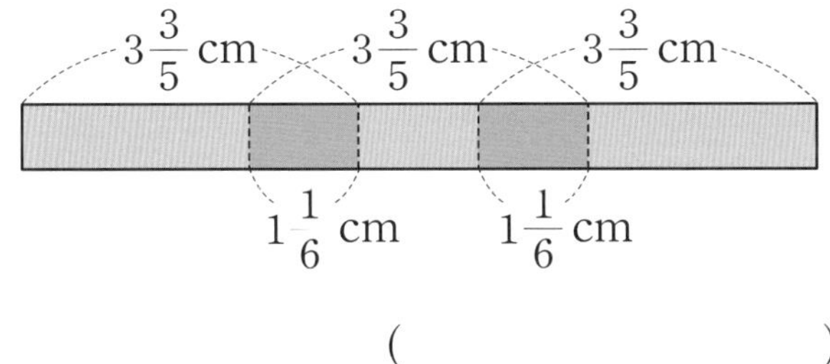

( )

9 그림에서 색칠한 부분의 길이를 구하세요.

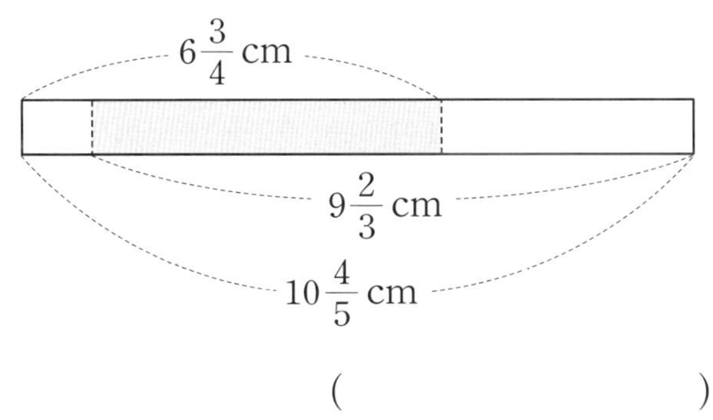

( )

CASE 4 수 카드로 분수 만들어 구하기

10 수 카드를 한 번씩만 사용하여 만들 수 있는 가장 큰 대분수와 가장 작은 대분수의 합을 구하세요.

3 5 8

( )

11 수 카드를 한 번씩만 사용하여 만들 수 있는 가장 큰 대분수와 가장 작은 대분수의 차를 구하세요.

1 6 7

( )

12 4장의 수 카드 중 3장을 골라 한 번씩만 사용하여 만들 수 있는 가장 큰 대분수와 가장 작은 대분수의 합을 구하세요.

3 5 8 9

( )

I 수와 연산

1 분모가 22보다 크고 32보다 작은 분수 중에서 $\frac{3}{5}$과 크기가 같은 분수를 모두 쓰세요.

( )

2 $\frac{36}{72}$을 약분한 분수가 아닌 것은 어느 것일까요?

( )

① $\frac{18}{36}$　② $\frac{1}{2}$　⑤ $\frac{9}{18}$

④ $\frac{12}{24}$　⑤ $\frac{4}{6}$

3 두 분수를 분모의 최소공배수를 공통분모로 하여 통분하려고 합니다. 공통분모가 같은 것끼리 선으로 이으세요.

$(\frac{3}{4}, \frac{2}{3})$ •	• $(\frac{3}{10}, \frac{3}{4})$
$(\frac{4}{9}, \frac{1}{2})$ •	• $(\frac{1}{6}, \frac{5}{12})$
$(\frac{3}{5}, \frac{1}{4})$ •	• $(\frac{1}{3}, \frac{7}{18})$

4 4장의 수 카드 중에서 2장을 뽑아 만들 수 있는 진분수 중에서 가장 큰 진분수를 구하세요.

1　2　3　5

( )

5 $\frac{20}{72}$의 분자에서 15를 뺐을 때 분모에서 얼마를 빼야 크기가 변하지 않을까요?

( )

6 어떤 두 기약분수를 통분하면 다음과 같습니다. 통분하기 전의 두 기약분수를 구하세요.

$(\frac{33}{45}, \frac{25}{45})$

( )

7 □ 안에 알맞은 수를 구하세요.

$\frac{\square}{8} = \frac{30}{48}$

( )

8 분모와 분자의 합이 28이고 차가 8인 진분수를 기약분수로 나타내세요.

( )

" 단원에서 배운 필수 개념들을 종합적으로 테스트하자! "

9 계산 결과를 비교하여 ○ 안에 >, =, <를 알맞게 쓰세요.

(1) $\frac{2}{5}+\frac{1}{3}$ ○ $\frac{5}{6}+\frac{2}{9}$

(2) $\frac{6}{7}+\frac{3}{4}$ ○ $\frac{1}{8}+\frac{3}{7}$

10 수 카드를 한 번씩 모두 사용하여 만들 수 있는 대분수 중에서 가장 큰 수와 가장 작은 수의 합을 구하세요.

2 5 8

(　　　　　　)

11 계산 결과가 가장 큰 것을 찾아 기호를 쓰세요.

㉠ $\frac{3}{5}-\frac{3}{7}$　㉡ $\frac{5}{8}-\frac{1}{3}$　㉢ $\frac{3}{4}-\frac{2}{5}$

(　　　　　　)

12 귤 한 상자의 무게는 $3\frac{1}{4}$ kg입니다. 상자 안에 들어 있는 귤의 무게가 $2\frac{3}{5}$ kg이라면 상자만의 무게는 몇 kg일까요?

(　　　　　　)

13 어떤 수에 $1\frac{1}{4}$을 더해야 할 것을 잘못하여 뺐더니 $1\frac{17}{20}$이 되었습니다. 바르게 계산한 값을 구하세요.

(　　　　　　)

14 □ 안에 들어갈 수 있는 자연수는 모두 몇 개일까요?

$\frac{\square}{2}<\frac{3}{4}+\frac{4}{5}$

(　　　　　　)

15 길이가 $4\frac{1}{5}$ cm인 테이프 두 장을 $1\frac{1}{8}$ cm만큼 겹치게 이어 붙였습니다. 이어 붙인 색 테이프 전체의 길이는 몇 cm일까요?

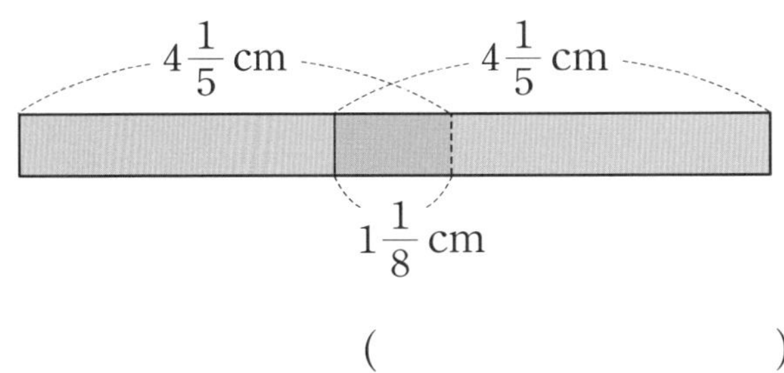

(　　　　　　)

16 수 카드를 한 번씩만 사용하여 만들 수 있는 가장 큰 대분수와 가장 작은 대분수의 합을 구하세요.

2 5 7

(　　　　　　)

I 수와 연산

(1) 정수와 유리수의 덧셈

① 부호가 같은 두 수의 덧셈: 두 수의 절댓값의 합에 공통인 부호

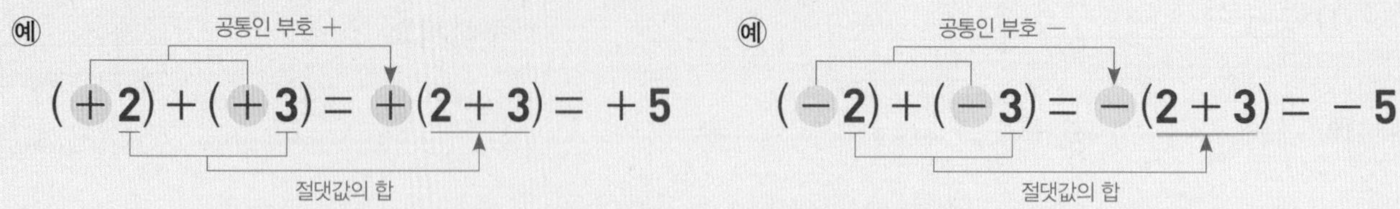

② 부호가 다른 두 수의 덧셈: 두 수의 절댓값의 차에 절댓값이 큰 수의 부호

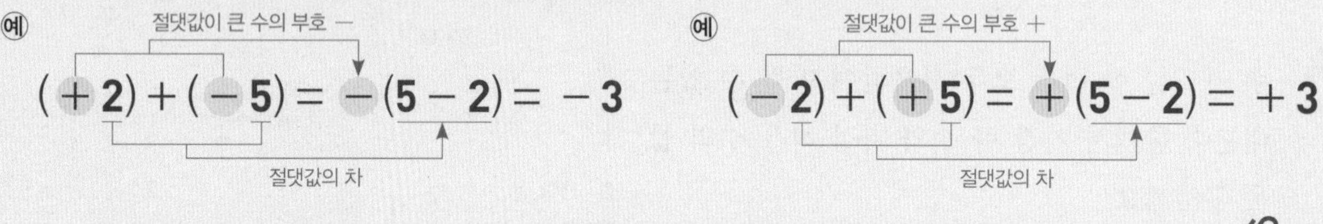

절댓값: 수직선 위의 원점에서 어떤 수를 나타내는 점까지의 거리

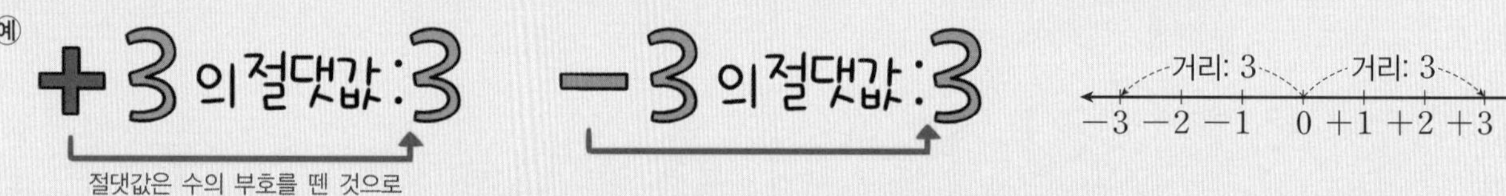

(2) 덧셈의 계산법칙: 세 수 a, b, c에 대하여

① 덧셈의 교환법칙: $a+b=b+a$
→ 두 수의 순서를 바꾸어 더해도 결과는 같아요.

② 덧셈의 결합법칙: $(a+b)+c=a+(b+c)$
→ 세 수 중 어느 두 수를 먼저 더해도 결과는 같아요.

예제 다음을 계산하시오.

(1) $(+3)+(+7)=+(3+7)=+10$

(2) $\left(-\frac{2}{3}\right)+\left(-\frac{4}{3}\right)=-\left(\frac{2}{3}+\frac{4}{3}\right)=-\frac{6}{3}=-2$

(3) $(+9)+(-16)=-(16-9)=-7$

(4) $(-1.2)+(+3.7)=+(3.7-1.2)=+2.5$

초등수학 개념과 연결된 중학수학 개념을 미리 만나보자!

(3) 정수와 유리수의 뺄셈: 빼는 수의 부호를 바꾸어 덧셈으로 고쳐서 계산

예 $(+3)-(+5)=(+3)+(-5)=-2$ (① 덧셈으로 바꾸고, ② 부호 바꾸기)

예 $(+3)-(-5)=(+3)+(+5)=+8$ (① 덧셈으로 바꾸고, ② 부호 바꾸기)

예제 다음을 계산하세요.

(1) $(+2)-(+9)=(+2)+(-9)=-(9-2)=-7$

(2) $(+\frac{1}{2})-(-\frac{1}{2})=(+\frac{1}{2})+(+\frac{1}{2})=+(\frac{1}{2}+\frac{1}{2})=+1$

(3) $(-11)-(+7)=(-11)+(-7)=-(11+7)=-18$

(4) $(-1.5)-(-4.5)=(-1.5)+(+4.5)=+(4.5-1.5)=+3$

(4) 덧셈과 뺄셈의 혼합 계산: 뺄셈을 덧셈으로 고치고 덧셈의 교환법칙과 결합법칙을 이용하여 계산

예
$$(-5)+(+13)-(+5)=(-5)+(+13)+(-5)$$ → 뺄셈을 덧셈으로 고치기
$$=(+13)+(-5)+(-5)$$ 덧셈의 교환법칙
$$=(+13)+\{(-5)+(-5)\}$$ 덧셈의 결합법칙
$$=(+13)+(-10)$$
$$=+(13-10)$$
$$=+3$$

(5) 부호가 생략된 수의 혼합 계산: 생략된 양의 부호를 넣은 후 계산

예
$$8-12-1=(+8)-(+12)-(+1)$$ → 8, 12, 1의 생략된 양의 부호 + 넣기
$$=(+8)+(-12)+(-1)$$ → 뺄셈을 덧셈으로 고치기
$$=(+8)+\{(-12)+(-1)\}$$
$$=(+8)+(-13)$$
$$=-5$$

(분수)×(자연수)

▶ (진분수)×(자연수)

$$\frac{3}{\cancel{8}_{4}}\times\cancel{10}^{5}=\frac{3\times5}{4}=\frac{15}{4}=3\frac{3}{4}$$

분모와 자연수가 약분이 되면 약분하여 계산하면 편리합니다.

▶ (대분수)×(자연수)

$$1\frac{1}{6}\times8=\frac{7}{\cancel{6}_{3}}\times\cancel{8}^{4}=\frac{28}{3}=9\frac{1}{3}$$

대분수를 가분수로 고친 뒤 약분이 되는지 확인하고 약분합니다.

필수 개념 문제

1 보기 와 같이 계산하세요.

보기

$$\frac{3}{\cancel{4}_{2}}\times\cancel{18}^{9}=\frac{3\times9}{2}=\frac{27}{2}=13\frac{1}{2}$$

$\frac{7}{12}\times20$

2 관계있는 것끼리 선으로 이으세요.

$\frac{4}{9}\times3$ •	• $1\frac{4}{5}$
$\frac{3}{10}\times6$ •	• $1\frac{1}{3}$
$\frac{5}{12}\times6$ •	• $2\frac{1}{2}$

3 계산 결과를 비교하여 ○ 안에 >, =, <를 알맞게 쓰세요.

$\frac{3}{4}\times5$ ○ $\frac{5}{16}\times12$

4 빈 곳에 알맞은 수를 쓰세요.

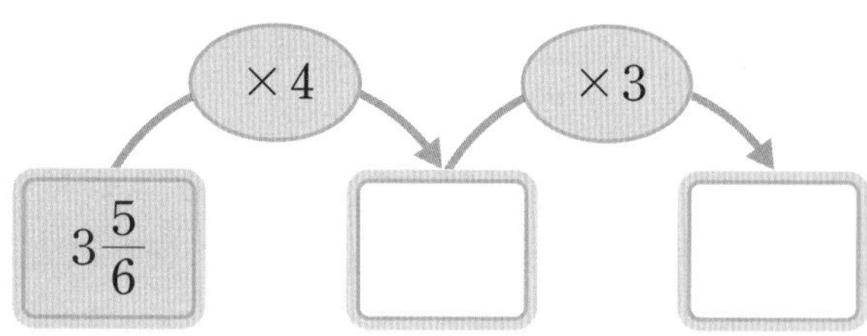

5 계산 결과가 더 작은 것을 찾아 기호를 쓰세요.

㉠ $3\frac{3}{8}\times4$ ㉡ $2\frac{1}{12}\times6$

( )

6 물이 일정하게 나오는 수도꼭지가 있습니다. 1분에 $1\frac{1}{5}$ L씩 나온다면 10분 동안 나오는 물은 모두 몇 L일까요?

( )

5-2 07 분수의 곱셈

(자연수)×(분수)

▶ (자연수)×(진분수)

$\overset{5}{\cancel{10}} \times \dfrac{3}{\underset{4}{\cancel{8}}} = \dfrac{5\times3}{4} = \dfrac{15}{4} = 3\dfrac{3}{4}$

025의 계산 결과와 비교해 봅니다.

▶ (자연수)×(대분수)

$8 \times 1\dfrac{1}{6} = \overset{4}{\cancel{8}} \times \dfrac{7}{\underset{3}{\cancel{6}}} = \dfrac{28}{3} = 9\dfrac{1}{3}$

(대분수)×(자연수)와 계산 순서가 바뀌었지만 결과는 같습니다.

필수 개념 문제

1 □ 안에 알맞은 수를 쓰세요.

$\overset{\square}{\cancel{10}} \times \dfrac{5}{\underset{\square}{\cancel{8}}} = \dfrac{\square\times5}{\square} = \dfrac{\square}{\square} = \square$

2 빈 곳에 알맞은 수를 쓰세요.

(→ ×, ↓ ×)

36	$\dfrac{5}{12}$	
$\dfrac{7}{8}$		

3 80 cm의 높이에서 공을 땅에 떨어뜨렸습니다. 공은 땅에 닿으면 떨어진 높이의 $\dfrac{3}{4}$만큼 튀어 오릅니다. 공이 땅에 한 번 닿았다가 튀어 올랐을 때의 높이는 몇 cm일까요?

( )

4 대분수를 가분수로 고쳐서 계산하세요.

$10 \times 2\dfrac{4}{15}$

5 지혜는 한 시간에 4 km를 걷습니다. 같은 빠르기로 1시간 30분 동안 걷는다면 지혜가 걸은 거리는 몇 km일까요?

( )

6 □ 안에 들어갈 수 있는 자연수는 모두 몇 개일까요?

$\square < 5 \times 1\dfrac{8}{35}$

( )

I 수와 연산

5-2 **07** 분수의 곱셈

진분수의 곱셈

▸ **(진분수)×(진분수)**

$$\frac{3}{\not{4}_{2}} \times \frac{\not{6}^{3}}{7} = \frac{9}{14}$$

- 주어진 곱셈식에서 바로 약분합니다.
- 분자끼리, 분모끼리 약분하지 않도록 주의합니다.

필수 개념 문제

1 계산을 하세요.

(1) $\frac{1}{5} \times \frac{1}{4}$ (2) $\frac{1}{5} \times \frac{3}{4}$

(3) $\frac{3}{5} \times \frac{4}{7}$ (4) $\frac{5}{6} \times \frac{9}{10}$

2 ◯ 안에 $>$, $=$, $<$를 알맞게 쓰세요.

(1) $\frac{1}{5} \times \frac{1}{4}$ ◯ $\frac{1}{5}$

(2) $\frac{2}{9} \times \frac{3}{8}$ ◯ $\frac{3}{8} \times \frac{2}{9}$

3 계산 결과가 $\frac{5}{7}$보다 큰 것을 모두 고르세요.

( )

① $\frac{5}{7} \times \frac{2}{3}$ ② $\frac{5}{7} \times 2$ ③ $\frac{5}{7} \times \frac{3}{8}$

④ $\frac{5}{7} \times 3$ ⑤ $\frac{5}{7} \times \frac{3}{4}$

4 호진이네 반 학생의 $\frac{3}{5}$은 남학생이고 남학생 중에서 $\frac{5}{8}$는 축구를 좋아합니다. 호진이네 반에서 축구를 좋아하는 남학생은 전체의 몇 분의 몇일까요?

( )

5 □ 안에 들어갈 수 있는 자연수는 모두 몇 개일까요?

$$\frac{1}{45} < \frac{1}{5} \times \frac{1}{\square} < \frac{1}{25}$$

( )

6 식용유 $\frac{5}{6}$ L가 있습니다. 그중에서 $\frac{9}{10}$를 튀김을 하는 데 사용하였습니다. 남은 식용유는 몇 L일까요?

( )

028 5-2 **07 분수의 곱셈**

여러 가지 분수의 곱셈

(대분수)×(대분수)

$$1\frac{2}{3}\times1\frac{4}{5}=\frac{\overset{1}{\cancel{5}}}{\underset{1}{\cancel{3}}}\times\frac{\overset{3}{\cancel{9}}}{\underset{1}{\cancel{5}}}=3$$

- 대분수를 가분수로 고쳐서 계산합니다.
- 약분할 때 분자와 분모의 수의 공약수를 이용합니다.

필수 개념 문제

1 보기 와 같이 계산하세요.

보기

$$1\frac{3}{4}\times1\frac{3}{7}=\frac{\overset{1}{\cancel{7}}}{\underset{2}{\cancel{4}}}\times\frac{\overset{5}{\cancel{10}}}{\underset{1}{\cancel{7}}}=\frac{5}{2}=2\frac{1}{2}$$

$1\frac{5}{6}\times3\frac{1}{3}$

2 빈 곳에 알맞은 수를 쓰세요.

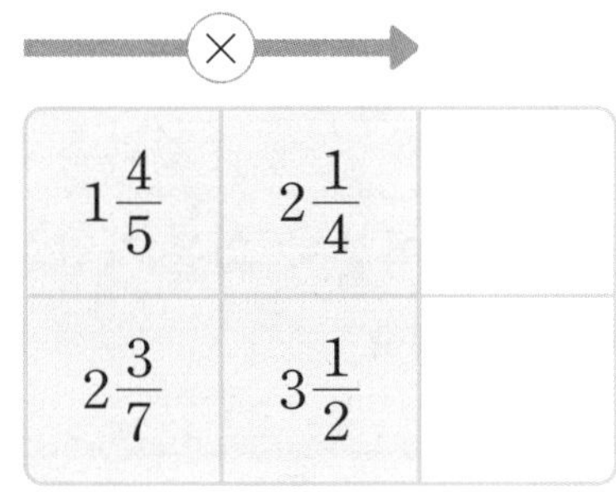

$1\frac{4}{5}$	$2\frac{1}{4}$	
$2\frac{3}{7}$	$3\frac{1}{2}$	

3 계산 결과를 비교하여 ○ 안에 >, =, <를 알맞게 쓰세요.

$2\frac{3}{4}\times1\frac{2}{5}$ ○ $2\frac{17}{20}$

4 ㉠과 ㉡을 계산한 값의 차를 구하세요.

㉠ $2\frac{1}{2}\times4\frac{1}{5}$ ㉡ $4\frac{2}{3}\times2\frac{5}{8}$

( )

5 직사각형의 넓이는 몇 cm^2인지 구하세요.

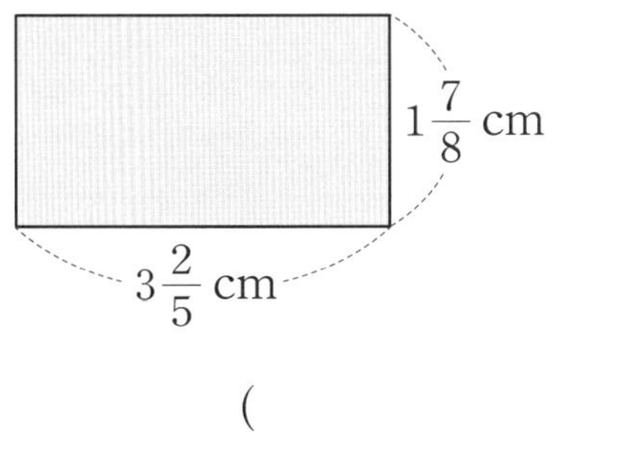

( )

6 □ 안에 들어갈 수 있는 자연수는 모두 몇 개일까요?

$3\frac{3}{8}\times2\frac{2}{9}>\square\frac{1}{5}$

( )

I 수와 연산

CASE 1 도형의 넓이 구하기

1 정사각형의 넓이는 몇 cm^2일까요?

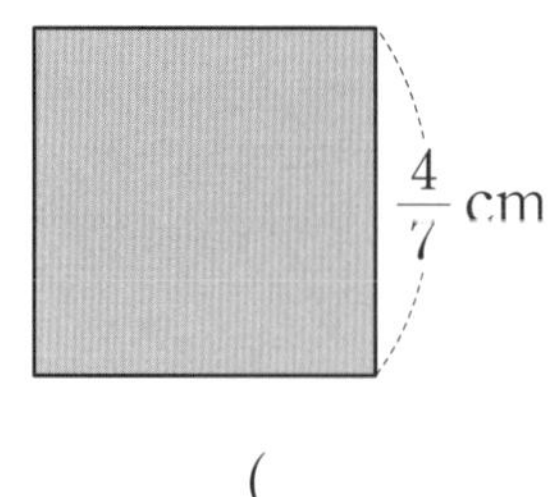

(　　　　　　　　)

2 직사각형의 넓이는 몇 m^2일까요?

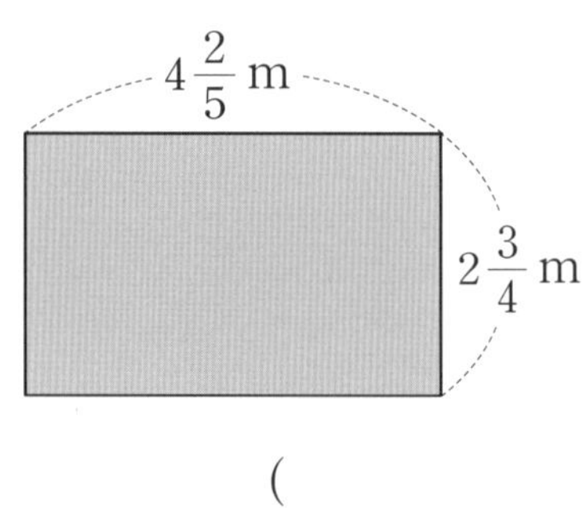

(　　　　　　　　)

3 삼각형의 넓이는 몇 cm^2일까요?

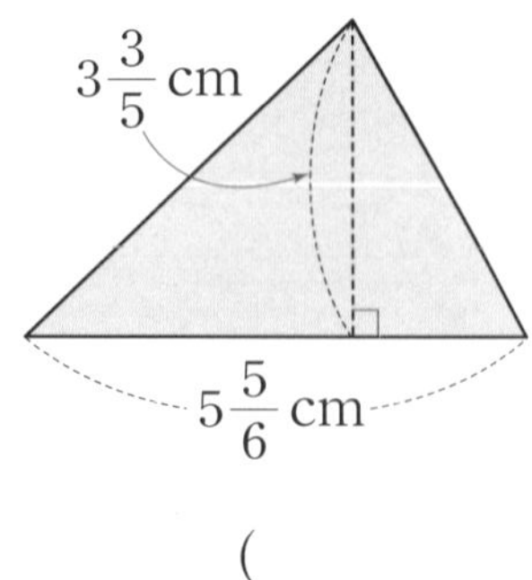

(　　　　　　　　)

CASE 2 □ 안에 들어갈 수 있는 수 구하기

4 □ 안에 들어갈 수 있는 자연수를 모두 구하세요.

$$\frac{1}{35} < \frac{1}{6} \times \frac{1}{\square}$$

(　　　　　　　　)

5 □ 안에 들어갈 수 있는 자연수는 모두 몇 개일까요?

$$\frac{1}{40} < \frac{1}{5} \times \frac{1}{\square} < \frac{1}{10}$$

(　　　　　　　　)

6 □ 안에 들어갈 수 있는 자연수 중에서 가장 큰 수를 구하세요.

$$2\frac{3}{4} \times 1\frac{5}{11} < \square < 5\frac{2}{5} \times 2\frac{1}{9}$$

(　　　　　　　　)

CASE 3 이어 붙인 테이프의 전체 길이 구하기

7 길이가 $\frac{5}{6}$ m인 테이프 4장을 $\frac{1}{12}$ m씩 겹치게 이어 붙였습니다. 이어 붙인 테이프 전체의 길이는 몇 m일까요?

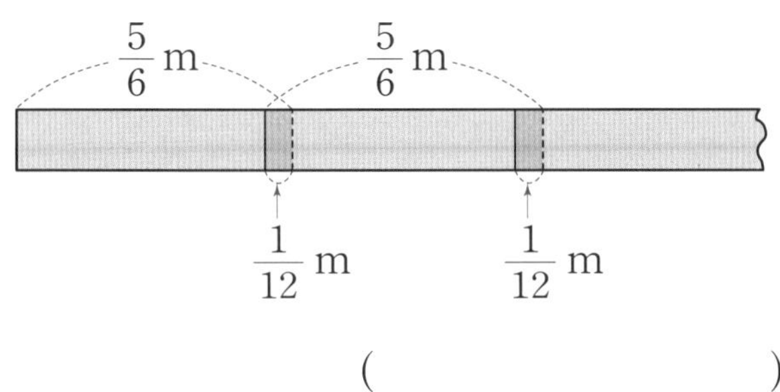

( )

8 길이가 $1\frac{3}{4}$ m인 테이프 8장을 $\frac{1}{8}$ m씩 겹치게 이어 붙였습니다. 이어 붙인 테이프 전체의 길이는 몇 m일까요?

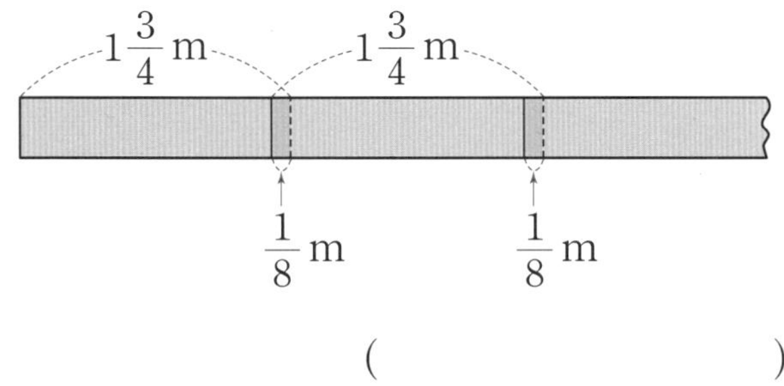

( )

9 길이가 $1\frac{3}{5}$ m인 테이프 10장을 $\frac{1}{6}$ m씩 겹치게 이어 붙였습니다. 이어 붙인 테이프 전체의 길이는 몇 m일까요?

( )

CASE 4 시간을 분수로 나타내어 구하기

10 어느 자동차는 한 시간에 90 km를 달립니다. 이 자동차가 같은 빠르기로 1시간 20분 동안 달린 거리는 몇 km일까요?

( )

11 지우는 한 시간에 4 km를 걷습니다. 지우가 같은 빠르기로 1시간 15분 동안 걸은 거리는 몇 km일까요?

( )

12 하루에 1분 30초씩 늦어지는 시계가 있습니다. 이 시계를 오늘 정오에 정확히 맞추었다면 10일 후 정오에 이 시계는 몇 시 몇 분을 가리킬까요?

( )

(소수)×(자연수)

▶ (소수)×(자연수)

방법 1 소수를 분수로 바꾸어 계산하기

$$1.2 \times 4 = \frac{12}{10} \times 4 = \frac{48}{10} = 4.8$$

소수 한 자리 수는 분모가 10인 분수로 나타내고 결과를 소수로 나타내야 하므로 분모 10을 약분하지 않습니다.

방법 2 세로셈으로 계산하기

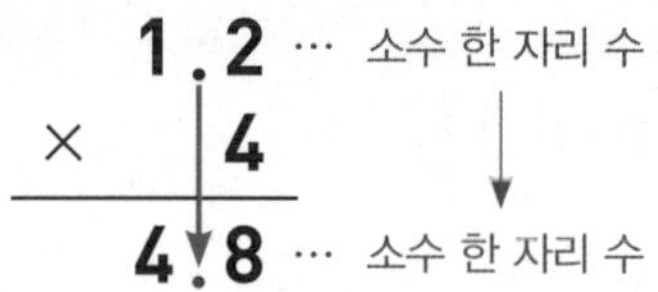

자연수의 곱셈과 같은 방법으로 계산하고 소수점을 위치에 맞게 찍어 줍니다.

필수 개념 문제

1 소수를 분수로 고쳐서 계산하세요.

(1) $0.2 \times 9 = \frac{\square}{10} \times 9 = \frac{\square}{10} = \square$

(2) $4.3 \times 5 = \frac{\square}{10} \times 5 = \frac{\square}{10} = \square$

2 자연수의 곱셈을 이용하여 계산하세요.

$$\begin{array}{r} 17 \\ \times \quad 3 \\ \hline 51 \end{array} \Rightarrow \begin{array}{r} 1.7 \\ \times \quad 3 \\ \hline \square \end{array}$$

3 계산하세요.

(1) 0.4×4

(2) 2.2×6

(3) $\begin{array}{r} 0.5 \\ \times \quad 9 \\ \hline \end{array}$

(4) $\begin{array}{r} 7.3 \\ \times \quad 8 \\ \hline \end{array}$

4 계산 결과를 비교하여 ◯ 안에 >, =, <를 알맞게 쓰세요.

(1) 0.4×16 ◯ 0.3×19

(2) 9.2×4 ◯ 5.3×7

5 계산 결과가 작은 것부터 차례로 기호를 쓰세요.

㉠ 0.7×14 ㉡ 1.48×8 ㉢ 0.6×17

( )

6 □ 안에 알맞은 수를 쓰세요.

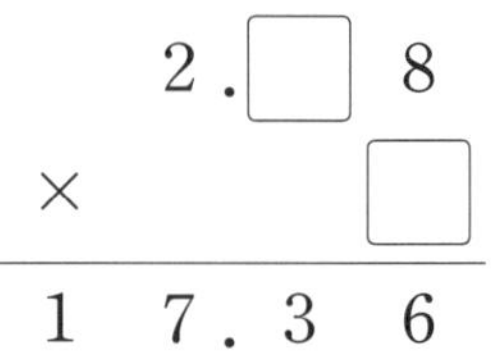

030 5-2 08 소수의 곱셈

(자연수)×(소수)

▸ (자연수)×(소수)

방법 1 소수를 분수로 바꾸어 계산하기

$$4 \times 1.2 = 4 \times \frac{12}{10} = \frac{48}{10} = 4.8$$

(소수)×(자연수)와 계산 순서가 바뀌었지만 결과는 같습니다.

방법 2 세로셈으로 계산하기

$$\begin{array}{r} 4 \\ \times\ 1.2 \\ \hline 4.8 \end{array}$$

1.2 … 소수 한 자리 수
4.8 … 소수 한 자리 수

자연수의 곱셈과 같은 방법으로 계산하고 소수점을 위치에 맞게 찍어 줍니다.

필수 개념 문제

1 보기 와 같이 소수를 분수로 고쳐서 계산하세요.

보기

$$3\times0.5=3\times\frac{5}{10}=\frac{3\times5}{10}=\frac{15}{10}=1.5$$

7×1.3

2 □ 안에 알맞은 수를 쓰세요.

$$\begin{array}{r} 1\ 2 \\ \times\ 1.6 \\ \hline \end{array} \Rightarrow \begin{array}{r} 1\ 2 \\ \times\ 1\ 6 \\ \hline \square \\ \square\ \ \\ \hline \square \end{array} \Rightarrow \begin{array}{r} 1\ 2 \\ \times\ 1.6 \\ \hline \square \end{array}$$

3 계산 결과를 비교하여 ○ 안에 >, =, <를 알맞게 쓰세요.

17×0.4 ○ 13×0.6

4 평행사변형의 넓이는 몇 cm^2인지 구하세요.

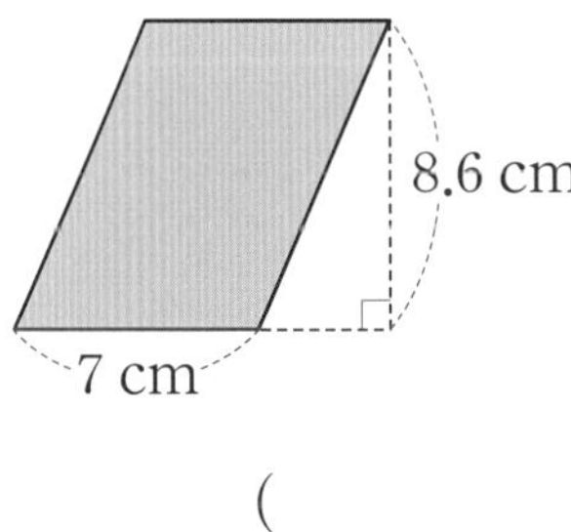

(   )

5 계산 결과가 큰 것부터 차례로 기호를 쓰세요.

㉠ 6×3.57 ㉡ 4×5.23 ㉢ 5×4.34

(   )

6 $28\times56=1568$입니다. □ 안에 알맞은 수를 쓰세요.

$28\times\square=15.68$

(소수)×(소수) ①

(1보다 작은 소수)×(1보다 작은 소수)

방법 1 소수를 분수로 바꾸어 계산하기

$$0.3 \times 0.8 = \frac{3}{10} \times \frac{8}{10} = \frac{24}{100} = 0.24$$

방법 2 세로셈으로 계산하기

$$\begin{array}{r} 0.3 \\ \times\ 0.8 \\ \hline 0.24 \end{array}$$

0.3 ··· 소수 한 자리 수
⊕
0.8 ··· 소수 한 자리 수
∥
0.24 ··· 소수 두 자리 수

자연수의 곱셈과 같은 방법으로 계산하고
소수점의 위치에 맞게 찍어 줍니다.

필수 개념 문제

1 소수를 분수로 고쳐서 계산하세요.

$$0.4 \times 0.8 = \frac{\square}{10} \times \frac{\square}{10} = \frac{\square}{100} = \square$$

2 자연수의 곱셈을 이용하여 계산하세요.

$$\begin{array}{r} 0.3 \\ \times\ 0.9 \\ \hline \end{array} \Rightarrow \begin{array}{r} 3 \\ \times\ 9 \\ \hline \square \end{array} \Rightarrow \begin{array}{r} 0.3 \\ \times\ 0.9 \\ \hline \square \end{array}$$

3 계산하세요.

(1) 0.4×0.7

(2) 0.2×0.67

(3) 0.35×0.06

4 계산 결과가 가장 큰 것의 기호를 쓰세요.

㉠ 0.76×0.9
㉡ 0.8×0.6
㉢ 0.5×0.13

( )

5 가장 큰 수와 가장 작은 수의 곱을 구하세요.

1.6 2.5 7.8 4.3

( )

6 가로가 0.67 m, 세로가 0.4 m인 직사각형 모양의 도화지가 있습니다. 도화지의 넓이는 몇 m^2인지 구하세요.

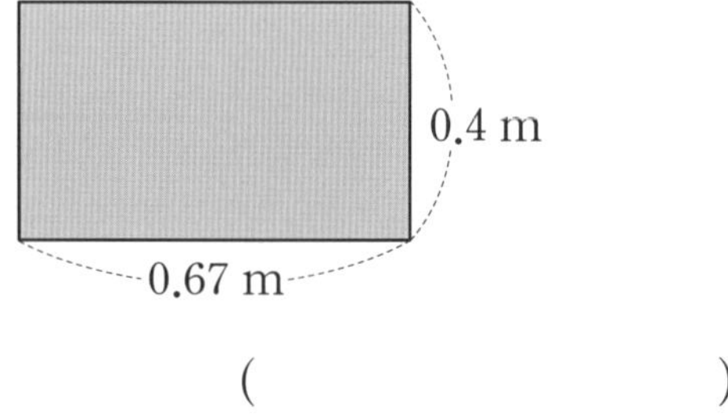

( )

5-2 08 소수의 곱셈

(소수)×(소수) ②

(1보다 큰 소수)×(1보다 큰 소수)

방법 1 소수를 분수로 바꾸어 계산하기

$$1.2\times1.8=\frac{12}{10}\times\frac{18}{10}=\frac{216}{100}=2.16$$

방법 2 세로셈으로 계산하기

$$\begin{array}{r} 1.2 \\ \times\ 1.8 \\ \hline 2.16 \end{array}$$

1.2 … 소수 한 자리 수 ⊕ 1.8 … 소수 한 자리 수 ‖ 2.16 … 소수 두 자리 수

자연수의 곱셈과 같은 방법으로 계산하고 소수점의 위치에 맞게 찍어 줍니다.

곱의 소수점의 위치

곱의 소수점 아래 자리 수는 곱하는 두 소수의 소수점 아래 자리 수의 합과 같습니다.

0.6 × 0.7 = 0.42
(소수 한 자리 수)⊕(소수 한 자리 수)=(소수 두 자리 수)

0.6 × 0.07 = 0.042
(소수 한 자리 수)⊕(소수 두 자리 수)=(소수 세 자리 수)

0.06 × 0.7 = 0.042
(소수 두 자리 수)⊕(소수 한 자리 수)=(소수 세 자리 수)

I 수와 연산

필수 개념 문제

1 소수를 분수로 고쳐서 계산하세요.

$$1.6\times2.1=\frac{\square}{10}\times\frac{\square}{10}=\frac{\square}{100}=\square$$

2 계산 결과를 비교하여 ○ 안에 >, =, <를 알맞게 쓰세요.

1.3×2.18 ○ 1.06×1.9

3 계산 결과가 가장 큰 것의 기호를 쓰세요.

㉠ 2.7×6.5	㉡ 16.8
㉢ 4.3×3.8	㉣ 17.5

( )

4 67×824=55208입니다. 계산이 맞도록 곱의 결과에 소수점을 찍으세요.

(1) 6.7×82.4=5 5 2 0 8

(2) 0.67×8.24=5 5 2 0 8

5 38×75=2850입니다. □ 안에 알맞은 수를 쓰세요.

(1) 0.38×□=2.85

(2) □×7.5=28.5

6 오빠의 몸무게는 정민이 몸무게의 1.6배입니다. 정민이의 몸무게가 36.7 kg이라면 오빠의 몸무게는 몇 kg일까요?

( )

CASE 1 도형의 넓이 구하기

1 직사각형의 가로는 세로의 1.2배입니다. 세로가 2.5 cm라면 넓이는 몇 cm^2일까요?

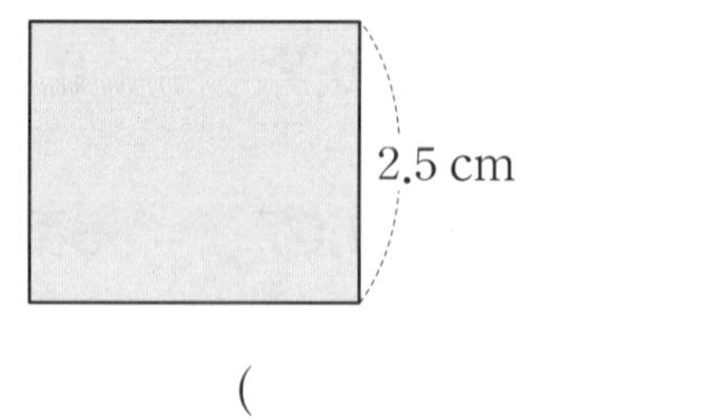

(　　　　　　　　　　)

2 평행사변형의 넓이는 몇 cm^2일까요?

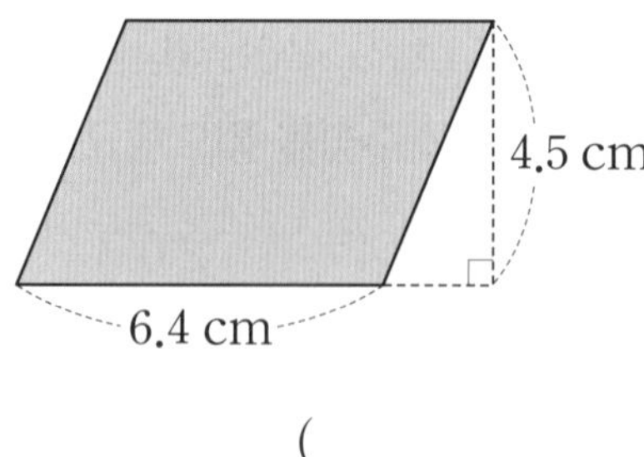

(　　　　　　　　　　)

3 정사각형의 네 변의 가운데 점을 이어 마름모를 그렸습니다. 마름모의 넓이는 몇 cm^2일까요?

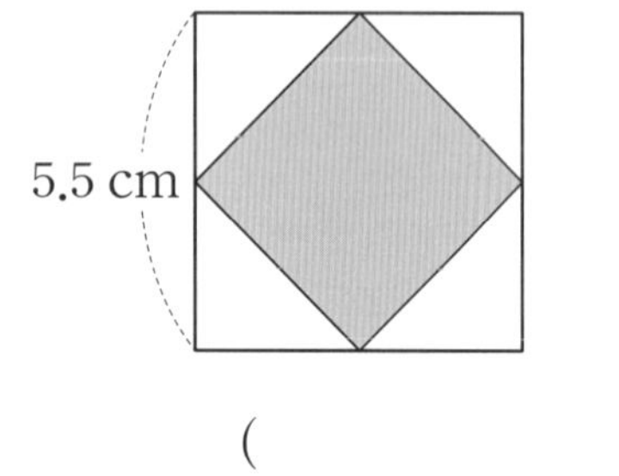

(　　　　　　　　　　)

CASE 2 □ 안에 들어갈 수 있는 수 구하기

4 □ 안에 들어갈 수 있는 수 중에서 가장 큰 자연수를 구하세요.

$\square < 4.3 \times 2.45$

(　　　　　　　　　　)

5 □ 안에 들어갈 수 있는 수 중에서 가장 작은 자연수를 구하세요.

$\square > 1.25 \times 3.8$

(　　　　　　　　　　)

6 □ 안에 들어갈 수 있는 자연수는 모두 몇 개인지 구하세요.

$5.5 \times 0.7 < \square < 6.8 \times 1.3$

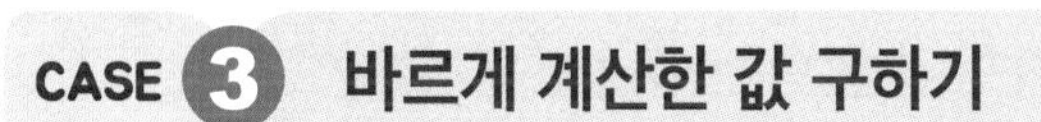

(　　　　　　　　　　)

CASE 3 바르게 계산한 값 구하기

7 어떤 수에 3.6을 곱해야 할 것을 잘못하여 더했더니 8.2가 되었습니다. 바르게 계산하면 얼마일까요?

( )

8 어떤 수에 2.8을 곱해야 할 것을 잘못하여 뺐더니 5.4가 되었습니다. 바르게 계산하면 얼마일까요?

( )

9 어떤 수에 1.5를 곱해야 할 것을 잘못하여 나누었더니 40이 되었습니다. 바르게 계산하면 얼마일까요?

( )

CASE 4 수 카드로 만든 소수의 곱 구하기

10 4장의 카드 중에서 3장을 골라 소수 한 자리 수를 만들려고 합니다. 만들 수 있는 소수 중에서 가장 큰 수와 가장 작은 수의 곱을 구하세요.

. 3 7 9

( )

11 5장의 카드 중에서 4장을 골라 소수 두 자리 수를 만들려고 합니다. 만들 수 있는 소수 중에서 가장 큰 수와 가장 작은 수의 곱을 구하세요.

. 1 2 5 8

( )

12 6장의 카드 중에서 4장을 골라 소수를 만들려고 합니다. 만들 수 있는 소수 중에서 가장 큰 수와 가장 작은 수의 곱을 구하세요.

. 2 4 5 7 9

( )

5학년 총정리 TEST ③

1 같은 것끼리 선으로 이으세요.

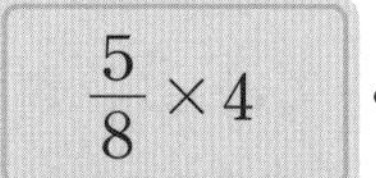

$\frac{5}{8}\times 4$ •	• $7\frac{1}{2}$
$\frac{8}{15}\times 10$ •	• $2\frac{1}{2}$
$\frac{5}{6}\times 9$ •	• $5\frac{1}{3}$

2 대분수를 가분수로 고쳐서 계산하세요.

$12\times 1\frac{9}{10}$

3 □ 안에 들어갈 수 있는 자연수는 모두 몇 개일까요?

$$\frac{1}{49}<\frac{1}{7}\times\frac{1}{\square}<\frac{1}{21}$$

(　　　　　　　　)

4 ㉠과 ㉡을 계산한 값의 차를 구하세요.

㉠ $1\frac{1}{5}\times 3\frac{3}{4}$　　㉡ $2\frac{2}{5}\times 4\frac{1}{8}$

(　　　　　　　　)

5 직사각형의 넓이는 몇 m^2일까요?

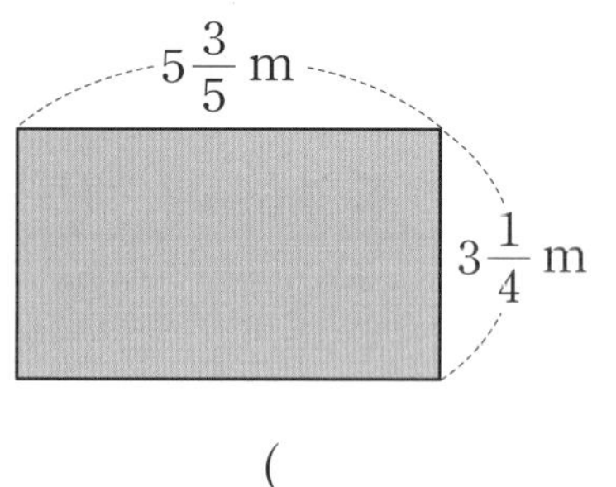

(　　　　　　　　)

6 길이가 $\frac{4}{5}$ m인 테이프 4장을 $\frac{1}{10}$ m씩 겹치게 이어 붙였습니다. 이어 붙인 테이프 전체의 길이는 몇 m일까요?

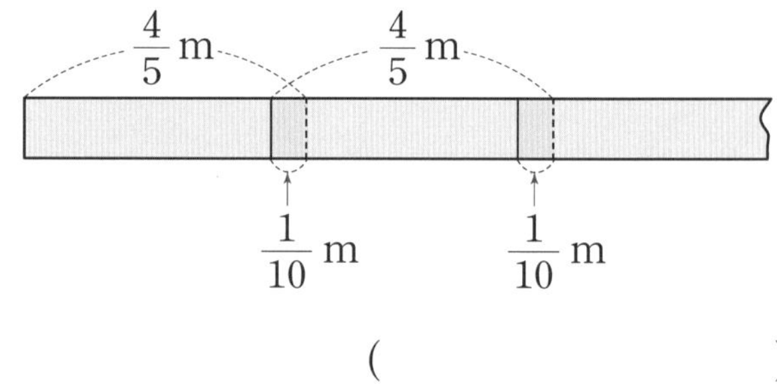

(　　　　　　　　)

7 우진이는 한 시간에 5 km를 걷습니다. 우진이가 같은 빠르기로 1시간 20분 동안 걸은 거리는 몇 km일까요?

(　　　　　　　　)

8 계산 결과가 작은 것부터 차례로 기호를 쓰세요.

㉠ 0.8×15	㉡ 0.4×29
㉢ 1.34×6	㉣ 2.6×8

( )

9 $34 \times 48 = 1632$입니다. □ 안에 알맞은 수를 쓰세요.

$$34 \times \square = 16.32$$

10 계산하세요.

(1) 0.3×0.8

(2) 0.6×0.57

(3) 0.25×0.04

11 오빠의 몸무게는 수아 몸무게의 1.4배입니다. 수아의 몸무게가 35.8 kg이라면 오빠의 몸무게는 몇 kg일까요?

( )

12 정사각형의 네 변의 가운데 점을 이어 마름모를 그렸습니다. 마름모의 넓이는 몇 cm^2일까요?

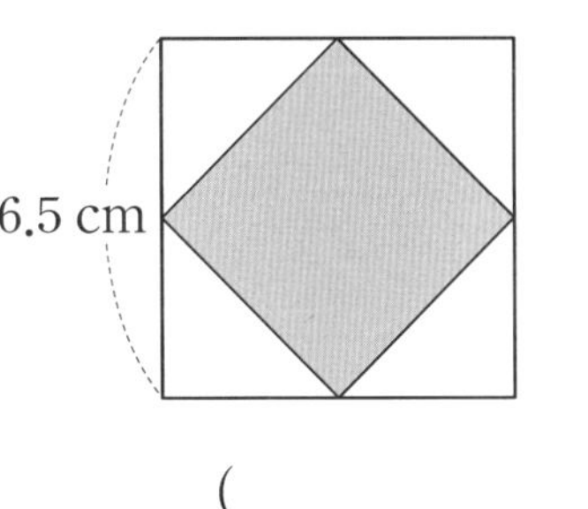

( )

13 □ 안에 들어갈 수 있는 수 중에서 가장 작은 자연수를 구하세요.

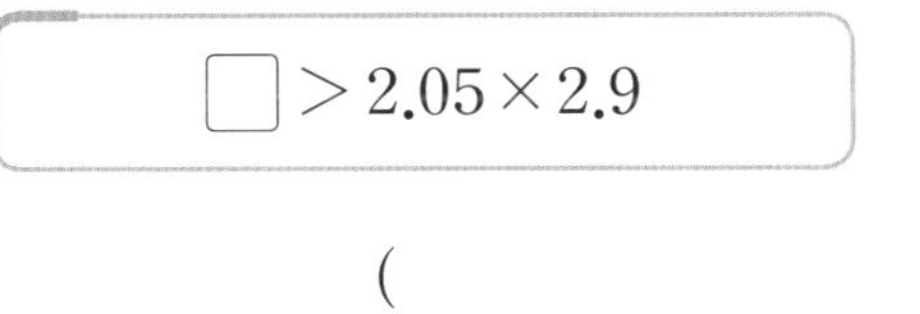

( )

14 어떤 수에 3.6을 곱해야 할 것을 잘못하여 3.6을 뺐더니 8.5가 되었습니다. 바르게 계산하면 얼마일까요?

( )

15 4장의 카드 중에서 3장을 골라 소수 한 자리 수를 만들려고 합니다. 만들 수 있는 소수 중에서 가장 큰 수와 가장 작은 수의 곱을 구하세요.

. 2 6 8

( )

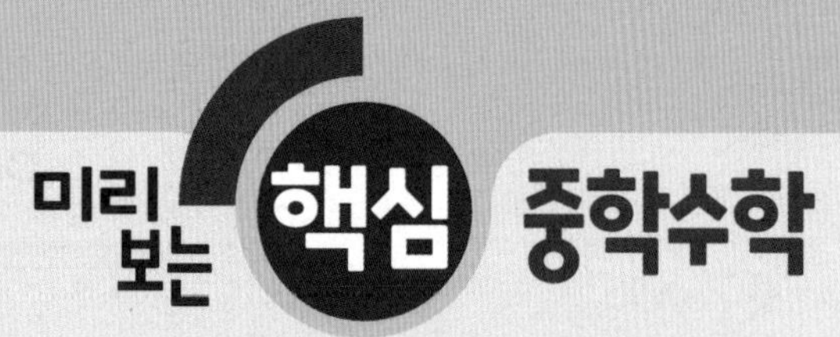

① 부호가 같은 두 수의 곱셈: 두 수의 절댓값의 곱에 양의 부호

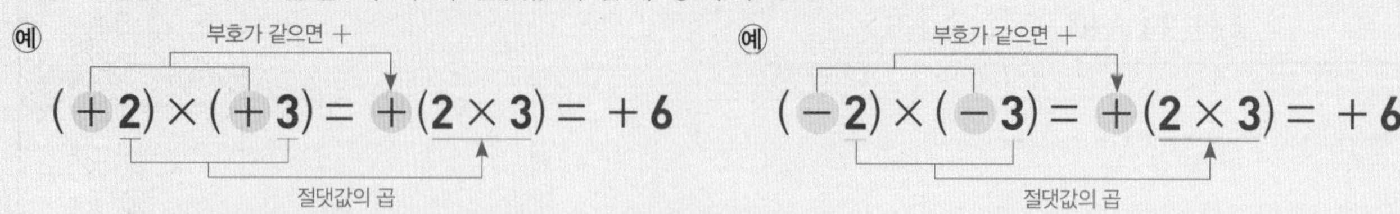

② 부호가 다른 두 수의 곱셈: 두 수의 절댓값의 곱에 음의 부호

예 (부호가 다르면 −, 절댓값의 곱)

$$(+2)\times(-3)=-(2\times3)=-6$$

예 (부호가 다르면 −, 절댓값의 곱)

$$(-2)\times(+3)=-(2\times3)=-6$$

예제 다음을 계산하시오.

(1) $(+4)\times(+5)=+(4\times5)=+20$

(2) $(-7)\times(-3)=+(7\times3)=+21$

(3) $(+2)\times(-15)=-(2\times15)=-30$

(4) $(-\frac{3}{8})\times(+\frac{4}{5})=-(\frac{3}{8}\times\frac{4}{5})=-\frac{3}{10}$

(2) 곱셈의 계산법칙: 세 수 a, b, c에 대하여

① 곱셈의 교환법칙: $a\times b=b\times a$

→ 두 수의 순서를 바꾸어 곱해도 결과는 같아요.

② 곱셈의 결합법칙: $(a\times b)\times c=a\times(b\times c)$

→ 세 수 중 어느 두 수를 먼저 곱해도 결과는 같아요.

예제 다음을 계산하시오.

(1) $(+3)\times(+4)=(+4)\times(+3)=+12$

(2) $\{(+4)\times(+2)\}\times(+3)=(+4)\times\{(+2)\times(+3)\}=+24$

초등수학 개념과 연결된 중학수학 개념을 미리 만나보자!

(3) **셋 이상의 유리수의 곱셈**: 각 수의 절댓값의 곱에 부호를 결정하여 붙인다.

① 곱해진 음수가 짝수개이면 ➡ 부호는 +

예 $(-2)\times(-3)\times(+5)=+(2\times3\times5)=+30$

음수 2개

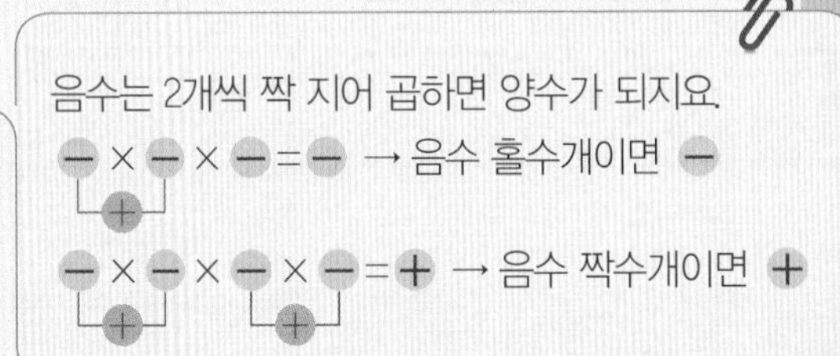

② 곱해진 음수가 홀수개이면 ➡ 부호는 −

예 $(-2)\times(-3)\times(-5)=-(2\times3\times5)=-30$

음수 3개

예제 다음을 계산하시오.

(1) $(-1)\times(-2)\times(-3)\times(+4)=-(1\times2\times3\times4)=-24$

(2) $(+3)\times(-\frac{1}{3})\times(+5)\times(-\frac{1}{5})=+(3\times\frac{1}{3}\times5\times\frac{1}{5})=+1$

(4) **분배법칙**: 세 수 a, b, c에 대하여

① $a\times(b+c)=\underset{①}{a\times b}+\underset{②}{a\times c}$

예 $35\times(-\frac{1}{5}+\frac{1}{7})=35\times(-\frac{1}{5})+35\times\frac{1}{7}=-7+5=-2$

② $(a+b)\times c=\underset{①}{a\times c}+\underset{②}{b\times c}$

예 $(10-2)\times25=10\times25-2\times25=250-50=200$

예제 다음을 계산하시오.

(1) $17\times(100+1)=17\times100+17\times1=1700+17=1717$

(2) $(\frac{2}{3}-\frac{1}{4})\times12=\frac{2}{3}\times12-\frac{1}{4}\times12=8-3=5$

(진분수)÷(자연수)

▶ 분수의 곱셈으로 바꾸어 계산하기

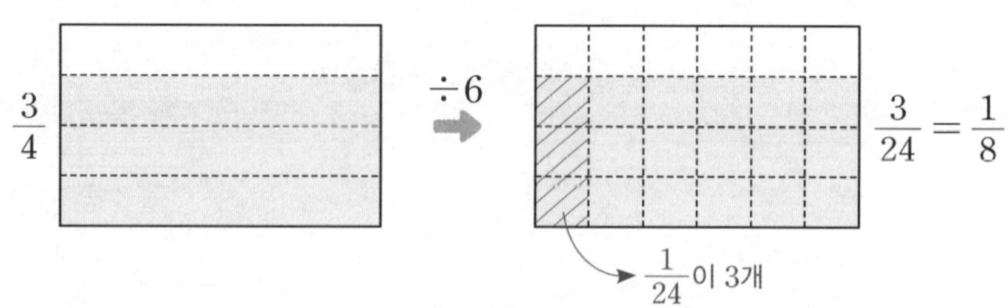

$$\frac{3}{4} \div 6 = \frac{\cancel{3}^{1}}{4} \times \frac{1}{\cancel{6}_{2}} = \frac{1}{8}$$

계산 과정에서 약분이 되면 약분합니다.

÷를 ×로 바꾸고 자연수를 단위분수로 바꿔 줍니다.

필수 개념 문제

1 보기 와 같이 계산하세요.

보기

$$\frac{2}{3} \div 3 = \frac{2}{3} \times \frac{1}{3} = \frac{2}{9}$$

(1) $\frac{5}{7} \div 2$

(2) $\frac{7}{9} \div 5$

2 나눗셈의 몫의 크기를 비교하여 ○ 안에 >, =, <를 알맞게 쓰세요.

$$\frac{6}{7} \div 4 \bigcirc \frac{9}{10} \div 3$$

3 오른쪽 정사각형의 둘레는 $\frac{7}{9}$ m입니다. 한 변은 몇 m일까요?

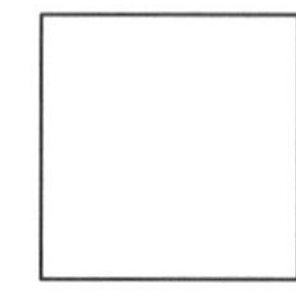

(　　　　　)

4 나눗셈의 몫이 다른 하나를 찾아 기호를 쓰세요.

㉠ $\frac{3}{4} \div 12$　㉡ $\frac{1}{2} \div 8$　㉢ $\frac{5}{8} \div 15$

(　　　　　)

5 나눗셈을 하여 기약분수로 나타내세요.

(1) $\frac{21}{5} \div 7$

(2) $\frac{24}{7} \div 9$

6 나눗셈의 몫이 가장 작은 것에 ○표 하세요.

$\frac{1}{8} \div 5$	$\frac{4}{5} \div 8$	$\frac{7}{10} \div 14$
(　　)	(　　)	(　　)

6-1 09 분수의 나눗셈(1)

(대분수)÷(자연수)

▶ 대분수를 가분수로 바꾸어 계산하기

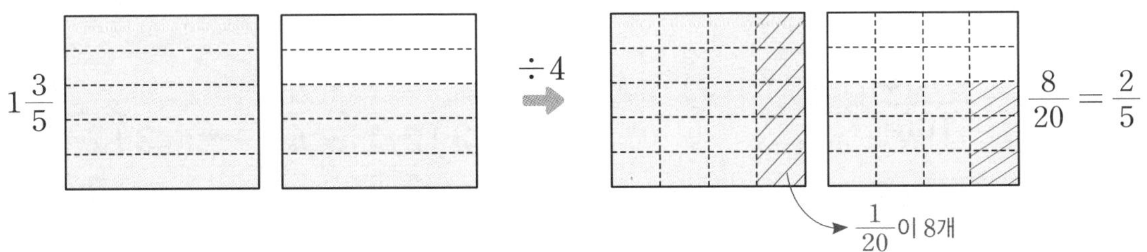

$1\frac{3}{5} \div 4 = \frac{8}{5} \div 4 = \frac{\overset{2}{\cancel{8}}}{5} \times \frac{1}{\underset{1}{\cancel{4}}} = \frac{2}{5}$

계산 과정에서 약분이 되면 약분합니다.

대분수를 가분수로 고칩니다.

÷를 ×로 바꾸고 자연수를 단위분수로 바꿔 줍니다.

필수 개념 문제

1 보기 와 같이 계산하세요.

보기

$1\frac{5}{6} \div 5 = \frac{11}{6} \times \frac{1}{5} = \frac{11}{30}$

(1) $2\frac{3}{7} \div 4$

(2) $3\frac{1}{8} \div 9$

2 빈 곳에 알맞은 기약분수를 쓰세요.

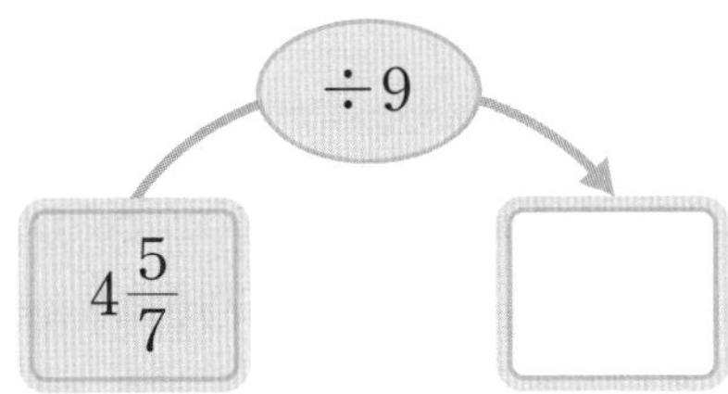

3 나눗셈의 몫의 크기를 비교하여 ○ 안에 >, =, <를 알맞게 쓰세요.

$3\frac{1}{5} \div 6$ ○ $4\frac{2}{3} \div 8$

4 몫이 $\frac{1}{2}$보다 큰 것을 모두 고르세요.

( )

① $4\frac{1}{5} \div 7$ ② $1\frac{2}{9} \div 3$ ③ $2\frac{1}{3} \div 5$

④ $3\frac{6}{7} \div 6$ ⑤ $6\frac{3}{4} \div 9$

5 바구니에 들어 있는 포도 $3\frac{1}{4}$ kg을 5명이 똑같이 나누어 먹었습니다. 한 명이 먹은 포도는 몇 kg일까요?

( )

6 □ 안에 알맞은 기약분수를 구하세요.

$5 \times \square = 3\frac{4}{7}$

( )

(소수)÷(자연수)

▸ **21.54÷3의 계산**

방법 1 분수의 나눗셈으로 바꾸어 계산하기

$$21.54 \div 3 = \frac{2154}{100} \div 3$$

$$= \frac{2154 \div 3}{100} = \frac{718}{100}$$

$$= 7.18$$

소수 두 자리 수는 분모가 100인 분수로 나타낼 수 있습니다.

방법 2 세로셈으로 계산하기

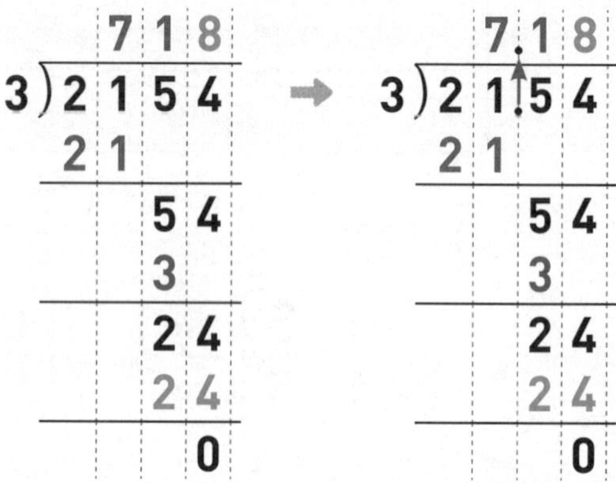

몫의 소수점은 나누어지는 수의 소수점을 올려 찍습니다.

필수 개념 문제

1 자연수의 나눗셈을 이용하여 □ 안에 알맞은 수를 써넣으세요.

(1) 129÷3=□ ➡ 12.9÷3=□

(2) 187÷11=□ ➡ 18.7÷11=□

2 분수로 고쳐서 계산하세요.

(1) 18.3÷3

(2) 40.5÷15

3 관계있는 것끼리 선으로 이으세요.

53.2÷14 •		• 2.1
10.5÷5 •		• 3.2
		• 3.8

4 나눗셈의 몫이 더 큰 쪽에 ○표 하세요.

72.8÷8	147.2÷16
( )	( )

5 밀가루 55.2 kg을 12개의 통에 똑같이 나누어 담으려고 합니다. 한 통에 밀가루를 몇 kg씩 담아야 할까요?

(   )

6 그림과 같이 넓이가 202.5 cm^2인 직사각형을 15등분하였습니다. 색칠한 부분의 넓이는 몇 cm^2일까요?

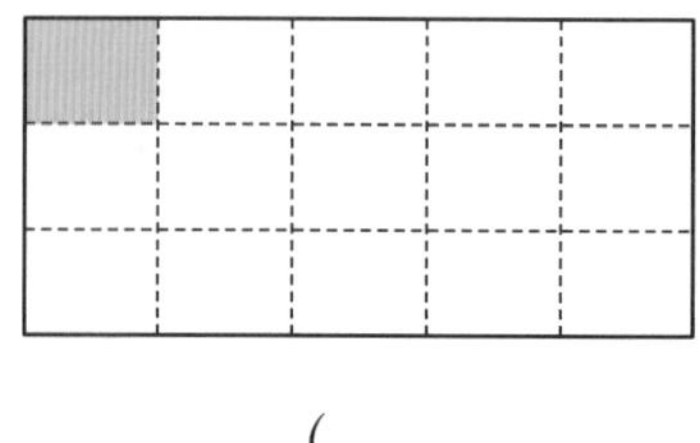

(   )

6-1 10 소수의 나눗셈 (1)

묷이 1보다 작은 (소수) ÷ (자연수)

▶ **4.56 ÷ 6의 계산**

방법 1 분수의 나눗셈으로 바꾸어 계산하기

$$4.56 \div 6 = \frac{456}{100} \div 6$$

$$= \frac{456 \div 6}{100} = \frac{76}{100}$$

$$= 0.76$$

소수 두 자리 수는 분모가 100인 분수로 나타낼 수 있습니다.

방법 2 세로셈으로 계산하기

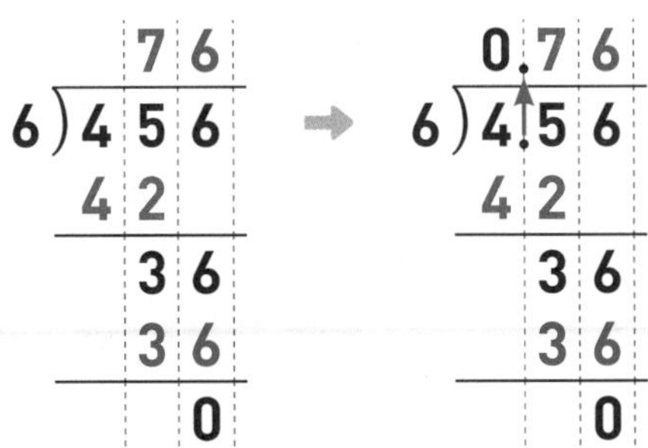

몫의 소수점은 나누어지는 수의 소수점을 올려 찍고, 자연수 부분이 비어 있을 경우 일의 자리에 0을 씁니다.

I 수와 연산

필수 개념 문제

1 □ 안에 알맞은 수를 써넣으세요.

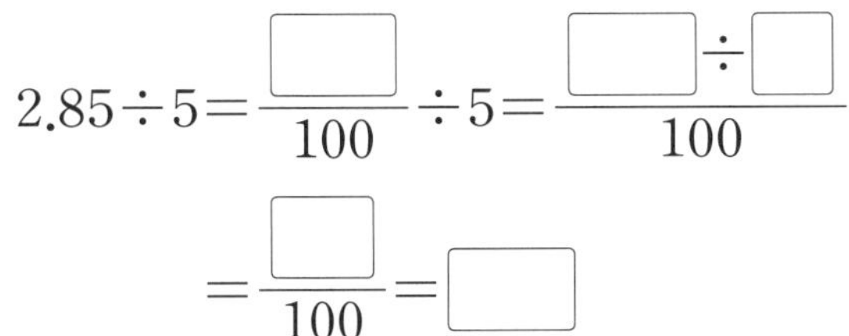

$$2.85 \div 5 = \frac{\square}{100} \div 5 = \frac{\square \div \square}{100} = \frac{\square}{100} = \square$$

2 계산을 하세요.

(1) $9\overline{)2.16}$ (2) $6\overline{)4.92}$

3 □ 안에 알맞은 수를 써넣으세요.

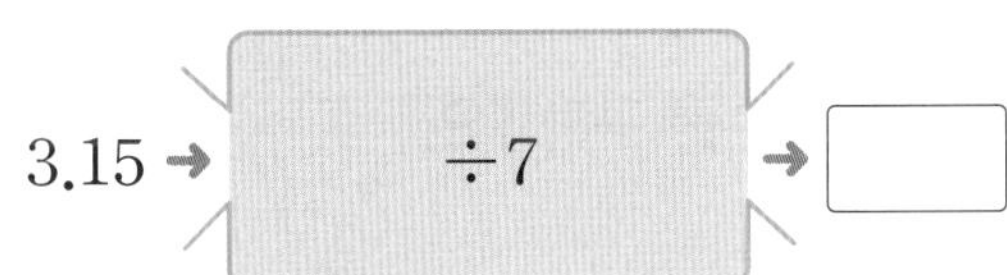

4 빈 곳에 알맞은 수를 쓰세요.

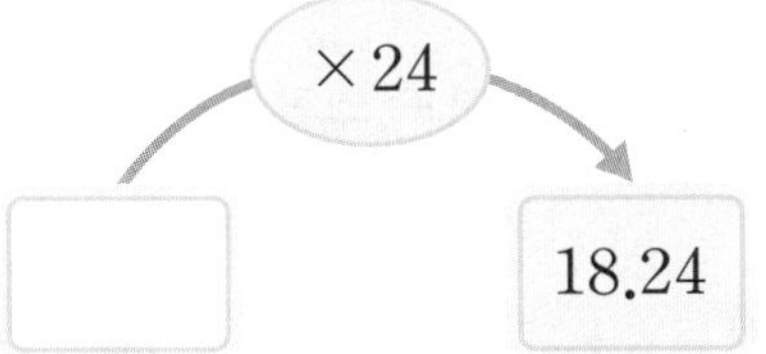

5 계산이 잘못된 곳을 찾아 바르게 계산하세요.

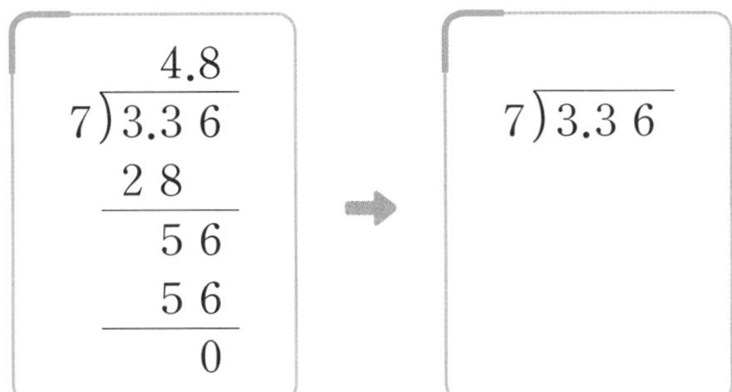

6 어느 음식점에서 식용유 7.83 L를 9개의 병에 똑같이 나누어 담았습니다. 한 개의 병에 담은 식용유는 몇 L일까요?

(   )

소수점 아래 0을 내려 계산하는 (소수)÷(자연수)

9.4÷4의 계산

방법 1 분수의 나눗셈으로 바꾸어 계산하기

$$9.4 \div 4 = \frac{940}{100} \div 4 = \frac{940 \div 4}{100} = \frac{235}{100} = 2.35$$

소수 한 자리 수는 분모가 10인 분수로 나타내지만 자연수로 나누어떨어지지 않으므로 분모와 분자에 10을 곱합니다.

방법 2 세로셈으로 계산하기

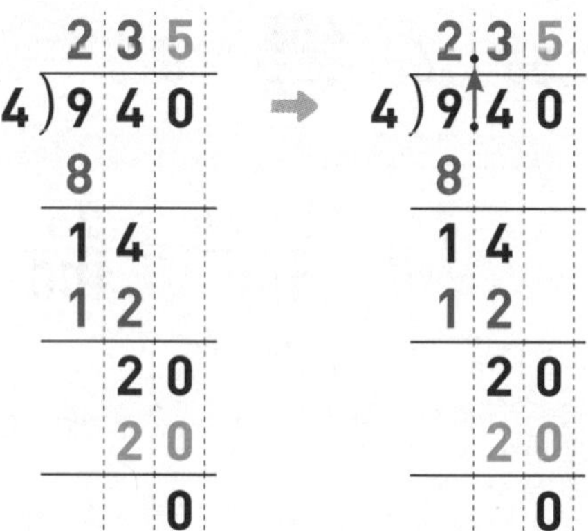

- 나누어떨어지지 않을 때에는 나누어지는 소수의 오른쪽 끝자리에 0이 있는 것으로 생각하고 0을 내려 계산합니다.
- 소수점 뒤의 끝자리에 있는 0은 생략할 수 있습니다.

필수 개념 문제

1 □ 안에 알맞은 수를 써넣으세요.

$$21.2 \div 8 = \frac{\square}{100} \div 8 = \frac{\square \div \square}{100} = \frac{\square}{100} = \square$$

2 계산을 하세요.

(1) $4\overline{)23.8}$

(2) $8\overline{)37.2}$

3 □ 안에 알맞은 수를 써넣으세요.

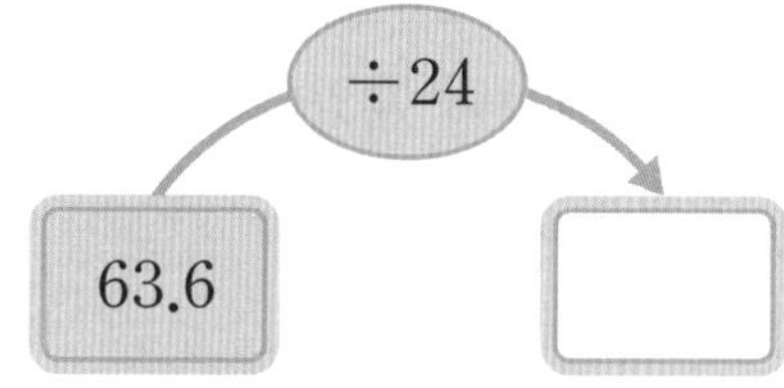

4 빈 곳에 알맞은 수를 쓰세요.

÷

7.3	34.2	53.6
5	12	16

5 몫의 크기를 비교하여 ○ 안에 >, =, <를 알맞게 쓰세요.

$23.8 \div 5$ ○ $24.9 \div 6$

6 어떤 수에 5를 곱했더니 141.2가 되었습니다. 어떤 수를 구하세요.

(　　　　　　　)

6-1 10 소수의 나눗셈 (1)

몫의 소수 첫째 자리에 0이 있는 (소수)÷(자연수)

▶ 6.54÷6의 계산

방법 1 분수의 나눗셈으로 바꾸어 계산하기

$$6.54 \div 6 = \frac{654}{100} \div 6 = \frac{654 \div 6}{100} = \frac{109}{100} = 1.09$$

소수 두 자리 수는 분모가 100인 분수로 나타낼 수 있습니다.

방법 2 세로셈으로 계산하기

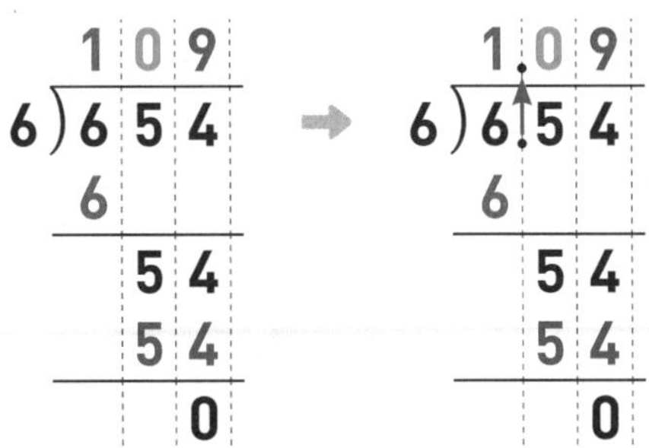

나누어지는 수가 나누는 수보다 작아 나눌 수 없으면 몫에 0을 쓰고 수를 하나 더 내려 계산합니다.

필수 개념 문제

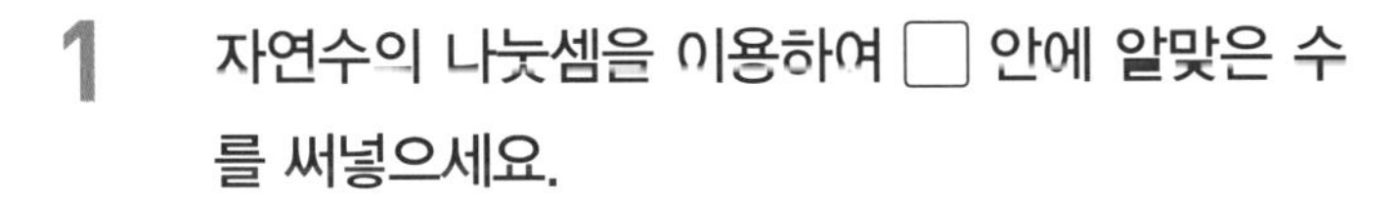

1 자연수의 나눗셈을 이용하여 □ 안에 알맞은 수를 써넣으세요.

(1) 3520÷5=□ ➡ 35.2÷5=□

(2) 6440÷8=□ ➡ 64.4÷8=□

2 관계있는 것끼리 선으로 이으세요.

63.56÷7 •	• 7.05
169.2÷24 •	• 9.08
	• 5.02

3 몫의 크기를 비교하여 ○ 안에 >, =, <를 알맞게 쓰세요.

12.1÷2 ○ 30.3÷5

4 계산이 잘못된 곳을 찾아 바르게 계산하세요.

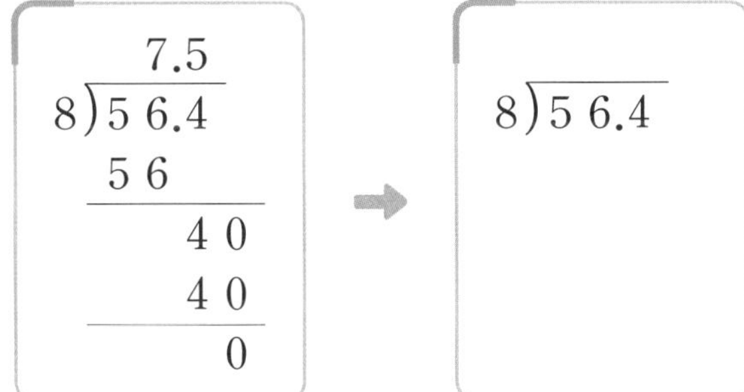

5 몫의 소수 첫째 자리에 0이 있는 나눗셈식을 모두 고르세요. (　　　　)

① 27.6÷6　② 24.2÷4　③ 3.15÷9　④ 54.3÷6　⑤ 26.2÷5

6 길이가 24.6 m인 끈을 12도막으로 똑같이 잘랐습니다. 자른 끈 한 도막의 길이는 몇 m일까요?

(　　　　　　)

I 수와 연산

CASE 1 길이 구하기

1 넓이가 $8\frac{4}{5}$ cm²인 직사각형의 가로가 2 cm일 때 세로의 길이를 구하세요.

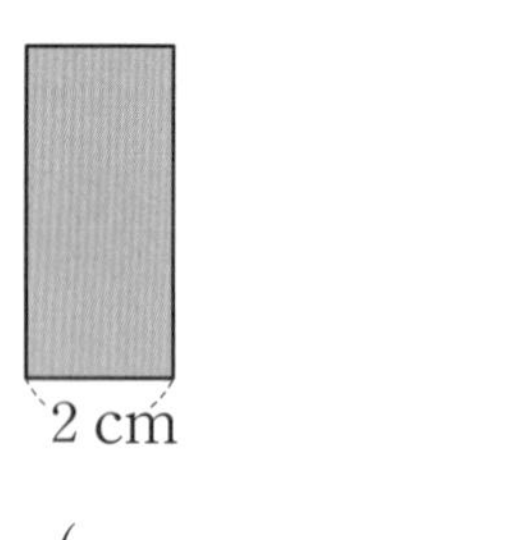

( )

2 넓이가 $21\frac{3}{4}$ cm²인 평행사변형의 밑변이 6 cm입니다. 이 평행사변형의 높이는 몇 cm인지 기약분수로 나타내세요.

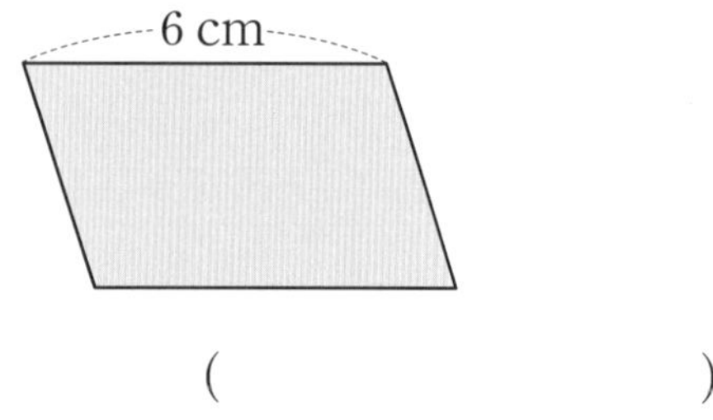

( )

3 넓이가 $8\frac{2}{5}$ cm²인 삼각형의 높이가 3 cm입니다. 이 삼각형의 밑변은 몇 cm인지 기약분수로 나타내세요.

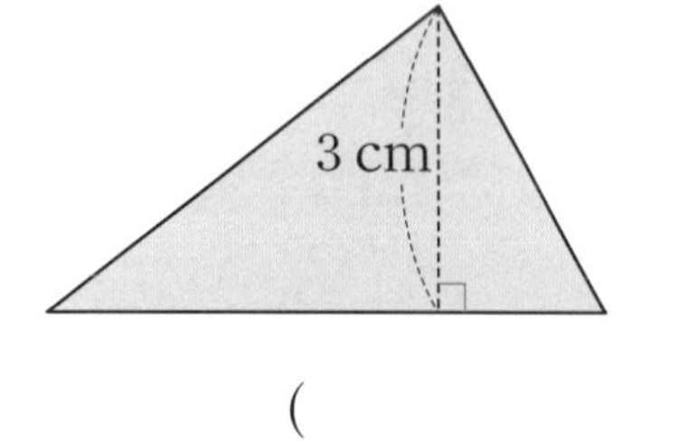

( )

CASE 2 바르게 계산한 값 구하기

4 어떤 수에 9를 곱했더니 $3\frac{3}{8}$이 되었습니다. 어떤 수를 9로 나눈 값은 얼마일까요?

( )

5 어떤 수를 8로 나누고 4를 곱해야 할 것을 잘못하여 8을 곱하고 4로 나누었더니 $2\frac{3}{5}$이 되었습니다. 바르게 계산하면 얼마일까요?

( )

6 16에 어떤 수를 곱한 후 5로 나누어야 할 것을 잘못하여 어떤 수를 16으로 나눈 후 5를 곱했더니 $2\frac{1}{4}$이 되었습니다. 바르게 계산하면 얼마일까요?

( )

CASE 3 간격의 거리 구하기

7 그림과 같이 길이가 $1\frac{4}{5}$ km인 도로의 한쪽에 처음부터 끝까지 일정한 간격으로 나무 8그루를 심었습니다. 나무와 나무 사이의 간격은 몇 km인지 구하세요. (단, 나무의 두께는 생각하지 않습니다.)

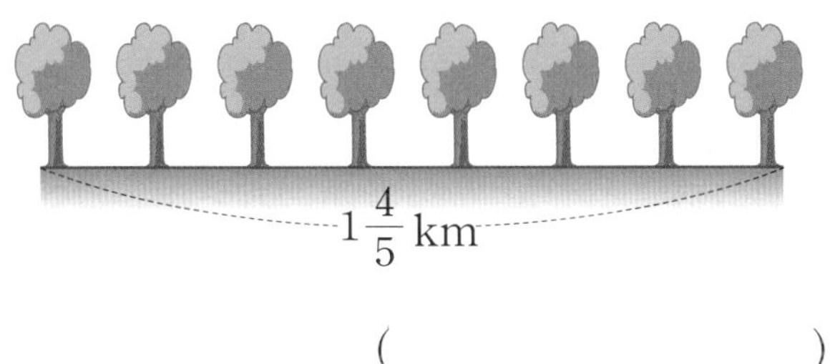

( )

8 그림과 같이 길이가 $5\frac{1}{4}$ km인 원 모양의 연못 둘레에 일정한 간격으로 나무 20그루를 심었습니다. 나무와 나무 사이의 간격은 몇 km인지 구하세요. (단, 나무의 두께는 생각하지 않습니다.)

( )

9 길이가 $2\frac{5}{6}$ km인 도로의 양쪽에 처음부터 끝까지 일정한 간격으로 나무 12그루를 심었습니다. 나무와 나무 사이의 간격은 몇 km인지 구하세요. (단, 나무의 두께는 생각하지 않습니다.)

( )

CASE 4 바르게 계산한 값 구하기

10 어떤 수를 5로 나누어야 하는데 곱했더니 12.5가 되었습니다. 바르게 계산한 값을 구하세요.

( )

11 어떤 수를 4로 나누어야 하는데 곱했더니 26.4가 되었습니다. 바르게 계산한 값을 구하세요.

( )

12 어떤 수를 8로 나누어야 하는데 곱했더니 19.2가 되었습니다. 바르게 계산한 값을 구하세요.

( )

CASE 5 넓이를 이용하여 길이 구하기

13 넓이가 $15.06\,cm^2$이고 밑변이 $6\,cm$인 삼각형입니다. 이 삼각형의 높이는 몇 cm일까요?

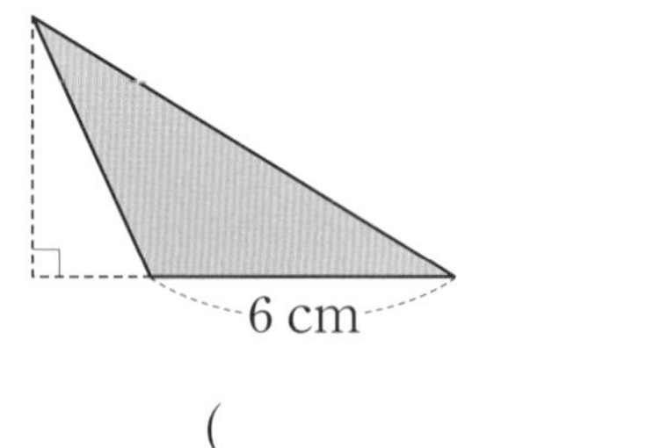

(　　　　　　　　)

14 다음 사다리꼴의 넓이는 $22.68\,cm^2$ 입니다. 이 사다리꼴의 높이는 몇 cm일까요?

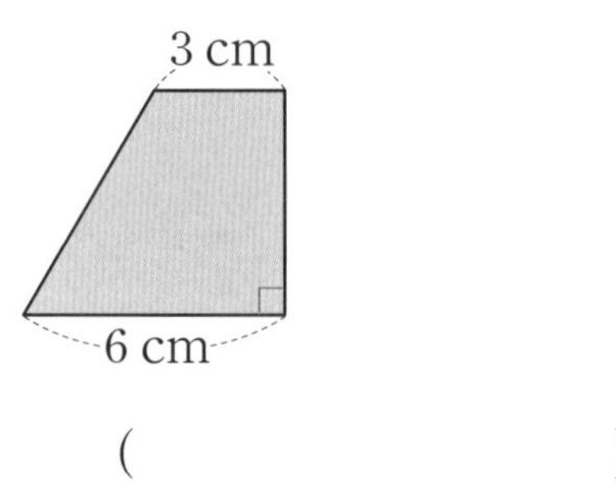

(　　　　　　　　)

15 직사각형의 각 변의 가운데 점을 이어 마름모를 그렸습니다. 마름모의 넓이가 $30.25\,cm^2$ 일 때 직사각형의 가로는 몇 cm일까요?

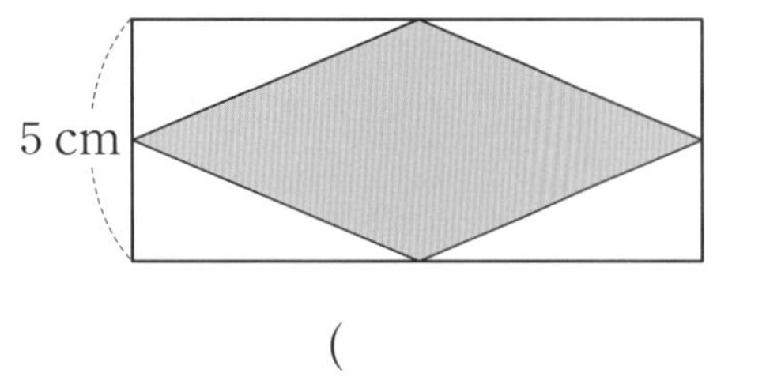

(　　　　　　　　)

CASE 6 조건을 만족하는 수 구하기

16 □ 안에 들어갈 수 있는 수 중에서 가장 큰 자연수를 구하세요.

$\square < 25.04 \div 4$

(　　　　　　　　)

17 □ 안에 들어갈 수 있는 자연수는 모두 몇 개인지 구하세요.

$35.2 \div 4 < \square < 98.6 \div 5$

(　　　　　　　　)

18 수직선에서 4와 9.2 사이를 8등분 했습니다. ㉠이 나타내는 수를 소수로 나타내세요.

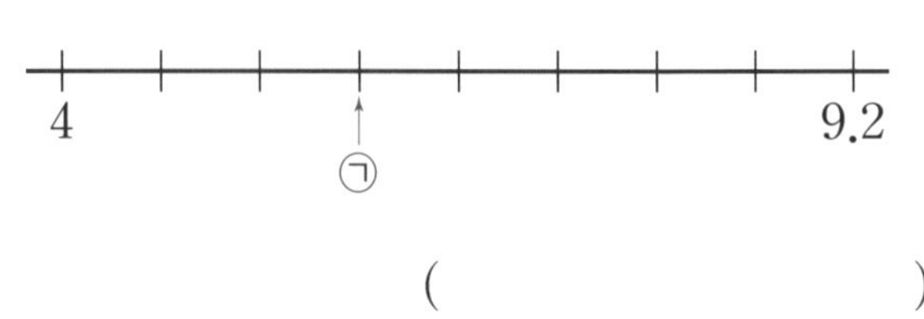

(　　　　　　　　)

CASE 7 수 카드를 이용하여 나눗셈식 만들기

19 [2], [4], [5], [8]의 수 카드 중에서 3장을 골라 한 번씩 사용하여 다음과 같은 나눗셈식을 만들려고 합니다. 몫이 가장 작은 나눗셈식을 만들고 몫을 구하세요.

□.□ ÷ □

( )

20 [3], [5], [6], [9]의 수 카드 중에서 3장을 골라 한 번씩 사용하여 다음과 같은 나눗셈식을 만들려고 합니다. 몫이 가장 큰 나눗셈식을 만들고 몫을 구하세요.

□.□ ÷ □

( )

21 [4], [6], [8], [9]의 수 카드를 한 번씩 모두 사용하여 다음과 같은 나눗셈식을 만들려고 합니다. 몫이 가장 큰 나눗셈식을 만들고 몫을 구하세요.

□□.□ ÷ □

( )

CASE 8 고장난 시계에서 시간 구하기

22 일주일에 2.45분씩 늦게 가는 시계가 있습니다. 이 시계는 하루에 몇 초씩 늦게 가는 셈인지 구하세요.

( )

23 일주일에 4.55분씩 빠르게 가는 시계가 있습니다. 이 시계는 하루에 몇 초씩 빠르게 가는 셈인지 구하세요.

( )

24 일주일에 5.25분씩 빠르게 가는 시계가 있습니다. 이 시계를 오늘 정오에 정확히 맞추었다면 4일 후 정오에 이 시계는 몇 시 몇 분을 가리킬지 구하세요.

( )

분모가 다른 (분수)÷(분수) ①

▶ 자연수의 나눗셈으로 바꾸어 계산하기

$\frac{1}{4} \div \frac{3}{7} = \frac{7}{28} \div \frac{12}{28}$ 4와 7의 최소공배수인 28을 공통분모로 통분합니다.

$= 7 \div 12$ 자연수의 나눗셈으로 계산합니다.

$= \frac{7}{12}$

▶ 분수의 곱셈으로 바꾸어 계산하기

$4 \div \frac{3}{5} = \frac{20}{5} \div \frac{3}{5}$ 자연수 4를 분모가 5인 분수로 나타낼 수 있습니다.

$= 20 \div 3$

$= 20 \times \frac{1}{3} = \frac{20}{3} = 6\frac{2}{3}$ ÷를 ×로 바꾸고 나누는 수를 분수로 바꾸어 계산할 수 있습니다.

필수 개념 문제

1 보기 와 같이 계산하세요.

보기

$\frac{2}{5} \div \frac{7}{8} = \frac{16}{40} \div \frac{35}{40} = 16 \div 35 = \frac{16}{35}$

(1) $\frac{3}{5} \div \frac{5}{6}$

(2) $\frac{7}{9} \div \frac{3}{5}$

2 계산 결과를 비교하여 ○ 안에 >, =, <를 알맞게 쓰세요.

$\frac{1}{4} \div \frac{5}{12}$ ○ $\frac{3}{7} \div \frac{10}{21}$

3 $\frac{5}{9} \div \frac{4}{7}$와 계산 결과가 같은 것을 찾아 기호를 쓰세요.

㉠ $\frac{9}{5} \times \frac{4}{7}$ ㉡ $\frac{5}{9} \times \frac{7}{4}$ ㉢ $\frac{9}{5} \times \frac{7}{4}$

(　　　　)

4 ㉠, ㉡, ㉢에 알맞은 수의 합을 구하세요.

$\frac{3}{8} \div \frac{7}{12} = \frac{3}{8} \times \frac{㉠}{㉡} = \frac{9}{㉢}$

(　　　　)

5 관계있는 것끼리 선으로 이으세요.

$3 \div \frac{5}{6}$ •	• $5 \times \frac{14}{3}$
$5 \div \frac{3}{14}$ •	• $3 \times \frac{6}{5}$
$14 \div \frac{7}{5}$ •	• $14 \times \frac{5}{7}$

6 계산 결과가 가장 작은 것에 ○표 하세요.

$21 \div \frac{7}{11}$	$24 \div \frac{4}{5}$	$22 \div \frac{8}{9}$
(　　)	(　　)	(　　)

040 6-2 11 분수의 나눗셈 (2)

분모가 다른 (분수)÷(분수) ②

▸ 자연수의 나눗셈으로 바꾸어 계산하기

$$\frac{5}{3} \div \frac{3}{4} = \frac{20}{12} \div \frac{9}{12} = 20 \div 9 = \frac{20}{9} = 2\frac{2}{9}$$

3과 4의 최소공배수 12를 공통분모로 통분해서 자연수의 나눗셈으로 바꿔 계산해요.

▸ 분수의 곱셈으로 바꾸어 계산하기

$$2\frac{1}{4} \div \frac{3}{5} = \frac{\overset{3}{\cancel{9}}}{4} \times \frac{5}{\underset{1}{\cancel{3}}} = \frac{15}{4} = 3\frac{3}{4}$$

대분수를 가분수로 나타낸 다음 나눗셈을 곱셈으로 바꾸고 분수의 분모와 분자를 바꾸어 줍니다.

필수 개념 문제

1 □ 안에 알맞은 수를 쓰세요.

$$5\frac{1}{3} \div \frac{5}{6} = \frac{\square}{3} \div \frac{5}{6} = \frac{\square}{6} \div \frac{5}{6} = \frac{\square}{5} = \square$$

2 계산 결과를 비교하여 ○ 안에 $>$, $=$, $<$를 알맞게 쓰세요.

$$3\frac{3}{4} \div 1\frac{1}{3} \bigcirc 3\frac{1}{9} \div \frac{7}{10}$$

3 빈 곳에 알맞은 수를 쓰세요.

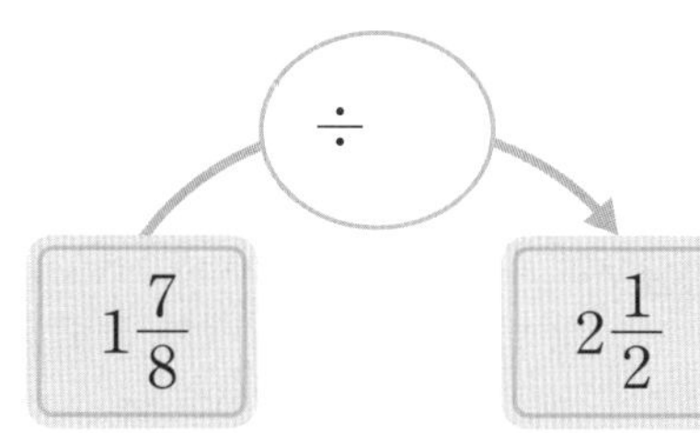

4 계산 결과가 자연수인 것을 모두 찾아 기호를 쓰세요.

㉠ $\frac{8}{3} \div \frac{9}{5}$	㉡ $\frac{7}{5} \div \frac{7}{10}$
㉢ $1\frac{3}{4} \div \frac{1}{8}$	㉣ $1\frac{2}{3} \div 1\frac{1}{6}$

(   )

5 포도 주스 $2\frac{1}{4}$ L를 하루에 $\frac{3}{4}$ L씩 마시면 며칠 동안 마실 수 있을까요?

(   )

6 ㉠은 ㉡의 몇 배일까요?

㉠ $2\frac{4}{7} \div \frac{9}{10}$	㉡ $3\frac{3}{4} \div 4\frac{1}{2}$

(   )

I 수와 연산

자릿수가 같은 (소수) ÷ (소수)

3.6÷0.4의 계산

방법 1 분수의 나눗셈으로 바꾸어 계산하기

$$3.6 \div 0.4 = \frac{36}{10} \div \frac{4}{10}$$

$$= 36 \div 4 = 9$$

- 소수 한 자리 수는 분모가 10인 분수로 나타낼 수 있습니다.
- 자연수의 나눗셈으로 계산합니다.

방법 2 세로셈으로 계산하기

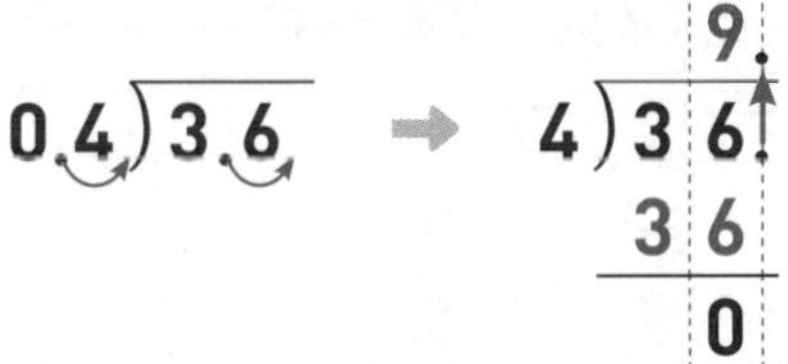

- 나누는 수와 나누어지는 수의 소수점을 각각 오른쪽으로 한 자리씩 옮겨 자연수의 나눗셈으로 바꾸어 계산합니다.
- 몫을 쓸 때 옮긴 소수점의 위치에 맞춰 소수점을 찍습니다.

필수 개념 문제

1 □ 안에 알맞은 수를 써넣으세요.

$$1.8 \div 0.3 = \frac{\square}{10} \div \frac{\square}{10}$$

$$= \square \div \square = \square$$

2 계산을 하세요.

(1) $4.4\overline{)17.6}$

(2) $0.2\overline{)3.2}$

3 빈 곳에 알맞은 수를 쓰세요.

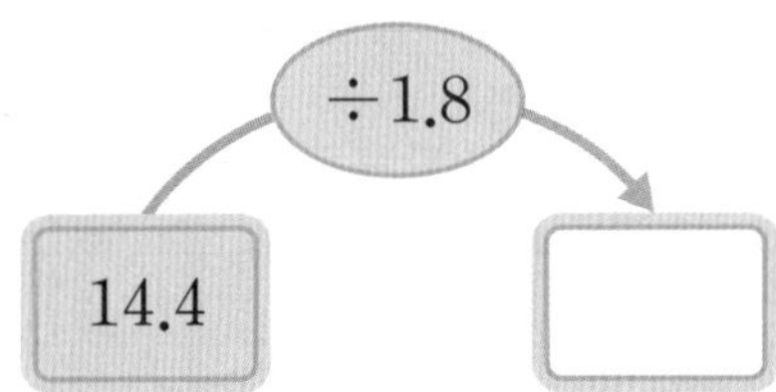

4 빈칸에 알맞은 수를 써넣으세요.

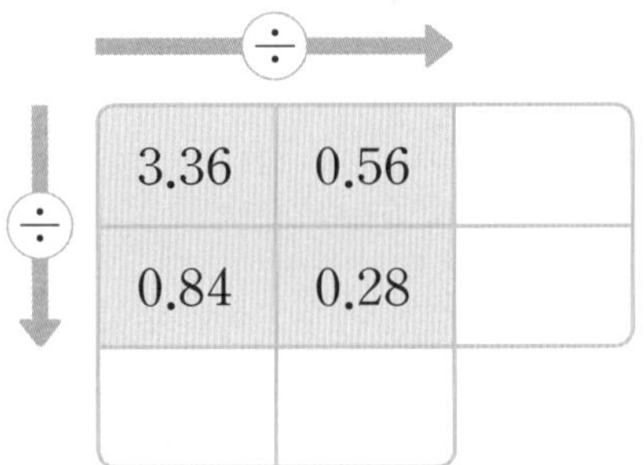

5 계산 결과가 가장 큰 것에 ○표 하세요.

8.88÷0.74 ( )

7.05÷0.47 ( )

12.51÷1.39 ( )

6 밑변이 7.94 m, 넓이가 63.52 m^2인 평행사변형이 있습니다. 이 평행사변형의 높이는 몇 m일까요?

( )

6-2 12 소수의 나눗셈(2)

자릿수가 다른 (소수)÷(소수)

▸ 3.78÷1.4의 계산

방법 1 분수의 나눗셈으로 바꾸어 계산하기

$$3.78 \div 1.4 = \frac{378}{100} \div \frac{140}{100}$$
$$= 378 \div 140$$
$$= 2.7$$

• 분모가 100인 분수로 나타낼 수 있습니다.
• 자연수의 나눗셈으로 계산합니다.

방법 2 세로셈으로 계산하기

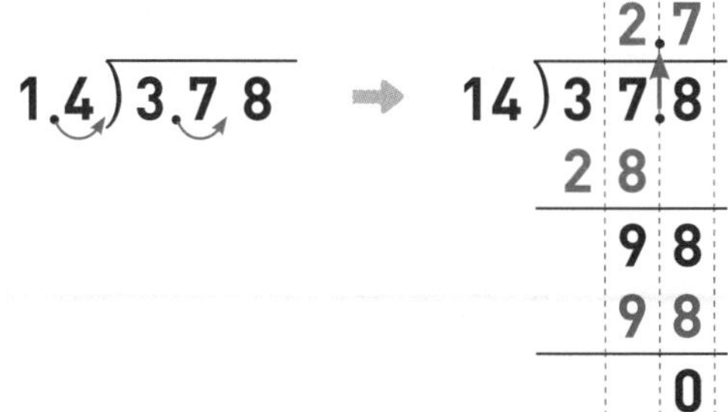

• 나누는 수와 나누어지는 수의 소수점을 각각 오른쪽으로 한 자리씩 옮겨 나누는 수를 자연수로 바꾸어 계산합니다.
• 몫을 쓸 때 옮긴 소수점의 위치에 맞춰 소수점을 찍습니다.

필수 개념 문제

1 □ 안에 알맞은 수를 써넣으세요.

$$23.78 \div 8.2 = \frac{\square}{100} \div \frac{\square}{100}$$
$$= \square \div \square = \square$$

2 소수점을 바르게 옮긴 것은 어느 것일까요?

( )

① 5.5)13.75 ② 5.5)13.75
③ 5.5)13.75 ④ 5.5)13.75
⑤ 5.5)13.75

3 계산을 하세요.

(1) 3.6)7.5 6

(2) 40.7)2 1 5.7 1

4 세 수 중에서 가장 큰 수를 가장 작은 수로 나눈 몫을 구하세요.

4.1 5.74 4.7

□÷□=□

5 86.01÷18.3과 몫이 같은 나눗셈을 모두 찾아 기호를 쓰세요.

㉠ 860.1÷183 ㉡ 8601÷183
㉢ 860.1÷18.3 ㉣ 8601÷1830

( )

6 어떤 수를 4.6으로 나누어야 하는데 잘못하여 곱했더니 74.06이 되었습니다. 바르게 계산한 값을 구하세요.

( )

I 수와 연산

(자연수)÷(소수)

48÷1.6의 계산

방법 1 분수의 나눗셈으로 바꾸어 계산하기

$$48 \div 1.6 = \frac{480}{10} \div \frac{16}{10}$$
$$= 480 \div 16$$
$$= 30$$

- 소수 한 자리 수에 맞춰 분모가 10인 분수로 나타냅니다.
- 자연수의 나눗셈으로 계산합니다.

방법 2 세로셈으로 계산하기

- 나누는 수와 나누어지는 수의 소수점을 각각 오른쪽으로 한 자리씩 옮겨 자연수의 나눗셈으로 바꾸어 계산합니다.
- 몫을 쓸 때 옮긴 소수점의 위치에 맞춰 소수점을 찍습니다.

필수 개념 문제

1 □ 안에 알맞은 수를 써넣으세요.

$$55 \div 2.2 = \frac{\square}{10} \div \frac{\square}{10}$$
$$= \square \div \square = \square$$

2 계산을 하세요.

(1) $0.3\overline{)1\ 2}$

(2) $7.5\overline{)1\ 9\ 5}$

3 관계있는 것끼리 선으로 이으세요.

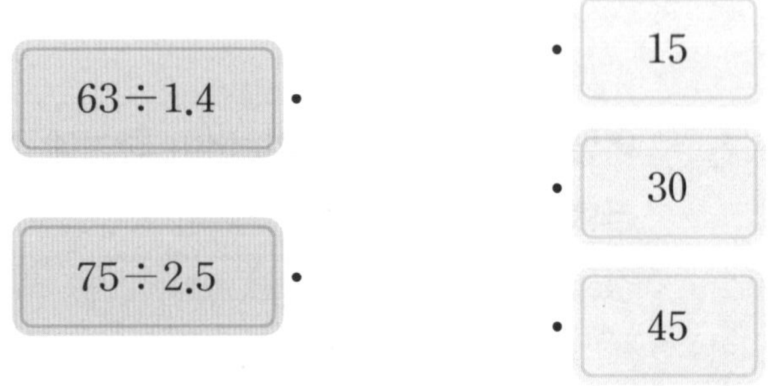

4 $0.68 \div 0.17 = 4$입니다. 나눗셈의 몫을 빈칸에 써넣으세요.

나눗셈	몫
$6.8 \div 0.17$	
$68 \div 0.17$	

5 빈 곳에 알맞은 수를 써넣으세요.

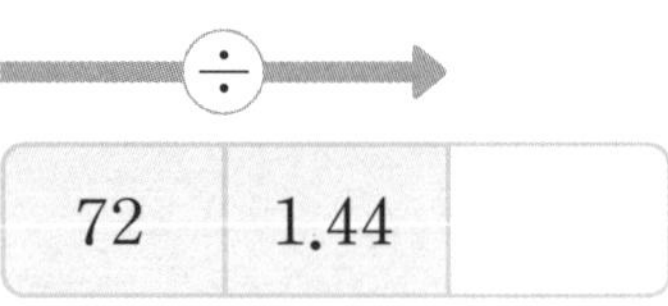

6 포도 78 kg을 한 상자에 3.25 kg씩 나누어 담으려고 합니다. 필요한 상자는 모두 몇 개일까요?

( )

6-2 12 소수의 나눗셈(2)

몫을 반올림하여 나타내기

▶ 8.46÷7의 계산

$$\begin{array}{r} 1.208 \\ 7\overline{)8.460} \\ 7 \\ \hline 14 \\ 14 \\ \hline 60 \\ 56 \\ \hline 4 \end{array}$$

① 몫을 반올림하여 자연수까지 나타내기

➡ 1.2…… ➡ 1 소수 첫째 자리까지 구해서 소수 첫째 자리에서 반올림합니다.

② 몫을 반올림하여 소수 첫째 자리까지 나타내기

➡ 1.20…… ➡ 1.2 소수 둘째 자리까지 구해서 소수 둘째 자리에서 반올림합니다.

③ 몫을 반올림하여 소수 둘째 자리까지 나타내기

➡ 1.208…… ➡ 1.21 소수 셋째 자리까지 구해서 소수 셋째 자리에서 반올림합니다.

필수 개념 문제

[1～2] 나눗셈식을 보고 □ 안에 알맞은 수나 말을 써넣으세요.

$$\begin{array}{r} 1.483 \\ 6\overline{)8.9} \\ 6 \\ \hline 29 \\ 24 \\ \hline 50 \\ 48 \\ \hline 20 \\ 18 \\ \hline 2 \end{array}$$

1 8.9÷6의 몫을 반올림하여 소수 첫째 자리까지 나타내려면 소수 □ 자리에서 반올림해야 합니다. ➡ 몫은 □입니다.

2 8.9÷6의 몫을 반올림하여 소수 둘째 자리까지 나타내려면 소수 □ 자리에서 반올림해야 합니다. ➡ 몫은 □입니다.

[3～4] 나눗셈식을 보고 물음에 답하세요.

$$18.4 \div 1.3 = 14.1538\cdots\cdots$$

3 몫을 반올림하여 소수 둘째 자리까지 나타내어 보세요.

( )

4 몫을 반올림하여 소수 셋째 자리까지 나타내어 보세요.

( )

5 몫을 반올림하여 소수 둘째 자리까지 나타내세요.

(1) $3\overline{)16.1}$

(2) $0.7\overline{)5.2}$

( ) ( )

I 수와 연산

CASE 1 도형에서 한 변의 길이 구하기

1 넓이가 $\frac{8}{15}$ m^2인 평행사변형이 있습니다. 이 평행사변형의 밑변이 $\frac{4}{7}$ m일 때 높이는 몇 m일까요?

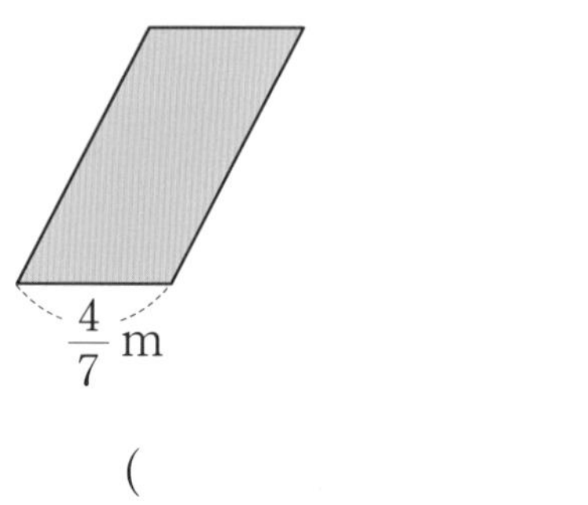

( )

2 높이가 $1\frac{4}{5}$ m, 넓이가 $1\frac{7}{20}$ m^2인 삼각형이 있습니다. 이 삼각형의 밑변은 몇 m일까요?

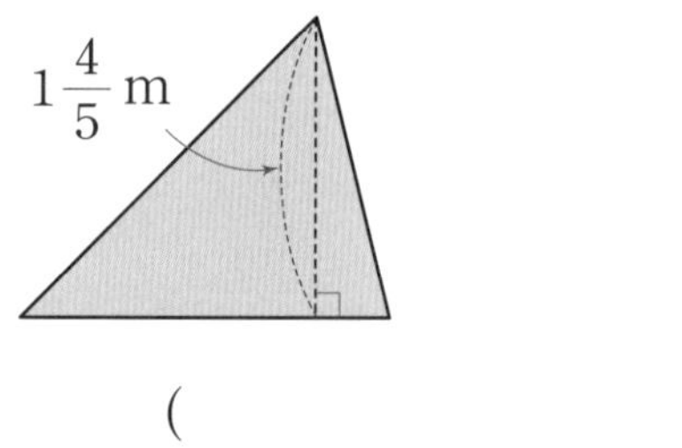

( )

3 넓이가 $\frac{3}{16}$ m^2인 마름모의 한 대각선이 $\frac{7}{12}$ m일 때, 다른 대각선은 몇 m일까요?

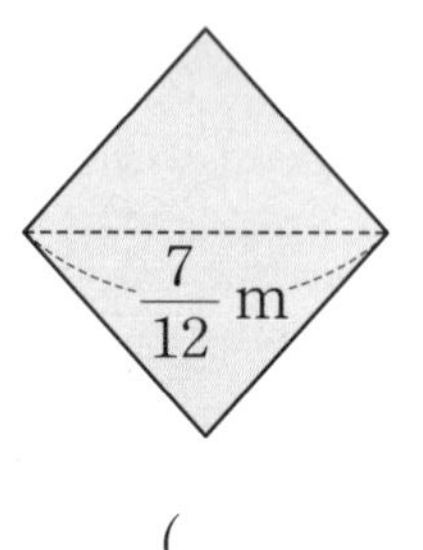

( )

CASE 2 계산 결과를 보고 어떤 수 구하기

4 어떤 수에 $\frac{9}{4}$를 곱했더니 $1\frac{7}{8}$이 되었습니다. 어떤 수를 구하세요.

( )

5 어떤 수에 $\frac{7}{11}$을 곱했더니 $1\frac{29}{55}$가 되었습니다. 어떤 수를 구하세요.

( )

6 $\frac{5}{6}$에 어떤 수를 곱했더니 $8\frac{1}{3}$이 되었습니다. 어떤 수를 구하세요.

( )

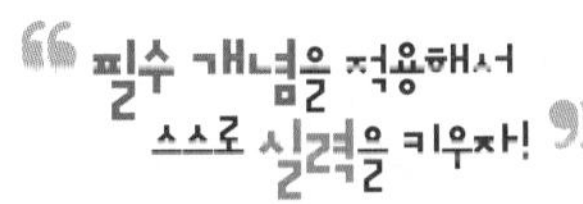

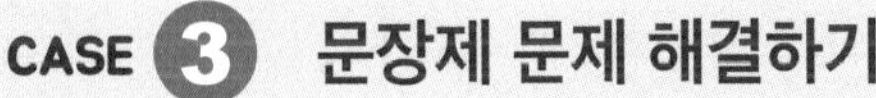

정답 33쪽

CASE 3 문장제 문제 해결하기

7 지호의 가방 무게는 $3\frac{1}{3}$ kg이고 동생의 가방 무게는 $\frac{5}{6}$ kg입니다. 지호의 가방 무게는 동생의 가방 무게의 몇 배일까요?

( )

8 굵기가 일정한 막대 $2\frac{3}{4}$ m의 무게가 $8\frac{4}{5}$ kg입니다. 이 막대 20 m의 무게는 몇 kg인지 구하세요.

( )

9 40분 동안 $56\frac{4}{5}$ km를 달리는 자동차가 있습니다. 이 자동차가 같은 빠르기로 1시간 동안 달린다면 몇 km를 갈지 구하세요.

( )

CASE 4 계산 결과의 크기 비교하기

10 계산 결과가 가장 큰 것에 ○표 하세요.

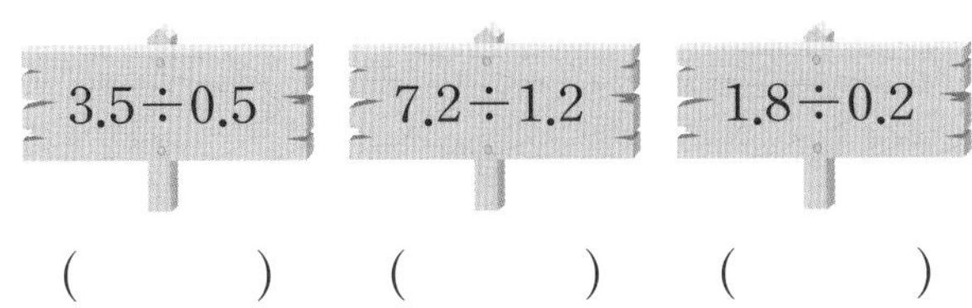

( ) ( ) ( )

11 계산 결과가 가장 작은 것에 색칠하세요.

12 계산 결과가 큰 것부터 차례로 기호를 쓰세요.

㉠ 72÷4.8	㉡ 91÷6.5
㉢ 55÷2.5	㉣ 64÷3.2

( )

I 수와 연산

CASE 5 바르게 계산하기

13 소수의 나눗셈을 잘못 계산한 것입니다. 잘못된 곳을 찾아 바르게 계산하세요.

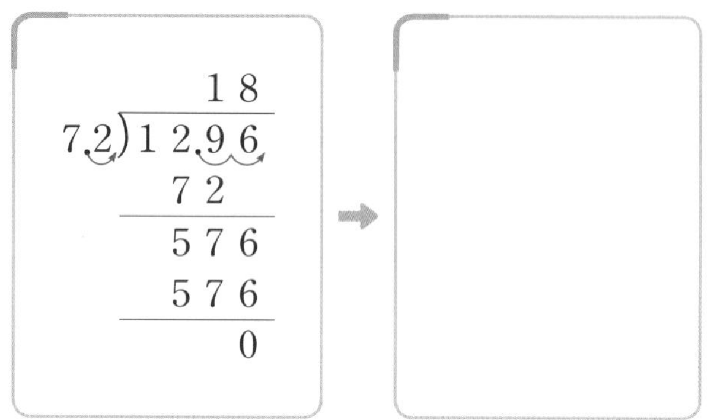

14 어떤 수를 4.6으로 나누어야 하는데 잘못하여 곱했더니 74.06이 되었습니다. 바르게 계산한 값을 구하세요.

(   )

15 바르게 계산한 사람은 누구인지 쓰세요.

수정: $34 \div 4.25$는 $340 \div 425$와 몫이 같으니까 0.8이지.
정민: $9 \div 0.18$은 $900 \div 18$과 몫이 같으니까 50이야.

(   )

CASE 6 □ 안에 알맞은 수 구하기

16 □ 안에 알맞은 수를 구하세요.

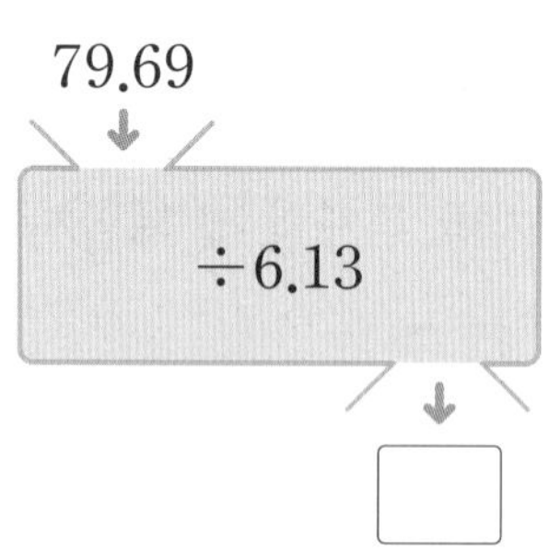

17 □ 안에 알맞은 수를 구하세요.

$31.38 \div \square = 5.23$

(   )

18 □ 안에 알맞은 수를 구하세요.

$1.36 \times \square = 102$

(   )

❝필수 개념을 적용해서 스스로 실력을 키우자!❞

정답 33쪽

CASE 7 도형에서 한 변의 길이 구하기

19 세로가 3.8 cm, 넓이가 22.8 cm^2인 직사각형이 있습니다. 이 직사각형의 가로는 몇 cm일까요?

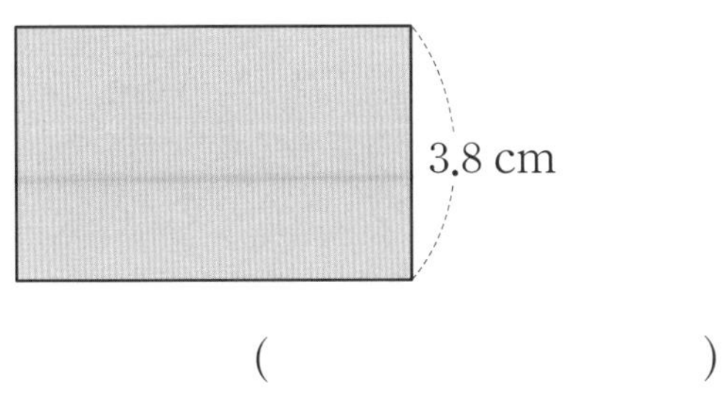

( )

20 밑변이 7.94 m, 넓이가 63.52 m^2인 평행사변형이 있습니다. 이 평행사변형의 높이는 몇 m일까요?

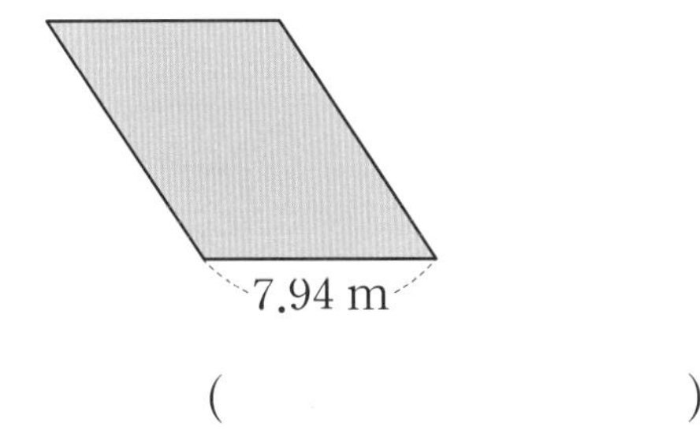

( )

21 높이가 4.75 cm, 넓이가 19 cm^2인 삼각형이 있습니다. 이 삼각형의 밑변은 몇 cm일까요?

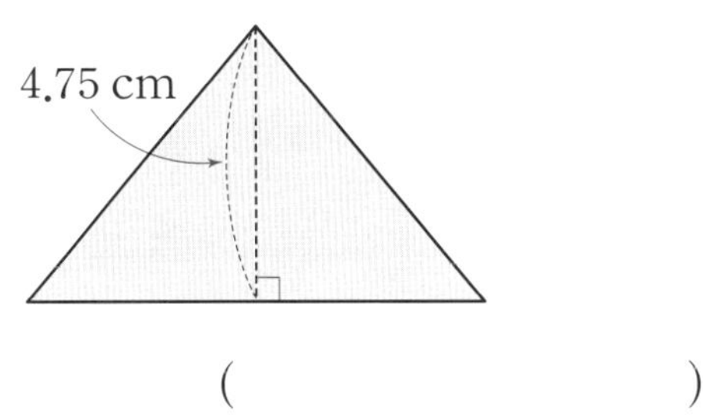

( )

CASE 8 문장제 문제 해결하기

22 준호는 길이가 12.8 cm인 리본을 한 도막의 길이가 0.8 cm가 되도록 모두 잘랐습니다. 자른 리본은 모두 몇 도막일까요?

( )

23 집에서 공원까지의 거리는 1.36 km이고 집에서 학교까지의 거리는 0.8 km입니다. 집에서 공원까지의 거리는 집에서 학교까지의 거리의 몇 배일까요?

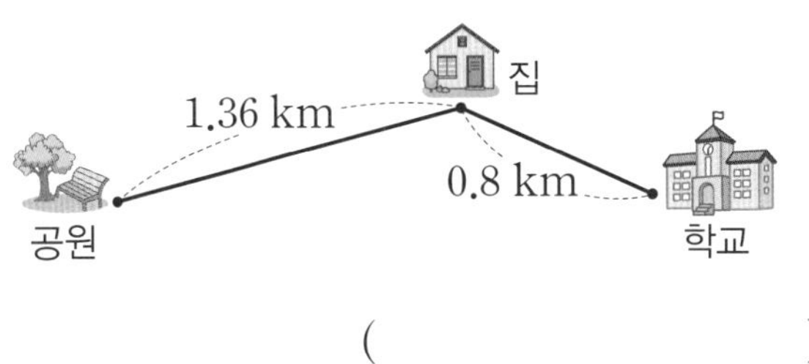

( )

24 용수의 책가방 무게는 4.3 kg이고 동생의 책가방 무게는 3 kg입니다. 용수의 책가방 무게는 동생의 책가방 무게의 몇 배인지 반올림하여 소수 첫째 자리까지 나타내세요.

( )

I 수와 연산

1 나눗셈의 몫이 가장 작은 것에 ○표 하세요.

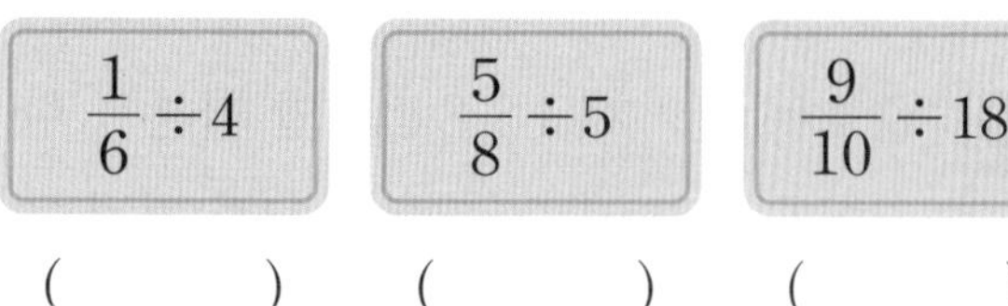

( ) ( ) ( )

2 나눗셈의 몫의 크기를 비교하여 ○ 안에 >, =, <를 알맞게 쓰세요.

$$3\frac{3}{4} \div 5 \bigcirc 3\frac{2}{5} \div 6$$

3 그림과 같이 길이가 $2\frac{4}{5}$ km인 도로의 한쪽에 처음부터 끝까지 일정한 간격으로 나무 6그루를 심었습니다. 나무와 나무 사이의 간격은 몇 km인지 구하세요. (단, 나무의 두께는 생각하지 않습니다.)

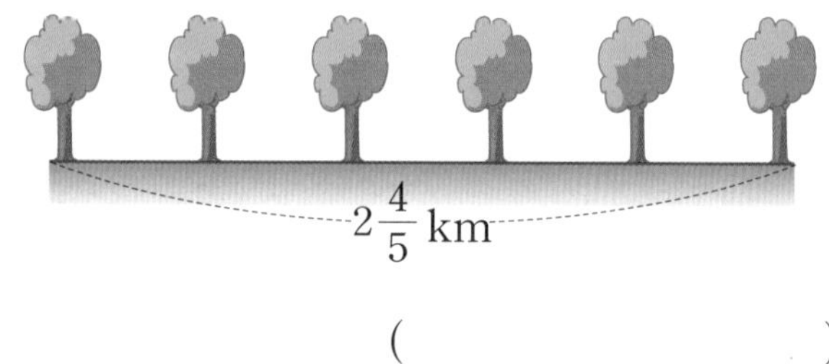

( )

4 어떤 수를 5로 나누어야 하는데 곱했더니 32.5가 되었습니다. 바르게 계산한 값을 구하세요.

( )

5 다음 사다리꼴의 넓이는 25.25 cm^2입니다. 이 사다리꼴의 높이는 몇 cm일까요?

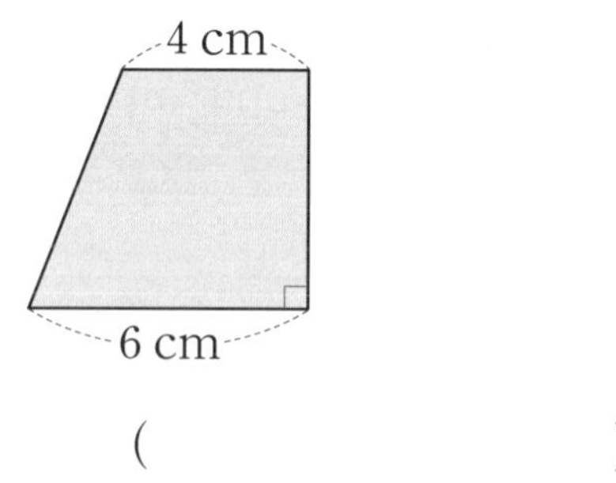

( )

6 수직선에서 5와 10.4 사이를 8등분 했습니다. ㉠이 나타내는 수를 소수로 나타내세요.

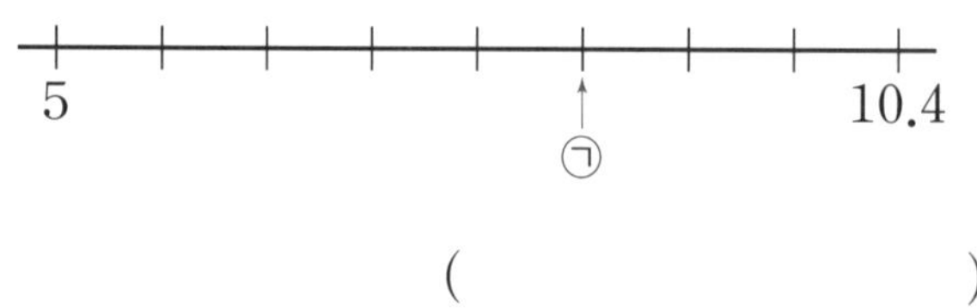

( )

7 2, 4, 8, 9 의 수 카드 중에서 3장을 골라 한 번씩 사용하여 다음과 같은 나눗셈식을 만들려고 합니다. 몫이 가장 큰 나눗셈식을 만들고 몫을 구하세요.

□.□ ÷ □

( )

8 일주일에 5.25분씩 빠르게 가는 시계가 있습니다. 이 시계는 하루에 몇 초씩 빠르게 가는 셈인지 구하세요.

( )

9 관계있는 것끼리 선으로 이으세요.

$4\div\frac{5}{6}$ •	• $10\times\frac{4}{5}$
$8\div\frac{7}{15}$ •	• $4\times\frac{6}{5}$
$10\div\frac{5}{4}$ •	• $8\times\frac{15}{7}$

10 어떤 수에 $\frac{8}{5}$을 곱했더니 $1\frac{3}{4}$이 되었습니다. 어떤 수를 구하세요.

( )

11 굵기가 일정한 막대 $3\frac{1}{5}$ m의 무게가 $10\frac{1}{4}$ kg입니다. 이 막대 10 m의 무게는 몇 kg인지 구하세요.

( )

12 계산 결과가 큰 것부터 차례로 기호를 쓰세요.

㉠ 54÷4.5　㉡ 93÷6.2
㉢ 95÷3.8　㉣ 50÷2.5

( )

13 바르게 계산한 사람은 누구인지 쓰세요.

호영: 26÷3.25는 2600÷325와 몫이 같으니까 8이지.
민수: 6÷0.24는 6000÷24와 몫이 같으니까 250이야.

( )

14 □ 안에 알맞은 수를 구하세요.

27.18÷□=4.53

( )

15 밑변이 8.02 m, 넓이가 56.14 m^2인 평행사변형이 있습니다. 이 평행사변형의 높이는 몇 m일까요?

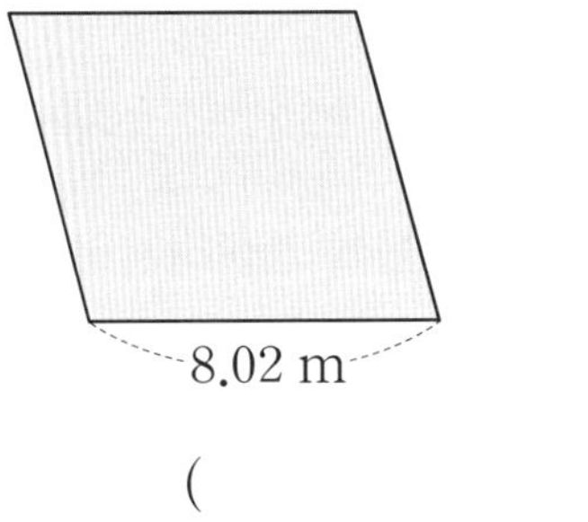

( )

16 혜수의 책가방 무게는 5.3 kg이고 동생의 책가방 무게는 3 kg입니다. 혜수의 책가방 무게는 동생의 책가방 무게의 몇 배인지 반올림하여 소수 첫째 자리까지 나타내세요.

( )

(1) 유리수의 나눗셈

① 부호가 같은 두 수의 나눗셈: 두 수의 절댓값의 나눗셈의 몫에 양의 부호

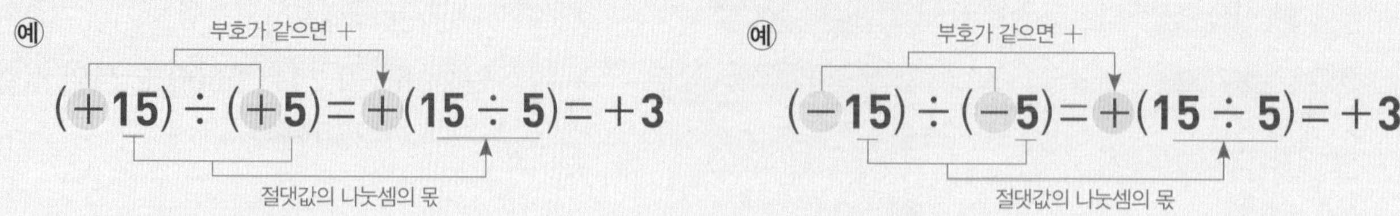

② 부호가 다른 두 수의 나눗셈: 두 수의 절댓값의 나눗셈의 몫에 음의 부호

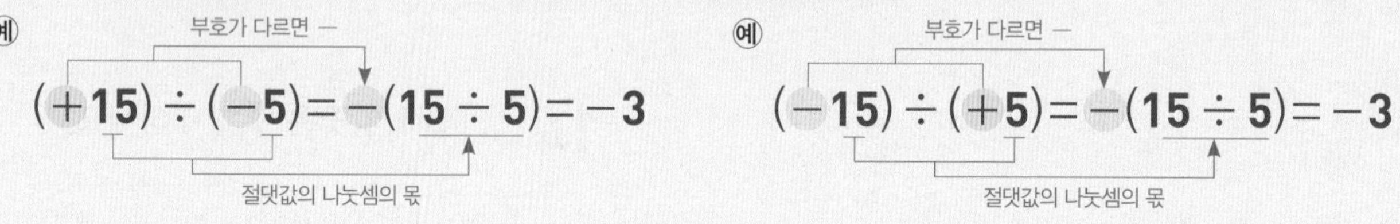

(2) 0을 0이 아닌 수로 나눈 몫은 항상 0

예 $0\div(+2)=0$, $0\div(-5)=0$

O　0÷(0이 아닌 수)=0

×　(어떤 수)÷0=0?

예제 다음을 계산하시오.

(1) $(+12)\div(+4)=+(12\div4)=+3$　(2) $(-14)\div(-7)=+(14\div7)=+2$

(3) $(+20)\div(-5)=-(20\div5)=-4$　(4) $(-27)\div(+9)=-(27\div9)=-3$

(3) 역수를 이용한 나눗셈

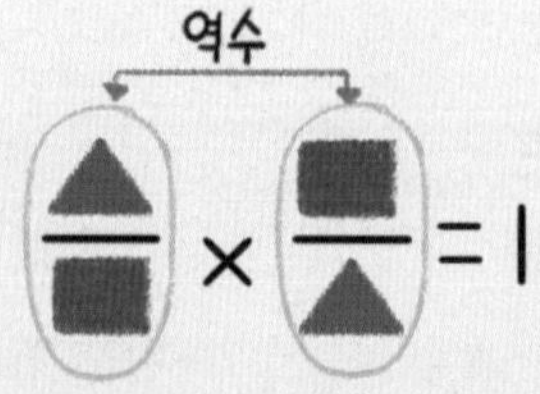

① 역수: 어떤 두 수의 곱이 1이 될 때, 한 수를 다른 수의 역수

예 $\frac{2}{5}\times\frac{5}{2}=1$이므로 $\frac{2}{5}$의 역수는 $\frac{5}{2}$, $\frac{5}{2}$의 역수는 $\frac{2}{5}$이다.

초등수학 개념과 연결된 중학수학 개념을 미리 만나보자!

② 역수를 이용한 나눗셈: 나누는 수의 역수를 곱하여 계산

나눗셈은 곱셈으로

예 $\left(-\frac{3}{4}\right)\div\left(+\frac{5}{2}\right)=\left(-\frac{3}{4}\right)\times\left(+\frac{2}{5}\right)=-\left(\frac{3}{4}\times\frac{2}{5}\right)=-\frac{3}{10}$

역수

예제 다음을 계산하시오.

(1) $\left(+\frac{3}{10}\right)\div\left(+\frac{6}{5}\right)=\left(+\frac{3}{10}\right)\times\left(+\frac{5}{6}\right)=+\left(\frac{3}{10}\times\frac{5}{6}\right)=+\frac{1}{4}$

(2) $\left(-\frac{3}{14}\right)\div\left(-\frac{1}{7}\right)=\left(-\frac{3}{14}\right)\times(-7)=+\left(\frac{3}{14}\times 7\right)=+\frac{3}{2}$

(3) $(+11)\div\left(-\frac{1}{3}\right)=(+11)\times(-3)=-(11\times 3)=-33$

(4) $\left(-\frac{5}{4}\right)\div(+15)=\left(-\frac{5}{4}\right)\times\left(+\frac{1}{15}\right)=-\left(\frac{5}{4}\times\frac{1}{15}\right)=-\frac{1}{12}$

(4) **곱셈과 나눗셈의 혼합 계산**: 나눗셈을 역수의 곱셈으로 바꾸어 부호를 결정하고 곱셈하기

예 $(-10)\div\left(+\frac{5}{2}\right)\times\left(-\frac{3}{4}\right)=(-10)\times\left(+\frac{2}{5}\right)\times\left(-\frac{3}{4}\right)$

$=+\left(10\times\frac{2}{5}\times\frac{3}{4}\right)$

$=+3$

(5) **덧셈, 뺄셈, 곱셈, 나눗셈의 혼합 계산**

괄호 풀기: ( ) → { } → [ ]

↓

곱셈, 나눗셈

↓

덧셈, 뺄셈

예 $\{(-9)\times 2+6\}\div\left(-\frac{4}{5}\right)$

$=\{(-18)+6\}\div\left(-\frac{4}{5}\right)$

$=(-12)\div\left(-\frac{4}{5}\right)$

$=(-12)\times\left(-\frac{5}{4}\right)$

$=+15$

도형과 측정

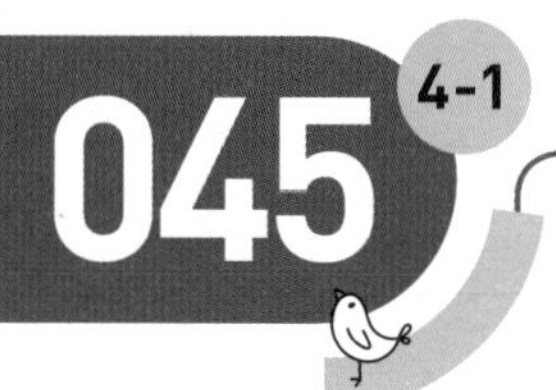

직각보다 작은 각과 큰 각

예각, 둔각

- 각도가 0°보다 크고 직각보다 작은 각을 예각이라고 합니다.
- 각도가 직각보다 크고 180°보다 작은 각을 둔각이라고 합니다.

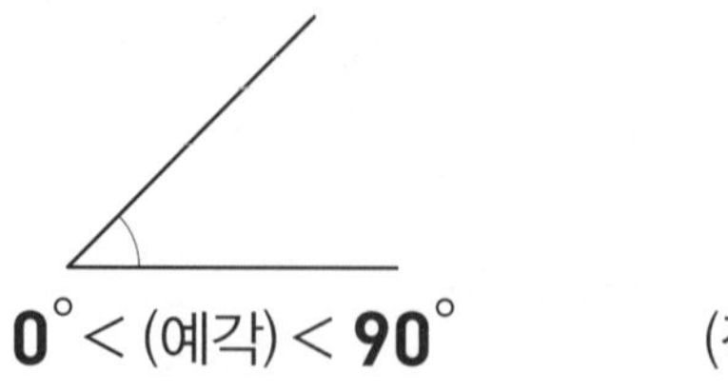

$0^\circ <$ (예각) $< 90^\circ$

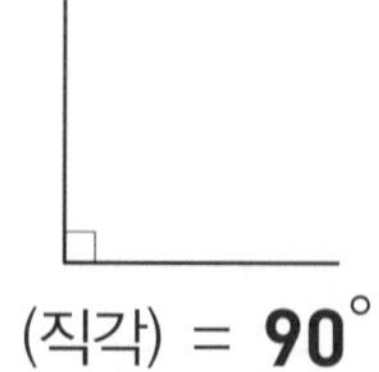

(직각) $= 90^\circ$

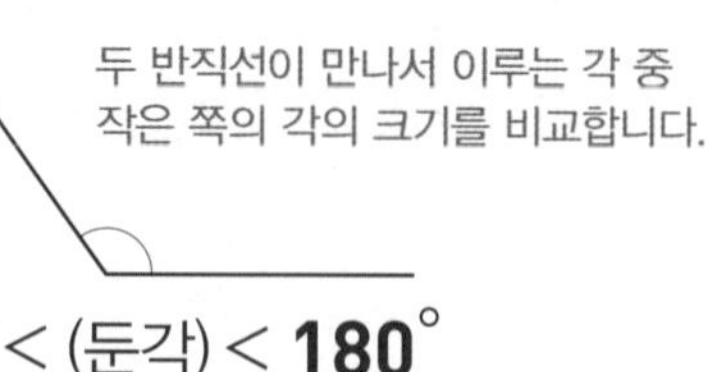

두 반직선이 만나서 이루는 각 중 작은 쪽의 각의 크기를 비교합니다.

$90^\circ <$ (둔각) $< 180^\circ$

필수 개념 문제

[1~2] 주어진 각이 예각, 둔각 중 어느 것인지 ☐ 안에 써넣으세요.

1

2

3 주어진 각을 예각, 직각, 둔각으로 분류하여 기호를 쓰세요.

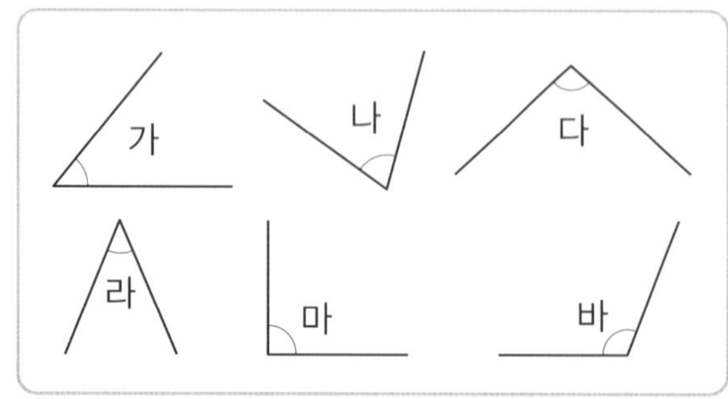

예각	직각	둔각

4 점 ㄱ과 선으로 이었을 때 둔각이 되는 점은 어느 것일까요? (　　　)

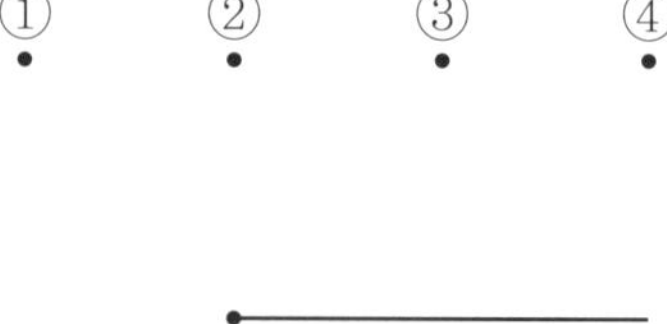

5 주어진 선분을 이용하여 예각을 그리세요.

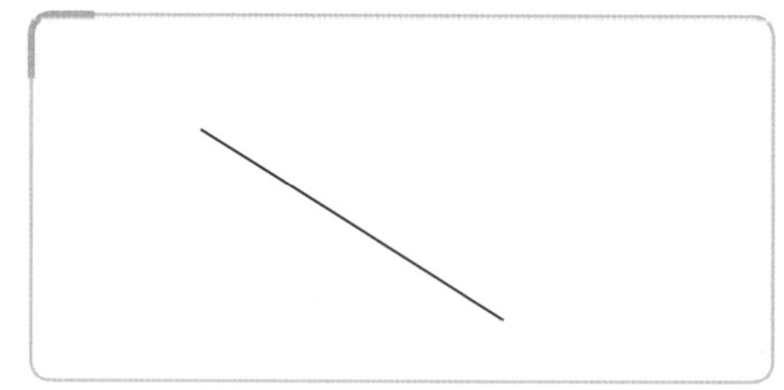

6 시계의 긴바늘과 짧은바늘이 이루는 작은 쪽의 각이 예각, 직각, 둔각 중 어느 것인지 쓰세요.

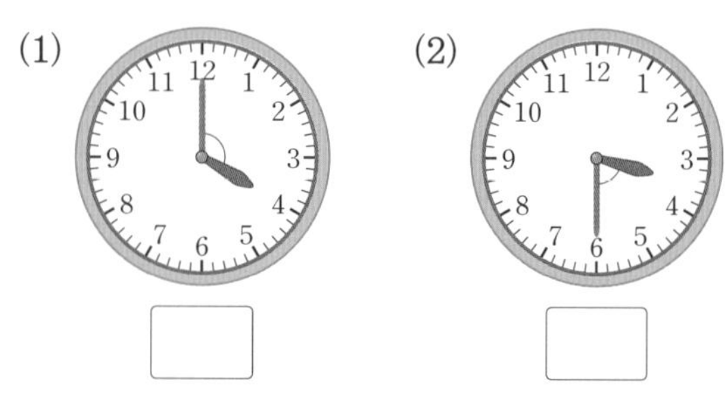

4-1 **13** 각도

각도의 합과 차

각도의 합과 차

각도의 합과 차는 자연수의 덧셈, 뺄셈과 같은 방법으로 계산한 다음 기호 °를 붙입니다.

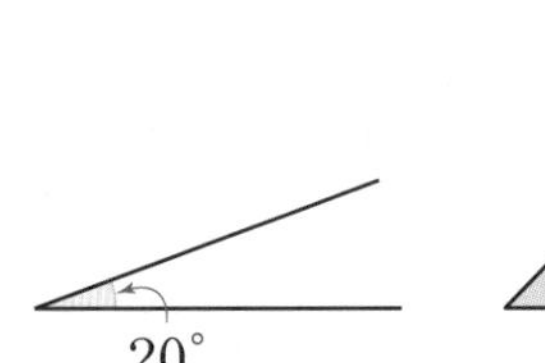

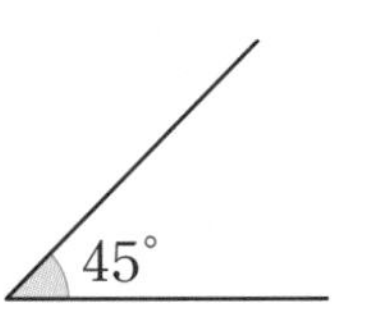

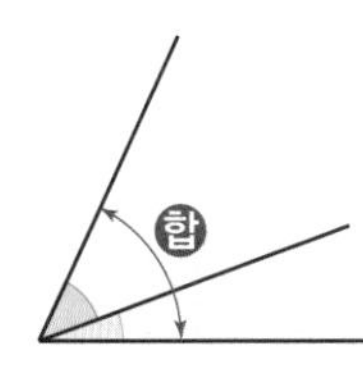

두 각을 이어 붙일 때는
각의 꼭짓점과 한 변이 겹치도록 붙입니다.

20° + 45° = 65°

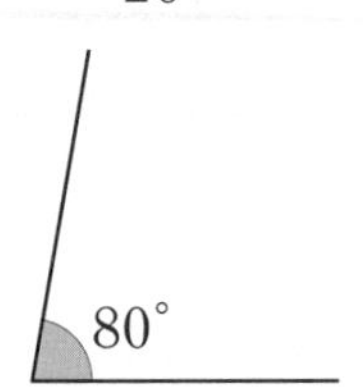

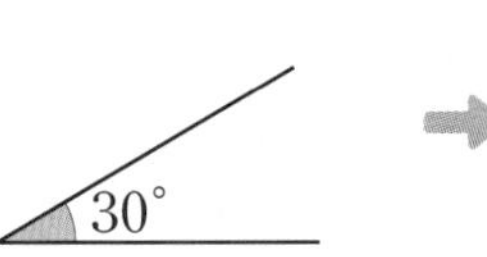

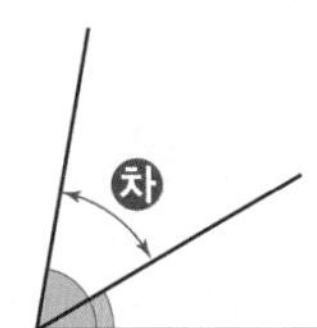

두 각을 겹쳐 놓을 때는
각의 꼭짓점과 한 변이 겹치도록 붙입니다.

80° − 30° = 50°

필수 개념 문제

1 그림을 보고 두 각도의 합을 구하세요.

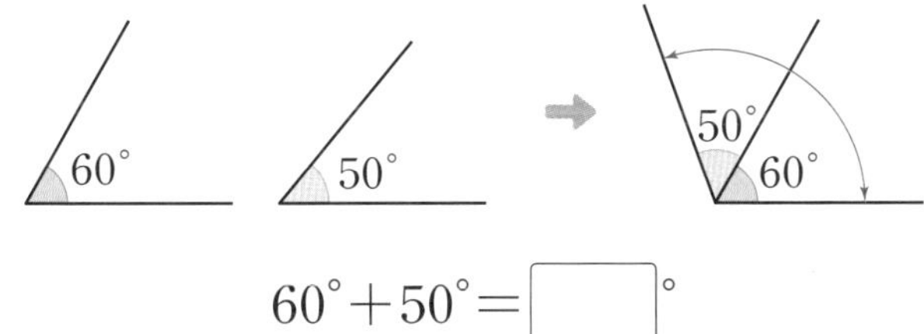

$60°+50°=\square°$

2 각도의 합을 구하세요.

(1) $40°+80°=\square°$

(2) $35°+140°=\square°$

3 각도의 합이 가장 큰 것은 어느 것일까요?

(　　　)

① $20°+110°$　② $40°+65°$
③ $90°+50°$　④ $55°+80°$
⑤ $105°+27°$

4 그림을 보고 두 각도의 차를 구하세요.

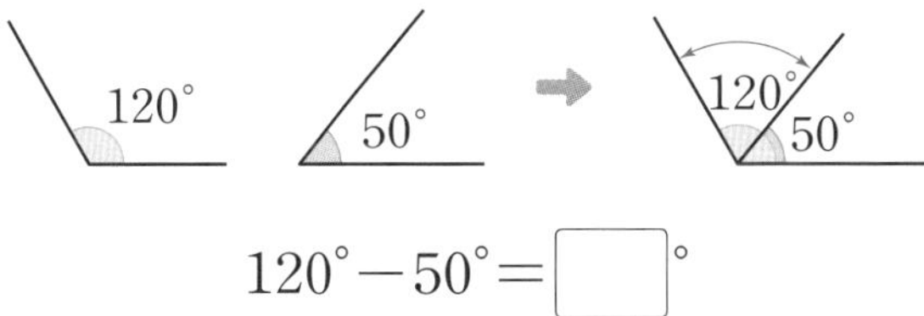

$120°-50°=\square°$

5 각도의 차를 구하세요.

(1) $90°-30°=\square°$

(2) $150°-65°=\square°$

6 ㉠의 각도를 구하세요.

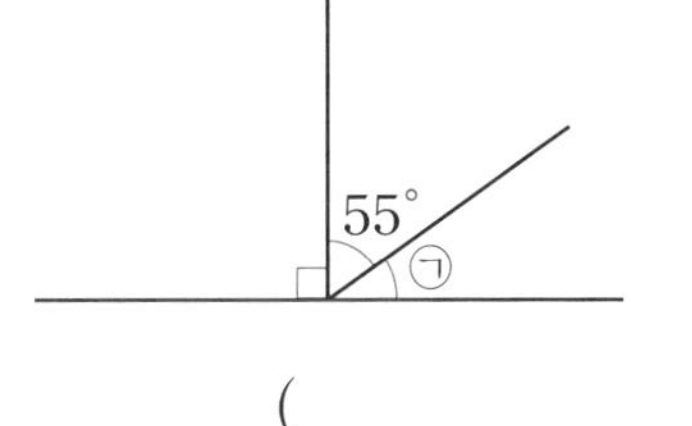

(　　　)

II 도형과 측정

삼각형의 세 각의 크기의 합

삼각형의 세 각의 크기의 합

삼각형의 세 각의 크기의 합은 **180°**입니다.

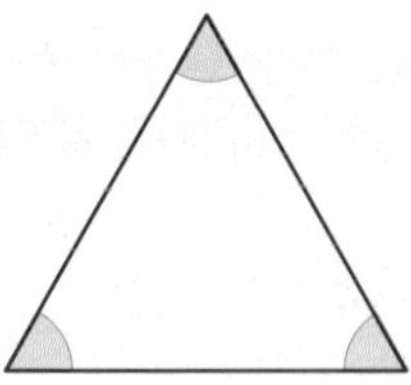

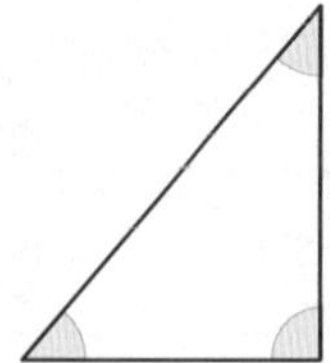

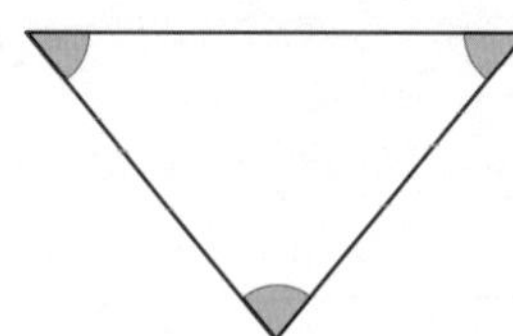

삼각형의 크기, 모양에 관계없이 세 각의 크기의 합은 모두 180°로 같습니다.

필수 개념 문제

1 삼각형을 잘라서 세 꼭짓점이 한 점에 모이도록 겹치지 않게 이어 붙였습니다. ㉠의 각도를 구하세요.

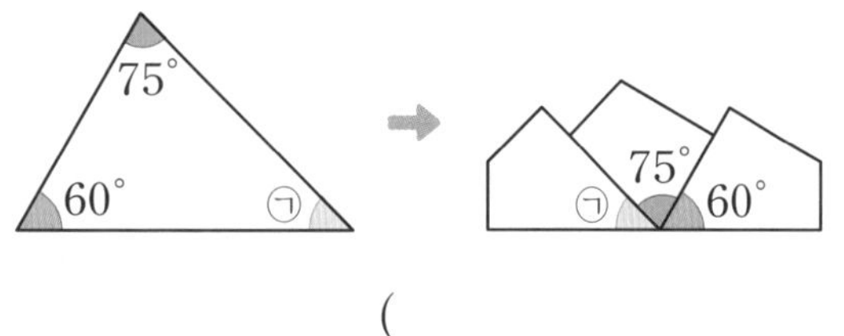

(　　　　　　　　)

2 □ 안에 알맞은 수를 써넣으세요.

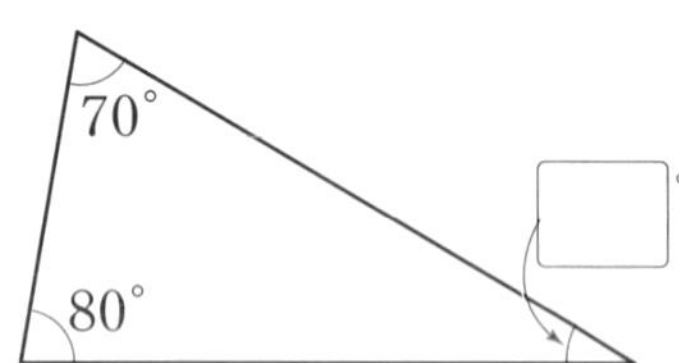

3 두 각의 크기가 110°, 25°인 삼각형이 있습니다. 이 삼각형의 나머지 한 각의 크기를 구하세요.

(　　　　　　　　)

4 ㉠과 ㉡의 각도의 합을 구하세요.

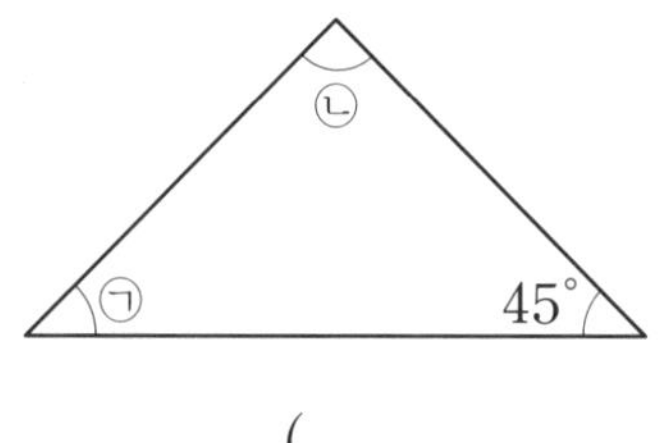

(　　　　　　　　)

5 ㉠과 ㉡의 각도를 각각 구하세요.

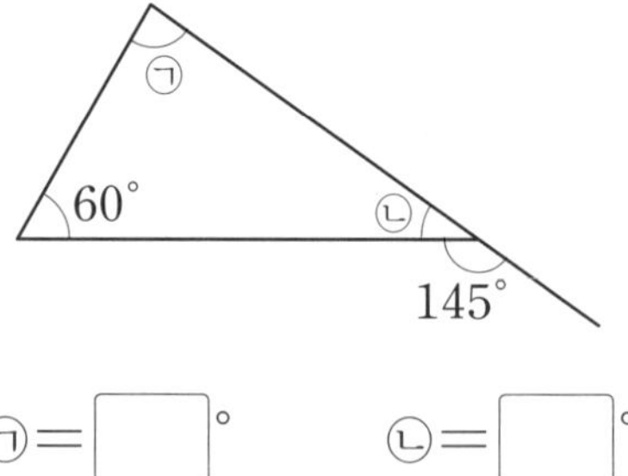

㉠＝□°　　㉡＝□°

6 □ 안에 알맞은 수를 써넣으세요.

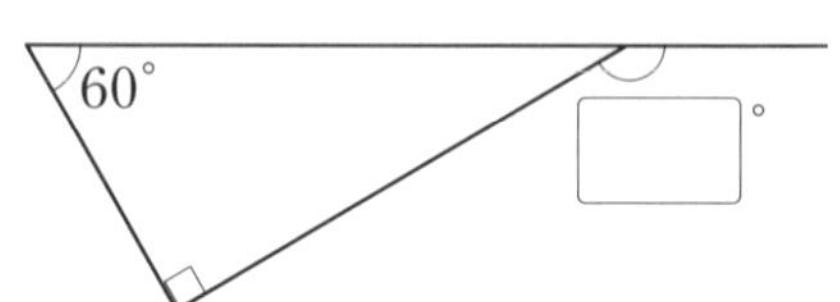

4-1 13 각도

사각형의 네 각의 크기의 합

사각형의 네 각의 크기의 합

사각형의 네 각의 크기의 합은 **360°**입니다.

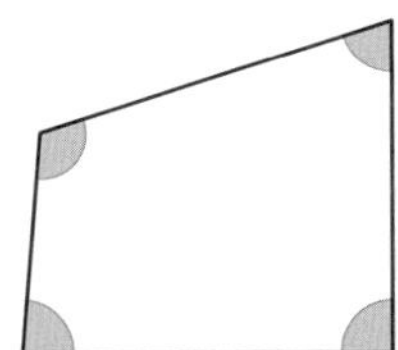
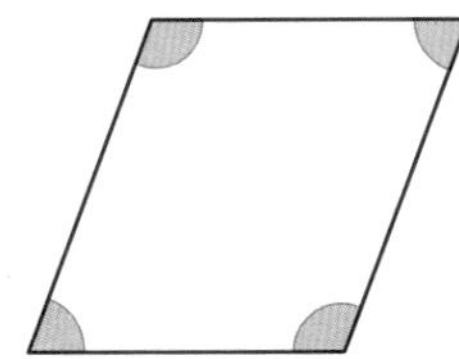
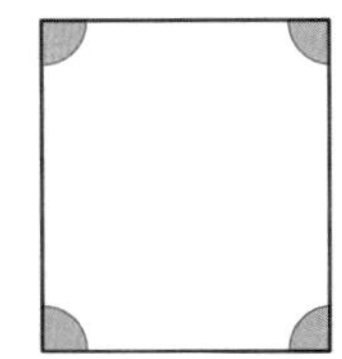

사각형의 크기, 모양에 관계없이 네 각의 크기의 합은 모두 360°로 같습니다.

필수 개념 문제

1 사각형을 잘라서 네 꼭짓점이 한 점에 모이도록 겹치지 않게 이어 붙였습니다. □ 안에 알맞은 수를 써넣으세요.

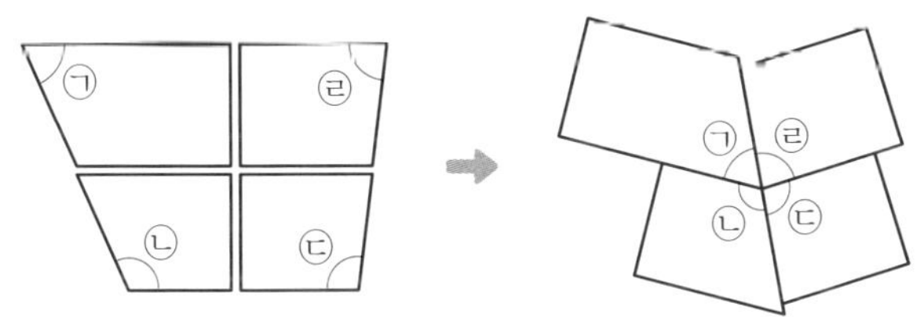

㉠+㉡+㉢+㉣=□°

2 □ 안에 알맞은 수를 써넣으세요.

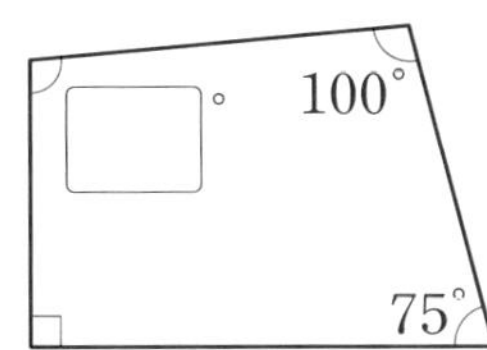

3 세 각의 크기가 85°, 120°, 40°인 사각형이 있습니다. 이 사각형의 나머지 한 각의 크기를 구하세요.

( )

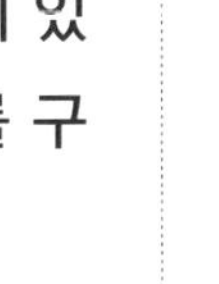

4 ㉠과 ㉡의 각도의 합을 구하세요.

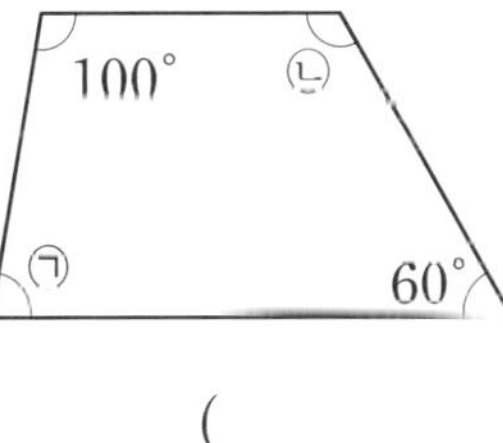

( )

5 ㉠과 ㉣의 각도의 합은 110°입니다. ㉡과 ㉢의 각도의 합을 구하세요.

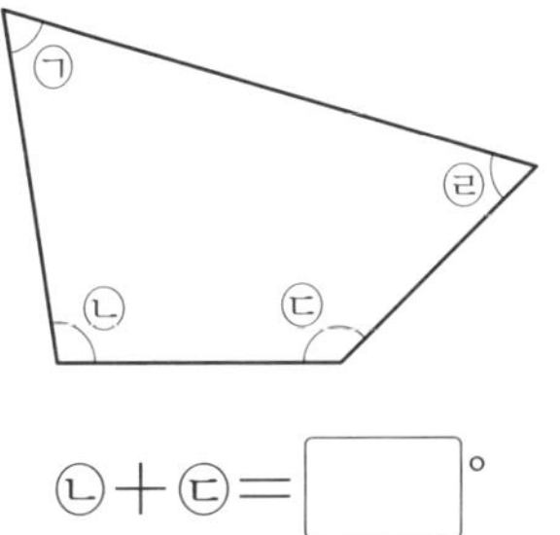

㉡+㉢=□°

6 □ 안에 알맞은 수를 써넣으세요.

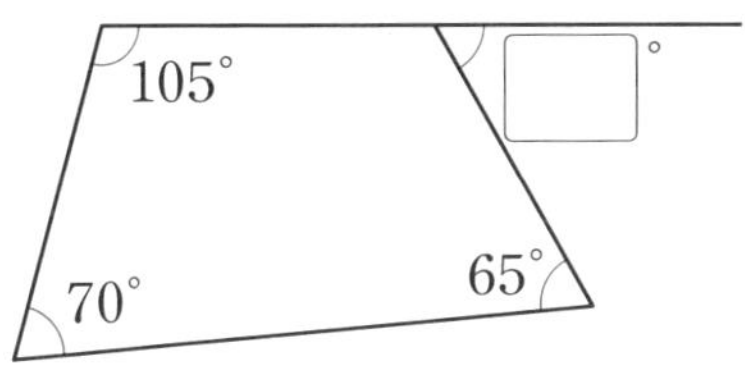

II 도형과 측정

CASE 1 조건에 맞는 각 찾기

1 그림에서 찾을 수 있는 크고 작은 예각은 모두 몇 개일까요?

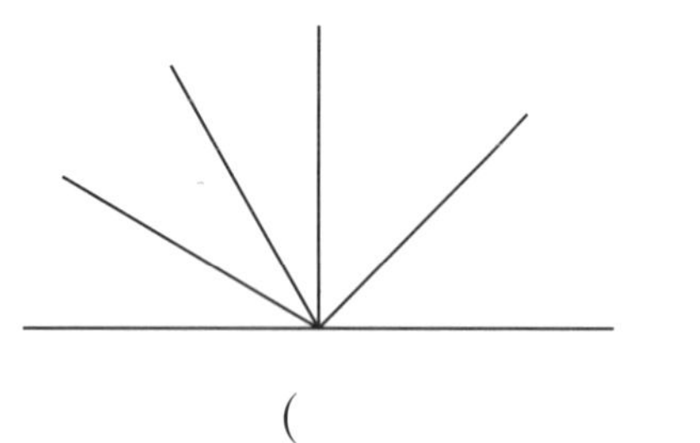

(　　　　　　　　　　)

2 그림에서 찾을 수 있는 크고 작은 둔각은 모두 몇 개일까요?

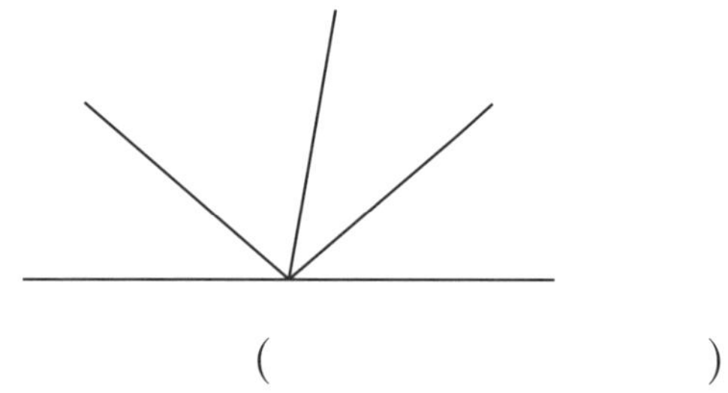

(　　　　　　　　　　)

3 그림에서 찾을 수 있는 크고 작은 예각과 둔각은 모두 몇 개일까요?

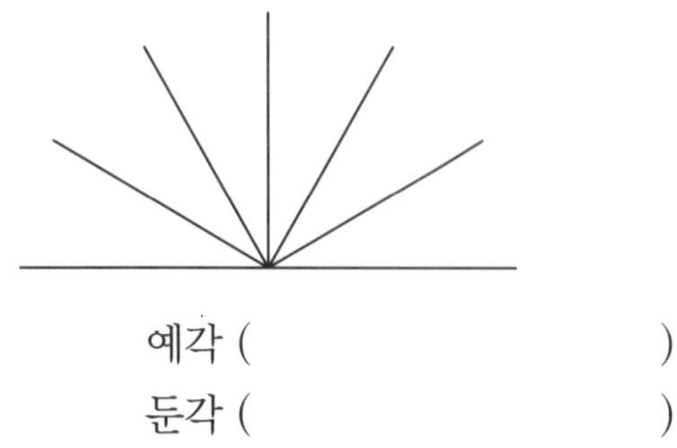

예각 (　　　　　　　　　　)
둔각 (　　　　　　　　　　)

CASE 2 삼각형과 사각형의 각도의 합 활용하기

4 ㉠의 각도를 구하세요.

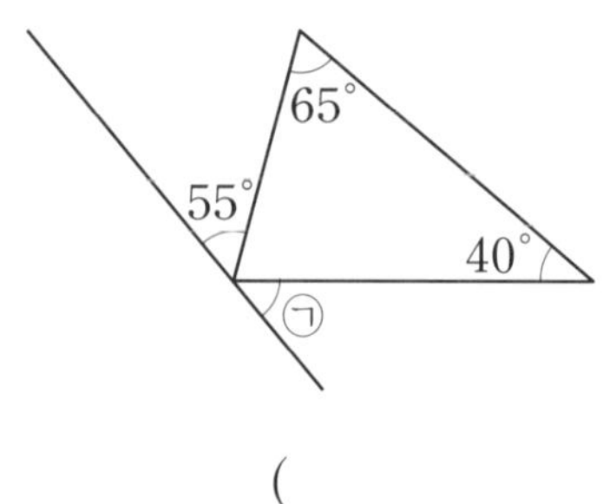

(　　　　　　　　　　)

5 ㉠의 각도를 구하세요.

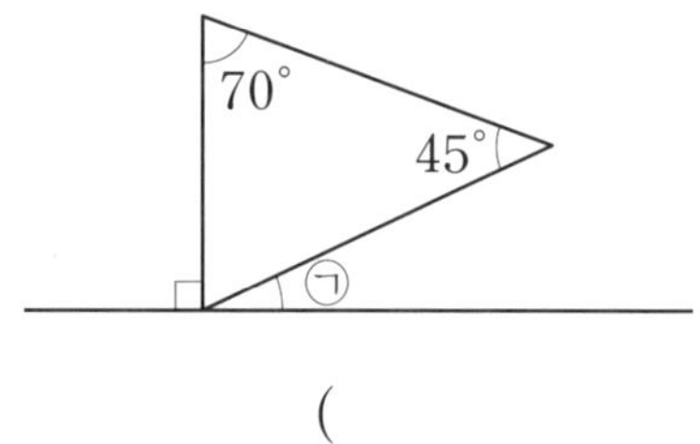

(　　　　　　　　　　)

6 ㉠의 각도를 구하세요.

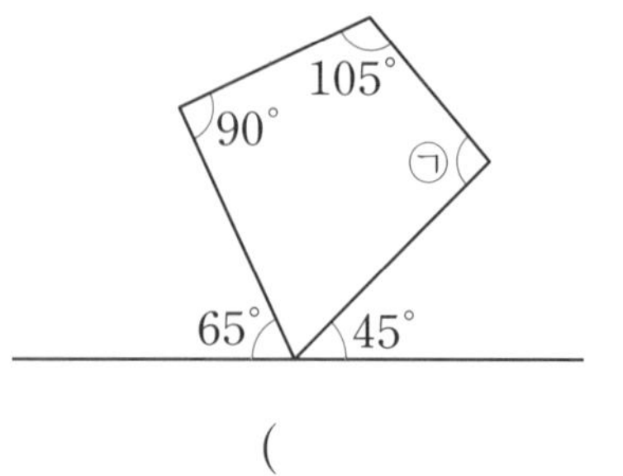

(　　　　　　　　　　)

CASE 3 시곗바늘이 이루는 각도의 합과 차

7 두 시계의 긴바늘과 짧은바늘이 이루는 작은 쪽의 각도의 합을 구하세요.

( )

8 두 시계의 긴바늘과 짧은바늘이 이루는 작은 쪽의 각도의 차를 구하세요.

( )

9 시계가 나타내는 시각이 다음과 같을 때 긴바늘과 짧은바늘이 이루는 작은 쪽의 각도의 합과 차를 구하세요.

7시 11시

합 ( )
차 ( )

CASE 4 종이를 접었을 때 생기는 각도 구하기

10 직사각형 모양의 종이를 다음과 같이 접었을 때, □ 안에 알맞은 수를 써넣으세요.

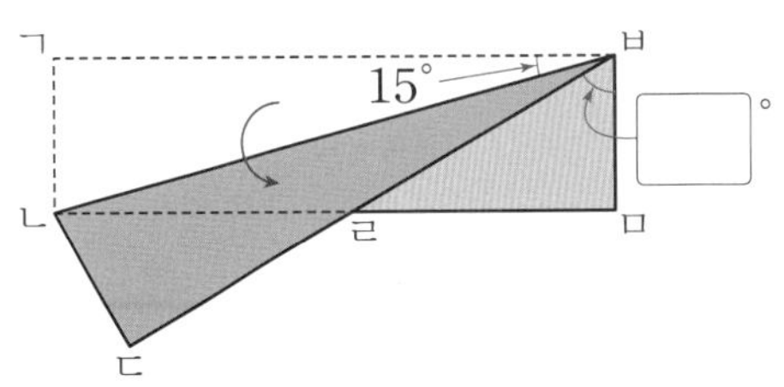

11 직사각형 모양의 종이를 다음과 같이 접었을 때, ㉠의 각도를 구하세요.

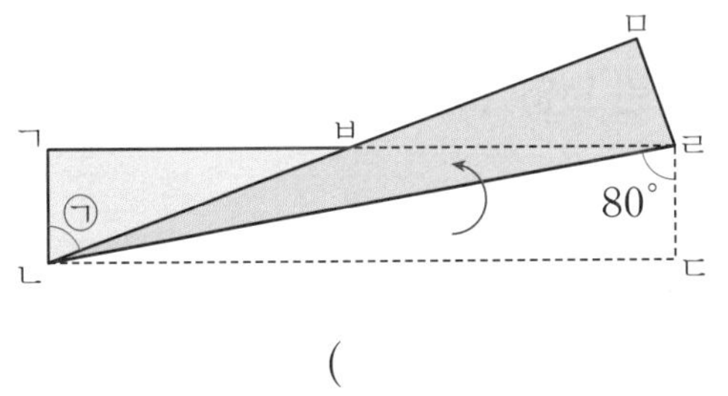

( )

12 직사각형 모양의 종이를 다음과 같이 접었을 때, ㉠의 각도를 구하세요.

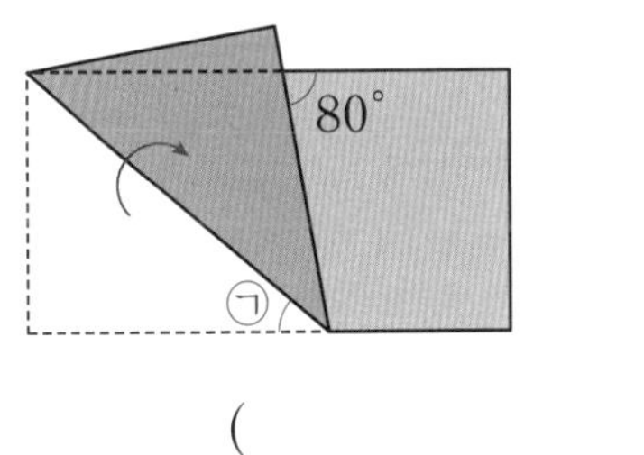

( )

Ⅱ 도형과 측정

평면도형 밀기

도형을 위, 아래, 옆으로 밀기

- 도형을 밀면 모양은 변하지 않지만 위치는 바뀝니다.
- 도형을 주어진 방향과 길이만큼 밀어서 이동시킬 수 있습니다.

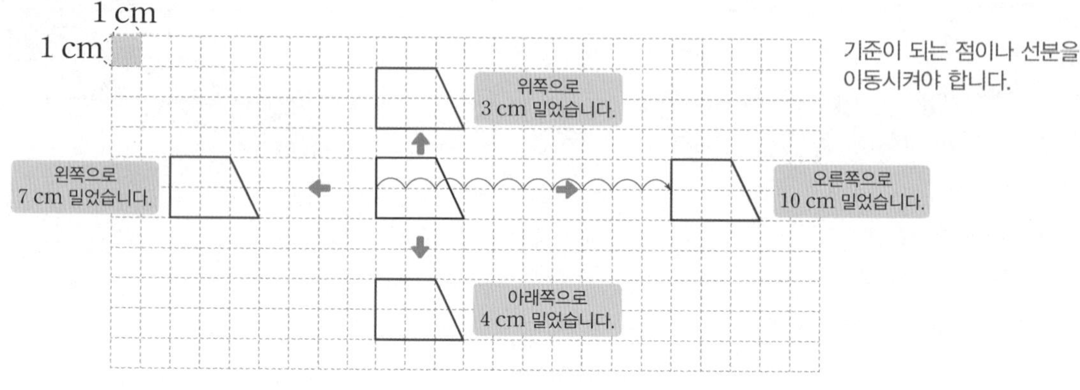

기준이 되는 점이나 선분을 이동시켜야 합니다.

필수 개념 문제

1 왼쪽 도형을 오른쪽으로 밀었을 때의 도형을 그린 것입니다. □ 안에 알맞은 말을 써넣으세요.

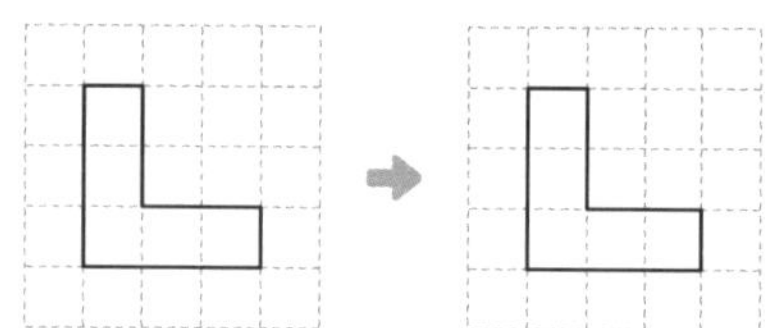

왼쪽 도형을 오른쪽으로 밀면 도형의 □은 변하지 않고 □만 바뀝니다.

2 도형을 왼쪽, 위쪽으로 밀었을 때의 도형을 각각 그리세요.

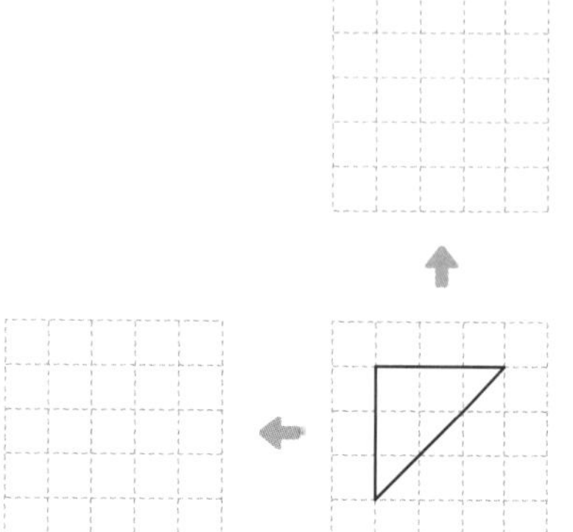

3 삼각형 ㄱㄴㄷ을 아래쪽으로 10 cm 밀었을 때의 도형을 그리세요.

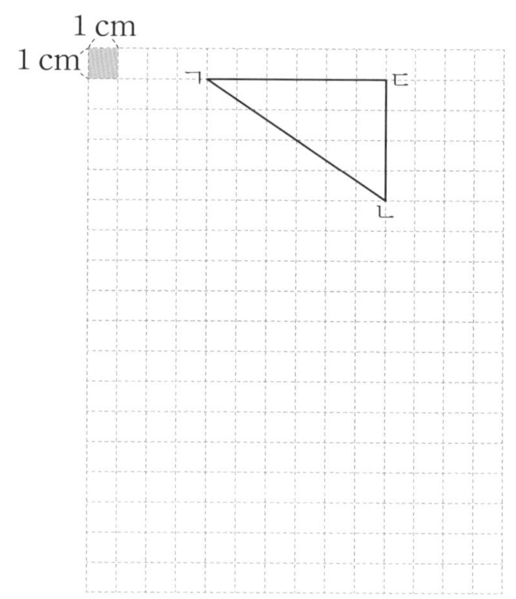

4 도형을 오른쪽으로 밀었을 때의 도형을 그리세요.

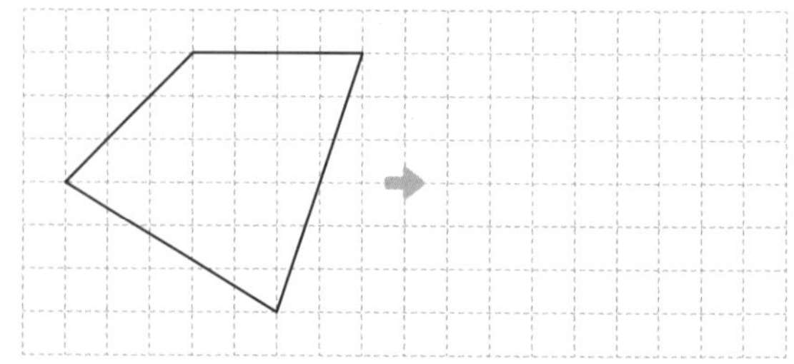

4-1 14 평면도형의 이동

평면도형 뒤집기

도형을 위, 아래, 옆으로 뒤집기

- 도형을 위쪽이나 아래쪽으로 뒤집으면 도형의 위쪽과 아래쪽이 서로 바뀝니다.
- 도형을 왼쪽이나 오른쪽으로 뒤집으면 도형의 왼쪽과 오른쪽이 서로 바뀝니다.

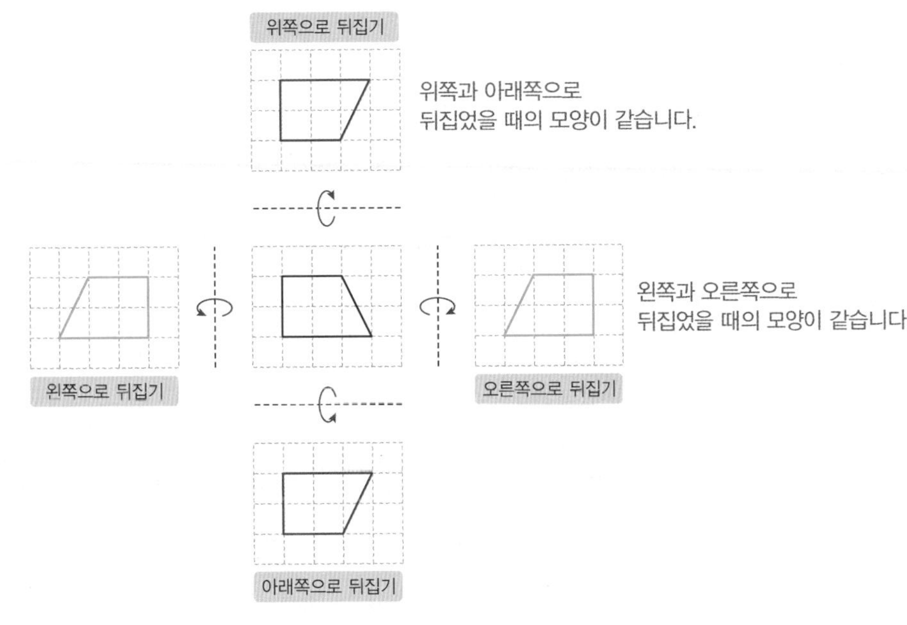

필수 개념 문제

1 왼쪽 도형을 오른쪽으로 뒤집었을 때의 도형을 그린 것입니다. 알맞은 말에 ○표 하세요.

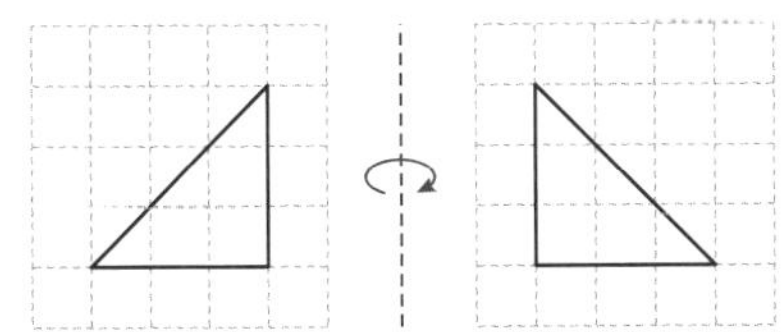

왼쪽 도형을 오른쪽으로 뒤집으면 도형의 왼쪽과 (오른쪽 , 위쪽 , 아래쪽)이 서로 바뀝니다.

2 모양 조각을 왼쪽으로 뒤집었을 때의 모양에 ○표 하세요.

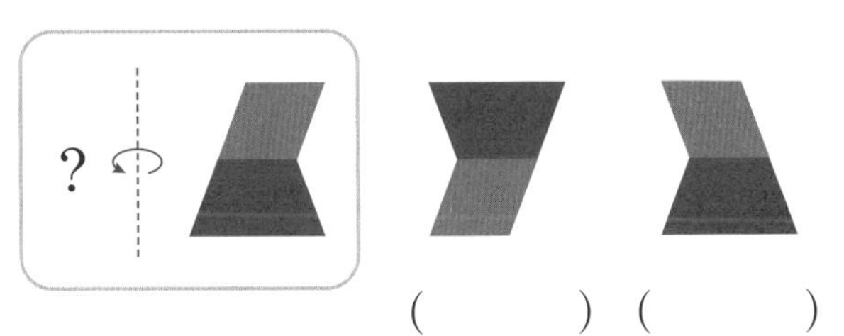

(　　　) (　　　)

3 도형을 아래쪽, 위쪽, 왼쪽, 오른쪽으로 뒤집었을 때의 도형을 그리세요.

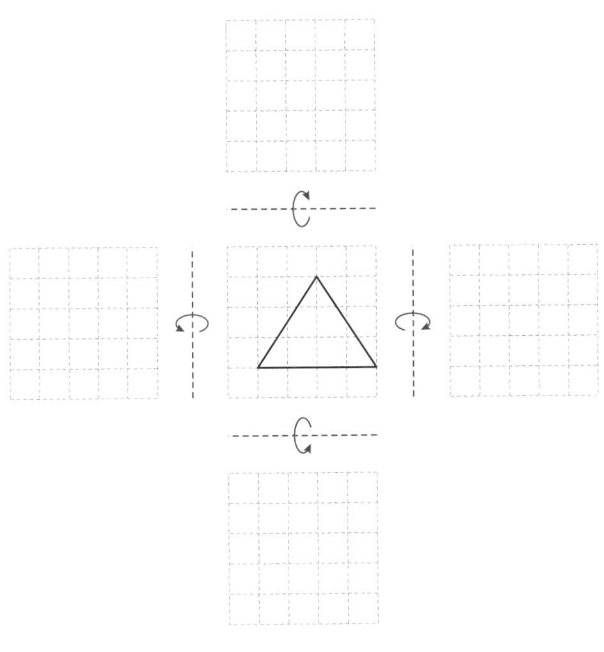

평면도형 돌리기

도형을 시계 방향, 시계 반대 방향으로 돌리기

- 도형을 시계 방향으로 **90°**만큼 돌리면 위쪽 부분이 오른쪽으로 바뀝니다.
- 도형을 시계 반대 방향으로 **90°**만큼 돌리면 위쪽 부분이 왼쪽으로 바뀝니다.
- 도형을 시계 방향이나 시계 반대 방향으로 **360°**만큼 돌리면 처음 도형과 같아집니다.

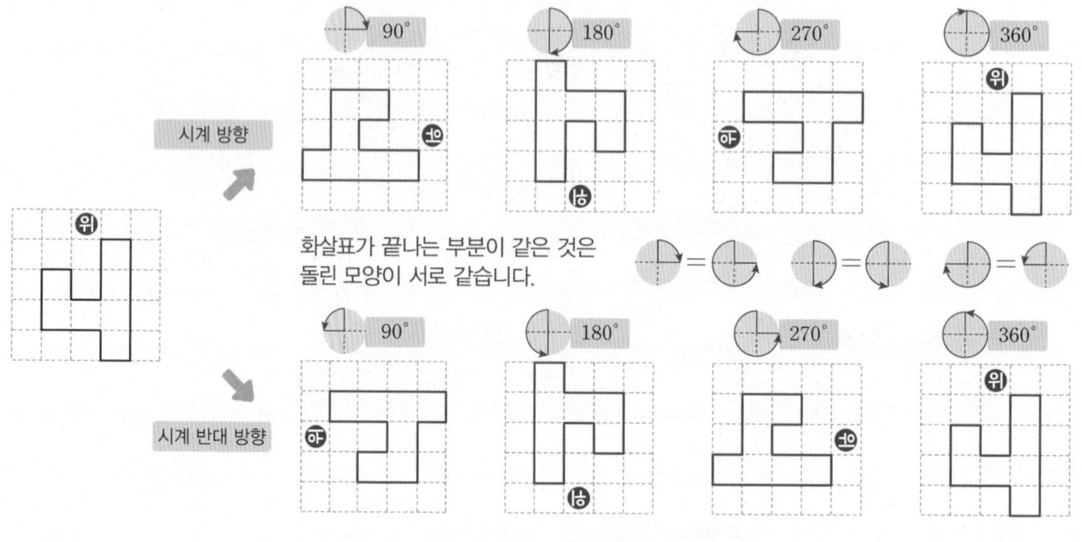

필수 개념 문제

1 왼쪽 도형을 시계 방향으로 90°만큼 돌렸을 때의 도형을 그린 것입니다. 알맞은 말에 ○표 하세요.

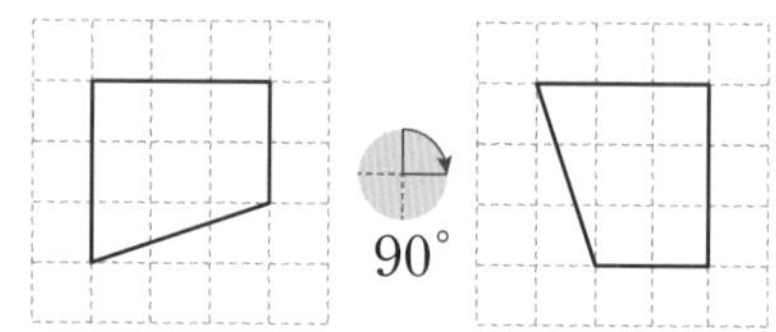

왼쪽 도형을 시계 방향으로 90°만큼 돌리면 위쪽 부분은 (오른쪽 , 위쪽 , 아래쪽)으로 바뀝니다.

2 모양 조각을 시계 방향으로 90°만큼 돌렸을 때의 모양에 ○표 하세요.

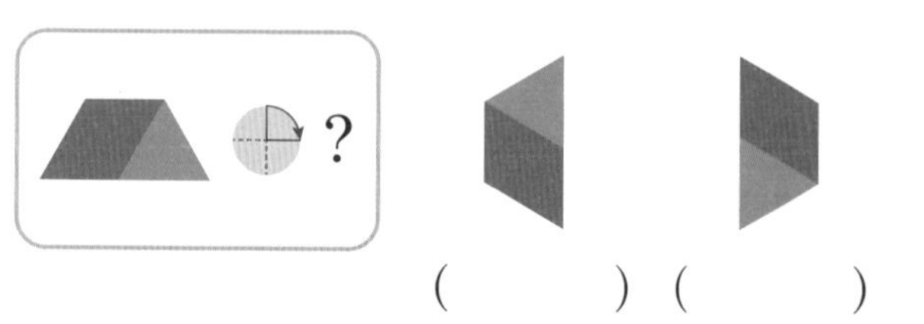

( ) ( )

3 가운데 도형을 주어진 방향으로 돌렸을 때의 도형을 그리세요.

(1)

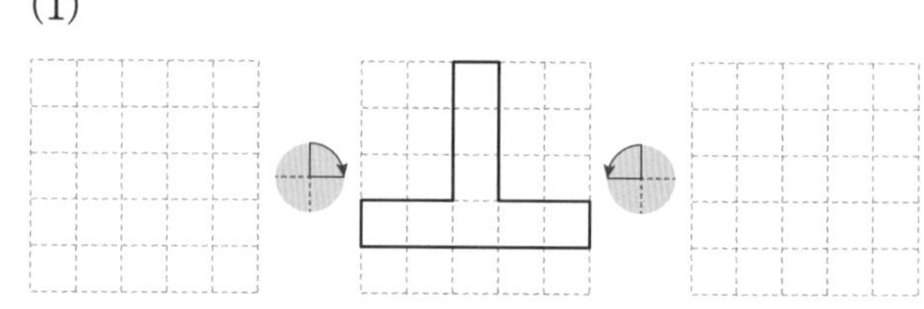

(2)

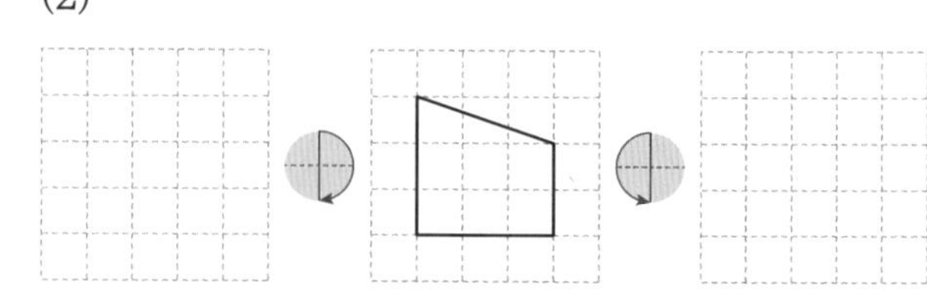

(3)

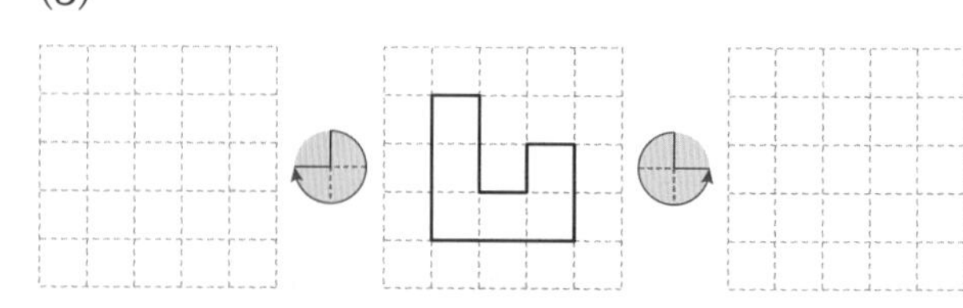

4-1 14 평면도형의 이동

평면도형 뒤집고 돌리기

도형을 뒤집고 돌리기, 돌리고 뒤집기

• 도형을 오른쪽으로 뒤집고 시계 방향으로 90°만큼 돌리기

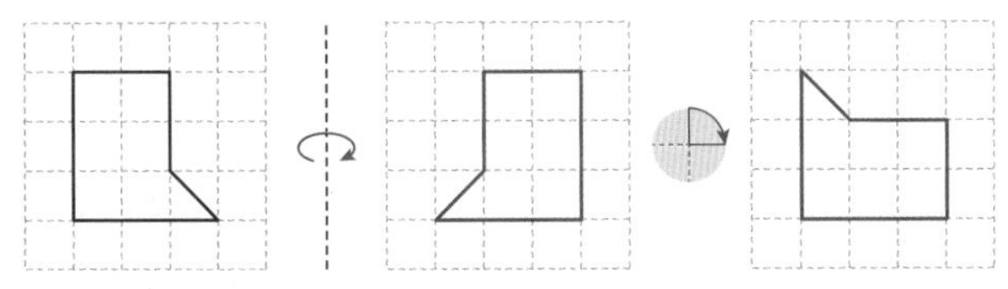

• 도형을 시계 방향으로 90°만큼 돌리고 오른쪽으로 뒤집기

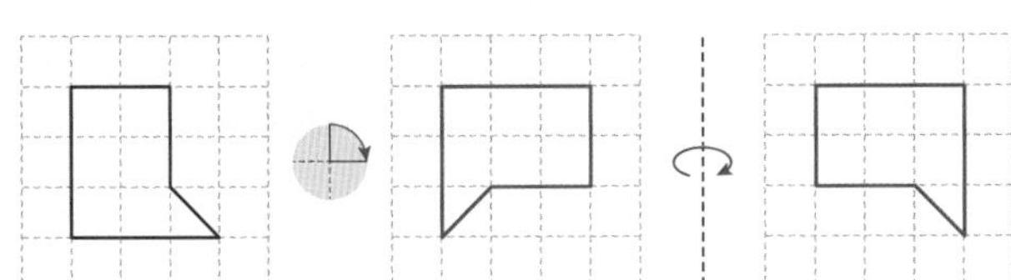

이동 방법은 같지만 순서를 바꾸면 모양이 달라집니다.

필수 개념 문제

1 도형을 아래쪽으로 뒤집고 시계 반대 방향으로 90°만큼 돌렸을 때의 도형을 그리세요.

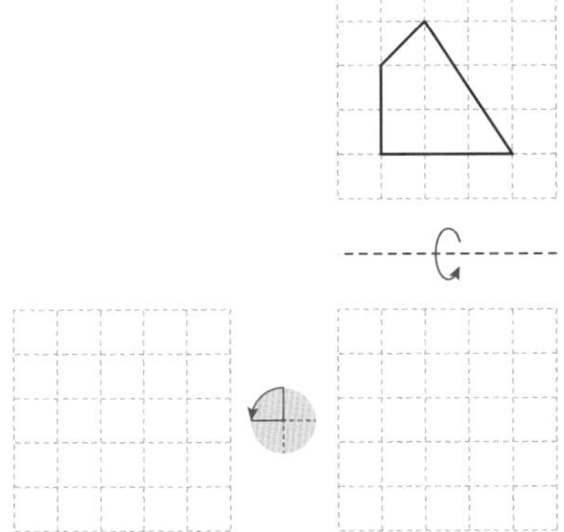

2 도형을 시계 방향으로 90°만큼 돌리고 위쪽으로 뒤집었을 때의 도형을 그리세요.

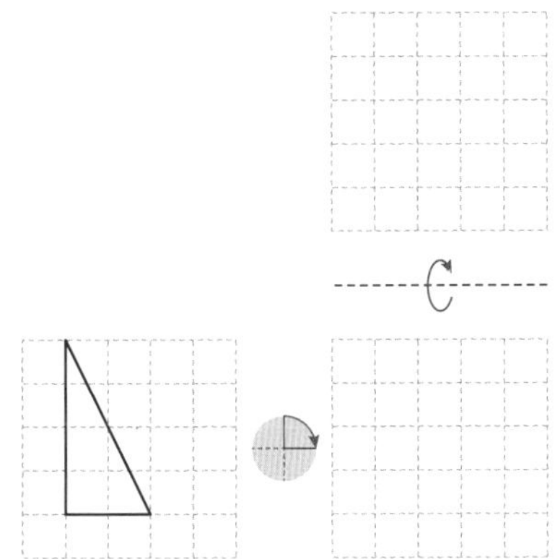

3 도형을 움직인 방법을 알아보려고 합니다. 알맞은 말에 ○표 하고, □ 안에 알맞게 써넣으세요.

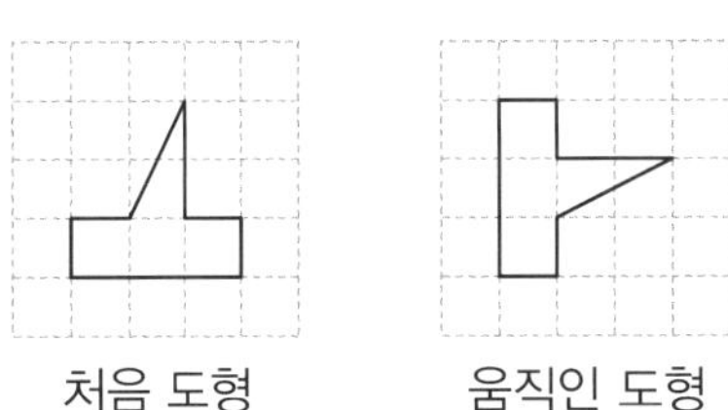

처음 도형을 왼쪽으로 (뒤집기 , 돌리기) 하고 시계 방향으로 □°만큼 돌리기 하였습니다.

4 모양 조각을 아래쪽으로 뒤집고 시계 방향으로 90°만큼 돌렸을 때의 모양에 ○표 하세요.

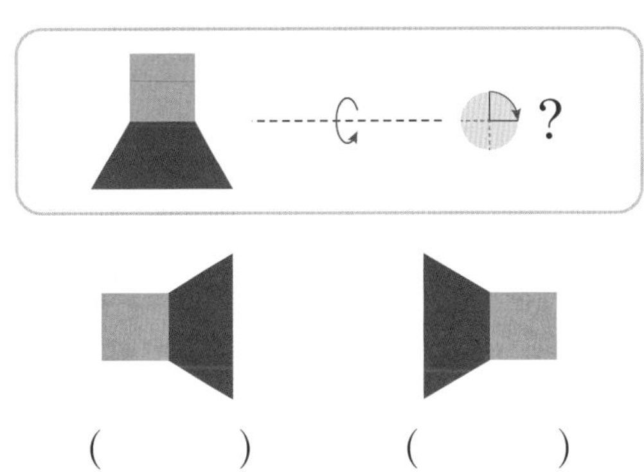

( ) ( )

CASE 1 뒤집기로 도형을 움직인 방법 찾기

1 왼쪽 도형을 뒤집었더니 오른쪽 도형과 같았습니다. 어느 쪽으로 뒤집었는지 쓰세요.

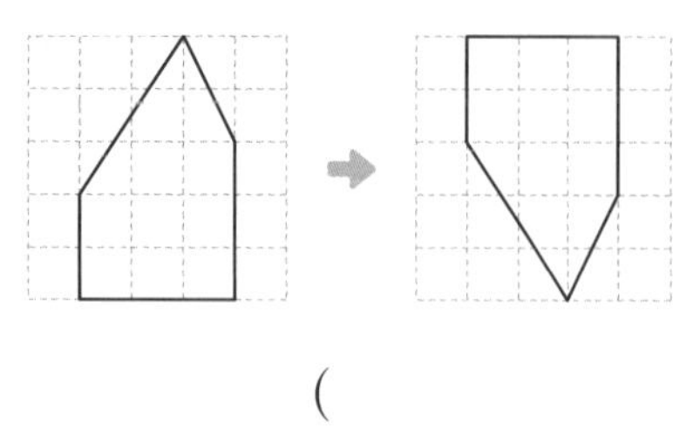

( )

2 왼쪽 도형을 뒤집었더니 오른쪽 도형과 같았습니다. 어느 쪽으로 뒤집었는지 쓰세요.

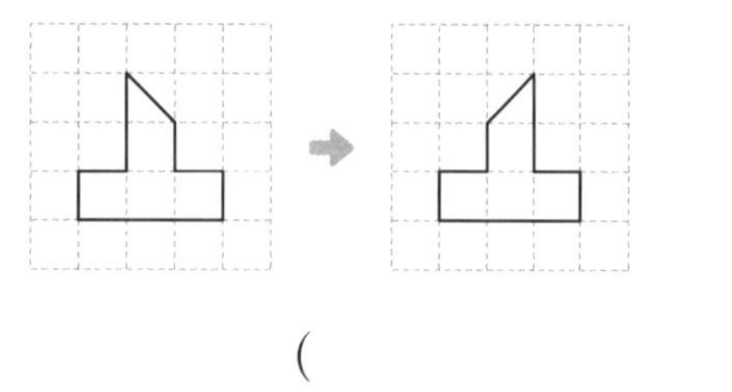

( )

3 왼쪽 도형을 위쪽으로 뒤집고, 오른쪽으로 뒤집었습니다. 뒤집은 모양을 오른쪽에 그리세요.

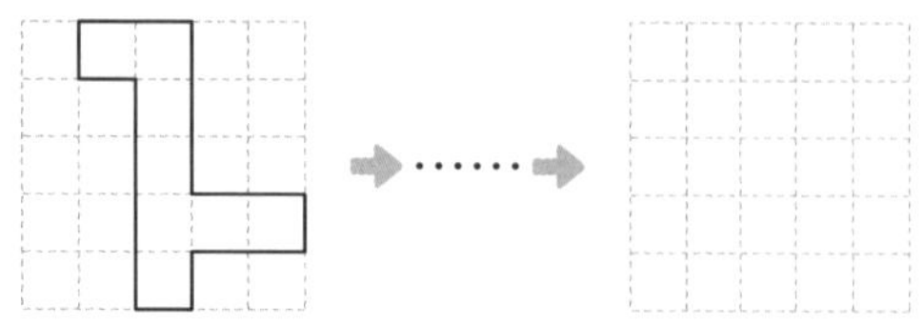

CASE 2 돌리기로 도형을 움직인 방법 찾기

4 오른쪽 도형은 왼쪽 도형을 시계 방향으로 돌리기한 것입니다. 어떻게 움직인 것인지 ? 에 알맞은 모양을 찾아 ○표 하세요.

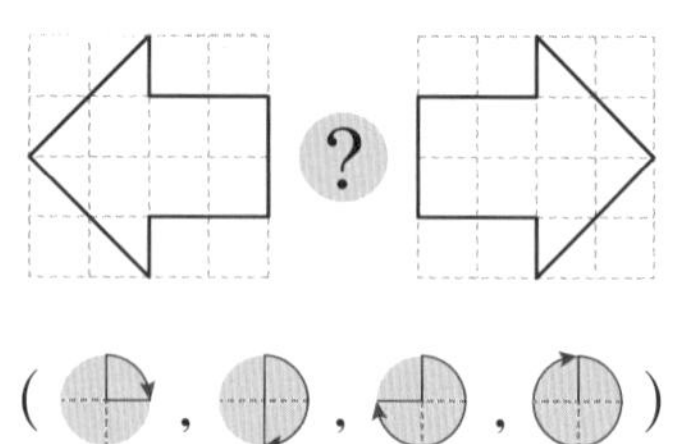

(, , ,)

5 왼쪽 도형을 돌렸더니 오른쪽 도형과 같았습니다. 어떻게 돌렸는지 알맞은 것을 모두 찾아 기호를 쓰세요.

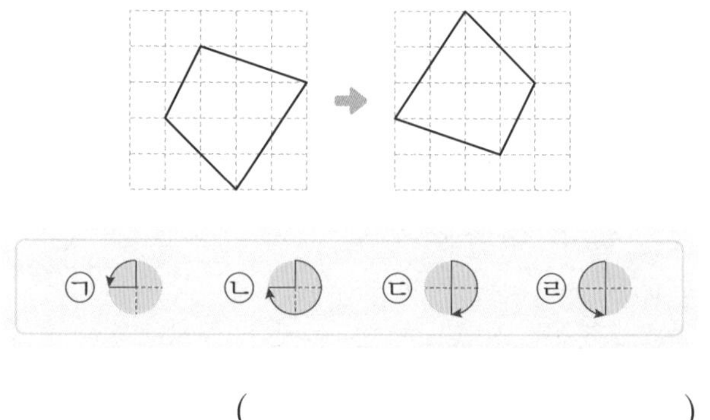

( )

6 왼쪽 도형을 돌렸더니 오른쪽 도형과 같았습니다. 어떻게 돌렸는지 알맞은 것을 모두 찾아 기호를 쓰세요.

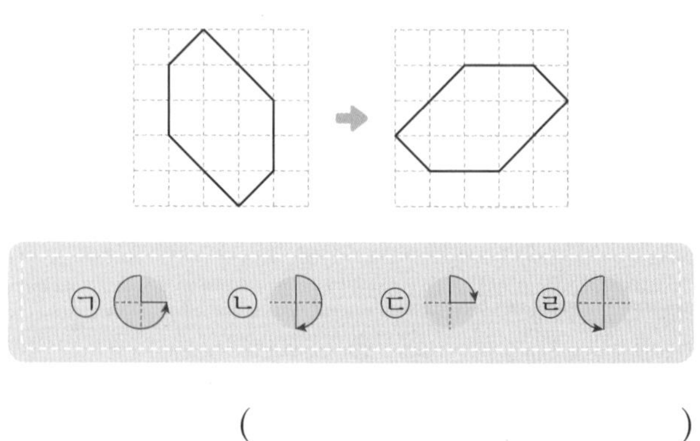

( )

CASE 3 움직인 방법을 찾아 도형을 움직이기

7 위의 도형을 움직인 방향을 찾아 같은 방법으로 도형을 움직였을 때의 모양을 그리세요.

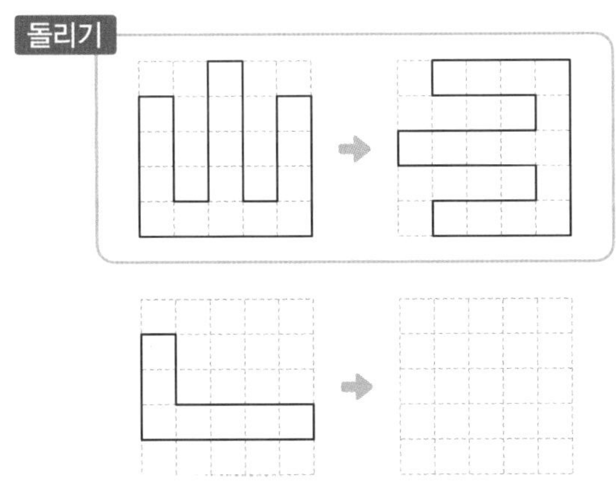

8 위의 도형을 움직인 방향을 찾아 같은 방법으로 도형을 움직였을 때의 모양을 그리세요.

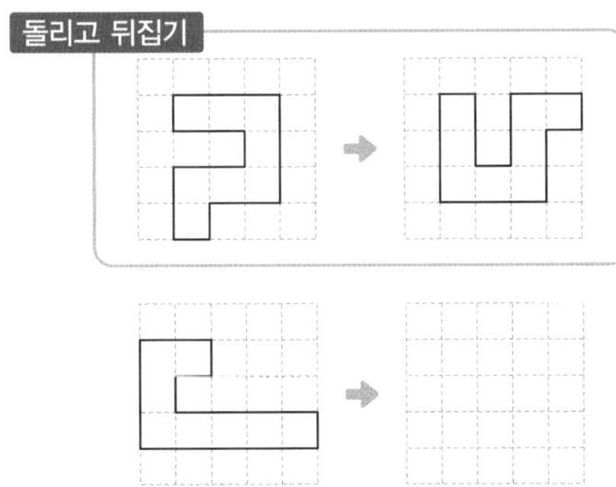

9 위의 도형을 움직인 방향을 찾아 같은 방법으로 도형을 움직였을 때의 모양을 그리세요.

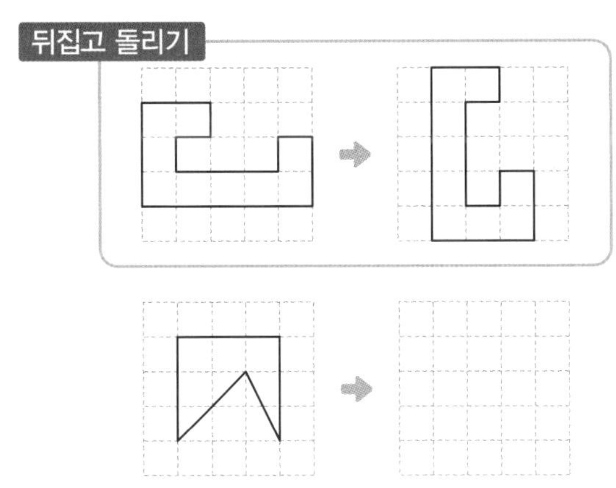

CASE 4 수 카드를 움직여서 나온 수 찾기

10 수 카드를 아래쪽으로 밀었을 때의 수와 시계 방향으로 180°만큼 돌렸을 때의 수의 합을 구하세요.

( )

11 수 카드를 시계 방향으로 180°만큼 돌렸을 때의 수와 처음 수와의 차를 구하세요.

281

( )

12 수 카드를 한 번씩만 사용하여 만든 가장 작은 세 자리 수와 그 수를 왼쪽으로 뒤집었을 때의 수의 합을 구하세요.

( )

1 시계의 긴바늘과 짧은바늘이 이루는 작은 쪽의 각이 예각, 직각, 둔각 중 어느 것인지 쓰세요.

( )

2 각도의 합과 차를 구하세요.

(1) $30^\circ + 70^\circ = \square^\circ$

(2) $45^\circ + 120^\circ = \square^\circ$

(3) $86^\circ - 20^\circ = \square^\circ$

(4) $150^\circ - 65^\circ = \square^\circ$

3 삼각형을 잘라서 세 꼭짓점이 한 점에 모이도록 겹치지 않게 이어 붙였습니다. ㉠의 각도를 구하세요.

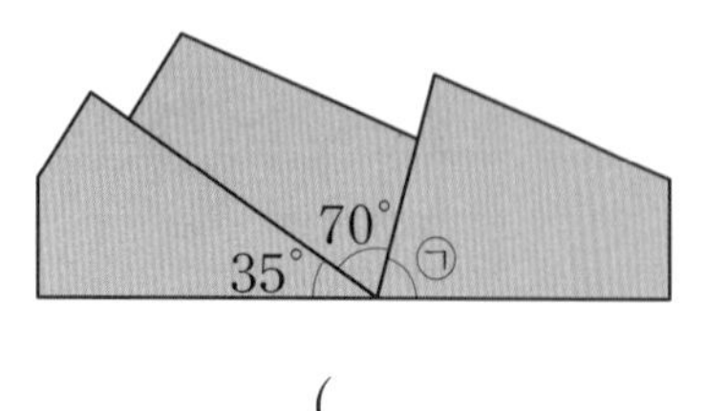

( )

4 □ 안에 알맞은 수를 써넣으세요.

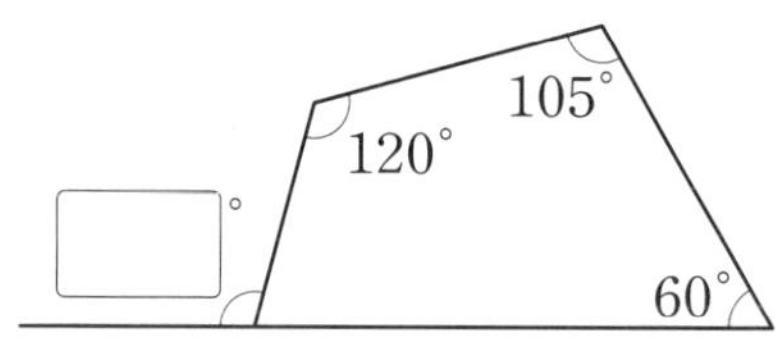

5 두 직각 삼각자를 겹쳐서 ㉠을 만들었습니다. ㉠의 각도를 구하세요.

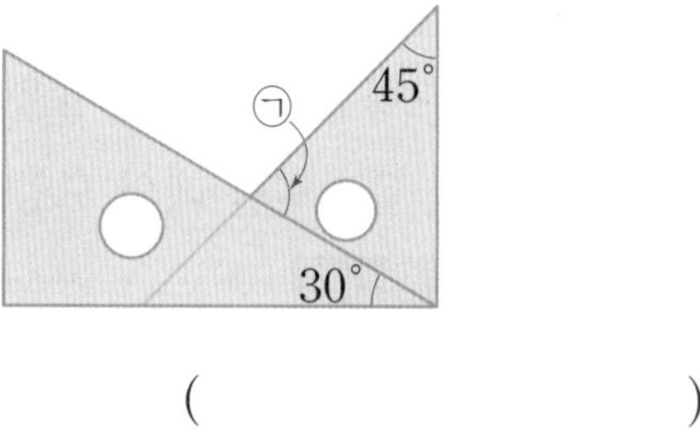

( )

6 직사각형 모양의 종이를 다음과 같이 접었을 때, □ 안에 알맞은 수를 써넣으세요.

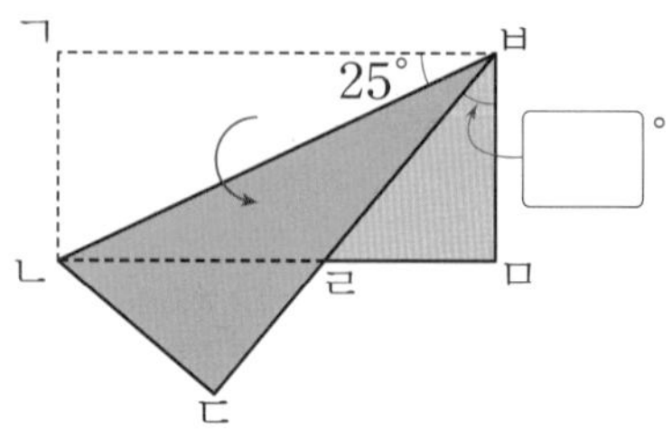

7 도형을 왼쪽으로 5 cm 밀었을 때의 도형을 그리세요.

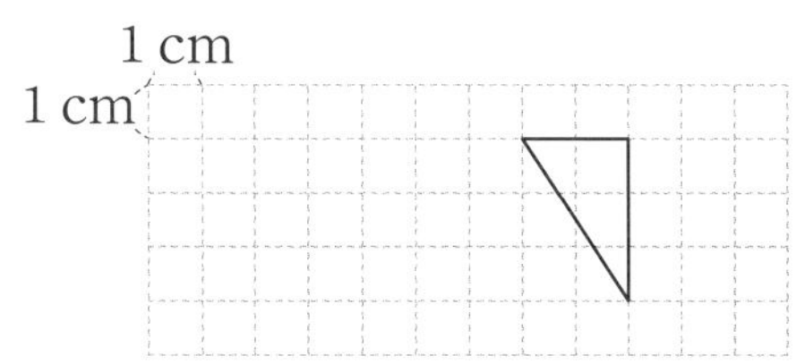

8 보기 의 도형을 한 번 뒤집었을 때 나올 수 없는 도형을 찾아 기호를 쓰세요.

보기

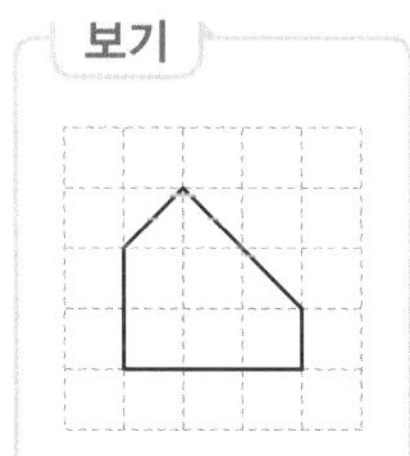

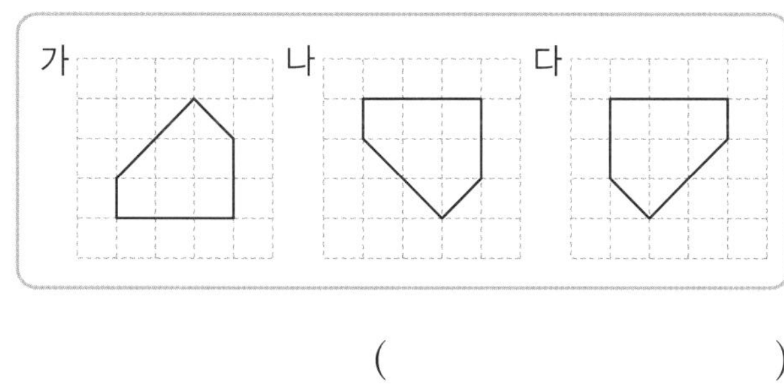

(　　　　　　)

9 어떤 도형을 시계 방향으로 270°만큼 돌렸을 때의 도형입니다. 처음 도형을 그리세요.

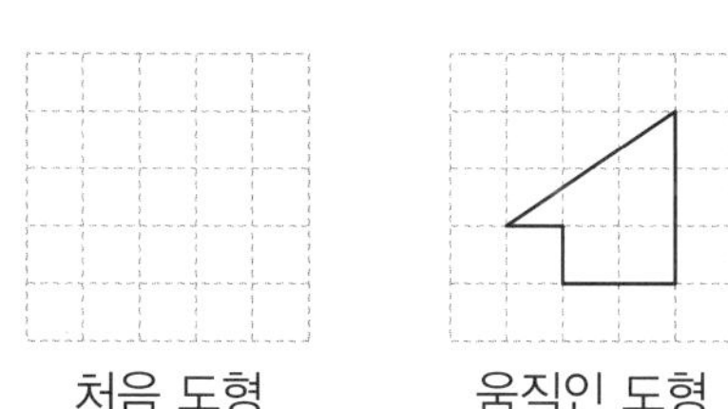

10 오른쪽 도형을 오른쪽으로 뒤집고 시계 방향으로 180°만큼 돌렸을 때의 도형에 ○표 하세요.

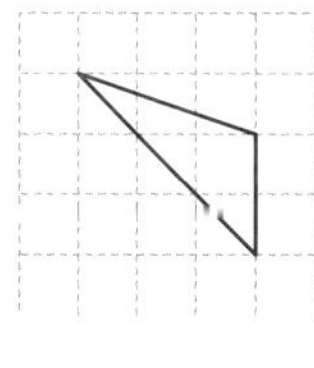

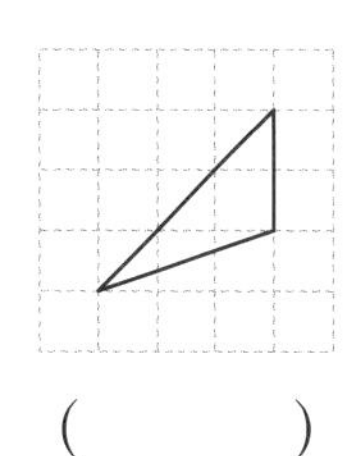

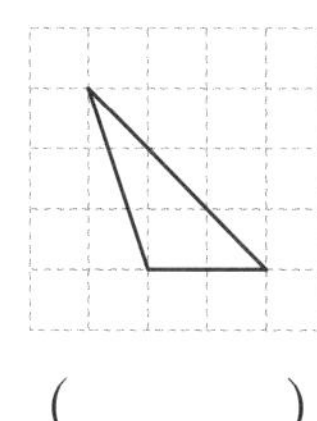

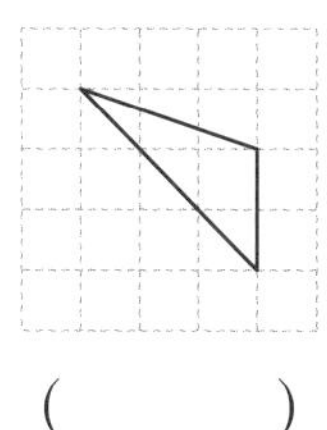

(　　) (　　) (　　)

11 왼쪽 도형을 뒤집기와 돌리기를 한 번씩 하였더니 오른쪽 도형이 되었습니다. 알맞은 방법을 찾아 기호를 쓰세요.

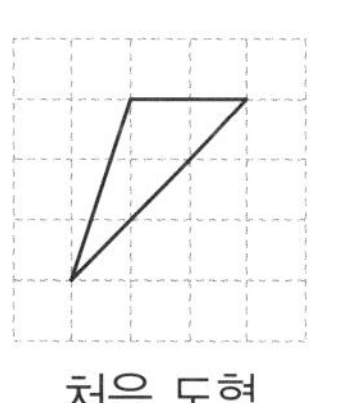

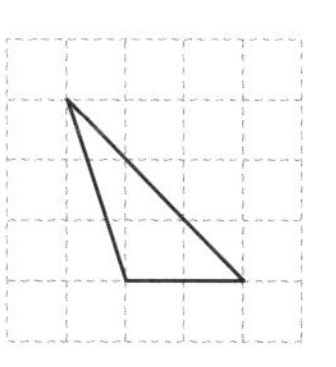

㉠ 왼쪽으로 뒤집고 와 같이 돌리기

㉡ 오른쪽으로 뒤집고 와 같이 돌리기

(　　　　　　)

12 수 카드를 시계 반대 방향으로 180°만큼 돌렸을 때의 수와 처음 수의 차를 구하세요.

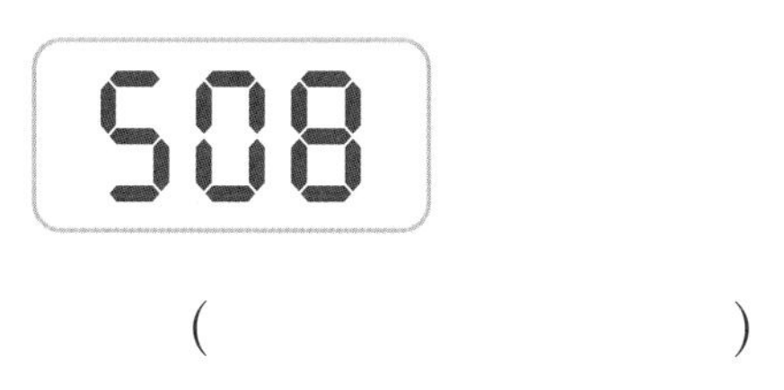

508

(　　　　　　)

II 도형과 측정

이등변삼각형의 성질

이등변삼각형, 이등변삼각형의 성질

- 두 변의 길이가 같은 삼각형을 이등변삼각형이라고 합니다.
- 이등변삼각형은 길이가 같은 두 변에 있는 두 각의 크기가 같습니다.

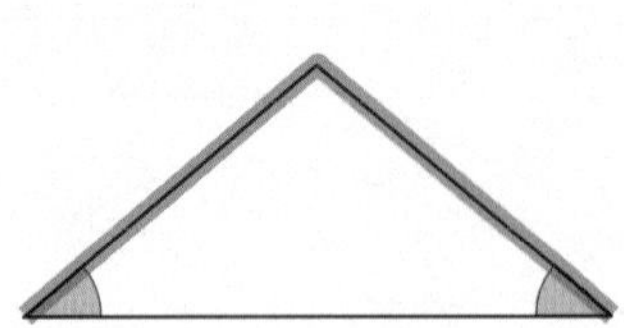

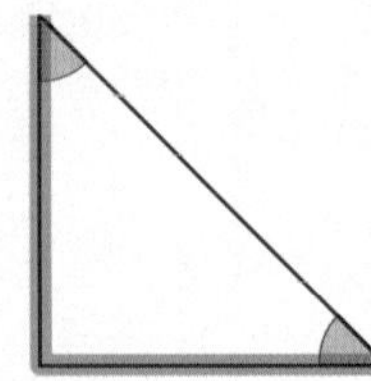

길이가 같은 두 변을 찾으면 크기가 같은 두 각도 찾을 수 있습니다.

필수 개념 문제

1 그림과 같이 색종이를 잘라 삼각형을 만들었습니다. 각 ㄱㄴㄷ과 크기가 같은 각을 찾아 쓰세요.

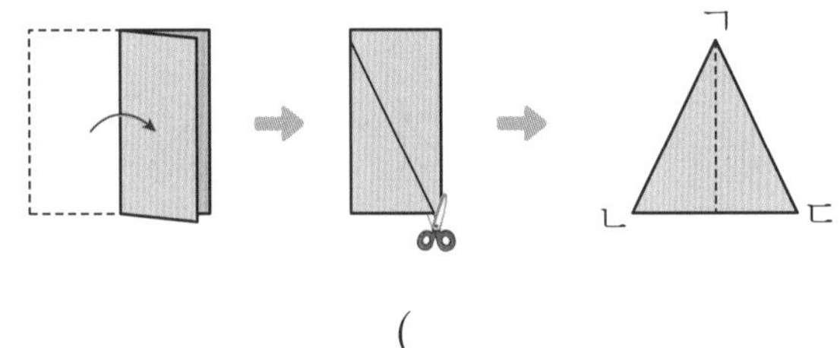

( )

2 다음 도형은 이등변삼각형입니다. 이 삼각형의 세 변의 길이의 합은 몇 cm인지 쓰세요.

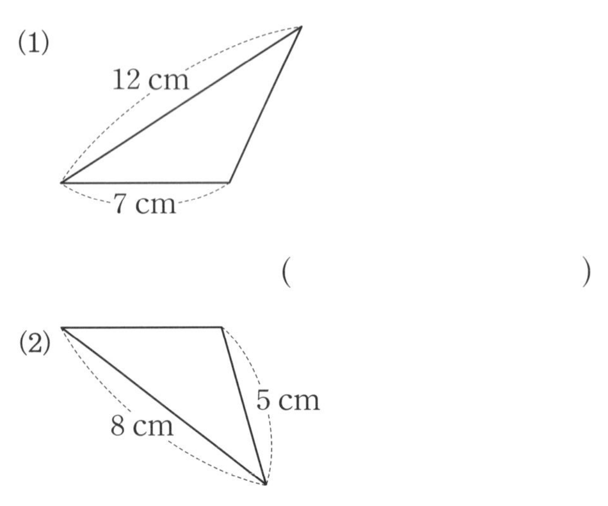

(1) ( )

(2) ( )

3 주어진 선분을 한 변으로 하는 이등변삼각형을 그리세요.

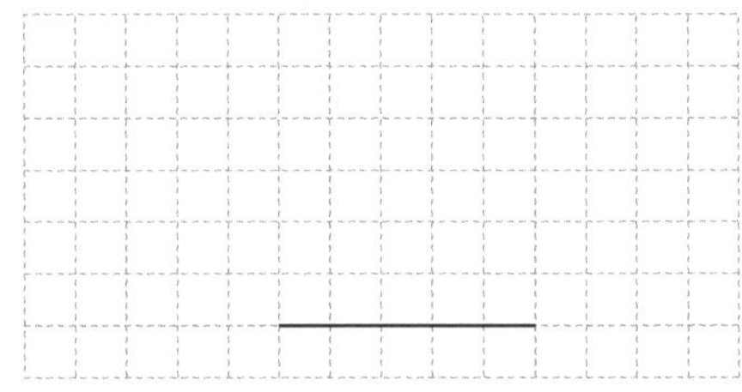

4 다음 도형은 이등변삼각형입니다. □ 안에 알맞은 수를 써넣으세요.

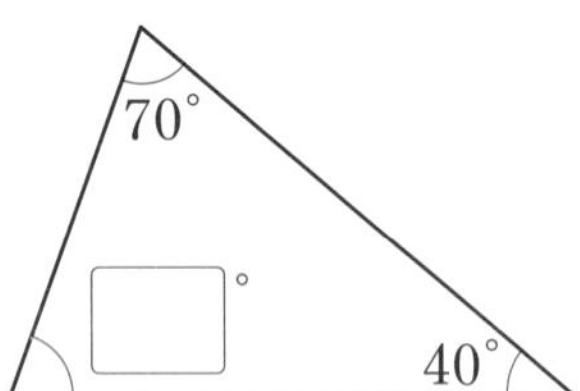

5 □ 안에 알맞은 수를 써넣으세요.

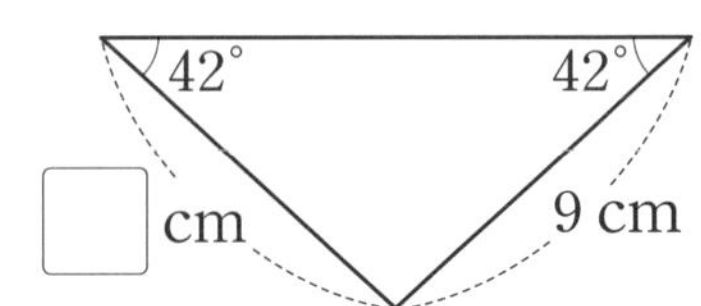

054 4-2 15 삼각형

정삼각형의 성질

정삼각형, 정삼각형의 성질

- 세 변의 길이가 같은 삼각형을 정삼각형이라고 합니다.
- 정삼각형은 세 각의 크기가 모두 60°로 같습니다.

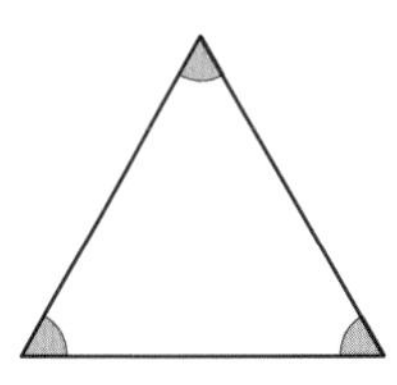
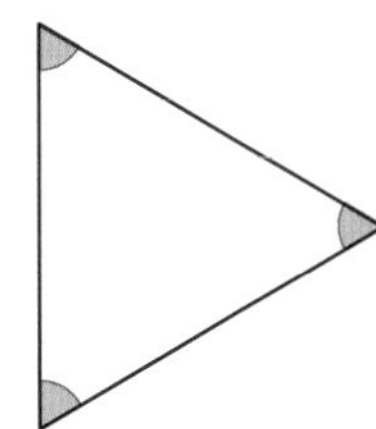
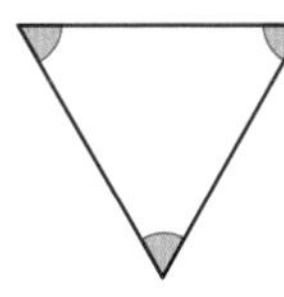

정삼각형은 크기가 달라도 각의 크기는 모두 같습니다.

필수 개념 문제

1 그림과 같이 색종이로 삼각형을 만들었습니다. 이 삼각형의 이름을 쓰세요.

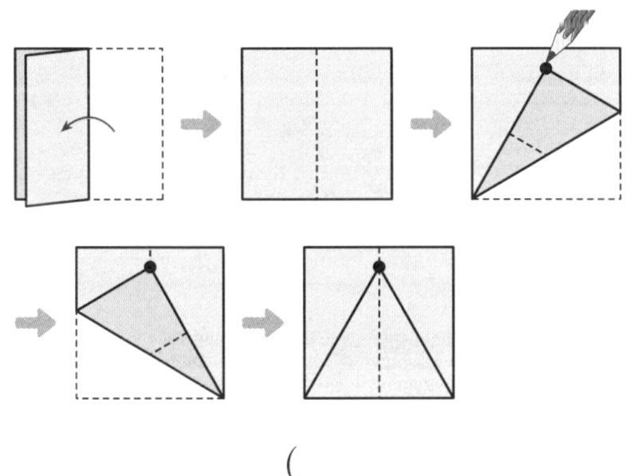

(　　　　　　　　)

2 다음 도형은 정삼각형입니다. 이 삼각형의 세 변의 길이의 합은 몇 cm인지 쓰세요.

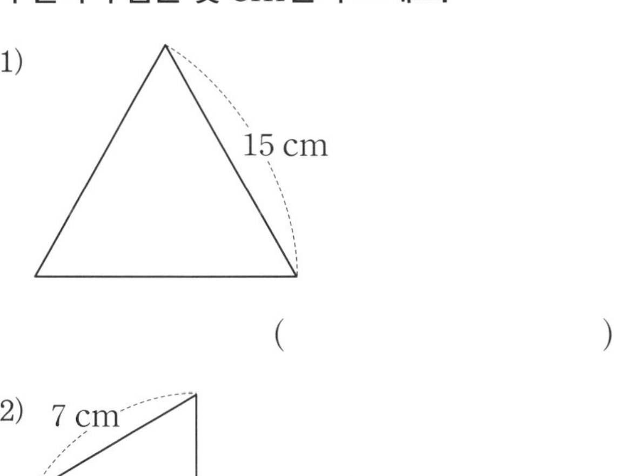

(1) (　　　　　　　　)

(2) (　　　　　　　　)

3 주어진 선분을 한 변으로 하는 정삼각형을 그리세요.

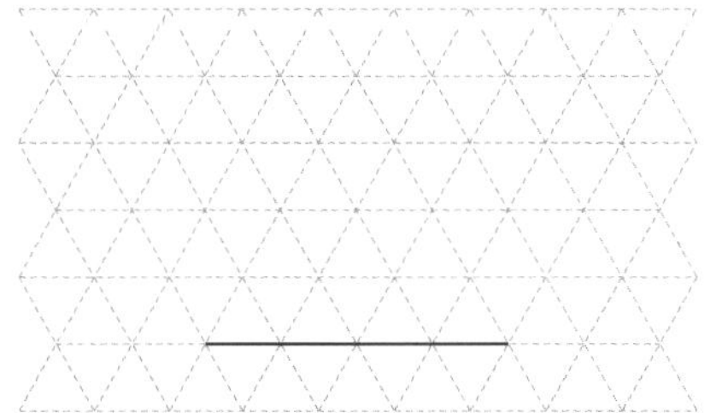

4 다음 도형은 정삼각형입니다. □ 안에 알맞은 수를 써넣으세요.

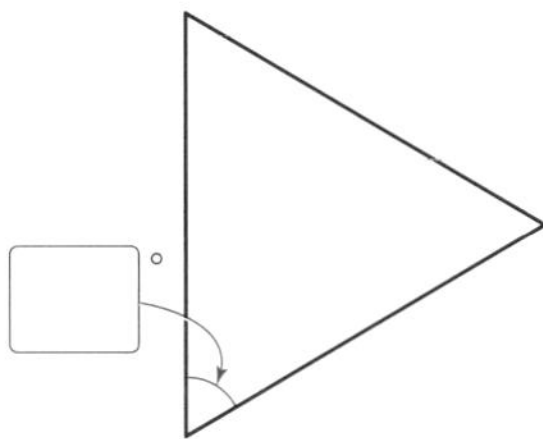

5 □ 안에 알맞은 수를 써넣으세요.

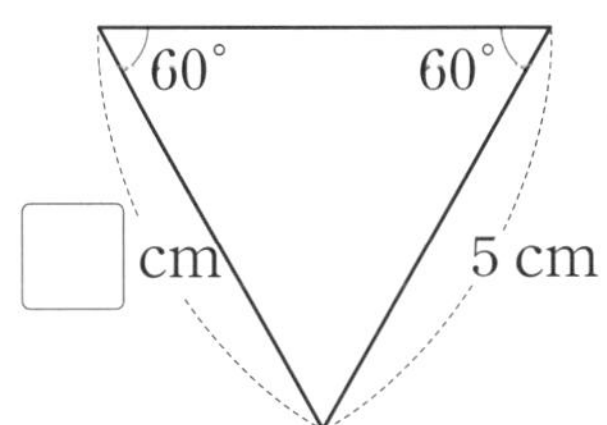

Ⅱ 도형과 측정

수직과 평행

수직, 수선

- 두 직선이 만나서 이루는 각이 직각일 때, 두 직선은 서로 수직이라고 합니다.
- 두 직선이 서로 수직으로 만나면, 한 직선을 다른 직선에 대한 수선이라고 합니다.

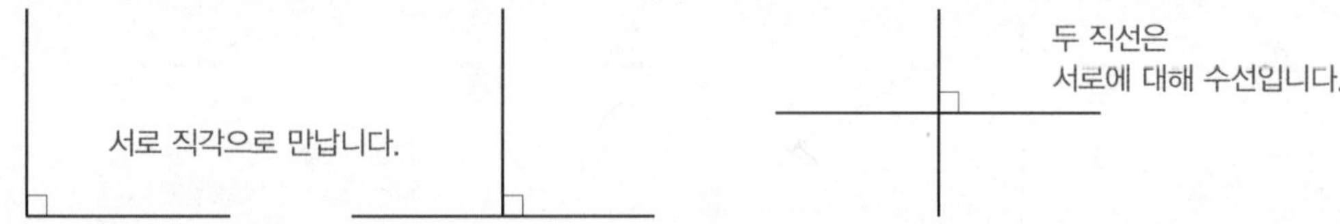

평행, 평행선, 평행선 사이의 거리

- 한 직선에 수직인 두 직선을 그었을 때, 그 두 직선은 서로 만나지 않습니다. 이와 같이 서로 만나지 않는 두 직선을 평행하다고 하고, 평행한 두 직선을 평행선이라고 합니다.
- 평행선의 한 직선에서 다른 직선에 수선을 그었을 때 이 수선의 길이를 평행선 사이의 거리라고 합니다.

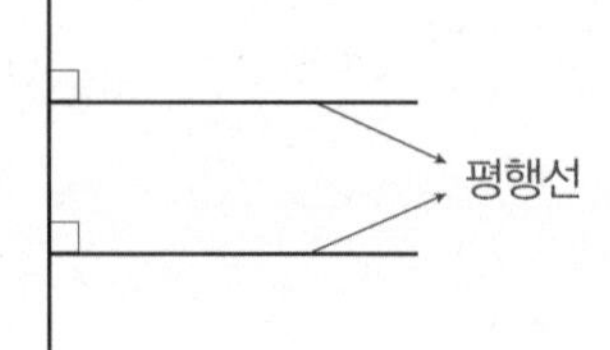

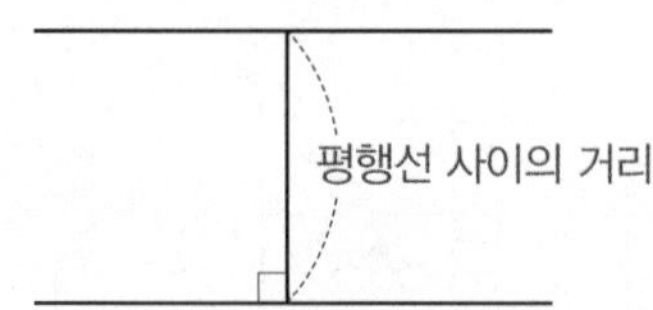

필수 개념 문제

1 □ 안에 알맞은 말을 써넣으세요.

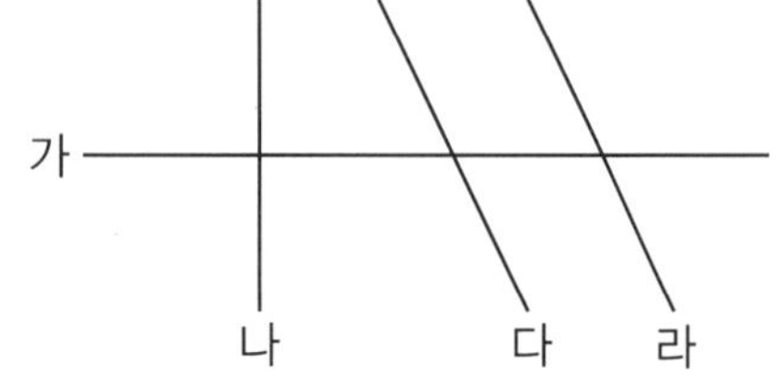

(1) 직선 가에 □인 직선은 직선 나입니다.

(2) 직선 다와 직선 라는 서로 □합니다.

2 직선 가가 다른 직선에 대한 수선인 것을 모두 찾아 ○표 하세요.

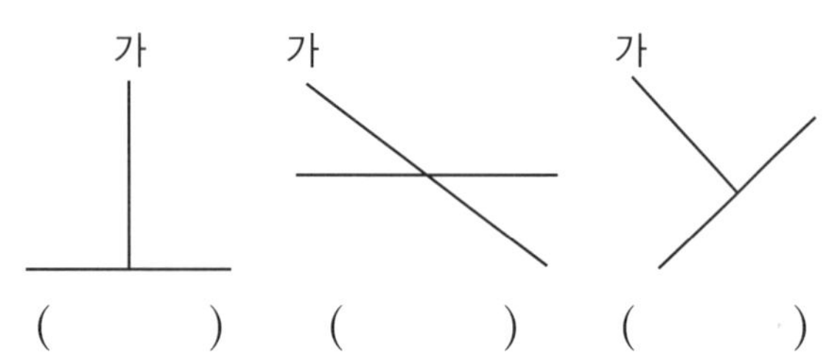

(　　) (　　) (　　)

3 서로 평행한 두 직선을 찾아 쓰세요.

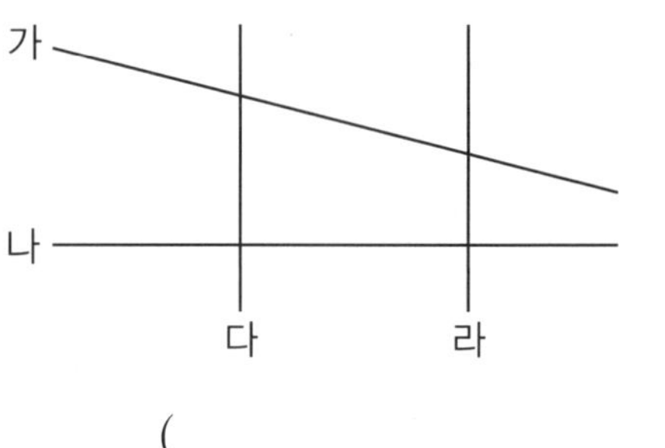

(　　　　　　)

4 직선 가와 직선 나는 서로 평행합니다. 평행선 사이의 거리는 몇 cm일까요?

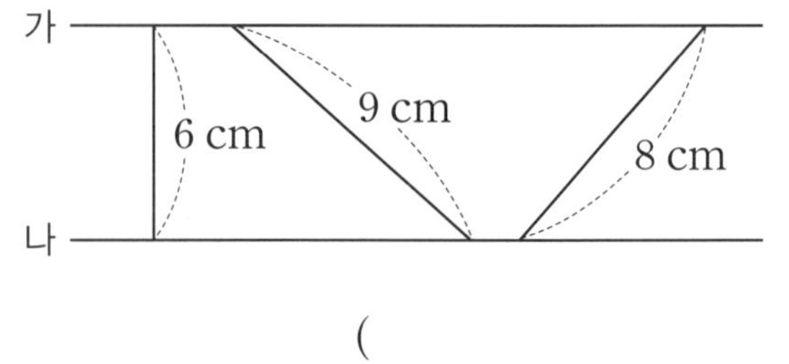

(　　　　　　)

4-2 **16** 사각형

사다리꼴

사다리꼴

평행한 변이 한 쌍이라도 있는 사각형을 사다리꼴이라고 합니다.

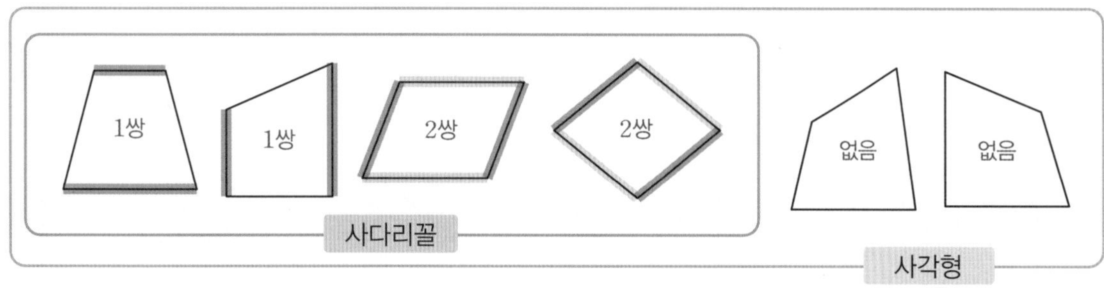

필수 개념 문제

1 도형을 보고 □ 안에 알맞게 써넣으세요.

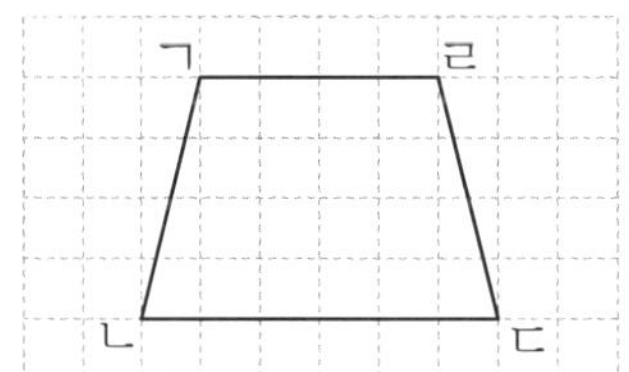

(1) 사각형 ㄱㄴㄷㄹ에서 변 ㄱㄹ과 변 □은 서로 평행합니다.

(2) 사각형 ㄱㄴㄷㄹ과 같이 평행한 변이 한 쌍이라도 있는 사각형을 □이라고 합니다.

2 다음 중 사다리꼴이 아닌 것은 어느 것일까요? ( )

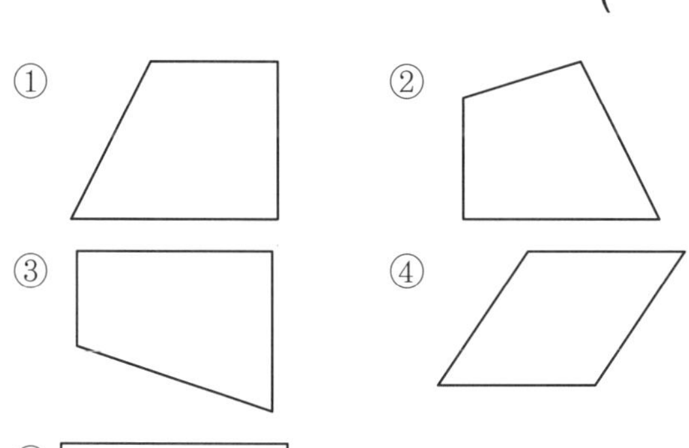

[3~4] 사다리꼴을 보고 물음에 답하세요.

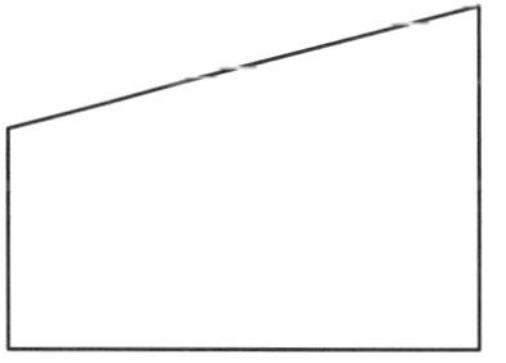

3 서로 평행한 변을 찾아 표시하세요.

4 평행한 변은 모두 몇 쌍 있을까요?

( )

5 사다리꼴을 모두 찾아 기호를 쓰세요.

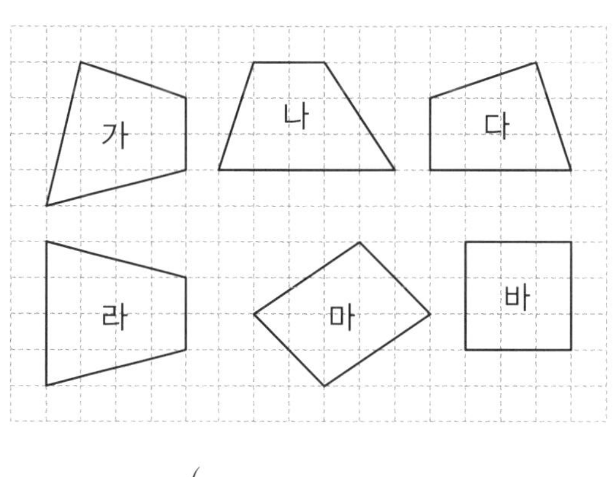

( )

평행사변형

평행사변형

- 마주 보는 두 쌍의 변이 서로 평행한 사각형을 평행사변형이라고 합니다.
- 평행사변형은 평행한 변이 있으므로 사다리꼴입니다.

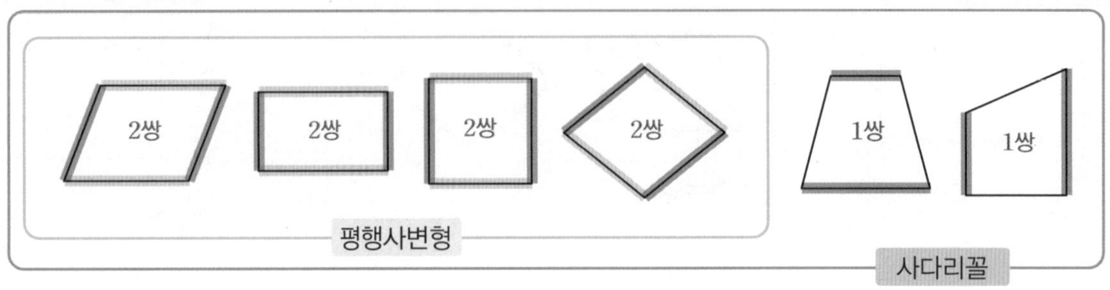

평행사변형의 성질

- 마주 보는 두 변의 길이가 같습니다.
- 마주 보는 두 각의 크기가 같습니다.
- 이웃한 두 각의 크기의 합이 **180°**입니다.

필수 개념 문제

1 도형을 보고 □ 안에 알맞게 써넣으세요.

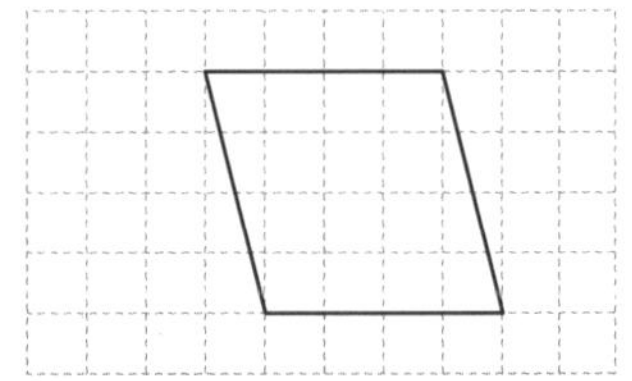

마주 보는 두 쌍의 변이 서로 평행한 사각형을

□ 이라고 합니다.

2 평행사변형을 모두 찾아 기호를 쓰세요.

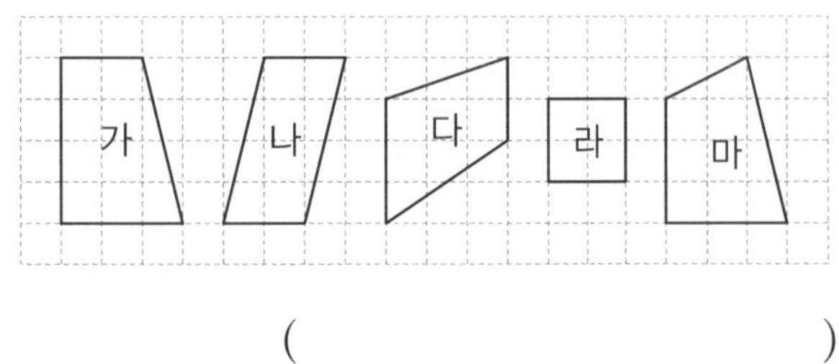

( )

3 주어진 선분을 사용하여 평행사변형을 완성하세요.

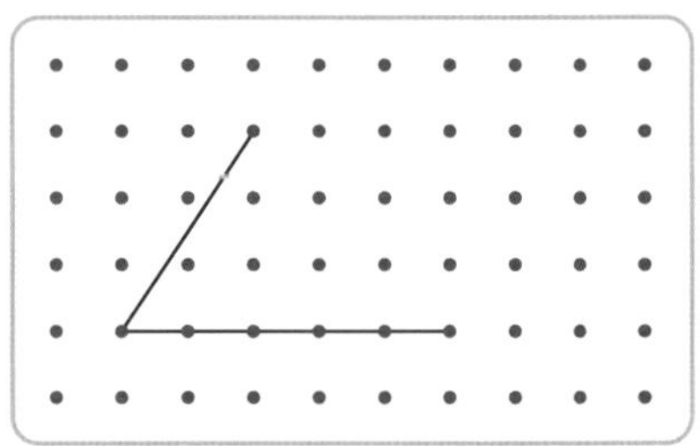

4 평행사변형을 보고 물음에 답하세요.

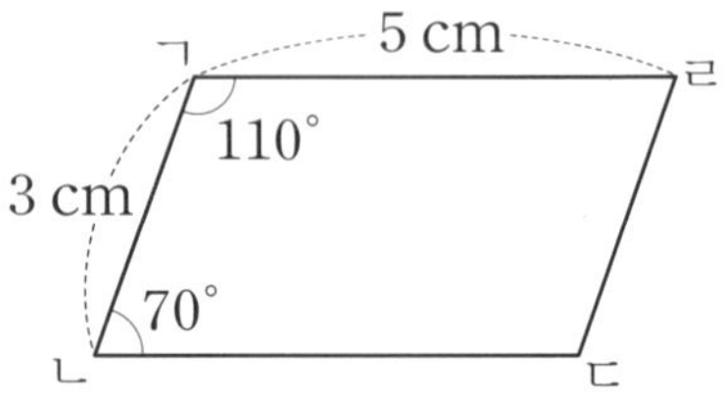

(1) 변 ㄴㄷ의 길이는 몇 cm일까요?

( )

(2) 각 ㄱㄹㄷ의 크기는 몇 도일까요?

( )

16 사각형

마름모

마름모

• 네 변의 길이가 모두 같은 사각형을 마름모라고 합니다.

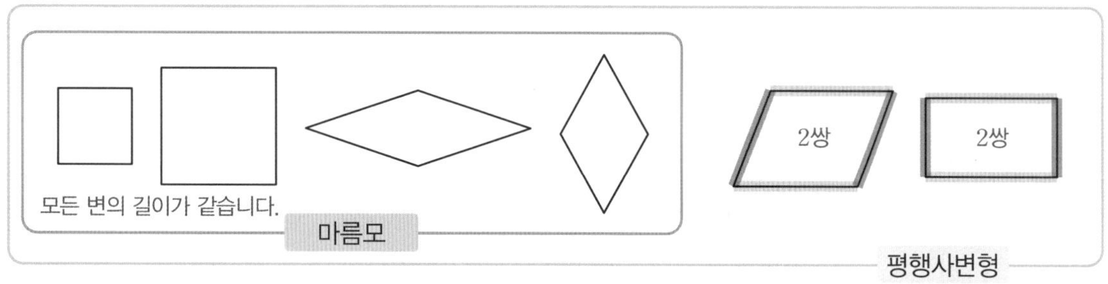

마름모의 성질

• 네 변의 길이가 모두 같습니다.
• 마주 보는 두 각의 크기가 같습니다.
• 이웃한 두 각의 크기의 합이 **180°**입니다.
(평행사변형의 성질과 같습니다.)
• 마주 보는 꼭짓점끼리 이은 선분이 서로 수직으로 만나고, 서로 길이가 같게 나눕니다.

필수 개념 문제

1 도형을 보고 □ 안에 알맞게 써넣으세요.

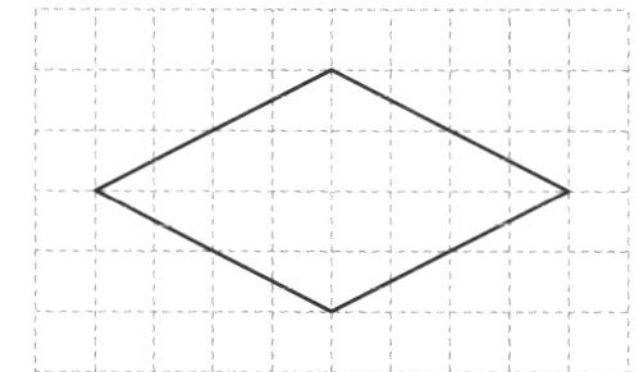

네 변의 길이가 모두 같은 사각형을 □라고 합니다.

2 마름모를 모두 찾아 기호를 쓰세요.

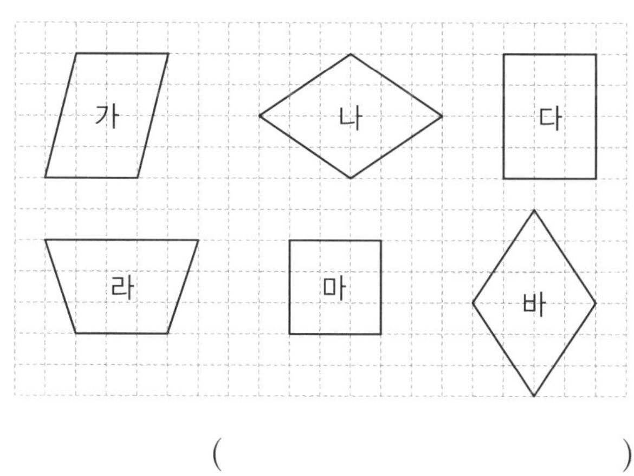

( )

3 마름모를 보고 물음에 답하세요.

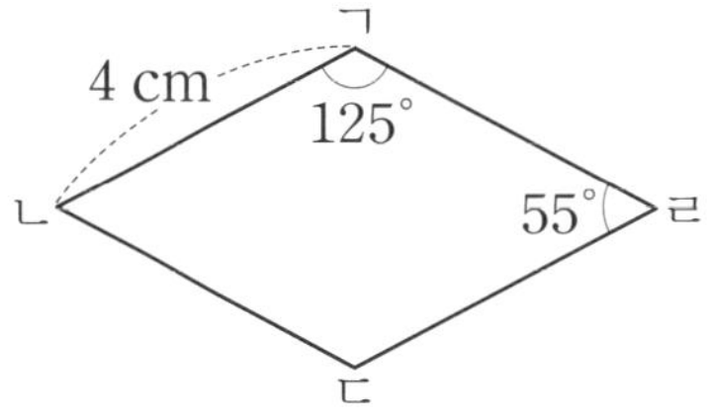

(1) 변 ㄱㄹ의 길이는 몇 cm일까요?

( )

(2) 각 ㄱㄴㄷ의 크기는 몇 도일까요?

( )

4 둘레가 24 cm인 마름모의 한 변의 길이는 몇 cm인지 구하세요.

( )

다각형

다각형, 정다각형

- 선분으로만 둘러싸인 도형을 다각형이라고 합니다.
- 다각형은 변의 수에 따라 변이 6개이면 육각형, 변이 7개이면 칠각형, 변이 8개이면 팔각형이라고 부릅니다.
- 변의 길이가 모두 같고, 각의 크기가 모두 같은 다각형을 정다각형이라고 합니다.

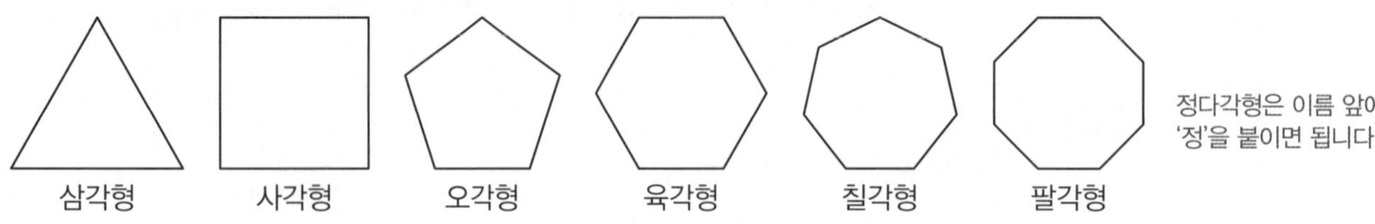

정다각형은 이름 앞에 '정'을 붙이면 됩니다.

필수 개념 문제

[1~2] 도형을 보고 물음에 답하세요.

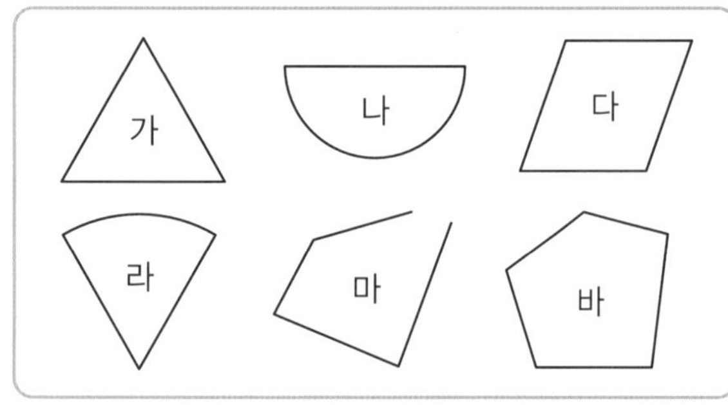

1 도형 라는 다각형일까요? 그렇게 생각한 이유를 쓰세요.

(　　　　　　　　　　)

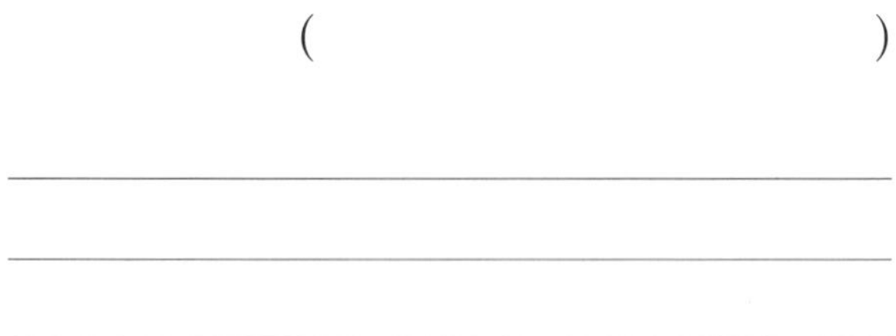

2 다각형을 모두 찾아 기호를 쓰세요.

(　　　　　　　　　　)

3 관련 있는 것끼리 이어 보세요.

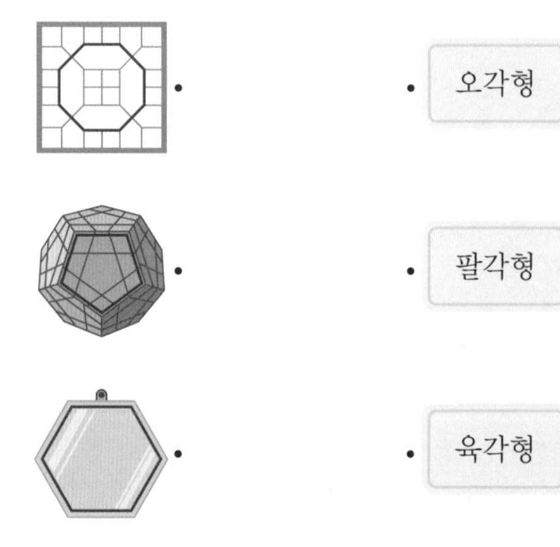

4 다음 도형은 정오각형입니다. 모든 각의 크기의 합은 몇 도일까요?

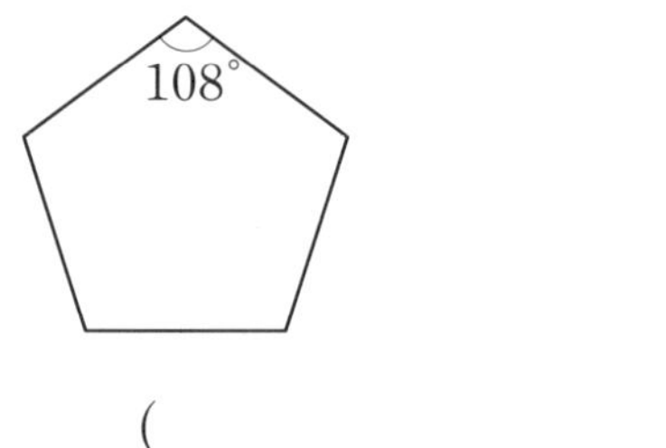

(　　　　　　　　　　)

4-2 17 다각형

대각선

대각선

다각형에서 서로 이웃하지 않는 두 꼭짓점을 이은 선분을 대각선이라고 합니다.
한 변을 이루고 있는 두 꼭짓점이 아닌 꼭짓점

(대각선의 수) =(꼭짓점의 수)×(꼭짓점의 수−3)÷2

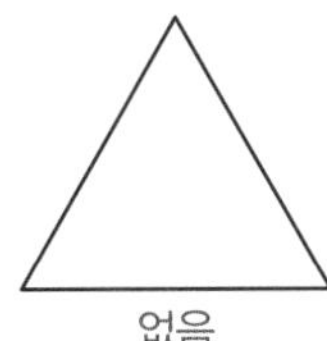
없음

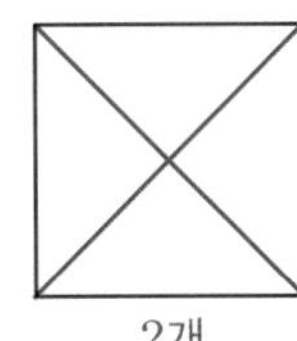
2개

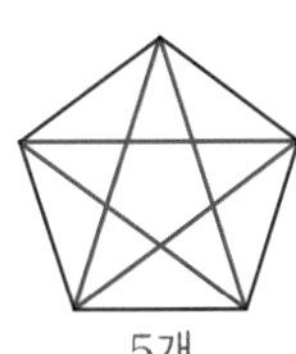
5개

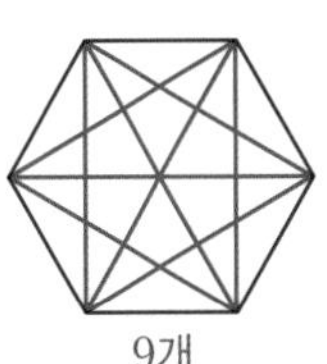
9개

여러 가지 사각형에서 대각선의 성질

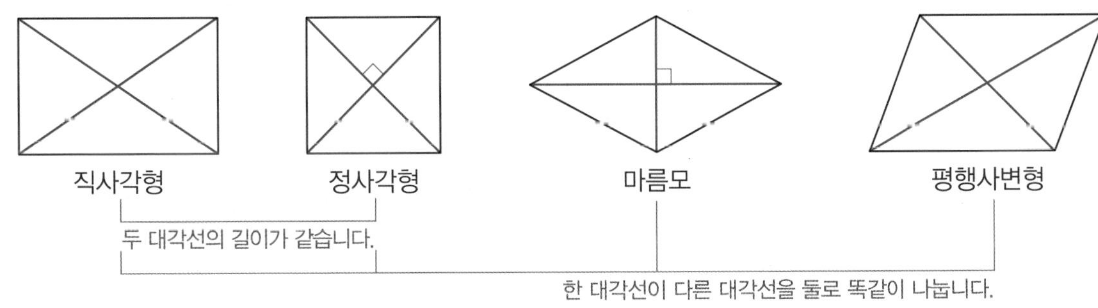

필수 개념 문제

1 다각형에 대각선을 모두 그어 보세요.

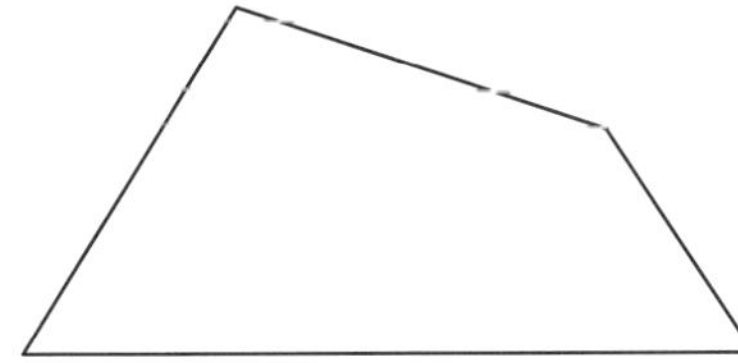

2 두 대각선이 서로 수직으로 만나는 사각형은 어느 것일까요? (　　　)

① 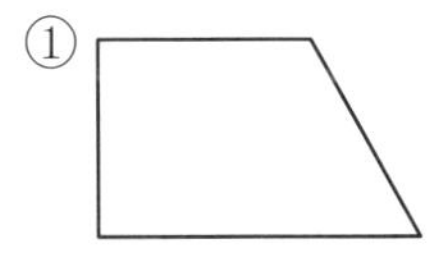

② 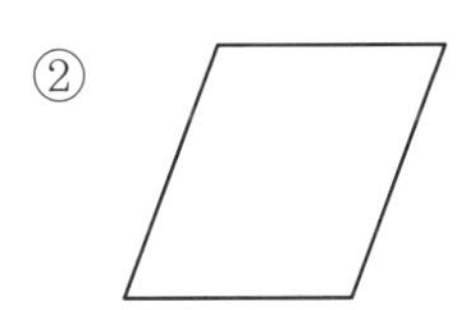

③ 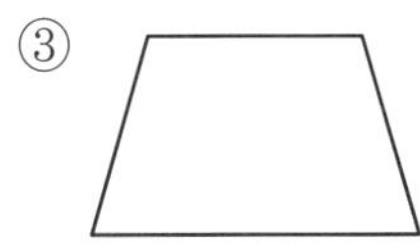

④ 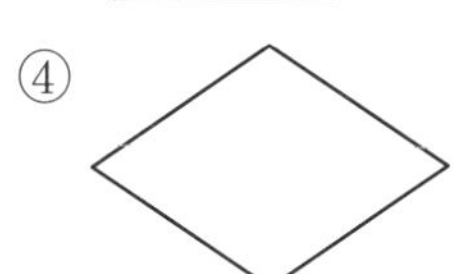

⑤ 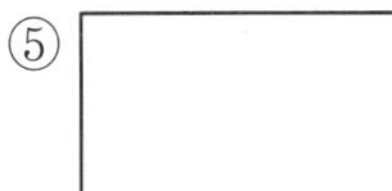

3 대각선의 수가 많은 순서대로 기호를 쓰세요.

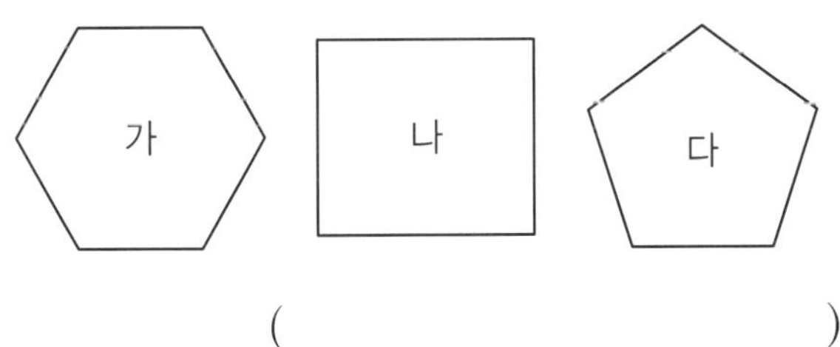

(　　　　　　　　)

4 사각형 ㄱㄴㄷㄹ은 직사각형입니다. 선분 ㄱㄷ의 길이는 몇 cm일까요?

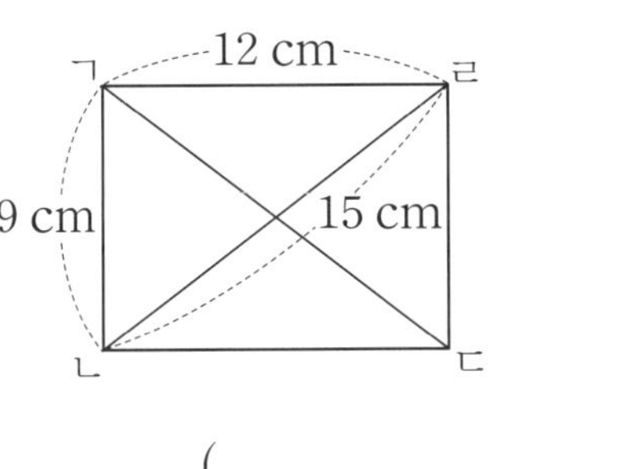

(　　　　　　　　)

실전개념 응용 문제

CASE 1 도형의 변의 길이 구하기

1 이등변삼각형 2개를 그림과 같이 이어 붙였습니다. 삼각형 ㄱㄴㄷ의 세 변의 길이의 합이 20 cm일 때 사각형 ㄱㄴㄷㄹ의 네 변이 길이의 합을 구하세요.

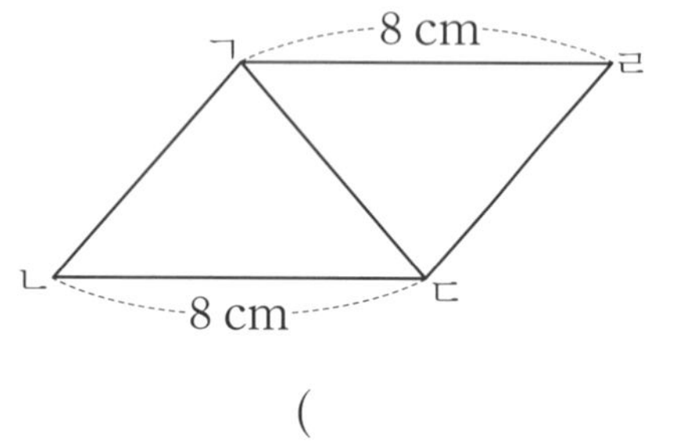

( )

2 이등변삼각형 2개를 그림과 같이 이어 붙였습니다. 삼각형 ㄱㄴㄷ의 세 변의 길이의 합이 40 cm일 때 사각형 ㄱㄴㄷㄹ의 네 변이 길이의 합을 구하세요.

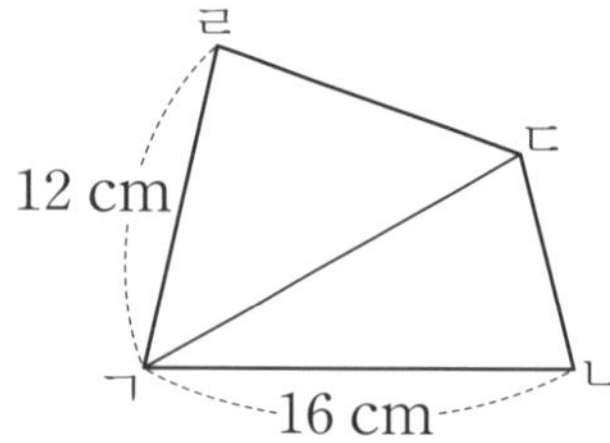

( )

3 이등변삼각형과 정삼각형을 그림과 같이 이어 붙였습니다. 삼각형 ㄱㄴㄷ의 세 변의 길이의 합이 22 cm일 때 사각형 ㄱㄴㄷㄹ의 네 변의 길이의 합을 구하세요.

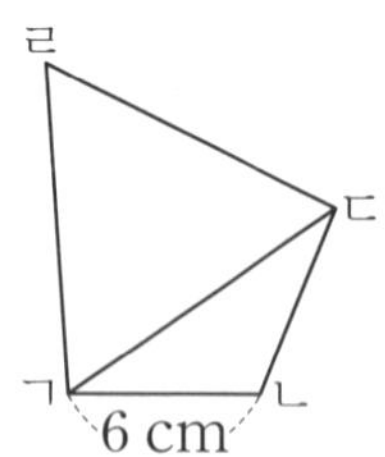

( )

CASE 2 도형의 각의 크기 구하기

4 이등변삼각형 2개를 그림과 같이 이어 붙였습니다. 각 ㄱㄴㄹ의 크기를 구하세요.

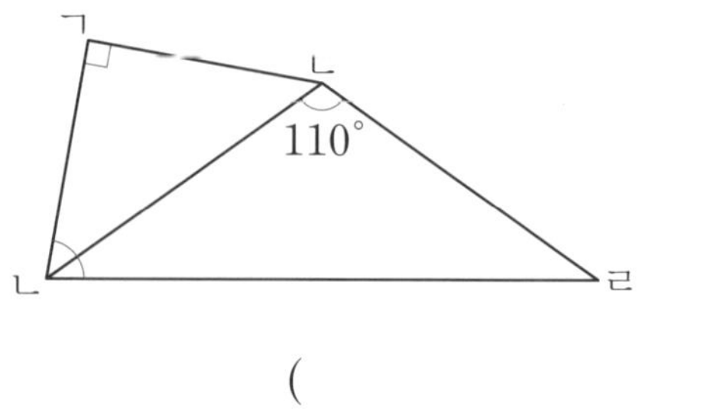

( )

5 이등변삼각형 2개를 그림과 같이 이어 붙였습니다. 각 ㄴㄱㅁ의 크기를 구하세요.

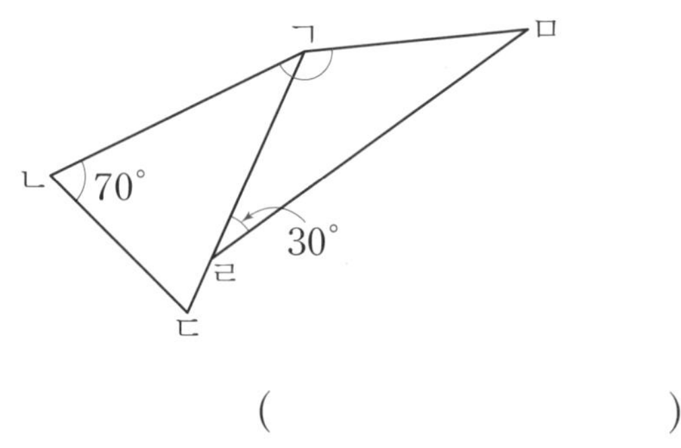

( )

6 정삼각형과 이등변삼각형을 그림과 같이 이어 붙였습니다. 각 ㄴㄷㄹ의 크기를 구하세요.

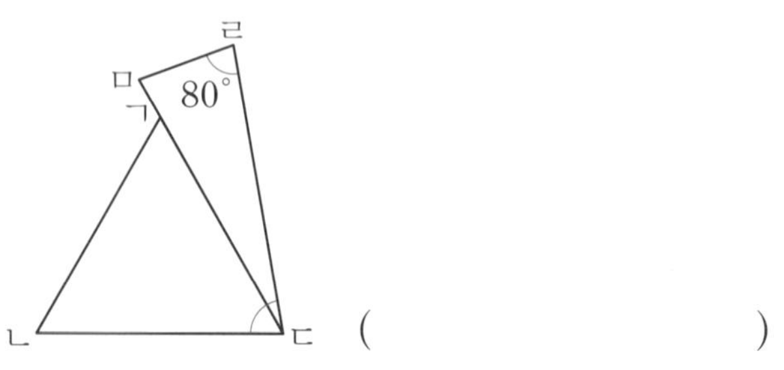

( )

CASE 3 평행선 사이의 거리 구하기

7 직선 가, 직선 나, 직선 다는 서로 평행합니다. 직선 가와 직선 다 사이의 거리는 몇 cm인지 구하세요.

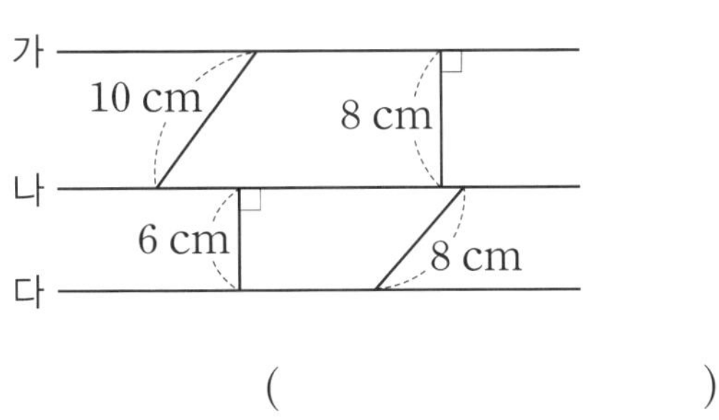

( )

8 직선 가, 직선 나, 직선 다는 서로 평행합니다. 직선 가와 직선 다 사이의 거리는 몇 cm인지 구하세요.

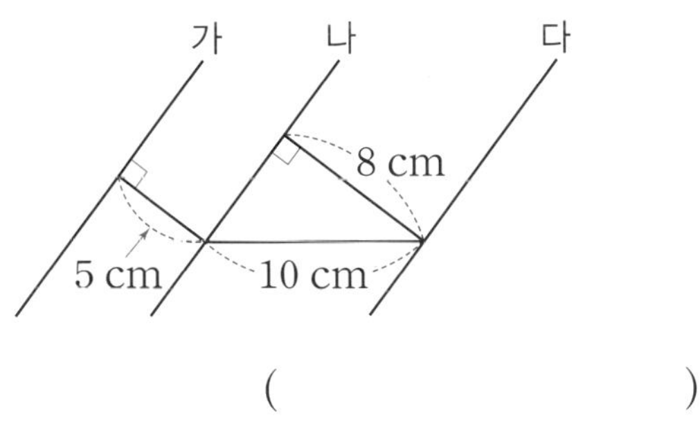

( )

9 직선 가, 직선 나, 직선 다는 서로 평행합니다. 직선 가와 직선 다 사이의 거리는 몇 cm인지 구하세요.

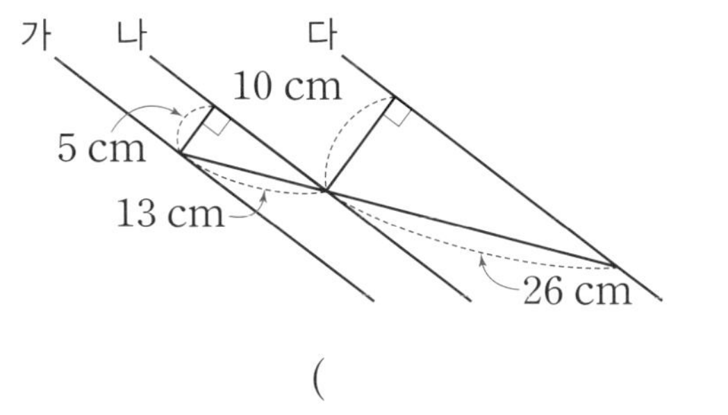

( )

CASE 4 평행선과 수선을 이용하여 각도 구하기

10 직선 가에 대한 수선이 직선 나일때, ㉠과 ㉡의 각도를 각각 구하세요.

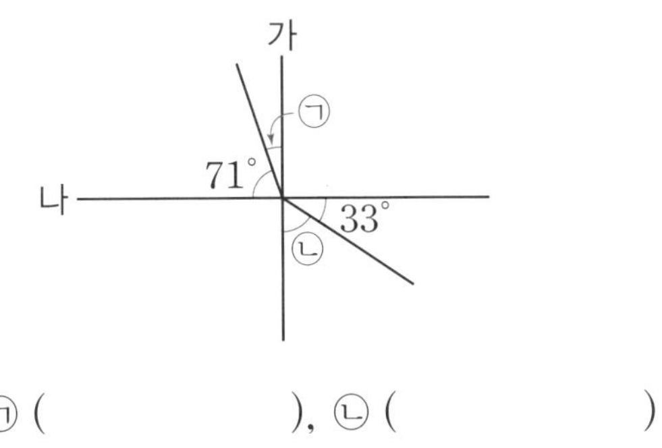

㉠ ( ), ㉡ ( )

11 직선 가와 직선 나는 서로 평행합니다. ㉠의 각도를 구하세요.

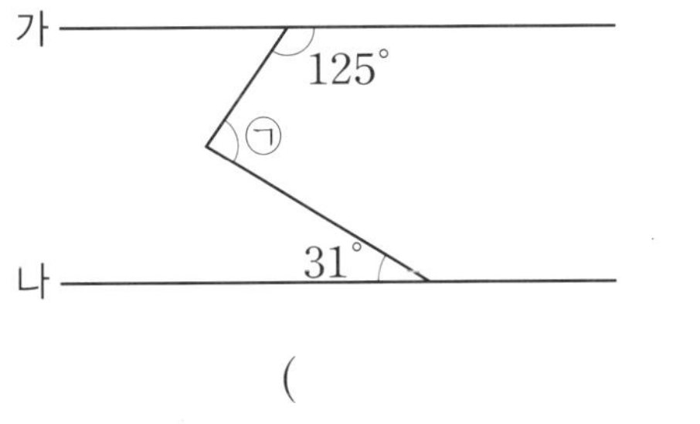

( )

12 직선 가와 직선 나는 서로 평행합니다. ㉠의 각도를 구하세요.

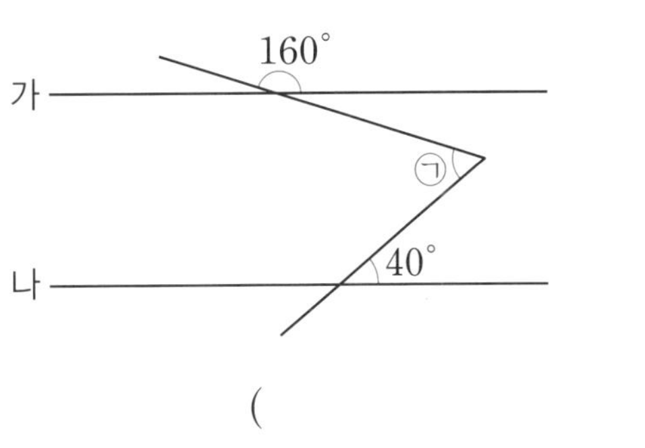

( )

CASE 5 사각형의 성질을 이용해 각도 구하기

13 사각형 ㄱㄴㄷㄹ은 평행사변형입니다. 각 ㄱㄴㄹ의 크기를 구하세요.

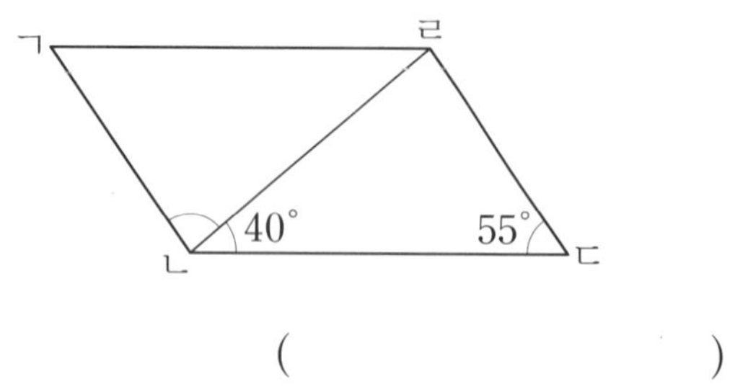

( )

14 사각형 ㄱㄴㄷㄹ은 평행사변형입니다. 각 ㄱㄷㄹ의 크기를 구하세요.

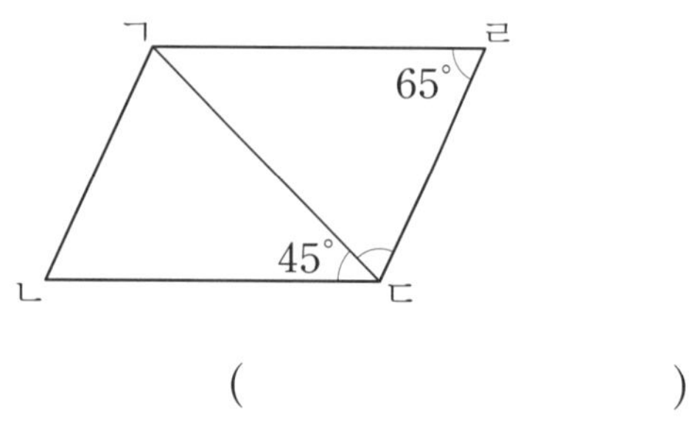

( )

15 사각형 ㄱㄴㄷㅁ은 마름모입니다. 각 ㄱㄴㄹ의 크기를 구하세요.

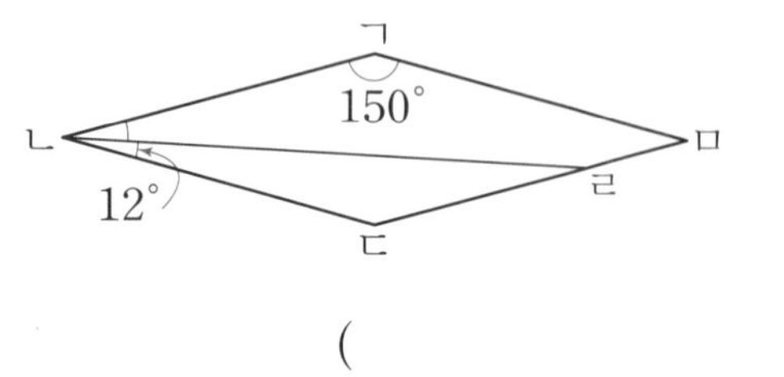

( )

CASE 6 종이를 접었을 때 생기는 각도 구하기

16 직사각형 모양의 종이를 접었습니다. 각 ㅅㅇㄹ의 크기를 구하세요.

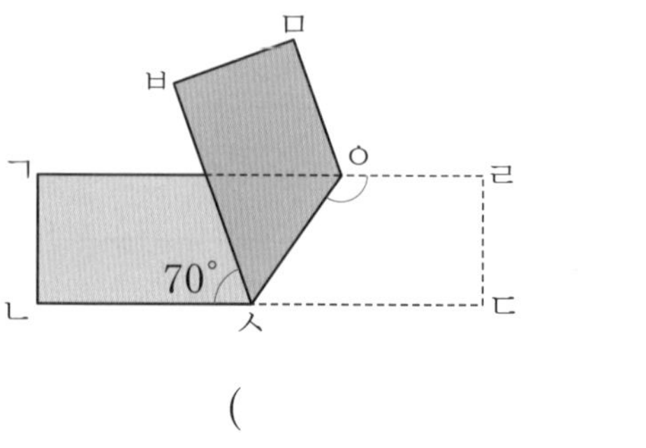

( )

17 마름모 모양의 종이를 접었습니다. 각 ㄹㅂㅁ의 크기를 구하세요.

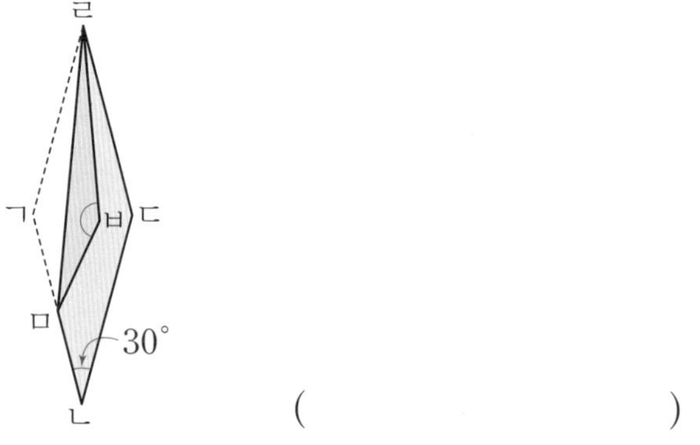

( )

18 평행사변형 모양의 종이를 접었습니다. 각 ㄱㄷㄴ의 크기를 구하세요.

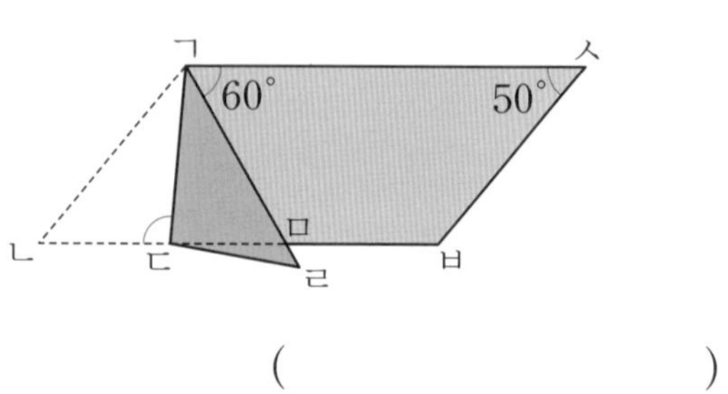

( )

CASE 7 정다각형의 한 변의 길이 구하기

19 정사각형의 모든 변의 길이의 합과 정오각형의 모든 변의 길이의 합은 같습니다. 정오각형의 한 변의 길이를 구하세요.

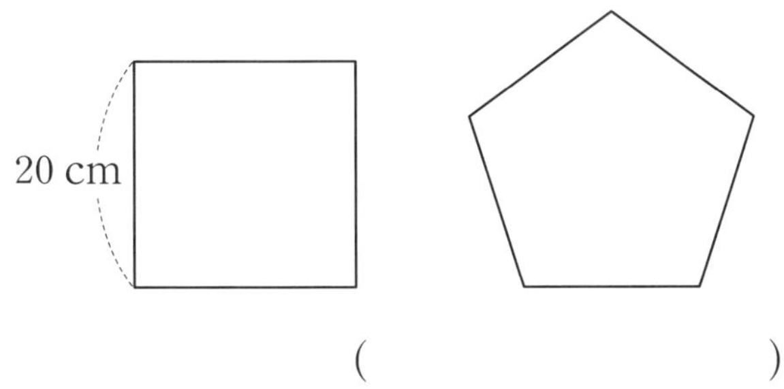

(　　　　　　　)

20 정사각형의 모든 변의 길이의 합과 정육각형의 모든 변의 길이의 합은 같습니다. 정육각형의 한 변의 길이를 구하세요.

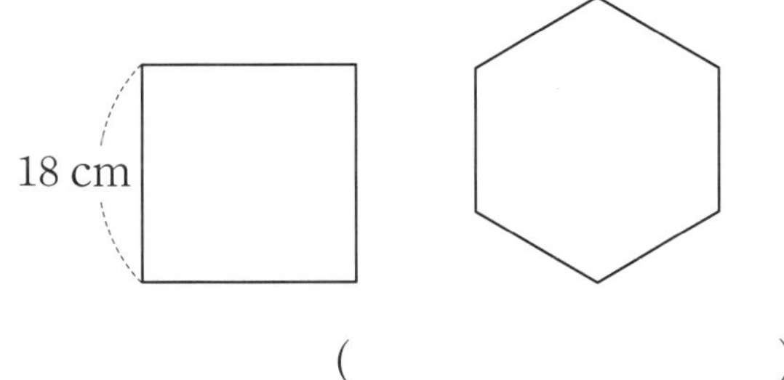

(　　　　　　　)

21 정삼각형의 모든 변의 길이의 합과 정팔각형의 모든 변의 길이의 합은 같습니다. 정팔각형의 한 변의 길이를 구하세요.

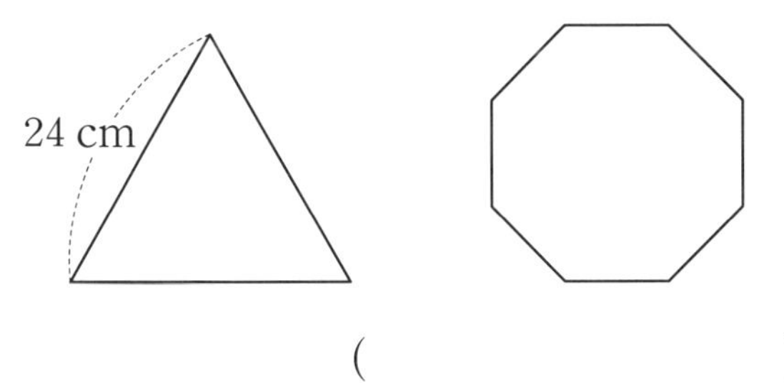

(　　　　　　　)

CASE 8 대각선의 수 구하기

22 육각형에 대각선을 그어 보고 모두 몇 개인지 구하세요.

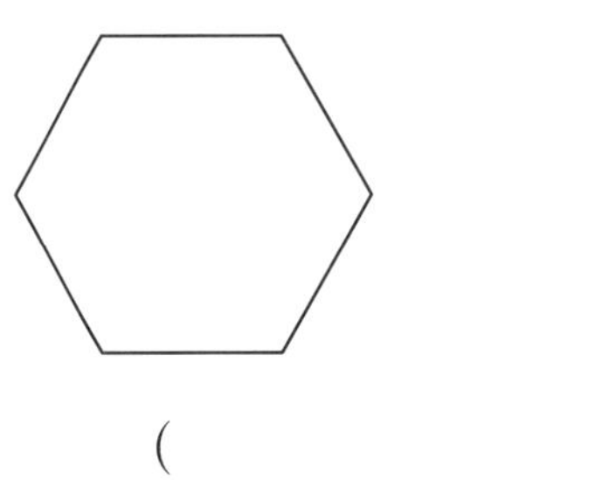

(　　　　　　　)

23 칠각형에 대각선을 그어 보고 모두 몇 개인지 구하세요.

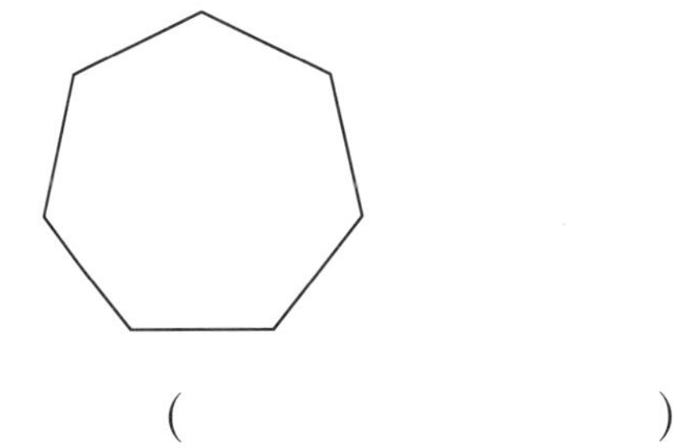

(　　　　　　　)

24 팔각형에 그을 수 있는 대각선은 모두 몇 개인지 구하세요.

(　　　　　　　)

1 □ 안에 알맞은 수를 써넣으세요.

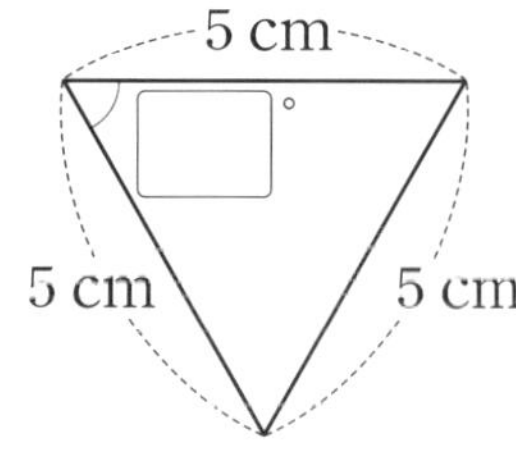

2 삼각형 ㄱㄴㄹ은 이등변삼각형 2개를 겹치지 않게 이어 붙인 것입니다. 각 ㄴㄱㄷ의 크기를 구하세요.

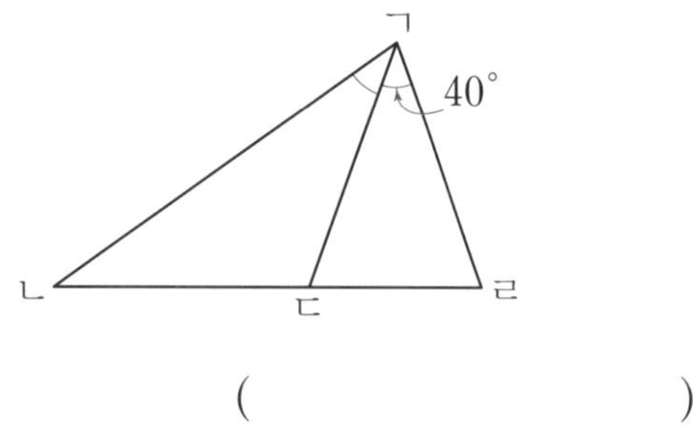

(　　　　　　　　)

3 직각 삼각자를 사용하여 직선 가에 수직인 직선을 옳게 그은 것에 ○표 하세요.

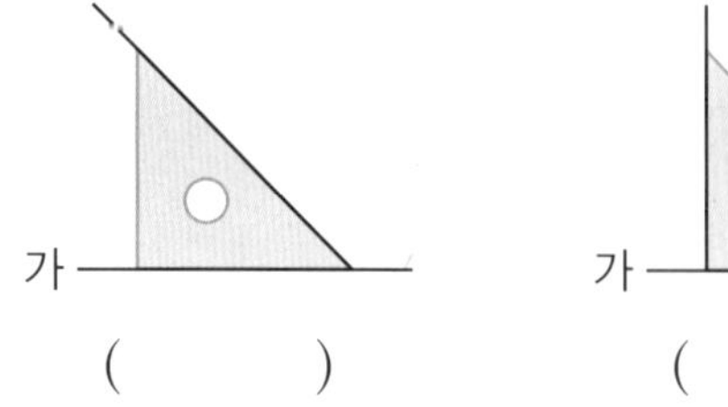

(　　　)　(　　　)

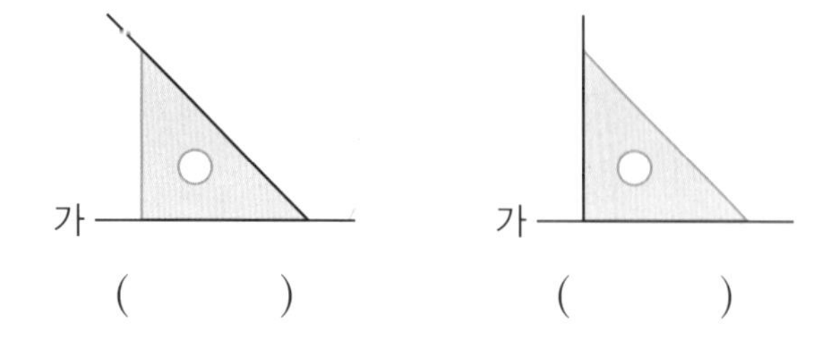

4 다음 사각형의 이름으로 알맞은 것은 어느 것일까요? (　　　)

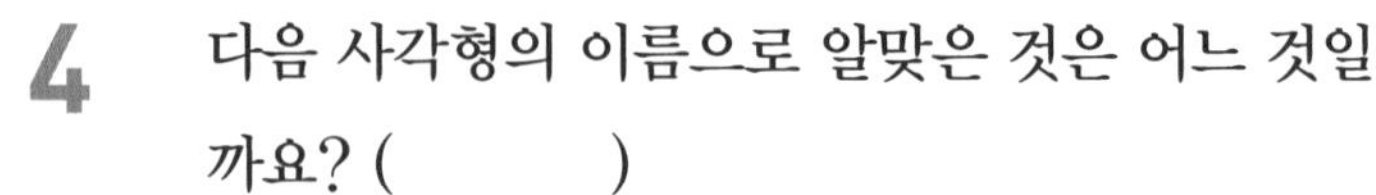

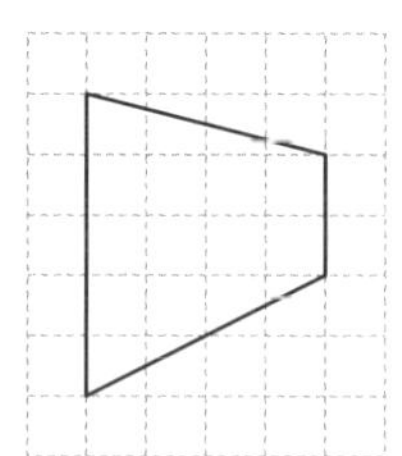

① 사다리꼴　② 마름모　③ 직사각형
④ 정사각형　⑤ 평행사변형

5 평행사변형을 보고 □ 안에 알맞은 수를 써넣으세요.

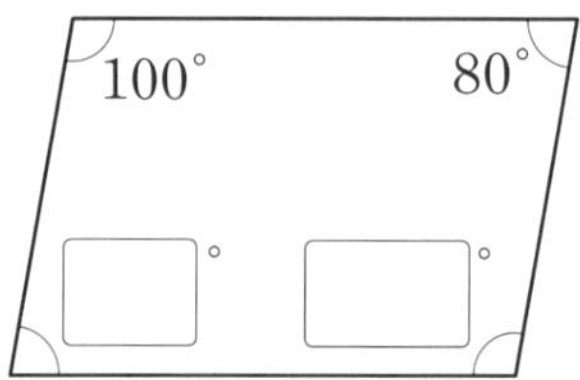

6 마름모를 보고 □ 안에 알맞은 수를 써넣으세요.

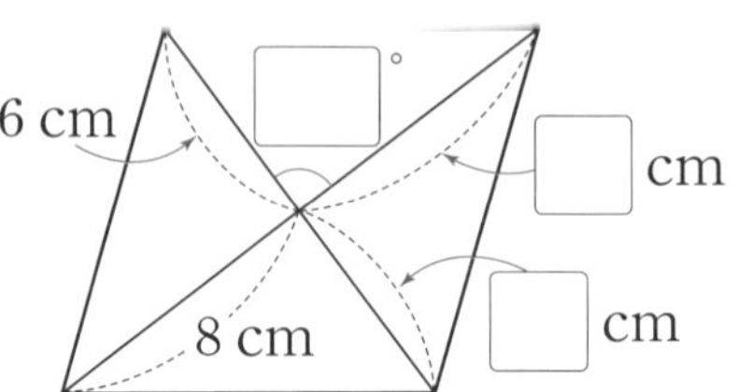

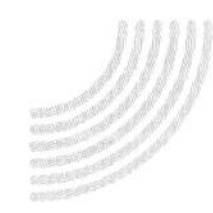

7 다각형의 이름을 쓰세요.

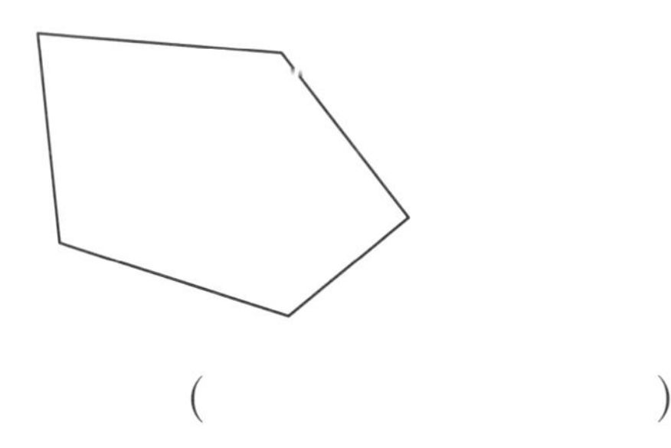

( )

8 도형에서 평행선 사이의 거리를 구하세요.

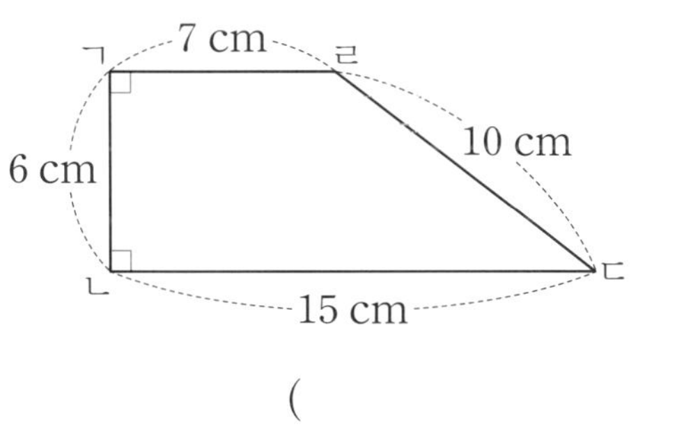

( )

9 정삼각형의 모든 변의 길이의 합과 정팔각형의 모든 변의 길이의 합은 같습니다. 정팔각형의 한 변의 길이를 구하세요.

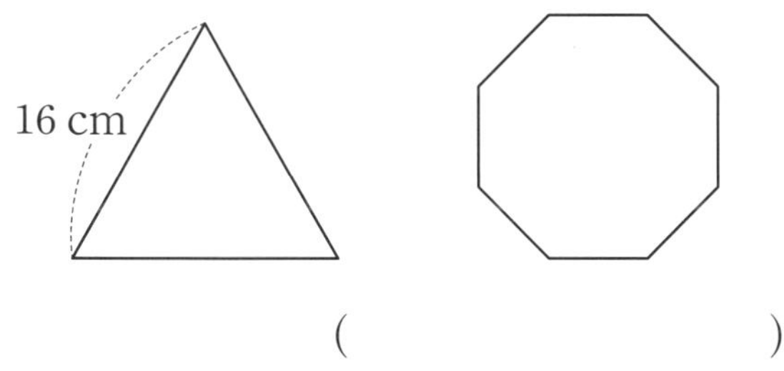

( )

10 두 대각선의 길이가 같은 사각형을 모두 찾아 기호를 쓰세요.

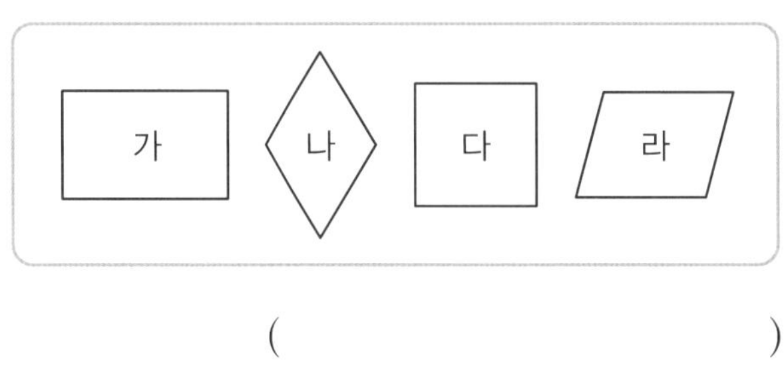

( )

11 직선 가와 직선 나는 서로 평행합니다. ㉠의 각도를 구하세요.

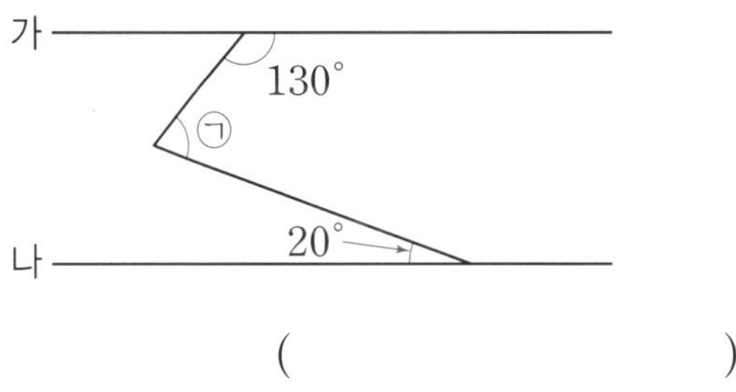

( )

12 직사각형 모양의 종이를 접었습니다. 각 ㅅㅇㄹ의 크기를 구하세요.

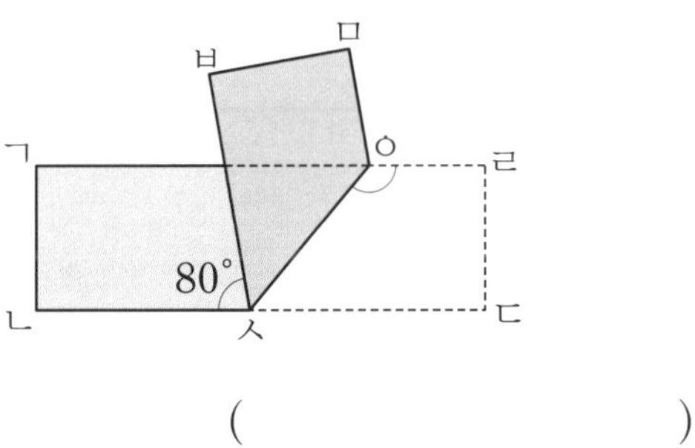

( )

(1) **도형의 기본 요소**: 점, 선, 면 → 도형은 점, 선, 면으로 이루어져 있어요.

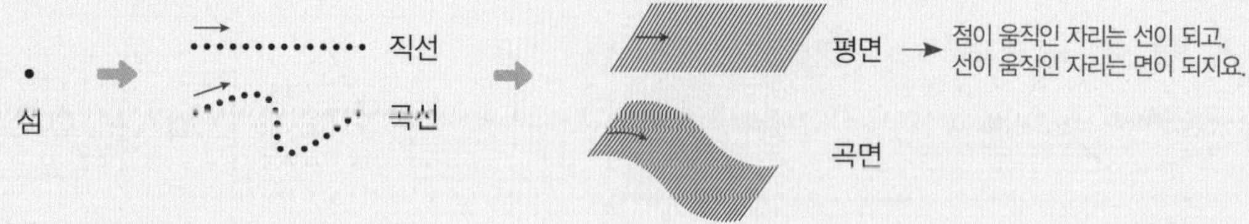

점이 움직인 자리는 선이 되고, 선이 움직인 자리는 면이 되지요.

(2) **도형의 종류**

① **평면도형**: 한 평면 위에 있는 도형
예 삼각형, 원 등

② **입체도형**: 한 평면 위에 있지 않은 도형
예 직육면체, 원기둥 등

평면도형	입체도형

(3) **교점과 교선**

① **교점**: 선과 선 또는 선과 면이 만나서 생기는 점

② **교선**: 면과 면이 만나서 생기는 선

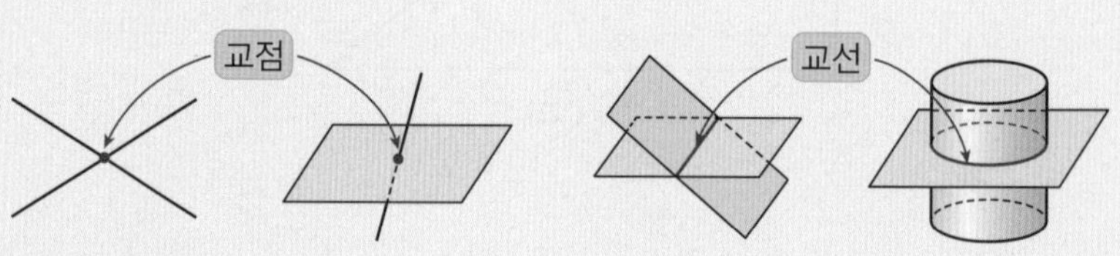

예제 다음 보기에서 평면도형과 입체도형을 각각 찾으시오.

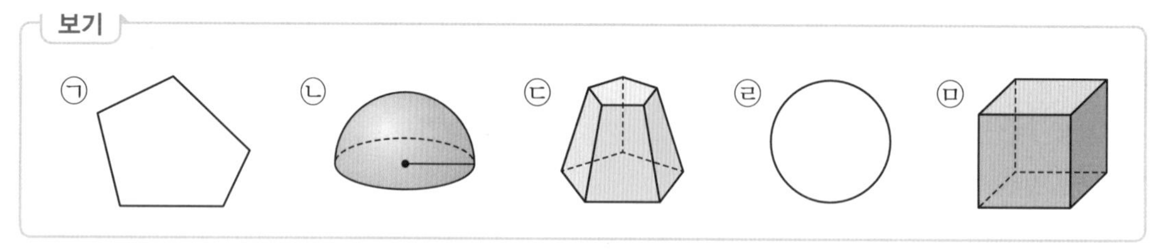

(1) 평면도형: ㉠, ㉣

(2) 입체도형: ㉡, ㉢, ㉤

(4) **다각형**: 3개 이상의 선분으로 둘러싸인 평면도형

➡ 선분의 개수가 3개, 4개, …인 다각형을 각각 삼각형, 사각형, …이라 한다.

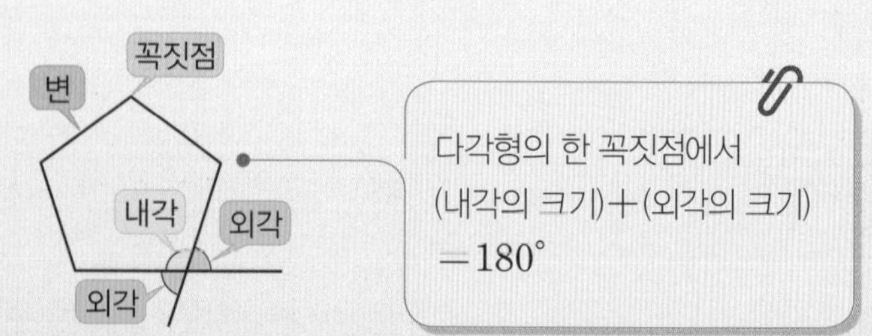

다각형의 한 꼭짓점에서
(내각의 크기)+(외각의 크기)
$=180^\circ$

초등수학 개념과 연결된 중학수학 개념을 미리 만나보자!

(5) **다각형의 대각선**: 이웃하지 않은 두 꼭짓점을 이은 선분

➡ n각형의 대각선의 총 개수: $\dfrac{n(n-3)}{2}$개

n각형의 한 꼭짓점에서 그을 수 있는 대각선의 개수
➡ $(n-3)$개
└ 자기 자신과 이웃하는 2개의 점에는 대각선을 그을 수 없다.

예 오각형의 대각선의 개수는

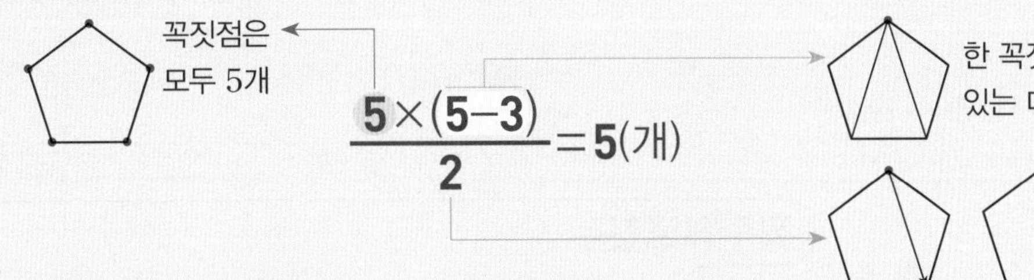

$$\frac{5\times(5-3)}{2}=5(\text{개})$$

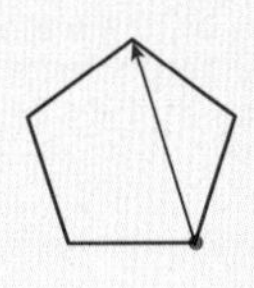

예제 육각형에 대하여 다음을 구하시오.

(1) 표시된 꼭짓점에서 그을 수 있는 대각선을 그어 보고 그 개수를 구하시오. 3개

(2) 육각형의 대각선의 개수를 구하시오. $\dfrac{6\times(6-3)}{2}=\dfrac{6\times3}{2}=9(\text{개})$

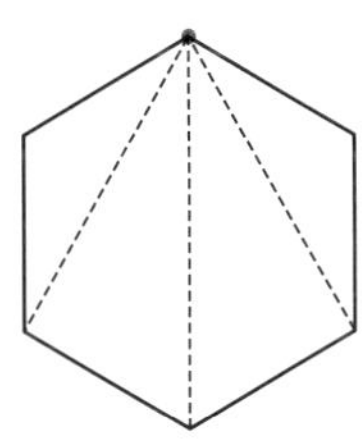

(6) **다각형의 내각의 크기의 합**

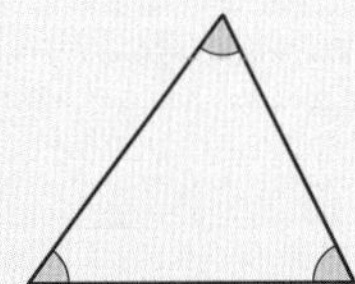

삼각형의 세 내각의 크기의 합은 180°

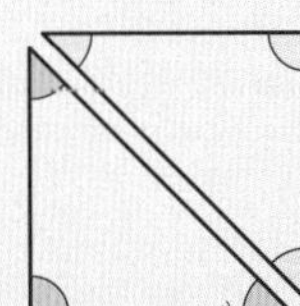

사각형의 내각의 크기의 합은 삼각형 2개의 내각의 크기의 합과 같으므로 $180°\times2=360°$

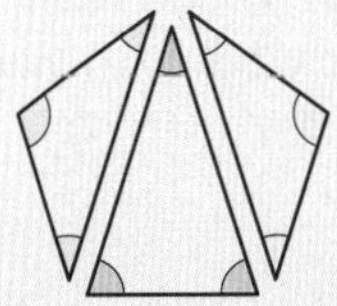

오각형의 내각의 크기의 합은 삼각형 3개의 내각의 크기의 합과 같으므로 $180°\times3=540°$

① n각형에서 한 꼭짓점에서 대각선을 그어 만들어지는 삼각형의 개수: $(n-2)$개

② n각형의 내각의 크기의 합: $180°\times(n-2)$

정n각형의 한 내각의 크기
➡ $\dfrac{180°\times(n-2)}{n}$

예 육각형의 내각의 크기의 합은

$$180°\times(6-2)=180°\times4$$
$$=720°$$

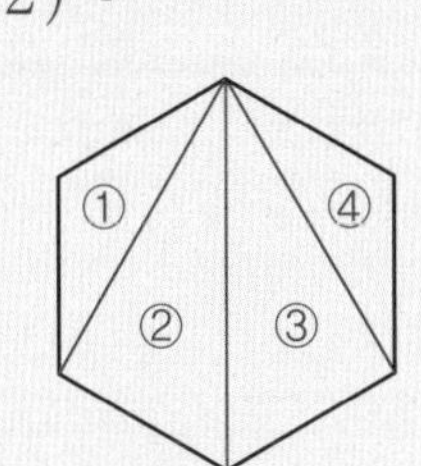

평행사변형의 넓이

평행사변형의 넓이

평행사변형에서 평행한 두 변을 밑변이라 하고 두 밑변 사이의 거리를 높이라고 합니다.

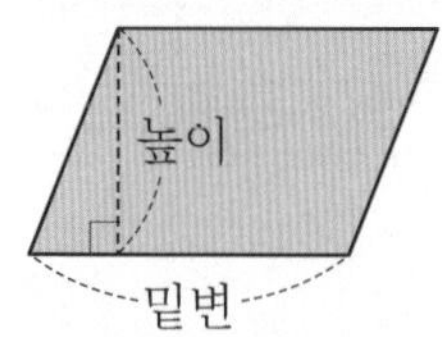

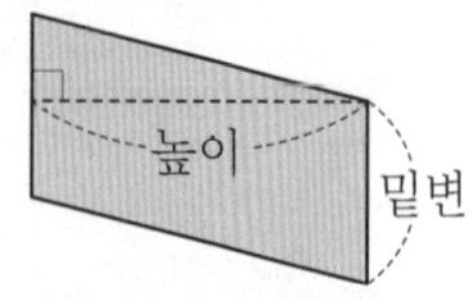

(평행사변형의 넓이) = (밑변) × (높이)

밑변과 높이가 같은 평행사변형은 모양이 달라도 넓이는 같습니다.

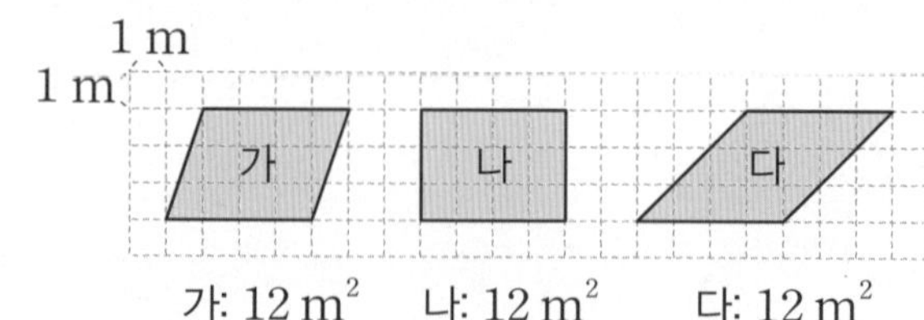

필수 개념 문제

1 평행사변형의 높이를 나타내세요.

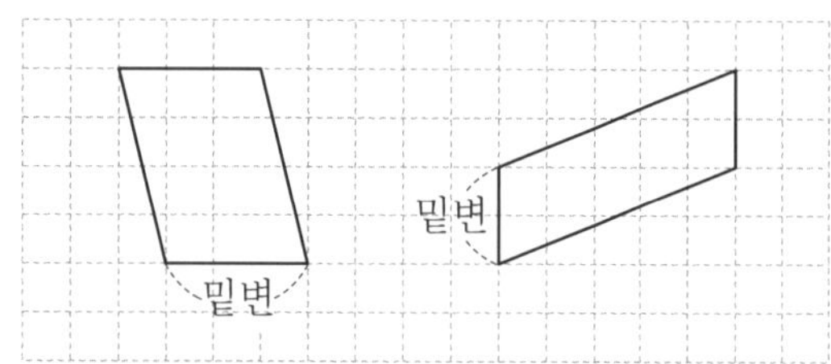

2 평행사변형의 넓이를 구하세요.

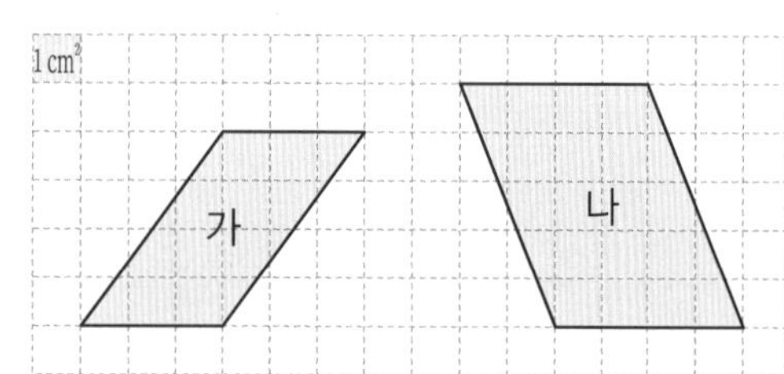

도형	밑변(cm)	높이(cm)	넓이(cm^2)
가			
나			

3 평행사변형의 넓이는 몇 cm^2일까요?

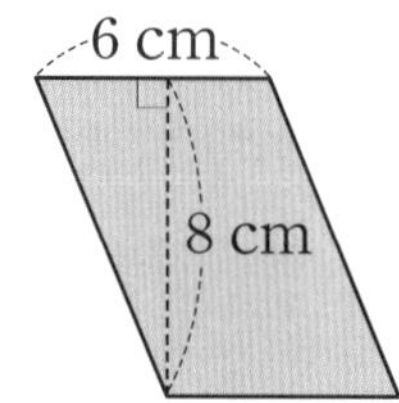

(　　　　　　　　)

4 평행사변형의 넓이가 다른 하나를 찾아 기호를 쓰세요.

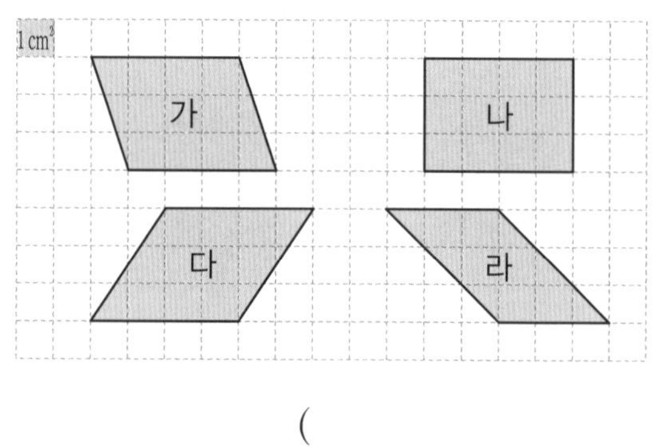

(　　　　　　　　)

5 □ 안에 알맞은 수를 써넣으세요.

(1)

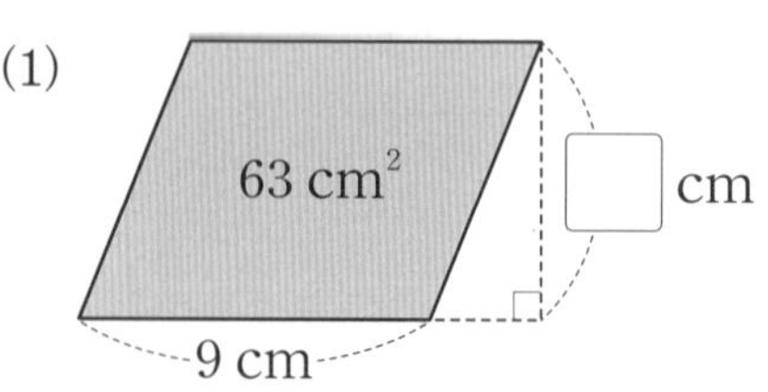

(2)

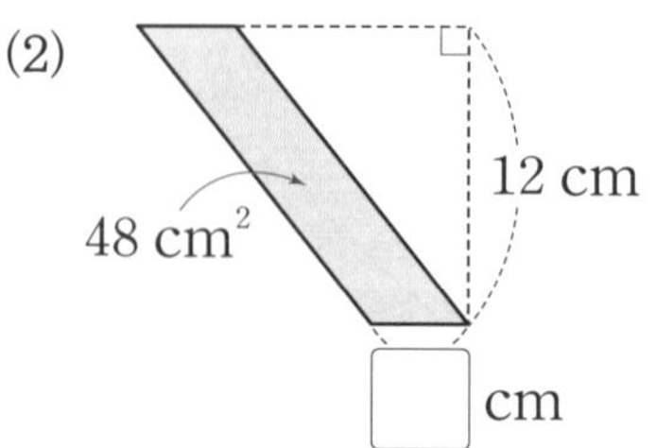

5-1 18 다각형의 넓이

삼각형의 넓이

삼각형의 넓이

삼각형에서 한 변을 밑변이라고 하면 밑변과 마주 보는 꼭짓점에서 밑변에 수직으로 그은 선분을 높이라고 합니다.

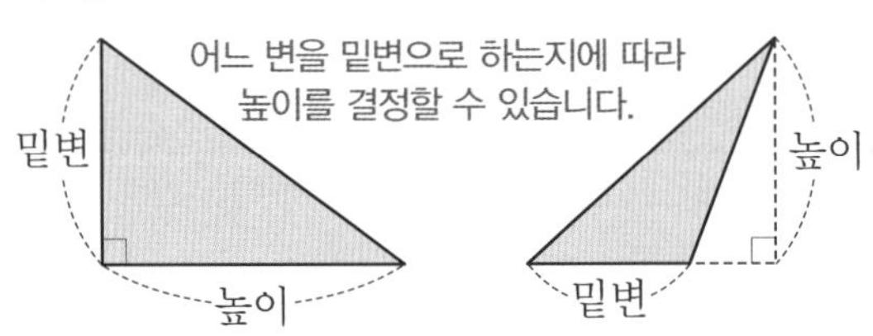

(삼각형의 넓이) = (밑변) × (높이) ÷ 2

밑변과 높이가 같은 삼각형은 모양이 달라도 넓이는 같습니다.

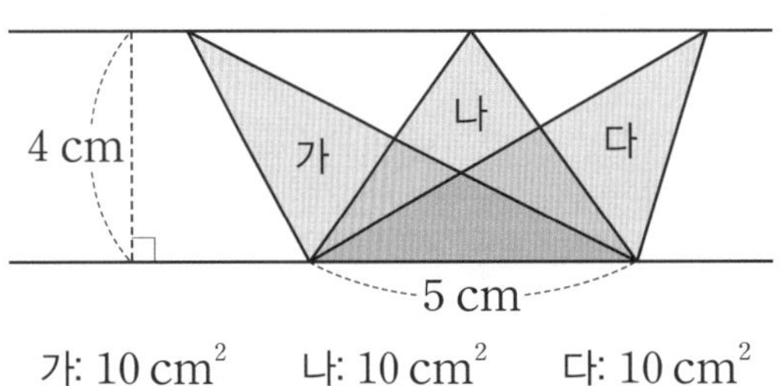

가: 10 cm^2 나: 10 cm^2 다: 10 cm^2

필수 개념 문제

1 삼각형의 높이를 바르게 나타낸 것에 ○표 하세요.

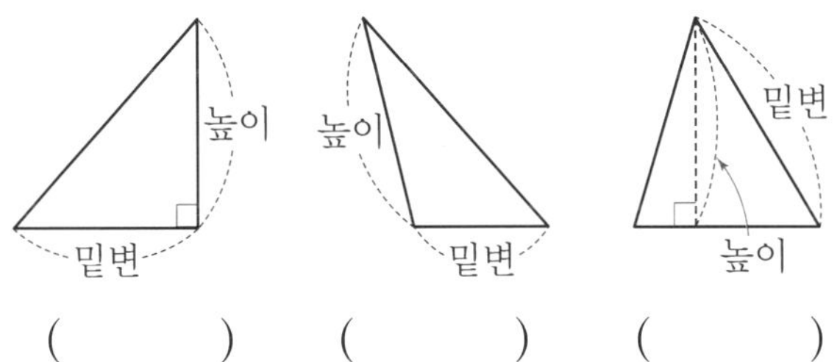

( ) ( ) ( )

2 삼각형의 넓이를 구하세요.

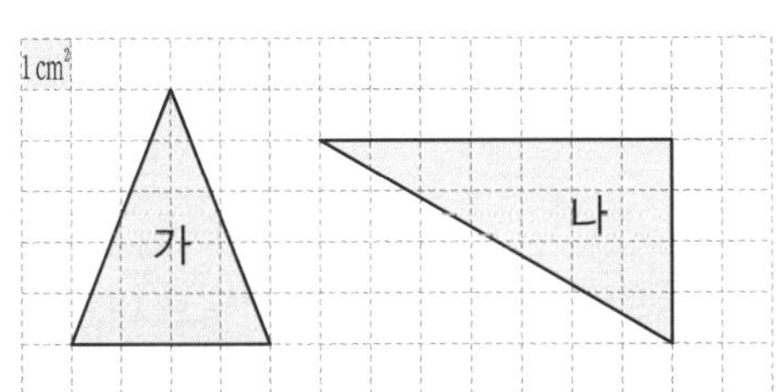

도형	밑변(cm)	높이(cm)	넓이(cm^2)
가			
나			

3 삼각형의 넓이는 몇 cm^2일까요?

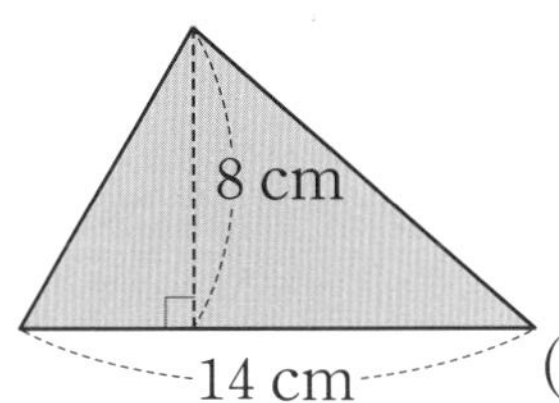

( )

4 삼각형의 넓이가 다른 하나를 찾아 기호를 쓰세요.

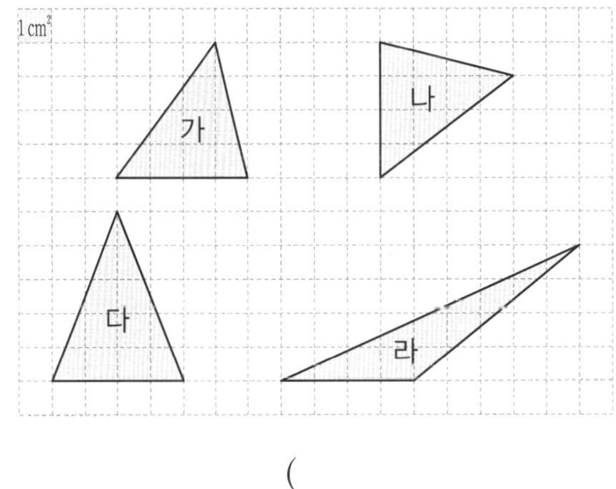

( )

5 □ 안에 알맞은 수를 써넣으세요.

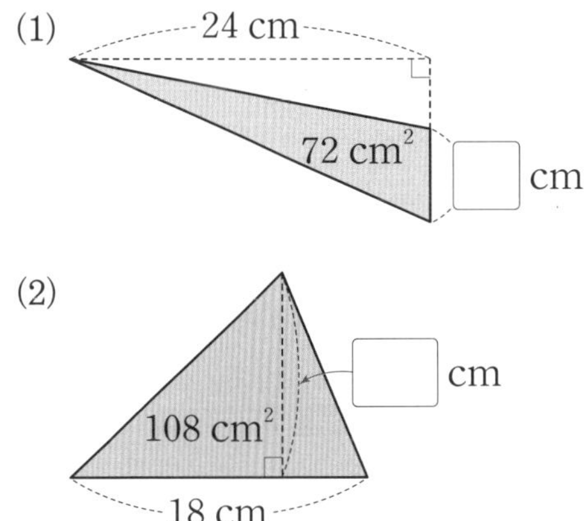

마름모의 넓이

마름모의 넓이

네 변의 길이가 모두 같은 사각형이 마름모이고, 마름모의 두 대각선은 서로 수직으로 만나고, 서로를 이등분한다는 성질을 이용합니다.

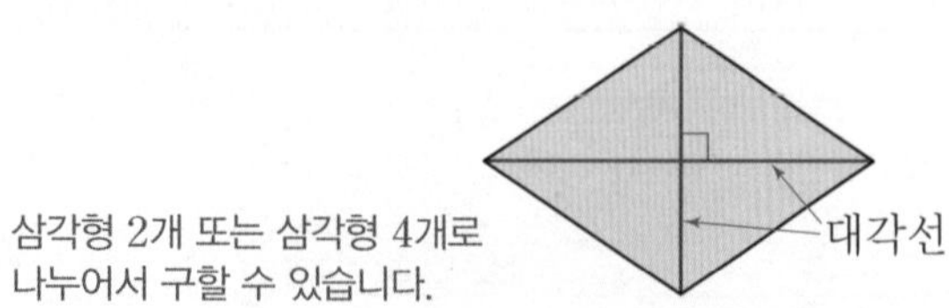

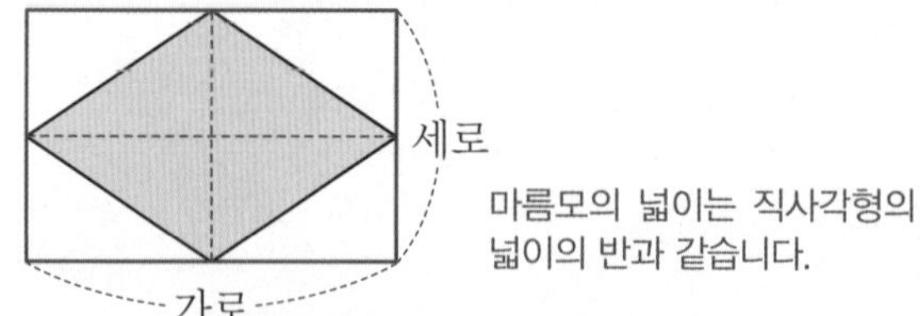

(마름모의 넓이) = (한 대각선) × (다른 대각선) ÷ **2**

필수 개념 문제

1 □ 안에 알맞은 수를 써넣으세요.

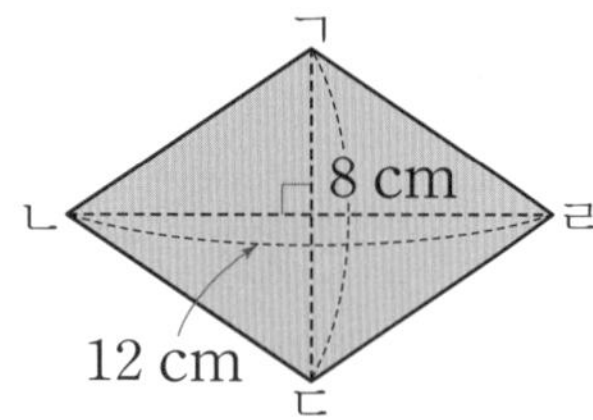

(마름모의 넓이)

=(삼각형 ㄱㄴㄹ의 넓이) × 2

=(□ × 4 ÷ □) × 2 = □ (cm^2)

2 □ 안에 알맞은 수를 써넣으세요.

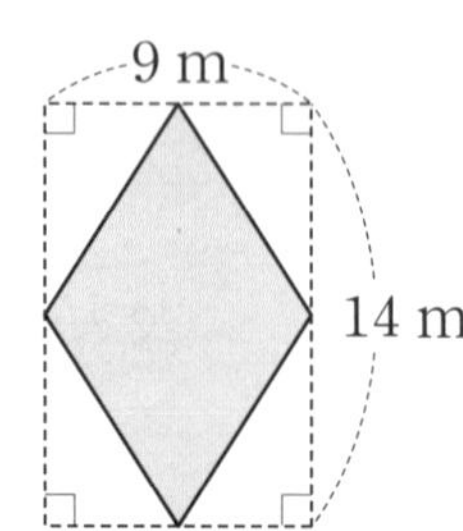

(마름모의 넓이)

=(직사각형의 넓이) ÷ 2

=(□ × □) ÷ 2 = □ (m^2)

3 마름모의 넓이는 몇 m^2인지 구하세요.

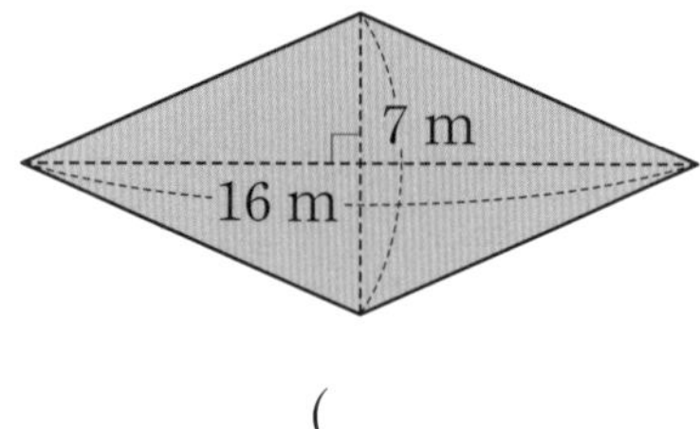

(　　　　　　　)

4 □ 안에 알맞은 수를 써넣으세요.

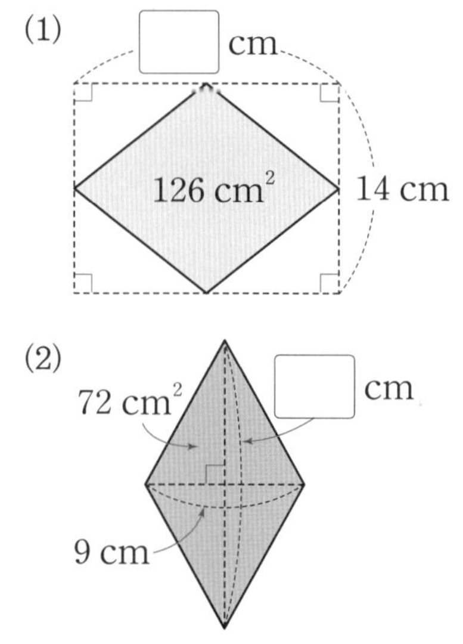

5-1 18 다각형의 넓이

사다리꼴의 넓이

사다리꼴의 넓이

사다리꼴에서 평행한 두 변을 밑변이라고 하고, 밑변을 위치에 따라 윗변, 아랫변이라고 합니다. 이때 두 밑변 사이의 거리를 높이라고 합니다.

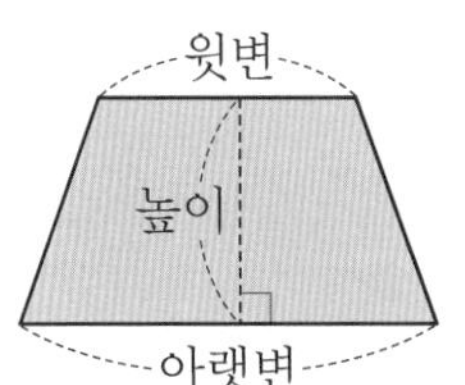

평행한 한 쌍의 변을 찾는 것이 중요합니다.

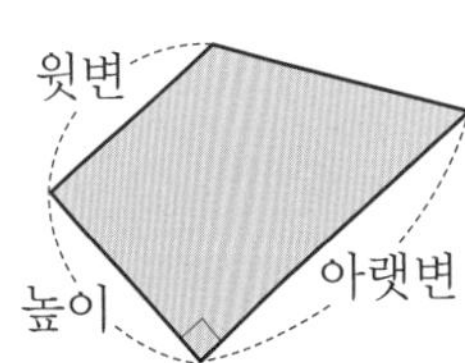

(사다리꼴의 넓이) = {(윗변)+(아랫변)} × (높이) ÷ **2**

필수 개념 문제

1 사다리꼴의 밑변과 높이를 바르게 나타낸 것을 모두 찾아 기호를 쓰세요.

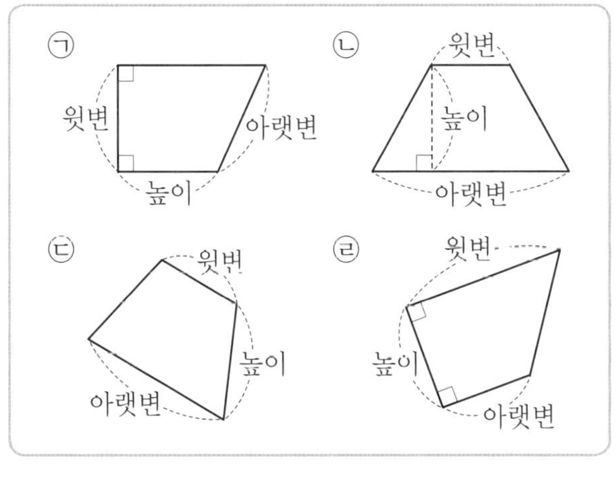

( )

2 사다리꼴의 넓이를 구하세요.

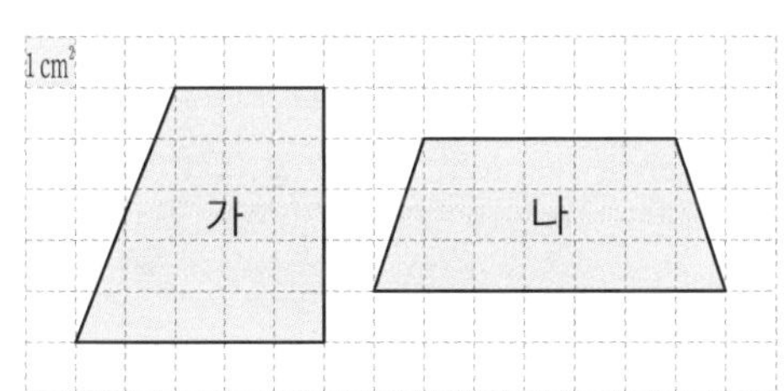

도형	윗변 (cm)	아랫변 (cm)	높이 (cm)	넓이 (cm^2)
가				
나				

3 사다리꼴의 넓이는 몇 cm^2인지 구하세요.

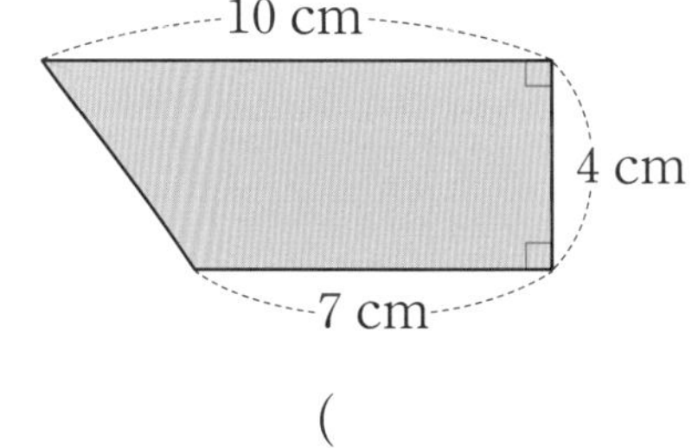

( )

4 □ 안에 알맞은 수를 써넣으세요.

(1)

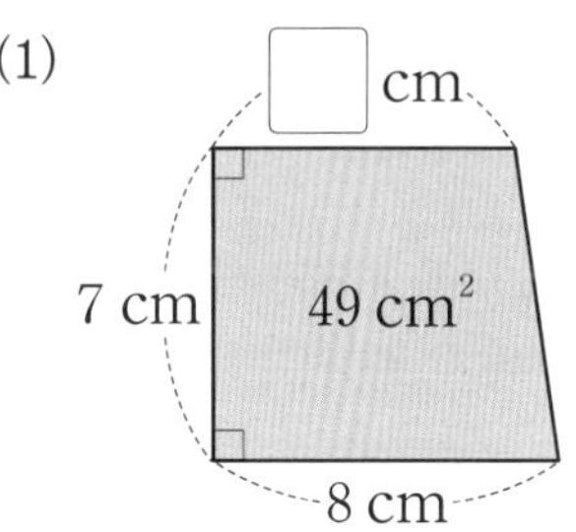

(2)

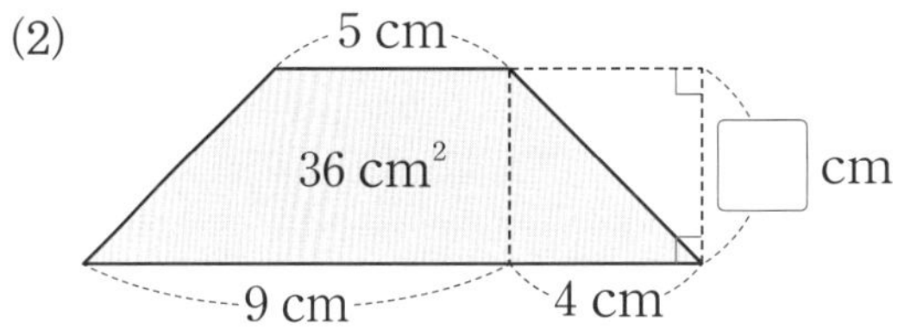

CASE 1 넓이가 주어진 도형의 높이 구하기

1 직사각형과 삼각형의 넓이가 같을 때, 삼각형의 높이를 구하세요.

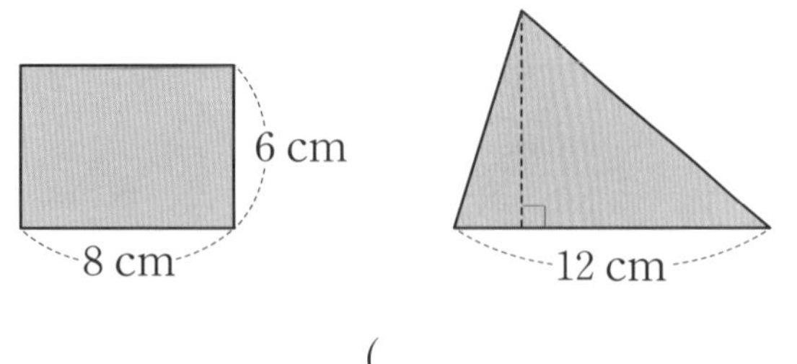

(　　　　　　　)

2 삼각형과 사다리꼴의 넓이가 같을 때, 사다리꼴의 높이를 구하세요.

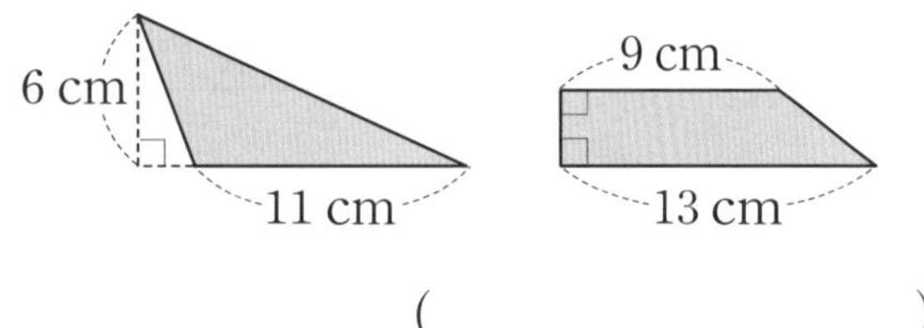

(　　　　　　　)

3 평행사변형과 사다리꼴의 넓이가 같을 때, 사다리꼴의 높이를 구하세요.

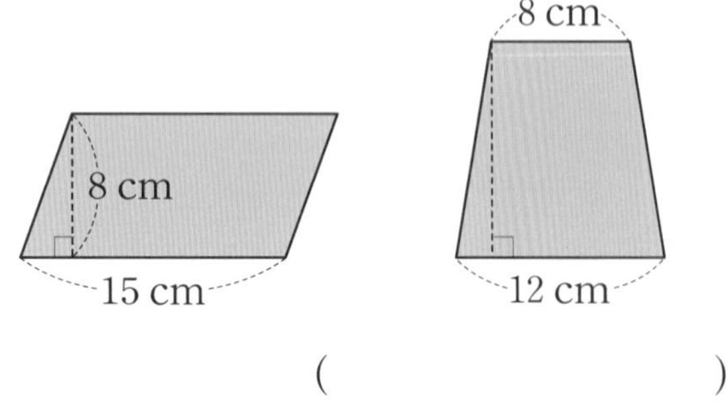

(　　　　　　　)

CASE 2 삼각형의 넓이를 이용하여 길이 구하기

4 □ 안에 알맞은 수를 구하세요.

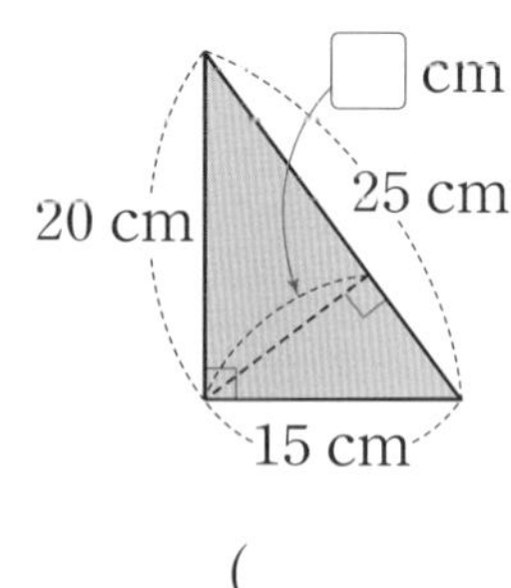

(　　　　　　　)

5 □ 안에 알맞은 수를 구하세요.

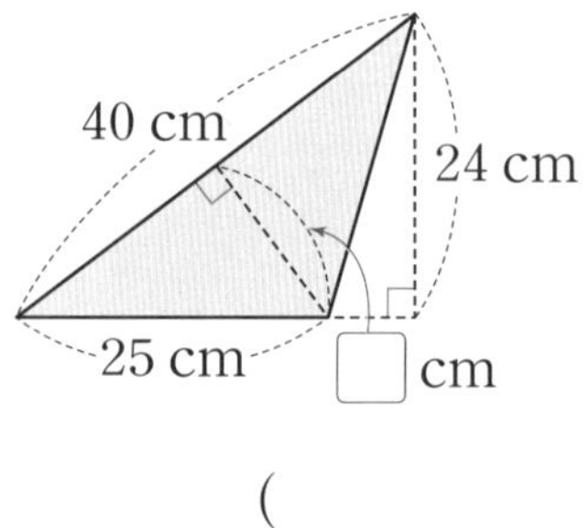

(　　　　　　　)

6 삼각형 ㄱㄹㄷ의 넓이는 삼각형 ㄱㄴㄹ의 넓이의 2배일 때 변 ㄴㄷ의 길이를 구하세요.

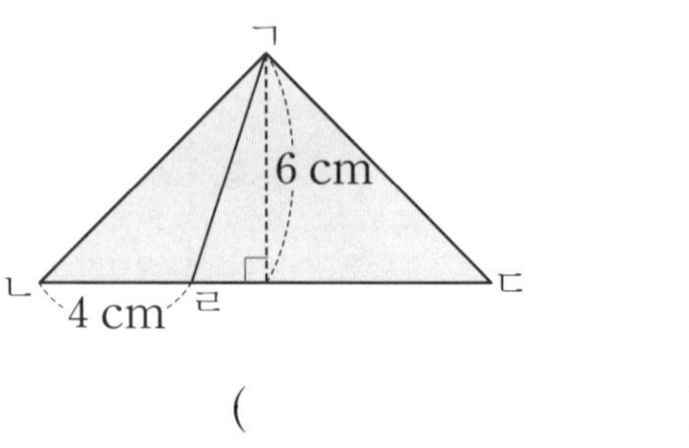

(　　　　　　　)

➲ 정답 44쪽

CASE 3 색칠한 부분의 넓이 구하기

7 색칠한 부분의 넓이를 구하세요.

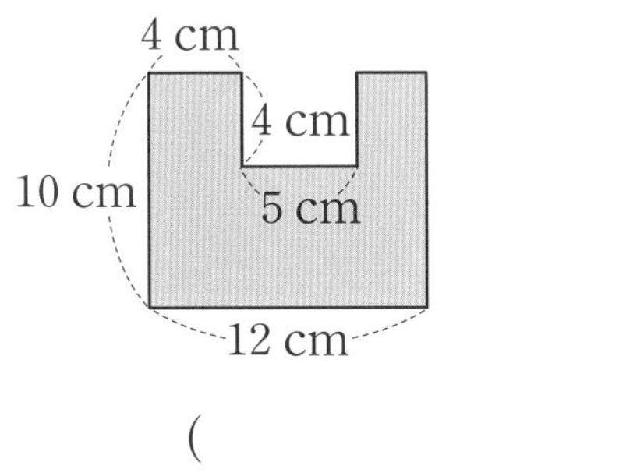

( )

8 색칠한 부분의 넓이를 구하세요.

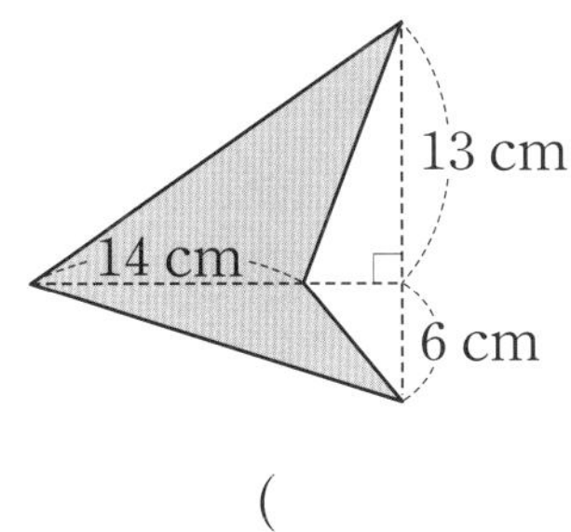

( )

9 색칠한 부분의 넓이를 구하세요.

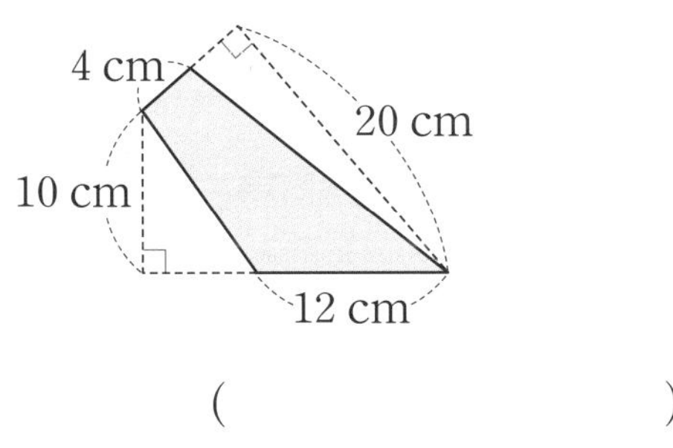

( )

CASE 4 사다리꼴의 넓이를 이용하여 길이 구하기

10 사다리꼴 ㉮의 넓이가 삼각형 ㉯의 넓이의 7배일 때 □ 안에 알맞은 수를 구하세요.

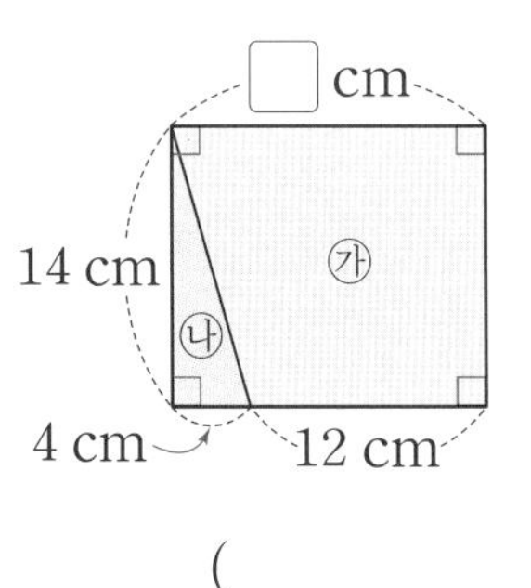

( )

11 ㉯의 넓이는 ㉮의 넓이의 2배입니다. □ 안에 알맞은 수를 구하세요.

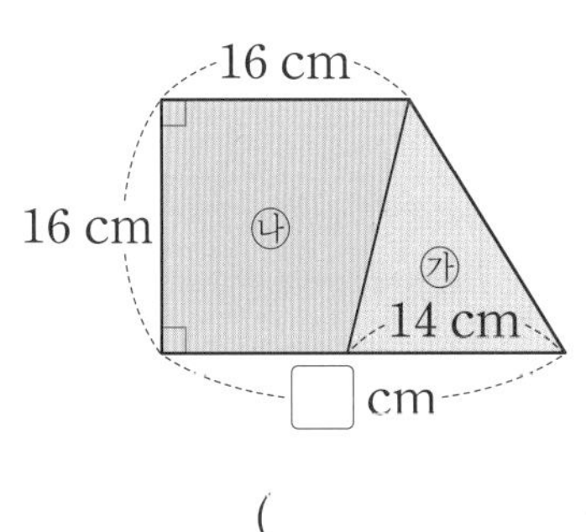

( )

12 □ 안에 알맞은 수를 구하세요.

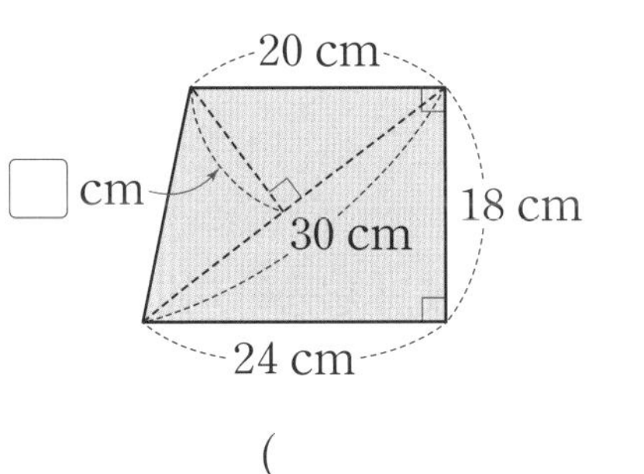

( )

Ⅱ 도형과 측정

도형의 합동

도형의 합동

모양과 크기가 같아서 포개었을 때 완전히 겹쳐지는 두 도형을 서로 합동이라고 합니다.

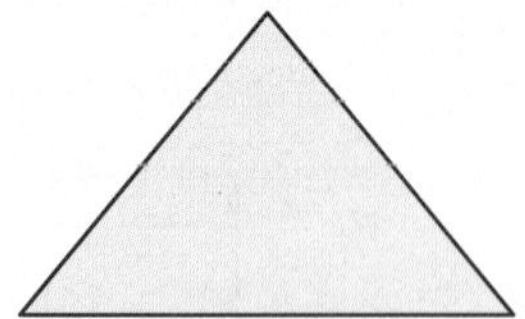
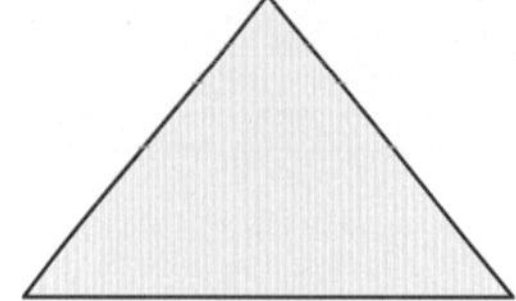

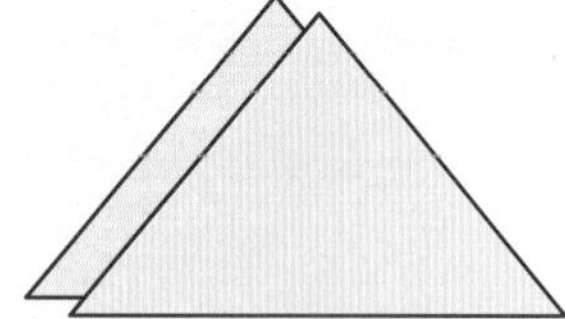

합동인 도형은 모양과 크기가 같습니다.

합동인 삼각형을 그릴 수 있는 조건

- 세 변의 길이가 주어진 경우
- 두 변의 길이와 그 사이에 있는 각의 크기가 주어진 경우
- 한 변의 길이와 그 양 끝 각의 크기가 주어진 경우

필수 개념 문제

1 서로 합동인 두 도형을 찾아 기호를 쓰세요.

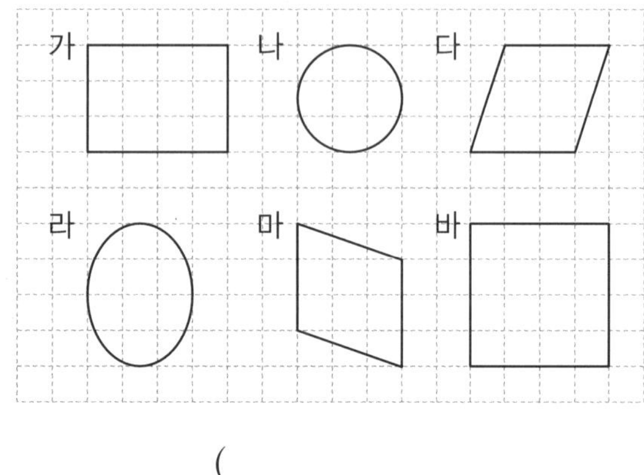

(　　　　　　　　　　)

2 나머지 셋과 합동이 아닌 도형을 찾아 쓰세요.

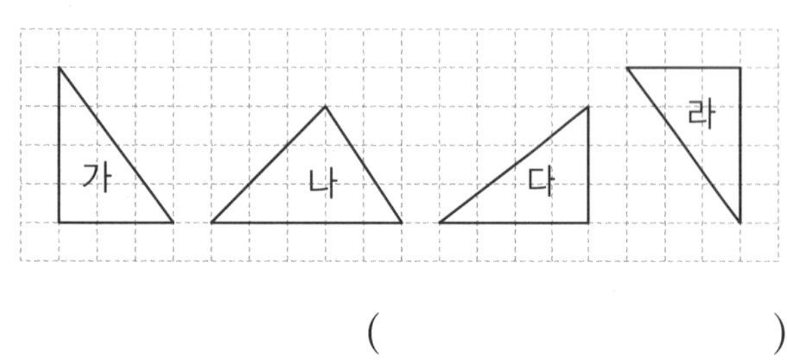

(　　　　　　　　　　)

3 왼쪽 도형과 합동인 도형을 그리세요.

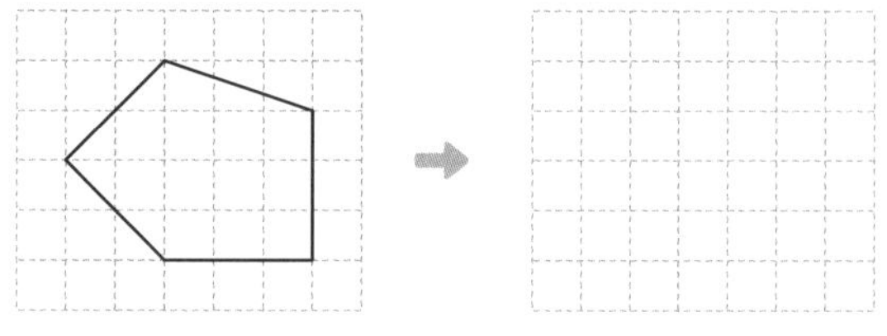

4 합동인 삼각형을 그릴 수 없는 것을 찾아 기호를 쓰세요.

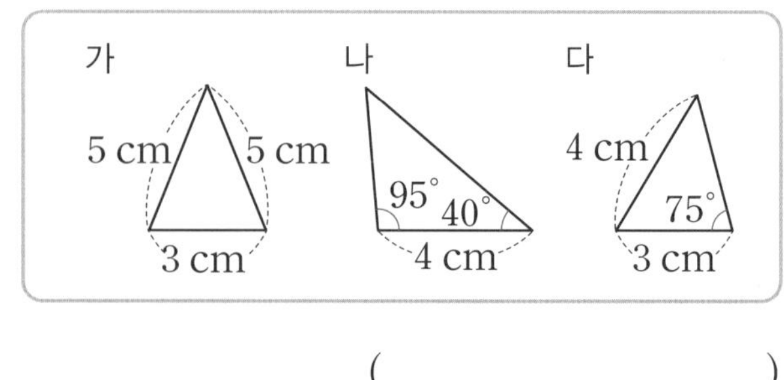

(　　　　　　　　　　)

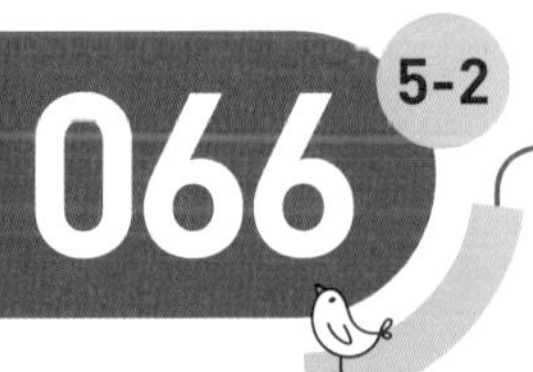

5-2 19 합동과 대칭

합동인 도형의 성질

대응점, 대응변, 대응각

합동인 두 도형을 완전히 포개었을 때
겹쳐지는 점을 대응점, 겹쳐지는 변을 대응변,
겹쳐지는 각을 대응각이라고 합니다.

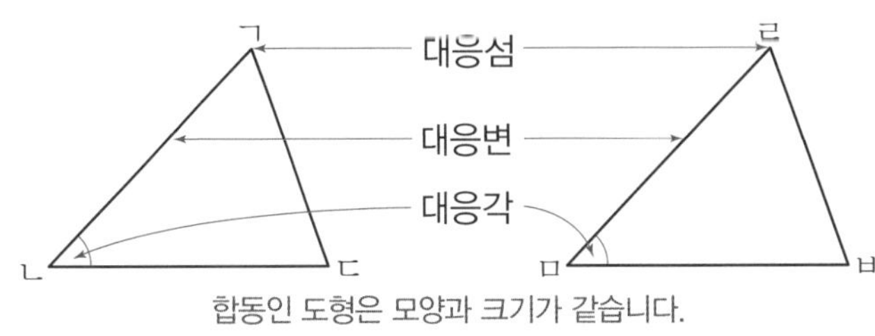

합동인 도형은 모양과 크기가 같습니다.

합동인 도형의 성질

• 합동인 두 도형에서 대응변의 길이는 서로 같습니다.
• 합동인 두 도형에서 대응각의 크기는 서로 같습니다.

필수 개념 문제

1 두 삼각형은 합동입니다. 물음에 답하세요.

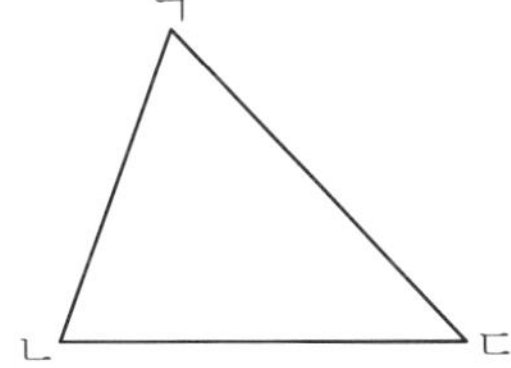

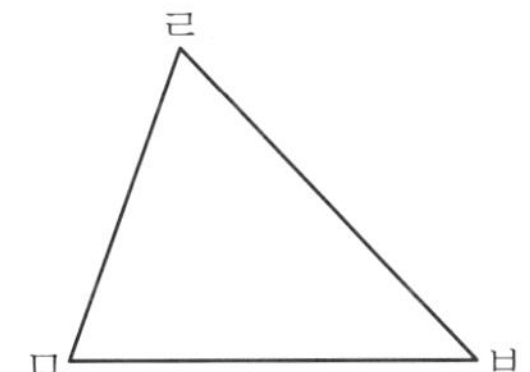

(1) 점 ㄴ의 대응점을 쓰세요.

( )

(2) 변 ㄴㄷ의 대응변을 쓰세요.

( )

(3) 각 ㄱㄷㄴ의 대응각을 쓰세요.

( )

2 두 삼각형은 합동입니다. 각 ㅁㄹㅂ의 크기는 몇 도일까요?

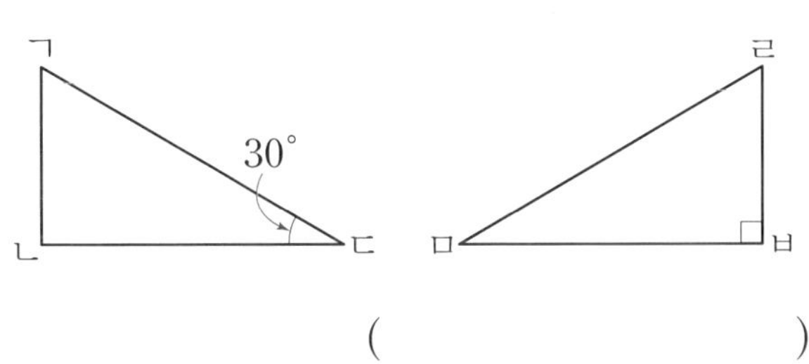

( )

3 두 사각형은 합동입니다. 물음에 답하세요.

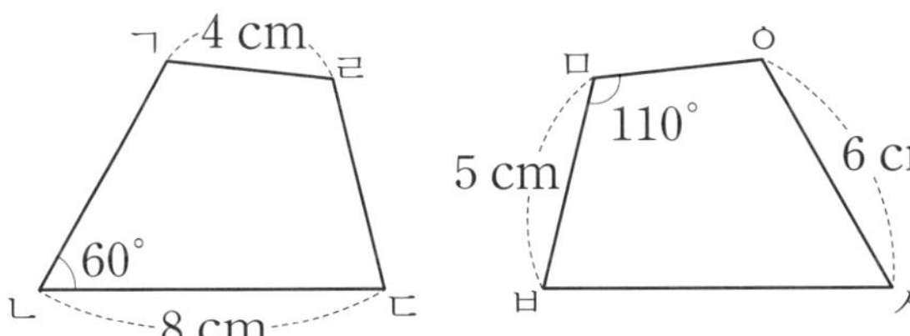

(1) 점 ㄱ의 대응점을 쓰세요.

( )

(2) 각 ㅇㅅㅂ의 크기는 몇 도일까요?

( )

(3) 변 ㄱㄴ의 길이는 몇 cm일까요?

( )

4 두 사각형은 합동입니다. 사각형 ㅁㅂㅅㅇ의 둘레는 몇 cm일까요?

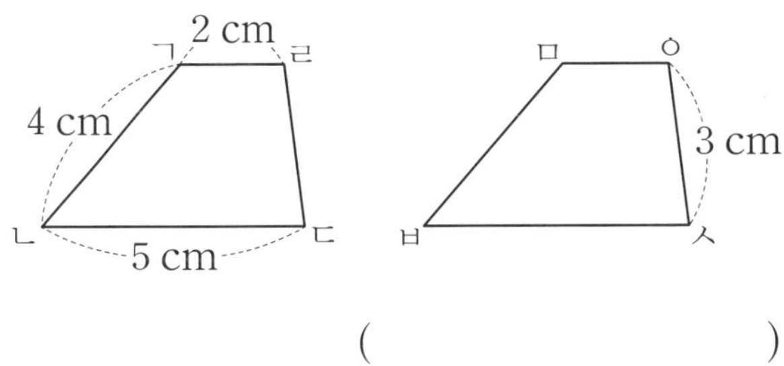

( )

II 도형과 측정

선대칭도형의 성질

선대칭도형

한 직선을 따라 접어서 완전히 겹쳐지는 도형을 선대칭도형이라고 합니다.
이때 그 직선을 대칭축이라고 합니다.

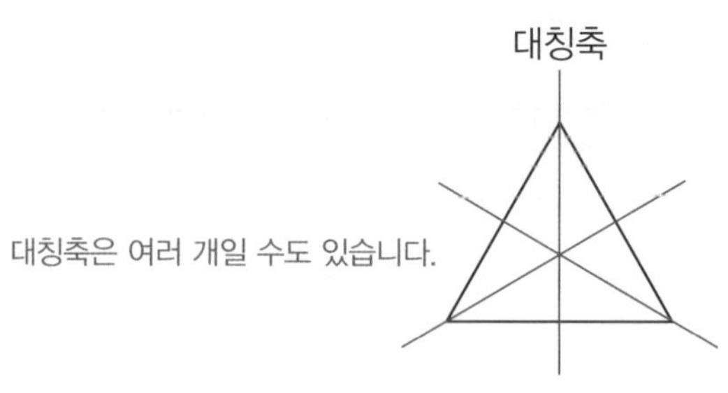

선대칭도형의 성질

- 선대칭도형에서 대응변의 길이와 대응각의 크기는 각각 같습니다.
- 선대칭도형에서 대응점을 이은 선분은 대칭축과 수직으로 만납니다.
- 선대칭도형에서 대칭축은 대응점을 이은 선분을 이등분하므로 각각의 대응점에서 대칭축까지의 거리는 같습니다.

필수 개념 문제

1 선대칭도형이 아닌 것은 어느 것일까요? ( )

① 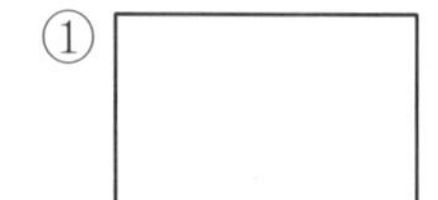
② 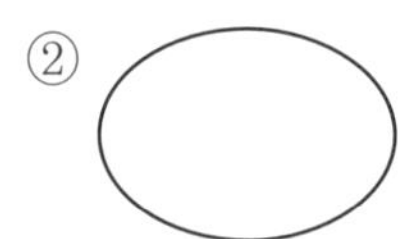
③ 
④ 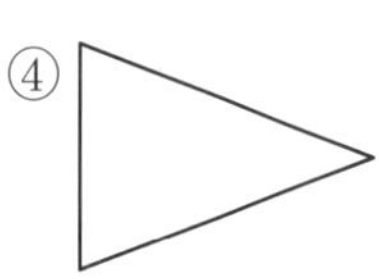
⑤ 

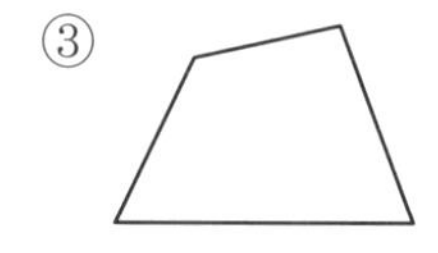

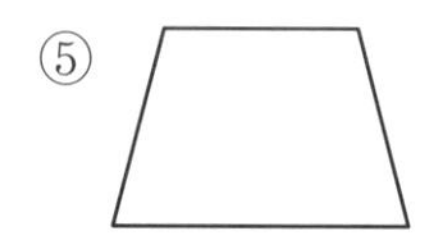

[2～3] 선대칭도형의 대칭축을 모두 그리세요.

2

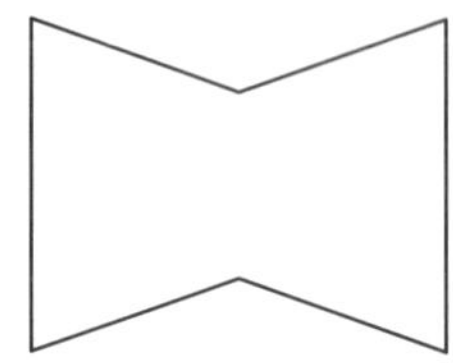

3

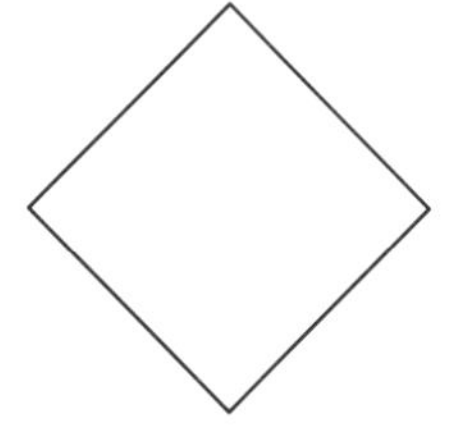

[4～5] 직선 ㄱㄴ을 대칭축으로 하는 선대칭도형입니다. □ 안에 알맞은 수를 써넣으세요.

4

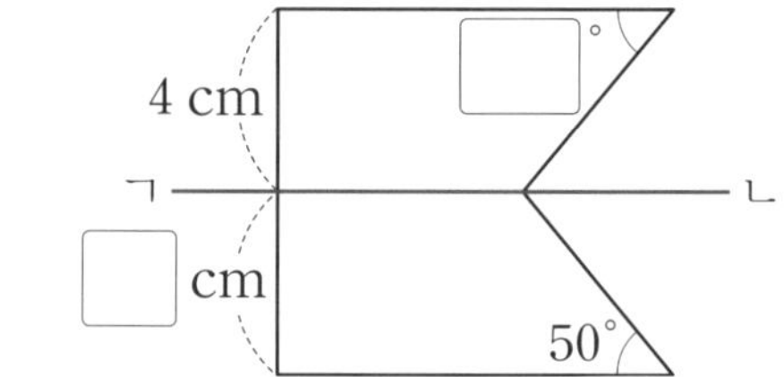

5

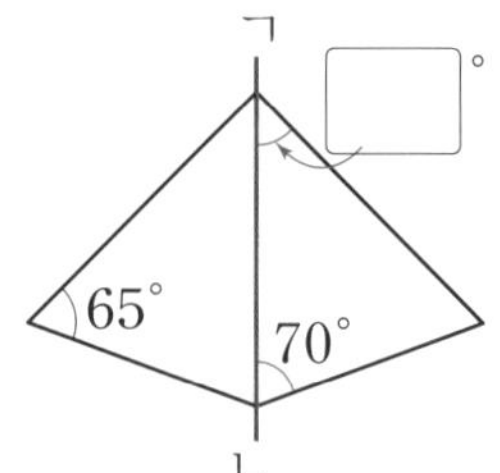

6 직선 ㄱㄴ을 대칭축으로 하는 선대칭도형이 되도록 그림을 완성하세요.

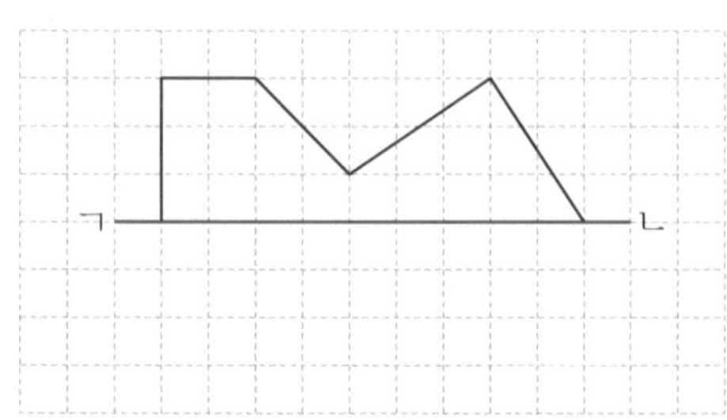

19 합동과 대칭

점대칭도형의 성질

점대칭도형

한 도형을 어떤 점을 중심으로 180° 돌렸을 때 처음 도형과 완전히 겹쳐지면 이 도형을 점대칭도형이라고 합니다. 이때 그 점을 대칭의 중심이라고 합니다.

점대칭도형의 성질

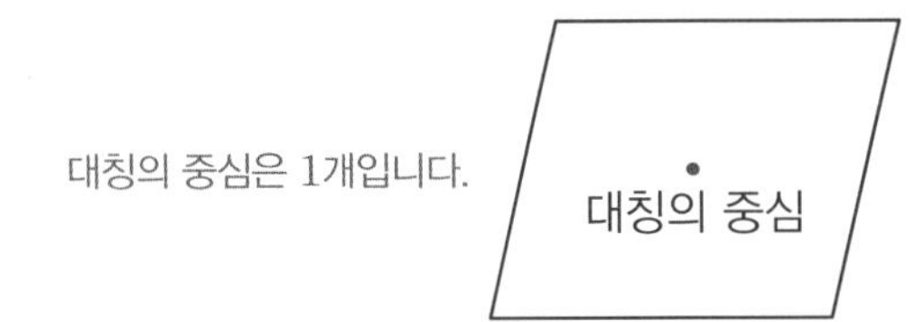

- 점대칭도형에서 대응변의 길이와 대응각의 크기는 각각 같습니다.
- 점대칭도형에서 대칭의 중심은 대응점을 이은 선분을 이등분하므로 각각의 대응점에서 대칭의 중심까지의 거리는 같습니다.

필수 개념 문제

1 점대칭도형을 모두 찾아 기호를 쓰세요.

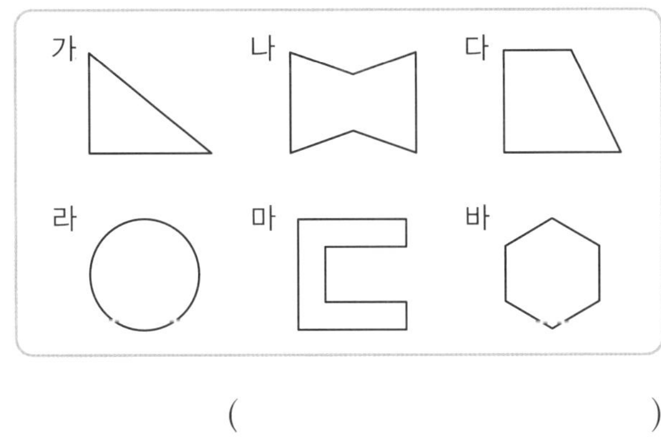

( )

[2～3] 점대칭도형입니다. 대칭의 중심을 찾아 표시하세요.

2

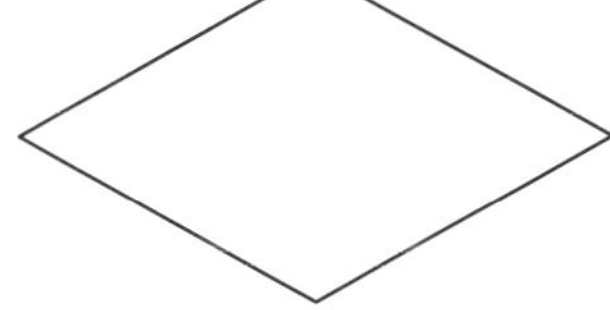

3

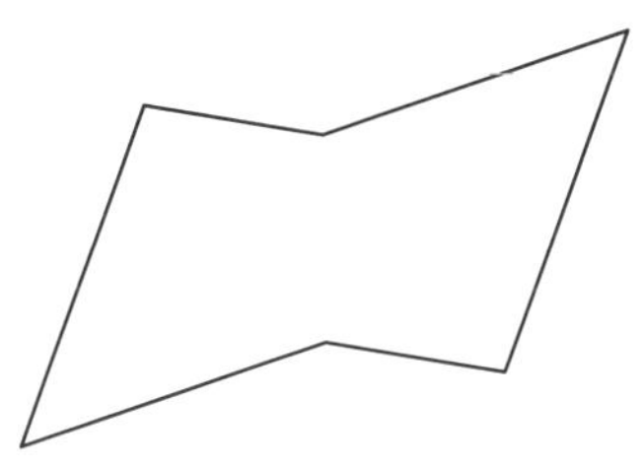

4 점 ㅇ을 대칭의 중심으로 하는 점대칭도형입니다. □ 안에 알맞은 수를 써넣으세요.

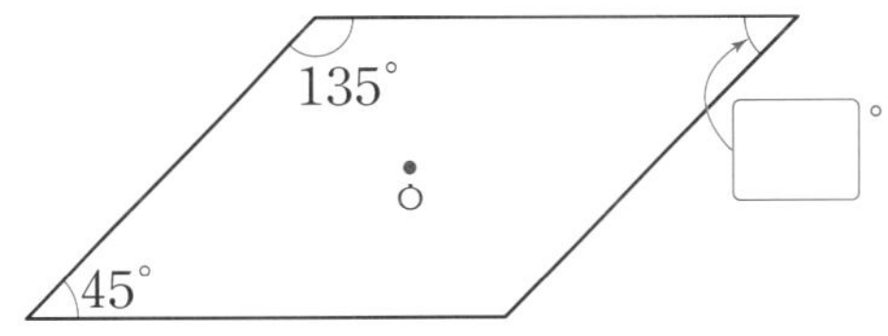

[5～6] 점 ㅇ을 대칭의 중심으로 하는 점대칭도형을 완성하세요.

5

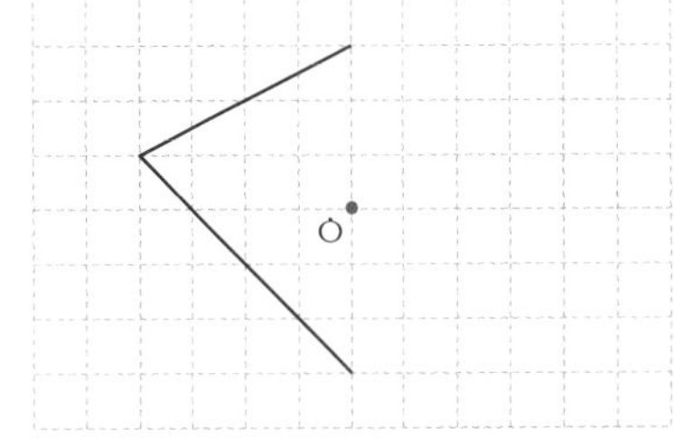

6

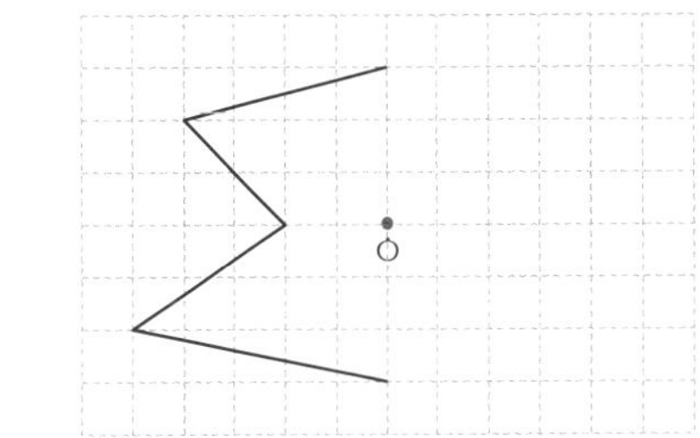

CASE 1 종이를 접은 모양에서 각도 구하기

1 그림과 같이 직사각형 모양의 종이를 접었습니다. ㉠의 각도를 구하세요.

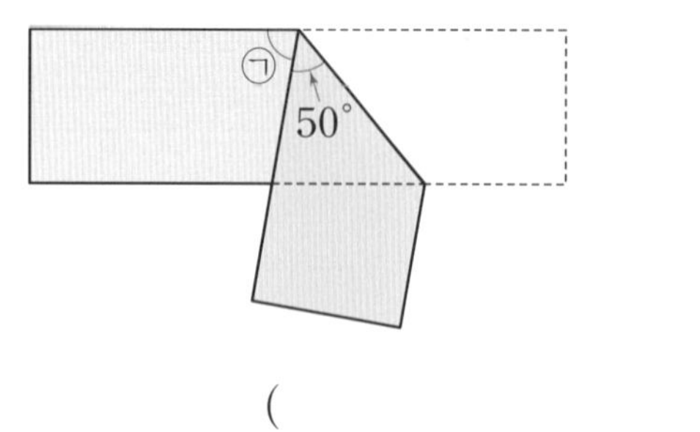

( )

2 그림과 같이 삼각형 모양의 종이를 접었습니다. 각 ㄱㄹㅂ의 크기를 구하세요.

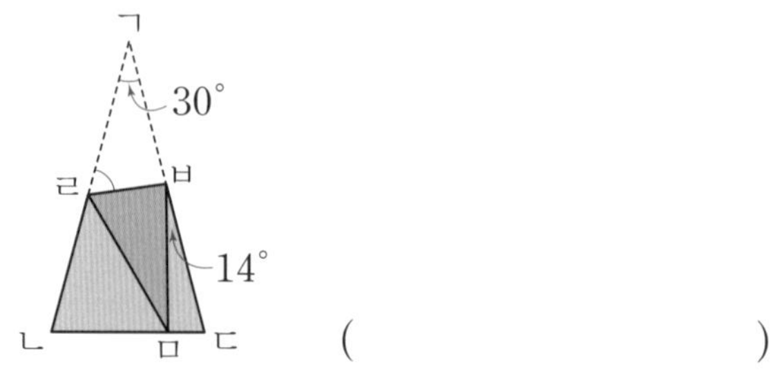

( )

3 그림과 같이 정사각형 모양의 종이를 접었습니다. ㉠과 ㉡의 각도의 차를 구하세요.

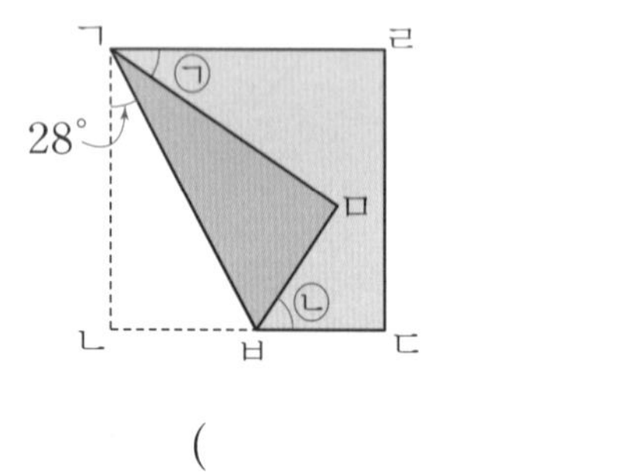

( )

CASE 2 종이를 접은 모양에서 넓이 구하기

4 그림과 같이 직사각형 모양의 종이를 삼각형 ㄱㄴㅁ과 삼각형 ㄷㅂㅁ이 서로 합동이 되도록 접었습니다. 직사각형 ㄱㄴㄷㄹ의 넓이를 구하세요.

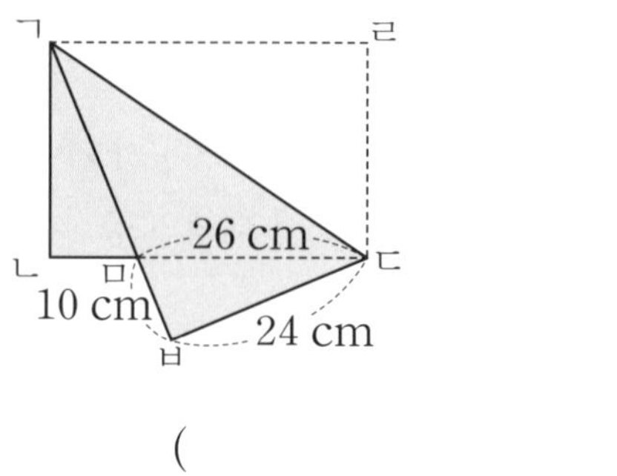

( )

5 그림과 같이 직사각형 모양의 종이를 삼각형 ㄱㄴㅁ과 삼각형 ㄷㅂㅁ이 서로 합동이 되도록 접었습니다. 직사각형 ㄱㄴㄷㄹ의 넓이를 구하세요.

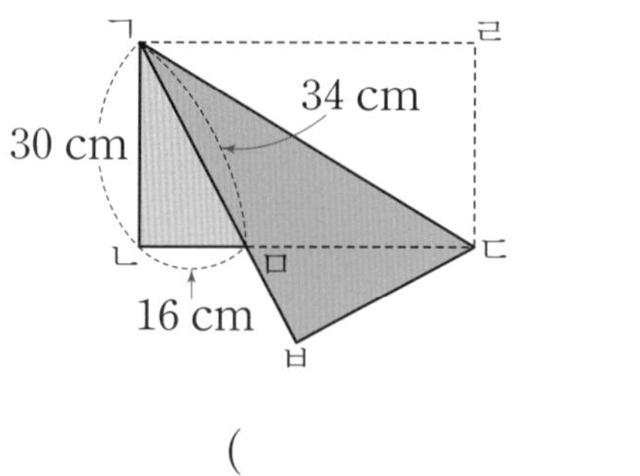

( )

6 그림과 같이 직사각형 모양의 종이를 삼각형 ㄱㄴㅁ과 삼각형 ㅂㄹㅁ이 서로 합동이 되도록 접었습니다. 삼각형 ㄱㄴㄹ의 넓이를 구하세요.

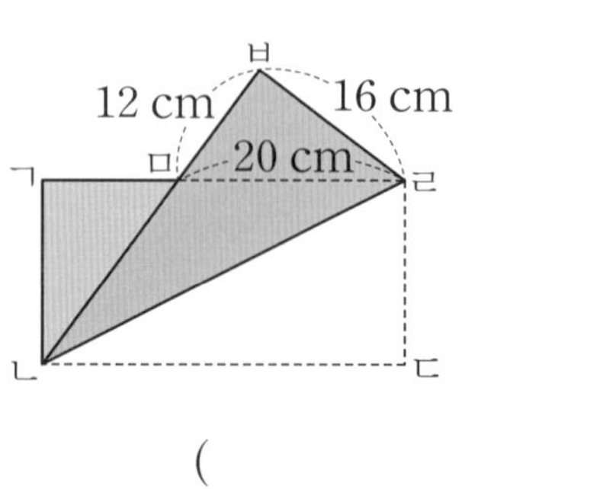

( )

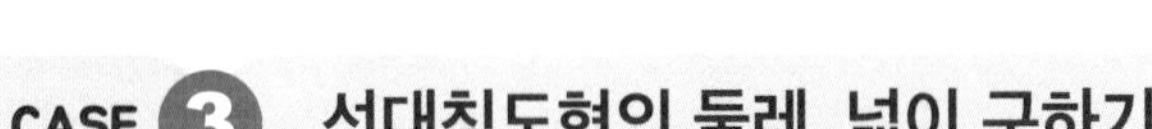

정답 46쪽

CASE 3 선대칭도형의 둘레, 넓이 구하기

7 선분 ㅅㅇ을 대칭축으로 하는 선대칭도형입니다. 선대칭도형의 둘레가 68 cm일 때, 선분 ㄷㅇ의 길이를 구하세요.

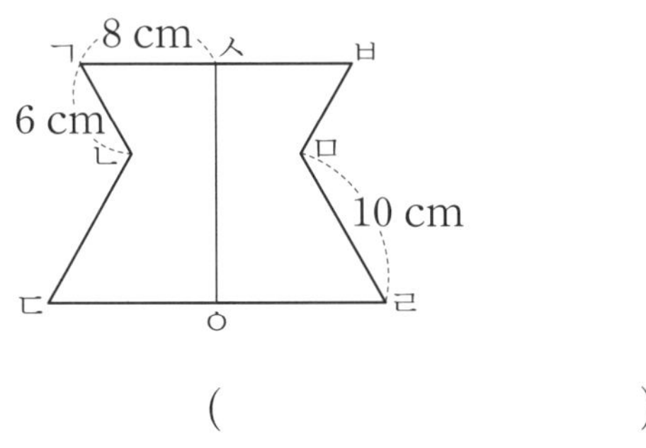

( )

8 직선 ㅁㅂ을 대칭축으로 하는 선대칭도형을 완성했을 때, 선대칭도형의 넓이를 구하세요.

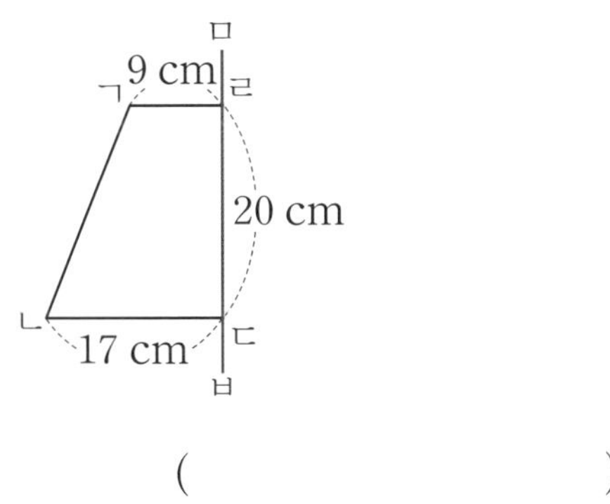

( )

9 직사각형 ㄱㄴㄷㄹ은 선분 ㅁㅂ을 대칭축으로 하는 선대칭도형입니다. 사각형 ㄱㅁㅂㄹ의 둘레가 98 cm일 때, 직사각형 ㄱㄴㄷㄹ의 넓이를 구하세요.

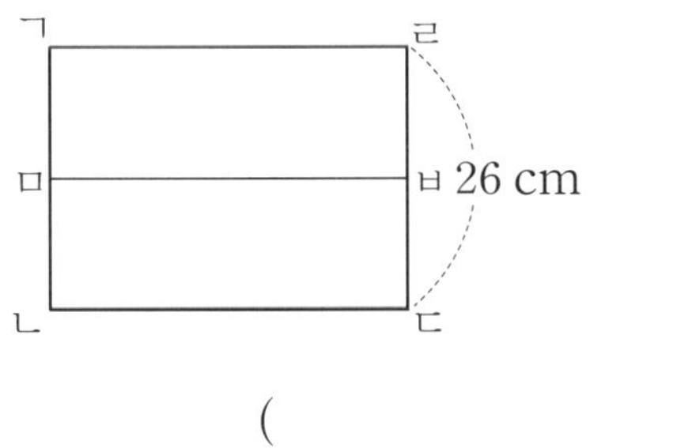

( )

CASE 4 점대칭도형의 둘레, 넓이 구하기

10 점 ㅇ을 대칭의 중심으로 하는 점대칭도형입니다. 선분 ㄱㄷ의 길이를 구하세요.

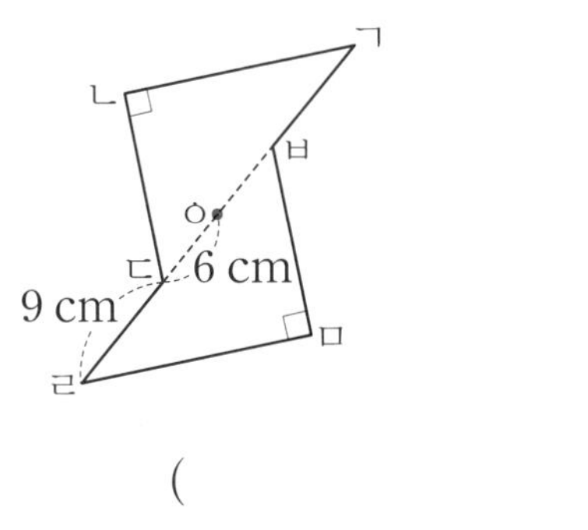

( )

11 점 ㅅ을 대칭의 중심으로 하는 점대칭도형입니다. 도형의 둘레가 118 cm일 때, 선분 ㄴㄷ의 길이를 구하세요.

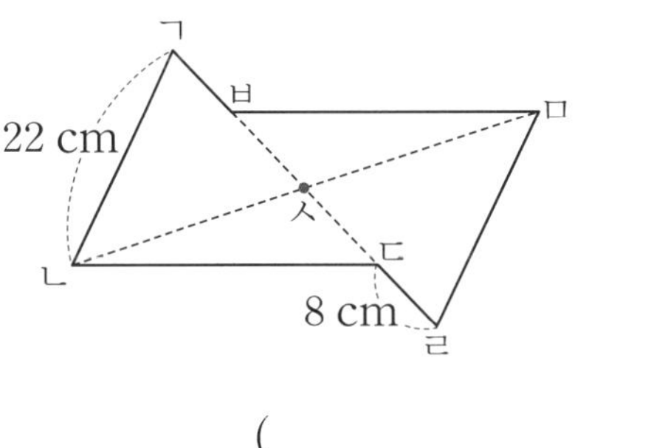

( )

12 점 ㅇ을 대칭의 중심으로 하는 점대칭도형을 완성했을 때 점대칭도형의 넓이를 구하세요.

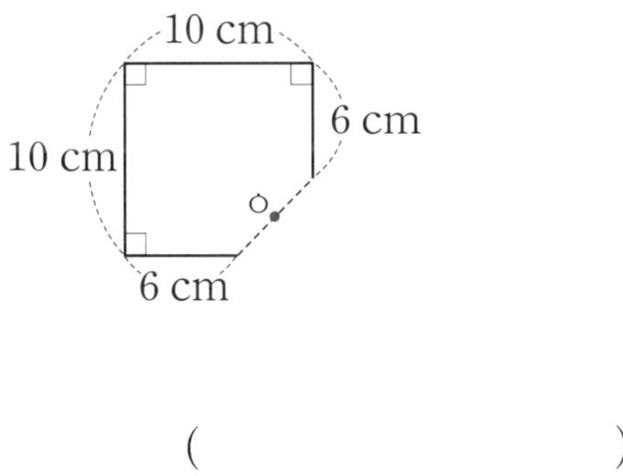

( )

사각형 6개로 둘러싸인 도형

직육면체, 정육면체

- 그림과 같은 네모 상자 모양에서 선분으로 둘러싸인 부분을 면이라 하고, 면과 면이 만나는 선분을 모서리라고 합니다. 또 모서리와 모서리가 만나는 점을 꼭짓점이라고 합니다.
- 직사각형 모양의 면 6개로 둘러싸인 도형을 직육면체, 정사각형 모양의 면 6개로 둘러싸인 도형을 정육면체라고 합니다.

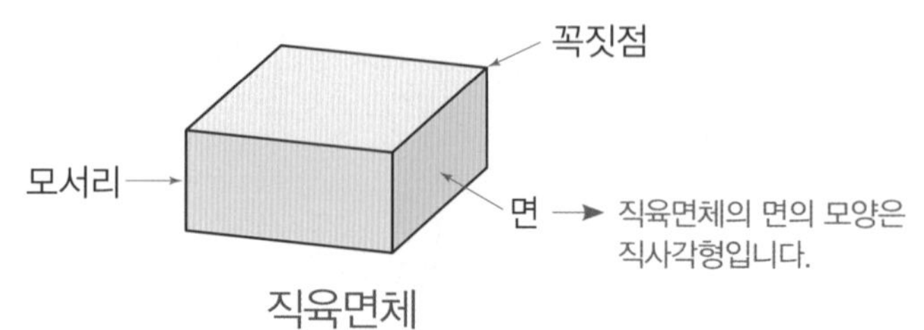

직육면체

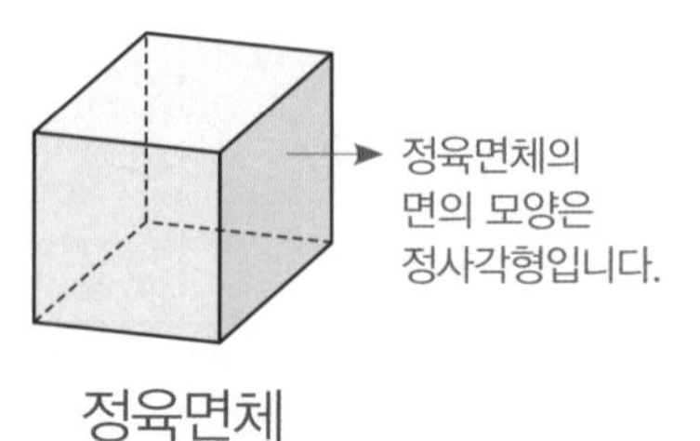

정육면체

필수 개념 문제

1 직육면체를 모두 고르세요. (　　　　　　)

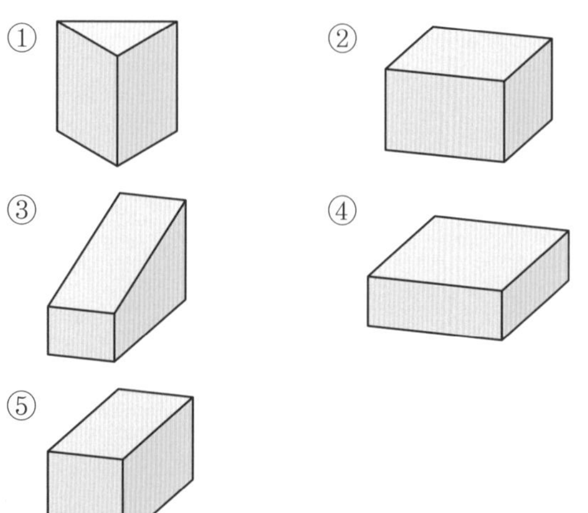

2 직육면체의 각 부분의 이름에 맞게 기호를 쓰세요.

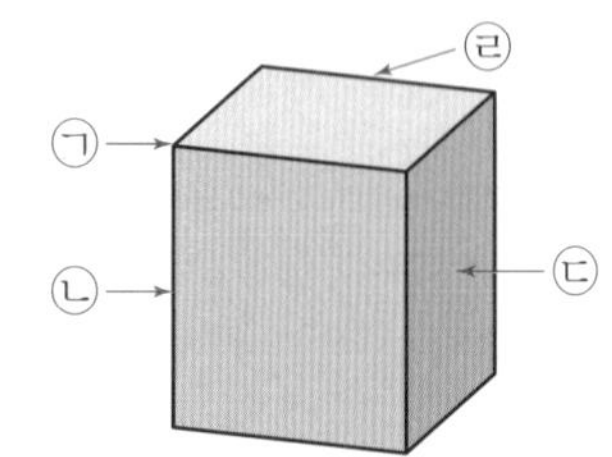

이름	면	모서리	꼭짓점
기호			

3 직육면체에 대해 설명한 것이 옳은 것은 ○표, 틀린 것은 ×표 하세요.

(1) 직육면체에서 한 모서리에는 2개의 면이 만납니다. (　　　)

(2) 직육면체에서 선분으로 둘러싸인 부분은 3개입니다. (　　　)

(3) 직육면체는 정육면체라고 할 수 있습니다. (　　　)

4 정육면체에 대해 바르게 설명한 것을 모두 고르세요. (　　　　　)

① 꼭짓점이 모두 6개입니다.
② 모서리의 길이가 모두 같습니다.
③ 정삼각형 모양의 면으로 둘러싸인 도형입니다.
④ 면의 크기가 모두 다릅니다.
⑤ 모서리가 모두 12개입니다.

070 5-2 20 직육면체

직육면체의 성질

직육면체에서 평행한 면

- 서로 마주 보는 면은 평행합니다.
- 서로 평행한 면은 **3**쌍입니다.
- 평행한 면은 모양과 크기가 같습니다.

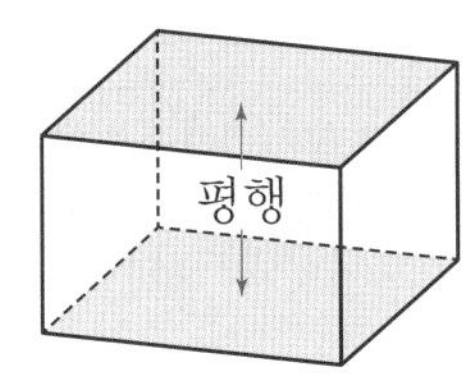
평행
마주 보는 3쌍의 면이 평행합니다.

직육면체에서 수직인 면

- 서로 만나는 면은 수직입니다.
- 한 면에 수직인 면은 모두 **4**개입니다.

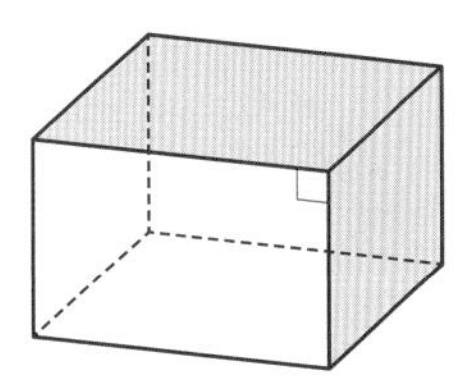
평행한 면을 제외한 나머지 면과 모두 수직으로 만납니다.

필수 개념 문제

1 오른쪽 직육면체에서 색칠한 면과 평행한 면을 바르게 색칠한 것은 어느 것일까요?

( )

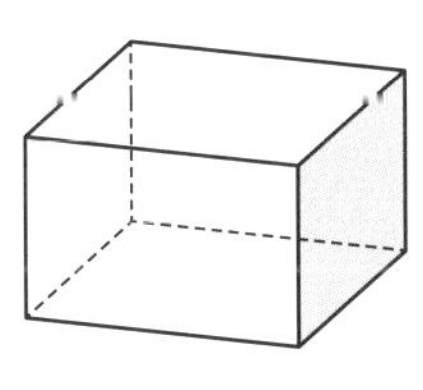

①
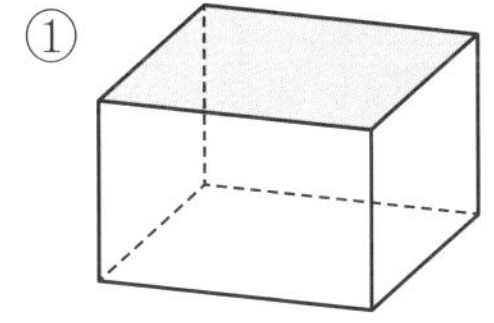

②
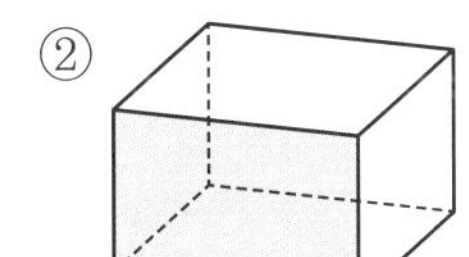

③
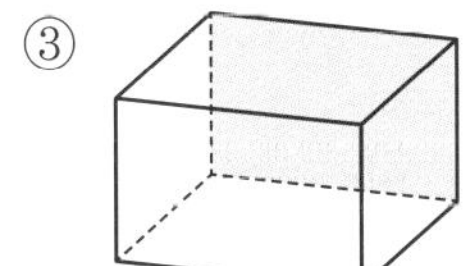

④
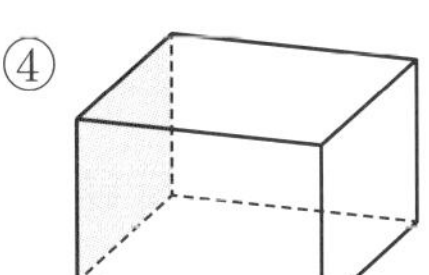

⑤
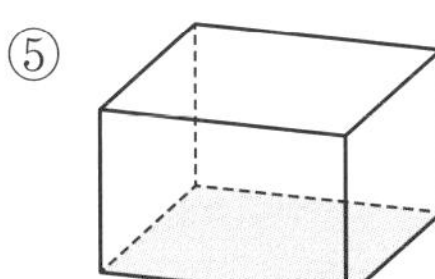

2 직육면체에서 색칠한 면과 평행한 면을 찾아 색칠하세요.

(1)
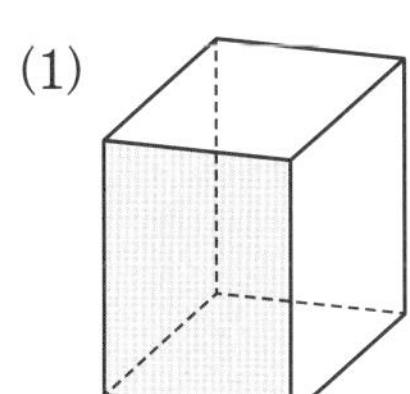

(2)
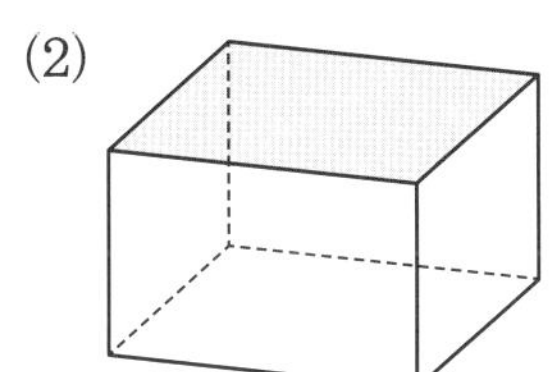

3 오른쪽 직육면체에서 면 ㄱㄴㄷㄹ과 면 ㄷㅅㅇㄹ이 만나서 이루는 각의 크기는 몇 도일까요?

( )

ㄱ ㄹ ㄴ ㄷ ㅁ ㅇ ㅂ ㅅ

[4~5] 직육면체를 보고 물음에 답하세요.

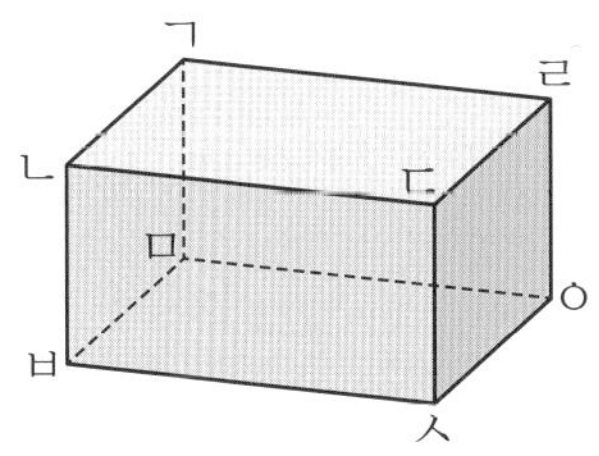
ㄱ
ㄹ
ㄴ
ㄷ
ㅁ
ㅇ
ㅂ
ㅅ

4 면 ㄴㅂㅁㄱ과 수직인 면은 모두 몇 개일까요?

( )

5 서로 수직인 면끼리 짝 지어지지 않은 것은 어느 것일까요? ( )

① 면 ㄷㅅㅇㄹ과 면 ㄱㄴㄷㄹ
② 면 ㄱㅁㅇㄹ과 면 ㅁㅂㅅㅇ
③ 면 ㄴㅂㅅㄷ과 면 ㄱㄴㄷㄹ
④ 면 ㅁㅂㅅㅇ과 면 ㄷㅅㅇㄹ
⑤ 면 ㄴㅂㅁㄱ과 면 ㄷㅅㅇㄹ

직육면체의 겨냥도

직육면체의 겨냥도

보이는 모서리는 실선으로, 보이지 않는 모서리는 점선으로 그린 그림을 직육면체의 겨냥도라고 합니다.

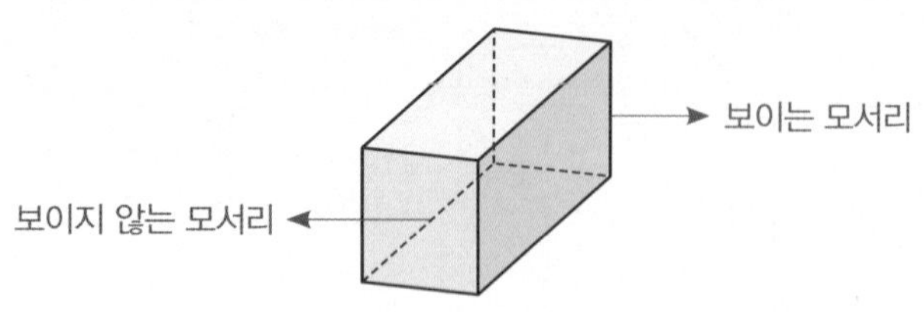

직육면체의 겨냥도의 특징

	면의 수	모서리의 수	꼭짓점의 수
보이는 것	**3**	**9**	**7**
보이지 않는 것	**3**	**3**	**1**

바르게 그린 겨냥도는 보이는 모서리 9개가 실선, 보이지 않는 모서리 3개가 점선인지 확인합니다.

필수 개념 문제

1 직육면체의 겨냥도를 바르게 그린 것은 어느 것일까요? (   )

① 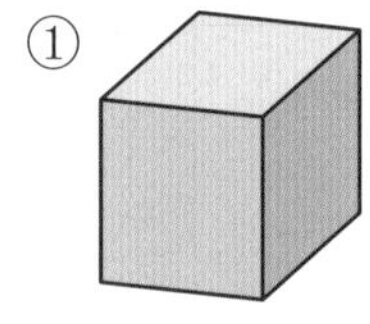

② 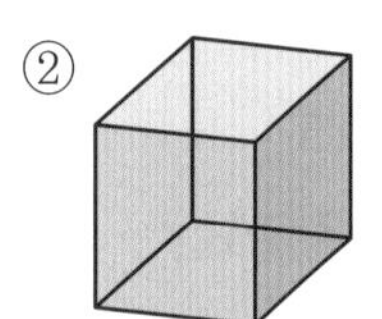

③ 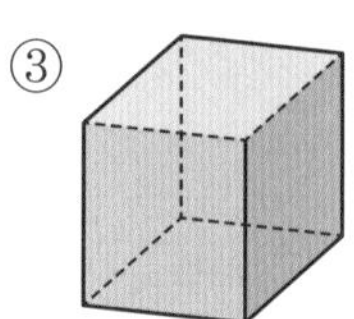

④ 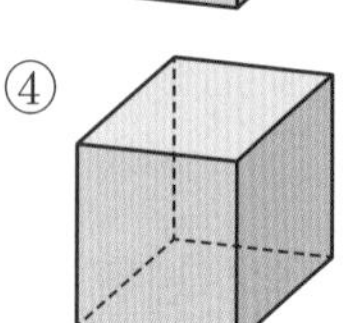

⑤ 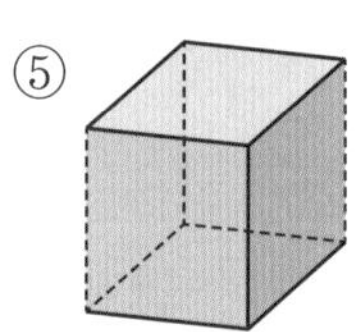

2 오른쪽 그림은 직육면체의 겨냥도를 잘못 그린 것입니다. 그 이유를 바르게 설명한 사람은 누구일까요?

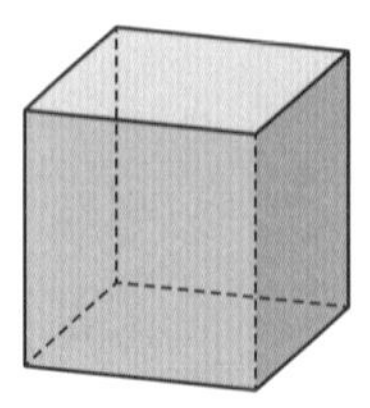

- 지호: 보이지 않는 모서리를 실선으로 그렸어.
- 수정: 보이는 모서리를 점선으로 그렸어.

(   )

3 직육면체의 겨냥도에서 보이지 않는 꼭짓점은 몇 개일까요?

(   )

4 오른쪽 직육면체에서 길이가 7 cm인 모서리는 모두 몇 개일까요?

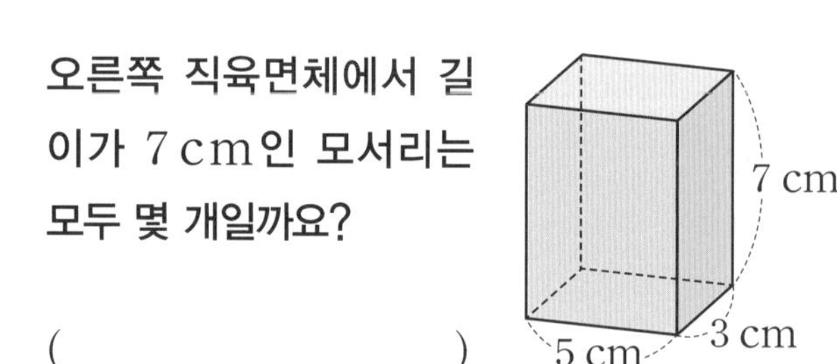

(   )

5 직육면체에서 보이지 않는 모서리의 길이의 합은 몇 cm일까요?

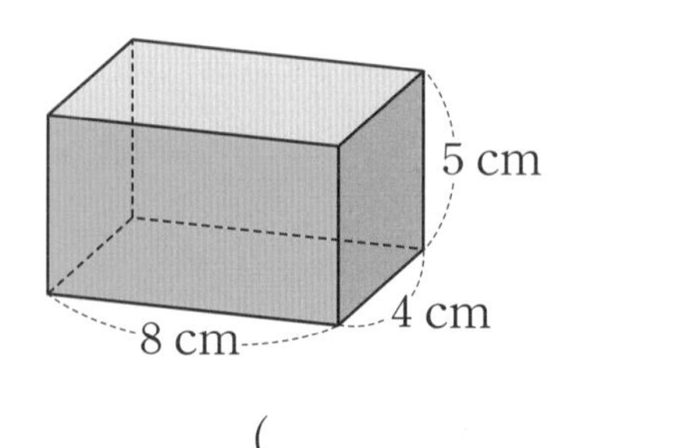

5 cm
8 cm
4 cm

(   )

072 5-2 20 직육면체

직육면체의 전개도

▶ **직육면체의 전개도**

그림과 같이 직육면체의 모서리를 잘라서 펼쳐 놓은 그림을 직육면체의 전개도라고 합니다.

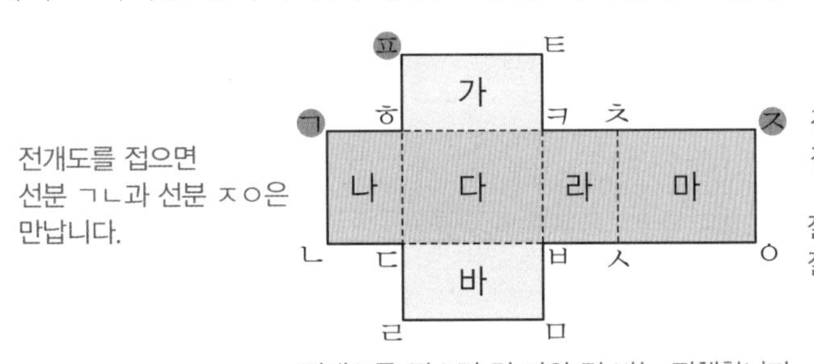
전개도를 접으면
선분 ㄱㄴ과 선분 ㅈㅇ은
만납니다.
가
나
다
라
마
바
전개도를 접으면
점 ㄱ, 점 ㅍ, 점 ㅈ은 만납니다.
잘리지 않는 모서리는 점선으로,
잘린 모서리는 실선으로 나타냅니다.
전개도를 접으면 면 가와 면 바는 평행합니다.

필수 개념 문제

1 직육면체 모양의 상자를 펼치면 어떤 모양이 되는지 알아보려고 합니다. □ 안에 알맞은 기호를 쓰세요.

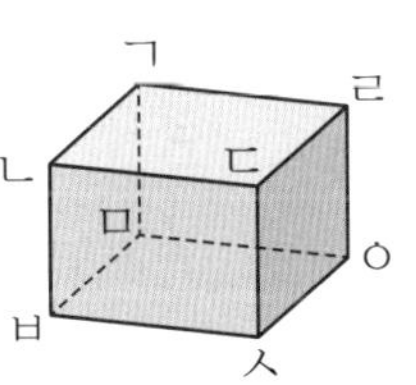

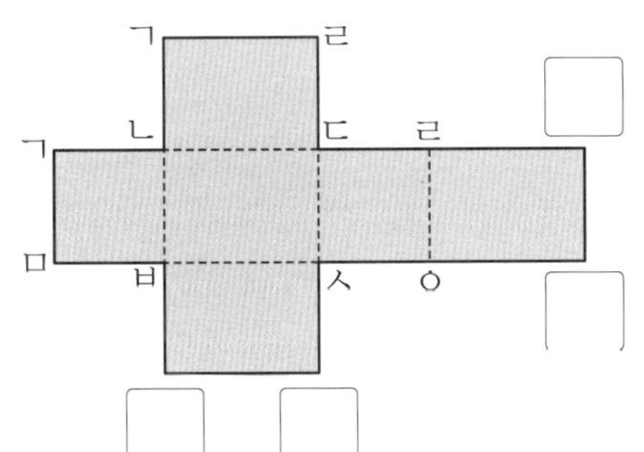

2 직육면체의 전개도를 접어 직육면체를 만들려고 합니다. 접어야 할 부분은 모두 몇 군데일까요?

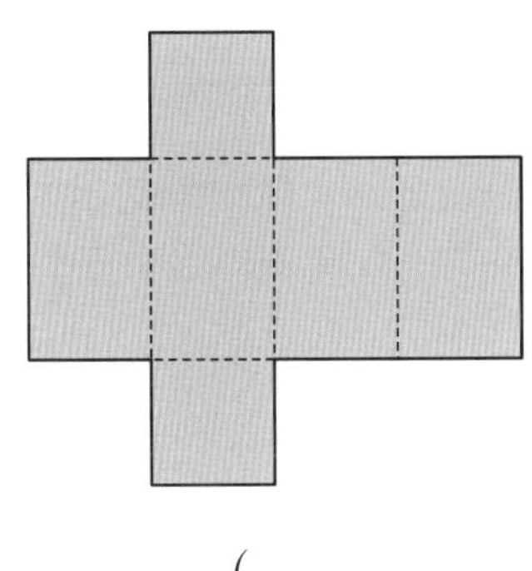

( )

3 직육면체의 전개도입니다. 전개도를 접었을 때 면 나와 평행한 면과 수직인 면을 찾아 쓰세요.

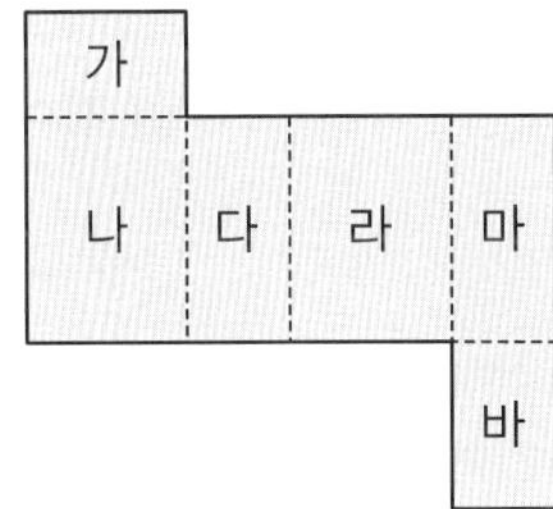
가
나
다
라
마
바

평행한 면 ( )

수직인 면 ( )

4 직육면체의 전개도를 찾아 기호를 쓰세요.

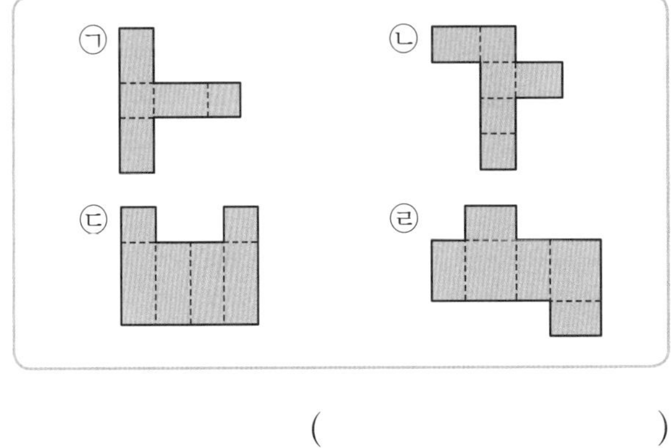
㉠
㉡
㉢
㉣

( )

CASE 1 한 모서리의 길이 구하기

1 직육면체의 모든 모서리의 길이의 합이 96 cm입니다. 모서리 ㅂㅁ의 길이를 구하세요.

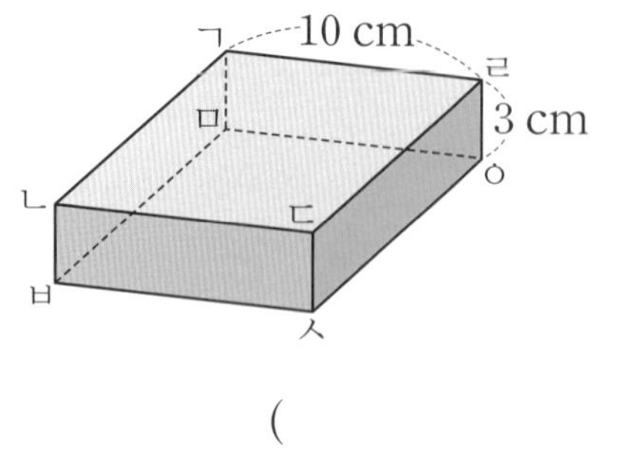

(　　　　　　　　　　)

2 직육면체의 모든 모서리의 길이의 합이 124 cm입니다. 모서리 ㄹㅇ의 길이를 구하세요.

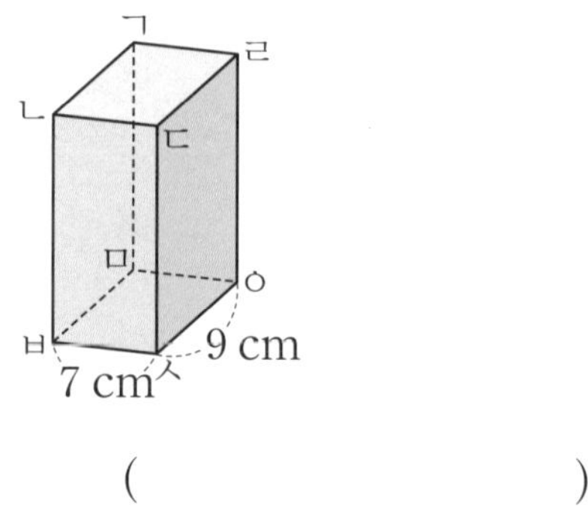

(　　　　　　　　　　)

3 모든 모서리의 길이의 합이 156 cm인 정육면체가 있습니다. 이 정육면체의 한 면의 둘레를 구하세요.

(　　　　　　　　　　)

CASE 2 상자를 묶은 끈의 길이 구하기

4 정육면체 모양의 상자를 그림과 같이 끈으로 묶었습니다. 상자를 묶는 데 사용한 끈의 길이를 구하세요. (단, 매듭을 만든 끈의 길이는 20 cm입니다.)

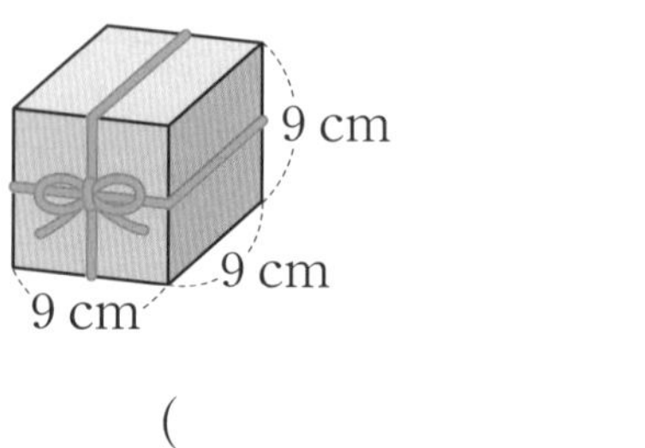

(　　　　　　　　　　)

5 직육면체 모양의 상자를 그림과 같이 끈으로 묶었습니다. 상자를 묶는 데 사용한 끈의 길이를 구하세요. (단, 매듭을 만든 끈의 길이는 25 cm입니다.)

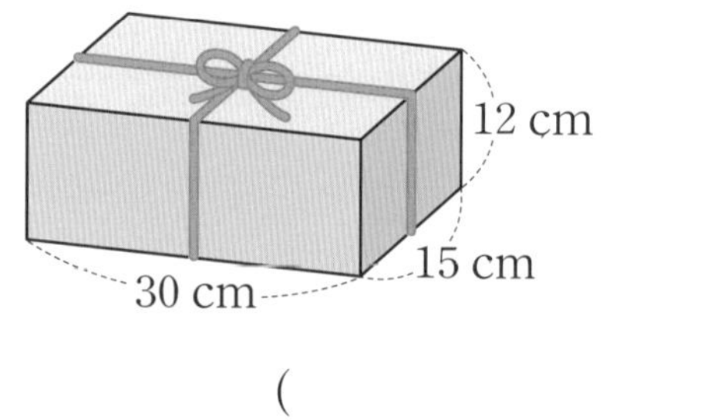

(　　　　　　　　　　)

6 직육면체 모양의 상자에 그림과 같이 색 테이프를 겹치지 않게 붙였습니다. 사용한 색 테이프의 길이를 구하세요.

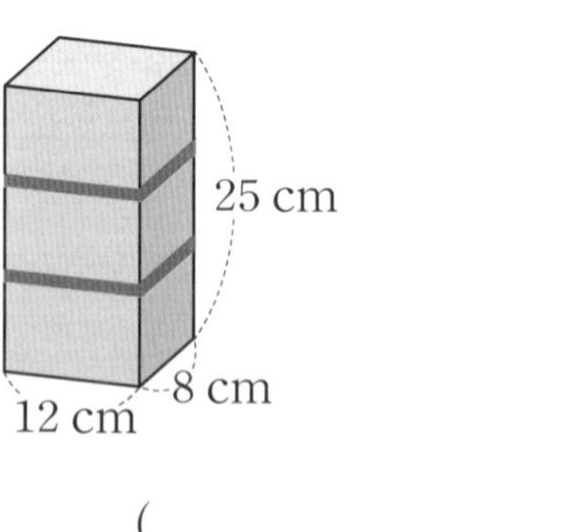

(　　　　　　　　　　)

CASE 3 선개도에 선이 지나간 자리 그리기

7 왼쪽과 같이 정육면체에 색 테이프를 붙였습니다. 정육면체의 전개도가 오른쪽과 같을 때 색 테이프가 지나간 자리를 나타내세요.

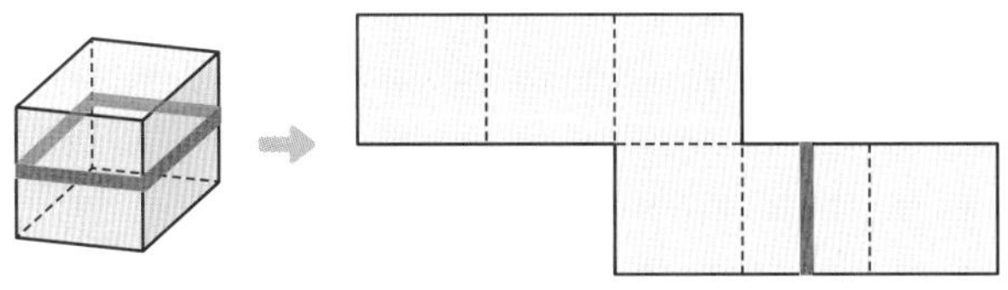

8 왼쪽과 같이 정육면체의 면에 선을 그었습니다. 정육면체의 전개도가 오른쪽과 같을 때 선이 지나가는 자리를 바르게 그리세요.

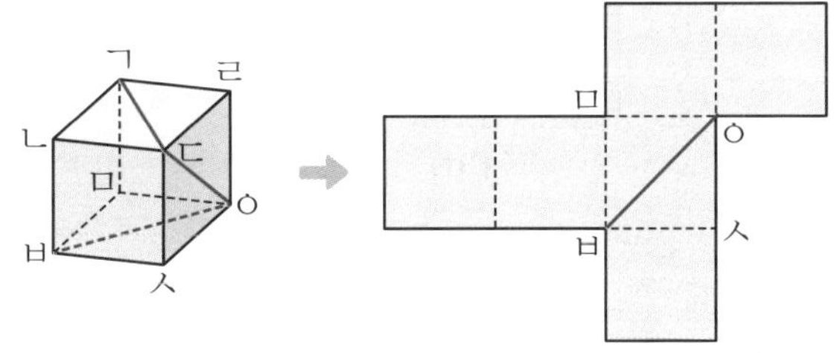

9 왼쪽과 같이 정육면체의 면에 선을 그었습니다. 정육면체의 전개도가 오른쪽과 같을 때 선이 지나가는 자리를 바르게 그리세요.

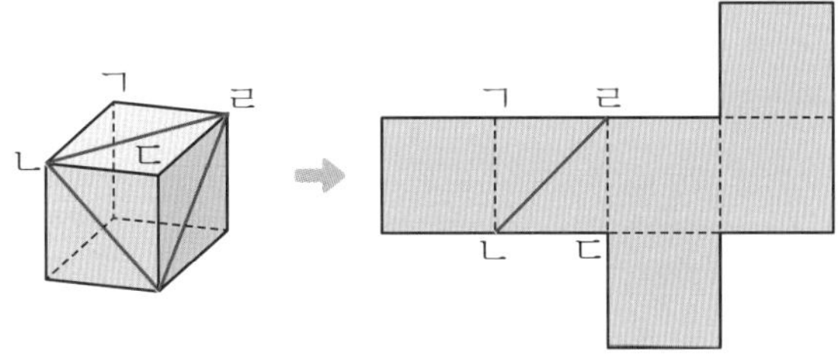

CASE 4 전개도의 둘레 구하기

10 직육면체의 전개도입니다. 전개도의 둘레를 구하세요.

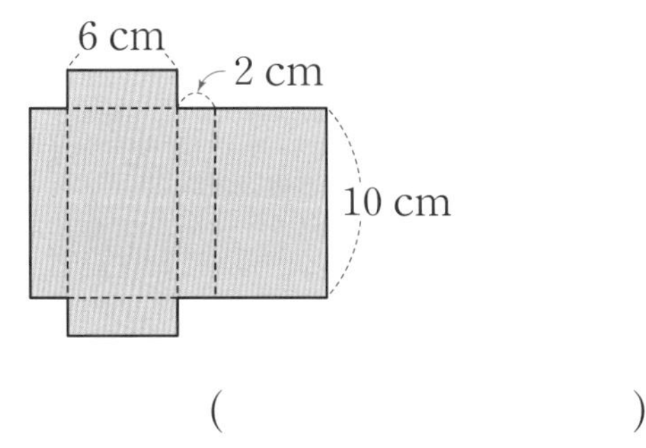

( )

11 한 면의 둘레가 32 cm인 정육면체의 전개도입니다. 전개도의 둘레를 구하세요.

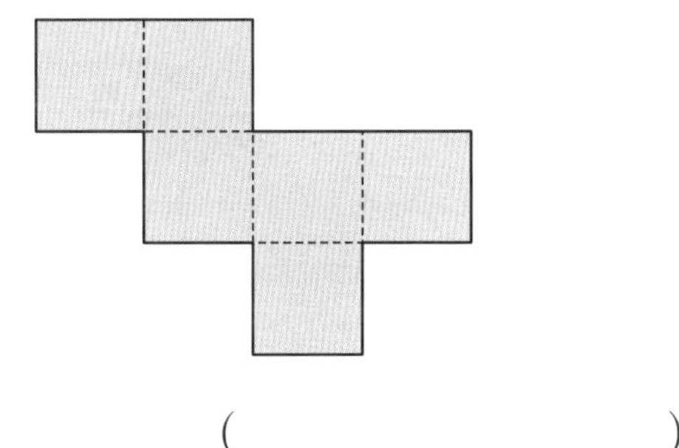

( )

12 직육면체의 전개도를 접었을 때 면 라와 평행한 면의 둘레를 구하세요.

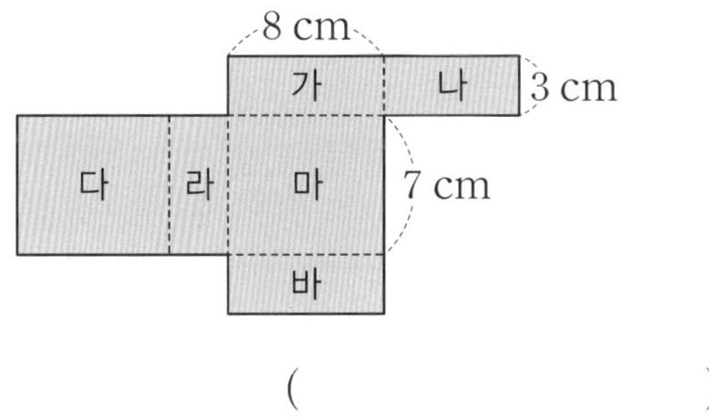

( )

1 평행사변형의 넓이를 구하세요.

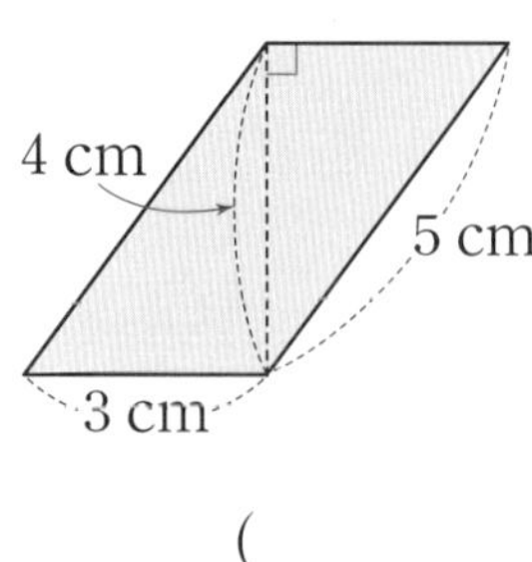

(　　　　　　　　)

2 가와 나 삼각형 중에서 어느 것의 넓이가 몇 cm^2 더 넓을까요?

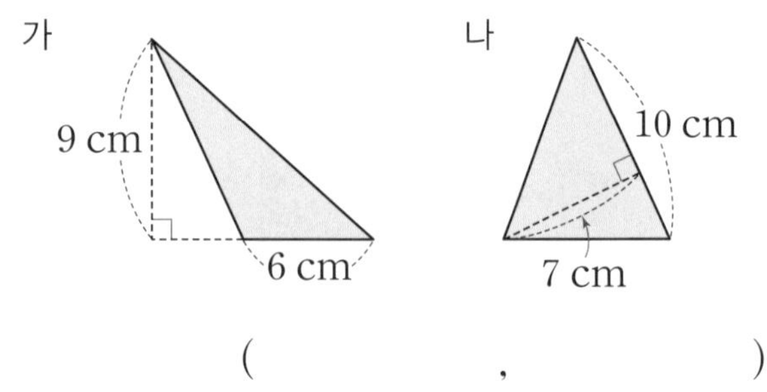

(　　　　　,　　　　　)

3 마름모의 넓이가 54 cm^2일 때 □ 안에 알맞은 수를 써넣으세요.

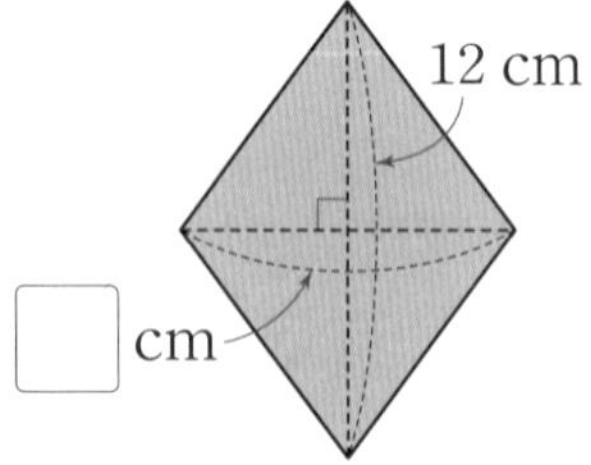

4 색칠한 부분의 넓이를 구하세요.

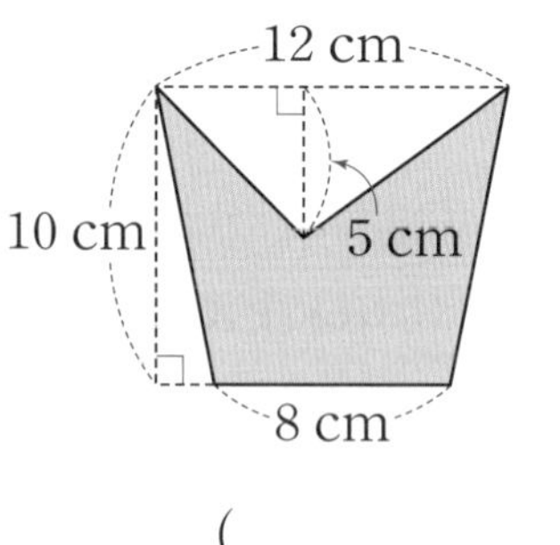

(　　　　　　　　)

5 두 직사각형은 합동입니다. 직사각형 ㄱㄴㄷㄹ의 넓이를 구하세요.

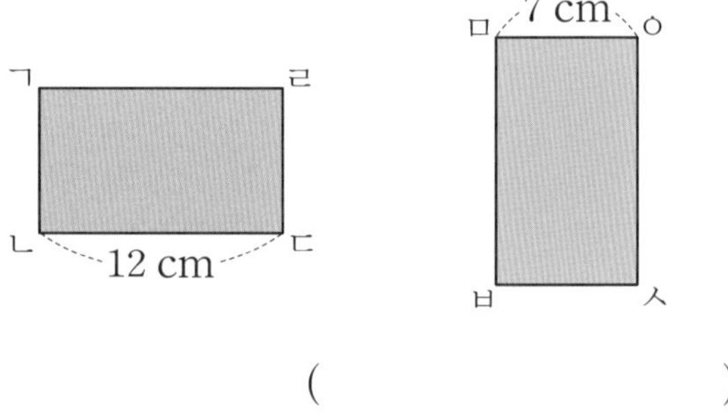

(　　　　　　　　)

6 두 사각형은 합동입니다. 각 ㅇㅁㅂ의 크기를 구하세요.

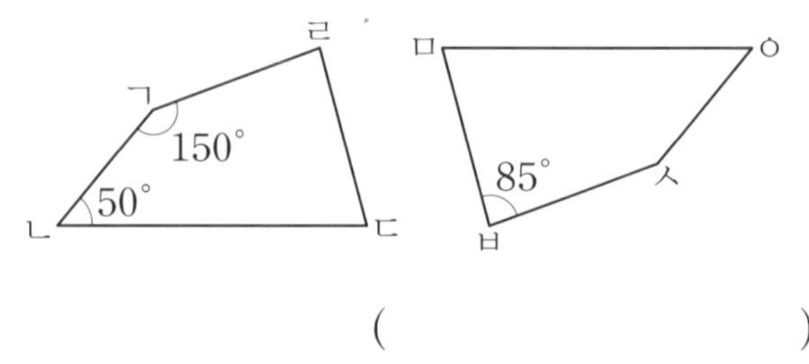

(　　　　　　　　)

7 직선 ㄱㄴ을 대칭축으로 하는 선대칭도형입니다. □ 안에 알맞은 수를 써넣으세요.

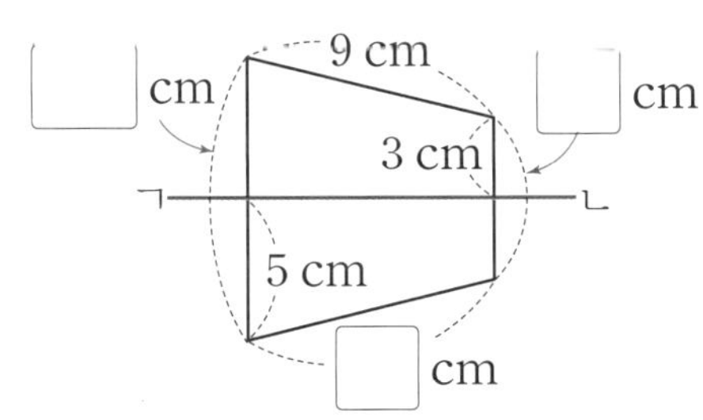

8 점 ㅇ을 대칭의 중심으로 하는 점대칭도형입니다. 도형의 둘레가 34 cm이면 변 ㄱㄴ의 길이는 몇 cm인지 구하세요.

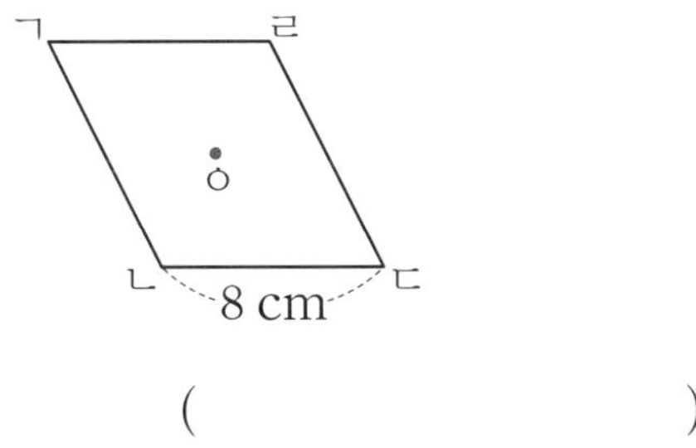

(　　　　　　　　)

9 직육면체를 보고 □ 안에 알맞은 수를 써넣으세요.

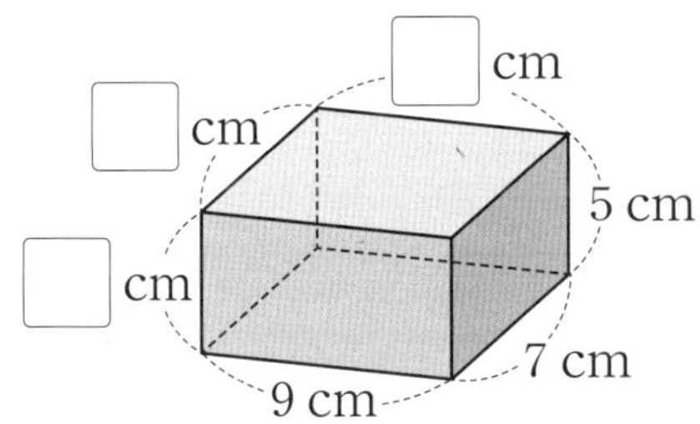

10 직육면체의 겨냥도에서 보이지 않는 모서리의 길이의 합을 구하세요.

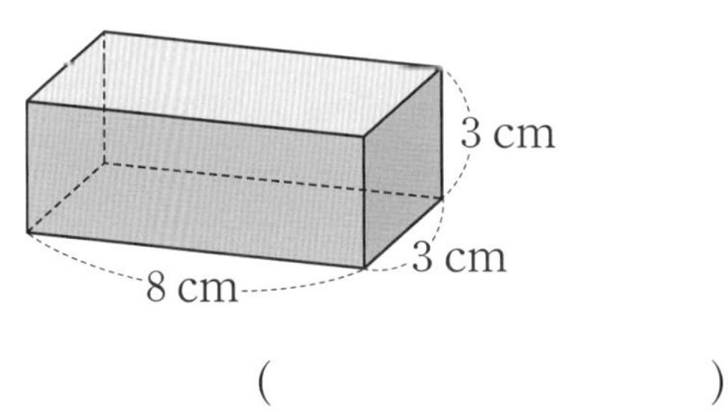

(　　　　　　　　)

11 직육면체의 전개도가 아닌 것을 찾아 기호를 쓰세요.

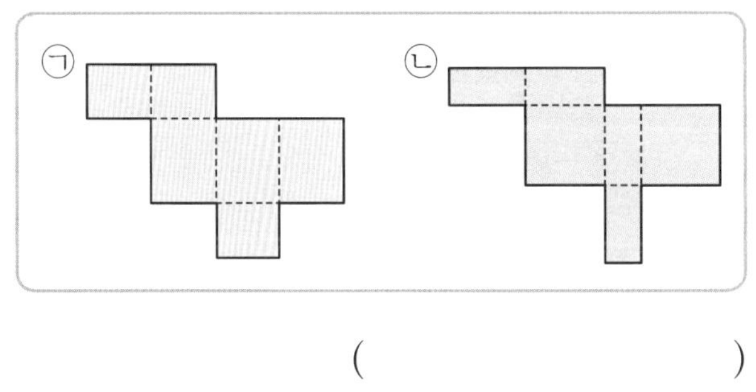

(　　　　　　　　)

12 정육면체의 전개도입니다. 전개도를 접어서 만든 정육면체의 모든 모서리의 길이의 합을 구하세요.

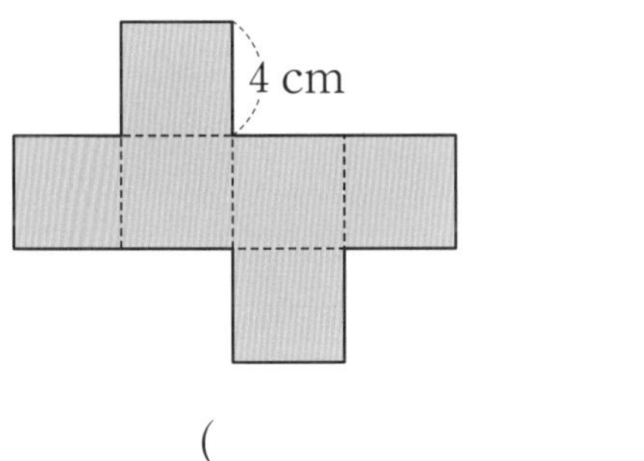

(　　　　　　　　)

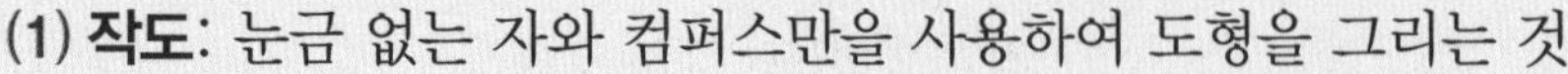

(1) **작도:** 눈금 없는 자와 컴퍼스만을 사용하여 도형을 그리는 것

① **눈금 없는 자:** 두 점을 연결하여 선분을 그리거나 선분을 연장할 때 사용

② **컴퍼스:** 원을 그리거나 선분의 길이를 재어 옮길 때 사용

(2) **길이가 같은 선분의 작도**

㉮ 선분 AB와 길이가 같은 선분을 작도하는 방법

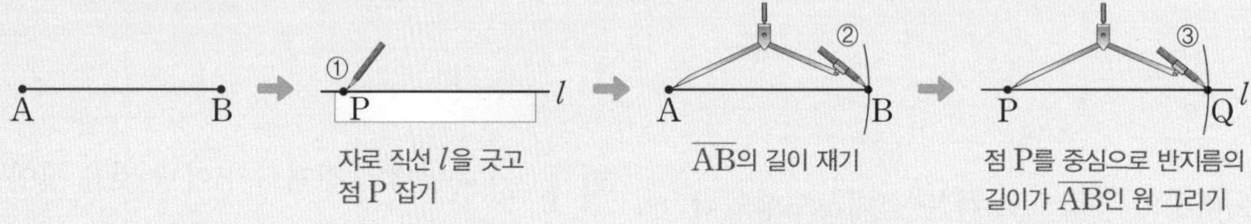

(3) **크기가 같은 각의 작도**

㉮ ∠AOB와 크기가 같고 반직선 PQ를 한 변으로 하는 각을 작도하는 방법

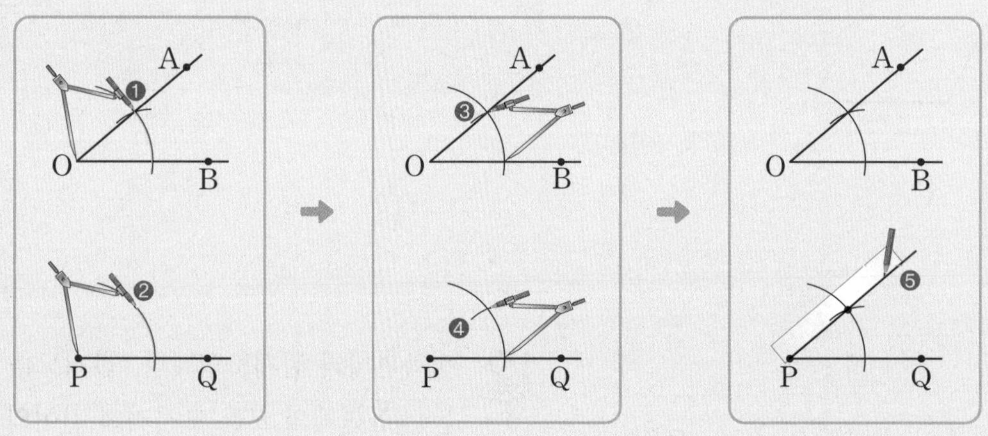

예제 다음은 $\overline{AB}$와 길이가 같은 $\overline{PQ}$를 작도하는 과정이다. □ 안에 알맞게 써넣으시오.

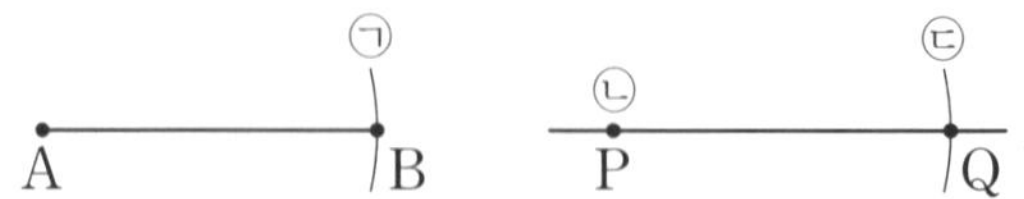

(1) 직선 l을 그릴 때는 [눈금 없는 자], $\overline{AB}$의 길이를 잴 때는 [컴퍼스]를 사용한다.

(2) 작도 순서는 ㉡ → [㉠] → [㉢]이다.

“초등수학 개념과 연결된 중학수학 개념을 미리 만나보자!”

다음의 각 경우에 삼각형을 하나로 작도할 수 있다.

(1) 세 변의 길이가 주어질 때	**(2)** 두 변의 길이와 그 끼인각의 크기가 주어질 때	**(3)** 한 변의 길이와 그 양 끝 각의 크기가 주어질 때
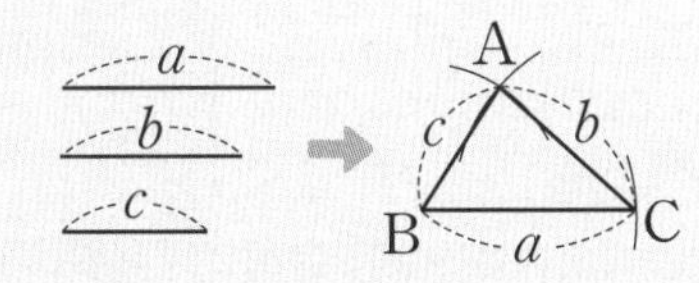	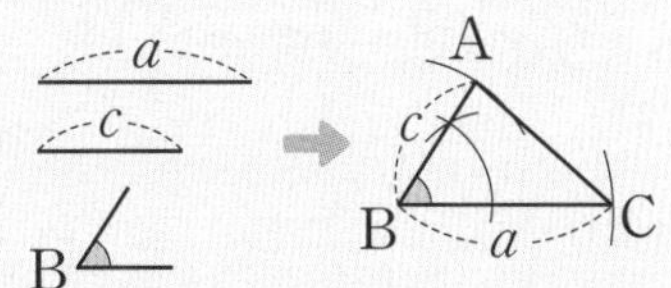	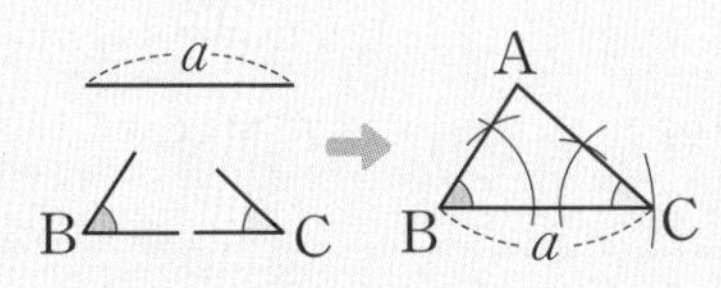

➡ 삼각형의 작도를 통하여 삼각형의 모양과 크기는 각 조건의 경우 하나로 정해짐을 알 수 있다.

세 변의 길이가 주어졌을 때
삼각형이 만들어지려면
(가장 긴 변의 길이)<(나머지 두 변의 길이의 합)

예 2 cm, 3 cm, 5 cm → 삼각형이 만들어지지 않아요.

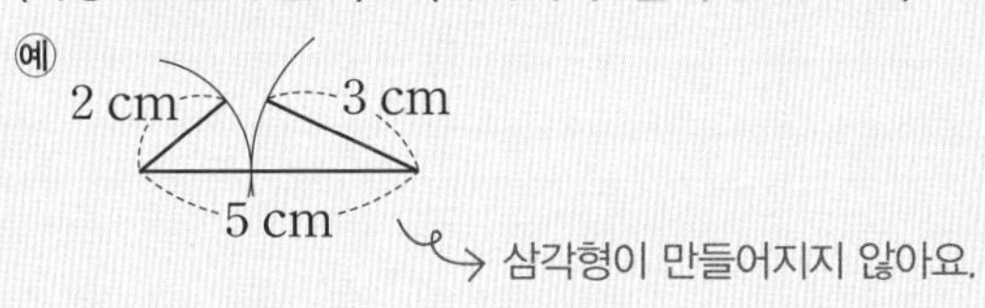

(4) **합동**: 모양과 크기가 같아서 완전하게 포개지는 두 도형

① 삼각형 ABC와 삼각형 DEF가 서로 합동이면
➡ 기호로 $\triangle ABC \equiv \triangle DEF$

② 두 도형이 서로 합동이면 대응변의 길이와 대응각의 크기가 서로 같다.

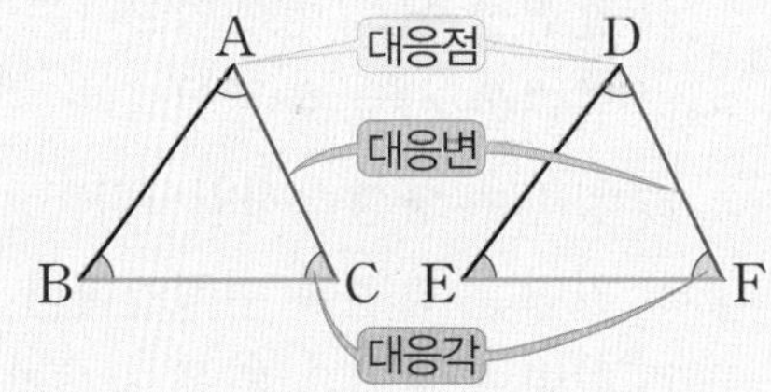

(5) **삼각형의 합동 조건**: 다음의 각 조건을 만족할 때, 두 삼각형은 서로 합동

① 대응하는 세 변의 길이가 각각 같을 때
➡ SSS 합동

② 대응하는 두 변의 길이가 각각 같고, 그 끼인각의 크기가 같을 때
➡ SAS 합동

③ 대응하는 한 변의 길이가 같고, 그 양 끝 각의 크기가 각각 같을 때
➡ ASA 합동

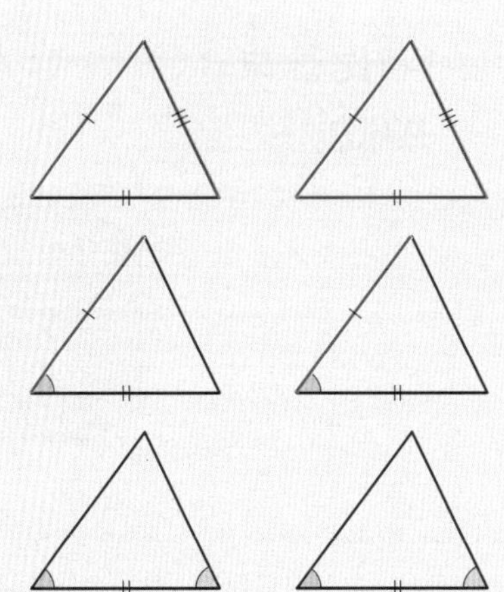

각기둥

각기둥

- 위아래에 있는 면이 서로 평행하고 합동인 다각형으로 이루어진 입체도형을 각기둥이라고 합니다.
- 서로 평행하고 나머지 다른 면에 수직인 두 면을 밑면, 밑면에 수직인 면을 옆면이라고 합니다.

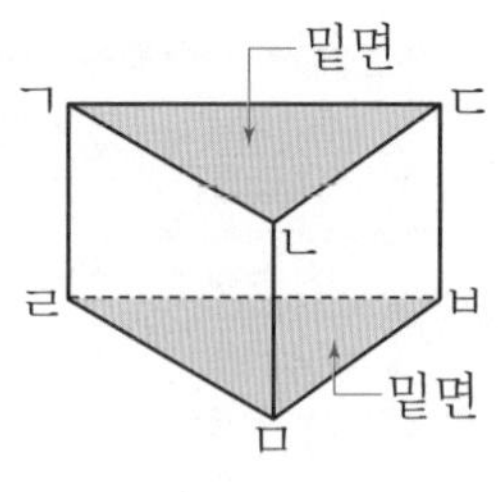

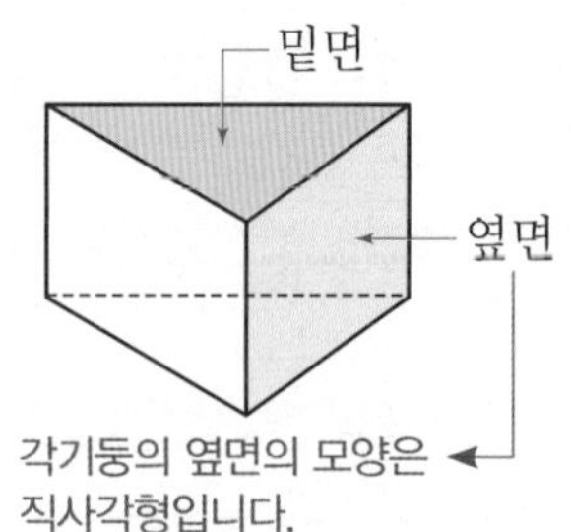

각기둥의 구성 요소

- 면과 면이 만나는 선분을 모서리라 하고, 모서리와 모서리가 만나는 점을 꼭짓점이라고 하며, 두 밑면 사이의 거리를 높이라고 합니다.
- 각기둥은 밑면의 모양에 따라 삼각기둥, 사각기둥, 오각기둥……이라고 합니다.

꼭짓점
모서리
높이

꼭짓점의 수	면의 수	모서리의 수
(한 밑면의 변의 수)$\times$**2**	(한 밑면의 변의 수)$+$**2**	(한 밑면의 변의 수)$\times$**3**

필수 개념 문제

1 각기둥에 대한 설명으로 옳지 않은 것은 어느 것일까요? (　　　)

① 밑면은 서로 평행합니다.
② 밑면은 서로 합동입니다.
③ 밑면은 항상 2개입니다.
④ 밑면은 옆면에 수직입니다.
⑤ 밑면의 모양은 항상 직사각형입니다.

2 각기둥을 보고 ㉠, ㉡, ㉢에 각각 알맞은 이름을 쓰세요.

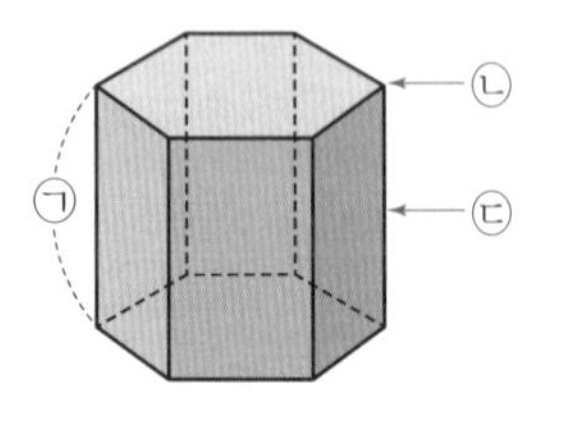

㉠ (　　　　　　)
㉡ (　　　　　　)
㉢ (　　　　　　)

[3～5] 각기둥을 보고 물음에 답하세요.

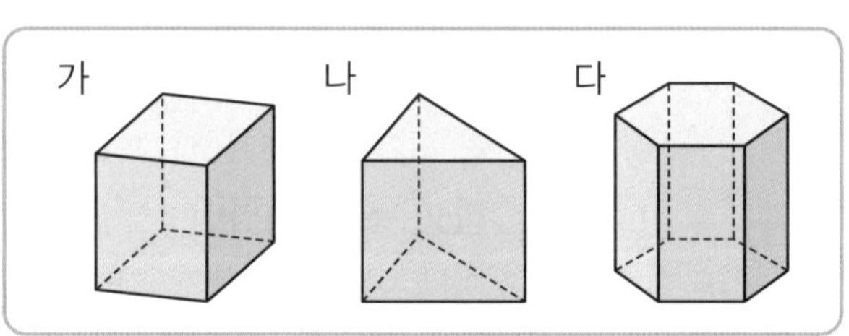

3 각기둥 다의 모서리는 몇 개일까요?

(　　　　　　)

4 세 각기둥 가, 나, 다의 꼭짓점의 수의 합을 구하세요.

(　　　　　　)

5 각기둥의 이름에 맞게 기호를 쓰세요.

이름	삼각기둥	사각기둥	육각기둥
기호			

6-1 21 각기둥과 각뿔

074 각뿔

각뿔

- 밑에 놓인 면이 다각형이고 옆으로 둘러싼 면이 모두 삼각형인 입체도형을 각뿔이라고 합니다.
- 뿔 모양의 반대편에 놓여진 면을 밑면, 옆으로 둘러싼 면을 옆면이라고 합니다.

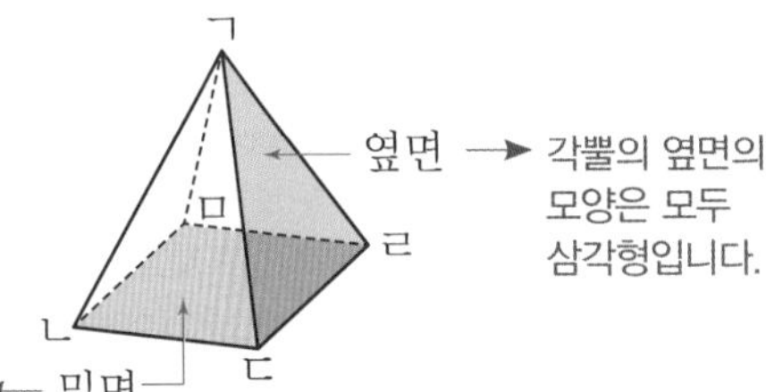

각뿔의 구성 요소

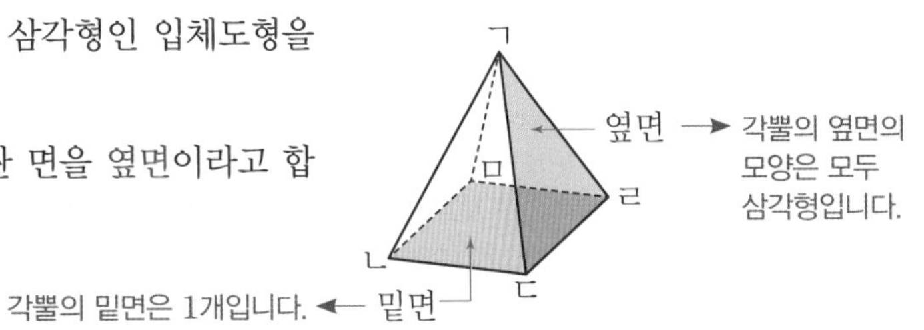

- 면과 면이 만나는 선분을 모서리라 하고, 모서리와 모서리가 만나는 점을 꼭짓점이라고 합니다. 꼭짓점 중에서 옆면이 모두 만나는 점을 각뿔의 꼭짓점이라 하고, 각뿔의 꼭짓점에서 밑면에 수직인 선분을 높이라고 합니다.
- 각뿔은 밑면의 모양에 따라 삼각뿔, 사각뿔, 오각뿔……이라고 합니다.

꼭짓점의 수	면의 수	모서리의 수
(밑면의 변의 수)+1	(밑면의 변의 수)+1	(밑면의 변의 수)×2

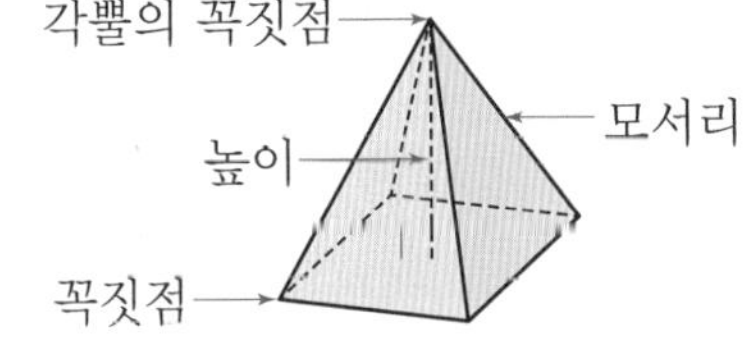

필수 개념 문제

1 다음 도형이 각뿔이 아닌 이유를 쓴 것입니다. □ 안에 알맞은 말을 써넣으세요.

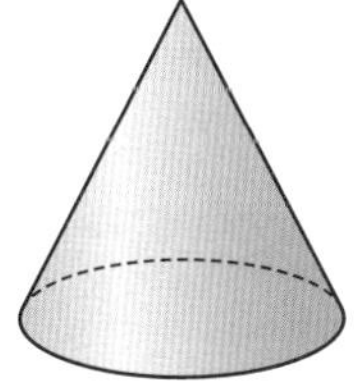

도형의 밑면이 □각형이 아니고, 옆면이 □각형이 아니므로 각뿔이 아닙니다.

2 각뿔에 대한 설명으로 옳은 것을 찾아 기호를 쓰세요.

㉠ 밑면은 1개입니다.
㉡ 밑면은 삼각형입니다.
㉢ 두 밑면은 합동입니다.
㉣ 옆면의 모양은 직사각형입니다.

( )

[3~4] 각뿔을 보고 물음에 답하세요.

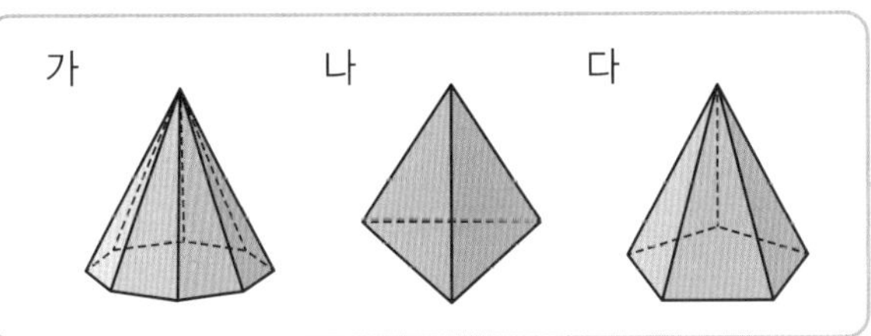

3 각뿔 가의 꼭짓점은 몇 개일까요?

( )

4 세 각뿔 가, 나, 다의 면의 수의 합을 구하세요.

( )

5 어느 각뿔의 밑면의 모양입니다. 이 각뿔의 이름을 쓰세요.

( )

직육면체의 부피 구하기

직육면체의 부피

(직육면체의 부피)=(가로)×(세로)×(높이)

부피의 단위

• 한 모서리가 **1 cm**인 정육면체의 부피를 **1 cm^3**라 하고 **1** 세제곱센티미터라고 읽습니다.

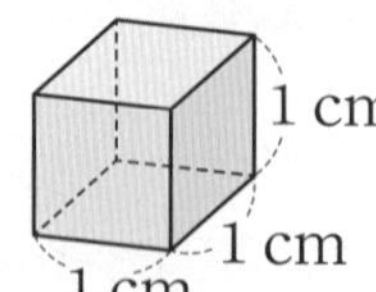

$1\,cm^3$

• 한 모서리가 **1 m**인 정육면체의 부피를 **1 m^3**라 하고 **1** 세제곱미터라고 읽습니다.

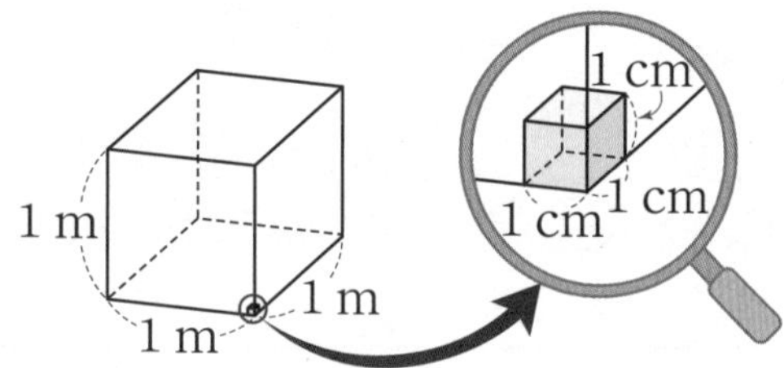

$1\,m^3$

$1\,m^3$ = 1000000 cm^3

필수 개념 문제

1 직육면체의 부피는 몇 cm^3일까요?

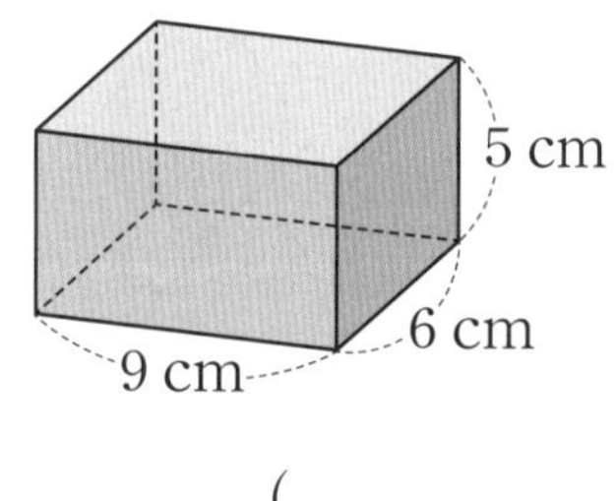

(   )

2 직육면체 모양 상자의 부피는 192 cm^3입니다. □ 안에 알맞은 수를 써넣으세요.

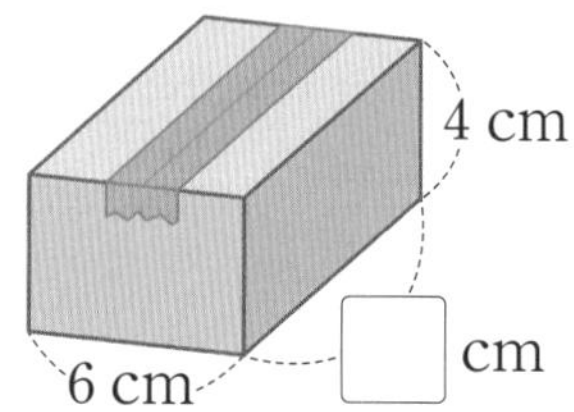

3 정육면체의 부피는 1000 cm^3입니다. □ 안에 알맞은 수를 써넣으세요.

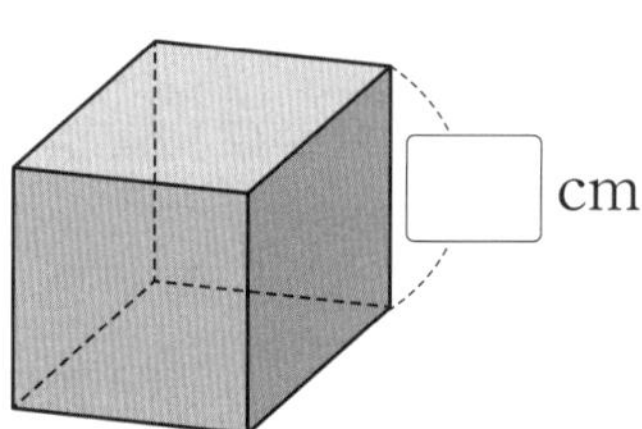

4 □ 안에 알맞은 수를 써넣으세요.

(1) 15 m^3= □ cm^3

(2) 4.3 m^3= □ cm^3

(3) 5000000 cm^3= □ m^3

(4) 7200000 cm^3= □ m^3

076 6-1 **22** 직육면체의 부피와 겉넓이

직육면체의 겉넓이 구하기

직육면체의 겉넓이

방법 1 여섯 면의 넓이의 합으로 구하기

방법 2 합동인 세 쌍의 면의 넓이의 합으로 구하기

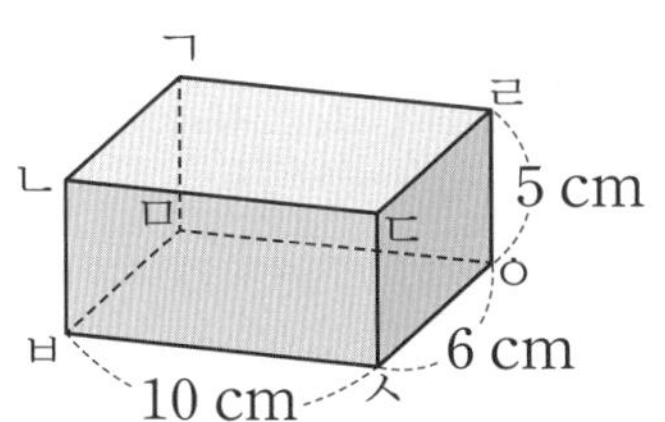

각 면은 직사각형이므로 가로와 세로의 곱으로 넓이를 구할 수 있습니다.

방법 1 $60+60+50+50+30+30=280\ (\text{cm}^2)$

방법 2 $(60+50+30)\times2=280\ (\text{cm}^2)$

필수 개념 문제

1 직육면체의 겉넓이를 구하세요.

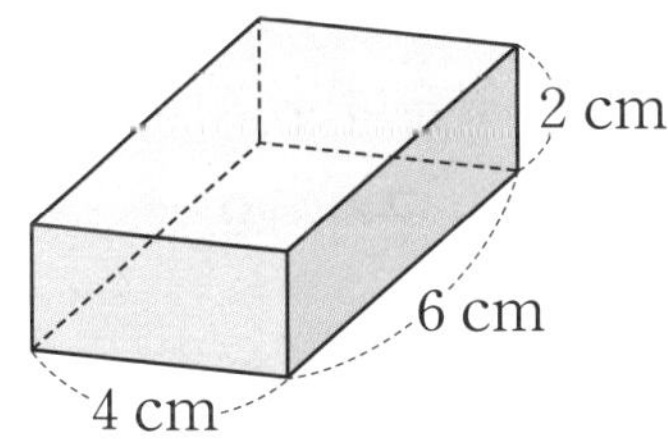

(1) (여섯 면의 넓이의 합)

$=\square+\square+\square+\square+\square+\square$

$=\square\ (\text{cm}^2)$

(2) (합동인 세 쌍의 면의 넓이의 합)

$=(\square+\square+\square)\times2$

$=\square\ (\text{cm}^2)$

2 직육면체의 겉넓이를 구하세요.

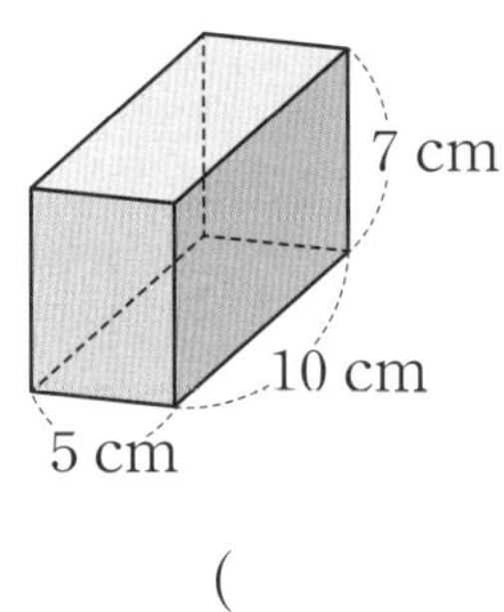

(　　　　　　　)

3 오른쪽 직육면체의 전개도를 완성하고 겉넓이를 구하세요.

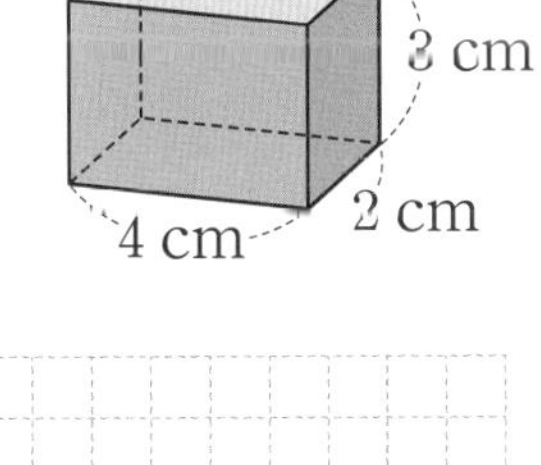

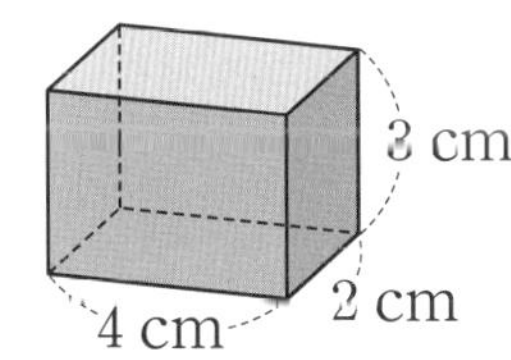

1 cm
1 cm

(직육면체의 겉넓이)

$=(\square+\square+\square)\times2=\square\ (\text{cm}^2)$

4 정육면체의 전개도를 보고 겉넓이를 구하세요.

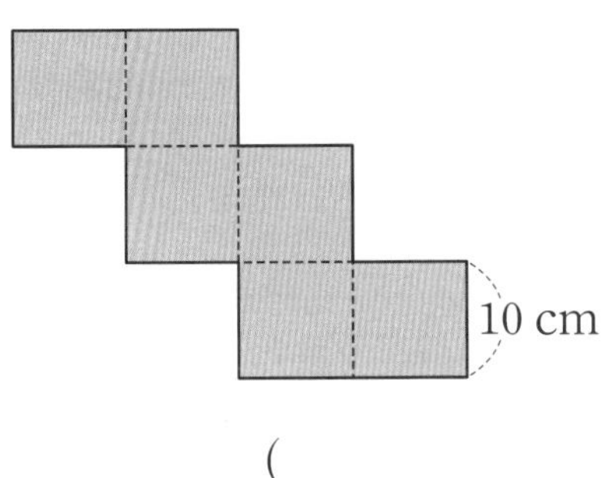

(　　　　　　　)

Ⅱ 도형과 측정

실전개념 응용 문제

CASE 1 구성 요소의 수를 보고 이름 알기

1 모서리의 수가 14개인 각뿔의 이름을 쓰고, 면의 수는 몇 개인지 구하세요.

(,)

2 꼭짓점의 수와 모서리의 수의 합이 40개인 각기둥의 이름을 쓰세요.

( )

3 팔각기둥과 모서리의 수가 같은 각뿔의 이름을 쓰세요.

( )

CASE 2 모든 모서리의 길이의 합 구하기

4 각기둥의 모든 모서리의 길이의 합을 구하세요.

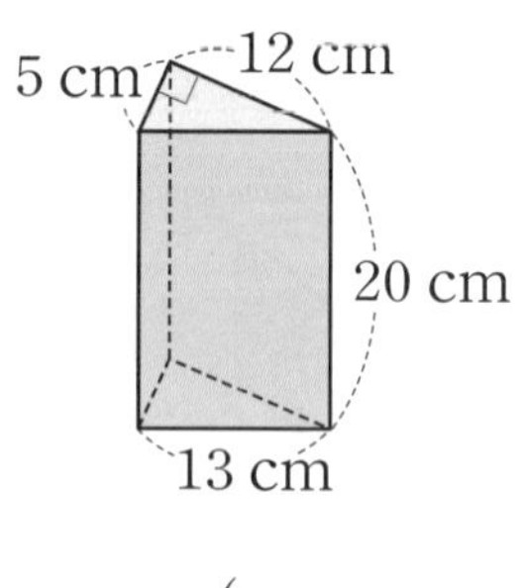

( )

5 옆면이 다음과 같은 정사각형 6개로 이루어진 각기둥이 있습니다. 이 각기둥의 모든 모서리의 길이의 합을 구하세요.

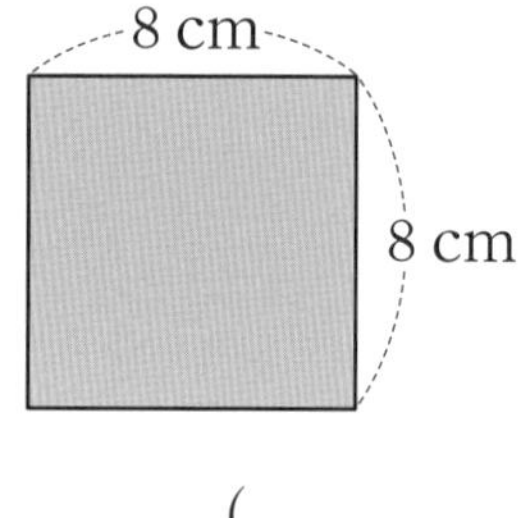

( )

6 옆면이 다음과 같은 삼각형 5개로 이루어진 각뿔이 있습니다. 이 각뿔의 모든 모서리의 길이의 합을 구하세요.

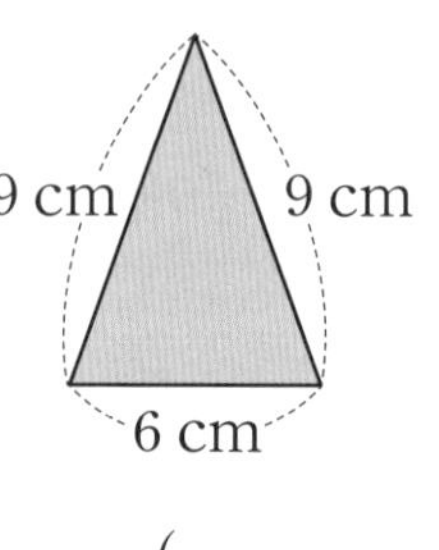

( )

정답 50쪽

CASE 3 전개도를 이용한 겉넓이와 부피 구하기

7 다음 전개도로 만들 수 있는 입체도형의 겉넓이가 $832\,cm^2$일 때, □ 안에 알맞은 수를 구하세요.

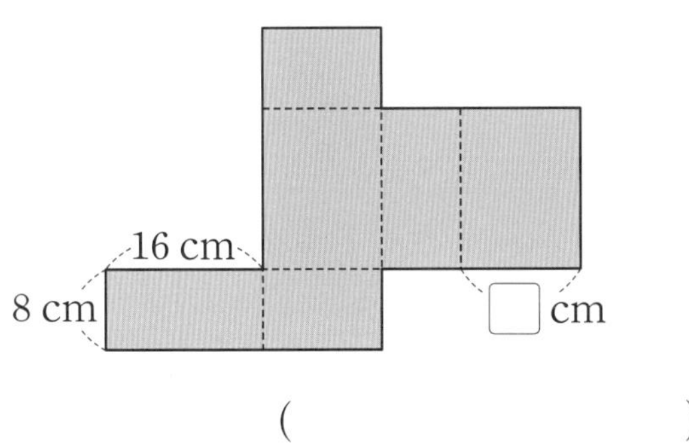

( )

8 다음 전개도로 만들 수 있는 입체도형의 겉넓이가 $166\,cm^2$입니다. 면 ㉮의 넓이가 $28\,cm^2$, 면 ㉯의 넓이가 $20\,cm^2$일 때, 면 ㉰의 넓이를 구하세요.

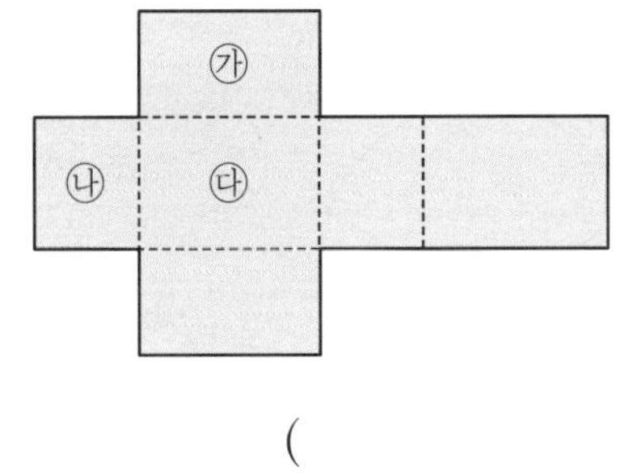

( )

9 다음 전개도로 만들 수 있는 입체도형의 부피가 $729\,cm^3$일 때, □ 안에 알맞은 수를 구하세요.

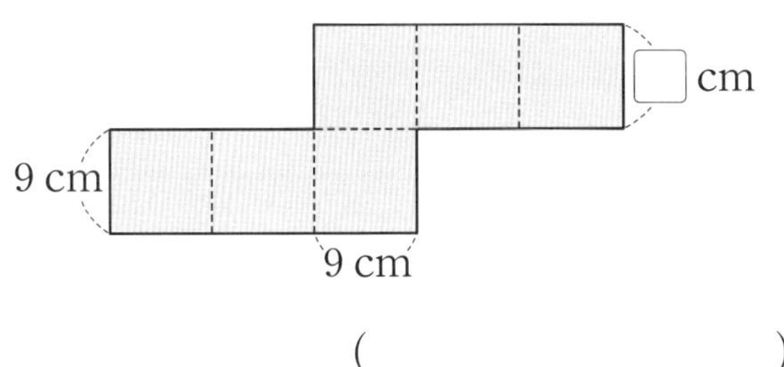

( )

CASE 4 부분으로 나누어 겉넓이와 부피 구하기

10 정육면체 5개를 그림과 같이 빈틈없이 이어 붙였습니다. 정육면체 한 개의 겉넓이가 $24\,cm^2$일 때 이어 붙인 입체도형의 겉넓이를 구하세요.

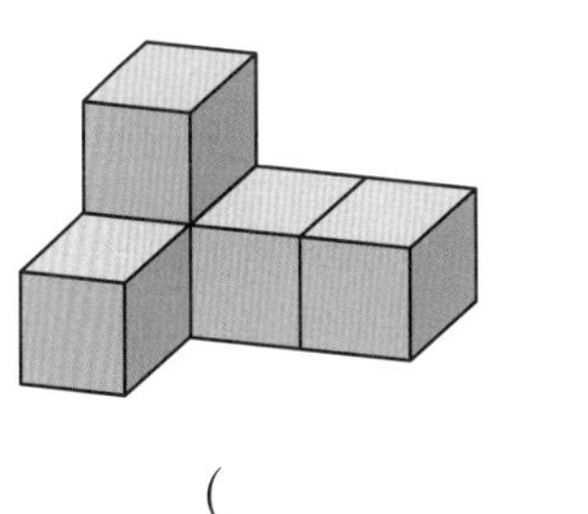

( )

11 다음 입체도형의 겉넓이는 몇 cm^2인지 구하세요.

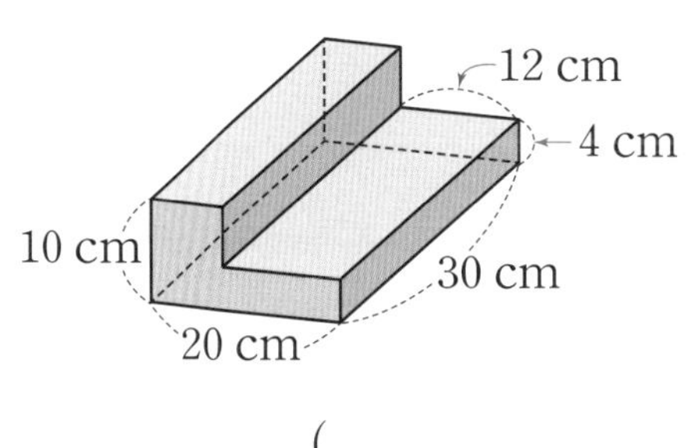

( )

12 다음 입체도형의 부피는 몇 cm^3인지 구하세요.

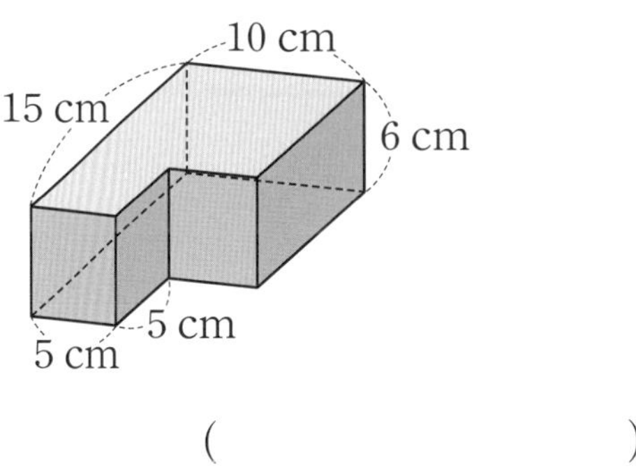

( )

원주와 지름 구하기

원주, 원주율

• 원의 둘레를 원둘레 또는 원주라고 합니다. 또 원주의 길이를 간단히 원주라고도 합니다.

• 원의 크기와 관계없이 지름에 대한 원주의 비는 일정합니다. 이 비의 값을 원주율이라고 합니다.

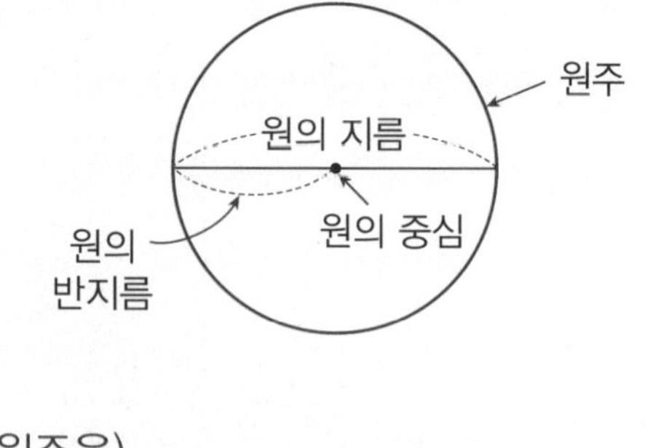

(원주율) = (원주) ÷ (지름)

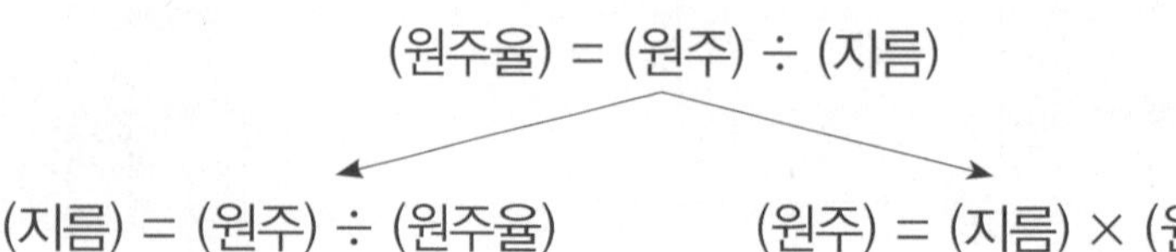

(지름) = (원주) ÷ (원주율)　　(원주) = (지름) × (원주율)

필수 개념 문제

1 다음에서 설명하는 것은 무엇일까요?

> • 원주를 지름으로 나눈 값입니다.
> • 원의 크기와 관계없이 일정합니다.

(　　　　　　)

2 지름이 12 cm, 원주가 36 cm인 원이 있습니다. 이 원의 원주는 지름의 몇 배일까요?

(　　　　　　)

[3~4] 원주율을 구하세요.

3

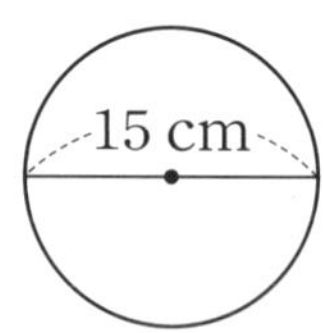

원주: 45 cm

(　　　　　　)

4

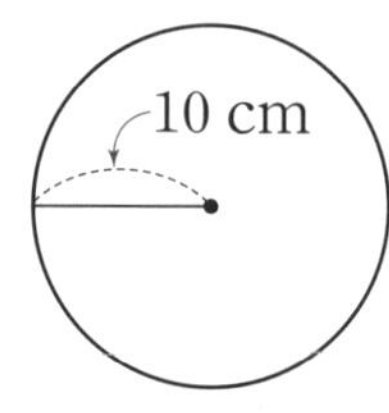

원주: 62 cm

(　　　　　　)

[5~6] 반지름을 구하세요. (원주율: 3)

5

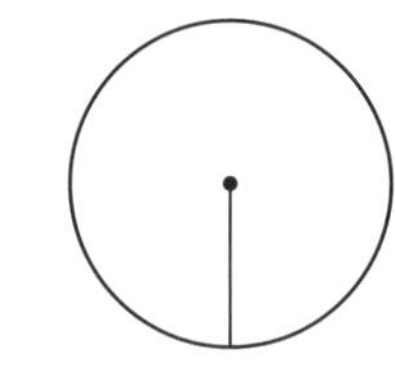

원주: 54 cm

(　　　　　　)

6

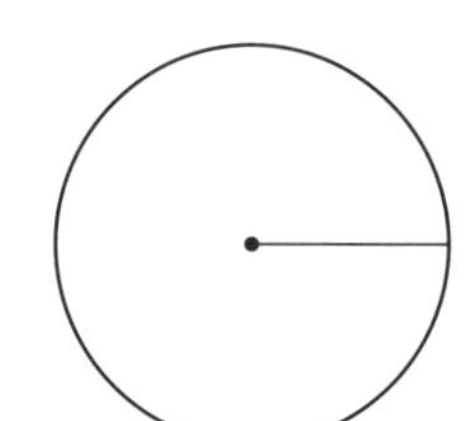

원주: 72 cm

(　　　　　　)

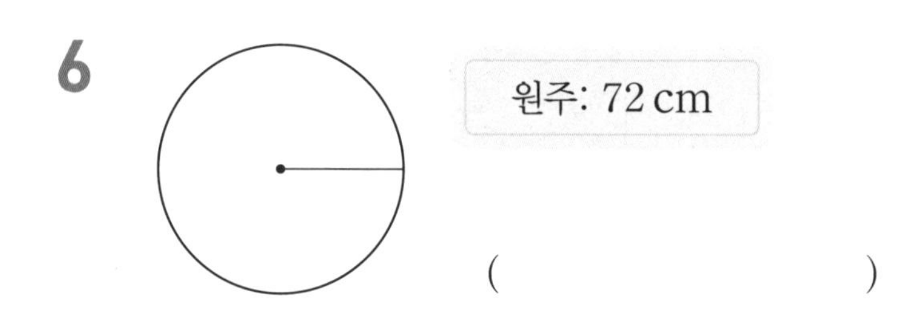

[7~8] 원주를 구하세요. (원주율: 3.1)

7

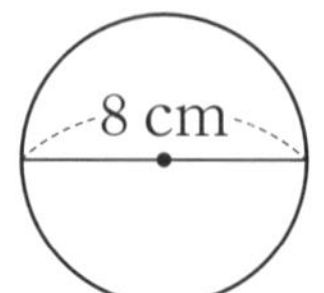

(　　　　　　)

8

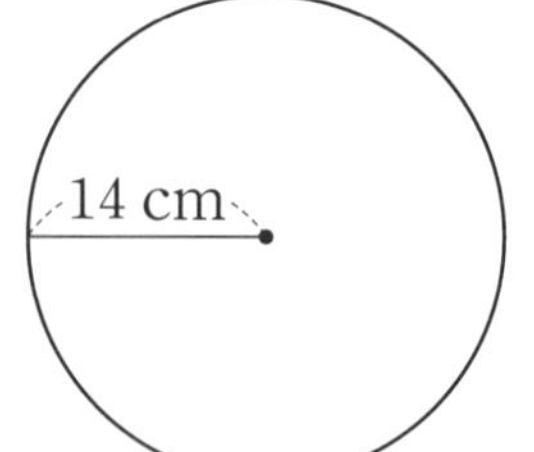

(　　　　　　)

078 6-2 **23** 원의 넓이

원의 넓이 구하기

▸ 원의 넓이

원을 한없이 잘게 잘라 붙여서 직사각형 모양으로 만들어 구할 수 있습니다.

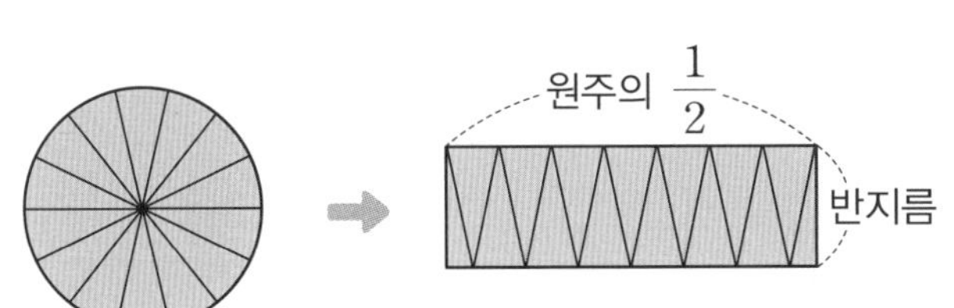

(직사각형의 넓이)=(가로)×(세로)

➡ (원의 넓이)=(원주의 $\frac{1}{2}$)×(반지름)

=(지름)×(원주율)×$\frac{1}{2}$×(반지름)

=(반지름)×(반지름)×(원주율)

(원의 넓이) = (반지름) × (반지름) × (원주율)

반지름이 2배, 3배, 4배…가 될 때 원의 넓이는 4배, 9배, 16배…가 됩니다.

필수 개념 문제

[1～2] 원의 넓이를 구하세요. (원주율: 3)

1

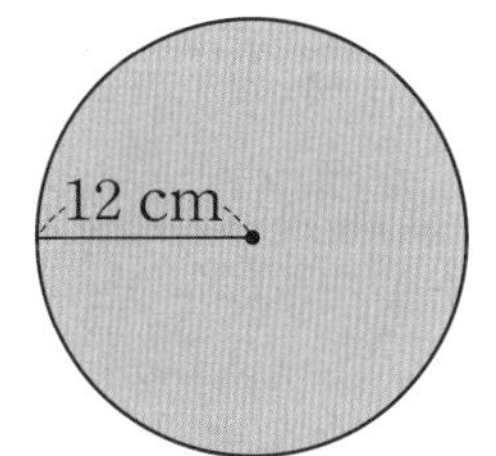

(   )

2

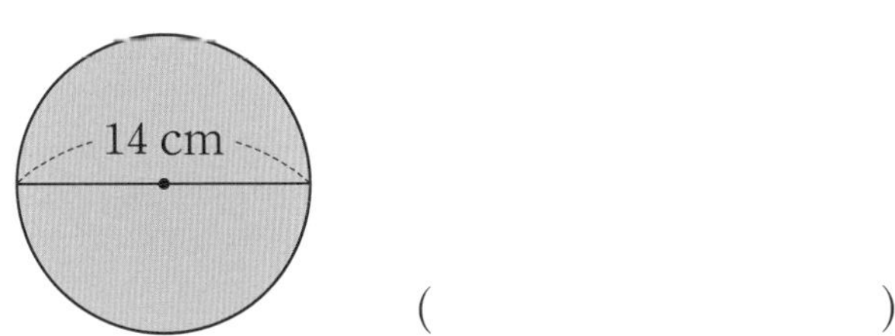

(   )

3 반지름이 4.5 cm인 원의 넓이는 몇 cm^2일까요? (원주율: 3)

(   )

4 지름이 18 cm인 원의 넓이는 몇 cm^2일까요? (원주율: 3.1)

(   )

5 넓이가 300 cm^2인 원의 반지름은 몇 cm일까요? (원주율: 3)

(   )

6 두 원의 넓이를 비교하여 ○ 안에 >, =, <를 알맞게 써넣으세요. (원주율: 3)

지름이 7cm인 원		넓이가 45cm^2인 원

7 넓이가 넓은 원부터 차례로 기호를 쓰세요. (원주율: 3)

㉠ 지름이 14 cm인 원
㉡ 반지름이 9 cm인 원
㉢ 넓이가 108 cm^2인 원
㉣ 원주가 39 cm인 원

(   )

Ⅱ 도형과 측정

원기둥

원기둥, 원기둥의 구성 요소

둥근기둥 모양의 입체도형을 원기둥이라고 합니다.
옆을 둘러싼 굽은 면을 옆면, 서로 평행하고 합동인 두 면을 밑면이라고 합니다.
또 두 밑면에 수직인 선분의 길이를 높이라고 합니다.

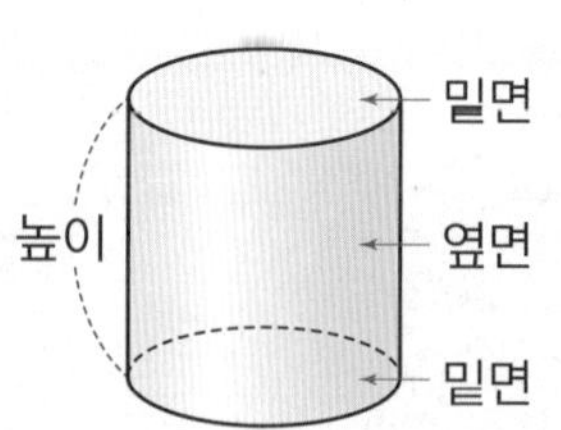

원기둥의 전개도, 원기둥의 겉넓이와 부피

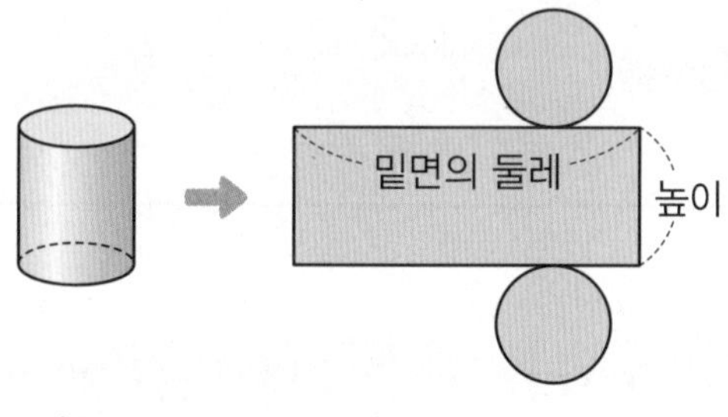

(원기둥의 겉넓이)
=(한 밑면의 넓이)×**2**+(옆면의 넓이)

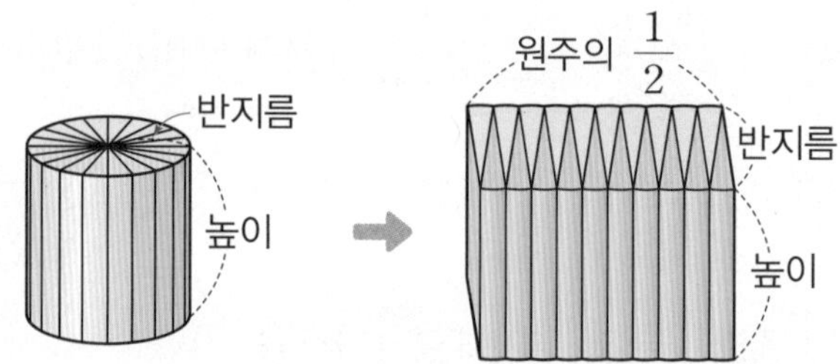

(원기둥의 부피)=(한 밑면의 넓이)×(높이)
=(반지름)×(반지름)×(원주율)×(높이)

필수 개념 문제

1 원기둥을 모두 찾아 ○표 하세요.

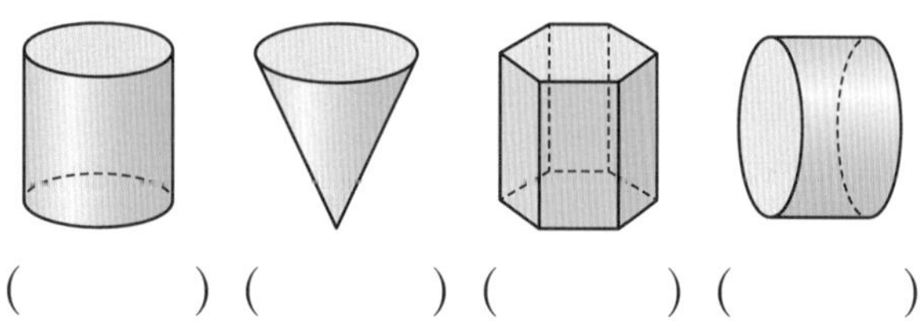

(　　　) (　　　) (　　　) (　　　)

2 원기둥의 전개도를 모두 찾아 쓰세요.

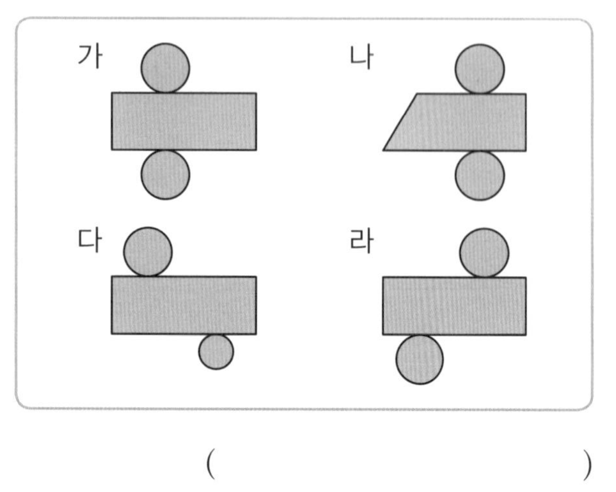

(　　　　　　　　　)

3 원기둥의 전개도를 보고 겉넓이를 구하세요.

(원주율: 3)

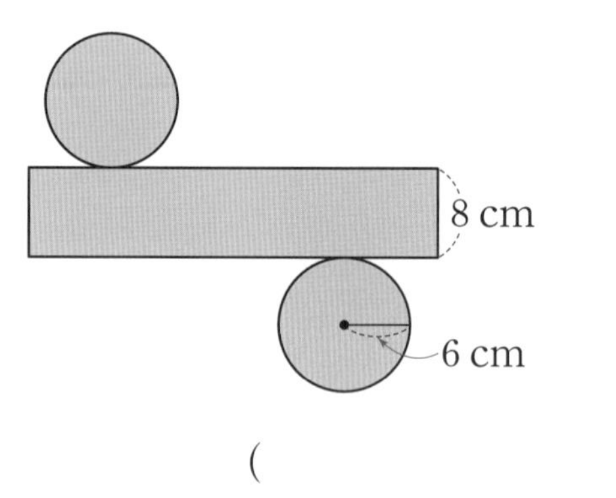

(　　　　　　　　　)

4 원기둥의 부피를 구하세요. (원주율: 3)

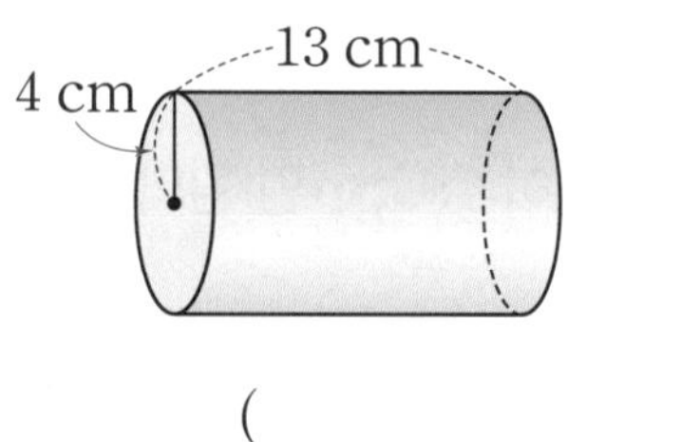

(　　　　　　　　　)

6-2 **24** 원기둥, 원뿔, 구

원뿔, 구

원뿔, 원뿔의 구성 요소

둥근 뿔 모양의 입체도형을 원뿔이라고 합니다.
옆을 둘러싼 굽은 면을 옆면, 뾰족한 점을 원뿔의 꼭짓점, 평평한 면을 밑면이라고 합니다.
원뿔의 꼭짓점과 밑면의 둘레의 한 점을 이은 선분을 모선이라고 하고,
원뿔의 꼭짓점에서 밑면에 수직인 선분의 길이를 높이라고 합니다.

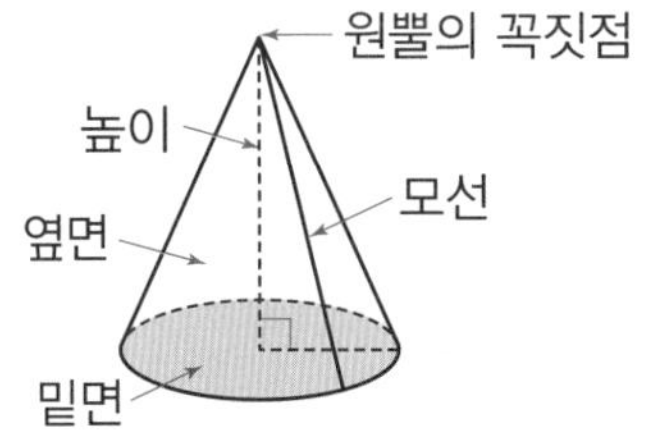

구, 구의 구성 요소

공 모양의 입체도형을 구라고 합니다.
구의 가장 안쪽에 있는 점을 구의 중심이라 하고, 구의 중심에서 구의 겉면의 한 점을 이은 선분을 구의 반지름이라고 합니다.

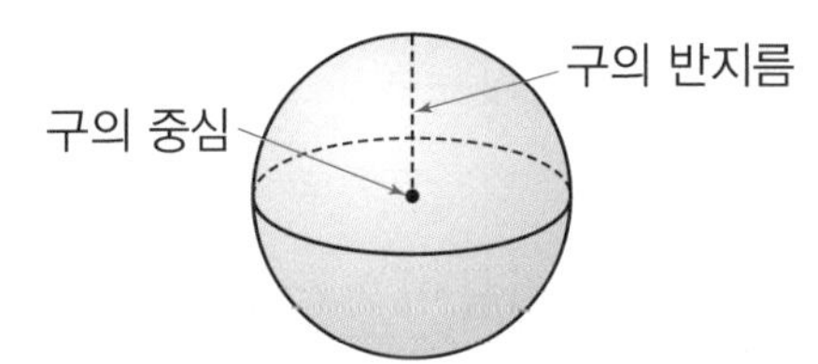

필수 개념 문제

1 관계있는 것끼리 선으로 이으세요.

원뿔의 모선 •	• 원뿔의 뾰족한 점
원뿔의 높이 •	• 원뿔의 꼭짓점에서 밑면에 수직인 선분의 길이
원뿔의 꼭짓점 •	• 원뿔의 꼭짓점과 밑면의 둘레의 한 점을 잇는 선분

2 원뿔에서 모선의 길이를 구하세요.

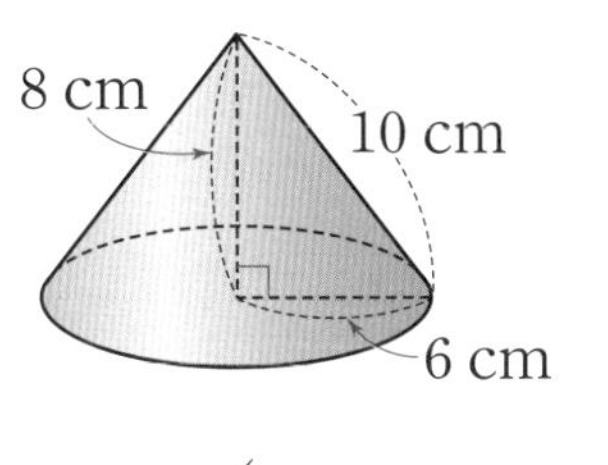

( )

3 입체도형을 위, 앞, 옆에서 본 모양을 각각 그려 보세요.

도형	원기둥	원뿔	구
위에서 본 모양			
앞에서 본 모양			
옆에서 본 모양			

4 3의 입체도형 중에서 어느 방향에서 보아도 모양이 같은 입체도형의 이름을 쓰세요.

( )

CASE 1 끈의 길이 구하기

1 반지름이 10 cm인 원 3개를 끈으로 한 번 묶었습니다. 묶은 끈의 길이를 구하세요. (단, 매듭은 생각하지 않습니다.) (원주율: 3)

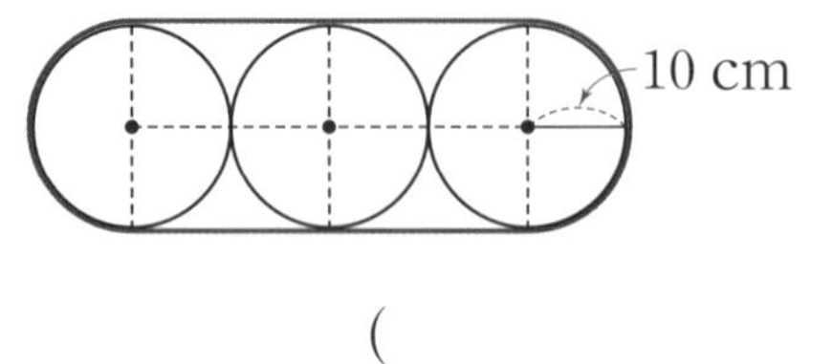

( )

2 밑면의 지름이 8 cm인 음료수통 3개를 끈으로 한 번 묶었습니다. 매듭을 묶는 데 15 cm의 끈을 사용했다면 음료수 통을 묶는 데 사용한 끈의 길이를 구하세요. (원주율: 3)

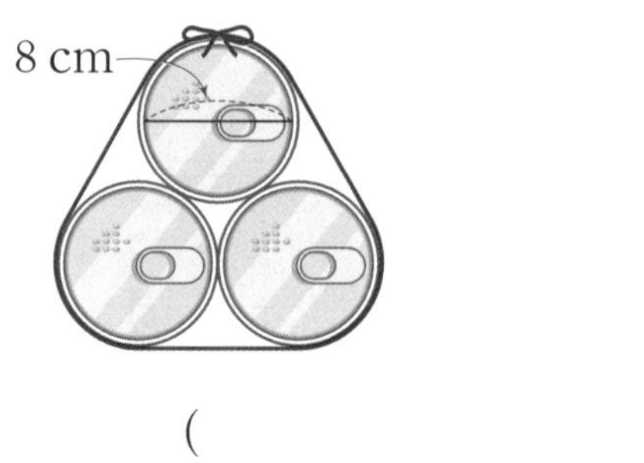

( )

3 그림과 같이 밑면의 반지름이 9 cm인 블록 6개를 끈으로 한 번 묶었습니다. 매듭을 묶는 데 20 cm의 끈을 사용했다면 블록을 묶는 데 사용한 끈의 길이를 구하세요. (원주율: 3)

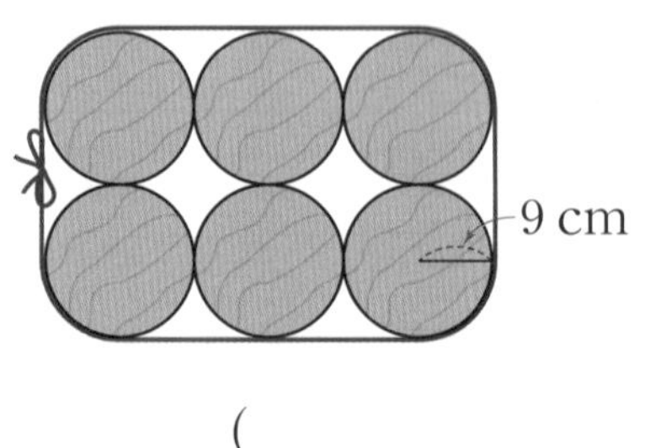

( )

CASE 2 색칠한 부분의 넓이 구하기

4 색칠한 부분의 넓이를 구하세요. (원주율: 3)

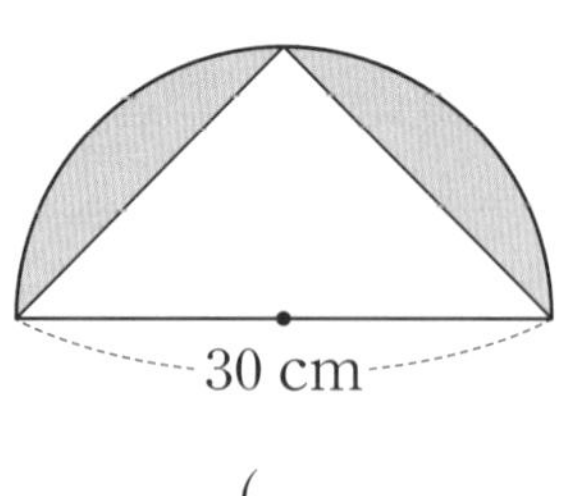

( )

5 색칠한 부분의 넓이를 구하세요. (원주율: 3)

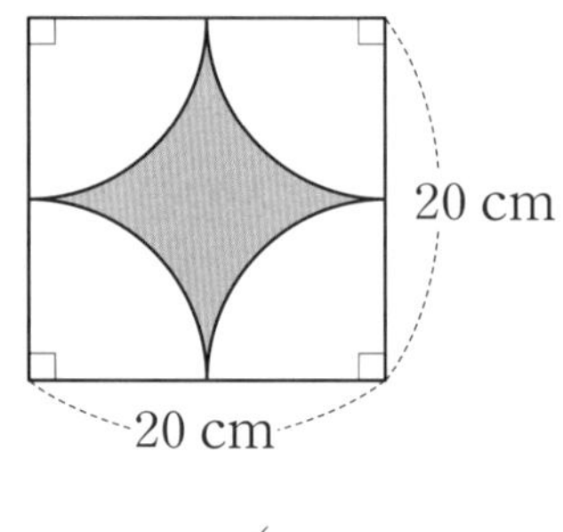

( )

6 색칠한 부분의 넓이를 구하세요. (원주율: 3)

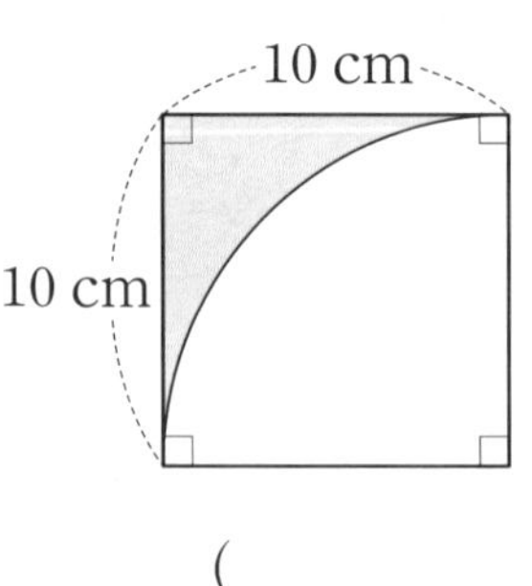

( )

CASE 3 원기둥의 전개도를 보고 겉넓이 구하기

7 원기둥의 전개도에서 옆면의 넓이를 구하세요. (원주율: 3)

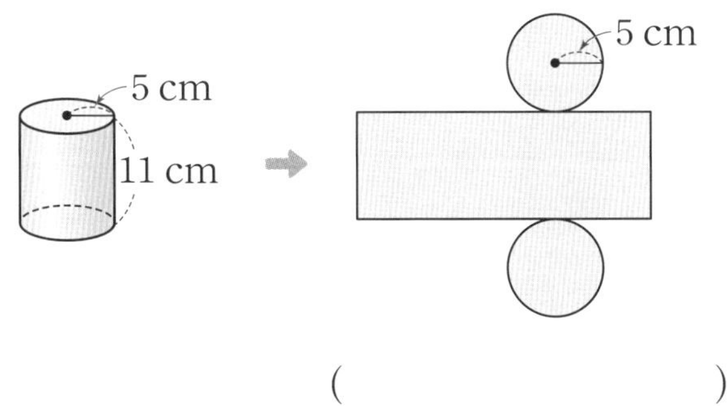

( )

8 원기둥의 전개도의 넓이를 구하세요. (원주율: 3)

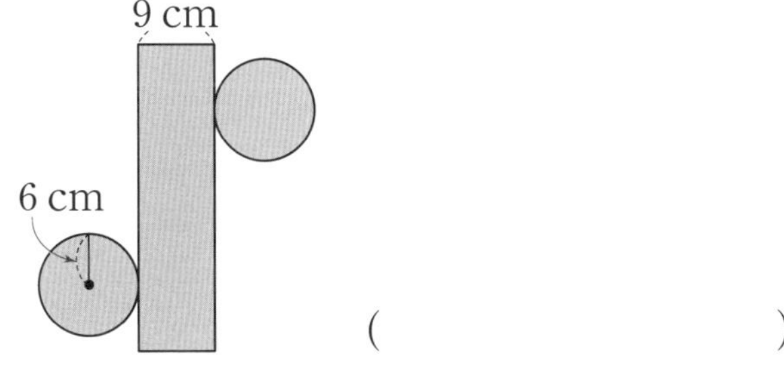

( )

9 전개도로 만들어지는 원기둥의 겉넓이를 구하세요. (원주율: 3)

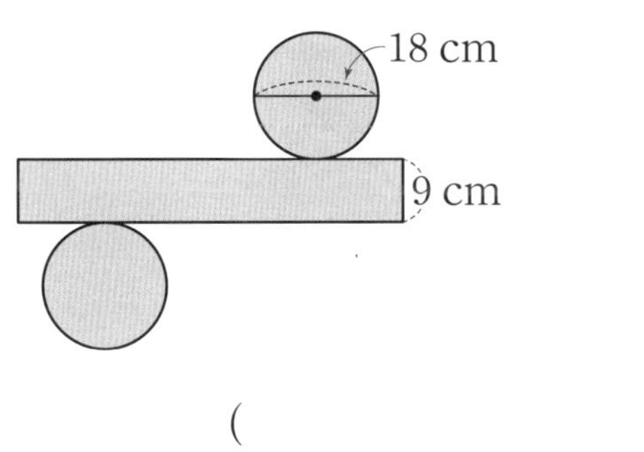

( )

CASE 4 돌리기 전 평면도형의 넓이 구하기

10 어떤 평면도형을 한 변을 기준으로 돌려 만든 입체도형입니다. 돌리기 전의 평면도형의 넓이를 구하세요.

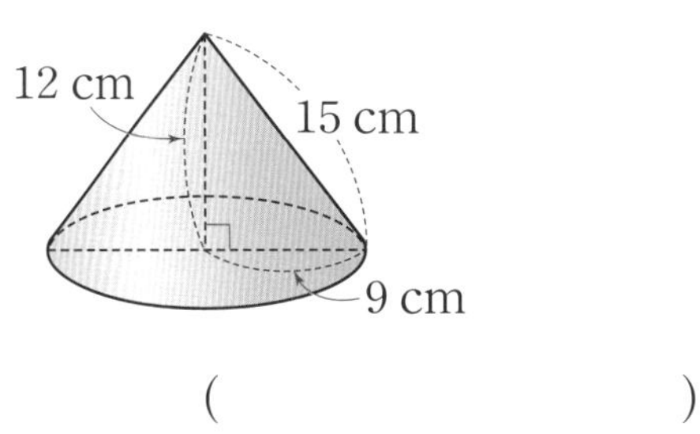

( )

11 직사각형 모양의 종이를 한 변을 기준으로 돌려 만든 입체도형입니다. 직사각형 모양 종이의 넓이를 구하세요.

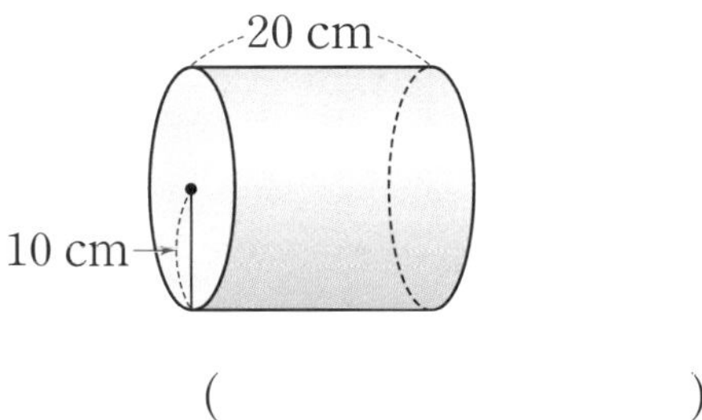

( )

12 어떤 평면도형을 한 바퀴 돌려 만든 입체도형입니다. 돌리기 전의 평면도형의 넓이를 구하세요. (원주율: 3)

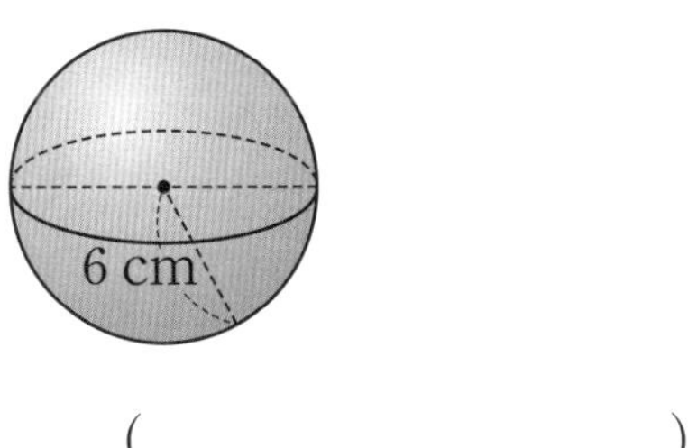

( )

1 ㉠, ㉡, ㉢에 알맞은 각뿔의 구성 요소를 쓰세요.

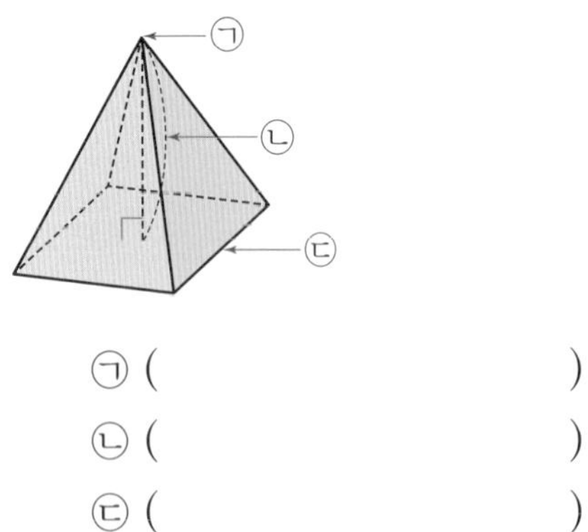

㉠ (   )
㉡ (   )
㉢ (   )

2 밑면의 모양이 다음과 같은 각기둥의 이름을 쓰세요.

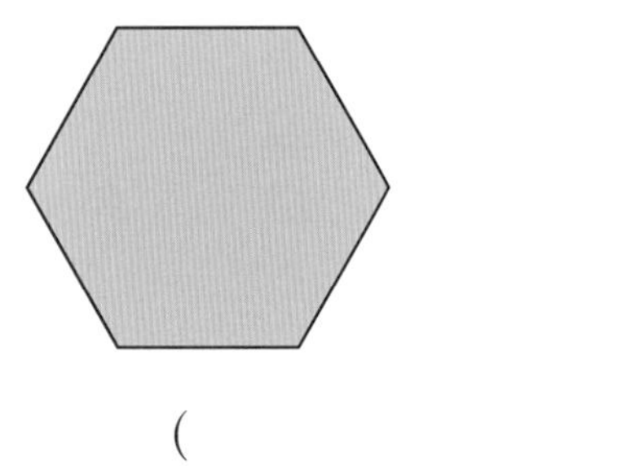

(   )

3 다음 전개도로 만든 직육면체 모양 상자의 겉넓이를 구하세요.

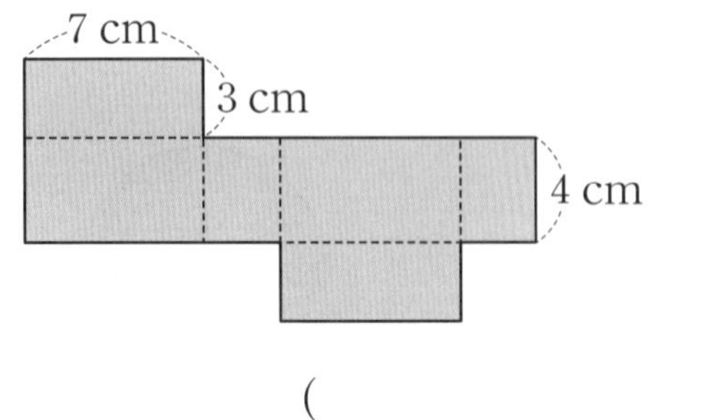

(   )

4 다음 전개도로 만든 정육면체의 부피를 구하세요.

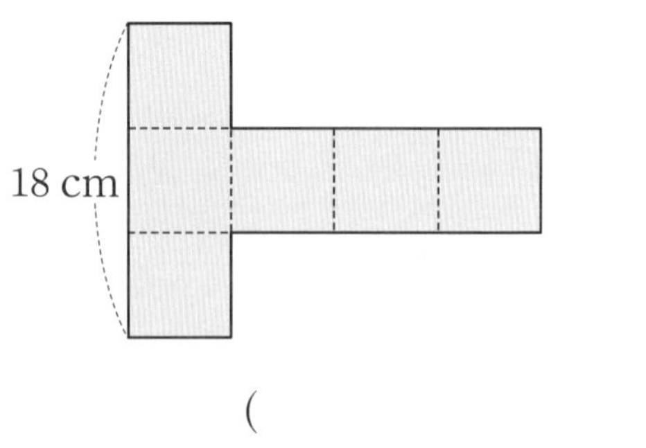

(   )

5 입체도형의 이름을 쓰세요.

면과 꼭짓점의 수의 합이 16인 각뿔

(   )

6 두 직육면체 중에서 겉넓이가 더 넓은 것을 찾아 기호를 쓰세요.

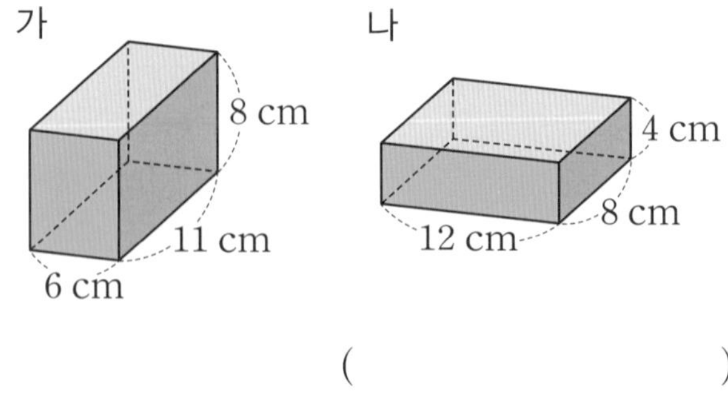

(   )

7 원주가 다음과 같을 때 □ 안에 알맞은 수를 구하세요. (원주율: 3)

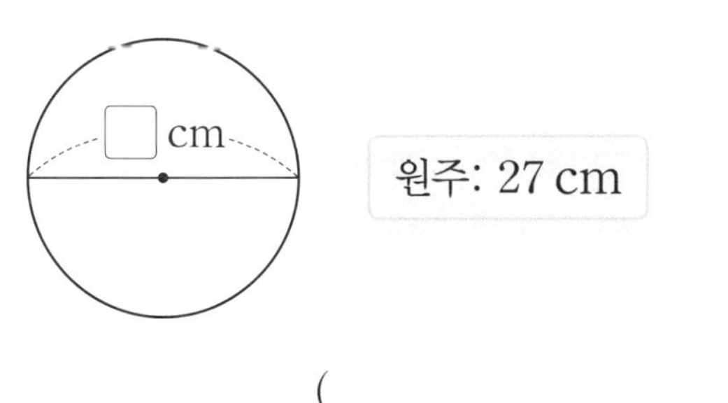

(   )

8 넓이가 넓은 원부터 차례로 기호를 쓰세요. (원주율: 3)

㉠ 반지름이 9 cm인 원
㉡ 원주가 36 cm인 원
㉢ 넓이가 300 cm^2인 원

(   )

9 밑면의 반지름이 7 cm이고 높이가 9 cm인 원기둥의 겉넓이를 구하세요. (원주율: 3)

(   )

10 다음 원뿔에서 선분 ㄱㄴ의 길이는 몇 cm인지 구하세요.

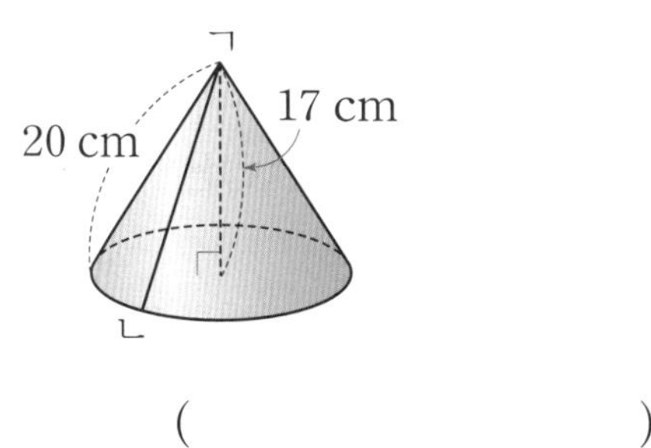

(   )

11 색칠한 부분의 넓이를 구하세요. (원주율: 3)

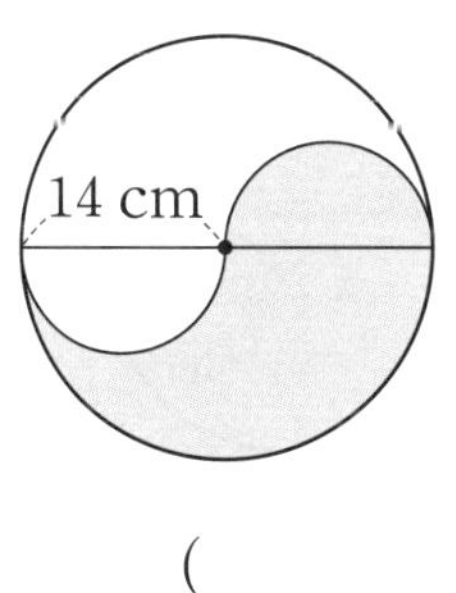

(   )

12 직사각형의 세로를 축으로 하여 돌렸을 때 만들어지는 입체도형의 부피를 구하세요. (원주율: 3)

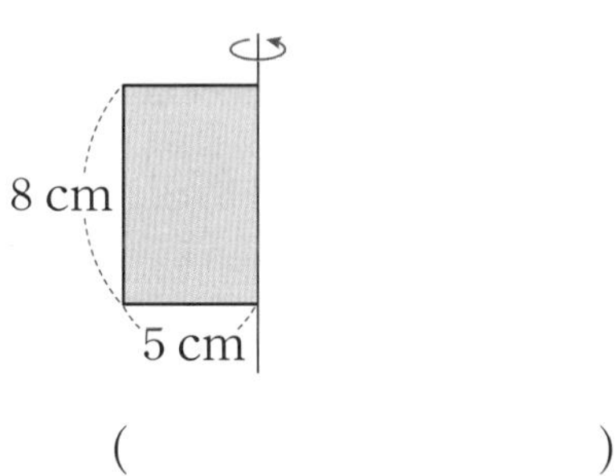

(   )

II 도형과 측정

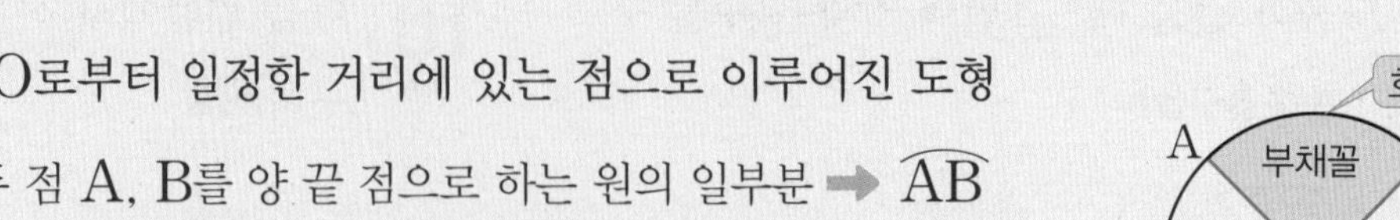

(1) **원**: 평면 위의 한 점 O로부터 일정한 거리에 있는 점으로 이루어진 도형

① 호 AB: 원 위의 두 점 A, B를 양 끝 점으로 하는 원의 일부분 ➡ $\overset{\frown}{AB}$

② 현 CD: 원 위의 두 점 C, D를 이은 선분 ➡ $\overline{CD}$

③ 부채꼴 AOB: 원 O에서 두 반지름 OA, OB와 호 AB로 이루어진 도형

④ 중심각: 부채꼴 AOB에서 두 반지름 OA, OB가 이루는 각 ➡ ∠AOB

⑤ 활꼴: 원에서 현과 호로 이루어진 도형

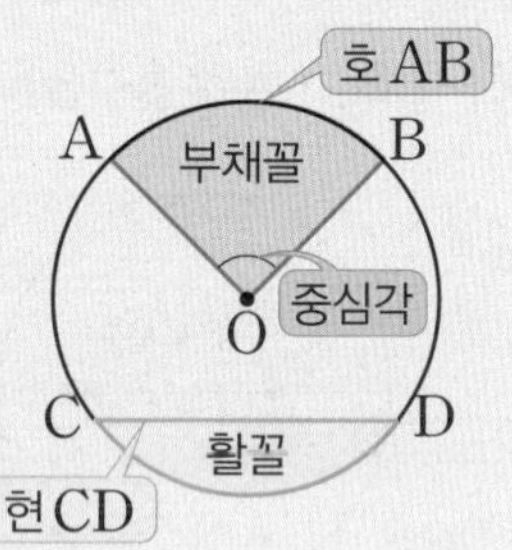

(2) **부채꼴의 호의 길이와 넓이** ➝ 부채꼴의 호의 길이와 넓이는 각각 중심각의 크기와 정비례해요.

① (부채꼴의 호의 길이)

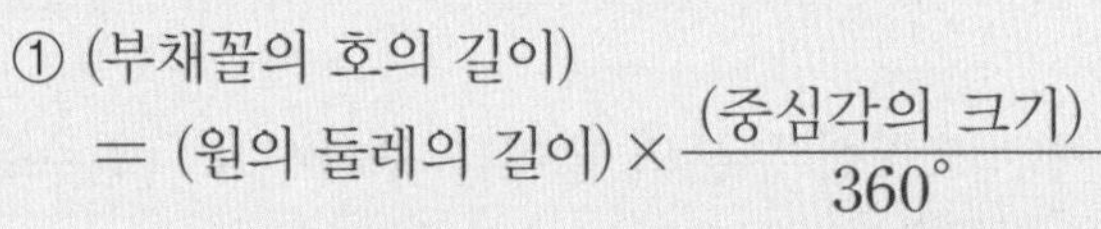

$= (\text{원의 둘레의 길이}) \times \dfrac{(\text{중심각의 크기})}{360°}$

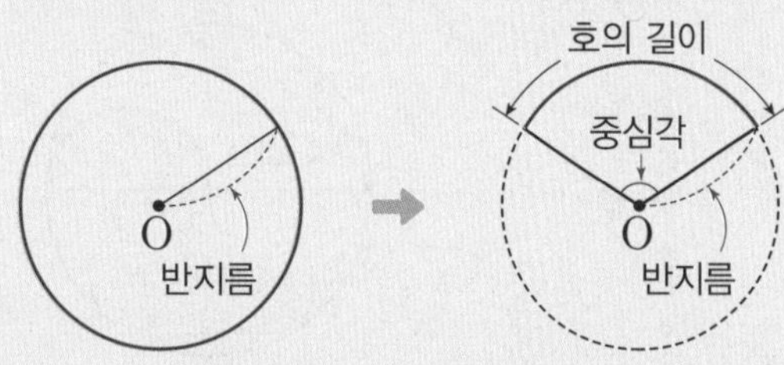

부채꼴의 호의 길이와 넓이

반지름의 길이가 r, 중심각의 크기가 $x°$인 부채꼴의 호의 길이를 l, 넓이를 S라 하면

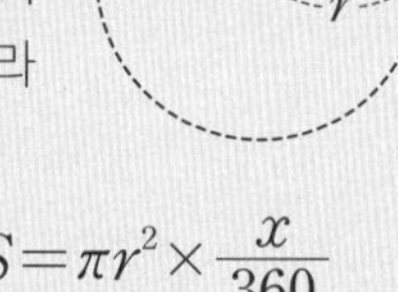

$l = 2\pi r \times \dfrac{x}{360}$ $S = \pi r^2 \times \dfrac{x}{360}$

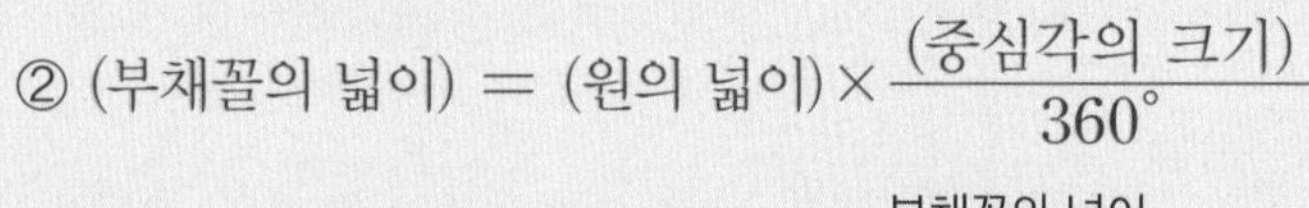

② $(\text{부채꼴의 넓이}) = (\text{원의 넓이}) \times \dfrac{(\text{중심각의 크기})}{360°}$

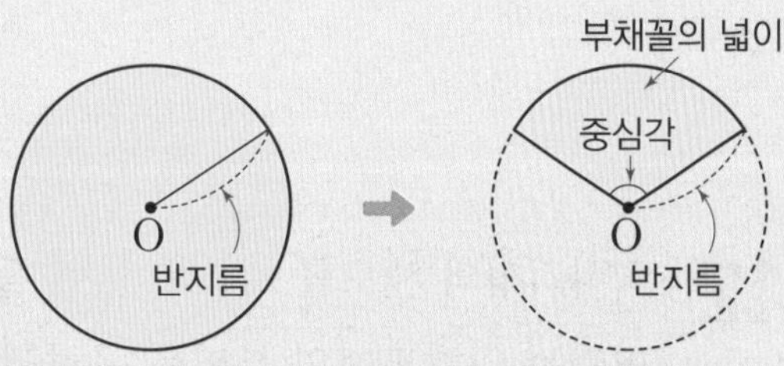

예제 다음 부채꼴의 호의 길이와 넓이를 각각 구하시오. (단, 원주율: π)

중학교에서는 원주율(3.1415…)대신 π(파이)를 사용해요.

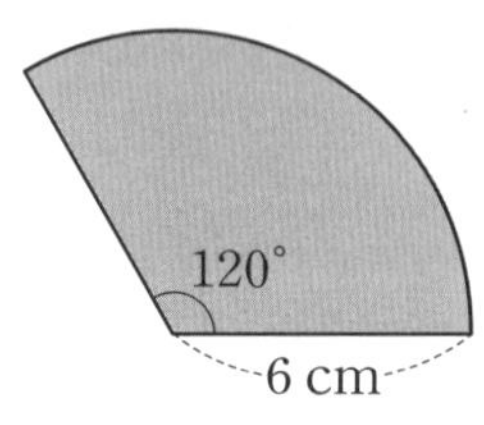

(1) 부채꼴의 호의 길이

$$2 \times 6 \times \pi \times \frac{120}{360} = 4 \times \pi = 4\pi(\text{cm})$$

➝ 수와 문자의 곱에서 곱셈 기호(×)를 생략해서 나타내요.

(2) 부채꼴의 넓이

$$6 \times 6 \times \pi \times \frac{120}{360} = 12 \times \pi = 12\pi(\text{cm}^2)$$

" 초등수학 개념과 연결된 중학수학 개념을 미리 만나보자! "

(3) **다면체:** 다각형인 면으로만 둘러싸인 입체도형

① 다면체는 둘러싸인 면의 개수에 따라 사면체, 오면체, 육면체, …라 한다.

② 다면체의 종류

특징	n각기둥	n각뿔	n각뿔대
겨냥도			
밑면	밑면 2개가 평행하고 합동	밑면 1개	밑면 2개가 평행
옆면	직사각형	삼각형	사다리꼴
꼭짓점의 개수	$2\times n$	$n+1$	$2\times n$
모서리의 개수	$3\times n$	$2\times n$	$3\times n$
면의 개수	$n+2$	$n+1$	$n+2$

예제) 입체도형을 보고 표를 완성하시오.

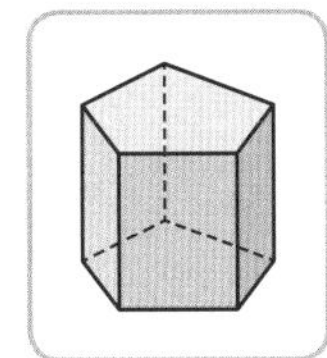

입체도형의 이름	오각기둥
밑면의 개수	2
꼭짓점의 개수	10
모서리의 개수	15

(4) **회전체:** 평면도형을 한 직선을 축으로 하여 1회전 시킬 때 생기는 입체도형

① 회전축: 회전 시킬 때 축이 되는 직선

② 모선: 회전체의 옆면을 만드는 선분

③ 회전체의 종류

	원기둥	원뿔	원뿔대	구
겨냥도	모선	모선	모선	
회전 시킨 평면도형	직사각형	직각삼각형	두 각이 직각인 사다리꼴	반원

Ⅲ 규칙성, 자료와 가능성

막대그래프

막대그래프

- 조사한 자료를 막대 모양으로 나타낸 그래프를 막대그래프라고 합니다.
- 수량의 많고 적음을 막대의 길이로 한눈에 쉽게 비교할 수 있습니다.

가고 싶은 장소별 학생 수

장소	수영장	산	바다	놀이동산	합계
학생 수(명)	5	3	6	10	24

가고 싶은 장소별 학생 수

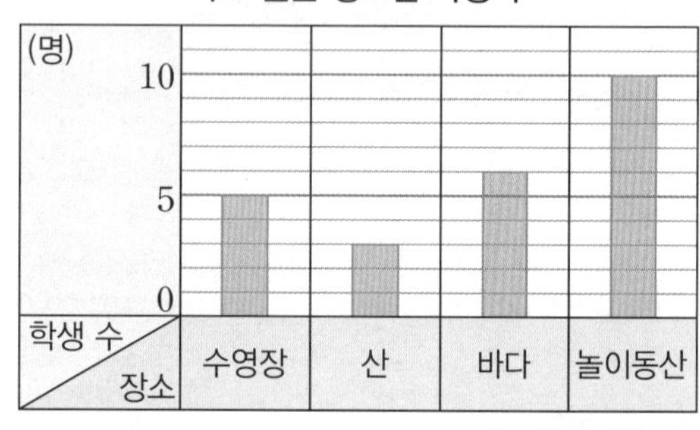

가고 싶은 장소별 학생 수

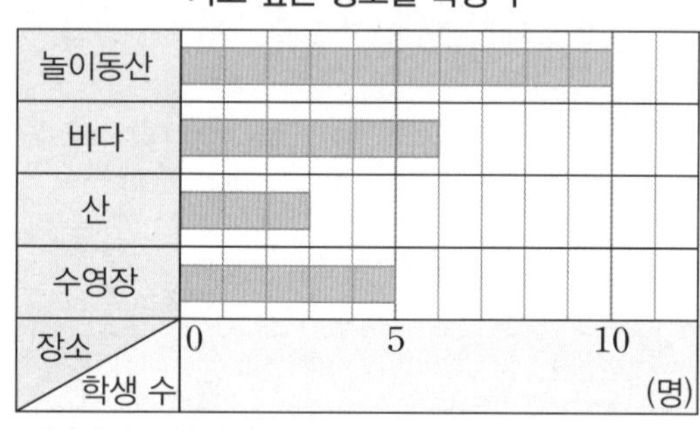

그래프의 막대를 가로 또는 세로로 나타낼 수 있습니다.

필수 개념 문제

1 이수네 반 학생들이 좋아하는 색깔을 조사하여 나타낸 막대그래프입니다. 물음에 답하세요.

좋아하는 색깔별 학생 수

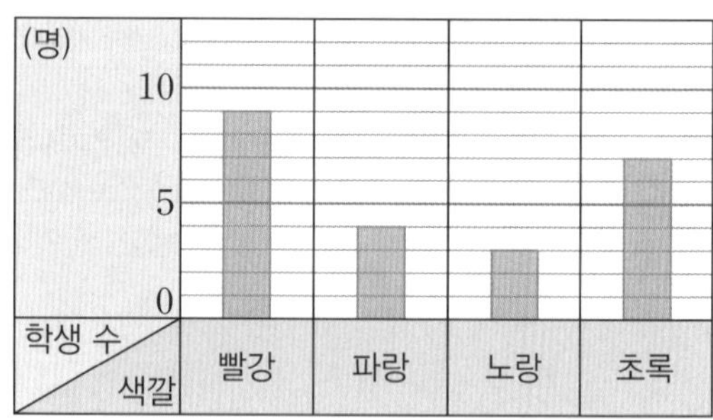

(1) 가로와 세로는 각각 무엇을 나타낼까요?

가로 ( )
세로 ( )

(2) 막대의 길이는 무엇을 나타낼까요?

( )

(3) 세로 눈금 한 칸은 몇 명을 나타낼까요?

( )

2 선주와 친구들이 일주일 동안 읽은 책의 수를 조사하여 나타낸 막대그래프입니다. 물음에 답하세요.

학생별 일주일 동안 읽은 책의 수

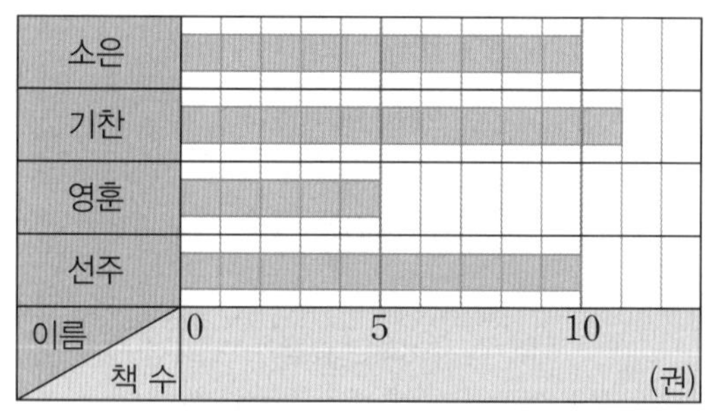

(1) 가로와 세로는 각각 무엇을 나타낼까요?

가로 ( )
세로 ( )

(2) 막대그래프를 보고 선주와 친구들이 읽은 책이 모두 몇 권인지 쉽게 알 수 있을까요?

( )

4-1 **25** 막대그래프

막대그래프로 나타내기

막대그래프로 나타내는 방법

① 가로와 세로에 무엇을 나타낼지 정합니다.
② 눈금 한 칸의 크기를 정하고, 눈금의 수를 정합니다. → 조사한 수 중 가장 큰 수를 나타낼 수 있도록 합니다.
③ 조사한 수에 맞도록 막대를 그립니다.
④ 막대그래프에 알맞은 제목을 붙입니다.

필수 개념 문제

1 우진이네 학교 6학년 학생들이 심은 나무 수를 반별로 조사하여 나타낸 표를 보고 막대그래프로 나타내려고 합니다. 물음에 답하세요.

반별 심은 나무 수

반	1반	2반	3반	4반	합계
나무 수(그루)	10	9	7	8	34

반별 심은 나무 수

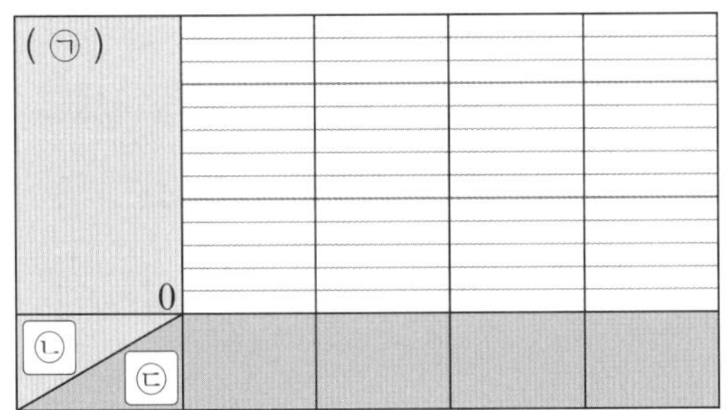

(1) 가로에 반을 나타낸다면 세로에는 무엇을 나타내야 할까요?

( )

(2) 세로에 나무 수를 나타낸다면 세로 눈금 한 칸은 몇 그루를 나타내는 것이 좋을까요?

( )

(3) ㉠, ㉡, ㉢에는 각각 무엇을 써야 할까요?

㉠ ( )
㉡ ( )
㉢ ( )

2 지우네 반 학생들이 좋아하는 꽃을 조사하여 나타낸 표를 보고 막대그래프로 나타내려고 합니다. 물음에 답하세요.

좋아하는 꽃별 학생 수

꽃	장미	백합	튤립	국화	합계
학생 수(명)	10	5	6	4	25

(1) 가로에 꽃 이름, 세로에 학생 수가 나타나도록 막대가 세로인 막대그래프로 나타내세요.

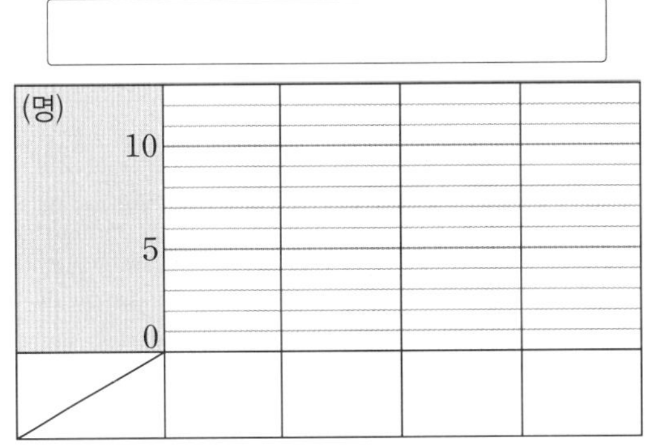

(2) 가로에 학생 수, 세로에 꽃 이름이 나타나도록 막대가 가로인 막대그래프로 나타내세요.

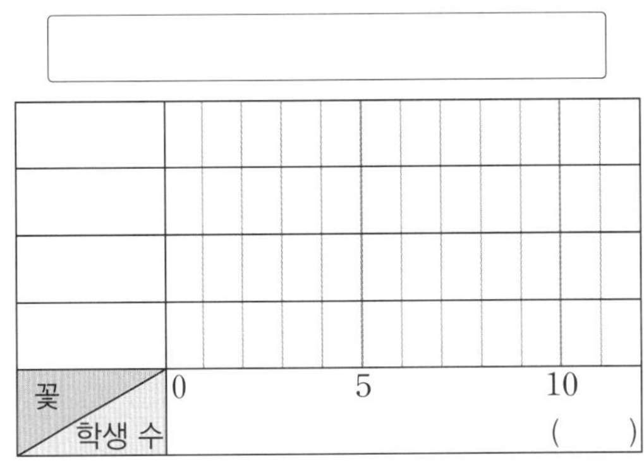

꺾은선그래프

꺾은선그래프

수량을 점으로 표시하고, 그 점들을 선분으로 이어 그린 그래프를 꺾은선그래프라고 합니다.

거실의 기온

시각	오전 11시	낮 12시	오후 1시	오후 2시	오후 3시
기온(℃)	11	14	18	20	17

거실의 기온

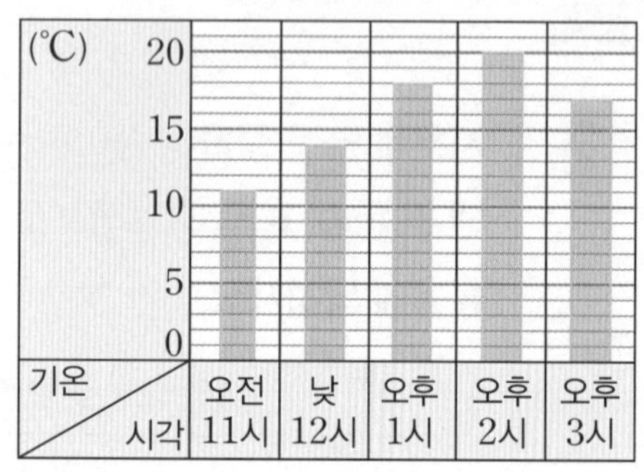

거실의 기온

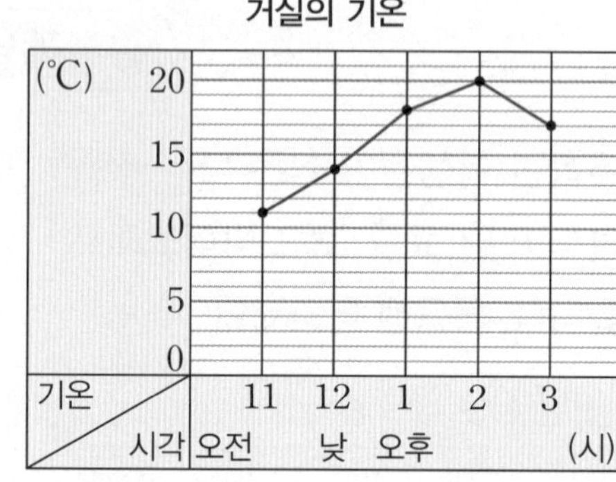

- 기온이 급격하게 변한 시각을 알아보려면 선이 가장 많이 기울어진 곳을 찾으면 됩니다.
- 조사하지 않은 오후 1시 30분의 기온을 연결한 선의 값으로 예상할 수 있습니다.

필수 개념 문제

1 재호가 콩나물을 키우면서 5일 간격으로 키를 재어 그래프로 나타냈습니다. 물음에 답하세요.

콩나물의 키

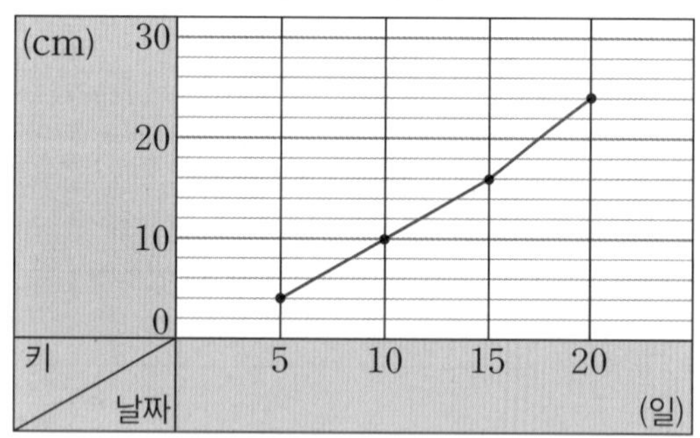

(1) 가로와 세로는 각각 무엇을 나타낼까요?

가로 ( )

세로 ( )

(2) 세로 눈금 한 칸은 몇 cm를 나타낼까요?

( )

(3) 꺾은선은 무엇을 나타낼까요?

( )

2 영지가 하루의 기온 변화를 조사하여 나타낸 꺾은선그래프입니다. 물음에 답하세요.

하루의 기온

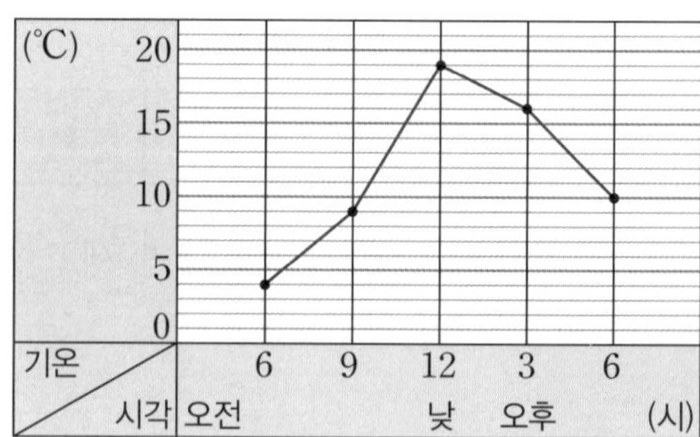

(1) 가로와 세로는 각각 무엇을 나타낼까요?

가로 ( )

세로 ( )

(2) 기온이 가장 많이 변한 때는 몇 시와 몇 시 사이일까요?

( )

(3) 오후 5시의 기온은 약 몇 ℃일까요?

( )

26 꺾은선그래프

꺾은선그래프로 나타내기

꺾은선그래프로 나타내는 방법

① 가로와 세로 중 어느 쪽에 조사한 수를 나타낼 것인지 정합니다.
② 눈금 한 칸의 크기를 정하고, 조사한 수 중에서 가장 큰 수를 나타낼 수 있도록 눈금의 수를 정합니다.
③ 가로 눈금과 세로 눈금이 만나는 자리에 점을 찍습니다.
④ 점들을 선분으로 잇습니다.
⑤ 꺾은선그래프에 알맞은 제목을 붙입니다.

생략할 수 있는 부분이 있으면 그 부분을 물결선으로 나타낼 수 있습니다.

필수 개념 문제

1 민성이가 매일 양파의 키를 재어 나타낸 표를 보고 꺾은선그래프로 나타내려고 합니다. 물음에 답하세요.

양파의 키 (낮 12시에 조사)

날짜(일)	1	2	3	4	5	6
키(cm)	4	7	8	14	16	19

(1) 가로에 날짜를 나타낸다면 세로에는 무엇을 나타내야 할까요?

( )

(2) 꺾은선그래프로 나타내세요.

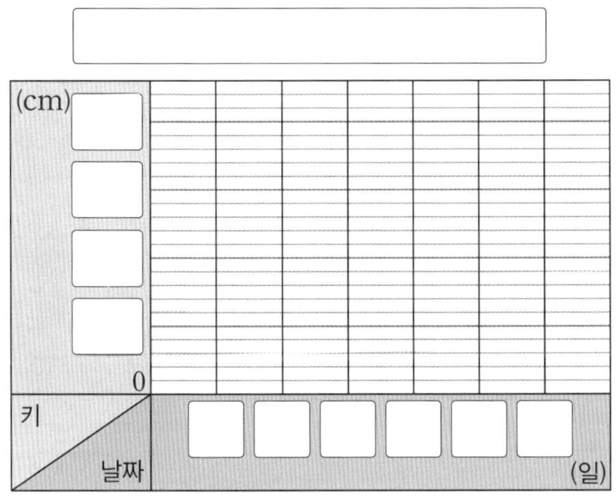

(3) 전날에 비해 가장 많이 자란 때는 며칠과 며칠 사이인가요?

( )

2 수호네 학교의 지각생 수를 조사하여 나타낸 표를 보고 꺾은선그래프로 나타내려고 합니다. 물음에 답하세요.

지각생 수

요일	월	화	수	목	금
지각생 수(명)	26	29	32	30	36

(1) 꺾은선그래프의 가로와 세로에는 각각 무엇을 나타내야 할까요?

가로 ( )
세로 ( )

(2) 물결선을 몇 명과 몇 명 사이에 넣으면 좋을까요?

( )

(3) 꺾은선그래프로 나타내세요.

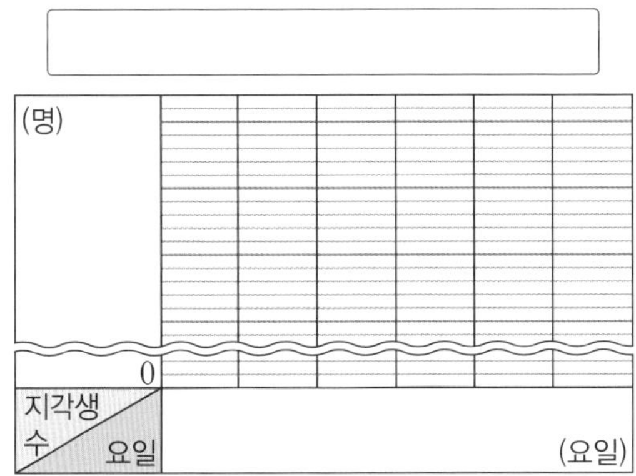

Ⅲ 규칙성, 자료와 가능성

CASE 1 자료의 합계 구하기

1 효주네 반 학생들이 받고 싶은 선물을 조사하여 나타낸 막대그래프입니다. 책을 받고 싶은 학생 수가 게임기를 받고 싶은 학생 수보다 7명 더 적다면 조사한 학생 수는 모두 몇 명인지 구하세요.

받고 싶은 선물별 학생 수

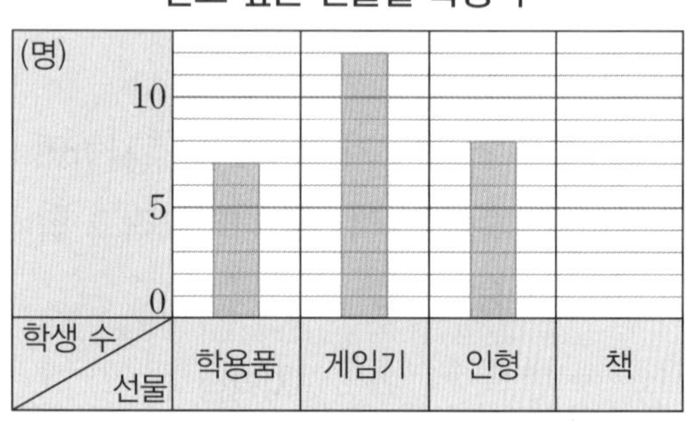

( )

2 채윤이네 반 학생들의 취미를 조사하여 나타낸 막대그래프입니다. 게임이 취미인 학생 수가 독서가 취미인 학생 수의 3배라면 조사한 학생 수는 모두 몇 명인지 구하세요.

학생들의 취미별 학생 수

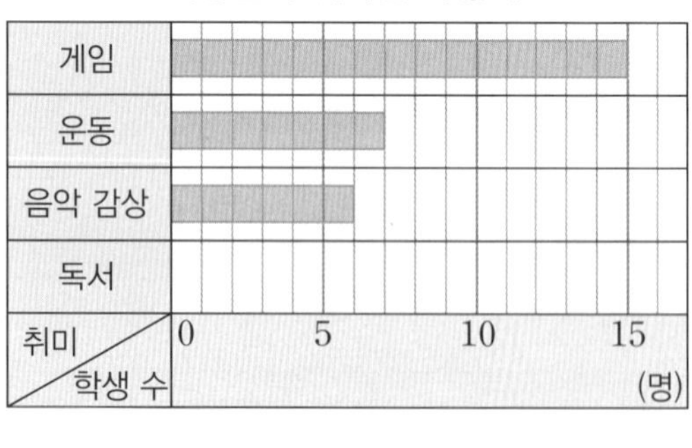

( )

CASE 2 눈금의 크기가 다른 그래프 비교하기

3 수진이네 모둠과 지호네 모둠이 한 달 동안 먹은 귤의 수를 조사하여 나타낸 막대그래프입니다. 두 모둠의 학생들 중에서 귤을 가장 많이 먹은 학생은 누구인지 쓰세요.

학생별 먹은 귤의 수

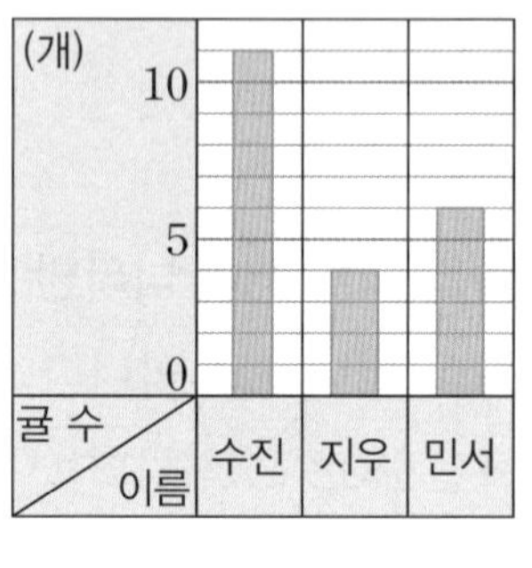

학생별 먹은 귤의 수

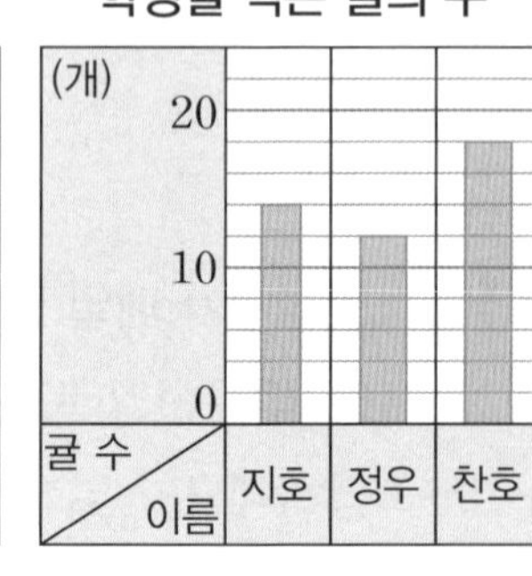

( )

4 우정이네 모둠과 시현이네 모둠의 한 달 동안의 독서량을 조사하여 나타낸 막대그래프입니다. 두 모둠의 학생들 중에서 책을 가장 적게 읽은 학생은 누구인지 쓰세요.

학생별 독서량

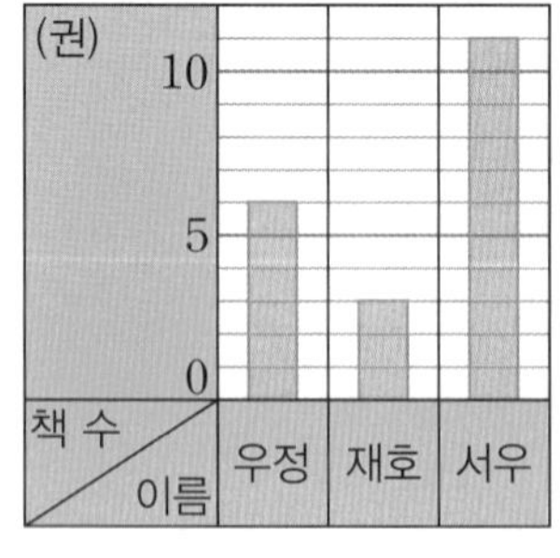

학생별 독서량

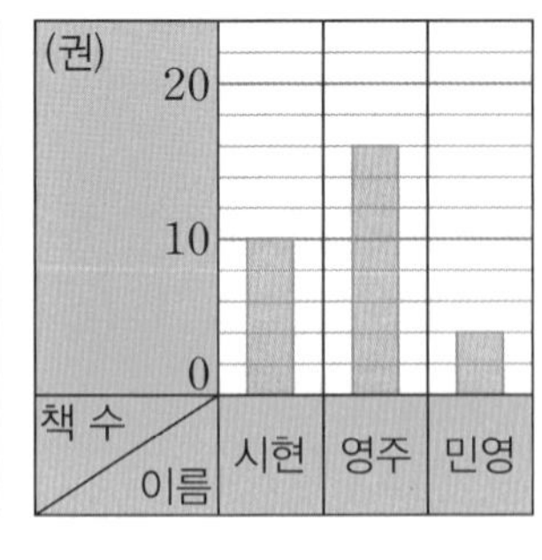

( )

정답 53쪽

CASE 3 세로 눈금 한 칸의 크기 바꾸기

5 지우네 학교의 연도별 학생 수를 조사하여 나타낸 꺾은선그래프입니다. 세로 눈금 한 칸을 20명으로 하여 그래프를 다시 그렸을 때, 2020년과 2021년의 세로 눈금은 몇 칸 차이가 나는지 구하세요.

연도별 학생 수

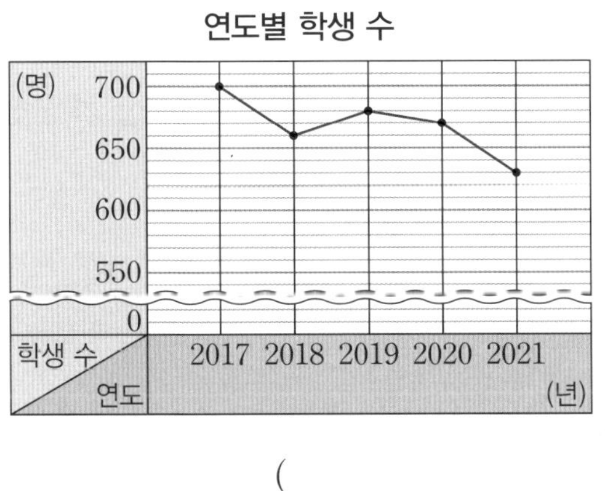

(　　　　　　　　)

6 식물의 키를 재어 나타낸 꺾은선그래프입니다. 세로 눈금 한 칸을 0.5 cm로 하여 그래프를 다시 그렸을 때, 목요일과 금요일의 세로 눈금은 몇 칸 차이가 나는지 구하세요.

식물의 키

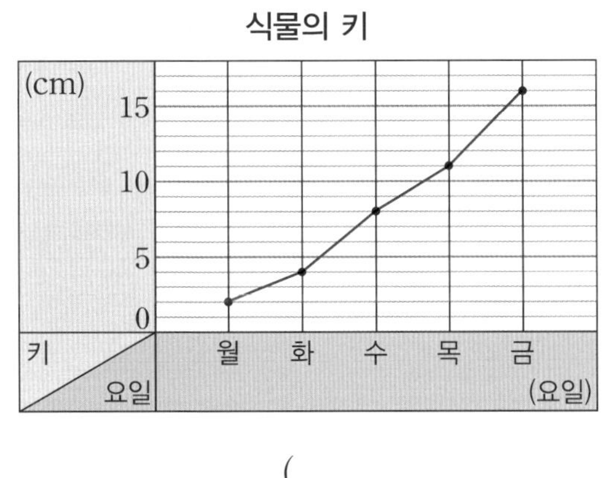

(　　　　　　　　)

CASE 4 꺾은선그래프 완성하기

7 어느 도시의 강수량을 조사하여 나타낸 꺾은선그래프입니다. 8월의 강수량은 7월의 강수량보다 6 mm 많을 때, 그래프를 완성하세요.

도시의 강수량

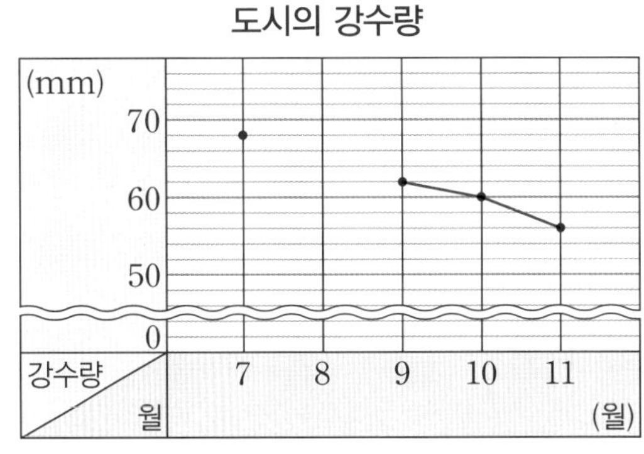

8 어느 놀이동산의 입장객 수를 조사하여 나타낸 꺾은선그래프입니다. 7일에 입장한 사람은 6일에 입장한 사람보다 40명 더 많을 때, 그래프를 완성하세요.

놀이동산의 입장객 수

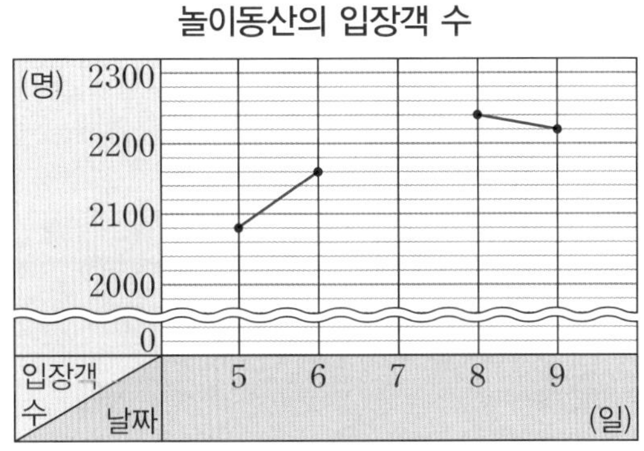

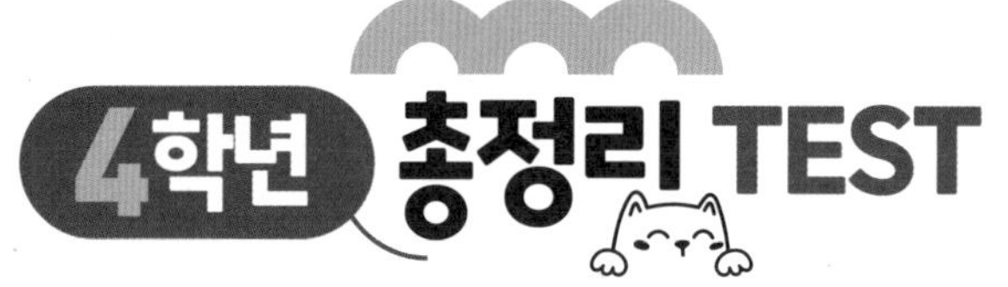

[1~4] 혜주네 반 학생들이 물놀이장에서 좋아하는 놀이 기구를 조사하여 나타낸 표를 보고 막대그래프로 나타내려고 합니다. 물음에 답하세요.

놀이 기구별 학생 수

놀이 기구	파도풀	슬라이드	물놀이풀	바닥분수	합계
학생 수(명)	7	10	6	5	28

1 가로에 놀이 기구를 나타낸다면 세로에는 무엇을 나타내야 할까요?

(　　　　　　　　)

2 세로에 학생 수를 나타낸다면 세로 눈금 한 칸은 몇 명을 나타내는 것이 좋을까요?

(　　　　　　　　)

3 표를 보고 막대그래프로 나타내세요.

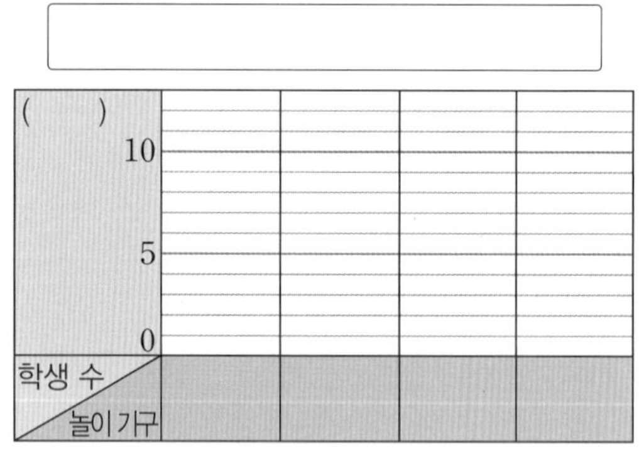

4 가장 많은 학생들이 좋아하는 놀이 기구는 무엇일까요?

(　　　　　　　　)

[5~7] 현지네 반 학생들이 배우는 악기를 조사하여 나타낸 표를 보고 막대그래프로 나타내려고 합니다. 물음에 답하세요.

배우는 악기별 학생 수

악기	피아노	플루트	드럼	바이올린	합계
학생 수(명)	12	6	4	5	27

5 세로 눈금 한 칸이 학생 수 1명을 나타낸다면 드럼을 배우는 학생 수는 몇 칸으로 나타내야 할까요?

(　　　　　　　　)

6 표를 보고 막대그래프로 나타내세요.

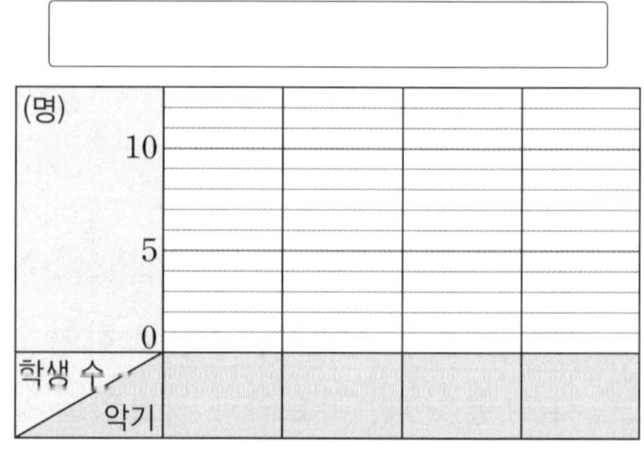

7 가로에는 학생 수, 세로에는 악기 이름을 나타내도록 막대가 가로인 막대그래프로 나타내세요.

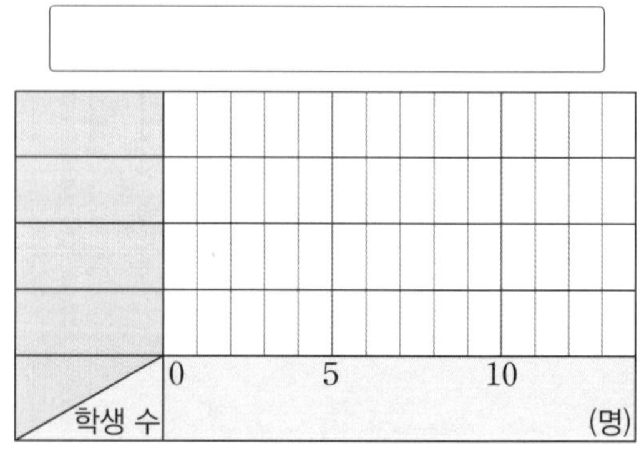

정답 54쪽

[8～10] 준영이가 매일 오전 9시에 봉숭아의 키를 재어 나타낸 꺾은선그래프입니다. 물음에 답하세요.

봉숭아의 키

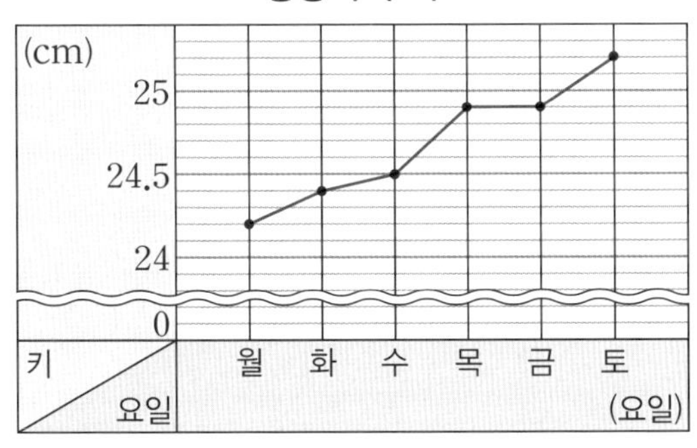

8 목요일에 봉숭아의 키는 몇 cm인가요?

( )

9 봉숭아의 키가 전날에 비해 가장 많이 자란 요일은 무슨 요일이고 몇 cm만큼 자랐을까요?

(,)

10 수요일 오후 9시에 봉숭아의 키는 몇 cm였을까요?

( )

[11～14] 진우의 키를 매월 1일에 재어 나타낸 표를 보고 꺾은선그래프로 나타내려고 합니다. 물음에 답하세요.

진우의 키

월	3	4	5	6
키(cm)	137.1	137.4	137.8	138

11 꺾은선그래프의 세로에 키를 나타낸다면 세로 눈금 한 칸은 얼마를 나타내야 할까요?

( )

12 세로 눈금에 물결선은 몇 cm와 몇 cm 사이에 넣어야 할까요?

( )cm와 ( )cm 사이

13 꺾은선그래프로 나타내세요.

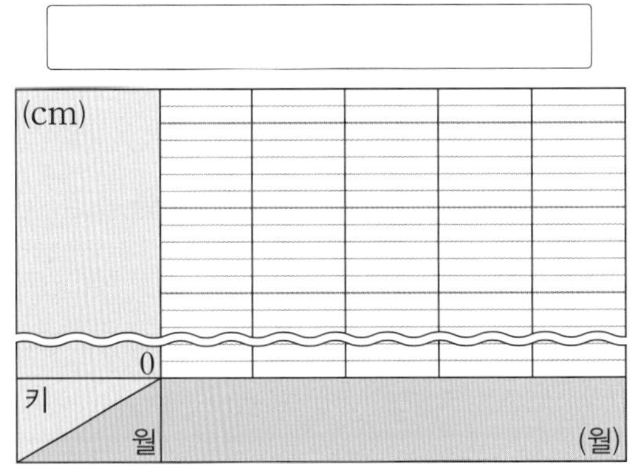

14 4월 15일에 진우의 키는 몇 cm였을까요?

( )

두 양 사이의 관계

삼각형과 사각형의 수 사이의 대응 관계 찾기

→ 두 양이 서로 일정하게 변하는 관계를 대응 관계라고 합니다.

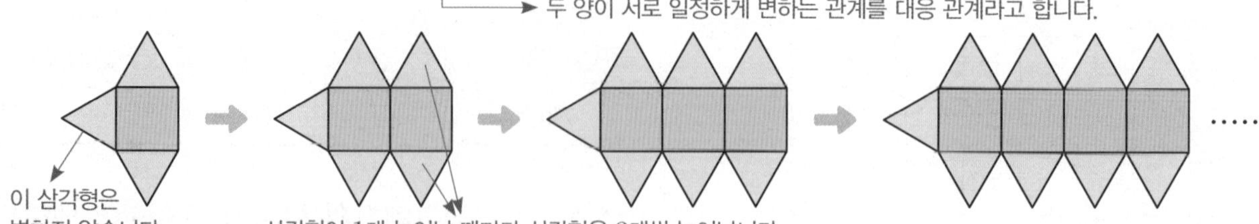

사각형의 수(개)	1	2	3	4	5	……
삼각형의 수(개)	3	5	7	9	11	……

→ 삼각형의 수는 사각형의 수의 2배보다 1개 더 많습니다.

필수 개념 문제

1 장난감 자동차 한 대를 만드는 데 25개의 블록이 필요합니다. 물음에 답하세요.

(1) 자동차의 수와 필요한 블록의 수 사이의 대응 관계를 표를 이용하여 알아보려고 합니다. 표를 완성하세요.

자동차의 수(대)	1	2	3	4	……
블록의 수(개)					……

(2) 자동차의 수와 필요한 블록의 수 사이의 대응 관계를 쓰세요.

(3) 자동차를 10대 만들 때 필요한 블록의 수는 몇 개인지 쓰세요.

( )

(4) 블록 300개로 만들 수 있는 자동차는 몇 대인지 쓰세요.

( )

2 바둑돌이 규칙적으로 놓여 있습니다. 물음에 답하세요.

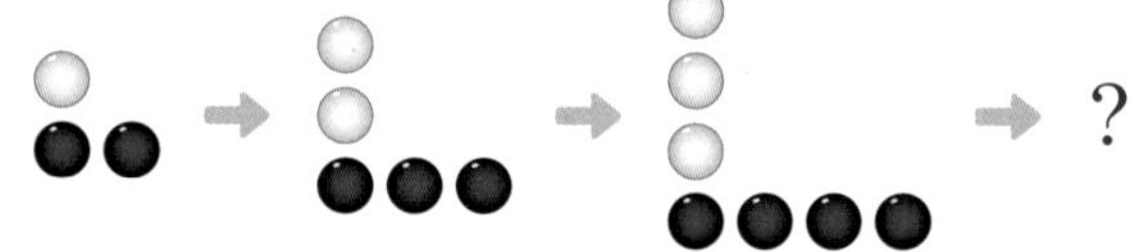

(1) 다음에 이어질 알맞은 모양을 그리세요.

(2) 흰 바둑돌이 8개 놓이는 모양에 필요한 검은 바둑돌은 몇 개인지 쓰세요.

( )

(3) 흰 바둑돌과 검은 바둑돌의 수 사이의 대응 관계를 쓰세요.

27 규칙과 대응

대응 관계를 식으로 나타내는 방법

세발자전거의 수와 바퀴 수 사이의 대응 관계를 식으로 나타내는 방법

두 수의 대응 관계는 표로 나타내면 찾기 쉽습니다.

세발자전거의 수(대)	1	2	3	4	5	6
바퀴의 수(개)	3	6	9	12	15	18

×3 ÷3

세발자전거의 수를 □, 바퀴의 수를 △라고 하면

(세발자전거의 수)×3=(바퀴의 수) ➡ □×3=△

(바퀴의 수)÷3=(세발자전거의 수) ➡ △÷3=□

두 수 사이의 관계를 간단하게 식으로 나타낼 때는 두 수를 나타내는 기호를 사용하여 표현합니다.

필수 개념 문제

1 현재 지호의 나이는 12살이고, 형의 나이는 15살입니다. 지호의 나이를 □, 형의 나이를 △라 할 때, 물음에 답하세요.

(1) 두 양 사이의 대응 관계를 나타낸 표를 완성하세요.

□	12	13	14	15	16	17
△	15					

(2) 두 양 사이의 대응 관계를 식으로 나타내세요.

식 ____________________

(3) 지호의 나이가 20살이 되면 형의 나이는 몇 살일까요?

( )

(4) 형의 나이가 25살이 되면 지호의 나이는 몇 살일까요?

( )

2 상자 한 개에 야구공이 12개씩 들어 있습니다. 상자의 수를 ○, 야구공의 수를 ◇라 할 때, 두 양 사이의 대응 관계를 식으로 나타내세요.

식 ____________________

3 케이크 한 개를 만드는 데 딸기 12개가 필요할 때 케이크의 수와 딸기의 수 사이의 대응 관계를 나타낸 표입니다. 물음에 답하세요.

케이크의 수(개)	1	2	3	4	5
딸기의 수(개)	12	24	36	48	60

(1) 케이크의 수를 ☆, 딸기의 수를 □라 할 때, 두 양 사이의 대응 관계를 식으로 나타내세요.

식 ____________________

(2) 케이크 10개를 만들려면 딸기가 몇 개 필요할까요?

( )

(3) 딸기가 300개 있다면 케이크를 몇 개까지 만들 수 있을까요?

( )

4 문어의 수와 문어 다리의 수 사이의 대응 관계를 나타낸 표입니다. 문어 다리의 수가 160개일 때, 문어는 모두 몇 마리일까요?

문어의 수(마리)	1	2	3	4	……
문어 다리의 수(개)	8	16	24	32	……

( )

Ⅲ 규칙성, 자료와 가능성

평균

평균 ⟶ 각 자료의 값을 모두 더해 자료의 수로 나눈 값

$$(\text{평균})=\frac{(\text{자료의 값을 모두 더한 수})}{(\text{자료의 수})}$$

예 지호네 학교 6학년 반별 학생 수가 다음과 같을 때 반별 학생 수의 평균 구하기

반별 학생 수

반	1	2	3	4	5	6
학생 수(명)	21	24	23	20	18	20

➡ $(\text{반별 학생 수의 평균})=\frac{21+24+23+20+18+20}{6}=\frac{126}{6}=21(\text{명})$

필수 개념 문제

1 윤주가 5일 동안 읽은 책의 쪽수를 나타낸 표입니다. 윤주는 책을 하루에 평균 몇 쪽씩 읽었는지 구하세요.

윤주가 읽은 책의 쪽수

요일	월	화	수	목	금
쪽수(쪽)	26	46	50	28	30

(　　　　　　　　)

2 두 도서관의 5개월 동안 도서 대출 책 수를 나타낸 표입니다. 월별 평균 도서 대출 책 수가 더 많은 곳은 어느 도서관인지 쓰세요.

월별 도서 대출 책 수 (단위: 권)

월	3월	4월	5월	6월	7월
가 도서관	110	134	125	156	200
나 도서관	126	128	132	144	180

(　　　　　　　　)

3 연주네 동아리 회원의 나이를 나타낸 표입니다. 물음에 답하세요.

동아리 회원의 나이

이름	연주	지원	재범	민수
나이(살)	16	13	12	11

(1) 동아리 회원의 평균 나이를 구하세요.

(　　　　　　　　)

(2) 회원 한 명이 더 들어와서 평균 나이가 한 살 늘어났습니다. 새로운 회원의 나이는 몇 살인지 구하세요.

(　　　　　　　　)

4 지우의 수학 시험 점수를 나타낸 표입니다. 5회까지 수학 시험의 평균 점수가 90점이 되려면 5회의 수학 시험은 몇 점을 받아야 하는지 구하세요.

수학 시험 점수

회	1	2	3	4	5
점수(점)	85	90	95	80	

(　　　　　　　　)

5-2 28 평균과 가능성

일이 일어날 가능성

가능성

- 어떠한 상황에서 특정한 일이 일어나길 기대할 수 있는 정도를 말합니다.
- 가능성의 정도는 '불가능하다(**0**), ~아닐 것 같다, 반반이다($\frac{1}{2}$), ~일 것 같다, 확실하다(**1**)'로 표현합니다.

예 1부터 6까지의 눈이 있는 주사위를 한 번 굴릴 때 일이 일어날 가능성

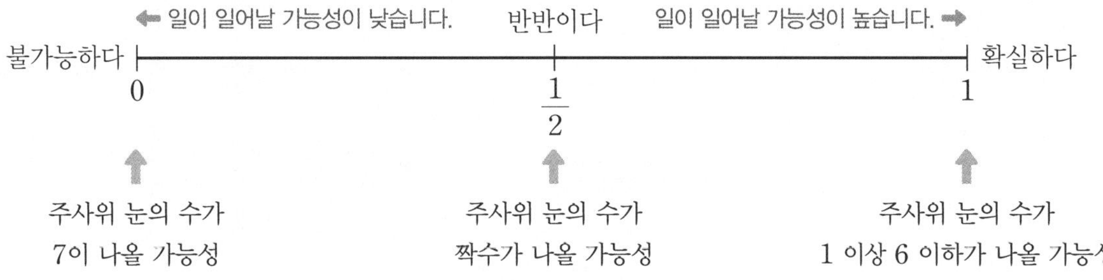

주사위 눈의 수가 7이 나올 가능성 / 주사위 눈의 수가 짝수가 나올 가능성 / 주사위 눈의 수가 1 이상 6 이하가 나올 가능성

필수 개념 문제

1 일이 일어날 가능성을 생각해 보고, 알맞게 표현한 곳에 ○표 하세요.

(1) 내일 아침에 남쪽에서 해가 뜰 것입니다.

불가능하다	~아닐 것 같다	반반이다	~일 것 같다	확실하다

(2) 동전을 던지면 그림 면이 나올 것입니다.

불가능하다	~아닐 것 같다	반반이다	~일 것 같다	확실하다

(3) 내년에는 4월이 3월보다 늦게 올 것입니다.

불가능하다	~아닐 것 같다	반반이다	~일 것 같다	확실하다

(4) 주사위 한 개를 굴리면 주사위 눈의 수가 5보다 클 것입니다.

불가능하다	~아닐 것 같다	반반이다	~일 것 같다	확실하다

2 주머니 속에 포도 맛 사탕이 3개, 사과 맛 사탕이 3개 있습니다. 사탕 1개를 꺼냈을 때 물음에 답하세요.

(1) 꺼낸 사탕이 포도 맛일 가능성을 수로 표현하세요.

( )

(2) 꺼낸 사탕이 오렌지 맛일 가능성을 수로 표현하세요.

( )

3 회전판 돌리기를 할 때 화살이 빨간색에 멈출 가능성을 수로 표현하세요.

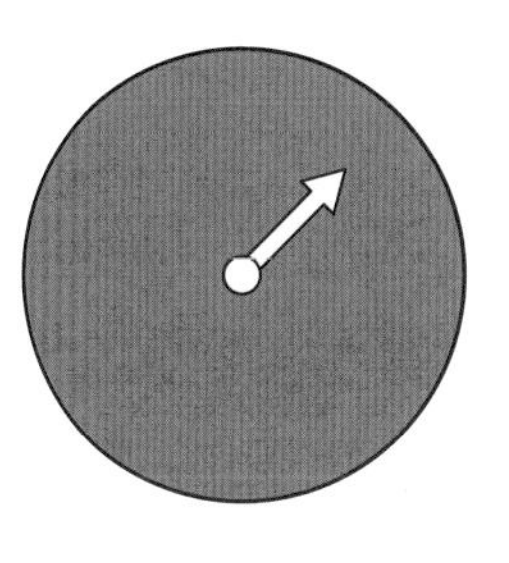

( )

CASE 1 대응 관계를 찾아 성냥개비 수 구하기

1 성냥개비로 그림과 같이 정사각형을 만들고 있습니다. 정사각형 12개를 만드는 데 필요한 성냥개비는 몇 개인지 구하세요.

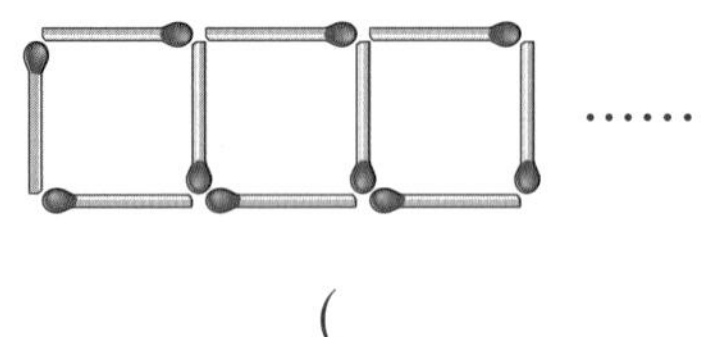

( )

2 성냥개비로 그림과 같이 정오각형을 만들고 있습니다. 정오각형 15개를 만드는 데 필요한 성냥개비는 몇 개인지 구하세요.

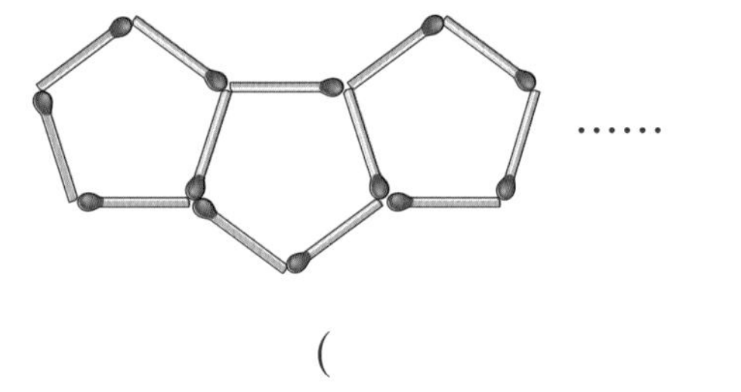

( )

3 성냥개비로 그림과 같이 정육각형을 만들고 있습니다. 성냥개비 41개로 만든 정육각형은 몇 개인지 구하세요.

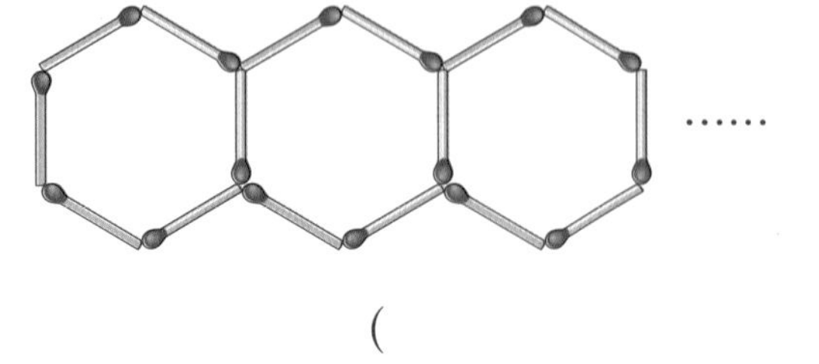

( )

CASE 2 순서에서 대응 관계 찾기

4 그림과 같이 성냥개비로 정사각형을 만들고 있습니다. 일곱째에 만든 정사각형은 몇 개인지 구하세요.

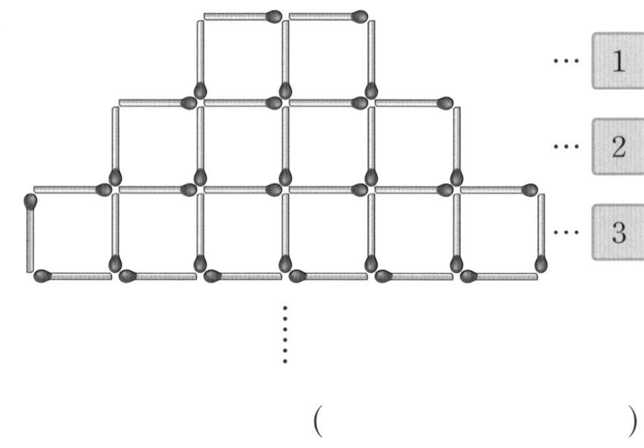

( )

5 그림과 같이 구슬을 늘어놓았습니다. 열째에 늘어놓은 구슬은 모두 몇 개인지 구하세요.

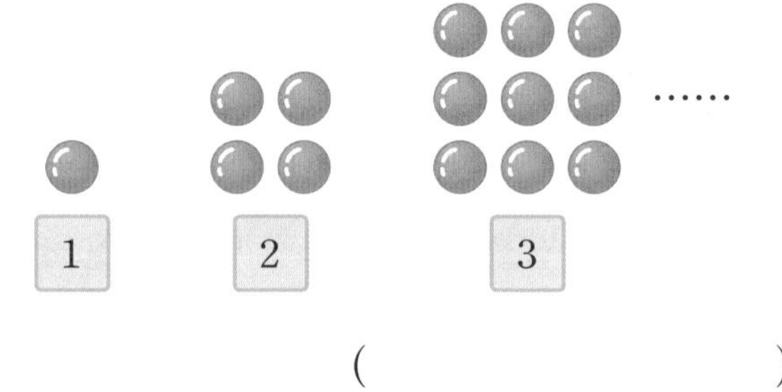

( )

6 그림과 같이 블록을 늘어놓았습니다. 블록이 56개 놓이는 것은 몇 째인지 구하세요.

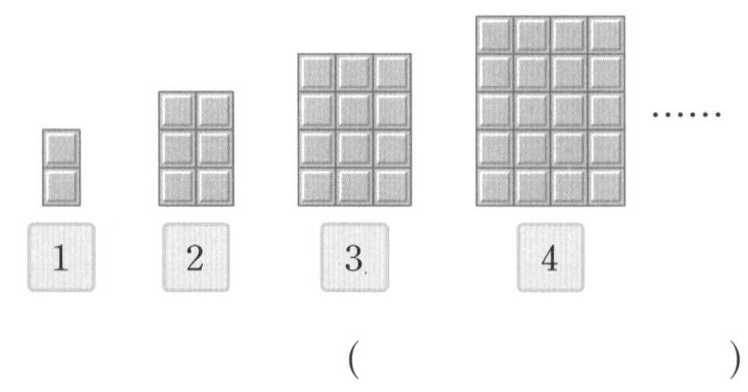

( )

CASE 3 전체 평균 구하기

7 수학 시험을 모두 4회 보았습니다. 1회와 2회의 평균 점수는 92점이고, 3회와 4회의 평균 점수는 88점입니다. 4회까지 수학 시험의 평균 점수를 구하세요.

( )

8 5개의 과수원이 있습니다. 가, 나, 다 세 과수원의 평균 귤 수확량은 840상자이고, 라, 마 두 과수원의 평균 귤 수확량은 895상자입니다. 다섯 과수원의 평균 귤 수확량은 몇 상자인지 구하세요.

( )

9 성주네 반 남학생과 여학생의 평균 몸무게를 나타낸 표입니다. 성주네 반 전체 학생들의 평균 몸무게를 구하세요.

남학생 13명	50 kg
여학생 12명	45 kg

( )

CASE 4 가능성 비교하기

10 일이 일어날 가능성이 가장 높은 것을 찾아 기호를 쓰세요.

㉠ 동전을 던졌을 때 숫자 면이 나올 가능성
㉡ 주사위 한 개를 굴릴 때 주사위 눈의 수가 10이 나올 가능성
㉢ 숫자 1이 쓰인 카드 5장이 들어 있는 주머니에서 숫자 1이 쓰인 카드를 뽑을 가능성

( )

11 일이 일어날 가능성이 가장 낮은 것을 찾아 기호를 쓰세요.

㉠ 검은색 공 3개가 들어 있는 상자에서 검은색 공을 꺼낼 가능성
㉡ 검은색 공 2개와 흰색 공 2개가 들어 있는 상자에서 흰색 공을 꺼낼 가능성
㉢ 검은색 공 1개와 흰색 공 3개가 들어 있는 상자에서 빨간색 공을 꺼낼 가능성

( )

12 숫자 1부터 4까지 쓰인 카드 4장이 있는 주머니에서 카드 1장을 꺼냈습니다. 가능성이 가장 높은 것부터 차례로 기호를 쓰세요.

㉠ 짝수가 나올 가능성
㉡ 숫자 7이 나올 가능성
㉢ 1 이상 4 이하인 수가 나올 가능성

( )

1 □와 △ 사이의 대응 관계를 나타낸 식을 보고, ㉠+㉡의 값을 구하세요.

□×2+1=△

□	3	4	5	6	7	……
△	7	9	11	㉠	㉡	……

(　　　　　　　)

2 탁자 한 개에 의자가 4개씩 있습니다. 의자가 52개 있을 때 탁자는 몇 개 있는지 구하세요.

(　　　　　　　)

3 1분에 8 L의 물이 나오는 수도꼭지와 1분에 12 L의 물이 나오는 수도꼭지가 있습니다. 2개의 수도꼭지를 동시에 틀어서 150 L의 물을 받으려면 몇 분 몇 초가 걸리는지 구하세요.

(　　　　　　　)

4 일정한 빠르기로 한 시간에 120 km를 달리는 기차가 있습니다. 기차가 쉬지 않고 500 km를 가려면 몇 시간 몇 분 동안 달려야 하는지 구하세요.

(　　　　　　　)

5 길이가 5 cm인 색 테이프를 그림과 같이 1 cm씩 겹치게 이어 붙이고 있습니다. 색 테이프 10장을 이어 붙였을 때, 이어 붙인 색 테이프 전체의 길이는 몇 cm인지 구하세요.

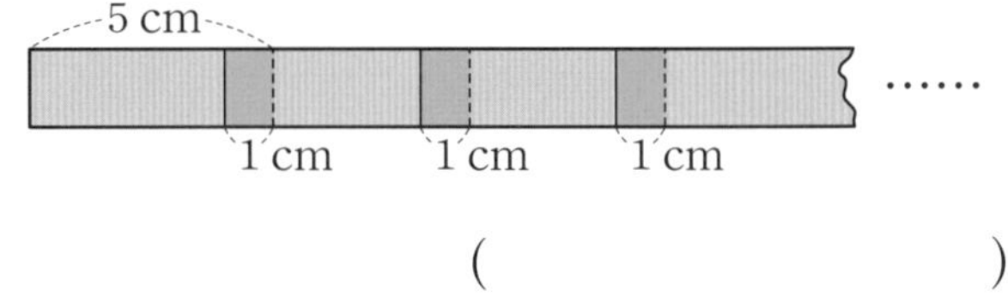

(　　　　　　　)

6 그림과 같이 성냥개비로 직각삼각형을 만들고 있습니다. 직각삼각형 12개를 만드는 데 필요한 성냥개비는 몇 개인지 구하세요.

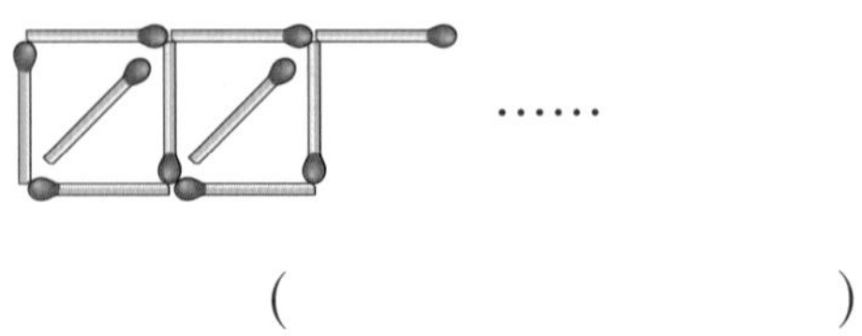

(　　　　　　　)

7 재희네 학교에서 단체 줄넘기 대회를 했습니다. 평균 30번 이상이 되어야 결승에 올라갈 수 있습니다. 6학년 3반의 기록이 다음과 같을 때, 3반은 결승에 올라갈 수 있는지 쓰세요.

37번 26번 28번 25번

( )

8 어느 지역의 농장별 옥수수 생산량을 나타낸 표입니다. 농장별 옥수수 생산량의 평균이 7430 kg일 때, 라 농장의 옥수수 생산량은 몇 kg인지 구하세요.

농장별 옥수수 생산량

농장	가	나	다	라	마
생산량(kg)	8530	7820	5340		8240

( )

9 진우네 가족이 딴 감의 수를 조사하여 나타낸 표입니다. 진우네 가족이 딴 감의 수의 평균이 90개일 때, 감을 가장 많이 딴 사람은 누구인지 쓰세요.

진우네 가족이 딴 감의 수

가족	아버지	어머니	누나	진우	동생
감의 수(개)	92		108	102	52

( )

10 주머니 속에 검은색 바둑돌 1개와 흰색 바둑돌 3개가 들어 있습니다. 주머니에서 바둑돌 한 개를 꺼낼 때 바둑돌이 흰색일 가능성을 보기 에서 찾아 기호를 쓰세요.

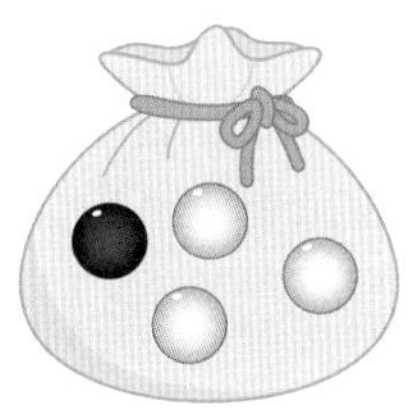

보기

㉠ 불가능하다　㉡ ~아닐 것 같다
㉢ 반반이다　㉣ ~일 것 같다
㉤ 확실하다

( )

11 상자 안에 노란색 공 3개, 빨간색 공 4개가 들어 있습니다. 상자 안에서 공을 하나 꺼낼 때 꺼낸 공이 검은색일 가능성을 수로 나타내세요.

( )

12 일이 일어날 가능성이 '불가능하다'이면 0, '반반이다'이면 $\frac{1}{2}$, '확실하다'이면 1로 표현할 때 다음 일이 일어날 가능성을 수직선에 ↓로 나타내세요.

주사위를 굴렸을 때 짝수의 눈이 나올 가능성

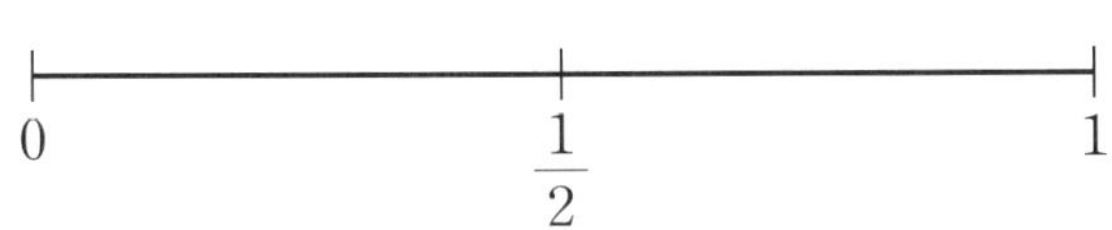

두 수를 비교하기

두 수를 비교하기

예 한 바구니에 사과 2개, 귤 4개가 들어 있습니다.

바구니 수(개)	1	2	3	4	5	6
사과 수(개)	2	4	6	8	10	12
귤 수(개)	4	8	12	16	20	24

➡ 바구니 수에 따라 귤 수는 항상 사과 수의 2배로 수의 관계가 변하지 않습니다.

필수 개념 문제

1 연필이 12자루, 지우개가 4개 있습니다. 연필의 수와 지우개의 수를 2가지 방법으로 비교하여 설명해 보세요.

뺄셈으로 비교하기

나눗셈으로 비교하기

2 올해 민주는 13살, 민주의 동생은 9살입니다. 물음에 답하세요.

(1) 민주와 동생의 나이를 예상하여 표를 완성하세요.

나이	올해	1년 후	2년 후	3년 후
민주	13			
동생	9			

(2) 민주의 나이와 동생의 나이 사이의 관계를 쓰세요.

3 한 봉지에 빨간색 구슬 9개, 파란색 구슬 3개씩 담으려고 합니다. 표를 완성하고 □ 안에 알맞은 수를 써넣으세요.

봉지 수	1	2	3	4	5
빨간색 구슬 수	9				
파란색 구슬 수	3				

(빨간색 구슬 수)÷(파란색 구슬 수)=□

➡ 빨간색 구슬 수는 파란색 구슬 수의 □배입니다.

4 한 모둠에 가위 2개, 색종이 10장씩 나누어 주려고 합니다. 가위 수와 색종이 수 사이의 관계를 알아보세요.

(1) 4모둠에게 나누어 줄 가위 수와 색종이 수를 각각 구하세요.

가위 (　　　　)
색종이 (　　　　)

(2) 가위 수는 색종이 수의 $\frac{1}{\square}$입니다.

090 6-1 **29** 비와 비율

비

비

두 수를 나눗셈으로 비교하기 위해 기호 :를 사용하여 나타낸 것을 비라고 합니다.

4 : 3 → 4 대 3 / 4와 3의 비 / 3에 대한 4의 비 / 4의 3에 대한 비

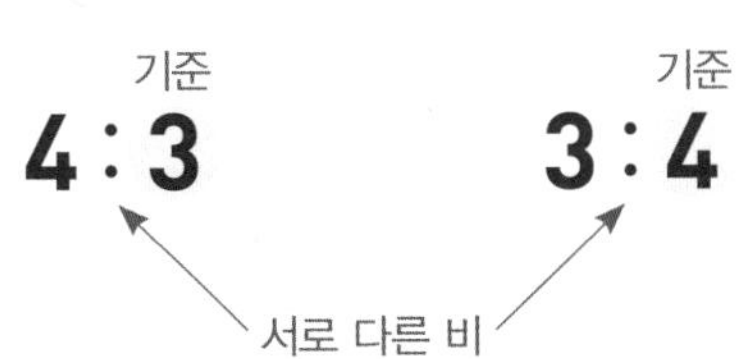

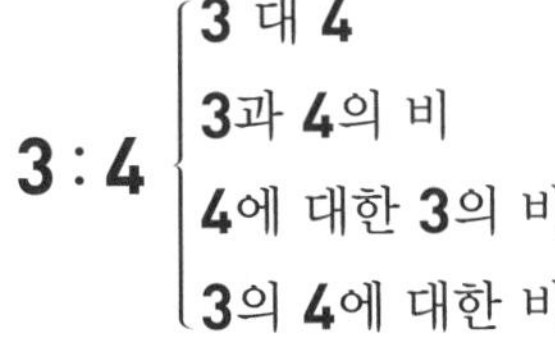

3 : 4 → 3 대 4 / 3과 4의 비 / 4에 대한 3의 비 / 3의 4에 대한 비

필수 개념 문제

1 그림을 보고 □ 안에 알맞은 수를 써넣으세요.

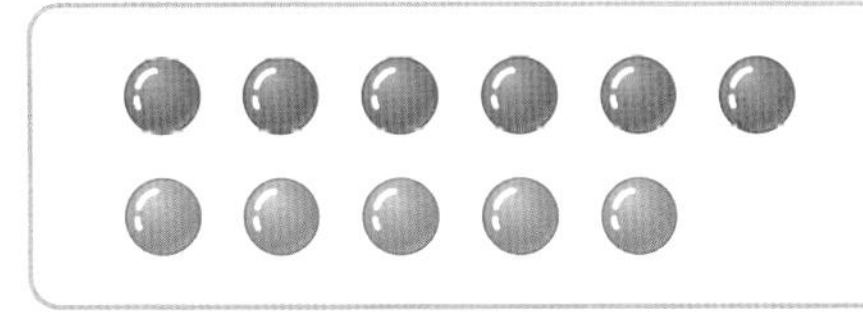

빨간색 구슬 수에 대한 파란색 구슬 수의 비는 □ : □입니다.

2 그림을 보고 전체에 대한 색칠한 부분의 비를 쓰세요.

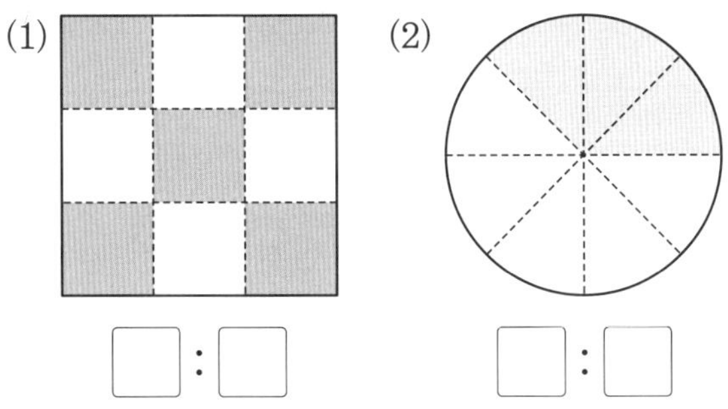

(1) □ : □ (2) □ : □

3 □ 안에 알맞은 수를 써넣으세요.

(1) 13 대 20 ➡ □ : □

(2) 5와 8의 비 ➡ □ : □

(3) 7에 대한 3의 비 ➡ □ : □

(4) 25의 12에 대한 비 ➡ □ : □

4 다음 비를 여러 가지 방법으로 읽은 것입니다. □ 안에 알맞은 수를 써넣으세요.

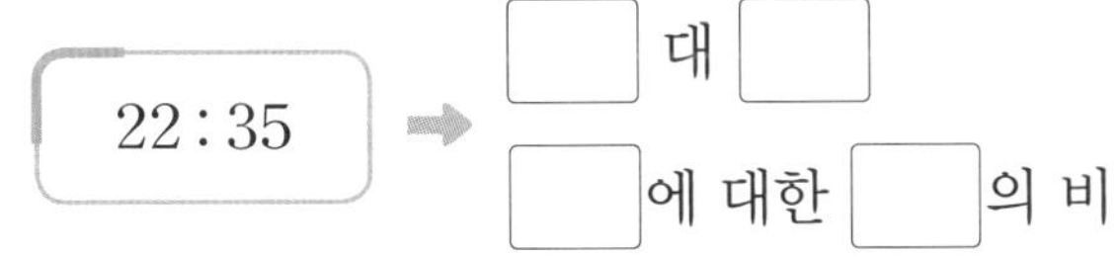

□ 대 □

□에 대한 □의 비

5 비를 잘못 읽은 것의 기호를 쓰세요.

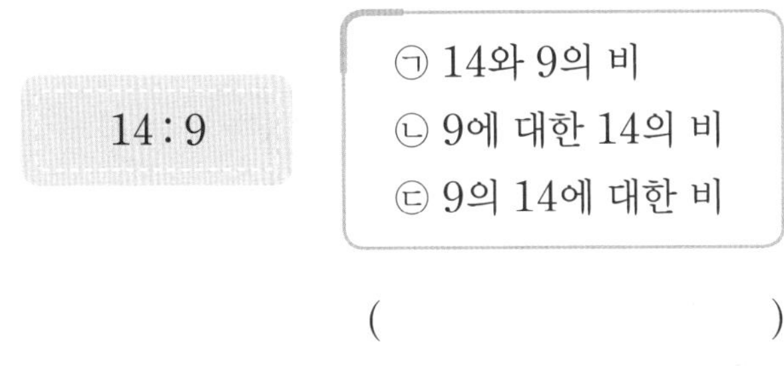

14 : 9
㉠ 14와 9의 비
㉡ 9에 대한 14의 비
㉢ 9의 14에 대한 비

(　　　　　)

6 전체에 대한 색칠한 부분의 비가 다음과 같도록 그림에 색칠하세요.

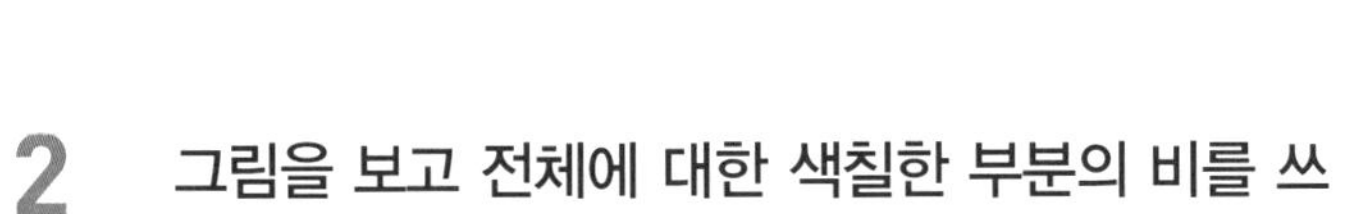

7 : 16

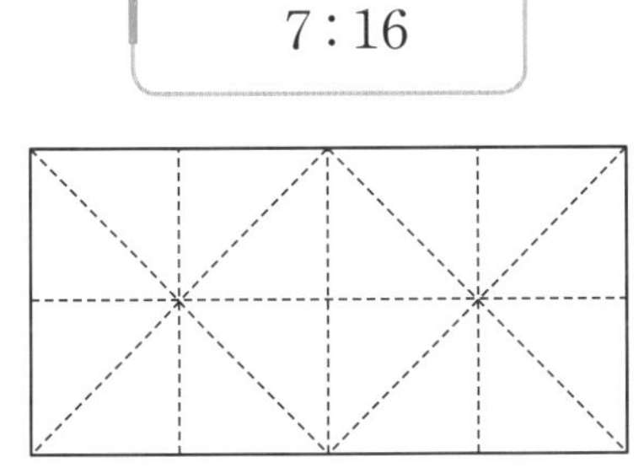

비율

비율

기준량에 대한 비교하는 양의 크기를 비율이라고 합니다.

$$(\text{비율}) = \frac{(\text{비교하는 양})}{(\text{기준량})}$$

➡ 비 **7:10**을 비율로 나타내면 $\frac{7}{10}$ 또는 **0.7**입니다.

필수 개념 문제

1 비교하는 양과 기준량을 찾아쓰세요.

비	비교하는 양	기준량
7과 3의 비		
9에 대한 2의 비		

2 관계있는 것끼리 선으로 이으세요.

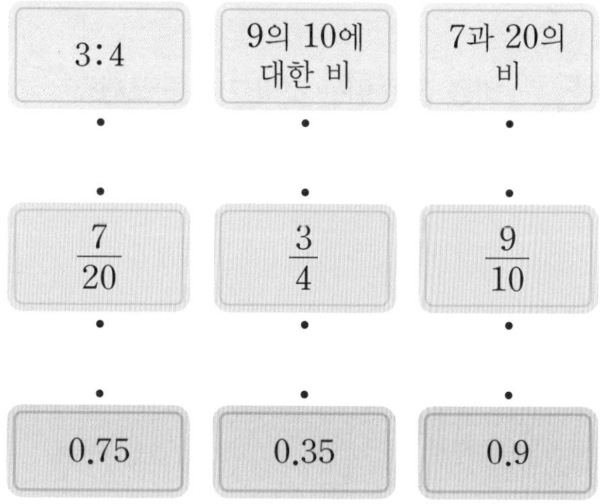

3 오른쪽 수첩의 긴 쪽과 짧은 쪽의 길이를 보고 긴 쪽에 대한 짧은 쪽의 길이의 비율을 분수로 나타내세요.

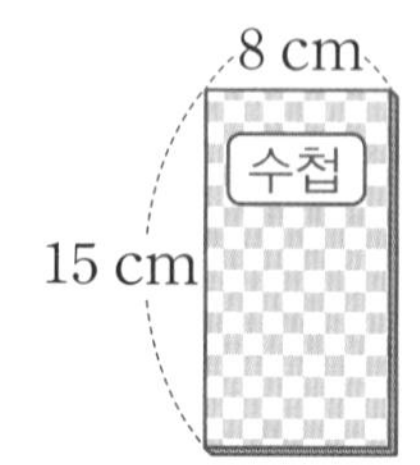

( )

4 학교와 지후네 집 사이의 거리에 대한 학교와 소라네 집 사이의 거리의 비율을 분수와 소수로 각각 나타내세요.

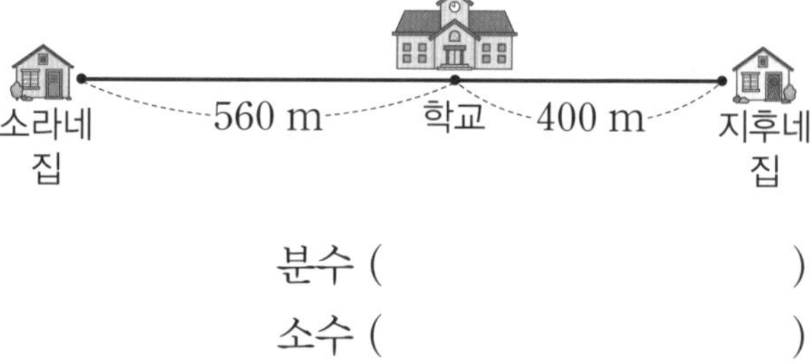

분수 ( )
소수 ( )

5 종수는 과자를 만들기 위해 밀가루 5컵에 설탕 2컵을 넣었습니다. 물음에 답하세요.

(1) 밀가루 양에 대한 설탕 양의 비율을 분수로 나타내세요.

( )

(2) 설탕 양에 대한 밀가루 양의 비율을 소수로 나타내세요.

( )

6 연필 35자루를 지호와 민수가 나누어 가졌습니다. 지호가 20자루를 가졌을 때 지호가 가진 연필 수에 대한 민수가 가진 연필 수의 비율을 소수로 나타내세요.

( )

6-1 **29** 비와 비율

백분율

백분율

기준량을 **100**으로 할 때의 비율을 백분율이라고 합니다. 백분율은 기호 %를 사용하여 나타냅니다.

비율 $\frac{43}{100}$ [쓰기] **43** % [읽기] **43** 퍼센트

할인율, 농도, 득표율 등 백분율은 일상생활에서 많이 쓰입니다.

필수 개념 문제

1 비율을 백분율로 나타내려고 합니다. □ 안에 알맞은 수를 써넣으세요.

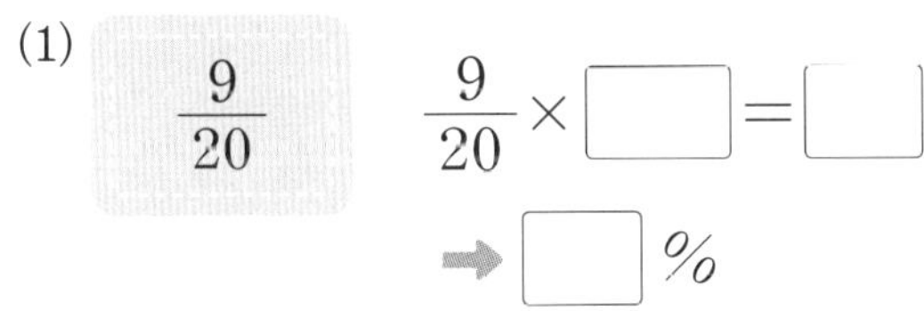

(1) $\frac{9}{20}$ $\frac{9}{20}\times\square=\square$ ➡ □ %

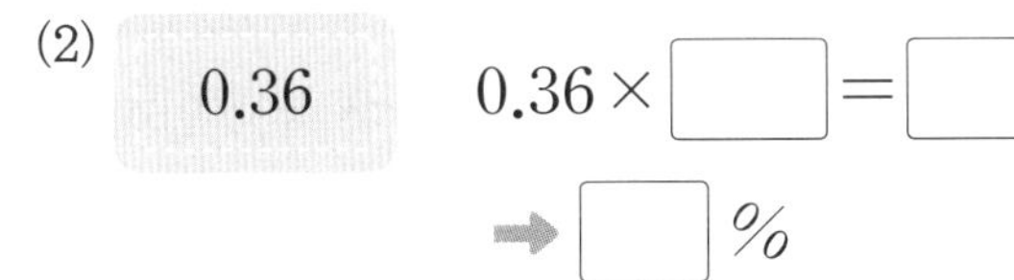

(2) 0.36 $0.36\times\square=\square$ ➡ □ %

2 빈칸에 알맞게 써넣으세요.

분수	소수	백분율
		39 %
	0.05	
$\frac{13}{25}$		

3 색칠한 부분은 전체의 몇 %일까요?

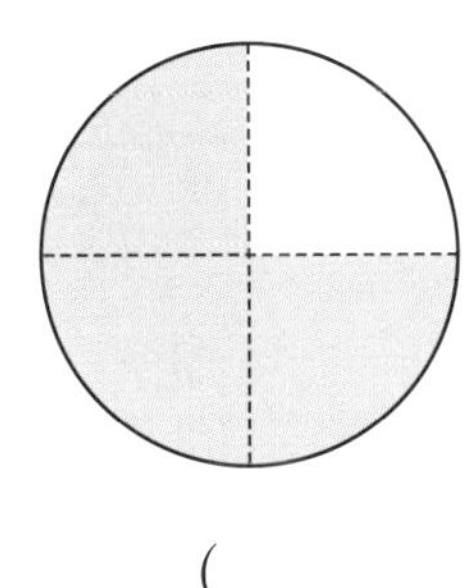

(　　　　　　　　)

4 비율만큼 색칠하세요.

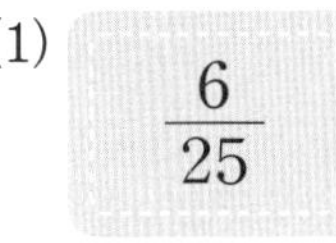

(1) $\frac{6}{25}$

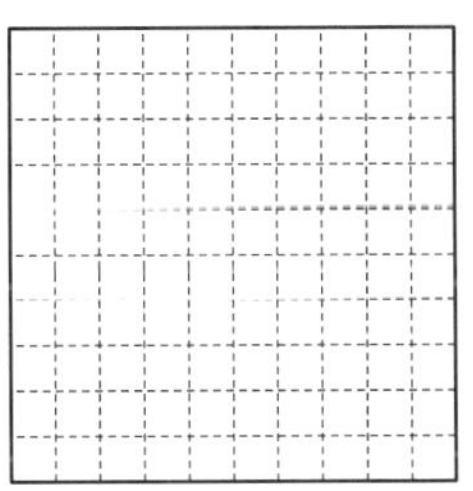

(2) 40%

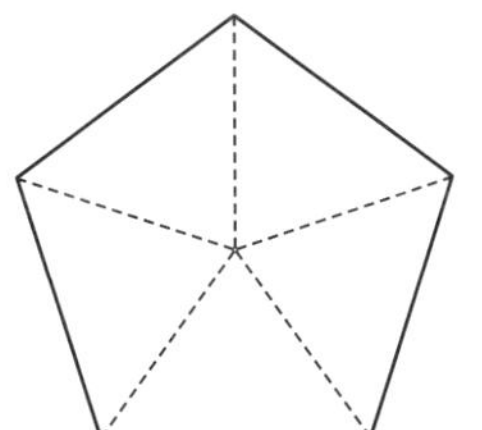

5 종민이는 수학 단원평가에서 20문제 중에서 17문제를 맞혔습니다. 수학 단원평가에서 종민이의 정답률은 몇 %인지 구하세요.

(　　　　　　　　)

6 두 가게에서 파는 가방의 정가와 판매 가격을 나타낸 표입니다. 할인율이 더 높은 가게는 어디인지 쓰세요.

가게	정가	판매 가격
가	20000원	14000원
나	24000원	18000원

(　　　　　　　　)

III 규칙성, 자료와 가능성

CASE 1 도형의 넓이 구하기

1 직사각형의 가로를 30 % 늘여서 새로운 직사각형을 만들었습니다. 새로 만든 직사각형의 넓이를 구하세요.

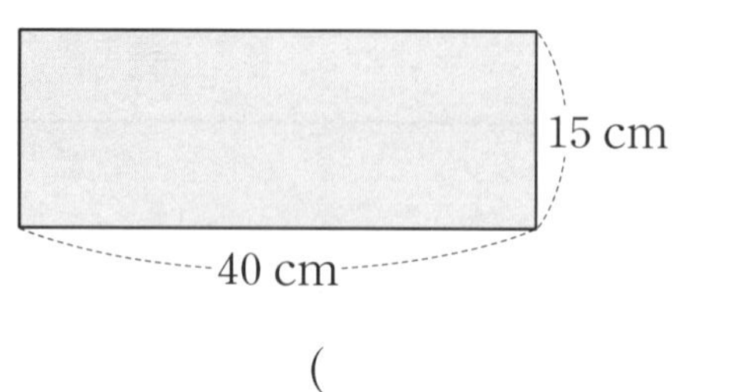

( )

2 마름모의 대각선 ㄱㄷ의 길이를 20 % 줄여서 새로운 마름모를 만들었습니다. 새로 만든 마름모의 넓이를 구하세요.

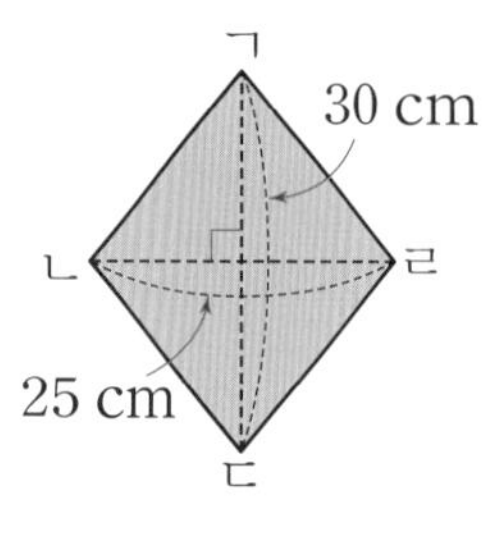

( )

3 삼각형의 밑변과 높이를 각각 15 %씩 줄여서 새로운 삼각형을 만들었습니다. 새로 만든 삼각형의 넓이를 구하세요.

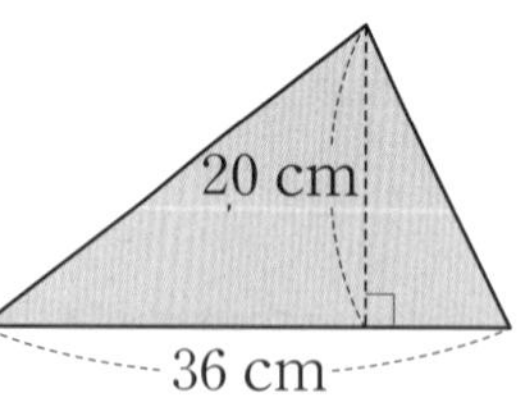

( )

CASE 2 할인율, 할인액 구하기

4 과일 가게에서 사과와 귤을 다음과 같이 할인하여 판매합니다. 할인율이 더 높은 과일은 무엇인지 쓰세요.

과일	정가	판매 가격
사과	25000원	22000원
귤	16000원	12000원

( )

5 문구점에서 다음과 같이 할인하여 판매합니다. 할인율이 가장 낮은 물건은 무엇인지 쓰세요.

물건	정가	판매 가격
스케치북	3200원	2720원
색연필	4000원	3000원
가위	3500원	2800원

( )

6 관람료가 25000원인 연극 공연에서 지호는 20%의 할인을 받았습니다. 지호가 할인받은 금액은 얼마인지 구하세요.

( )

CASE 3 이자율, 이자 구하기

7 은행에 예금한 돈과 예금한 기간, 이자를 나타낸 표입니다. 두 은행 중 어느 은행의 1개월 이자율이 더 높은지 구하세요.

은행	예금한 돈	예금한 기간	이자
가	10000원	1개월	100원
나	40000원	4개월	2080원

(　　　　　　)

8 은행에 예금한 돈과 예금한 기간, 이자를 나타낸 표입니다. 100000원을 1년 동안 예금한다면 어느 은행에 예금하는 것이 얼마나 더 이익인지 구하세요.

은행	예금한 돈	예금한 기간	이자
가	70000원	3년	12600원
나	50000원	2년	8000원

(　　　　　　,　　　　　　)

9 유지가 두 은행에 다음과 같이 같은 기간 동안 예금하였습니다. 유지가 받을 이자가 더 많은 은행은 어느 은행인지 구하세요.

은행	예금한 돈	이자율
가	6000원	7 %
나	9000원	5 %

(　　　　　　)

CASE 4 비율로 비교하는 양 구하기

10 물건을 사면 물건값의 10 %만큼 포인트로 적립해 주는 가게가 있습니다. 이 가게에서 3250원짜리 과자를 사면 몇 포인트를 적립 받을 수 있는지 구하세요.

(　　　　　　)

11 어린이 도서관에 있는 과학책 수에 대한 위인전 수의 비율이 $\frac{9}{25}$입니다. 과학책이 100권이면 위인전은 몇 권인지 구하세요.

(　　　　　　)

12 물은 얼음이 되면 부피가 약 8 % 정도 늘어납니다. 물 30 cm^3가 얼면 얼음은 몇 cm^3가 되는지 구하세요.

(　　　　　　)

그림그래프

그림그래프

조사한 자료를 특징이 잘 드러나는 그림으로 표현하고, 수량의 많고 적음을 그림의 크기로 나타냅니다.

권역별 사과 생산량

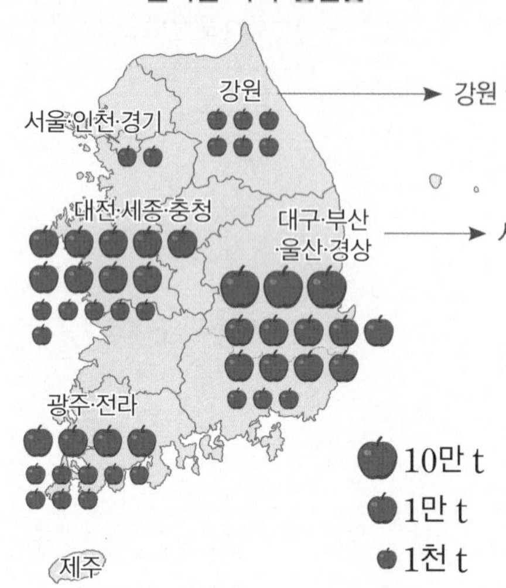

→ 강원 권역은 서울·인천·경기 권역 사과 생산량의 3배입니다.

→ 사과 생산량이 가장 많은 권역은 대구·부산·울산·경상 권역입니다.

10만 t
1만 t
1천 t

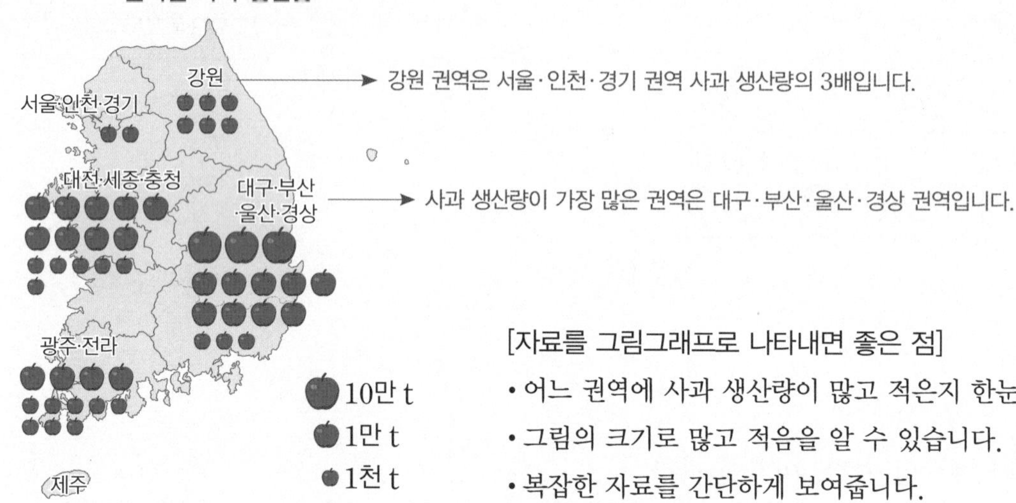

[자료를 그림그래프로 나타내면 좋은 점]
- 어느 권역에 사과 생산량이 많고 적은지 한눈에 알 수 있습니다.
- 그림의 크기로 많고 적음을 알 수 있습니다.
- 복잡한 자료를 간단하게 보여줍니다.

필수 개념 문제

1 텃밭별 감자 생산량을 나타낸 표입니다. 물음에 답하세요.

텃밭별 감자 생산량

텃밭	가	나	다	라
감자 생산량(kg)	83	152	234	125

(1) 감자 생산량에 따라 100 kg은 (큰 그림)으로, 10 kg은 (중간 그림)으로, 1 kg은 (작은 그림)으로 나타낸다면 나 텃밭, 다 텃밭의 감자 생산량은 각각 몇 개로 나타내야 하나요?

나 텃밭
(100 kg) (　　　)
(10 kg) (　　　)
(1 kg) (　　　)

다 텃밭
(100 kg) (　　　)
(10 kg) (　　　)
(1 kg) (　　　)

(2) 텃밭별 감자 생산량을 그림그래프로 나타내세요.

텃밭별 감자 생산량

텃밭	감자 생산량
가	
나	
다	
라	

100 kg　10 kg　1 kg

(3) 감자 생산량이 가장 많은 텃밭은 어느 곳일까요?

(　　　)

(4) 감자 생산량이 가장 적은 텃밭은 어느 곳일까요?

(　　　)

6-1 30 여러 가지 그래프

띠그래프

▶ 띠그래프

전체에 대한 각 부분의 비율을 띠 모양에 나타낸 그래프를 띠그래프라고 합니다.

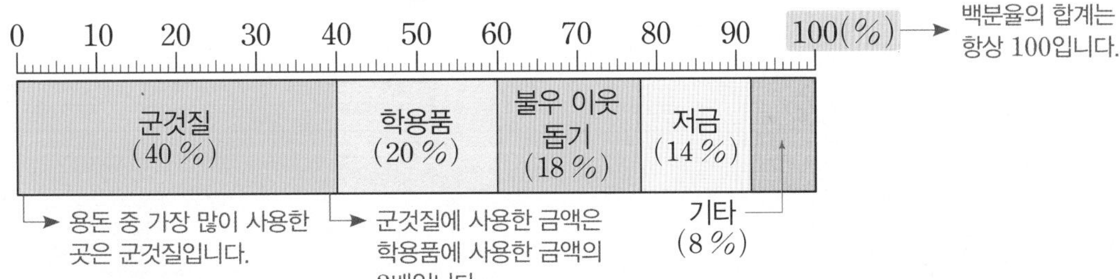

▶ 띠그래프로 나타내는 방법

① 자료를 보고 각 항목의 백분율을 구합니다.
② 각 항목의 백분율의 합계가 **100 %**가 되는지 확인합니다.
③ 각 항목이 차지하는 백분율의 크기만큼 선을 그어 띠를 나눕니다.
④ 나눈 부분에 각 항목의 내용과 백분율을 씁니다.
⑤ 띠그래프의 제목을 씁니다.

필수 개념 문제

1 효주네 학교 6학년 학생들이 사는 마을을 조사하여 나타낸 띠그래프입니다. 물음에 답하세요.

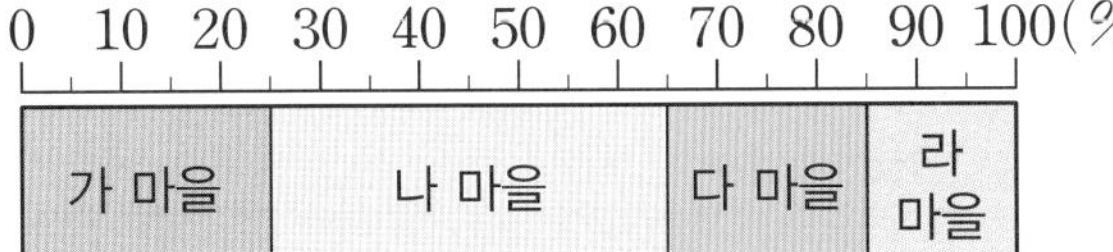

(1) 6학년 학생이 가장 적은 마을은 어느 마을인가요?

( )

(2) 띠그래프를 보고 표를 완성하세요.

학생들이 사는 마을

마을	가	나	다	라	합계
백분율(%)					

(3) 다 마을에 사는 학생이 60명이라면 효주네 학교 6학년 학생은 몇 명일까요?

( )

2 민종이네 학교 학생들이 좋아하는 꽃을 조사하여 나타낸 표입니다. 물음에 답하세요.

좋아하는 꽃

꽃	장미	국화	튤립	기타	합계
학생 수	64	40	32	24	160
백분율(%)					

(1) 좋아하는 꽃별 학생 수의 백분율을 구하여 표를 완성하세요.

(2) 표를 보고 띠그래프를 그려보세요.

좋아하는 꽃

0 10 20 30 40 50 60 70 80 90 100(%)

(3) 국화를 좋아하는 학생은 튤립을 좋아하는 학생의 몇 배입니까?

( )

Ⅲ 규칙성, 자료와 가능성

원그래프

원그래프

전체에 대한 각 부분의 비율을 원 모양에 나타낸 그래프를 원그래프라고 합니다.

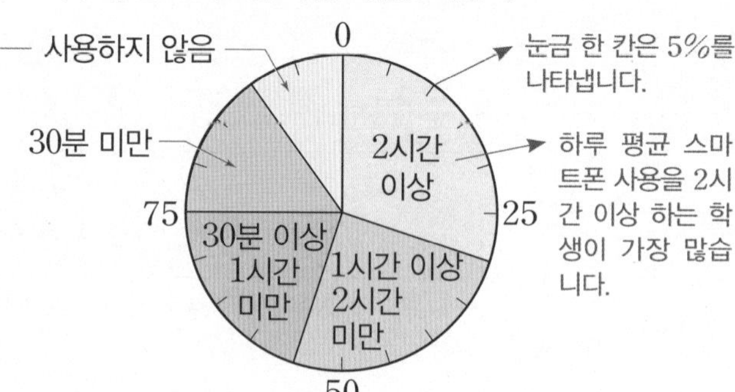

원그래프로 나타내는 방법

① 자료를 보고 각 항목의 백분율을 구합니다.

② 각 항목의 백분율의 합계가 **100 %**가 되는지 확인합니다.

③ 각 항목이 차지하는 백분율의 크기만큼 선을 그어 원을 나눕니다.

④ 나눈 부분에 각 항목의 내용과 백분율을 씁니다.

⑤ 원그래프의 제목을 씁니다.

필수 개념 문제

1 건우네 반 학생들의 장래 희망을 조사하여 나타낸 원그래프입니다. 물음에 답하세요.

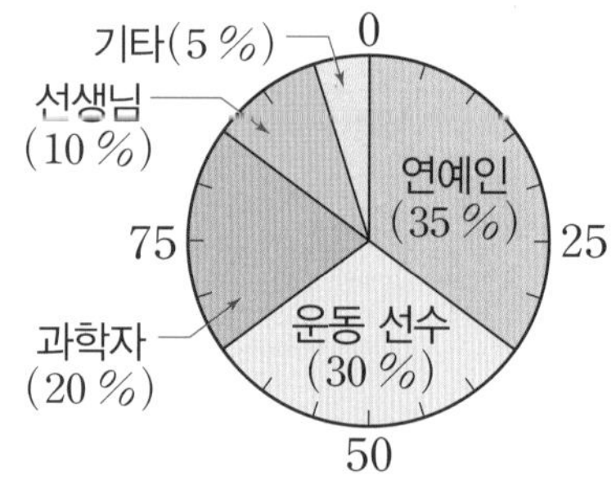

(1) 장래 희망 중 두 번째로 높은 비율을 차지하는 것은 무엇일까요?

( )

(2) 과학자가 되고 싶은 학생은 선생님이 되고 싶은 학생의 몇 배일까요?

( )

2 호영이네 반 학생들이 좋아하는 과일을 조사하여 나타낸 표입니다. 물음에 답하세요.

좋아하는 과일

과일	사과	포도	딸기	수박	기타	합계
학생 수	6	4	5	3	2	20
백분율(%)						

(1) 과일별 학생 수의 백분율을 구하여 표를 완성하세요.

(2) 표를 보고 원그래프를 완성하세요.

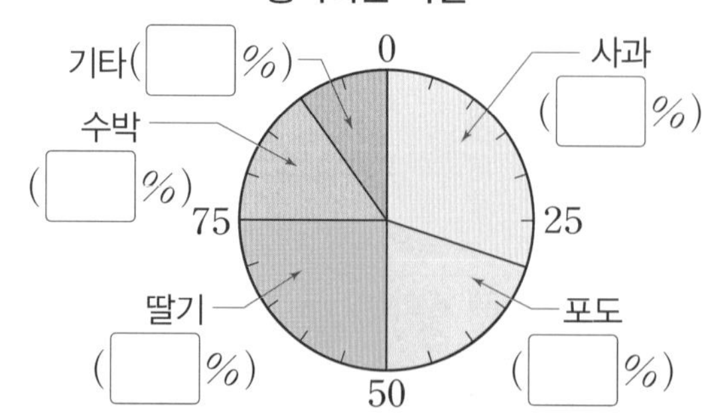

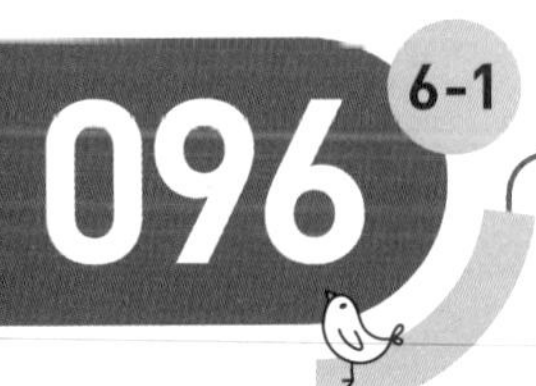

6-1 30 여러 가지 그래프

여러 가지 그래프

그래프의 종류와 특징

그래프	특징	자료
막대그래프	수량의 많고 적음을 한눈에 비교하기 쉽습니다. 각각의 크기를 비교할 때 편리합니다.	권역별 미세 먼지 농도, 우리 반 친구들이 좋아하는 과목
꺾은선그래프	수량의 변화하는 모습과 정도를 쉽게 알 수 있습니다. 시간에 따라 연속적으로 변하는 양을 나타내는 데 편리합니다.	내 키의 월별 변화
그림그래프	그림의 크기와 수로 수량의 많고 적음을 쉽게 알 수 있습니다. 자료의 특징에 따라 상징적인 그림으로 표현할 수 있습니다.	권역별 쌀 수확량
띠그래프	전체에 대한 각 부분의 비율을 한눈에 알아보기 쉽습니다. 여러 개의 띠그래프로 비율이 변화하는 것을 알 수 있습니다.	미세 먼지 배출량, 우리 반 친구들이 좋아하는 과목
원그래프	전체에 대한 각 부분의 비율을 한눈에 알아보기 쉽습니다. 각 항목끼리의 비율을 쉽게 비교할 수 있습니다.	우리 반 친구들이 좋아하는 과목

하나의 자료를 여러 가지 그래프로 표현할 수 있습니다.

필수 개념 문제

1 띠그래프 또는 원그래프를 이용하면 편리하게 알 수 있는 것을 모두 찾아 기호를 쓰세요.

㉠ 우리나라 국토 이용 현황
㉡ 교실의 온도 변화
㉢ 종류별 쓰레기 발생량
㉣ 일주일 동안 한 줄넘기 수

(　　　　　　　　　　)

2 지웅이네 학교 6학년 학생들이 가고 싶은 산을 조사하여 나타낸 막대그래프입니다. 물음에 답하세요.

가고 싶은 산별 학생 수

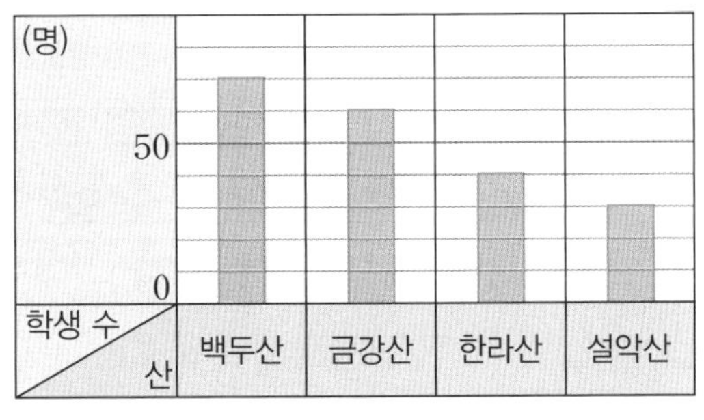

(1) 산별 학생 수의 백분율을 구하여 표를 완성하세요.

가고 싶은 산별 학생 수

산	백두산	금강산	한라산	설악산	합계
학생 수	70		40	30	200
백분율(%)	35	30			100

(2) 띠그래프와 원그래프로 나타내세요.

가고 싶은 산별 학생 수

0 10 20 30 40 50 60 70 80 90 100(%)

가고 싶은 산별 학생 수

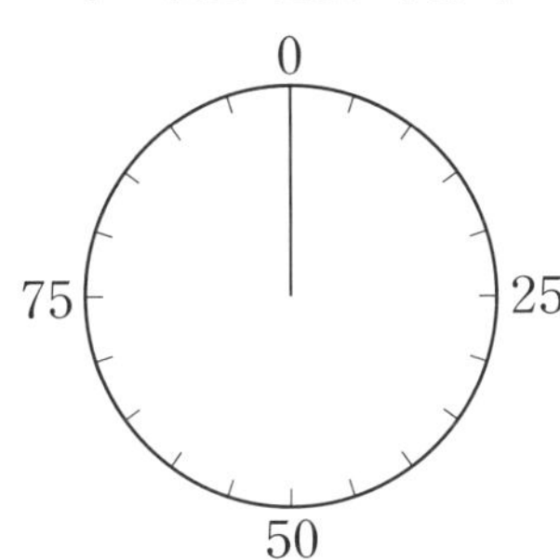

CASE 1 항목의 수로 전체의 수 구하기

1 지호네 학교 학생들이 좋아하는 운동을 조사하여 나타낸 띠그래프입니다. 축구를 좋아하는 학생이 60명일 때, 전체 학생은 몇 명인지 구하세요.

좋아하는 운동

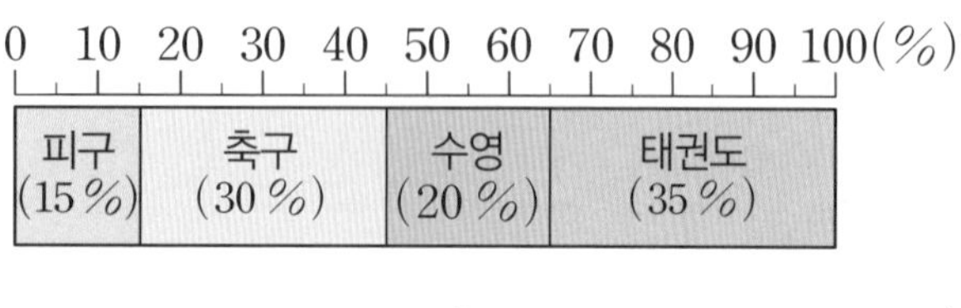

(　　　　　　　　)

2 윤주가 한 달 동안 읽은 책을 조사하여 나타낸 띠그래프입니다. 위인전을 5권 읽었다면 한 달 동안 읽은 책은 모두 몇 권인지 구하세요.

한 달 동안 읽은 책

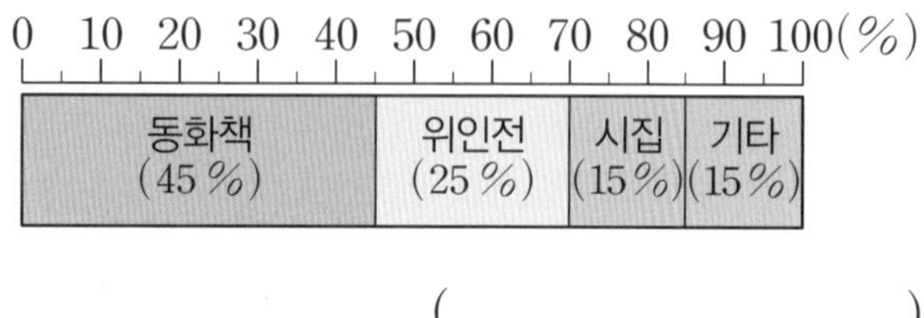

(　　　　　　　　)

3 어느 지역의 학교급별 학생 수를 조사하여 나타낸 원그래프입니다. 이 지역의 초등학생이 630명일 때, 전체 학생은 몇 명인지 구하세요.

학교급별 학생 수

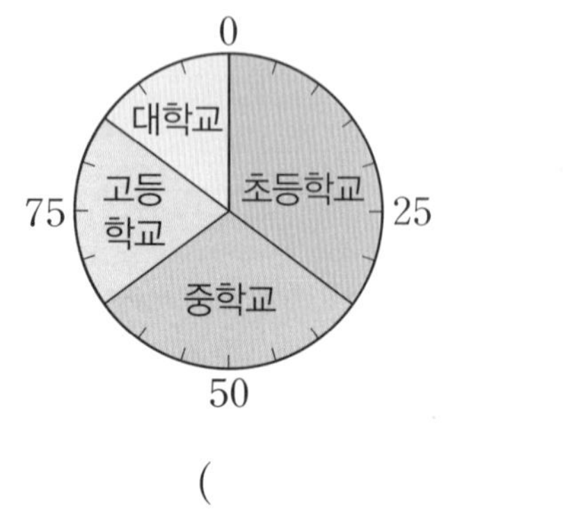

(　　　　　　　　)

CASE 2 항목의 비율로 항목 수 구하기

4 재희네 반 학생들이 좋아하는 과목을 조사하여 나타낸 원그래프입니다. 수학을 좋아하는 학생이 7명이면 사회를 좋아하는 학생은 몇 명인지 구하세요.

좋아하는 과목

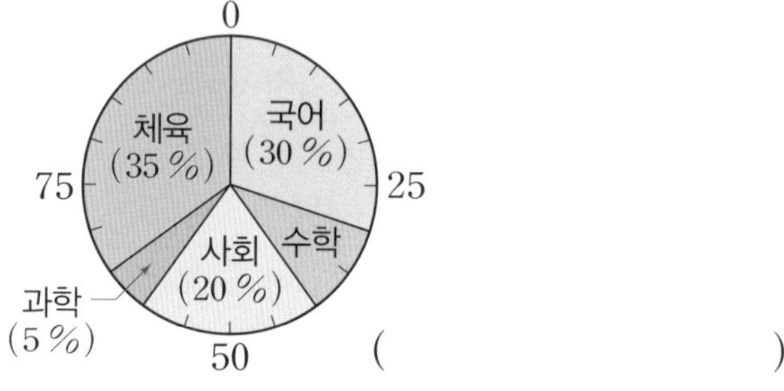

(　　　　　　　　)

5 어떤 음식에 들어 있는 영양소를 조사하여 나타낸 원그래프입니다. 탄수화물이 90 g이라면 지방은 몇 g인지 구하세요.

영양소

기타(5 %)
0
무기염류 (10 %)
탄수화물 (45 %)
25
75
지방
단백질 (25 %)
50

(　　　　　　　　)

6 한 달 동안의 공장별 자전거 생산량을 나타낸 띠그래프입니다. 한 달 동안 나 공장에서 생산된 자전거가 900대일 때, 가 공장에서 생산된 자전거는 몇 대인지 구하세요.

공장별 자전거 생산량

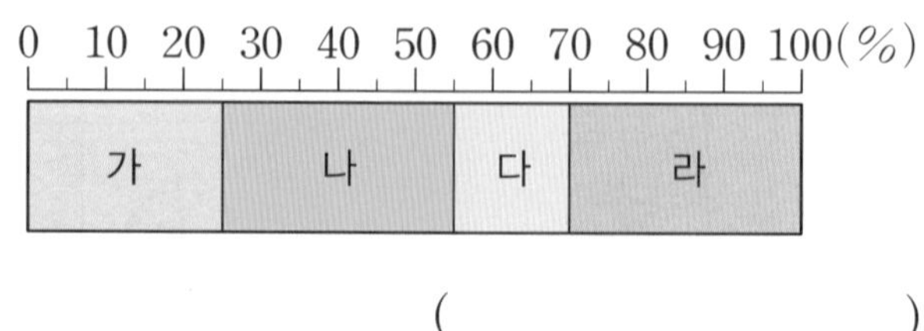

(　　　　　　　　)

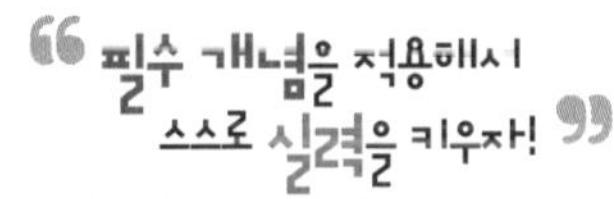

정답 59쪽

CASE 3 띠그래프의 길이 구하기

7 정수가 한 달 동안 쓴 용돈의 항목을 조사하여 전체 길이가 30 cm인 띠그래프로 나타낸 것입니다. 학용품이 차지하는 부분의 길이는 몇 cm인지 구하세요.

한 달 용돈의 쓰임

30 cm

군것질 (30 %)	학용품 (25 %)	저금 (20 %)	교통비 (15 %)	기타 (10 %)

(　　　　　　　)

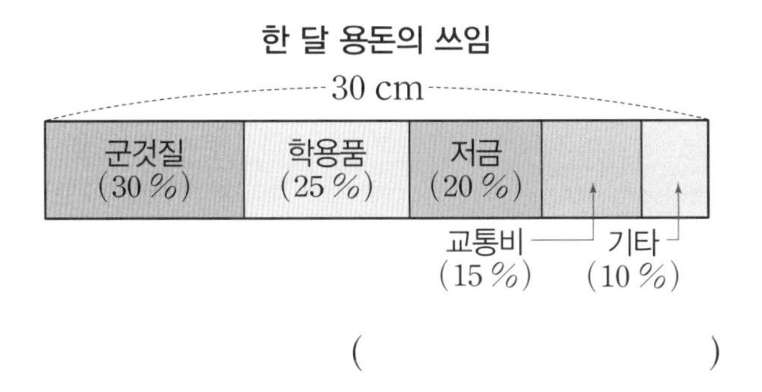

8 문구점에서 오늘 판매한 학용품의 수를 조사하여 나타낸 띠그래프입니다. 전체 길이가 10 cm인 띠그래프로 나타낼 때, 공책이 차지하는 부분의 길이는 몇 cm인지 구하세요.

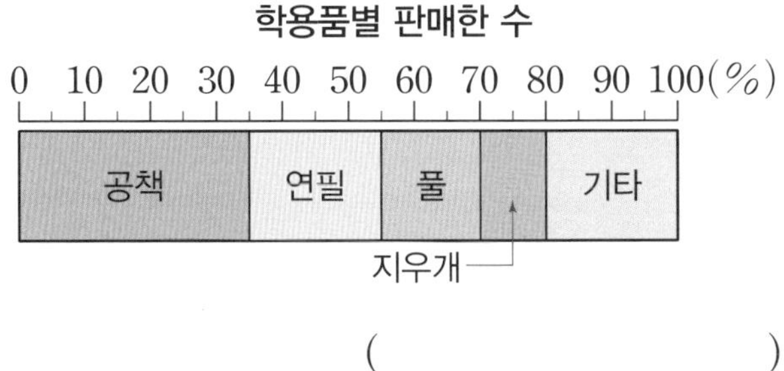

(　　　　　　　)

9 세호네 학교 학생들이 좋아하는 연예인을 조사하여 나타낸 띠그래프입니다. 개그맨이 차지하는 부분의 길이가 5 cm일 때, 띠그래프의 전체 길이는 몇 cm인지 구하세요.

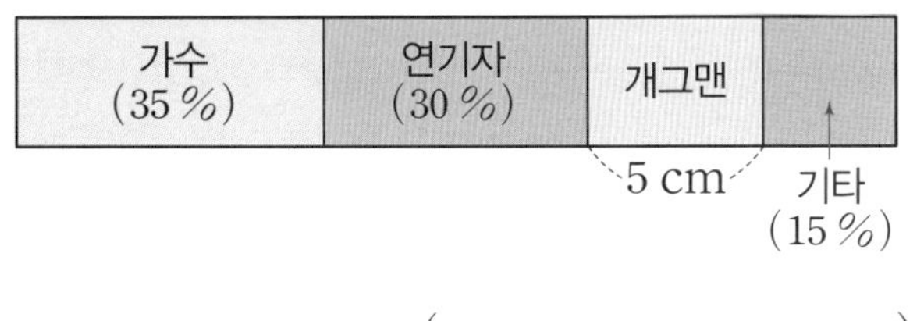

(　　　　　　　)

CASE 4 원그래프를 보고 띠그래프로 나타내기

10 세영이네 반 학생들이 좋아하는 음악을 조사하여 나타낸 원그래프입니다. 원그래프를 띠그래프로 나타내세요.

좋아하는 음악 종류별 학생 수

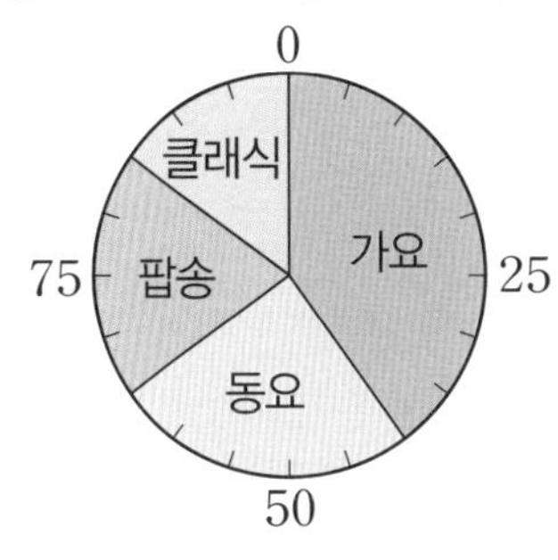

좋아하는 음악 종류별 학생 수

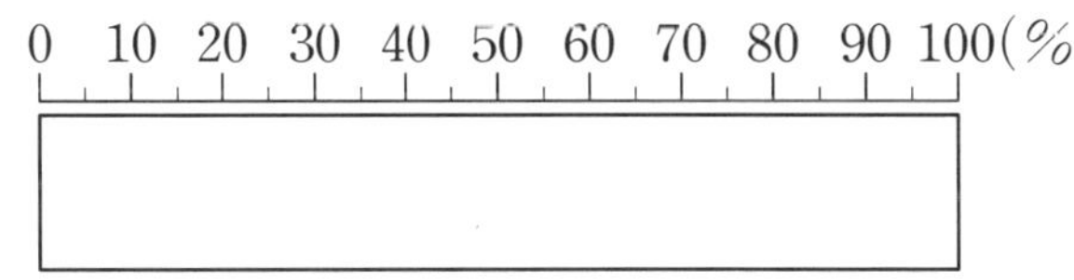

[11～12] 영호네 반 학생들이 기르는 반려동물을 조사하여 나타낸 원그래프입니다. 물음에 답하세요.

기르는 반려동물별 학생 수

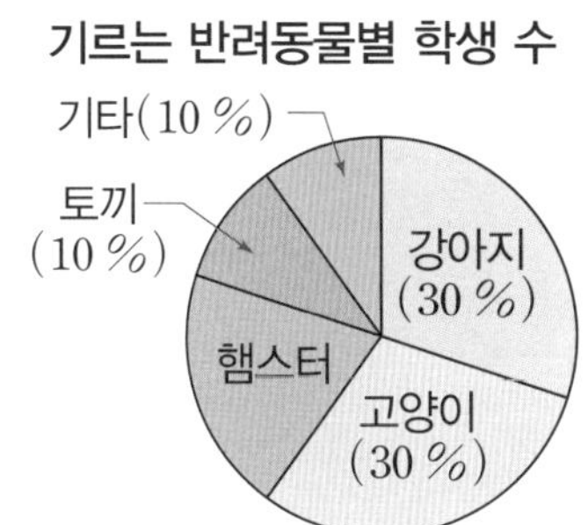

11 원그래프를 전체 길이가 15 cm인 띠그래프로 나타낸다면 햄스터가 차지하는 부분의 길이는 몇 cm인지 구하세요.

(　　　　　　　)

12 원그래프를 전체 길이가 40 cm인 띠그래프로 나타낸다면 강아지가 차지하는 부분은 토끼가 차지하는 부분보다 몇 cm 더 길게 그려야 하는지 구하세요.

(　　　　　　　)

1 오른쪽 과학책의 긴 쪽에 대한 짧은 쪽의 길이의 비율을 분수로 나타내세요.

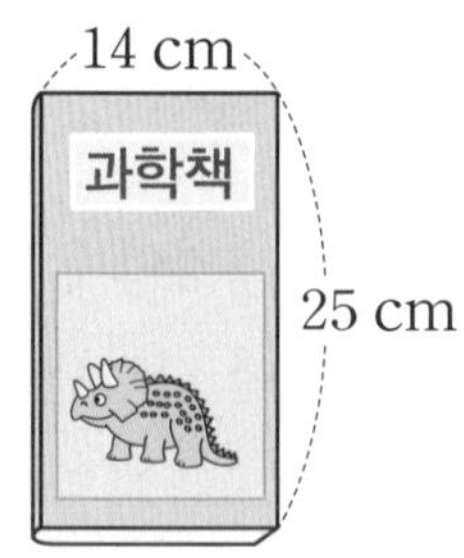

( )

2 지호가 문구점에서 5000원어치 학용품을 사고 800원을 할인받았습니다. 이와 같은 할인율로 8000원어치 학용품을 산다면 얼마를 할인받을 수 있는지 구하세요.

( )

3 유지가 세 은행에 다음과 같이 예금하였습니다. 유지가 받을 이자가 가장 많은 은행은 어디일까요?

은행	예금한 돈	이자율
가	40000원	6 %
나	50000원	4 %
다	115000원	2 %

( )

4 넓이가 500 cm^2인 직사각형이 있습니다. 이 직사각형의 가로가 25 cm일 때, 가로에 대한 세로의 비율을 소수로 나타내세요.

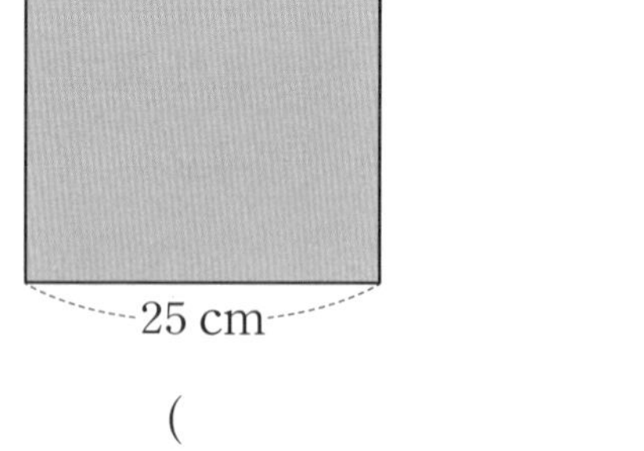

( )

5 우유 1000 mL 중에서 지호는 250 mL, 동생은 200 mL를 각각 마셨습니다. 전체 우유의 양에 대한 남은 우유의 양의 비율을 백분율로 나타내세요.

( )

6 전체 넓이가 500 m^2인 밭의 60 %에는 고추를 심고, 나머지의 $\frac{3}{4}$에는 오이를 심었습니다. 고추를 심은 밭의 넓이에 대한 오이를 심은 밭의 넓이의 비율은 몇 %인지 구하세요.

( )

7 그림그래프를 보고 알 수 있는 내용이 아닌 것을 찾아 기호를 쓰세요.

지역별 당근 생산량

지역	생산량
가	큰 당근 3개, 작은 당근 1개
나	큰 당근 2개, 작은 당근 4개
다	큰 당근 2개, 작은 당근 2개

(큰 당근) 10 t, (작은 당근) 1 t

㉠ 2020년에 조사한 내용입니다.
㉡ 당근 생산량이 가장 많은 지역은 가 지역입니다.
㉢ 나 지역의 당근 생산량은 24 t입니다.

( )

8 정수네 학교 학생들이 좋아하는 과목을 조사하여 나타낸 띠그래프입니다. 전체 학생이 240명이라면 과학을 좋아하는 학생은 몇 명인지 구하세요.

좋아하는 과목

0 10 20 30 40 50 60 70 80 90 100(%)

음악 (20 %)	수학 (40 %)	국어 (15 %)	과학 (25 %)

( )

9 철수네 마을의 학교급별 학생 수를 조사하여 나타낸 띠그래프입니다. 고등학생이 375명이라면 전체 학생은 몇 명인지 구하세요.

학교급별 학생 수

0 10 20 30 40 50 60 70 80 90 100(%)

초등학생 (35 %)	중학생 (30 %)	고등학생 (25 %)	대학생 (10 %)

( )

10 영진이네 학교 6학년 학생이 즐겨 듣는 음악을 조사하여 나타낸 원그래프입니다. 국악을 듣는 학생이 48명이라면 가요를 듣는 학생은 몇 명인지 구하세요.

즐겨 듣는 음악

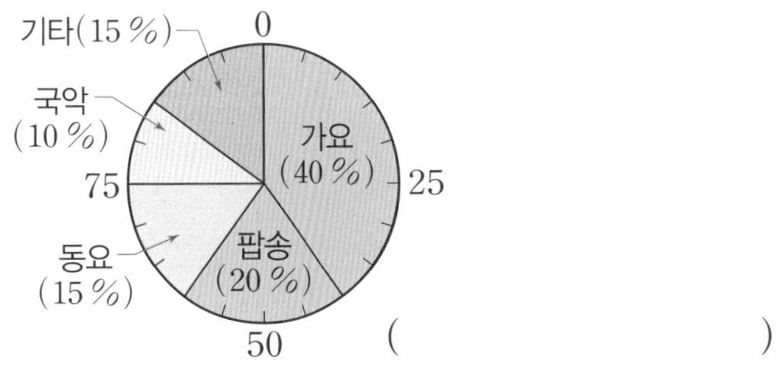

( )

11 동호의 한 달 용돈 30000원의 쓰임을 조사하여 나타낸 원그래프입니다. 간식을 사는 데 사용한 용돈은 얼마인지 구하세요.

한 달 용돈의 쓰임

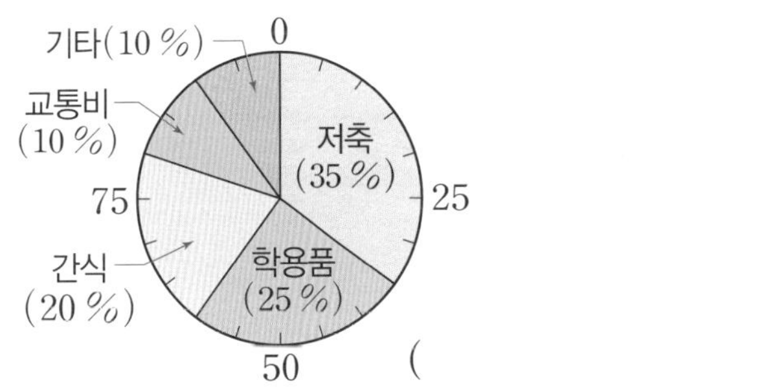

( )

12 어느 마을에서 구독하는 신문별 가구 수를 조사하여 나타낸 원그래프입니다. ㉯ 신문을 구독하는 가구가 60가구라면 ㉰ 신문을 구독하는 가구는 몇 가구인지 구하세요.

구독하는 신문

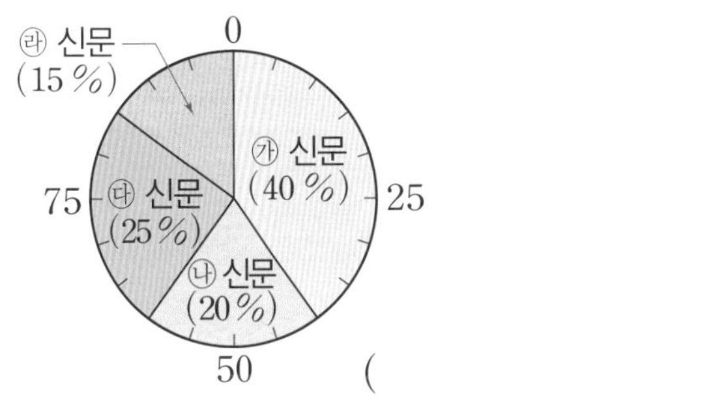

( )

(1) 줄기와 잎 그림

① 변량: 키, 몸무게, 성적 등 자료를 수량으로 나타낸 것

② 줄기와 잎 그림: 줄기와 잎을 이용하여 자료를 수량으로 나타낸 것

예 [A반 학생들의 수학 점수]

(단위: 점)

53	60	73	80	65
88	83	92	85	85
68	72	60	82	88
77	96	78	71	97

(53: 줄기 ← 5, 3 → 잎)

➡

(5|3은 53점) → 줄기는 십의 자리, 잎은 일의 자리를 나타내는 것을 설명

줄기	잎
5	3
6	0 0 5 8
7	1 2 3 7 8
8	0 2 3 5 5 8 8
9	2 6 7

줄기와 잎 그림으로 나타내면 정확한 분포를 알 수 있지만 100명의 자료를 나타내기는 어려워!

(2) 도수분포표

① 계급: 변량을 일정한 간격으로 나눈 구간

예 50점 이상 60점 미만, 60점 이상 70점 미만, …

② 도수: 각 계급에 속하는 자료의 개수

예 2명, 3명, …

③ 도수분포표: 자료를 몇 개의 계급으로 나누고 각 계급의 도수를 나타낸 표

예 [A반 학생들의 수학 점수]

(단위: 점)

53	60	73	80	65
88	83	92	85	85
68	72	60	82	88
77	96	78	71	97

➡

수학 점수(점)	도수(명)
50 이상 ~ 60 미만	1
60 ~ 70	4
70 ~ 80	5
80 ~ 90	7
90 ~ 100	3
합계	20

(3) 히스토그램과 도수분포다각형

① 히스토그램: 가로축에 각 계급의 양 끝 값을, 세로축에 도수를 차례로 표시하여 직사각형 모양으로 나타낸 그래프

② 도수분포다각형: 히스토그램에서 각 직사각형의 윗변의 중점과 양 끝에 도수가 0인 계급의 중앙의 점을 선분으로 연결하여 나타낸 다각형 모양의 그래프

예

수학 점수(점)	도수(명)
50 이상 ~ 60 미만	1
60 ~ 70	4
70 ~ 80	5
80 ~ 90	7
90 ~ 100	3
합계	20

➡

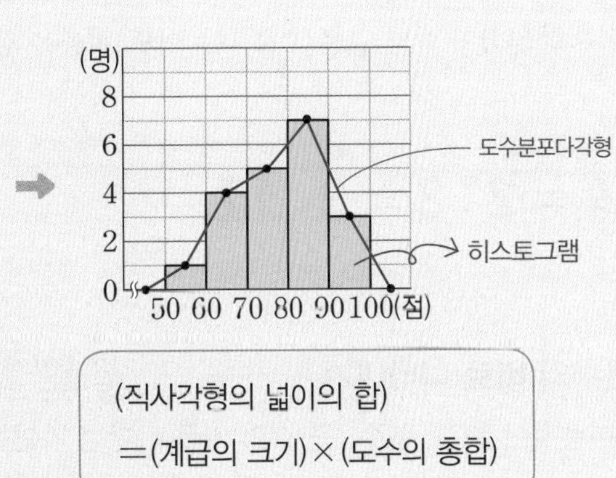

(직사각형의 넓이의 합)
=(계급의 크기)×(도수의 총합)

예제 어느 반 학생들의 100 m 달리기 기록을 조사한 자료이다. 물음에 답하시오.

달리기 기록(초)	도수(명)
12 이상 ~ 14 미만	2
14 ~ 16	3
16 ~ 18	5
18 ~ 20	6
20 ~ 22	4
합계	20

➡

(명)
6
4
2
0
12 14 16 18 20 22(초)

(1) 도수분포표를 완성하시오.

18초 이상 20초 미만인 계급의 도수는 $20-(2+3+5+4)=20-14=6$(명)

(2) 히스토그램으로 나타내시오.

비의 성질

비

비 3 : 4에서 3과 4를 비의 항이라 하고 기호 ':' 앞에 있는 3을 전항, 뒤에 있는 4를 후항이라고 합니다.

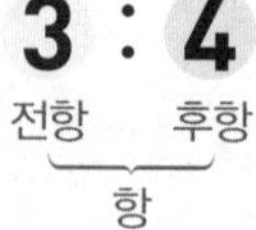

비의 성질

- 비의 전항과 후항에 0이 아닌 같은 수를 곱하여도 비율은 같습니다.
- 비의 전항과 후항을 0이 아닌 같은 수로 나누어도 비율은 같습니다.

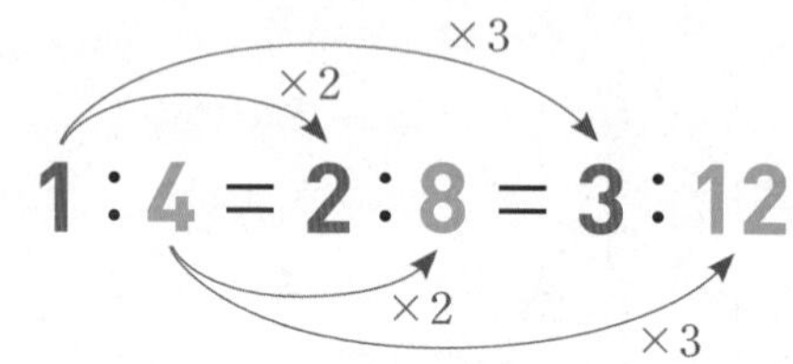

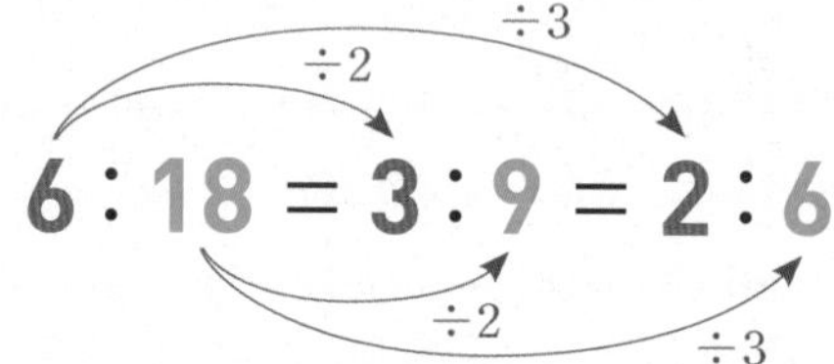

간단한 자연수의 비로 나타내기

→ 소수는 10, 100 등을 곱하고, 분수는 분모의 최소공배수를 곱하고, 큰 수는 두 수의 공약수로 나누어 간단히 할 수 있습니다.

비의 성질을 이용하여 소수, 분수, 큰 수의 비를 간단한 자연수의 비로 나타낼 수 있습니다.

필수 개념 문제

1 □ 안에 알맞은 수를 써넣으세요.

비 10 : 14에서

전항은 □이고, 후항은 □입니다.

2 9 : 13과 비율이 같은 비를 모두 찾아 기호를 쓰세요.

㉠ 18 : 13	㉡ 27 : 39
㉢ 36 : 48	㉣ 90 : 130

( )

3 전항이 4보다 작은 비는 어느 것일까요? ( )

① 3 : 4 ② 7 : 8 ③ 15 : 3
④ 4 : 9 ⑤ 5 : 2

4 다음 중 옳지 않은 것은 어느 것일까요? ( )

① 24 : 52=(24÷2) : (52÷2)
② 24 : 52=(24÷4) : (52÷4)
③ 24 : 52=(24×5) : (52×5)
④ 24 : 52=(24÷0) : (52÷0)
⑤ 24 : 52=(24×10) : (52×10)

5 가장 간단한 자연수의 비로 나타내세요.

$\frac{1}{5} : \frac{1}{6}$ → ( )

6 가로가 3.4 m, 세로가 5.1 m인 직사각형 모양의 땅이 있습니다. 이 땅의 가로와 세로의 비를 가장 간단한 자연수의 비로 나타내세요.

( )

6-2 **31** 비례식과 비례배분

비례식

비례식

비율이 같은 두 비를 기호 '='를 사용하여 **3 : 4=6 : 8**과 같이 나타낼 수 있습니다. 이와 같은 식을 비례식이라고 합니다.

비례식 **3 : 4=6 : 8**에서 바깥쪽에 있는 **3**과 **8**을 외항, 안쪽에 있는 **4**와 **6**을 내항이라고 합니다.

외항

3 : 4 = 6 : 8

내항

필수 개념 문제

1 비율이 같은 두 비를 찾아 비례식으로 나타내세요.

4 : 3　2 : 5　12 : 25　16 : 12

(1) 비율이 같은 두 비를 찾아 쓰세요.

(,)

(2) 위 (1)에서 찾은 두 비를 비례식으로 나타내세요.

☐ : ☐ = ☐ : ☐

2 두 비율을 보고 비례식으로 나타내세요.

$\frac{5}{11}=\frac{10}{22}$ ➜ 5 : ☐ = ☐ : ☐

3 비례식을 모두 찾아 기호를 쓰세요.

㉠ 5 : 6=15 : 18　㉡ 4 : 7=12 : 14
㉢ 3 : 2=4 : 6　㉣ 9 : 5=36 : 20

( )

4 다음 식이 비례식이 되려면 ☐ 안에 어떤 비가 들어가야 하는지 찾아 기호를 쓰세요.

2 : 5= ☐

㉠ 6 : 8　㉡ 4 : 10　㉢ 14 : 12

( )

5 비례식 3 : 4=9 : 12에 대한 설명으로 알맞은 것을 모두 찾아 기호를 쓰세요.

㉠ 3, 4, 9, 12를 항이라고 합니다.
㉡ 전항은 3과 4이고, 후항은 9와 12입니다.
㉢ 외항은 3과 12이고, 내항은 4와 9입니다.

( )

6 두 비율을 비례식으로 나타냈을 때 외항의 곱을 구하세요.

$\frac{20}{45}=\frac{4}{9}$

( )

비례식의 성질

▶ 비례식의 성질

비례식에서 내항의 곱과 외항의 곱은 같습니다.

$3\times8=24$

3 : 4 = 6 : 8 → 비례식의 성질을 이용하면 주어지지 않은 항의 값을 구할 수 있습니다.

$4\times6=24$

필수 개념 문제

1 비례식의 성질을 알아보려고 합니다. 물음에 답하세요.

$2:5=6:15$

(1) 비례식에서 외항의 곱을 구하세요.

$2\times\square=\square$

(2) 비례식에서 내항의 곱을 구하세요.

$5\times\square=\square$

(3) 외항의 곱과 내항의 곱은 같을까요?

(   )

2 □ 안에 알맞은 수를 써넣고 비례식이면 ○표, 비례식이 아니면 ×표 하세요.

(1) $2\times2=\square$
$2:1=4:2$
$1\times4=\square$
(   )

(2) $3\times6=\square$
$3:2=4:6$
$2\times4=\square$
(   )

3 비례식의 성질을 이용하여 □ 안에 알맞은 수를 써넣으세요.

(1) $3:5=\square:15$ (2) $4:3=20:\square$

4 비례식에서 내항의 곱이 360일 때 ㉠에 알맞은 수를 구하세요.

$5:\square=45:$㉠

(   )

5 다음 비례식 중에서 □ 안에 들어갈 수가 가장 작은 것을 찾아 기호를 쓰세요.

㉠ $\square:15=3:5$

㉡ $5:\square=30:42$

㉢ $\frac{2}{5}:\frac{3}{4}=\square:15$

(   )

6 지유는 3일 동안 동화책을 90쪽 읽었습니다. 같은 빠르기로 7일 동안에는 동화책을 몇 쪽 읽을 수 있는지 알아보려고 합니다. 물음에 답하세요.

(1) 7일 동안 읽을 수 있는 쪽수를 ■쪽이라 놓고 비례식을 세워 보세요.

$3:90=\square:$■

(2) 7일 동안 몇 쪽 읽을 수 있을까요?

(   )

비례배분

비례배분

전체를 주어진 비로 배분하는 것을 비례배분이라고 합니다.

예 야구공 **10**개를 지호와 민주가 **2 : 3**의 비로 나누기

지호는 전체의 $\frac{2}{2+3}$, 민주는 전체의 $\frac{3}{2+3}$을 가지게 됩니다.

비례배분을 할 때에는 주어진 비의 전항과 후항의 합을 분모로 하는 분수의 비로 고쳐서 계산하면 편리합니다.

➡ 지호: $10\times\frac{2}{2+3}=10\times\frac{2}{5}=4$(개) 민주: $10\times\frac{3}{2+3}=10\times\frac{3}{5}=6$(개)

필수 개념 문제

1 350을 4 : 3으로 비례배분하세요.

$350\times\frac{4}{\square+\square}=350\times\frac{\square}{\square}=\square$

$350\times\frac{3}{\square+\square}=350\times\frac{\square}{\square}=\square$

2 사과 40개를 할머니 댁과 삼촌 댁에 5 : 3으로 나누어 드리려고 합니다. 할머니 댁과 삼촌 댁에 사과를 각각 몇 개씩 드려야 하는지 구하세요.

할머니 댁: $40\times\frac{5}{\square+\square}=\square$(개)

삼촌 댁: $40\times\frac{3}{\square+\square}=\square$(개)

3 ⬭ 안의 수를 주어진 비로 비례배분하여 [,] 안에 쓰세요.

(1) (54) 2 : 7 ➡ [,]

(2) (280) 5 : 9 ➡ [,]

4 연필 36자루를 영지와 형준이에게 7 : 5로 나누어 주려고 합니다. 영지와 형준이에게 연필을 각각 몇 자루씩 나누어 주어야 할까요?

영지 ( )

형준 ( )

5 색종이 145장을 학생 수의 비에 따라 두 반에 나누어 주려고 합니다. 두 반에 색종이를 각각 몇 장씩 나누어 주어야 하는지 구하세요.

반	1	2
학생 수(명)	28	30

(1) 1반과 2반의 학생 수를 가장 간단한 자연수의 비로 나타내세요.

(1반) : (2반)= $\square$: $\square$

(2) 1반과 2반에 색종이를 각각 몇 장씩 나누어 주어야 할까요?

1반 ( )

2반 ( )

CASE 1 비례식으로 시간과 거리 구하기

1 일정한 빠르기로 8분 동안 12 km를 가는 자동차가 있습니다. 같은 빠르기로 이 자동차가 120 km를 가려면 몇 시간 몇 분이 걸리는지 구하세요.

(　　　　　　　　　　)

2 세호는 자전거를 타고 20분 동안 15 km를 갔습니다. 같은 빠르기로 1시간 40분 동안 몇 km를 갈 수 있는지 구하세요.

(　　　　　　　　　　)

3 보미는 자동차로 15분 동안 27 km를 가는 빠르기로 집에서 234 km 떨어진 할머니 댁에 가려고 합니다. 할머니 댁까지 가려면 몇 시간 몇 분이 걸리는지 구하세요.

(　　　　　　　　　　)

CASE 2 비례식으로 도형의 넓이 구하기

4 가로와 세로의 비가 8 : 5인 직사각형의 가로가 24 cm입니다. 이 직사각형의 넓이는 몇 cm^2인지 구하세요.

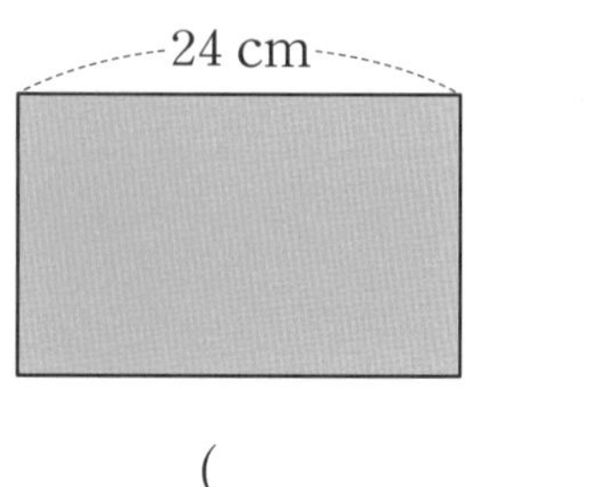

(　　　　　　　　　　)

5 삼각형의 밑변의 길이와 높이의 비가 5 : 3입니다. 밑변이 20 cm일 때 이 삼각형의 넓이는 몇 cm^2인지 구하세요.

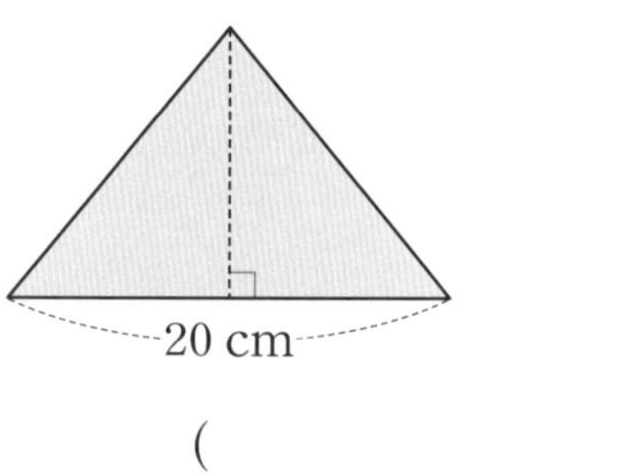

(　　　　　　　　　　)

6 밑변과 높이의 비가 3 : 4인 평행사변형의 밑변이 36 cm입니다. 이 평행사변형의 넓이는 몇 cm^2인지 구하세요.

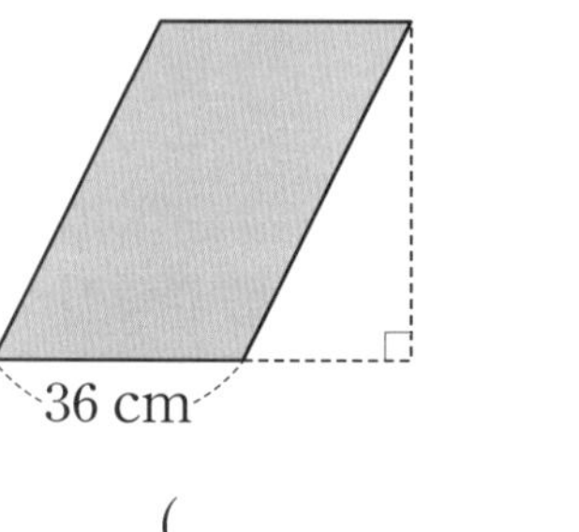

(　　　　　　　　　　)

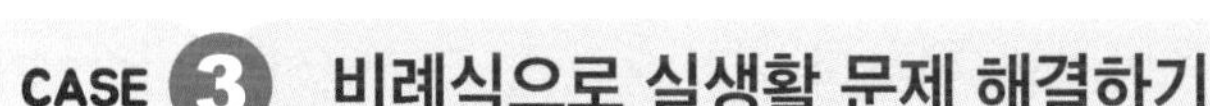

정답 61쪽

CASE 3 비례식으로 실생활 문제 해결하기

7 서로 맞물려 돌아가는 두 톱니바퀴 가, 나가 있습니다. 가의 톱니는 12개이고, 나의 톱니는 8개입니다. 가 톱니바퀴가 10번 도는 동안 나 톱니바퀴는 몇 번 도는지 구하세요.

( )

8 한 시간에 2분씩 늦어지는 시계가 있습니다. 오늘 오전 7시에 이 시계를 정확히 맞추었다면 오늘 오후 1시에 이 시계가 가리키는 시각은 오후 몇 시 몇 분인지 구하세요.

( )

9 높이가 55 cm인 빈 물통에 일정하게 나오는 수도꼭지로 5분 동안 물을 받았더니 물의 높이가 12 cm가 되었습니다. 이 수도꼭지로 크기가 같은 빈 물통에 물을 가득 채우려면 몇 분 몇 초가 걸리는지 구하세요.

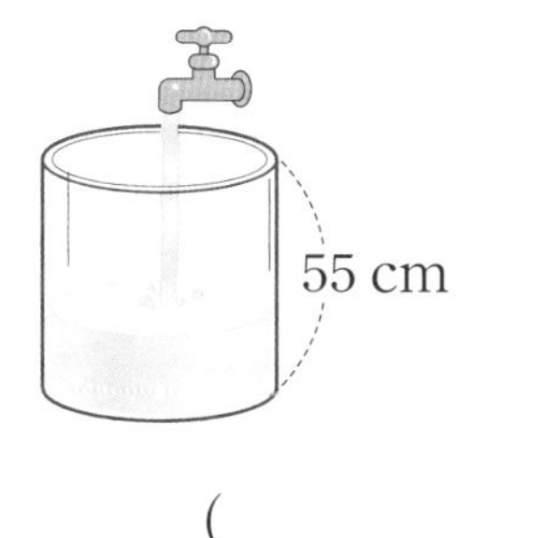

( )

CASE 4 비례배분으로 도형의 넓이 구하기

10 밑변과 높이의 비가 5 : 8인 평행사변형이 있습니다. 밑변과 높이의 합이 52 cm일 때, 평행사변형의 넓이는 몇 cm^2인지 구하세요.

( )

11 가로와 세로의 비가 11 : 7이고 둘레가 72 cm인 직사각형이 있습니다. 이 직사각형의 넓이는 몇 cm^2인지 구하세요.

둘레: 72 cm

( )

12 길이가 182 cm인 철사를 모두 사용하여 가로와 세로의 비가 7 : 6인 직사각형 모양을 만들었습니다. 만든 직사각형의 넓이는 몇 cm^2인지 구하세요.

( )

1 비율이 같은 두 비를 찾아 비례식으로 나타내세요.

3 : 5	12 : 25	9 : 10	21 : 35

□ : □ = □ : □

2 □ 안에 알맞은 수를 써넣으세요.

×□

8 : 13 = 64 : □

×□

3 5 : 3과 비율이 같은 비가 있습니다. 이 비의 전항이 20이라면 후항은 얼마인지 구하세요.

(　　　　　　)

4 가로와 세로의 비가 8 : 3인 직사각형입니다. 가로가 40 cm이면 세로는 몇 cm인지 구하세요.

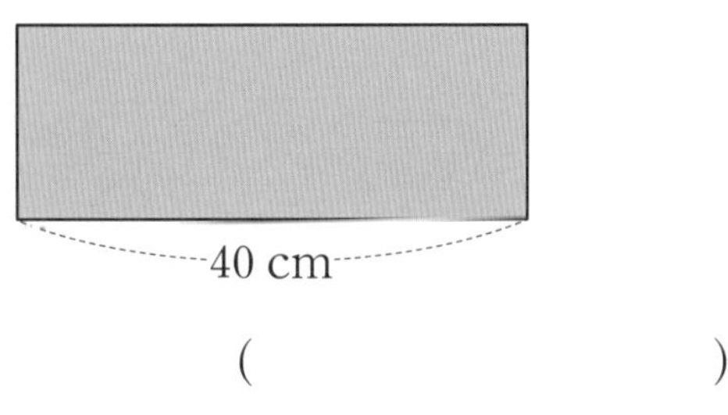

(　　　　　　)

5 간단한 자연수의 비로 나타내려고 합니다. □ 안에 알맞은 수를 써넣으세요.

12 : 20 = (12 ÷ 4) : (20 ÷ □)

= □ : □

6 태희와 동생이 우유를 어제는 1.2 L, 오늘은 $\frac{4}{5}$ L 마셨습니다. 태희와 동생이 어제와 오늘 마신 우유의 양의 비를 가장 간단한 자연수의 비로 나타내세요.

(　　　　　　)

7 □ 안에 들어갈 수가 나머지 넷과 다른 하나는 어느 것일까요? (   )

① 2 : □ = 0.4 : 0.6
② 9 : 6 = □ : 2
③ $\frac{1}{3}$: $\frac{1}{2}$ = 2 : □
④ 4 : □ = 8 : 6
⑤ □ : 0.4 = 5 : 8

8 청소년의 마을버스와 지하철 요금의 비는 2 : 3입니다. 마을버스 요금이 480원이라면 지하철 요금은 얼마인지 구하세요.

(   )

9 높이와 밑변의 비가 5 : 8인 평행사변형이 있습니다. 이 평행사변형의 밑변이 20 cm일 때, 넓이는 몇 cm^2인지 구하세요.

(   )

10 길이가 56 cm인 색 테이프를 재호와 지선이에게 6 : 1의 비로 나누어 주려고 합니다. 재호와 지선이에게 색 테이프를 각각 몇 cm씩 주어야 하는지 구하세요.

재호 (   )
지선 (   )

11 한 시간에 2분씩 늦어지는 시계가 있습니다. 오늘 오전 8시에 시계를 정확히 맞추었다면 오늘 오후 10시에 이 시계가 가리키는 시각은 오후 몇 시 몇 분인지 구하세요.

(   )

12 직사각형 ㄱㄴㄷㄹ에서 ㉮와 ㉯의 넓이의 비가 7 : 4입니다. 선분 ㅁㄹ의 길이는 몇 cm인지 구하세요.

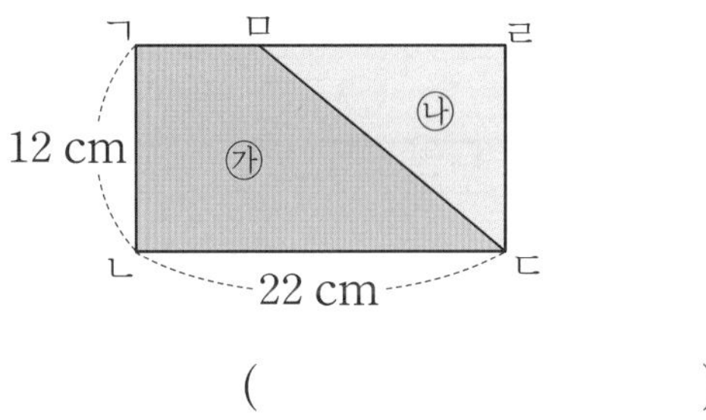

(   )

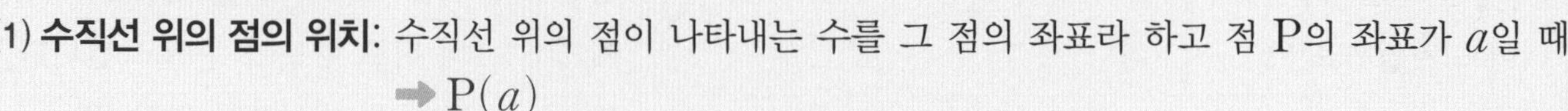

(1) **수직선 위의 점의 위치**: 수직선 위의 점이 나타내는 수를 그 점의 좌표라 하고 점 P의 좌표가 a일 때
➡ $\mathrm{P}(a)$

예 점 P의 좌표가 3이면 $\mathrm{P}(3)$ ➡

예제 다음 수직선 위의 세 점의 좌표를 기호로 나타내시오.

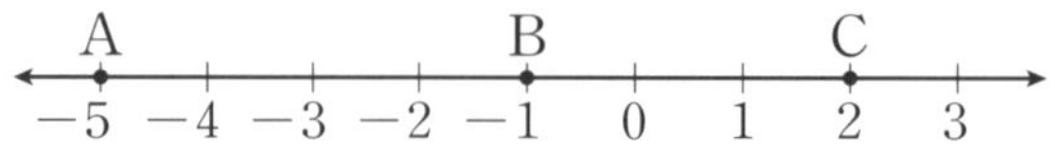

(1) 점 A ➡ $\mathrm{A}(-5)$ (2) 점 B ➡ $\mathrm{B}(-1)$ (3) 점 C ➡ $\mathrm{C}(2)$

(2) **좌표평면**

두 수직선이 점 O에서 수직으로 만날 때,

① 축: 가로의 수직선 ➡ x축, 세로의 수직선 ➡ y축 — 두 축을 좌표축

② 원점: 두 좌표축이 만나는 점 O

③ 좌표평면: 두 좌표축이 그려져 있는 평면

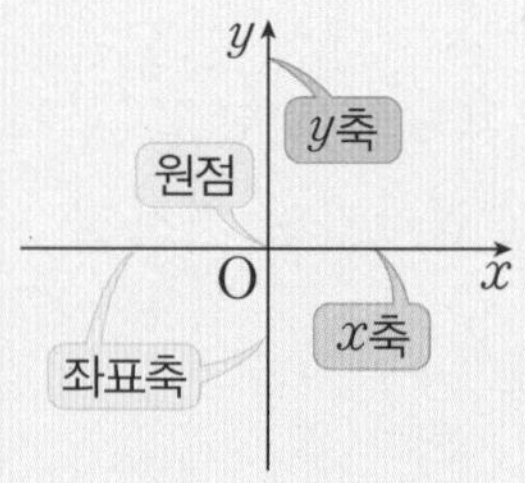

(3) **좌표평면 위의 점의 좌표**

① 순서쌍: 두 수 a, b의 순서를 정하여 (a, b)와 같이 짝 지어 나타낸 것
$a \neq b$일 때, (a, b)와 (b, a)는 서로 다르다.

② 좌표평면 위의 점의 좌표: 좌표평면에서 점 P의 위치를
순서쌍 (a, b)로 나타낸 것 ➡ $\mathrm{P}(a, b)$

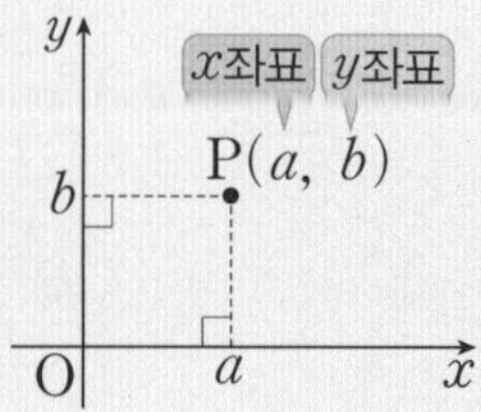

예제 다음 좌표평면 위의 점의 좌표를 기호로 나타내시오.

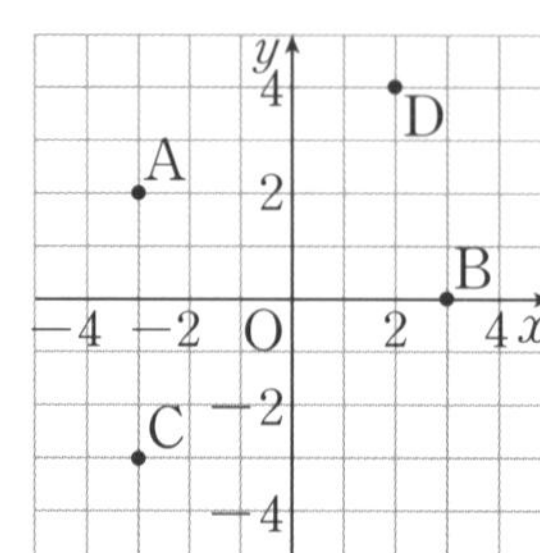

(1) 점 A ➡ $\mathrm{A}(-3, 2)$

(2) 점 B ➡ $\mathrm{B}(3, 0)$ → x축 위의 점의 y좌표는 0이에요. (y축 위의 점의 x좌표는 0)

(3) 점 C ➡ $\mathrm{C}(-3, -3)$

(4) 점 D ➡ $\mathrm{D}(2, 4)$

초등수학 개념과 연결된 중학수학 개념을 미리 만나보자!

(4) **정비례**: 두 변수 x, y에 대하여 x의 값이 2배, 3배, 4배, …로 변함에 따라 y의 값도 2배, 3배, 4배, …로 변하는 관계

➡ y는 x에 정비례한다.

➡ 정비례 관계식은 $y=ax(a\neq0)$

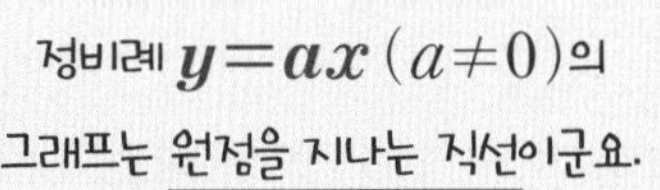

예 x의 값의 범위가 수 전체일 때, 정비례 $y=2x$의 그래프

x	-2	-1	0	1	2
y	-4	-2	0	2	4

➡ 순서쌍: $(-2, -4)$, $(-1, -2)$, $(0, 0)$, $(1, 2)$, $(2, 4)$

└➤ $(0, 0)$은 원점의 좌표예요.

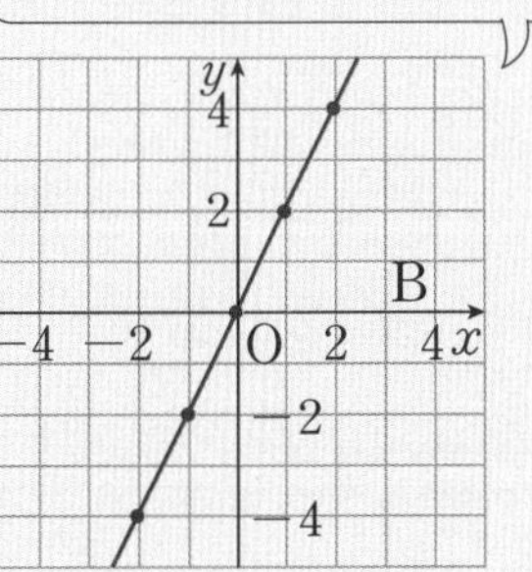

(5) **반비례**: 두 변수 x, y에 대하여 x의 값이 2배, 3배, 4배, …로 변함에 따라 y의 값은 $\frac{1}{2}$배, $\frac{1}{3}$배, $\frac{1}{4}$배, …로 변하는 관계

➡ y는 x에 반비례한다.

➡ 반비례 관계식은 $y=\frac{a}{x}(a\neq0)$

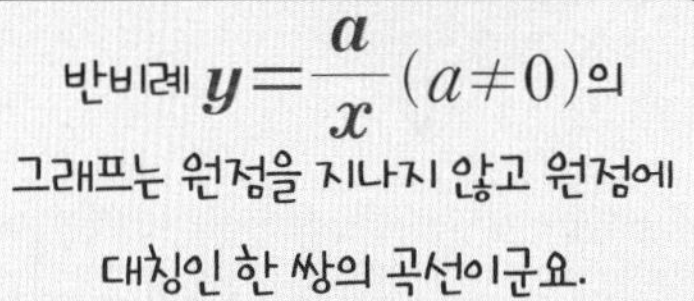

예 x의 값의 범위가 수 전체일 때, 반비례 $y=\frac{4}{x}$의 그래프

x	-4	-2	-1	1	2	4
y	-1	-2	-4	4	2	1

➡ 순서쌍: $(-4, -1)$, $(-2, -2)$, $(-1, -4)$, $(1, 4)$, $(2, 2)$, $(4, 1)$

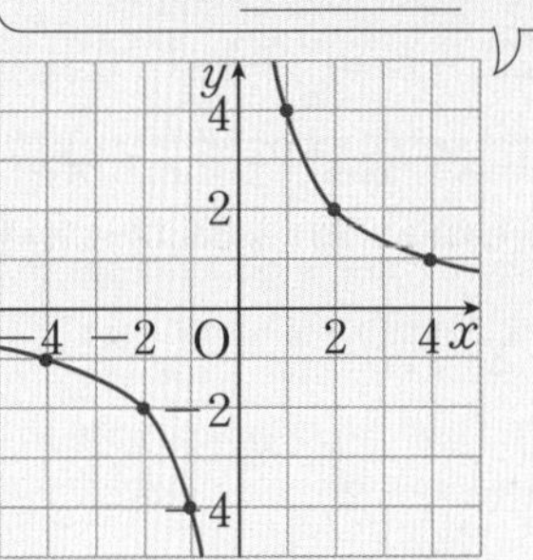

예제 다음 중 y가 x에 정비례하는 것은 ○표, 반비례하는 것은 △표 하시오.

(1) $y=-4x$ (○)

(2) $xy=5$ (△)

(3) $y=\frac{5}{2}x$ (○)

(4) $y=\frac{7}{x}$ (△)

(5) $y=-\frac{6}{x}$ (△)

(6) $\frac{y}{x}=6$ (○)

중학교 1 학년 **수학 반편성 배치고사 ①회** 출제 범위 6학년 전체 범위

학교명		학년		반		번호		성명	

1 나눗셈의 몫이 1보다 큰 것은 어느 것일까요? (　　　)

① $4 \div 7$　② $8 \div 13$　③ $15 \div 22$
④ $9 \div 5$　⑤ $12 \div 17$

2 두 도형 가와 나에 대한 설명으로 잘못된 것은 어느 것일까요? (　　　)

가
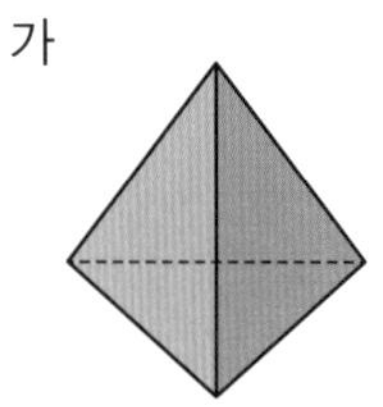
나
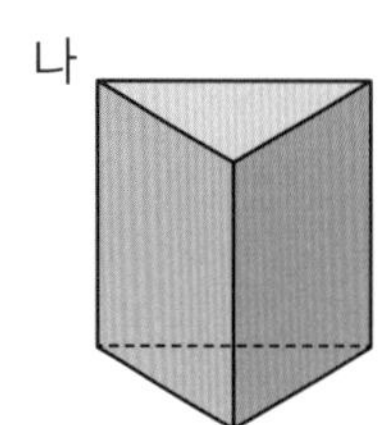

① 가의 면의 수는 4개입니다.
② 나의 모서리의 수는 6개입니다.
③ 가와 나는 밑면의 수가 다릅니다.
④ 가의 옆면의 모양은 삼각형입니다.
⑤ 가는 삼각뿔이고 나는 삼각기둥입니다.

3 각뿔의 구성 요소 사이의 관계를 나타낸 것 중 옳지 않은 것은 어느 것일까요? (　　　)

① (면의 수)=(꼭짓점의 수)
② (옆면의 수)<(꼭짓점의 수)
③ (모서리의 수)<(꼭짓점의 수)
④ (꼭짓점의 수)>(밑면의 변의 수)
⑤ (모서리의 수)=(밑면의 변의 수)×2

4 자연수의 나눗셈을 이용하여 소수의 나눗셈의 몫을 구할 때 □ 안에 알맞은 수를 차례로 쓴 것은 어느 것일까요? (　　　)

$693 \div 3 = \square$
$6.93 \div 3 = \square$

① 231, 23.1　② 23.1, 2.31
③ 231, 0.231　④ 2.31, 2.31
⑤ 231, 2.31

5 호준이네 반 학생은 남학생이 14명, 여학생이 11명입니다. 전체 학생 수에 대한 남학생 수의 비를 바르게 나타낸 것은 어느 것일까요? (　　　)

① 25 : 14　② 14 : 11　③ 11 : 25
④ 14 : 25　⑤ 11 : 14

6 도준이는 120쪽짜리 책의 60 %를 읽었습니다. 도준이는 책을 몇 쪽 읽었을까요? (　　　)

① 60쪽　② 72쪽　③ 80쪽
④ 100쪽　⑤ 108쪽

7 오른쪽 그림과 같은 정사각형의 각 변을 25 % 씩 늘여서 새로운 정사각형을 만들었습니다. 새로 만든 정사각형의 둘레는 몇 cm일까요?

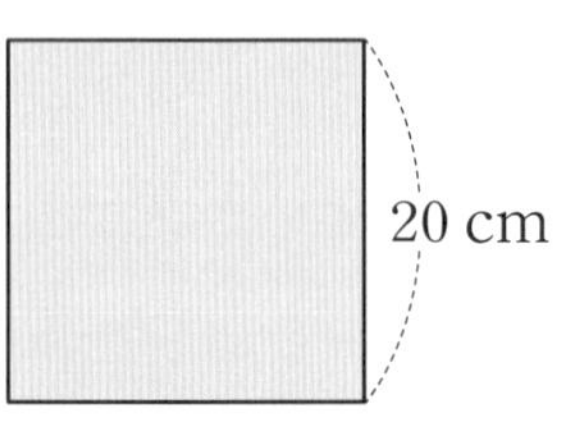

(　　　　　)

8 하나네 학교 학생들이 가 보고 싶은 산을 조사하여 니타낸 띠그래프입니다. 조사한 전체 학생 수가 400명이라면 백두산에 가 보고 싶은 학생은 몇 명일까요? (   )

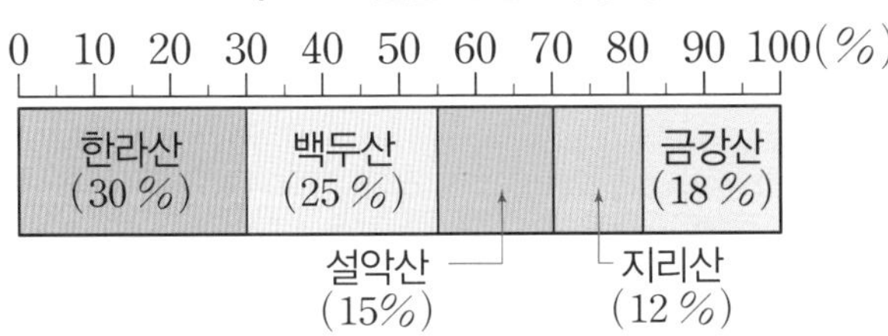

① 15명 ② 25명 ③ 80명
④ 100명 ⑤ 120명

9 지호네 반 학생들이 방학 동안 읽은 책을 조사하여 나타낸 원그래프입니다. 동화책의 비율이 학습 만화의 비율의 3배일 때, 동화책의 비율은 몇 %일까요? (   )

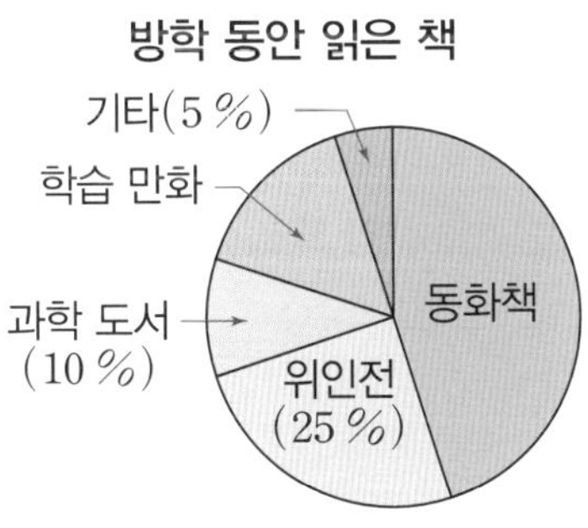

① 42 % ② 45 % ③ 48 %
④ 50 % ⑤ 52 %

10 찬영이네 반 학생들이 좋아하는 과목을 조사하여 나타낸 원그래프입니다. 수학을 좋아하는 학생 수는 사회를 좋아하는 학생 수의 몇 배일까요? (   )

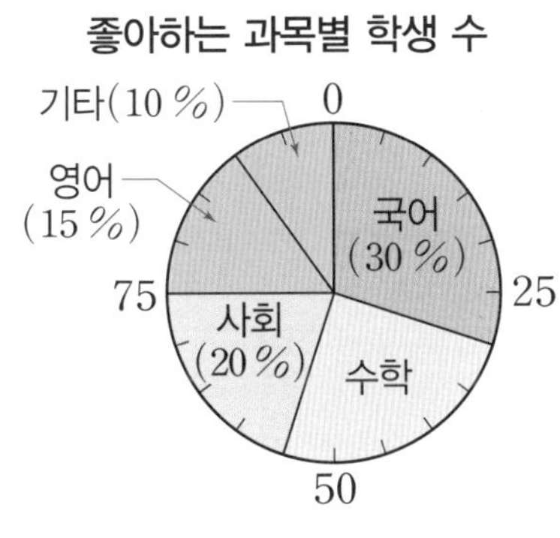

① 1.25배 ② 2.5배 ③ 3배
④ 3.5배 ⑤ 4배

11 전개도를 접어서 만들 수 있는 직육면체의 부피는 몇 cm^3일까요? (   )

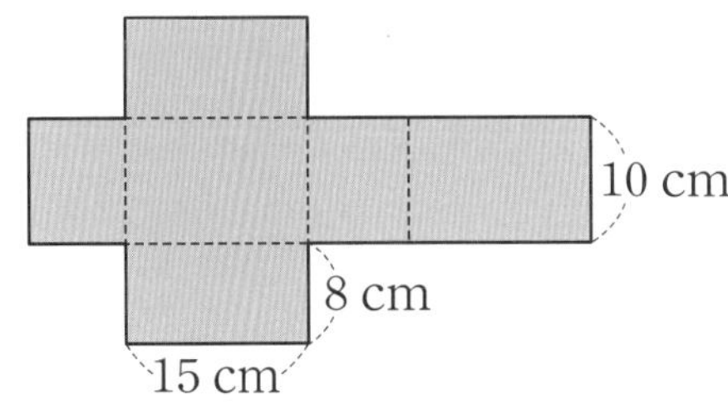

① $80\ cm^3$ ② $120\ cm^3$ ③ $150\ cm^3$
④ $200\ cm^3$ ⑤ $1200\ cm^3$

12 가로가 6 cm, 세로가 7 cm, 높이가 8 cm인 직육면체의 겉넓이는 몇 cm^2일까요? (   )

① $42\ cm^2$ ② $48\ cm^2$ ③ $146\ cm^2$
④ $292\ cm^2$ ⑤ $336\ cm^2$

13 굵기가 일정한 철근 $\frac{3}{5}$ m의 무게는 $\frac{12}{25}$ kg입니다. 이 철근 4 m의 무게는 몇 kg일까요?
(   )

① $\frac{1}{5}$ kg ② $\frac{4}{5}$ kg ③ 3 kg
④ $3\frac{1}{5}$ kg ⑤ 4 kg

14 다음 나눗셈의 몫과 같은 것을 모두 고르세요. (　　　)

$22.41 \div 8.3$

① $2241 \div 830$　② $224.1 \div 8.3$
③ $224.1 \div 83$　④ $2.241 \div 83$
⑤ $22410 \div 83$

15 계산 결과가 가장 큰 것은 어느 것일까요? (　　　)

① $3.48 \div 1.5$　② $3.48 \div 1.2$
③ $3.48 \div 0.3$　④ $3.48 \div 0.15$
⑤ $3.48 \div 15$

16 쌓기나무로 쌓은 모양을 보고 위에서 본 모양에 수를 썼습니다. 똑같은 모양으로 쌓는 데 필요한 쌓기나무는 몇 개일까요? (　　　)

4	1	3
2		
1	2	

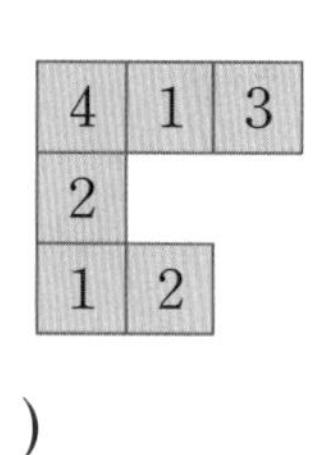

① 6개　② 9개　③ 12개
④ 13개　⑤ 14개

17 쌓기나무 7개로 쌓은 모양입니다. 앞에서 본 모양이 다른 하나를 찾아 기호를 쓰세요.

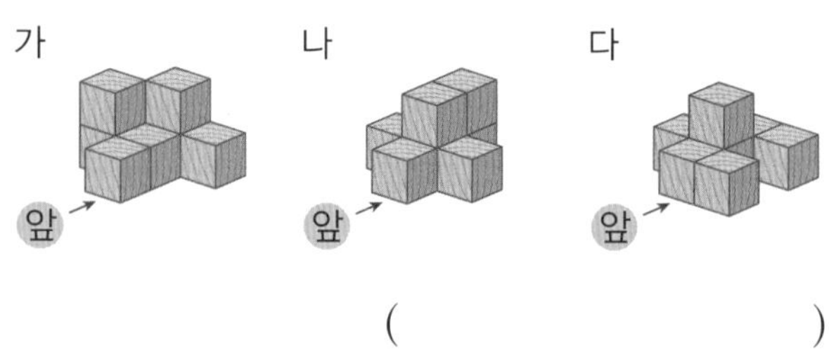

(　　　　　　)

18 지호와 삼촌의 나이의 비는 4 : 7입니다. 지호의 나이가 12살일 때 삼촌의 나이는 몇 살인지 알아보는 비례식은 어느 것일까요? (　　　)

① 4 : 7＝12 : □　② 4 : 12＝□ : 7
③ 4 : □＝7 : 12　④ 4 : 7＝□ : 12
⑤ □ : 4＝7 : 12

19 진우네 반 학생의 25 %는 동생이 있습니다. 동생이 있는 학생이 6명일 때 진우네 반 학생은 모두 몇 명일까요? (　　　)

① 12명　② 16명　③ 20명
④ 24명　⑤ 32명

정답 63쪽

20 귤 32개를 민호네 모둠과 수진이네 모둠에게 나누어 주려고 합니다. 각 모둠 학생 수에 따라 나누어 주려고 할 때 민호네 모둠에게 준 귤은 몇 개일까요? (　　　)

민호네 모둠: 5명, 수진이네 모둠: 3명

① 12개　② 14개　③ 16개
④ 18개　⑤ 20개

21 반지름이 12 cm인 원 모양의 접시가 있습니다. 이 접시의 둘레는 몇 cm일까요? (원주율: 3)
(　　　)

① 18 cm　② 24 cm　③ 36 cm
④ 72 cm　⑤ 108 cm

22 다음 설명 중 옳은 것은 어느 것일까요?
(　　　)

① (원주)=(반지름)×(원주율)
② 반지름이 커지면 원주율도 커집니다.
③ 지름이 작아지면 원주율도 작아집니다.
④ (원주)=(반지름)×(반지름)×(원주율)
⑤ 원의 크기와 관계없이 원주율은 일정합니다.

23 색칠한 부분의 넓이는 몇 cm^2일까요?
(원주율: 3) (　　　)

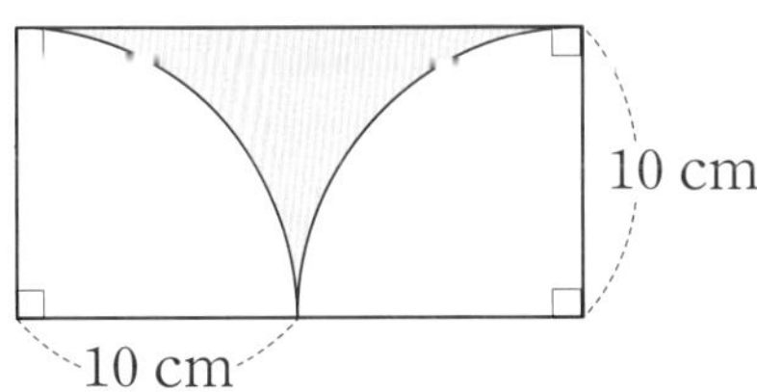

① 15 cm^2　② 20 cm^2　③ 30 cm^2
④ 50 cm^2　⑤ 100 cm^2

24 원기둥과 각기둥에 대한 설명으로 옳지 않은 것은 어느 것일까요? (　　　)

① 밑면이 2개입니다.
② 밑면이 다각형입니다.
③ 두 밑면이 서로 평행합니다.
④ 원기둥은 옆면이 1개이고 삼각기둥은 옆면이 3개입니다.
⑤ 원기둥은 꼭짓점이 없지만 각기둥은 꼭짓점이 있습니다.

25 직사각형 모양의 종이를 한 변을 기준으로 한 바퀴 돌려 만든 입체도형입니다. 직사각형 모양 종이의 넓이는 몇 cm^2일까요? (　　　)

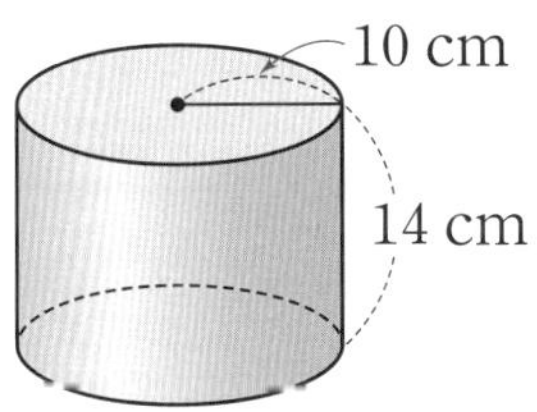

① 28 cm^2　② 35 cm^2　③ 70 cm^2
④ 140 cm^2　⑤ 280 cm^2

중학교 1 학년

수학 반편성 배치고사 ② 회

출제 범위 6학년 전체 범위

학교명		학년		반		번호		성명	

1 나눗셈을 곱셈으로 잘못 나타낸 것은 어느 것일까요? (   )

① $4\div7=4\times\frac{1}{7}$

② $\frac{3}{5}\div6=\frac{3}{5}\times\frac{1}{6}$

③ $\frac{11}{6}\div11=\frac{6}{11}\times\frac{1}{11}$

④ $\frac{5}{7}\div5=\frac{5}{7}\times\frac{1}{5}$

⑤ $\frac{5}{9}\div13=\frac{5}{9}\times\frac{1}{13}$

2 오른쪽 각뿔은 밑면이 정오각형이고 옆면이 이등변삼각형입니다. 이 각뿔의 모든 모서리의 길이의 합은 몇 cm일까요?

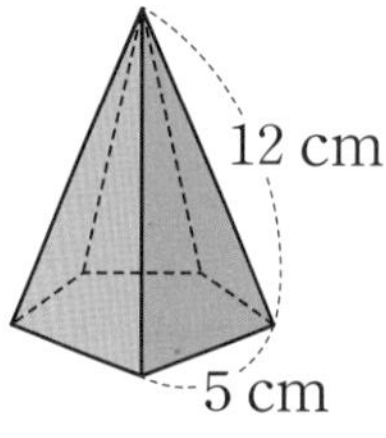

(   )

3 각기둥에 대한 설명으로 잘못된 것은 어느 것일까요? (   )

① 밑면은 2개입니다.

② 옆면의 모양은 모두 삼각형입니다.

③ 두 밑면 사이의 거리를 높이라고 합니다.

④ 옆면의 수는 한 밑면의 변의 수와 같습니다.

⑤ 밑면의 모양에 따라 각기둥의 이름이 정해집니다.

4 $31.2\div5$의 몫은 얼마일까요? (   )

① 6.24 ② 62.4 ③ 0.624

④ 624 ⑤ 6240

5 비교하는 양을 나타내는 수가 다른 하나는 어느 것일까요? (   )

① $1\frac{1}{3}$ ② 3 대 4

③ 4 : 11 ④ 25에 대한 4의 비

⑤ $\frac{4}{9}$

6 오른쪽 그림에서 전체에 대한 색칠한 부분의 비율은 몇 %일까요? (   )

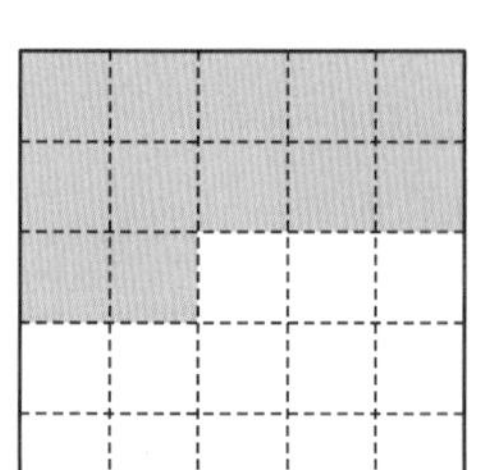

① 12 % ② 25 %

③ 48 % ④ 55 %

⑤ 80 %

7 빵 250 g에 들어 있는 탄수화물의 양은 180 g입니다. 빵에 들어 있는 탄수화물의 비율은 몇 %일까요? (   )

① 18 % ② 25 % ③ 72 %

④ 180 % ⑤ 250 %

정답 64쪽

8 지영이네 동네 600가구가 구독하는 신문을 조사하여 나타낸 원그래프입니다. 다 신문을 구독하는 가구가 라 신문을 구독하는 가구의 2배일 때, 가 신문을 구독하는 가구의 비율은 몇 %일까요? (　　　)

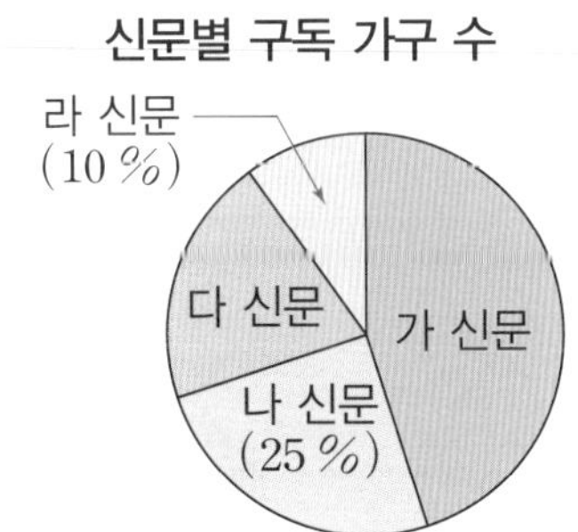

① 38 %　② 42 %　③ 45 %　④ 48 %　⑤ 50 %

9 민경이네 집의 올해 곡물 수확량을 조사하여 나타낸 띠그래프입니다. 올해 수확량이 모두 2000 kg일 때, 가장 많이 수확한 곡물의 양은 몇 kg일까요? (　　　)

곡물별 수확량

쌀 (32 %)
콩 (17 %)
기타 (29 %)
보리쌀 (15 %)
조(7 %)

① 140 kg　② 300 kg　③ 580 kg　④ 640 kg　⑤ 340 kg

10 호준이네 반 학생들이 방학 동안 읽은 책을 조사하여 나타낸 원그래프입니다. 이 원그래프를 전체 길이가 20 cm인 띠그래프로 나타낼 때, 동화책이 차지하는 부분의 길이는 몇 cm일까요?

(　　　)

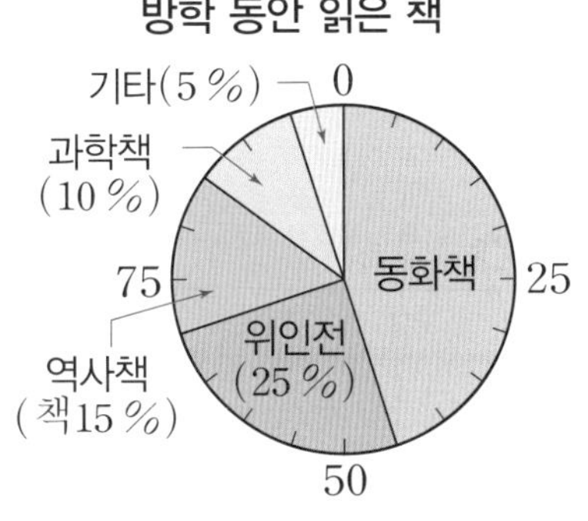

① 2.5 cm　② 3 cm　③ 4.5 cm　④ 5 cm　⑤ 9 cm

11 정육면체 모양 상자의 모든 면에 종이를 겹치지 않게 빈틈없이 덮으려고 합니다. 필요한 종이의 넓이는 몇 cm^2일까요? (　　　)

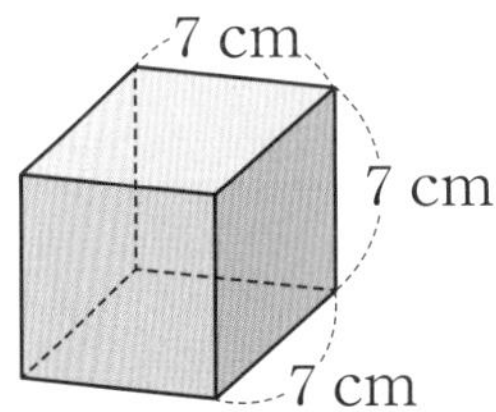

① 49 cm^2　② 147 cm^2　③ 294 cm^2　④ 343 cm^2　⑤ 490 cm^2

12 다음 입체도형의 부피는 몇 cm^3일까요?

(　　　)

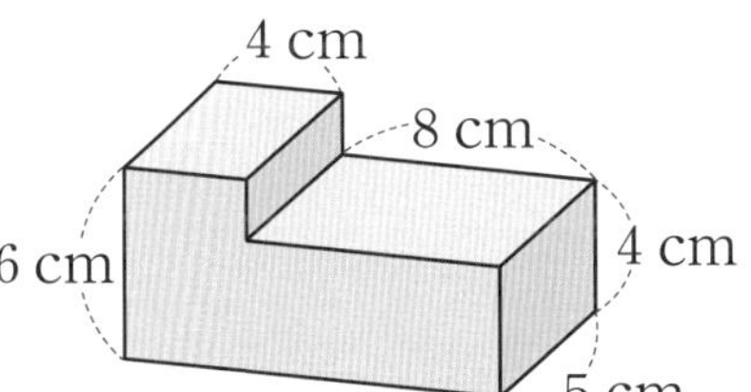

① 80 cm^3　② 120 cm^3　③ 160 cm^3　④ 280 cm^3　⑤ 360 cm^3

13 계산 결과가 자연수인 것을 모두 고르세요.

(　　　)

① $\frac{8}{9} \div \frac{2}{3}$　② $3 \div \frac{1}{7}$

③ $1\frac{4}{15} \div 1\frac{3}{10}$　④ $2\frac{4}{5} \div \frac{7}{15}$

⑤ $5 \div \frac{2}{5}$

14 계산 결과를 비교하여 ◯ 안에 ＞, ＝, ＜를 알맞게 써넣으세요.

$$22.5 \div 4.5 \bigcirc 4.05 \div 0.27$$

15 1시간 30분 동안 135 km를 달리는 자동차가 있습니다. 이 자동차는 한 시간에 몇 km를 달린 셈일까요? (　　　)

① 65 km　② 80 km　③ 90 km
④ 95 km　⑤ 100 km

16 쌓기나무로 쌓은 모양을 보고 위에서 본 모양에 수를 썼습니다. 쌓은 모양의 3층에 쌓인 쌓기나무는 몇 개일까요? (　　　)

5	2	3
4		1

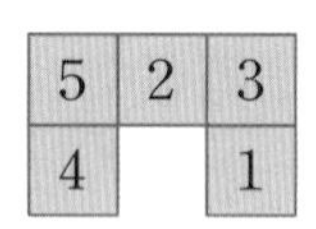

① 2개　② 3개　③ 4개
④ 5개　⑤ 6개

17 주어진 모양과 똑같이 쌓는 데 필요한 쌓기나무의 개수는 몇 개일까요? (　　　)

① 6개　② 7개　③ 8개
④ 9개　⑤ 10개

18 옳은 비례식은 어느 것일까요? (　　　)

① $3:5=15:9$　② $6:7=\frac{1}{6}:\frac{1}{7}$
③ $2:7=6:21$　④ $0.1:0.7=3:8$
⑤ $36:48=4:3$

19 후항이 12인 비가 있습니다. 이 비의 비율이 $\frac{3}{4}$일 때 전항은 얼마일까요? (　　　)

① 5　② 6　③ 7
④ 8　⑤ 9

정답 64쪽

20 서로 맞물려 돌아가는 두 톱니바퀴 ㉮, ㉯가 있습니다. ㉮ 톱니바퀴가 6번 도는 동안 ㉯ 톱니바퀴는 5번 돈다고 합니다. ㉯ 톱니바퀴가 25번 돌 때 ㉮ 톱니바퀴는 몇 번 돌까요? (　　　　)

① 20번　② 30번　③ 40번
④ 50번　⑤ 60번

21 원주가 51 cm인 원이 있습니다. 원의 반지름은 몇 cm일까요? (원주율: 3) (　　　　)

① 8 cm　② 8.5 cm　③ 9 cm
④ 9.5 cm　⑤ 10 cm

22 둘레가 192 m인 원 모양의 연못이 있습니다. 이 연못의 넓이는 몇 m^2일까요? (원주율: 3)
(　　　　)

① 288 m^2　② 576 m^2　③ 3072 m^2
④ 6144 m^2　⑤ 9216 m^2

23 색칠한 부분의 넓이는 몇 cm^2일까요?
(원주율: 3) (　　　　)

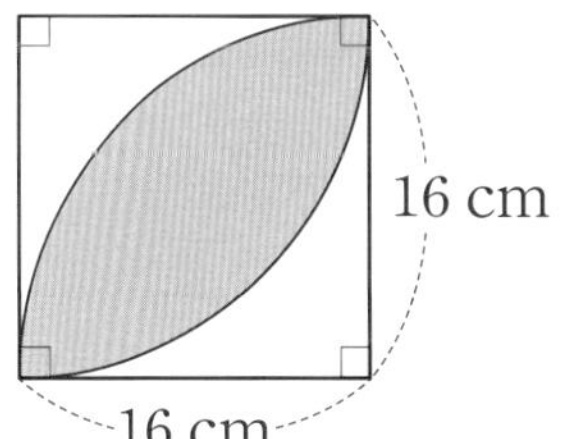

① 64 cm^2　② 128 cm^2　③ 192 cm^2
④ 256 cm^2　⑤ 768 cm^2

24 원뿔과 각뿔에 대한 설명으로 옳은 것을 모두 고르세요. (　　　　)

① 밑면이 원입니다.
② 꼭짓점이 1개입니다.
③ 옆면이 삼각형입니다.
④ 밑면의 수가 같습니다.
⑤ 뿔 모양의 입체도형입니다.

25 반원 모양의 종이를 지름을 기준으로 한 바퀴 돌려 만든 입체도형의 반지름은 몇 cm일까요?
(　　　　)

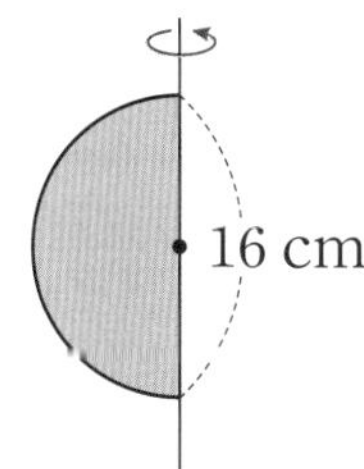

① 8 cm　② 12 cm　③ 16 cm
④ 20 cm　⑤ 32 cm

MEMO
메모

한 권으로 미리 봄 다시 봄

봄 초등수학4·5·6

개념 총정리

정답 및 풀이

빠른정답 포함

한 권으로 미리 봄 다시 봄

봄 초등수학4·5·6 개념 총정리

I 수와 연산

01 분수의 덧셈과 뺄셈

008쪽
1 4, 5, 9 / 4, 5, 9
2 (1) $\frac{4}{5}$ (2) $\frac{4}{7}$ (3) $1\frac{2}{9}$ (4) $1\frac{2}{11}$
3 (1) 3 (2) 2 (3) 5 (4) 7
4
5 $1\frac{1}{12}$ L　6 1, 2, 3, 4, 5

009쪽
1 7, 3, 4 / 7, 3, 4
2 (1) $\frac{2}{7}$ (2) $\frac{4}{11}$ (3) $\frac{1}{6}$ (4) $\frac{2}{9}$
3 $\frac{9}{13}$　4 >
5 $\frac{4}{10}$ kg　6 $\frac{3}{14}$, $\frac{6}{14}$

010쪽
1 2, 5 / 3, 7 / 3, 7
2 (1) $5\frac{5}{7}$ (2) $4\frac{3}{9}$
3 ( ) (○) ( )
4 (1) 3, $\frac{4}{6}$ (2) 9, $\frac{4}{8}$
5 $8\frac{3}{4}$ kg　6 <

011쪽
1 2, 4 / 2, 2 / 2, 2
2 (1) $1\frac{2}{6}$ (2) $3\frac{2}{8}$
3 ( ) ( ) (○)
4 (1) 2, $\frac{3}{9}$ (2) 1, $\frac{8}{13}$
5 $3\frac{2}{10}$ L　6 <

012~013쪽
1 $2\frac{8}{9}$　2 $\frac{11}{13}$
3 $\frac{4}{15}$, $\frac{7}{15}$　4 $\frac{6}{11}$
5 $3\frac{4}{7}$　6 $2\frac{1}{8}$
7 $17\frac{3}{5}$ cm　8 $27\frac{1}{4}$ cm
9 8 cm
10 1, 2, 3, 4, 5, 6
11 5　12 4개

02 소수의 덧셈과 뺄셈

014쪽
1 (1) 5, 8 / 0, 5, 8 (2) 0, 3, 2 / 0, 0, 3, 2
2 27.7 kg　3 2.07 kg
4 ㉠

015쪽
1 (1) 3.2 (2) 4.02 (3) 0.04 (4) 8.6
2 (1) < (2) > (3) > (4) <
3 ㉡　4 지호　5 포도

016쪽
1 $\begin{array}{r} {\scriptstyle 1}\ \ \\ 1.8 \\ +\,0.7 \\ \hline 5 \end{array} \Rightarrow \begin{array}{r} {\scriptstyle 1}\ \ \\ 1.8 \\ +\,0.7 \\ \hline 2.5 \end{array}$
2 $\begin{array}{r} 2.7 \\ +\,6\ \ \\ \hline 8.7 \end{array}$
3 5.55　4 3.19
5 (1) = (2) > (3) < (4) <
6 5.81 kg

017쪽
1 $\begin{array}{r} {\scriptstyle 1\ 10} \\ 2.6 \\ -\,1.9 \\ \hline 7 \end{array} \Rightarrow \begin{array}{r} {\scriptstyle 1\ 10} \\ 2.6 \\ -\,1.9 \\ \hline 0.7 \end{array}$
2
3 2.94　4 3.1
5 (1) = (2) < (3) < (4) >
6 0.33 kg

018~019쪽
1 (1) 0.538 (2) 21.87
2 8.5　3 2.093
4 1.98　5 9개　6 5.89
7 0.88　8 0.04
9 4.08 / 0.76
10 6.43 / 3.46
11 73.53　12 7.74

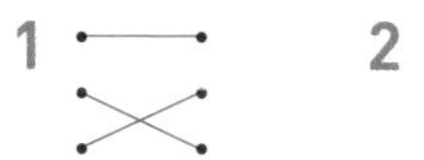 4학년 총정리 TEST

020~021쪽
1　2 <
3 ( ) (○) ( )
4 $5\frac{2}{10}$ L　5 $\frac{10}{12}$
6 1　7 $14\frac{4}{6}$ cm
8 2　9 ㉣
10 5.33　11 (1) < (2) =
12 3.067　13 9개
14 0.25　15 8.42 / 2.48

03 자연수의 혼합 계산

022쪽
1 (1) $18-9+7=16$ (2) $32\div8\times2=8$ (3) $33-(2+15)=16$ (4) $20\div(5\times4)=1$
2 $52+15-24=43$ / 43개
3 39
4 =　5 ㉠, ㉢, ㉡, ㉣

023쪽
1 6×8에 ○표
2 (1) $24-4\times3+9=21$ (2) $35+(12-7)\times6=65$

3 승우　4 ㉢
5 $7+(44-39)\times8=47$
6 $50-(4+3)\times5=15$ / 15권

024쪽
1 (1) 26 (2) 18
2 $36\div4$에 ○표 / $96-60\div4+28$ $=96-15+28$ $=81+28=109$
3 ㉠　4 $>$　5 4
6 $(46+49)\div5-2=17$ / 17살

025쪽
1 ㉢, ㉡, ㉣, ㉠, ㉤
2 ④　3 3
4 예 $(3+3-3)\div3=1$
5 $81-24\div6\times(5+8)=29$
6 40 ℃

026~027쪽
1 3　2 48　3 12
4 예 4, 6, 2 / 12
5 30　6 16 / 4　7 $\div$
8 $+$, $\times$
9 예 $(4\times4)\div(4+4)=2$
10 132　11 59　12 32

04 약수와 배수

028쪽
1 (○) (×) (×) (○)　2 8개
3 (1) 36 (2) 4, 12
4 ①, ④　5 84
6 105　7 8번

029쪽
1 (1) 예 20 (2) 예 4
2 45, 30, 5　3 ①, ④
4 예 $234=13\times18$　5 ④
6 1, 2, 3, 5, 6, 10, 15, 30
7 12

030쪽
1 1, 5 / 5　2 10
3 6　4 ㉠
5 1, 2, 3, 4, 6, 12
6 4명

031쪽
1 18, 36, 54 / 18
2 3, 3 / 3, 2, 7 / 84
3 25, 50, 75
4 $\begin{array}{r|rr} 2 & 24 & 18 \\ \hline 3 & 12 & 9 \\ \hline & 4 & 3 \end{array}$ / 3, 4, 3 / 72
5 45, 90　6 오전 7시 3분

032~033쪽
1 6　2 8
3 4, 6, 12　4 4
5 6 cm　6 4개 / 3개
7 30　8 60 cm
9 12장　10 40
11 36　12 32, 80

5학년 총정리 TEST ①

034~035쪽
1 ㉠, ㉡, ㉢, ㉣
2 $6+(31-27)\times8=38$
3 $>$　4 ③
5 54　6 39
7 $+$, $\times$　8 89
9 88　10 ③
11 4명　12 42, 84
13 8　14 12 cm
15 6장　16 42

05 약분과 통분

038쪽
1 (1) 8, 16 (2) 12, 13
2 $\frac{6}{16}$, $\frac{9}{24}$, $\frac{12}{32}$
3 $\frac{5}{7}$, $\frac{10}{14}$에 ○표
4
5 $\frac{21}{28}$, $\frac{24}{32}$　6 $\frac{15}{33}$

039쪽
1 (1) $\frac{3}{5}$ (2) $\frac{4}{8}$, $\frac{2}{4}$, $\frac{1}{2}$
2 2, 3, 6　3 ③
4 $\frac{4}{21}$, $\frac{25}{41}$
5 (1) 7, 7 / $\frac{5}{6}$ (2) 9, 9 / $\frac{3}{7}$
6 7

040쪽
1 $\frac{48}{108}$, $\frac{63}{108}$　2
3 24, 48, 72　4 $\frac{5}{12}$, $\frac{2}{3}$
5 5개

041쪽
1 (1) 33, 35, $<$ (2) 27, 20, $>$
2 $\frac{17}{20}$에 ○표
3 빨간색 테이프
4 (1) $<$ (2) $>$
5 $1\frac{2}{5}$, 1.2, $\frac{3}{4}$, 0.6
6 0.8

042~043쪽
1 20　2 56
3 29　4 18
5 $\frac{4}{7}$　6 $\frac{2}{9}$, $\frac{7}{15}$
7 3　8 1, 2, 3
9 12　10 $\frac{1}{4}$
11 $\frac{5}{8}$
12 $\frac{8}{32}$ / $\frac{4}{16}$, $\frac{2}{8}$, $\frac{1}{4}$

06 분수의 덧셈과 뺄셈

044쪽
1 3, 3, 2, 2 / $\frac{21}{36}$, $\frac{2}{36}$ / $\frac{23}{36}$
2 (1) $\frac{13}{20}$ (2) $\frac{11}{21}$ (3) $1\frac{5}{24}$ (4) $1\frac{13}{30}$
3 (1) $<$ (2) $>$　4
5 $1\frac{5}{8}$ m　6 $1\frac{14}{45}$ m

045쪽
1 14, 30 / 14, 30 / 44 / 1, 9 / $6\frac{9}{35}$
2 (1) $3\frac{1}{12}$ (2) $4\frac{5}{21}$
3 $<$

4 (○) (　) (　)

5 $8\frac{7}{36}$ m　　6 $11\frac{11}{35}$

046쪽

1 $\frac{5}{6}-\frac{7}{15}=\frac{75}{90}-\frac{42}{90}=\frac{33}{90}=\frac{11}{30}$

2 (1) $\frac{11}{20}$ (2) $\frac{5}{24}$ (3) $\frac{11}{40}$ (4) $\frac{1}{18}$

3 ㉡　　4 $\frac{13}{20}$ m

5 $\frac{13}{45}$　　6 $\frac{22}{45}$

047쪽

1 34, 8 / 34, 24 / 10 / $1\frac{1}{9}$

2 (1) $1\frac{3}{10}$ (2) $1\frac{35}{36}$

3 <

4 $2\frac{7}{30}$ cm　　5 $\frac{9}{20}$ kg

6 $1\frac{9}{10}$

048~049쪽

1 $1\frac{1}{15}$　　2 $4\frac{9}{10}$

3 $1\frac{5}{6}$　　4 4개

5 1, 2, 3, 4, 5, 6, 7

6 55　　7 $9\frac{5}{12}$ cm

8 $8\frac{7}{15}$ cm　　9 $5\frac{37}{60}$ cm

10 $12\frac{9}{40}$　　11 $5\frac{13}{42}$

12 $13\frac{13}{72}$

5학년 총정리 TEST ②

050~051쪽

1 $\frac{15}{25}$, $\frac{18}{30}$　　2 ⑤

3 　　4 $\frac{2}{3}$

5 54　　6 $\frac{11}{15}$, $\frac{5}{9}$

7 5　　8 $\frac{5}{9}$

9 (1) < (2) >　　10 $11\frac{1}{40}$

11 ㉢　　12 $\frac{13}{20}$ kg

13 $4\frac{7}{20}$　　14 3개

15 $7\frac{11}{40}$ cm　　16 $10\frac{4}{35}$

07 분수의 곱셈

054쪽

1 $\frac{7}{\cancel{12}_{3}}\times \cancel{20}^{5}=\frac{7\times5}{3}=\frac{35}{3}=11\frac{2}{3}$

2 　　3 −

4 $15\frac{1}{3}$, 46　　5 ㉡

6 12 L

055쪽

1 5, 4 / 5, 4 / $\frac{25}{4}$ / $6\frac{1}{4}$

2 (위에서부터) 15, $31\frac{1}{2}$

3 60 cm

4 $10\times2\frac{4}{15}=\cancel{10}^{2}\times\frac{34}{\cancel{15}_{3}}=\frac{68}{3}=22\frac{2}{3}$

5 6 km　　6 6개

056쪽

1 (1) $\frac{1}{20}$ (2) $\frac{3}{20}$ (3) $\frac{12}{35}$ (4) $\frac{3}{4}$

2 (1) < (2) =

3 ②, ④　　4 $\frac{3}{8}$

5 3개　　6 $\frac{1}{12}$ L

057쪽

1 $1\frac{5}{6}\times3\frac{1}{3}=\frac{11}{\cancel{6}_{3}}\times\frac{\cancel{10}^{5}}{3}=\frac{55}{9}=6\frac{1}{9}$

2 (위에서부터) $4\frac{1}{20}$, $8\frac{1}{2}$

3 >　　4 $1\frac{3}{4}$

5 $6\frac{3}{8}$ cm²　　6 7개

058~059쪽

1 $\frac{16}{49}$ cm²　　2 $12\frac{1}{10}$ m²

3 $10\frac{1}{2}$ cm²　　4 1, 2, 3, 4, 5

5 5개　　6 11

7 $3\frac{1}{12}$ m　　8 $13\frac{1}{8}$ m

9 $14\frac{1}{2}$ m　　10 120 km

11 5 km

12 오전 11시 45분

08 소수의 곱셈

060쪽

1 (1) 2, 18, 1.8
(2) 43, 215, 21.5

2 5.1

3 (1) 1.6 (2) 13.2
(3) 4.5 (4) 58.4

4 (1) > (2) <　　5 ㉠, ㉢, ㉡

6 (위에서부터) 4, 7

061쪽

1 $7\times1.3=7\times\frac{13}{10}=\frac{7\times13}{10}=\frac{91}{10}=9.1$

2 $\begin{array}{r} 1\,2 \\ \times\, 1.6 \\ \hline \end{array} \Rightarrow \begin{array}{r} 1\,2 \\ \times\, 1\,6 \\ \hline 7\,2 \\ 1\,2\ \ \\ \hline 1\,9\,2 \end{array} \Rightarrow \begin{array}{r} 1\,2 \\ \times\, 1.6 \\ \hline 1\,9.2 \end{array}$

3 <　　4 60.2 cm²

5 ㉢, ㉠, ㉡　　6 0.56

062쪽

1 4, 8 / 32 / 0.32

2 $\begin{array}{r} 0.3 \\ \times\, 0.9 \\ \hline \end{array} \Rightarrow \begin{array}{r} 3 \\ \times\ \ 9 \\ \hline 2\,7 \end{array} \Rightarrow \begin{array}{r} 0.3 \\ \times\, 0.9 \\ \hline 0.2\,7 \end{array}$

3 (1) 0.28 (2) 0.134 (3) 0.021
4 ㉠ 5 12.48
6 0.268 m²

063쪽
1 16, 21 / 336 / 3.36
2 > 3 ㉠
4 (1) 552.08 (2) 5.5208
5 (1) 7.5 (2) 3.8
6 58.72 kg

064~065쪽
1 7.5 cm² 2 28.8 cm²
3 15.125 cm² 4 10
5 5 6 5개
7 16.56 8 22.96
9 90 10 35.89
11 10.65 12 238.875

5학년 총정리 TEST ③

066~067쪽
1

2 $12\times1\frac{9}{10}=\overset{6}{\cancel{12}}\times\frac{19}{\underset{5}{\cancel{10}}}=\frac{114}{5}=22\frac{4}{5}$
3 3개 4 $5\frac{2}{5}$
5 $18\frac{1}{5}$ m² 6 $2\frac{9}{10}$ m
7 $6\frac{2}{3}$ km 8 ㉢, ㉡, ㉠, ㉣
9 0.48
10 (1) 0.24 (2) 0.342 (3) 0.01
11 50.12 kg 12 21.125 cm²
13 6 14 43.56
15 22.36

09 분수의 나눗셈(1)

070쪽
1 (1) $\frac{5}{7}\div2=\frac{5}{7}\times\frac{1}{2}=\frac{5}{14}$
(2) $\frac{7}{9}\div5=\frac{7}{9}\times\frac{1}{5}=\frac{7}{45}$
2 < 3 $\frac{7}{36}$ m
4 ㉢
5 (1) $\frac{21}{5}\div7=\frac{\overset{3}{\cancel{21}}}{5}\times\frac{1}{\underset{1}{\cancel{7}}}=\frac{3}{5}$
(2) $\frac{24}{7}\div9=\frac{\overset{8}{\cancel{24}}}{7}\times\frac{1}{\underset{3}{\cancel{9}}}=\frac{8}{21}$
6 (○)( )( )

071쪽
1 (1) $2\frac{3}{7}\div4=\frac{17}{7}\times\frac{1}{4}=\frac{17}{28}$
(2) $3\frac{1}{8}\div9=\frac{25}{8}\times\frac{1}{9}=\frac{25}{72}$
2 $\frac{11}{21}$ 3 <
4 ①, ④, ⑤ 5 $\frac{13}{20}$ kg
6 $\frac{5}{7}$

10 소수의 나눗셈(1)

072쪽
1 (1) 43, 4.3 (2) 17, 1.7
2 (1) 18.3÷3
$=\frac{183}{10}\div3=\frac{183\div3}{10}$
$=\frac{61}{10}=6.1$
(2) 40.5÷15
$=\frac{405}{10}\div15$
$=\frac{405\div15}{10}=\frac{27}{10}=2.7$
3 4 ( )(○)
5 4.6 kg 6 13.5 cm²

073쪽
1 285 / 285, 5 / 57 / 0.57
2 (1)
```
   0.2 4
9)2.1 6
  1 8
    3 6
    3 6
      0
```
(2)
```
   0.8 2
9)4.9 2
  4 8
    1 2
    1 2
      0
```
3 0.45 4 0.76

5
```
   0.4 8
7)3.3 6
  2 8
    5 6
    5 6
      0
```
6 0.87 L

074쪽
1 2120 / 2120, 8 / 265 / 2.65
2 (1)
```
    5.9 5
4)2 3.8 0
  2 0
    3 8
    3 6
      2 0
      2 0
        0
```
(2)
```
    4.6 5
8)3 7.2 0
  3 2
    5 2
    4 8
      4 0
      4 0
        0
```
3 2.65 4 1.46, 2.85, 3.35
5 > 6 28.24

075쪽
1 (1) 704, 7.04 (2) 805, 8.05
2 3 <
4
```
    7.0 5
8)5 6.4 0
  5 6
      4 0
      4 0
        0
```
5 ②, ④ 6 2.05 m

076~079쪽
1 $4\frac{2}{5}$ cm 2 $3\frac{5}{8}$ cm
3 $5\frac{3}{5}$ cm 4 $\frac{1}{24}$
5 $\frac{13}{20}$ 6 $23\frac{1}{25}$
7 $\frac{9}{35}$ km 8 $\frac{21}{80}$ km
9 $\frac{17}{30}$ km 10 0.5
11 1.65 12 0.3
13 5.02 cm 14 5.04 cm
15 12.1 cm 16 6
17 11개 18 5.95
19 2, 4, 8 / 0.3
20 9, 6, 3 / 3.2
21 9, 8, 6, 4 / 24.65
22 21초 23 39초
24 낮 12시 3분

11 분수의 나눗셈(2)

080쪽

1 (1) $\frac{3}{5}\div\frac{5}{6}=\frac{18}{30}\div\frac{25}{30}$
$=18\div25=\frac{18}{25}$

(2) $\frac{7}{9}\div\frac{3}{5}=\frac{35}{45}\div\frac{27}{45}$
$=35\div27$
$=\frac{35}{27}=1\frac{8}{27}$

2 < 3 ㉡ 4 33

5 (선 잇기) 6 ( )( )(○)

081쪽

1 16 / 32 / 32 / $6\frac{2}{5}$

2 < 3 $\frac{3}{4}$ 4 ㉡, ㉢

5 3일 6 $3\frac{3}{7}$배

12 소수의 나눗셈(2)

082쪽

1 18, 3 / 18, 3 / 6

2 (1)
```
       4
4.4)17.6
    176
      0
```
(2)
```
      16
0.2)3.2
    2
    12
    12
     0
```

3 8

4 (위에서부터) 6, 3, 4, 2

5 ( )
(○)
( )

6 8 m

083쪽

1 2378, 820 / 2378, 820 / 2.9

2 ③

3 (1)
```
       2.1
3.6)7.56
    72
     36
     36
      0
```
(2)
```
          5.3
40.7)215.71
     2035
      1221
      1221
         0
```

4 5.74, 4.1, 1.4

5 ㉠, ㉣ 6 3.5

084쪽

1 550, 22 / 550, 22 / 25

2 (1)
```
       40
0.3)12.0
    12
      0
```
(2)
```
        26
7.5)195.0
    150
     450
     450
       0
```

3 (선 잇기) 4 40, 400

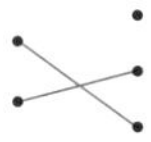

5 50 6 24개

085쪽

1 둘째, 1.5 2 셋째, 1.48

3 14.15 4 14.154

5 (1)
```
    5.366 /5.37
3)16.1
  15
   11
    9
    20
    18
     20
     18
      2
```
(2)
```
      7.428 /7.43
0.7)5.2
    49
     30
     28
      20
      14
       60
       56
        4
```

086~089쪽

1 $\frac{14}{15}$ m 2 $1\frac{1}{2}$ m 3 $\frac{9}{14}$ m

4 $\frac{5}{6}$ 5 $2\frac{2}{5}$ 6 10

7 4배 8 64 kg

9 $85\frac{1}{5}$ km

10 ( )( )(○)

11 20.12÷5.03에 색칠

12 ㉢, ㉣, ㉠, ㉡

13
```
       1.8
7.2)12.96
    72
    576
    576
      0
```

14 3.5 15 정민

16 10 17 0

18 75 19 6 cm

20 8 m 21 8 cm

22 16도막 23 1.7배

24 1.4배

6학년 총정리 TEST

090~091쪽

1 (○)( )( )

2 > 3 $\frac{14}{25}$ km

4 1.3 5 5.05 cm

6 8.375 7 9, 8, 2 / 4.9

8 45초 9 (선 잇기)

10 $\frac{35}{32}(=1\frac{3}{32})$

11 $32\frac{1}{32}$ kg

12 ㉢, ㉣, ㉡, ㉠

13 호영 14 6

15 7 m 16 1.8배

빠른 정답

Ⅱ 도형과 측정

13 각도

096쪽
1 예각 2 둔각
3 가, 나, 라 / 마 / 다, 바
4 ①
5 예
6 (1) 둔각 (2) 예각

097쪽
1 110 2 (1) 120 (2) 175
3 ③ 4 70
5 (1) 60 (2) 85 6 35°

098쪽
1 45° 2 30 3 45°
4 135° 5 85, 35 6 150

099쪽
1 360 2 95 3 115°
4 200° 5 250 6 60

100~101쪽
1 8개 2 4개
3 11개 / 5개 4 50°
5 25° 6 95°
7 240° 8 60°
9 180° / 120° 10 60
11 70° 12 40°

14 평면도형의 이동

102쪽
1 모양, 위치
2 예

3
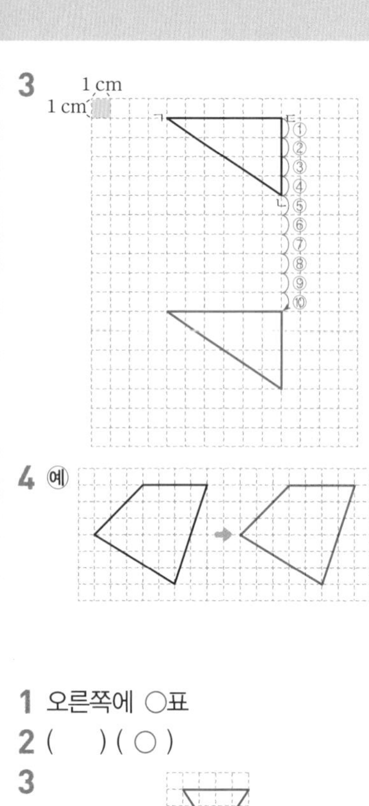

4 예

103쪽
1 오른쪽에 ○표
2 ( ) (○)
3
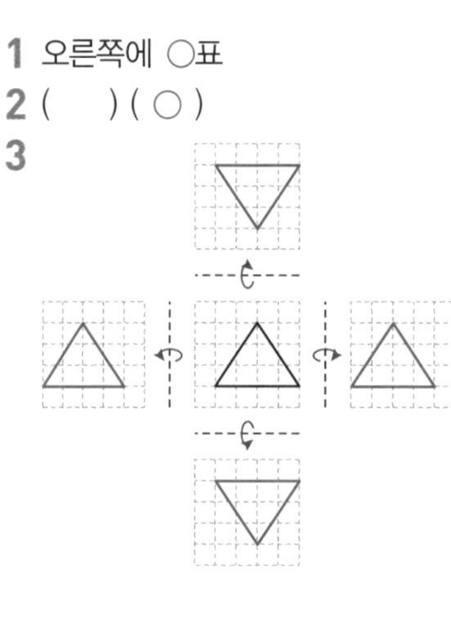

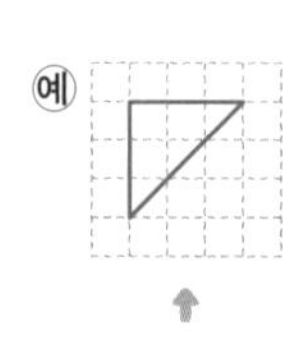

104쪽
1 오른쪽에 ○표
2 ( ) (○)
3 (1) (2) (3)
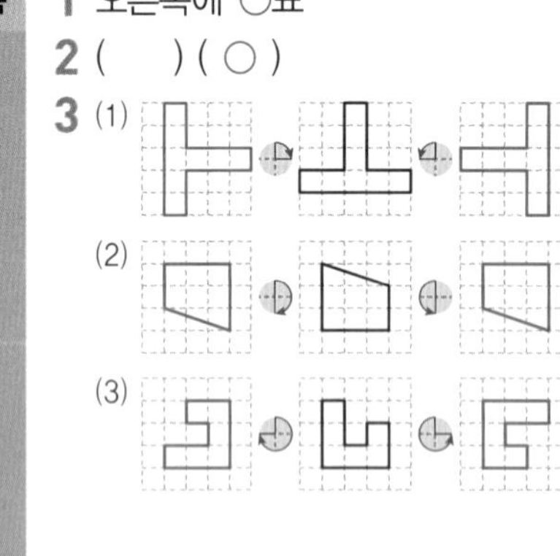

105쪽
1
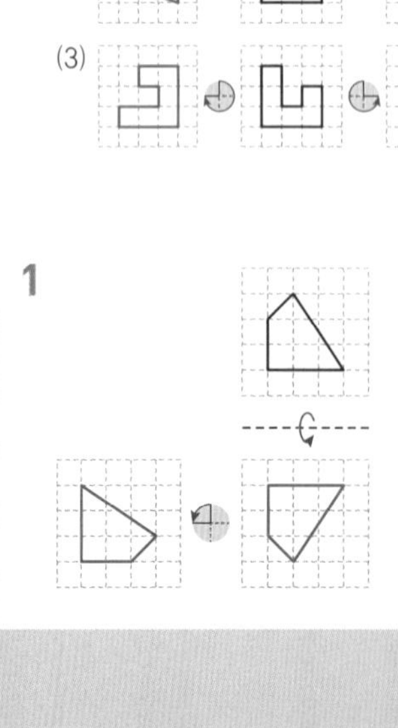

2
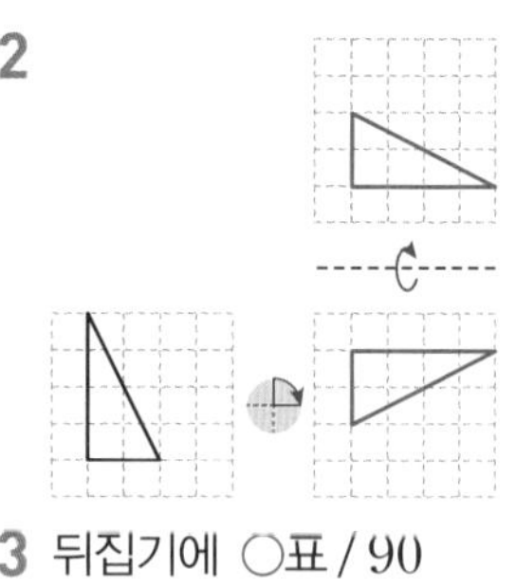
3 뒤집기에 ○표 / 90
4 (○) ( )

106~107쪽
1 위쪽 또는 아래쪽
2 왼쪽 또는 오른쪽
3
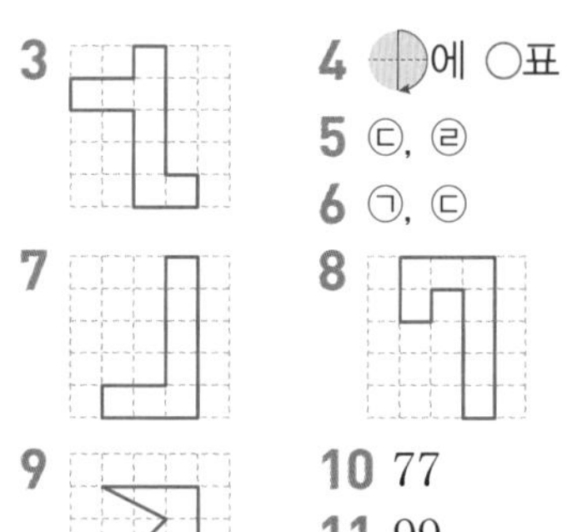
4 에 ○표
5 ㉢, ㉣
6 ㉠, ㉢
7
8
9
10 77
11 99
12 1013

4학년 총정리 TEST ①

108~109쪽
1 예각
2 (1) 100 (2) 165 (3) 66 (4) 85
3 75° 4 105
5 75° 6 40
7
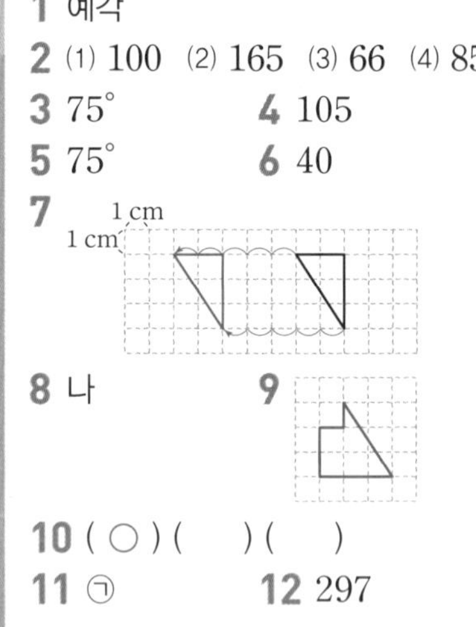

8 나 9
10 (○) ( ) ( )
11 ㉠ 12 297

15 삼각형

110쪽
1 각 ㄱㄷㄴ
2 (1) 26 cm (2) 18 cm
3 예
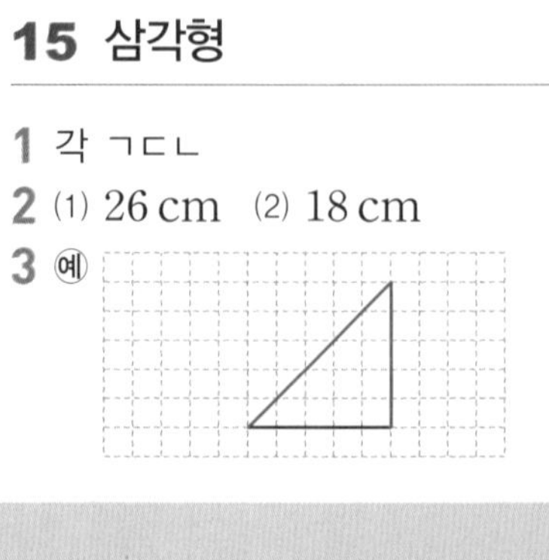

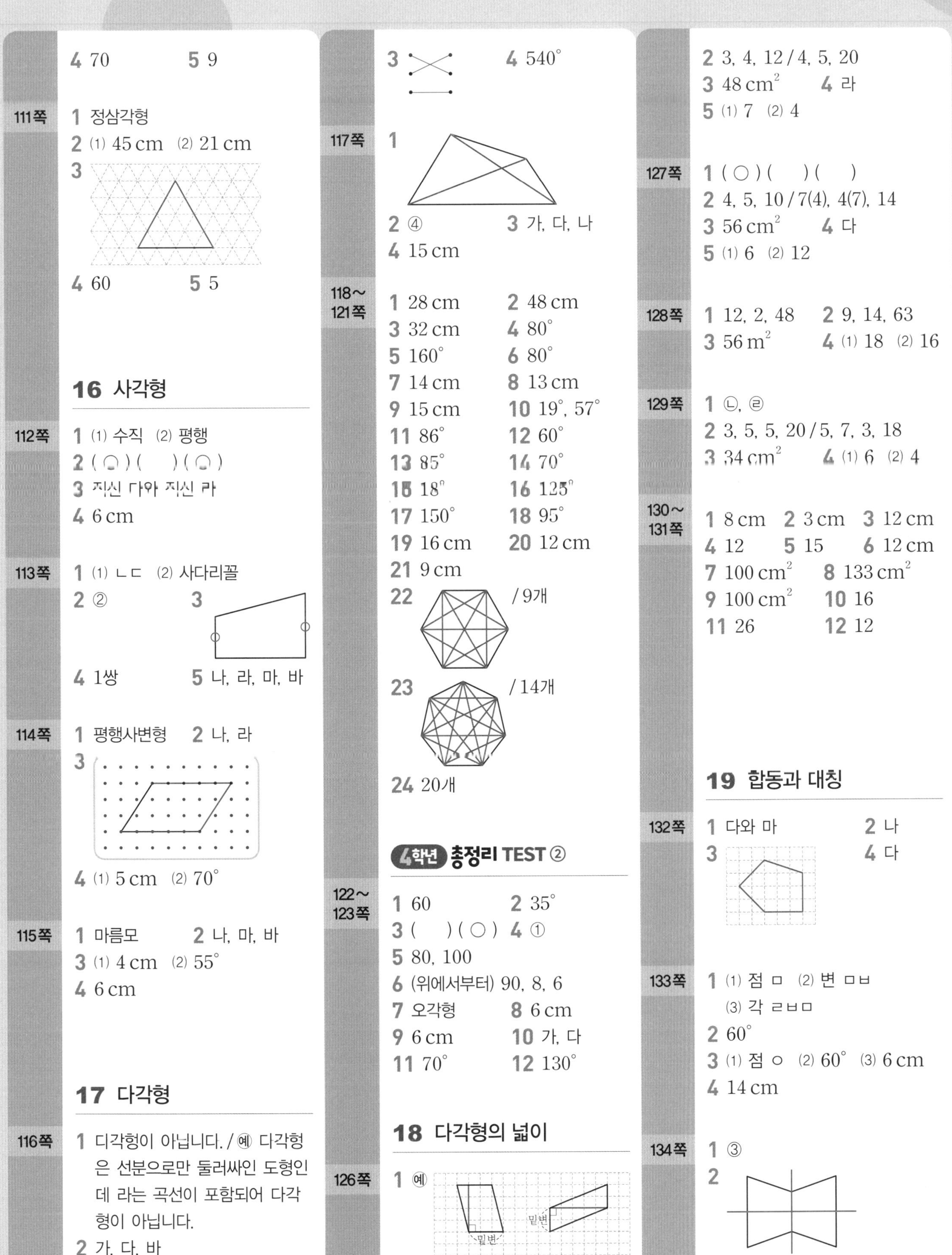

4 70 5 9
111쪽 1 정삼각형
2 (1) 45 cm (2) 21 cm
3
4 60 5 5
16 사각형
112쪽 1 (1) 수직 (2) 평행
2 (○) ( ) (○)
3 직선 다와 직선 라
4 6 cm
113쪽 1 (1) ㄴㄷ (2) 사다리꼴
2 ② 3
4 1쌍 5 나, 라, 마, 바
114쪽 1 평행사변형 2 나, 라
3
4 (1) 5 cm (2) 70°
115쪽 1 마름모 2 나, 마, 바
3 (1) 4 cm (2) 55°
4 6 cm
17 다각형
116쪽 1 다각형이 아닙니다. / 예 다각형은 선분으로만 둘러싸인 도형인데 라는 곡선이 포함되어 다각형이 아닙니다.
2 가, 다, 바
3 4 540°
117쪽 1
2 ④ 3 가, 다, 나
4 15 cm
118~121쪽 1 28 cm 2 48 cm
3 32 cm 4 80°
5 160° 6 80°
7 14 cm 8 13 cm
9 15 cm 10 19°, 57°
11 86° 12 60°
13 85° 14 70°
15 18° 16 125°
17 150° 18 95°
19 16 cm 20 12 cm
21 9 cm
22 / 9개
23 / 14개
24 20개
4학년 총정리 TEST ②
122~123쪽 1 60 2 35°
3 ( ) (○) 4 ①
5 80, 100
6 (위에서부터) 90, 8, 6
7 오각형 8 6 cm
9 6 cm 10 가, 다
11 70° 12 130°
18 다각형의 넓이
126쪽 1 예
밑변
밑변
2 3, 4, 12 / 4, 5, 20
3 48 cm² 4 라
5 (1) 7 (2) 4
127쪽 1 (○) ( ) ( )
2 4, 5, 10 / 7(4), 4(7), 14
3 56 cm² 4 다
5 (1) 6 (2) 12
128쪽 1 12, 2, 48 2 9, 14, 63
3 56 m² 4 (1) 18 (2) 16
129쪽 1 ㉡, ㉣
2 3, 5, 5, 20 / 5, 7, 3, 18
3 34 cm² 4 (1) 6 (2) 4
130~131쪽 1 8 cm 2 3 cm 3 12 cm
4 12 5 15 6 12 cm
7 100 cm² 8 133 cm²
9 100 cm² 10 16
11 26 12 12
19 합동과 대칭
132쪽 1 다와 마 2 나
3 4 다
133쪽 1 (1) 점 ㅁ (2) 변 ㅁㅂ
(3) 각 ㄹㅂㅁ
2 60°
3 (1) 점 ㅇ (2) 60° (3) 6 cm
4 14 cm
134쪽 1 ③
2

3

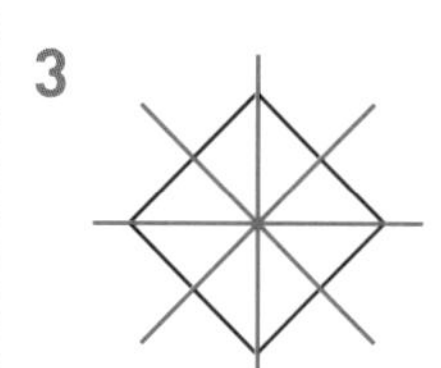

4 (위에서부터) 50, 4

5 45

6

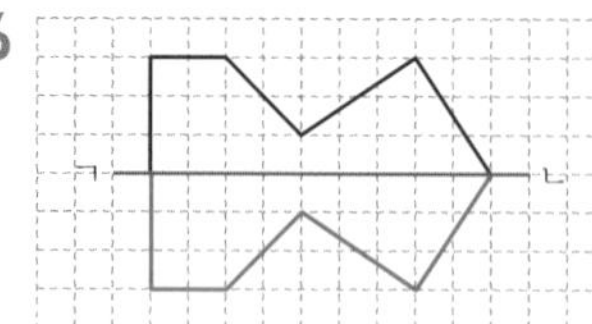

135쪽

1 나, 라, 바

2

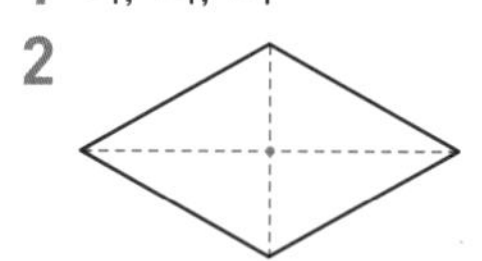

3

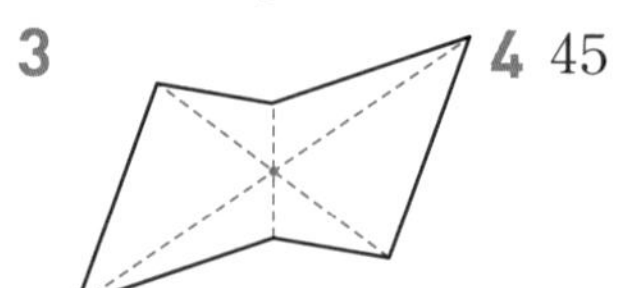

4 45

5

6

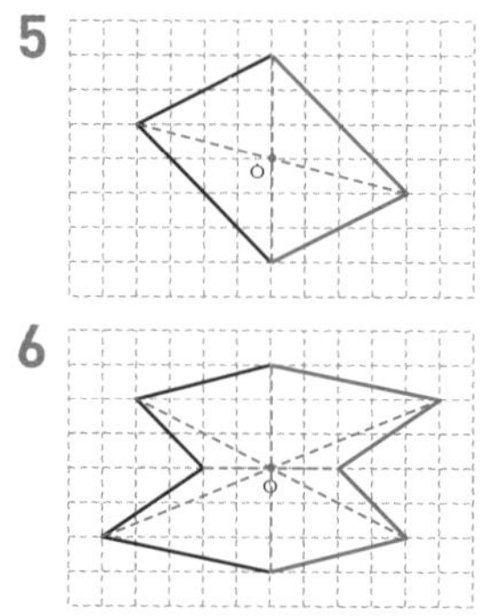

136~137쪽

1 80° 2 67°

3 22° 4 864 cm^2

5 1500 cm^2 6 256 cm^2

7 10 cm 8 520 cm^2

9 936 cm^2 10 21 cm

11 29 cm 12 184 cm^2

20 직육면체

138쪽

1 ②, ④, ⑤ 2 ㉢/㉡, ㉣/㉠

3 (1) ○ (2) × (3) ×

4 ②, ⑤

139쪽

1 ④

2 (1) (2)

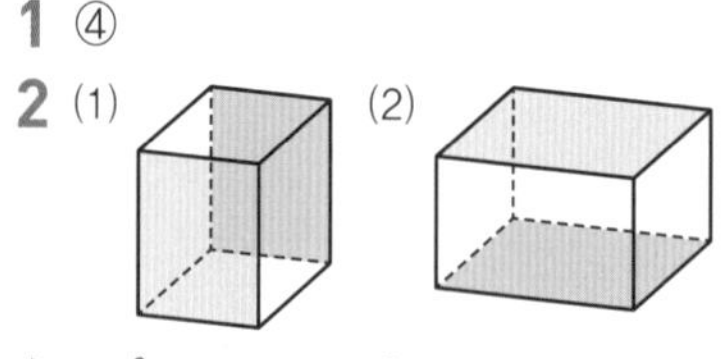

3 90° 4 4개

5 ⑤

140쪽

1 ④ 2 수정 3 1개

4 4개 5 17 cm

141쪽

1 (위에서부터) ㄱ, ㅁ, ㅁ, ㅇ

2 5군데

3 면 라/면 가, 면 다, 면 마, 면 바

4 ㉣

142~143쪽

1 11 cm 2 15 cm

3 52 cm 4 92 cm

5 163 cm 6 80 cm

7

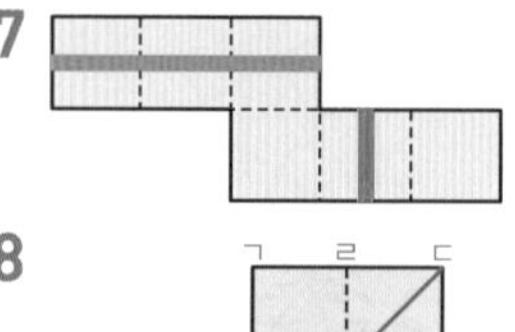

8

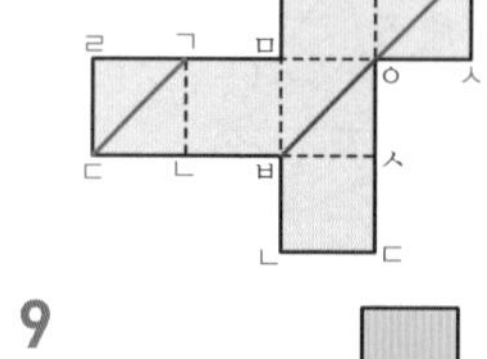

9

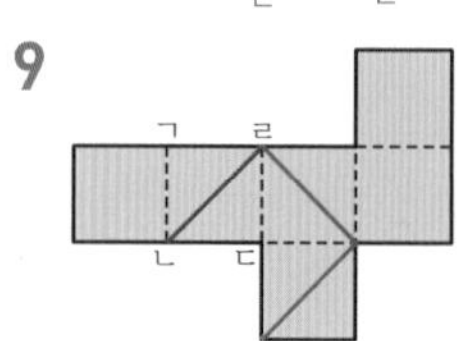

10 60 cm 11 112 cm

12 20 cm

5학년 총정리 TEST

144~145쪽

1 12 cm^2 2 나, 8 cm^2

3 9 4 70 cm^2

5 84 cm^2 6 75°

7 (왼쪽에서부터) 10, 9, 6

8 9 cm

9 (왼쪽에서부터) 5, 7, 9

10 14 cm 11 ㉠

12 48 cm

21 각기둥과 각뿔

148쪽

1 ⑤

2 높이/꼭짓점/모서리

3 18개 4 26

5 나/가/다

149쪽

1 다, 삼 2 ㉠ 3 9개

4 19 5 사각뿔

22 직육면체의 부피와 겉넓이

150쪽

1 270 cm^3 2 8

3 10

4 (1) 15000000 (2) 4300000

(3) 5 (4) 7.2

151쪽

1 (1) 24, 24, 8, 8, 12, 12/88

(2) 24, 8, 12/88

2 310 cm^2

3

/8, 12, 6/52

4 600 cm^2

152~153쪽

1 칠각뿔, 8개 2 팔각기둥

3 십이각뿔 4 120 cm

5 144 cm 6 75 cm

7 12 8 35 cm^2

9 9 10 88 cm^2

11 2056 cm^2 12 750 cm^3

23 원의 넓이

154쪽

1 원주율 2 3배

3 3 4 3.1

5 9 cm 6 12 cm

7 24.8 cm 8 86.8 cm

155쪽 1 432 cm^2 2 147 cm^2
3 60.75 cm^2 4 251.1 cm^2
5 10 cm 6 <
7 ㉡, ㉠, ㉣, ㉢

24 원기둥, 원뿔, 구

156쪽 1 (○) (   ) (   ) (○)
2 가, 라 3 504 cm^2
4 624 cm^3

157쪽 1 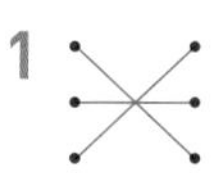 2 10 cm

3

도형			
위에서 본 모양			
앞에서 본 모양			
옆에서 본 모양			

4 구

158~159쪽 1 140 cm 2 63 cm
3 182 cm 4 112.5 cm^2
5 100 cm^2 6 25 cm^2
7 330 cm^2 8 540 cm^2
9 972 cm^2 10 54 cm^2
11 200 cm^2 12 54 cm^2

6학년 총정리 TEST

160~161쪽 1 각뿔의 꼭짓점 / 높이 / 모서리
2 육각기둥 3 122 cm^2
4 216 cm^3 5 칠각뿔
6 가 7 9
8 ㉢, ㉠, ㉡ 9 672 cm^2
10 20 cm 11 294 cm^2
12 600 cm^3

Ⅲ 규칙성, 자료와 가능성

25 막대그래프

166쪽 1 (1) 색깔 / 학생 수
(2) 좋아하는 학생 수 (3) 1명
2 (1) 책 수 / 이름
(2) 쉽게 알 수 없습니다.

167쪽 1 (1) 나무 수 (2) 예 1그루
(3) 그루 / 나무 수 / 반
2 (1) 예 좋아하는 꽃별 학생 수

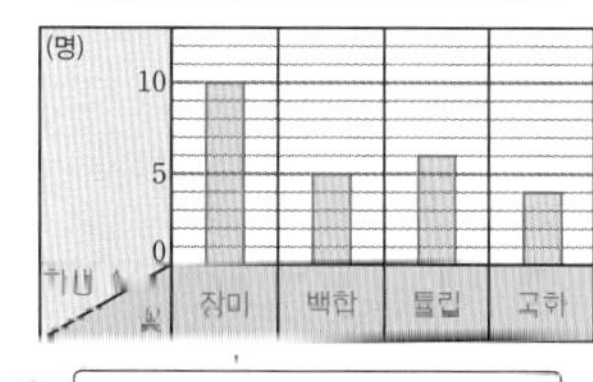

(2) 예 좋아하는 꽃별 학생 수

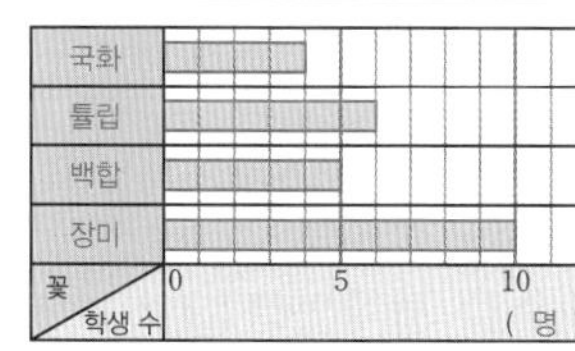

26 꺾은선그래프

168쪽 1 (1) 날짜 / 키 (2) 2 cm
(3) 콩나물의 키의 변화
2 (1) 시각 / 기온
(2) 오전 9시와 낮 12시 사이
(3) 약 12℃

169쪽 1 (1) 키
(2) 예 양파의 키

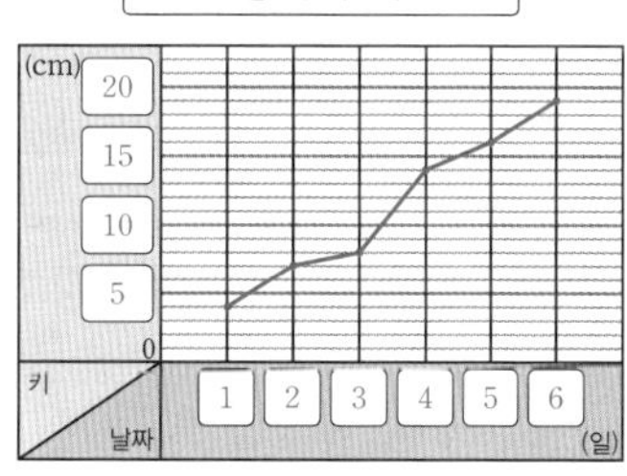

(3) 3일과 4일 사이
2 (1) 요일 / 지각생 수
(2) 예 0명과 25명 사이
(3) 예 지각생 수

(명) 40 35 30 25 0
지각생 수 / 요일: 월 화 수 목 금 (요일)

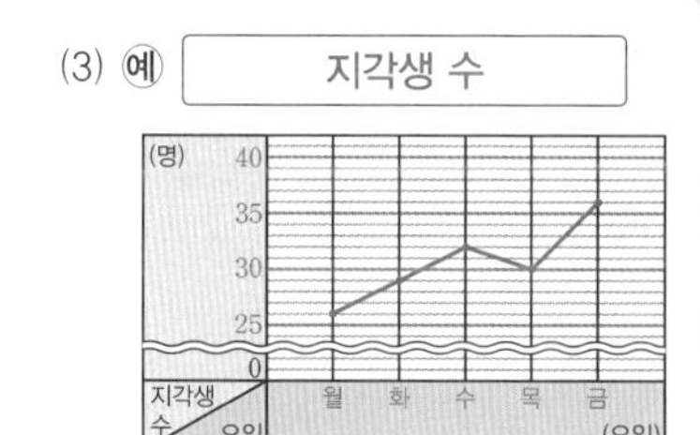

170~171쪽 1 32명 2 33명 3 찬호
4 재호 5 2칸 6 10칸
7

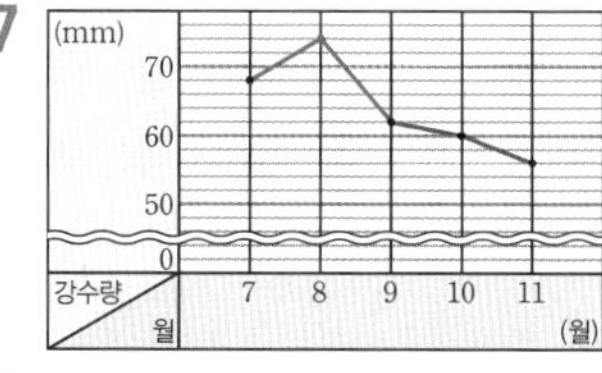

8

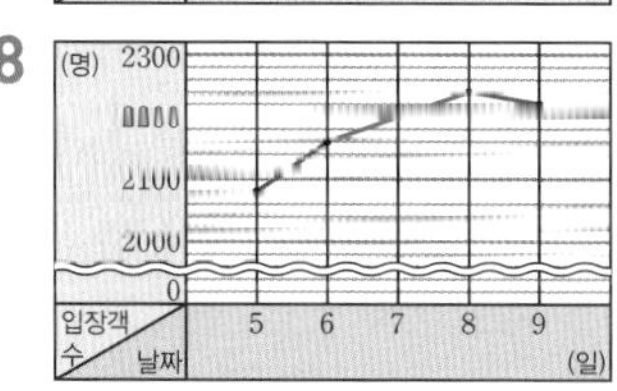

4학년 총정리 TEST

172~173쪽 1 학생 수 2 예 1명
3 예 놀이 기구별 학생 수

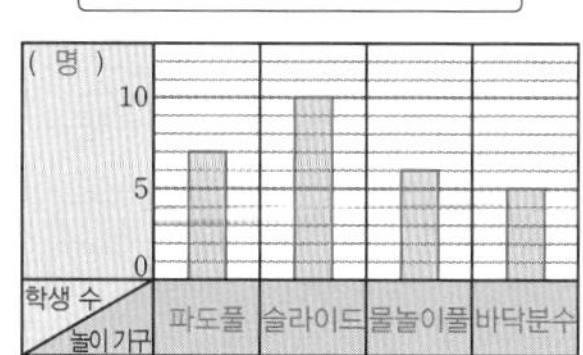

4 슬라이드 5 4칸
6 예 배우는 악기별 학생 수

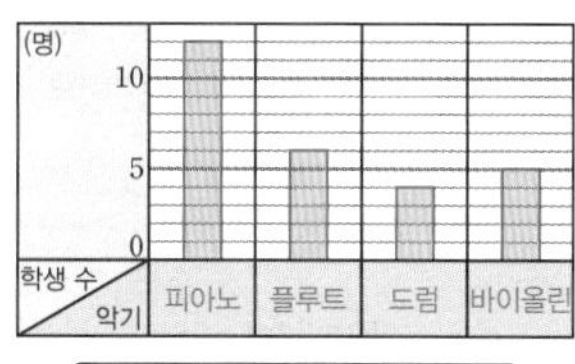

7 예 배우는 악기별 학생 수

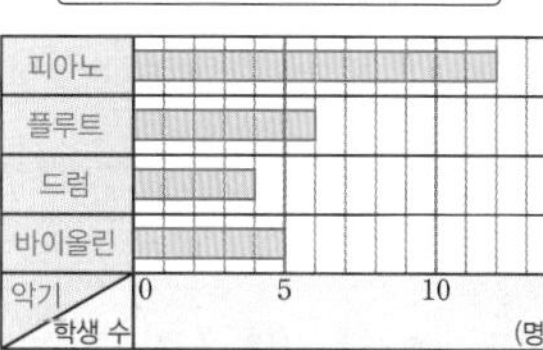

8 24.9 cm
9 목요일, 0.4 cm
10 예 24.7 cm
11 예 0.1 cm 12 예 0, 137

13 예

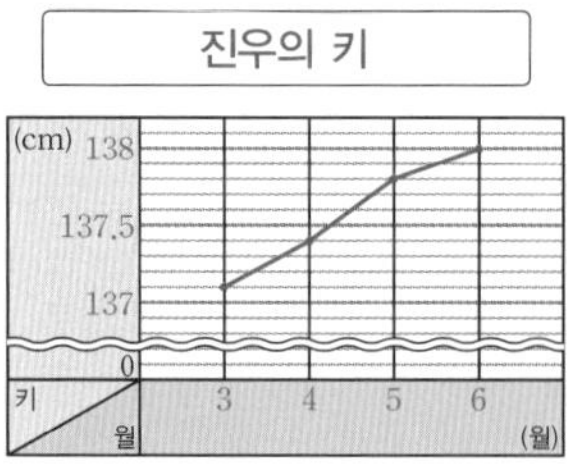

14 예 137.6 cm

27 규칙과 대응

174쪽

1 (1) 25, 50, 75, 100
(2) 예 블록의 수는 자동차의 수의 25배입니다. / 예 자동차의 수는 블록의 수의 $\frac{1}{25}$입니다.
(3) 250개 (4) 12대

2 (1)

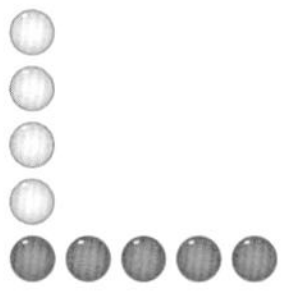

(2) 9개
(3) 예 흰 바둑돌의 수는 검은 바둑돌의 수보다 1개 적습니다. / 예 검은 바둑돌의 수는 흰 바둑돌의 수보다 1개 많습니다.

175쪽

1 (1) 16, 17, 18, 19, 20
(2) 예 □+3=△ (또는 △−3=□)
(3) 23살 (4) 22살

2 예 ○×12=◇ (또는 ◇÷12=○)

3 (1) 예 ☆×12=□ (또는 □÷12=☆)
(2) 120개 (3) 25개

4 20마리

28 평균과 가능성

176쪽

1 36쪽 2 가 도서관
3 (1) 13살 (2) 18살
4 100점

177쪽

1 (1) 불가능하다에 ○표
(2) 반반이다에 ○표
(3) 확실하다에 ○표
(4) ~아닐 것 같다에 ○표

2 (1) $\frac{1}{2}$ (2) 0 3 1

178~179쪽

1 37개 2 61개
3 8개 4 14개
5 100개 6 일곱째
7 90점 8 862상자
9 47.6 kg 10 ㉢
11 ㉢ 12 ㉢, ㉠, ㉡

5학년 총정리 TEST

180~181쪽

1 28 2 13개
3 7분 30초 4 4시간 10분
5 41 cm 6 25개
7 결승에 올라갈 수 없습니다.
8 7220 kg 9 누나
10 ㉣ 11 0
12

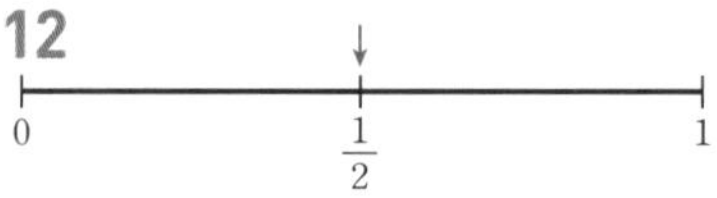

29 비와 비율

182쪽

1 예 연필 수는 지우개 수보다 8 큽니다. /
예 연필 수는 지우개 수의 3배입니다.

2 (1) 14, 15, 16 / 10, 11, 12
(2) 예 민주는 동생보다 4살 많습니다.

3 (1) 18, 27, 36, 45 / 6, 9, 12, 15 / 3 / 3

4 (1) 8개 / 40장 (2) 5

183쪽

1 5, 6
2 (1) 5, 9 (2) 3, 8
3 (1) 13, 20 (2) 5, 8
(3) 3, 7 (4) 25, 12

4 22, 35 / 35, 22 5 ㉢
6 예

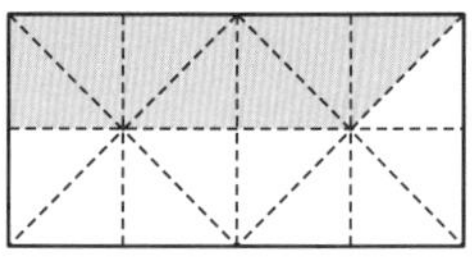

184쪽

1 7, 3 / 2, 9

2

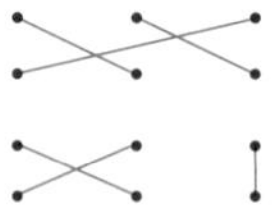

3 $\frac{8}{15}$

4 $\frac{560}{400}(=\frac{7}{5})$ / 1.4

5 (1) $\frac{2}{5}$ (2) 2.5 6 0.75

185쪽

1 (1) 100 / 45 / 45
(2) 100 / 36 / 36

2 $\frac{39}{100}$, 0.39 / $\frac{5}{100}(=\frac{1}{20})$, 5 % / 0.52, 52 %

3 75 %

4 (1) 예

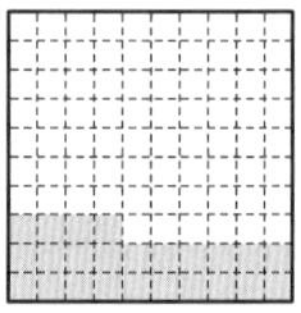

(2) 예

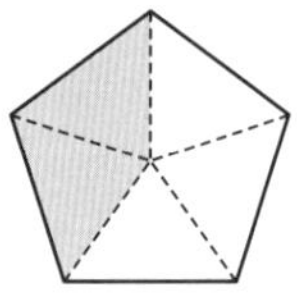

5 85 % 6 가 가게

186~187쪽

1 780 cm^2 2 300 cm^2
3 260.1 cm^2 4 귤
5 스케치북 6 5000원
7 나 은행
8 나 은행, 2000원
9 나 은행 10 325포인트
11 36권 12 32.4 cm^3

30 여러 가지 그래프

188쪽

1 (1) 1개, 5개, 2개 / 2개, 3개, 4개

(2)

텃밭	감자 생산량
가	
나	
다	
라	

(3) 다 텃밭 (4) 가 텃밭

189쪽

1 (1) 라 마을
(2) 25, 40, 20, 15, 100
(3) 300명

2 (1) 40, 25, 20, 15, 100
(2) 0 10 20 30 40 50 60 70 80 90 100(%)
| 장미 (40 %) | 국화 (25 %) | 튤립 (20 %) | 기타 (15%) |
(3) 1.25배

190쪽

1 (1) 운동 선수 (2) 2배

2 (1) 30, 20, 25, 15, 10, 100
(2) 기타: 10, 사과: 30,
수박: 15, 딸기: 25, 포도: 20

191쪽

1 ㉠, ㉢

2 (1) 60 / 20, 15
(2) 0 10 20 30 40 50 60 70 80 90 100(%)
| 백두산 (35 %) | 금강산 (30 %) | 한라산 (20 %) | 설악산 (15%) |

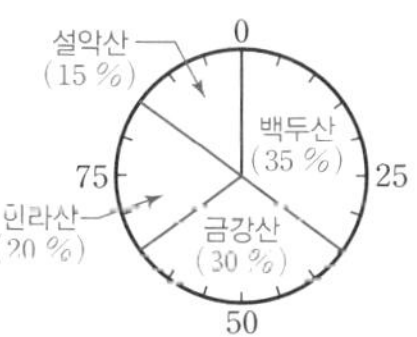

192~193쪽

1 200명　2 20권
3 1800명　4 14명
5 30 g　6 750대
7 7.5 cm　8 3.5 cm
9 25 cm
10 0 10 20 30 40 50 60 70 80 90 100(%)
| 가요 (40 %) | 동요 (25 %) | 팝송 (20 %) | 클래식 (15%) |
11 3 cm　12 8 cm

6학년 총정리 TEST ①

194~195쪽

1 $\frac{14}{25}$　2 1280원
3 가 은행　4 0.8
5 55 %　6 50 %
7 ㉠　8 60명
9 1500명　10 192명
11 6000원　12 75가구

31 비례식과 비례배분

198쪽

1 10, 14　2 ㉡, ㉣
3 ①　4 ④
5 6 : 5　6 2 : 3

199쪽

1 (1) 4 : 3, 16 : 12
(2) 4, 3, 16, 12
2 11, 10, 22　3 ㉠, ㉣
4 ㉡　5 ㉠, ㉢
6 180

200쪽

1 (1) 15, 30 (2) 6, 30
(3) 같습니다.
2 (1) 4 / 4 / ○ (2) 18 / 8 / ×
3 (1) 9 (2) 15　4 72
5 ㉡
6 (1) 7 (2) 210쪽

201쪽

1 4, 3 / $\frac{4}{7}$ / 200 / 4, 3 / $\frac{3}{7}$ / 150
2 5, 3 / 25 / 5, 3 / 15
3 (1) 12, 42 (2) 100, 180
4 21자루 / 15자루
5 (1) 14, 15 (2) 70장 / 75장

202~203쪽

1 1시간 20분　2 75 km
3 2시간 10분　4 360 cm^2
5 120 cm^2　6 1728 cm^2
7 15번
8 오후 12시 48분
9 22분 55초　10 640 cm^2
11 308 cm^2　12 2058 cm^2

6학년 총정리 TEST ②

204~205쪽

1 3, 5 / 21, 35
2 (위에서부터) 8 / 104 / 8
3 12　4 15 cm
5 4 / 3, 5　6 3 : 2
7 ⑤　8 720원
9 250 cm^2
10 48 cm / 8 cm
11 오후 9시 32분
12 16 cm

수학 반편성 배치고사

1회

208~211쪽

1 ④　2 ②　3 ③　4 ⑤
5 ④　6 ②　7 100 cm
8 ④　9 ②　10 ①　11 ⑤
12 ①　13 ④　14 ①, ③
15 ④　16 ④　17 가　18 ①
19 ④　20 ⑤　21 ④　22 ⑤
23 ④　24 ②　25 ④

2회

212~215쪽

1 ③　2 85 cm　3 ②
4 ①　5 ②　6 ③　7 ③
8 ③　9 ④　10 ⑤　11 ③
12 ④　13 ②, ④　14 <
15 ③　16 ②　17 ⑤　18 ③
19 ⑤　20 ②　21 ②　22 ③
23 ②　24 ④, ⑤　25 ①

정답 및 풀이

I 수와 연산

01 분수의 덧셈과 뺄셈

001 분모가 같은 진분수의 덧셈 008쪽

1 4, 5, 9 / 4, 5, 9

2 (1) $\frac{4}{5}$ (2) $\frac{4}{7}$ (3) $1\frac{2}{9}$ (4) $1\frac{2}{11}$

3 (1) 3 (2) 2 (3) 5 (4) 7

4 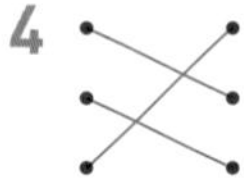

5 $1\frac{1}{12}$ L **6** 1, 2, 3, 4, 5

2 (2) $\frac{3}{7}+\frac{1}{7}=\frac{3+1}{7}=\frac{4}{7}$

(3) $\frac{4}{9}+\frac{7}{9}=\frac{4+7}{9}=\frac{11}{9}=1\frac{2}{9}$

(4) $\frac{6}{11}+\frac{7}{11}=\frac{6+7}{11}=\frac{13}{11}=\frac{11+2}{11}=1\frac{2}{11}$

3 분모와 분자가 같으면 1입니다.

4 $\frac{5}{9}+\frac{1}{9}=\frac{5+1}{9}=\frac{6}{9}$

$\frac{4}{9}+\frac{5}{9}=\frac{4+5}{9}=\frac{9}{9}=1$

$\frac{3}{9}+\frac{7}{9}=\frac{3+7}{9}=\frac{10}{9}=\frac{9+1}{9}=1\frac{1}{9}$

5 $\frac{5}{12}+\frac{8}{12}=\frac{5+8}{12}=\frac{13}{12}=\frac{12+1}{12}=1\frac{1}{12}$ (L)

6 $\frac{5}{8}+\frac{\square}{8}=\frac{5+\square}{8}$, $1\frac{3}{8}=\frac{8+3}{8}=\frac{11}{8}$

➡ $5+\square<11$, $\square<6$

002 분모가 같은 진분수의 뺄셈 009쪽

1 7, 3, 4 / 7, 3, 4

2 (1) $\frac{2}{7}$ (2) $\frac{4}{11}$ (3) $\frac{1}{6}$ (4) $\frac{2}{9}$ **3** $\frac{9}{13}$

4 $>$ **5** $\frac{4}{10}$ kg **6** $\frac{3}{14}$, $\frac{6}{14}$

2 (2) $\frac{9}{11}-\frac{5}{11}=\frac{9-5}{11}=\frac{4}{11}$

(4) $1-\frac{7}{9}=\frac{9}{9}-\frac{7}{9}=\frac{9-7}{9}=\frac{2}{9}$

3 $1-\frac{4}{13}=\frac{13}{13}-\frac{4}{13}=\frac{13-4}{13}=\frac{9}{13}$

4 $\frac{10}{12}-\frac{3}{12}=\frac{10-3}{12}=\frac{7}{12}$

$1-\frac{7}{12}=\frac{12}{12}-\frac{7}{12}=\frac{12-7}{12}=\frac{5}{12}$

➡ $\frac{7}{12}>\frac{5}{12}$

5 $\frac{9}{10}-\frac{5}{10}=\frac{9-5}{10}=\frac{4}{10}$ (kg)

6 두 진분수를 $\frac{\square}{14}$, $\frac{\triangle}{14}$라 두면 $\square+\triangle=9$, $\square-\triangle=3$입니다. 합과 차가 조건을 만족하는 두 수는 6과 3입니다.

003 분모가 같은 대분수의 덧셈 010쪽

1 2, 5 / 3, 7 / 3, 7 **2** (1) $5\frac{5}{7}$ (2) $4\frac{3}{9}$

3 ( )(○)( ) **4** (1) 3, $\frac{4}{6}$ (2) 9, $\frac{4}{8}$

5 $8\frac{3}{4}$ kg **6** $<$

2 (1) $2\frac{2}{7}+3\frac{3}{7}=(2+3)+(\frac{2}{7}+\frac{3}{7})=5+\frac{5}{7}=5\frac{5}{7}$

3 자연수 부분의 합과 분수 부분의 합으로 예상할 수 있습니다.

4 (2) 분수 부분의 합이 1보다 크므로 자연수 부분으로 올려 줍니다.

5 $5\frac{1}{4}+3\frac{2}{4}=(5+3)+(\frac{1}{4}+\frac{2}{4})=8\frac{3}{4}$ (kg)

6 $3\frac{5}{11}+1\frac{4}{11}=(3+1)+(\frac{5}{11}+\frac{4}{11})=4\frac{9}{11}$

$2\frac{9}{11}+2\frac{3}{11}=(2+2)+(\frac{9}{11}+\frac{3}{11})$

$=4+1\frac{1}{11}=5\frac{1}{11}$

004 분모가 같은 대분수의 뺄셈 011쪽

1 2, 4 / 2, 2 / 2, 2

2 (1) $1\frac{2}{6}$ (2) $3\frac{2}{8}$

3 ( )( )(○)

4 (1) 2, $\frac{3}{9}$ (2) 1, $\frac{8}{13}$

5 $3\frac{2}{10}$ L

6 <

3 $3\frac{3}{5}-1\frac{1}{5}=(3-1)+(\frac{3}{5}-\frac{1}{5})=2\frac{2}{5}$

$4\frac{7}{8}-1\frac{5}{8}=(4-1)+(\frac{7}{8}-\frac{5}{8})=3\frac{2}{8}$

4 (2) 분수끼리 뺄 수 없으므로 자연수에서 1을 받아내려 계산합니다.

5 $5\frac{7}{10}-2\frac{5}{10}=(5-2)+(\frac{7}{10}-\frac{5}{10})=3\frac{2}{10}$ (L)

6 $4\frac{2}{8}-1\frac{6}{8}=3\frac{10}{8}-1\frac{6}{8}=2\frac{4}{8}$

$5\frac{3}{8}-2\frac{5}{8}=4\frac{11}{8}-2\frac{5}{8}=2\frac{6}{8}$

실전개념 응용 문제 012~013쪽

1 $2\frac{8}{9}$

2 $\frac{11}{13}$

3 $\frac{4}{15}$, $\frac{7}{15}$

4 $\frac{6}{11}$

5 $3\frac{4}{7}$

6 $2\frac{1}{8}$

7 $17\frac{3}{5}$ cm

8 $27\frac{1}{4}$ cm

9 8 cm

10 1, 2, 3, 4, 5, 6

11 5

12 4개

1 $\frac{4}{9}$보다 큰 진분수는 $\frac{5}{9}$, $\frac{6}{9}$, $\frac{7}{9}$, $\frac{8}{9}$입니다.

➡ $\frac{5}{9}+\frac{6}{9}+\frac{7}{9}+\frac{8}{9}=\frac{5+6+7+8}{9}=\frac{26}{9}=2\frac{8}{9}$

2 분모가 13인 진분수는 $\frac{1}{13}$, $\frac{2}{13}$, ……, $\frac{12}{13}$입니다.

➡ 가장 큰 수는 $\frac{12}{13}$, 가장 작은 수는 $\frac{1}{13}$이므로

$\frac{12}{13}-\frac{1}{13}=\frac{11}{13}$입니다.

3 분모가 15인 진분수는 분자가 1부터 14까지인 14개입니다. 1부터 14까지의 수 중에서 합이 11, 차가 3인 두 자연수는 4와 7이므로 두 진분수는 $\frac{4}{15}$, $\frac{7}{15}$입니다.

➡ $\frac{4}{15}+\frac{7}{15}=\frac{4+7}{15}=\frac{11}{15}$

$\frac{7}{15}-\frac{4}{15}=\frac{7-4}{15}=\frac{3}{15}$

4 $\frac{10}{11}-\square=\frac{4}{11}$ ➡ $\frac{10}{11}-\frac{4}{11}=\square$, $\square=\frac{6}{11}$

5 어떤 수를 □라고 하면 $1\frac{5}{7}+\square=5\frac{2}{7}$입니다.

➡ $\square=5\frac{2}{7}-1\frac{5}{7}=\frac{37}{7}-\frac{12}{7}=\frac{25}{7}=3\frac{4}{7}$

6 $\square+\frac{5}{8}=3\frac{3}{8}$ ➡ $\square=3\frac{3}{8}-\frac{5}{8}$, $\square=\frac{27-5}{8}=\frac{22}{8}$

바르게 계산하면

$\frac{22}{8}-\frac{5}{8}=\frac{22-5}{8}=\frac{17}{8}=2\frac{1}{8}$입니다.

7 (테이프 3장의 길이의 합)$=6\times3=18$ (cm)

(겹쳐진 부분의 길이의 합)$=\frac{1}{5}+\frac{1}{5}=\frac{2}{5}$ (cm)

(이어 붙인 테이프의 전체 길이)

$=18-\frac{2}{5}=17\frac{5}{5}-\frac{2}{5}=17\frac{3}{5}$ (cm)

8 (테이프 4장의 길이의 합)$=7\times4=28$ (cm)

(겹쳐진 부분의 길이의 합)$=\frac{1}{4}+\frac{1}{4}+\frac{1}{4}=\frac{3}{4}$ (cm)

(이어 붙인 테이프의 전체 길이)

$=28-\frac{3}{4}=27\frac{4}{4}-\frac{3}{4}=27\frac{1}{4}$ (cm)

9 (두 끈을 묶기 전의 길이의 합)

$=20\frac{3}{5}+32\frac{4}{5}=52\frac{7}{5}=53\frac{2}{5}$

(줄어든 길이)$=53\frac{2}{5}-45\frac{2}{5}=8$ (cm)

10 $\frac{2}{9}+\frac{\square}{9}=\frac{2+\square}{9}$에서 □$=7$일 때 계산 결과가 1이므로 □ 안에 들어갈 수 있는 자연수는 7보다 작은 수인 1, 2, 3, 4, 5, 6입니다.

11 $1\frac{2}{13}$를 가분수로 나타내면 $\frac{15}{13}$이므로 9+□<15를 만족하는 수를 찾으면 □ 안에 들어갈 수 있는 자연수는 6보다 작은 수이고 그 중 가장 큰 수는 5입니다.

12 1을 가분수로 나타내면 $\frac{6}{6}$이고, $1\frac{5}{6}$를 가분수로 나타내면 $\frac{11}{6}$이므로 6<1+□<11을 만족하는 수를 찾으면 됩니다.
5<□<10 ➡ □ 안에 들어갈 수 있는 자연수는 6, 7, 8, 9로 모두 4개입니다.

02 소수의 덧셈과 뺄셈

005 소수 사이의 관계 014쪽

1 (1) 5, 8 / 0, 5, 8 (2) 0, 3, 2 / 0, 0, 3, 2
2 27.7 kg **3** 2.07 kg **4** ㉠

4 ㉠ 2.53 ㉡ 25.3 ㉢ 25.3 ㉣ 25.3

006 소수의 크기 비교 015쪽

1 (1) 3.2 (2) 4.02 (3) 0.04 (4) 8.6
2 (1) < (2) > (3) > (4) <
3 ㉡ **4** 지호 **5** 포도

1 소수의 오른쪽 끝자리의 0만 생략할 수 있습니다.

5 0.56>0.54>0.2이므로 포도가 가장 무겁습니다.

007 소수의 덧셈 016쪽

1
$$\begin{array}{r} \scriptstyle 1 \\ 1.8 \\ +\,0.7 \\ \hline 5 \end{array} \Rightarrow \begin{array}{r} \scriptstyle 1 \\ 1.8 \\ +\,0.7 \\ \hline 2.5 \end{array}$$

2
$$\begin{array}{r} 2.7 \\ +\,6 \\ \hline 8.7 \end{array}$$

3 5.55 **4** 3.19
5 (1) = (2) > (3) < (4) < **6** 5.81 kg

4
$$\begin{array}{r} \scriptstyle 1 \\ 0.37 \\ +\,2.82 \\ \hline 3.19 \end{array}$$

6
$$\begin{array}{r} \scriptstyle 1 \\ 2.55 \\ +\,3.26 \\ \hline 5.81 \end{array}$$

008 소수의 뺄셈 017쪽

1
$$\begin{array}{r} \scriptstyle 1\ 10 \\ \not{2}.6 \\ -\,1.9 \\ \hline 7 \end{array} \Rightarrow \begin{array}{r} \scriptstyle 1\ 10 \\ \not{2}.6 \\ -\,1.9 \\ \hline 0.7 \end{array}$$

2 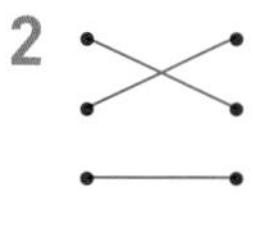

3 2.94 **4** 3.1
5 (1) = (2) < (3) < (4) > **6** 0.33 kg

4 가장 큰 수: 4, 가장 작은 수: 0.9
➡ 4−0.9=3.1

6
$$\begin{array}{r} \scriptstyle 3\ 10 \\ \not{4}.25 \\ -\,3.92 \\ \hline 0.33 \end{array}$$

실전개념 응용 문제 018~019쪽

1 (1) 0.538 (2) 21.87 **2** 8.5 **3** 2.093
4 1.98 **5** 9개 **6** 5.89
7 0.88 **8** 0.04 **9** 4.08 / 0.76
10 6.43 / 3.46 **11** 73.53 **12** 7.74

1 (1) □의 100배가 53.8이므로 □는 53.8의 $\frac{1}{100}$인 0.538입니다.
(2) □의 $\frac{1}{10}$이 2.187이므로 □는 2.187의 10배인 21.87입니다.

2 어떤 수의 $\frac{1}{100}$이 0.085이므로 어떤 수는 0.085의 100배인 8.5입니다.

3 어떤 수의 10배가 $20+0.9+0.03=20.93$이므로 어떤 수는 20.93의 $\frac{1}{10}$인 2.093입니다.

4 1보다 크고 2보다 작으므로 자연수 부분이 1인 1.□□ 모양입니다.

5 2보다 크고 3보다 작으므로 자연수 부분이 2인 2.□□ 모양이고, □ 안에 같은 숫자가 들어가는 경우는 11, 22, …, 99까지 9개입니다.

6 5보다 크고 6보다 작으므로 자연수 부분이 5인 5.□□ 모양이고, 소수 첫째 자리 숫자가 8이므로 5.8□, □는 홀수이므로 1, 3, 5, 7, 9가 들어갈 수 있습니다. 이 중에서 8보다 큰 수는 9뿐이므로 5.89입니다.

7 0.1이 3개, 0.01이 6개인 수 ➡ 0.36
$\frac{1}{10}$이 5개, $\frac{1}{100}$이 2개인 수 ➡ 0.52
(두 수의 합)$=0.36+0.52=0.88$

8 0.1이 6개, 0.01이 9개인 수 ➡ 0.69
$\frac{1}{10}$이 7개, $\frac{1}{100}$이 3개인 수 ➡ 0.73
(두 수의 차)$=0.73-0.69=0.04$

9 0.1이 23개, 0.01이 12개인 수 ➡ $2.3+0.12=2.42$
$\frac{1}{10}$이 15개, $\frac{1}{100}$이 16개인 수 ➡ $1.5+0.16=1.66$
(두 수의 합)$=2.42+1.66=4.08$
(두 수의 차)$=2.42-1.66=0.76$

10 가장 큰 소수 두 자리 수는 높은 자리부터 큰 숫자를 차례로 쓴 수 ➡ 6.43
가장 작은 소수 두 자리 수는 높은 자리부터 작은 숫자를 차례로 쓴 수 ➡ 3.46

11 가장 큰 소수 한 자리 수: 75.1
가장 작은 소수 두 자리 수: 1.57
(두 수의 차)$=75.1-1.57=73.53$

12 가장 큰 소수 두 자리 수: 8.02
가장 작은 소수 두 자리 수: 0.28
(두 수의 차)$=8.02-0.28=7.74$

4학년 총정리 TEST

020~021쪽

1 (풀이 참조) 2 < 3 ( )(○)( )
4 $5\frac{2}{10}$ L 5 $\frac{10}{12}$ 6 1
7 $14\frac{4}{6}$ cm 8 2 9 ㉣ 10 5.33
11 (1) < (2) = 12 3.067 13 9개
14 0.25 15 8.42 / 2.48

2 $\frac{11}{12}-\frac{5}{12}=\frac{11-5}{12}=\frac{6}{12}$
$1-\frac{4}{12}=\frac{12-4}{12}=\frac{8}{12}$

3 자연수 부분의 합과 분수 부분의 합으로 예상할 수 있습니다.

4 $8\frac{7}{10}-3\frac{5}{10}=(8-3)+(\frac{7}{10}-\frac{5}{10})=5\frac{2}{10}$ (L)

5 $\frac{5}{12}$보다 작은 진분수는 $\frac{4}{12}$, $\frac{3}{12}$, $\frac{2}{12}$, $\frac{1}{12}$입니다.
➡ $\frac{4}{12}+\frac{3}{12}+\frac{2}{12}+\frac{1}{12}=\frac{4+3+2+1}{12}=\frac{10}{12}$

6 $\square+\frac{5}{7}=2\frac{3}{7}$ ➡ $\square=2\frac{3}{7}-\frac{5}{7}$, $\square=\frac{17-5}{7}=\frac{12}{7}$
바르게 계산하면
$\frac{12}{7}-\frac{5}{7}=\frac{12-5}{7}=\frac{7}{7}=1$입니다.

7 (테이프 3장의 길이의 합)$=5\times3=15$ (cm)
(겹쳐진 부분의 길이의 합)$=\frac{1}{6}+\frac{1}{6}=\frac{2}{6}$ (cm)
(이어 붙인 테이프의 전체 길이)
$=15-\frac{2}{6}=14\frac{6}{6}-\frac{2}{6}=14\frac{4}{6}$ (cm)

8 $1\frac{1}{11}$을 가분수로 나타내면 $\frac{12}{11}$이므로 $9+\square<12$를 만족하는 수를 찾으면 □ 안에 들어갈 수 있는 수는 3보다 작은 수이고 그 중 가장 큰 수는 2입니다.

9 ㉠ 32.4 ㉡ 32.4 ㉢ 32.4 ㉣ 3.24

12 어떤 수의 10배가 $30+0.6+0.07=30.67$이므로 어떤 수는 30.67의 $\frac{1}{10}$인 3.067입니다.

13 3보다 크고 4보다 작으므로 자연수 부분이 3인 3.□□ 모양이고, □ 안에 같은 숫자가 들어가는 경우는 11, 22, ⋯, 99까지 9개입니다.

14 0.1이 6개, 0.01이 4개인 수 ➡ 0.64
$\frac{1}{10}$이 3개, $\frac{1}{100}$이 9개인 수 ➡ 0.39
(두 수의 차)$=0.64-0.39=0.25$

15 가장 큰 소수 두 자리 수는 높은 자리부터 큰 숫자를 차례로 쓴 수 ➡ 8.42
가장 작은 소수 두 자리 수는 높은 자리부터 작은 숫자를 차례로 쓴 수 ➡ 2.48

03 자연수의 혼합 계산

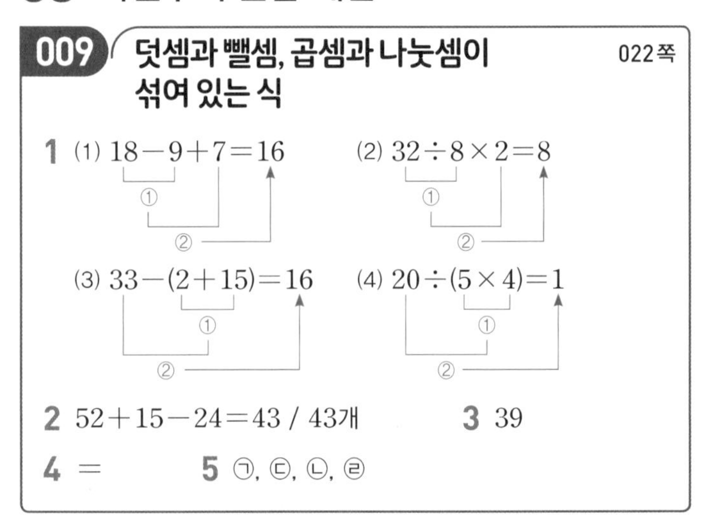

009 덧셈과 뺄셈, 곱셈과 나눗셈이 섞여 있는 식 022쪽

1 (1) $18-9+7=16$ ① ② (2) $32\div8\times2=8$ ① ②
(3) $33-(2+15)=16$ ① ② (4) $20\div(5\times4)=1$ ① ②

2 $52+15-24=43$ / 43개　**3** 39

4 $=$　**5** ㉠, ㉢, ㉡, ㉣

3 $□=30+75-66=105-66=39$

5 ㉠ 64 ㉡ 12 ㉢ 15 ㉣ 11

010 덧셈, 뺄셈, 곱셈이 섞여 있는 식 023쪽

1 6×8에 ○표

2 (1) $24-4\times3+9=21$ ① ② ③ (2) $35+(12-7)\times6=65$ ① ② ③

3 승우　**4** ㉢

5 $7+(44-39)\times8=47$

6 $50-(4+3)\times5=15$ / 15권

3 지호: $9+12-6\times3=9+12-18=21-18=3$ ② ① ③

4 ㉠ $50-5\times3+2=37$ ① ② ③　㉢ $50-5\times(3+2)=25$ ① ② ③

011 덧셈, 뺄셈, 나눗셈이 섞여 있는 식 024쪽

1 (1) 26 (2) 18

2 $36\div4$에 ○표 /
$96-60\div4+28=96-15+28=81+28=109$

3 ㉠　**4** >　**5** 4

6 $(46+49)\div5-2=17$ / 17살

3 ㉠ 31 ㉡ 11

5 $15+56\div□-6=23$
➡ $15+56\div□=29$
➡ $56\div□=14$
➡ $□=56\div14=4$

012 덧셈, 뺄셈, 곱셈, 나눗셈이 섞여 있는 식 025쪽

1 ㉢, ㉡, ㉣, ㉠, ㉤　**2** ④　**3** 3

4 예 $(3+3-3)\div3=1$

5 $81-24\div6\times(5+8)=29$　**6** 40 ℃

2 (　)를 생략해도 계산 순서가 바뀌지 않는 식을 찾습니다.

3 $210\div(4\times□-5)=30$, $4\times□-5=7$, $4\times□=12$, $□=3$

5 계산 순서가 바뀌지 않는 곳에 (　)를 하지 않습니다.

6 (화씨온도$-32)\times10\div18=$(섭씨온도)
➡ $(104-32)\times10\div18=72\times10\div18$
$=720\div18=40$

실전개념 응용 문제 026~027쪽

1 3	2 48	3 12
4 예 4, 6, 2 / 12	5 30	6 16 / 4
7 $\div$	8 $+$, $\times$	
9 예 $(4\times4)\div(4+4)=2$		10 132
11 59	12 32	

1 $\square\times3=☆$이라 하면 $72\div☆=8$, $☆=9$입니다.
$\square\times3=9$ ➡ $\square=3$

2 (　) 안의 수를 먼저 찾습니다.
$\square\div4+8=20$ ➡ $\square\div4=12$
➡ $\square=4\times12$ ➡ $\square=48$

3 $\square$가 없는 식을 먼저 계산하면
$53+3-36\div4=53+3-9=47$입니다.
$35+(\square-4)\times6\div4=47$,
$(\square-4)\times6\div4=12$, $(\square-4)\times6=48$,
$\square-4=8$, $\square=12$

4 계산 결과가 가장 크려면 나누는 수를 가장 작게 해야 합니다.
➡ 4와 6을 곱하고 2로 나누면 결과가 가장 커집니다.

5 계산 결과가 가장 크려면 곱하는 수가 가장 크게, 빼는 수가 더해지는 수보다 작으면 됩니다.
➡ $5+4\times7-3=5+28-3=30$

6 계산 결과가 가장 크려면 64를 나누는 수가 최소가 되어야 하므로 가장 작은 두 수 2, 4의 곱으로 나누면 됩니다.
➡ $8+64\div(2\times4)=8+64\div8=8+8=16$
계산 결과가 가장 작으려면 64를 나누는 수가 최대가 되어야 하므로 큰 수 4, 8의 곱으로 나누면 됩니다.
➡ $2+64\div(4\times8)=2+64\div32=2+2=4$

7 $35\times7=245$이므로 ○ 안에 $\div$를 넣어야 $245\div5=49$입니다.

8 맨 앞의 ○ 안에 $-$를 넣으면 등식이 성립하도록 할 수 없습니다. $\times$, $\div$를 넣으면 나누어떨어지지 않으므로 맨 앞의 ○ 안에는 $+$가 들어갑니다.
$64\div(5+3)○5=40$
➡ $64\div8○5=40$ ➡ $8○5=40$
○ 안에는 $\times$가 들어가면 됩니다.

9 기호를 다양하게 넣어 보면서 값을 예상하고 확인하는 방법을 거쳐 알맞은 기호를 찾습니다.

10 $23◎5=23\times4+5\times8$
$=92+40=132$

11 $15◇4=(15-4)\times4+15$
$=11\times4+15$
$=44+15=59$

12 $20☆4=8\times(20-4)\div4$
$=8\times16\div4=32$

04 약수와 배수

013 약수와 배수 028쪽

1 (○)(×) (×)(○)	2 8개	3 (1) 36 (2) 4, 12
4 ①, ④	5 84	6 105
7 8번		

2 $1\times30=30$, $2\times15=30$, $3\times10=30$, $5\times6=30$
➡ 1, 2, 3, 5, 6, 10, 15, 30으로 8개입니다.

5 $7\times12=84$

6 $15\times6=90$, $15\times7=105$이므로 15의 배수 중에서 가장 작은 세 자리 수는 105입니다.

7 5시, 5시 8분, 5시 16분, 5시 24분, 5시 32분, 5시 40분, 5시 48분, 5시 56분 ➡ 8번

014 약수와 배수의 관계 029쪽

1 (1) 예 20 (2) 예 4	2 45, 30, 5	
3 ①, ④	4 예 $234=13\times18$	5 ④
6 1, 2, 3, 5, 6, 10, 15, 30		7 12

2 $15\times3=45$, $15\times2=30$, $5\times3=15$

7 4의 배수인 $4\times3=12$의 약수를 구해 보면 1, 2, 3, 4, 6, 12로 모두 더하면 28입니다.

015 공약수와 최대공약수 030쪽

1 1, 5 / 5 **2** 10 **3** 6 **4** ㉠
5 1, 2, 3, 4, 6, 12 **6** 4명

1 25의 약수: 1, 5, 25
20의 약수: 1, 2, 4, 5, 10, 20
➡ 25와 20의 공약수: 1, 5

4 ㉠
```
5) 25  15
    5   3
```
➡ 최대공약수: 5

㉡
```
2) 36  28
2) 18  14
    9   7
```
➡ 최대공약수: $2\times2=4$

5 최대공약수의 약수가 공약수입니다.

6 36과 20의 최대공약수를 구합니다.
```
2) 36  20
2) 18  10
    9   5
```

016 공배수와 최소공배수 031쪽

1 18, 36, 54 / 18 **2** 3, 3 / 3, 2, 7 / 84
3 25, 50, 75 **4**
```
2) 24  18
3) 12   9
    4   3
```
/ 3, 4, 3 / 72
5 45, 90 **6** 오전 7시 3분

6 두 버스가 동시에 출발하는 시각은 7과 9의 공배수로 구할 수 있습니다. 7과 9의 최소공배수가 63이므로 오전 6시에서 63분 후에 동시에 출발합니다.

실전개념 응용 문제 032~033쪽

1 6 **2** 8 **3** 4, 6, 12
4 4 **5** 6 cm **6** 4개 / 3개
7 30 **8** 60 cm **9** 12장
10 40 **11** 36 **12** 32, 80

1 어떤 수는 $28-4=24$와 $32-2=30$의 공약수입니다.
```
2) 24  30
3) 12  15
    4   5
```
➡ 최대공약수: $2\times3=6$
따라서 어떤 수는 6의 약수인 1, 2, 3, 6 중에서 나머지 2와 4보다 큰 6입니다.

2 어떤 수는 $19-3=16$과 $28-4=24$의 공약수입니다.
```
2) 16  24
2)  8  12
2)  4   6
    2   3
```
➡ 최대공약수: $2\times2\times2=8$
따라서 어떤 수는 8의 약수인 1, 2, 4, 8 중에서 나머지 3과 4보다 큰 8입니다.

3 ■는 $51-3=48$과 $62-2=60$의 공약수입니다.
```
2) 48  60
2) 24  30
3) 12  15
    4   5
```
➡ 최대공약수: $2\times2\times3=12$
따라서 ■는 12의 약수인 1, 2, 3, 4, 6, 12 중에서 나머지 2와 3보다 큰 4, 6, 12입니다.

4 어떤 수는 28과 36의 공약수입니다. 따라서 어떤 수 중 가장 큰 수는 최대공약수입니다.
```
2) 28  36
2) 14  18
    7   9
```
➡ 최대공약수: $2\times2=4$

5
```
2) 90  48
3) 45  24
   15   8
```
➡ 최대공약수: $2\times3=6$

6
```
2) 32  24
2) 16  12
2)  8   6
    4   3
```
➡ 최대공약수: $2\times2\times2=8$
따라서 바구니 8개에 각각 사과 4개, 귤 3개씩 담을 수 있습니다.

7 6의 배수도 되고 15의 배수도 되는 수는 6과 15의 공배수입니다. 이 중에서 가장 작은 수는 최소공배수입니다.
```
3) 6  15
   2   5
```
➡ 최소공배수: $3\times2\times5=30$

9 5) 60　45
3) 12　9
　4　3 ➡ 최소공배수: $5\times3\times4\times3=180$
60과 45의 최소공배수는 180이므로 만든 정사각형의 한 변의 길이는 180 cm입니다.
따라서 (가로)$=180\div60=3$, (세로)$=180\div45=4$로 모두 $3\times4=12$(장)이 필요합니다.

10 다른 한 수를 ■라 하면 ■와 32의 최대공약수가 8, 최소공배수가 160입니다.
8) ■　32
　㉠　4 ➡ 최대공약수: 8
최소공배수: $8\times$㉠$\times4=160$
➡ ㉠$=5$, ■$=8\times$㉠$=8\times5=40$

11 다른 한 수를 ■라 하면 ■와 24의 최대공약수가 12, 최소공배수가 72입니다.
12) ■　24
　㉠　2 ➡ 최대공약수: 12
최소공배수: $12\times$㉠$\times2=72$
➡ ㉠$=3$, ■$=12\times$㉠$=12\times3=36$

12 두 수를 ㉠, ㉡이라고 하면 다음과 같이 나타낼 수 있습니다.
16) ㉠　㉡
　★　▲
➡ 최소공배수가 160이므로 $16\times$★$\times$▲$=160$,
★$\times$▲$=10$이고, 곱해서 10이 되는 두 수는 1과 10 또는 2와 5입니다.
➡ 1과 10인 경우 두 수는 $16\times1=16$,
$16\times10=160$(세 자리 수)
➡ 2와 5인 경우 두 수는 $16\times2=32$, $16\times5=80$
따라서 조건에 맞는 두 수는 32, 80입니다.

5학년 총정리 TEST ①

034~035쪽

1 ㉠, ㉡, ㉢, ㉣		**2** $6+(31-27)\times8=38$	
3 >	**4** ③	**5** 54	**6** 39
7 +, ×	**8** 89	**9** 88	**10** ③
11 4명	**12** 42, 84	**13** 8	**14** 12 cm
15 6장	**16** 42		

4 ③ (　)가 없어도 나눗셈과 곱셈을 덧셈보다 먼저 계산하고 나눗셈과 곱셈은 앞에서부터 계산하므로 결과가 같습니다.

5 (　) 안의 수를 먼저 찾습니다.
$\square\div9+7=13$ ➡ $\square\div9=6$
➡ $\square=6\times9$ ➡ $\square=54$

6 계산 결과가 가장 크려면 곱하는 수가 가장 크게 되고, 빼는 수가 더해지는 수보다 작으면 됩니다.
➡ $5+4\times9-2=5+36-2=39$

7 맨 앞의 ◯ 안에 −, ÷를 넣으면 등식이 성립하도록 할 수 없습니다. ×를 넣으면 나누어떨어지지 않으므로 맨 앞의 ◯ 안에는 +이 들어갑니다.
$63\div(4+3)$◯$8=72$ ➡ $63\div7$◯$8=72$
➡ 9◯$8=72$ ➡ ◯ 안에는 ×가 들어가면 됩니다.

8 $12\diamond5=(12-5)\times12+5$
$=7\times12+5=84+5=89$

9 8의 배수는 8×1, 8×2……로 구하므로 11번째 수는 $8\times11=88$입니다.

10 ① $15=5\times3$ ② $24=12\times2$
④ $36=6\times6$ ⑤ $72=18\times4$

11 2) 28　36
2) 14　18
　7　9 ➡ 최대공약수: $2\times2=4$

12 7) 14　21
　2　3 ➡ 최소공배수: $7\times2\times3=42$
공배수: 42, 84, 126……

13 어떤 수는 $20-4=16$과 $29-5=24$의 공약수입니다.
2) 16　24
2) 8　12
2) 4　6
　2　3 ➡ 최대공약수: $2\times2\times2=8$
따라서 어떤 수는 8의 약수인 1, 2, 4, 8 중에서 나머지 4와 5보다 큰 8입니다.

14 2) 60　36
2) 30　18
3) 15　9
　5　3 ➡ 최대공약수: $2\times2\times3=12$

15 3) 30 45
5) 10 15
2 3 ➡ 최소공배수: $3\times5\times2\times3=90$

30과 45의 최소공배수는 90이므로 만든 정사각형의 한 변의 길이는 90 cm입니다.

따라서 (가로)$=90\div30=3$, (세로)$=90\div45=2$로 모두 $3\times2=6$(장)이 필요합니다.

16 다른 한 수를 ■라 하면 ■와 30의 최대공약수가 6, 최소공배수가 210입니다.

6) ■ 30
㉠ 5 ➡ 최대공약수: 6
최소공배수: $6\times$㉠$\times5=210$

➡ ㉠$=7$, ■$=6\times$㉠$=6\times7=42$

05 약분과 통분

017 크기가 같은 분수 038쪽

1 (1) 8, 16 (2) 12, 13
2 $\frac{6}{16}$, $\frac{9}{24}$, $\frac{12}{32}$
3 $\frac{5}{7}$, $\frac{10}{14}$에 ○표
4 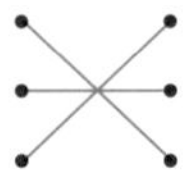
5 $\frac{21}{28}$, $\frac{24}{32}$
6 $\frac{15}{33}$

1 (1) $\frac{2\times4}{7\times4}=\frac{8}{28}$, $\frac{2\times8}{7\times8}=\frac{16}{56}$

(2) $\frac{24\div2}{52\div2}=\frac{12}{26}$, $\frac{24\div4}{52\div4}=\frac{6}{13}$

2 $\frac{3\times2}{8\times2}=\frac{6}{16}$, $\frac{3\times3}{8\times3}=\frac{9}{24}$, $\frac{3\times4}{8\times4}=\frac{12}{32}$

3 $\frac{20\div4}{28\div4}=\frac{5}{7}$, $\frac{20\div2}{28\div2}=\frac{10}{14}$

4 $\frac{3}{7}=\frac{3\times4}{7\times4}=\frac{12}{28}$

$\frac{5}{9}=\frac{5\times5}{9\times5}=\frac{25}{45}$

$\frac{20}{28}=\frac{20\div4}{28\div4}=\frac{5}{7}$

5 $\frac{3}{4}=\frac{3\times7}{4\times7}=\frac{21}{28}$, $\frac{3}{4}=\frac{3\times8}{4\times8}=\frac{24}{32}$

6 $\frac{5\times2}{11\times2}=\frac{10}{22}$ ➡ $10+22=32$ (×)

$\frac{5\times3}{11\times3}=\frac{15}{33}$ ➡ $15+33=48$ (◯)

018 약분 039쪽

1 (1) $\frac{3}{5}$ (2) $\frac{4}{8}$, $\frac{2}{4}$, $\frac{1}{2}$
2 2, 3, 6
3 ③
4 $\frac{4}{21}$, $\frac{25}{41}$
5 (1) 7, 7 / $\frac{5}{6}$ (2) 9, 9 / $\frac{3}{7}$
6 7

2 2) 18 30
3) 9 15
3 5 ➡ 최대공약수: 6

공약수 1, 2, 3, 6으로 약분할 수 있습니다.

3 32와 64의 공약수로 나누어 봅니다.

4 $\frac{8}{10}=\frac{4}{5}$, $\frac{9}{15}=\frac{3}{5}$, $\frac{11}{33}=\frac{1}{3}$로 약분됩니다.

6 $\frac{18\div6}{24\div6}=\frac{3}{4}$ ➡ $4+3=7$

019 통분 040쪽

1 $\frac{48}{108}$, $\frac{63}{108}$
2 
3 24, 48, 72
4 $\frac{5}{12}$, $\frac{2}{3}$
5 5개

4 $\frac{15}{36}=\frac{15\div3}{36\div3}=\frac{5}{12}$, $\frac{24\div12}{36\div12}=\frac{2}{3}$

5 $\frac{1}{5}=\frac{1\times9}{5\times9}=\frac{9}{45}$, $\frac{1}{3}=\frac{1\times15}{3\times15}=\frac{15}{45}$이므로

$\frac{10}{45}$, $\frac{11}{45}$, $\frac{12}{45}$, $\frac{13}{45}$, $\frac{14}{45}$로 5개입니다.

020 분수와 소수의 크기 비교 041쪽

1 (1) 33, 35, < (2) 27, 20, >
2 $\frac{17}{20}$에 ○표
3 빨간색 테이프
4 (1) < (2) >
5 $1\frac{2}{5}$, 1.2, $\frac{3}{4}$, 0.6
6 0.8

2 $\frac{5}{6}=\frac{100}{120}$, $\frac{17}{20}=\frac{102}{120}$

3 $2\frac{4}{5}=2\frac{8}{10}>2\frac{7}{10}$

4 (1) $\frac{3}{8}=\frac{3\times125}{8\times125}=\frac{375}{1000}=0.375<0.5$

(2) $\frac{4}{5}=\frac{4\times2}{5\times2}=\frac{8}{10}=0.8<0.9$

5 $\frac{3}{4}=\frac{3\times25}{4\times25}=\frac{75}{100}=0.75$

$1\frac{2}{5}=1\frac{2\times2}{5\times2}=1\frac{4}{10}=1.4$

6 만들 수 있는 진분수는 $\frac{4}{5}$, $\frac{2}{5}$, $\frac{1}{5}$, $\frac{2}{4}$, $\frac{1}{4}$, $\frac{1}{2}$입니다.

가장 큰 진분수는 $\frac{4}{5}$이고 $\frac{4}{5}=\frac{4\times2}{5\times2}=\frac{8}{10}=0.8$입니다.

실전개념 응용 문제 042~043쪽

1 20	2 56	3 29	4 18
5 $\frac{4}{7}$	6 $\frac{2}{9}$, $\frac{7}{15}$	7 3	8 1, 2, 3
9 12	10 $\frac{1}{4}$	11 $\frac{5}{8}$	
12 $\frac{8}{32}$ / $\frac{4}{16}$, $\frac{2}{8}$, $\frac{1}{4}$			

1 분자에 더해야 하는 수를 □라고 하면

$\frac{5}{8}=\frac{5+□}{8+32}=\frac{5+□}{40}$이고 분모와 분자에 같은 수를 곱해야 하므로 $40=8\times5$에서 $5+□=5\times5$, $□=20$입니다.

2 분모에서 빼야 하는 수를 □라고 하면

$\frac{30}{84}=\frac{30-20}{84-□}=\frac{10}{84-□}$이고 분모와 분자를 같은 수로 나누어야 하므로 $10=30\div3$에서 $84-□=84\div3$, $84-□=28$, $□=56$입니다.

3 $\frac{8}{9}=\frac{16}{18}=\frac{24}{27}=\frac{32}{36}=\frac{40}{45}=\cdots\cdots$

$\frac{3}{7}$의 분모와 분자에 29를 더하면 $\frac{32}{36}$가 되므로 29를 더하면 됩니다.

4 $(\frac{5}{12}, \frac{13}{□}) \Rightarrow (\frac{15\div3}{36\div3}, \frac{26\div2}{36\div2})$

□와 12의 최소공배수가 36이므로 □는 9, 18, 36이 될 수 있습니다. 이때 분자가 13이므로 $\frac{26}{36}$의 분모와 분자를 똑같이 2로 나누어 분모는 18입니다.

5 □ 안에 알맞은 분수를 $\frac{㉡}{㉠}$이라고 하면 $\frac{㉡\times8}{㉠\times8}=\frac{32}{56}$입니다.

$㉠\times8=56$, $㉠=56\div8=7$이고, $㉡\times8=32$, $㉡=4$이므로 $\frac{㉡}{㉠}=\frac{4}{7}$입니다.

6 $\frac{10\div5}{45\div5}=\frac{2}{9}$, $\frac{21\div3}{45\div3}=\frac{7}{15}$

7 $\frac{□}{7}=\frac{□\times6}{7\times6}=\frac{18}{42}$에서

$□\times6=18$, $□=18\div6$, $□=3$입니다.

8 $\frac{□}{8}=\frac{□\times6}{8\times6}=\frac{□\times6}{48}<\frac{23}{48}$에서 $□\times6<23$이고

□ 안에 들어갈 수 있는 자연수는 1, 2, 3입니다.

9 12와 20의 최소공배수는 60이므로

$\frac{7}{12}=\frac{7\times5}{12\times5}=\frac{35}{60}$, $\frac{□}{20}=\frac{□\times3}{20\times3}=\frac{□\times3}{60}$

$\frac{35}{60}<\frac{□\times3}{60}$에서 $35<□\times3$이므로 □ 안에 들어갈 수 있는 자연수는 12, 13, 14……입니다.

10 조건에 맞는 분수를 $\frac{△}{□}$라 하면 $□+△=30$, $□-△=18$입니다.

$□=(30+18)\div2=24$, $△=(30-18)\div2=6$이고, $\frac{6}{24}$을 기약분수로 나타내면 $\frac{1}{4}$입니다.

11 조건에 맞는 분수를 $\frac{\triangle}{\square}$라 하면 $\square+\triangle=26$, $\square-\triangle=6$입니다.
$\square=(26+6)\div2=16$, $\triangle=(26-6)\div2=10$이고, $\frac{10}{16}$을 기약분수로 나타내면 $\frac{5}{8}$입니다.

12 조건에 맞는 분수를 $\frac{\triangle}{\square}$라 하면 $\square+\triangle=40$, $\square-\triangle=24$입니다.
$\square=(40+24)\div2=32$, $\triangle=(40-24)\div2=8$이고, $\frac{8}{32}$을 8과 32의 공약수로 약분해 보면 $\frac{4}{16}$, $\frac{2}{8}$, $\frac{1}{4}$입니다.

06 분수의 덧셈과 뺄셈

021 분모가 다른 진분수의 덧셈 044쪽

1 3, 3, 2, 2 / $\frac{21}{36}$, $\frac{2}{36}$ / $\frac{23}{36}$
2 (1) $\frac{13}{20}$ (2) $\frac{11}{21}$ (3) $1\frac{5}{24}$ (4) $1\frac{13}{30}$
3 (1) < (2) >
4 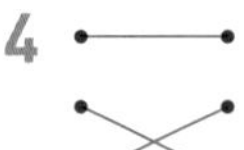
5 $1\frac{5}{8}$ m 6 $1\frac{14}{45}$ m

5 $\frac{5}{4}+\frac{3}{8}=\frac{10}{8}+\frac{3}{8}=\frac{13}{8}=1\frac{5}{8}$ (m)

6 $\frac{7}{15}+\frac{2}{5}+\frac{4}{9}=\frac{7}{15}+\frac{6}{15}+\frac{4}{9}=\frac{13}{15}+\frac{4}{9}$
$=\frac{39}{45}+\frac{20}{45}=\frac{59}{45}=1\frac{14}{45}$ (m)

022 분모가 다른 대분수의 덧셈 045쪽

1 14, 30 / 14, 30 / 44 / 1, 9 / $6\frac{9}{35}$
2 (1) $3\frac{1}{12}$ (2) $4\frac{5}{21}$ 3 <
4 (○)( )( ) 5 $8\frac{7}{36}$ m 6 $11\frac{11}{35}$

3 $1\frac{1}{2}+2\frac{5}{7}=(1+2)+(\frac{7}{14}+\frac{10}{14})$
$=3+\frac{17}{14}=3+1\frac{3}{14}=4\frac{3}{14}$
$3\frac{1}{4}+1\frac{4}{5}=(3+1)+(\frac{5}{20}+\frac{16}{20})$
$=4+\frac{21}{20}=4+1\frac{1}{20}=5\frac{1}{20}$

4 자연수 부분의 합이 모두 4이므로 분수 부분의 합이 1보다 큰 수를 찾습니다.

5 $5\frac{4}{9}+2\frac{3}{4}=(5+2)+(\frac{16}{36}+\frac{27}{36})$
$=7+\frac{43}{36}=7+1\frac{7}{36}=8\frac{7}{36}$ (m)

6 가장 큰 대분수: $7\frac{3}{5}$, 가장 작은 대분수: $3\frac{5}{7}$
➡ $7\frac{3}{5}+3\frac{5}{7}=(7+3)+(\frac{21}{35}+\frac{25}{35})$
$=10+\frac{46}{35}=10+1\frac{11}{35}=11\frac{11}{35}$

023 분모가 다른 진분수의 뺄셈 046쪽

1 $\frac{5}{6}-\frac{7}{15}=\frac{75}{90}-\frac{42}{90}=\frac{33}{90}=\frac{11}{30}$
2 (1) $\frac{11}{20}$ (2) $\frac{5}{24}$ (3) $\frac{11}{40}$ (4) $\frac{1}{18}$ 3 ㉡
4 $\frac{13}{20}$ m 5 $\frac{13}{45}$ 6 $\frac{22}{45}$

1 분모의 곱으로 통분하여 계산하는 방법입니다.

3 ㉠ $\frac{3}{20}$ ㉡ $\frac{3}{14}$ ㉢ $\frac{1}{21}$

4 $\frac{9}{10}-\frac{1}{4}=\frac{18}{20}-\frac{5}{20}=\frac{13}{20}$ (m)

5 $\square=\frac{11}{15}-\frac{4}{9}=\frac{33}{45}-\frac{20}{45}=\frac{13}{45}$

6 만들 수 있는 진분수: $\frac{1}{9}$, $\frac{3}{9}$, $\frac{5}{9}$, $\frac{1}{5}$, $\frac{3}{5}$, $\frac{1}{3}$
가장 큰 수: $\frac{3}{5}$, 가장 작은 수: $\frac{1}{9}$
➡ $\frac{3}{5}-\frac{1}{9}=\frac{27}{45}-\frac{5}{45}=\frac{22}{45}$

024 분모가 다른 대분수의 뺄셈 047쪽

1 34, 8 / 34, 24 / 10 / $1\frac{1}{9}$

2 (1) $1\frac{3}{10}$ (2) $1\frac{35}{36}$ 3 <

4 $2\frac{7}{30}$ cm 5 $\frac{9}{20}$ kg 6 $1\frac{9}{10}$

4 $3\frac{5}{6}-1\frac{3}{5}=3\frac{25}{30}-1\frac{18}{30}$
$=(3-1)+(\frac{25}{30}-\frac{18}{30})=2\frac{7}{30}$ (cm)

5 $2\frac{1}{5}-1\frac{3}{4}=\frac{11}{5}-\frac{7}{4}=\frac{44}{20}-\frac{35}{20}=\frac{9}{20}$ (kg)

6 $4\frac{1}{2}-2\frac{3}{5}=\frac{9}{2}-\frac{13}{5}$
$=\frac{45}{10}-\frac{26}{10}=\frac{19}{10}=1\frac{9}{10}$

실전개념 응용 문제 048~049쪽

1 $1\frac{1}{15}$ 2 $4\frac{9}{10}$ 3 $1\frac{5}{6}$

4 4개 5 1, 2, 3, 4, 5, 6, 7

6 55 7 $9\frac{5}{12}$ cm 8 $8\frac{7}{15}$ cm

9 $5\frac{37}{60}$ cm 10 $12\frac{9}{40}$ 11 $5\frac{13}{42}$

12 $13\frac{13}{72}$

1 어떤 수를 □라고 하면 $□+\frac{4}{15}=1\frac{3}{5}$,
$□=1\frac{3}{5}-\frac{4}{15}=1\frac{9}{15}-\frac{4}{15}=1\frac{5}{15}=1\frac{1}{3}$입니다.
바르게 계산하면
$1\frac{1}{3}-\frac{4}{15}=1\frac{5}{15}-\frac{4}{15}=1\frac{1}{15}$입니다.

2 어떤 수를 □라고 하면 $□-1\frac{5}{8}=1\frac{13}{20}$,
$□=1\frac{13}{20}+1\frac{5}{8}=1\frac{26}{40}+1\frac{25}{40}=2\frac{51}{40}=3\frac{11}{40}$입니다.
바르게 계산하면
$3\frac{11}{40}+1\frac{5}{8}=3\frac{11}{40}+1\frac{25}{40}=4\frac{36}{40}=4\frac{9}{10}$입니다.

3 어떤 수를 □라고 하면 $□+\frac{1}{6}-\frac{17}{24}=\frac{3}{4}$,
$□=\frac{3}{4}+\frac{17}{24}-\frac{1}{6}=\frac{18}{24}+\frac{17}{24}-\frac{4}{24}=\frac{31}{24}$입니다.
바르게 계산하면
$\frac{31}{24}-\frac{1}{6}+\frac{17}{24}=\frac{31}{24}-\frac{4}{24}+\frac{17}{24}=\frac{44}{24}=1\frac{5}{6}$입니다.

4 $\frac{1}{3}+\frac{1}{5}=\frac{8}{15}=\frac{24}{45}$, $\frac{□}{9}=\frac{□\times5}{45}$
➡ $\frac{□\times5}{45}<\frac{24}{45}$에서 $□\times5<24$입니다.
□ 안에 들어갈 수 있는 자연수는 1, 2, 3, 4로 4개입니다.

5 $\frac{7}{8}-\frac{1}{4}=\frac{7}{8}-\frac{2}{8}=\frac{5}{8}$ ➡ $\frac{5}{8}=\frac{15}{24}$, $\frac{□}{12}=\frac{□\times2}{24}$
➡ $\frac{□\times2}{24}<\frac{15}{24}$에서 $□\times2<15$입니다.
□ 안에 들어갈 수 있는 자연수는 1, 2, 3, 4, 5, 6, 7입니다.

6 $\frac{11}{12}-\frac{7}{8}=\frac{22}{24}-\frac{21}{24}=\frac{1}{24}=\frac{5}{120}$
$\frac{1}{3}+\frac{2}{15}=\frac{5}{15}+\frac{2}{15}=\frac{7}{15}=\frac{56}{120}$
$\frac{5}{120}<\frac{□}{120}<\frac{56}{120}$에서 $5<□<56$입니다.
□ 안에 들어갈 수 있는 자연수 중에서 가장 큰 수는 55입니다.

7 $5\frac{1}{4}+5\frac{1}{4}-1\frac{1}{12}=10\frac{2}{4}-1\frac{1}{12}=10\frac{6}{12}-1\frac{1}{12}$
$=9\frac{5}{12}$ (cm)

8 (테이프 3장의 길이의 합)
$=3\frac{3}{5}+3\frac{3}{5}+3\frac{3}{5}=9\frac{9}{5}=10\frac{4}{5}$ (cm)
(겹쳐진 부분의 길이의 합)
$=1\frac{1}{6}+1\frac{1}{6}=2\frac{2}{6}=2\frac{1}{3}$ (cm)
(이어 붙인 테이프의 전체 길이)
$=10\frac{4}{5}-2\frac{1}{3}=10\frac{12}{15}-2\frac{5}{15}=8\frac{7}{15}$ (cm)

9 (색칠한 부분의 길이)
$=6\frac{3}{4}+9\frac{2}{3}-10\frac{4}{5}=6\frac{9}{12}+9\frac{8}{12}-10\frac{4}{5}$
$=16\frac{5}{12}-10\frac{4}{5}=16\frac{25}{60}-10\frac{48}{60}=5\frac{37}{60}$ (cm)

10 가장 큰 대분수는 자연수 부분이 가장 커야 하므로 ➡ $8\frac{3}{5}$
가장 작은 대분수는 자연수 부분이 가장 작아야 하므로
➡ $3\frac{5}{8}$
$8\frac{3}{5}+3\frac{5}{8}=8\frac{24}{40}+3\frac{25}{40}=11\frac{49}{40}=12\frac{9}{40}$

11 가장 큰 대분수는 자연수 부분이 가장 커야 하므로 ➡ $7\frac{1}{6}$
가장 작은 대분수는 자연수 부분이 가장 작아야 하므로
➡ $1\frac{6}{7}$
$7\frac{1}{6}-1\frac{6}{7}=7\frac{7}{42}-1\frac{36}{42}=5\frac{13}{42}$

12 가장 큰 대분수는 자연수 부분이 가장 커야 하므로 ➡ $9\frac{5}{8}$
가장 작은 대분수는 자연수 부분이 가장 작아야 하므로
➡ $3\frac{5}{9}$
$9\frac{5}{8}+3\frac{5}{9}=9\frac{45}{72}+3\frac{40}{72}=12\frac{85}{72}=13\frac{13}{72}$

5학년 총정리 TEST ②

050~051쪽

1 $\frac{15}{25}$, $\frac{18}{30}$ 2 ⑤ 3 (선 잇기)

4 $\frac{2}{3}$ 5 54

6 $\frac{11}{15}$, $\frac{5}{9}$ 7 5 8 $\frac{5}{9}$

9 (1) < (2) > 10 $11\frac{1}{40}$ 11 ㉢

12 $\frac{13}{20}$ kg 13 $4\frac{7}{20}$ 14 3개

15 $7\frac{11}{40}$ cm 16 $10\frac{4}{35}$

1 $\frac{3}{5}=\frac{3\times5}{5\times5}=\frac{15}{25}$, $\frac{3}{5}=\frac{3\times6}{5\times6}=\frac{18}{30}$

2 36과 72의 공약수로 나누어 봅니다.
⑤ $\frac{36\div9}{72\div9}=\frac{4}{8}$, $\frac{36\div12}{72\div12}=\frac{3}{6}$

4 만들 수 있는 진분수: $\frac{3}{5}$, $\frac{2}{5}$, $\frac{1}{5}$, $\frac{2}{3}$, $\frac{1}{3}$, $\frac{1}{2}$
$\frac{3}{5}=\frac{9}{15}$, $\frac{2}{3}=\frac{10}{15}$으로 가장 큰 진분수는 $\frac{2}{3}$입니다.

5 분모에서 빼야 하는 수를 □라고 하면
$\frac{20}{72}=\frac{20-15}{72-□}=\frac{5}{72-□}$이고 분모와 분자를 같은 수로 나누어야 하므로
$5=20\div4$에서 $72-□=72\div4$, $72-□=18$,
□$=54$입니다.

6 $\frac{33\div3}{45\div3}=\frac{11}{15}$, $\frac{25\div5}{45\div5}=\frac{5}{9}$입니다.

7 $\frac{□}{8}=\frac{□\times6}{8\times6}=\frac{30}{48}$에서
□$\times6=30$, □$=30\div6$, □$=5$입니다.

8 조건을 만족하는 분수를 $\frac{△}{□}$라 하면
□$=(28+8)\div2=18$, △$=(28-8)\div2=10$이고,
$\frac{10}{18}$을 기약분수로 나타내면 $\frac{5}{9}$입니다.

10 가장 큰 대분수: $8\frac{2}{5}$
가장 작은 대분수: $2\frac{5}{8}$
➡ $8\frac{2}{5}+2\frac{5}{8}=8\frac{16}{40}+2\frac{25}{40}=10\frac{41}{40}=11\frac{1}{40}$

11 ㉠ $\frac{6}{35}$ ㉡ $\frac{7}{24}$ ㉢ $\frac{7}{20}$
먼저 분자가 같은 ㉡과 ㉢을 비교하면 분모가 작은 ㉢이 더 큽니다.
㉠과 ㉢을 비교하면 ㉠ $\frac{6}{35}=\frac{120}{700}$, ㉢ $\frac{7}{20}=\frac{245}{700}$이므로 ㉢이 더 큽니다.

12 $3\frac{1}{4}-2\frac{3}{5}=3\frac{5}{20}-2\frac{12}{20}$
$=2\frac{25}{20}-2\frac{12}{20}=\frac{13}{20}$ (kg)

13 어떤 수를 □라고 하면 $\square-1\frac{1}{4}=1\frac{17}{20}$

$\square=1\frac{17}{20}+1\frac{1}{4}=1\frac{17}{20}+1\frac{5}{20}=2\frac{22}{20}=3\frac{1}{10}$

바르게 계산하면 $3\frac{1}{10}+1\frac{1}{4}=3\frac{2}{20}+1\frac{5}{20}=4\frac{7}{20}$입니다.

14 $\frac{3}{4}+\frac{4}{5}=\frac{15}{20}+\frac{16}{20}=\frac{31}{20}$

$\frac{\square}{2}=\frac{\square\times10}{20}$, $\square\times10<31$

➡ □ 안에 들어갈 수 있는 자연수는 1, 2, 3으로 3개입니다.

15 $4\frac{1}{5}+4\frac{1}{5}-1\frac{1}{8}=8\frac{2}{5}-1\frac{1}{8}$

$=8\frac{16}{40}-1\frac{5}{40}=7\frac{11}{40}$ (cm)

16 가장 큰 대분수는 자연수 부분이 가장 커야 하므로 ➡ $7\frac{2}{5}$

가장 작은 대분수는 자연수 부분이 가장 작아야 하므로

➡ $2\frac{5}{7}$

$7\frac{2}{5}+2\frac{5}{7}=7\frac{14}{35}+2\frac{25}{35}=9\frac{39}{35}=10\frac{4}{35}$

07 분수의 곱셈

025 (분수)×(자연수) 054쪽

1 $\frac{7}{\cancel{12}_{3}}\times\cancel{20}^{5}=\frac{7\times5}{3}=\frac{35}{3}=11\frac{2}{3}$ **2** (선 잇기)

3 = **4** $15\frac{1}{3}$, 46

5 ㉡ **6** 12 L

4 $3\frac{5}{6}\times4=\frac{23}{\cancel{6}_{3}}\times\cancel{4}^{2}=\frac{46}{3}=15\frac{1}{3}$

$15\frac{1}{3}\times3=\frac{46}{\cancel{3}_{1}}\times\cancel{3}^{1}=46$

5 ㉠ $13\frac{1}{2}$ ㉡ $12\frac{1}{2}$

6 $1\frac{1}{5}\times10=\frac{6}{\cancel{5}_{1}}\times\cancel{10}^{2}=12$ (L)

026 (자연수)×(분수) 055쪽

1 5, 4 / 5, 4 / $\frac{25}{4}$ / $6\frac{1}{4}$ **2** (위에서부터) 15, $31\frac{1}{2}$

3 60 cm **4** $10\times2\frac{4}{15}=\cancel{10}^{2}\times\frac{34}{\cancel{15}_{3}}=\frac{68}{3}=22\frac{2}{3}$

5 6 km **6** 6개

2 $\cancel{36}^{3}\times\frac{5}{\cancel{12}_{1}}=15$, $\cancel{36}^{9}\times\frac{7}{\cancel{8}_{2}}=\frac{63}{2}=31\frac{1}{2}$

3 $\cancel{80}^{20}\times\frac{3}{\cancel{4}_{1}}=60$ (cm)

6 $5\times1\frac{8}{35}=\cancel{5}^{1}\times\frac{43}{\cancel{35}_{7}}=\frac{43}{7}=6\frac{1}{7}$

$\square<6\frac{1}{7}$ ➡ □ 안에 들어갈 수 있는 자연수는 1, 2, 3, 4, 5, 6으로 모두 6개입니다.

027 진분수의 곱셈 056쪽

1 (1) $\frac{1}{20}$ (2) $\frac{3}{20}$ (3) $\frac{12}{35}$ (4) $\frac{3}{4}$ **2** (1) < (2) =

3 ②, ④ **4** $\frac{3}{8}$ **5** 3개

6 $\frac{1}{12}$ L

3 진분수에 1보다 큰 수를 곱하면 계산 결과는 주어진 진분수보다 커집니다.

5 $\frac{1}{5}\times\frac{1}{\square}=\frac{1}{5\times\square}$ ➡ $25<5\times\square<45$, $5<\square<9$

$\square=6, 7, 8$

6 $\frac{9}{10}$를 사용했으므로 $\frac{1}{10}$이 남았습니다.

➡ $\frac{\cancel{5}^{1}}{6}\times\frac{1}{\cancel{10}_{2}}=\frac{1}{12}$ (L)

028 여러 가지 분수의 곱셈 057쪽

1 $1\frac{5}{6}\times3\frac{1}{3}=\frac{11}{\underset{3}{\cancel{6}}}\times\frac{\overset{5}{\cancel{10}}}{3}=\frac{55}{9}=6\frac{1}{9}$

2 (위에서부터) $4\frac{1}{20}$, $8\frac{1}{2}$ 3 $>$

4 $1\frac{3}{4}$ 5 $6\frac{3}{8}\text{ cm}^2$ 6 7개

2 $1\frac{4}{5}\times2\frac{1}{4}=\frac{9}{5}\times\frac{9}{4}=\frac{81}{20}=4\frac{1}{20}$

$2\frac{3}{7}\times3\frac{1}{2}=\frac{17}{\underset{1}{\cancel{7}}}\times\frac{\overset{1}{\cancel{7}}}{2}=\frac{17}{2}=8\frac{1}{2}$

4 ㉠ $10\frac{1}{2}$ ㉡ $12\frac{1}{4}$

➡ $12\frac{1}{4}-10\frac{1}{2}=12\frac{1}{4}-10\frac{2}{4}=11\frac{5}{4}-10\frac{2}{4}=1\frac{3}{4}$

5 $3\frac{2}{5}\times1\frac{7}{8}=\frac{17}{\underset{1}{\cancel{5}}}\times\frac{\overset{3}{\cancel{15}}}{8}=\frac{51}{8}=6\frac{3}{8}\text{ (cm}^2\text{)}$

6 $3\frac{3}{8}\times2\frac{2}{9}=7\frac{1}{2}>\square\frac{1}{5}$

➡ $\square=1, 2, 3, 4, 5, 6, 7$

실전개념 응용 문제 058~059쪽

1 $\frac{16}{49}\text{ cm}^2$	2 $12\frac{1}{10}\text{ m}^2$	3 $10\frac{1}{2}\text{ cm}^2$
4 1, 2, 3, 4, 5	5 5개	6 11
7 $3\frac{1}{12}$ m	8 $13\frac{1}{8}$ m	9 $14\frac{1}{2}$ m
10 120 km	11 5 km	12 오전 11시 45분

1 정사각형은 모든 변의 길이가 같습니다.

(정사각형의 넓이)$=\frac{4}{7}\times\frac{4}{7}=\frac{16}{49}\text{ (cm}^2\text{)}$

2 (직사각형의 넓이)$=4\frac{2}{5}\times2\frac{3}{4}=\frac{\overset{11}{\cancel{22}}}{5}\times\frac{11}{\underset{2}{\cancel{4}}}$

$=\frac{121}{10}=12\frac{1}{10}\text{ (m}^2\text{)}$

3 (삼각형의 넓이)$=5\frac{5}{6}\times3\frac{3}{5}\div2=\frac{\overset{7}{\cancel{35}}}{\underset{1}{\cancel{6}}}\times\frac{\overset{3}{\cancel{18}}}{\underset{1}{\cancel{5}}}\times\frac{1}{2}$

$=\frac{21}{2}=10\frac{1}{2}\text{ (cm}^2\text{)}$

4 $\frac{1}{6}\times\frac{1}{\square}=\frac{1}{6\times\square}>\frac{1}{35}$에서 $6\times\square<35$이므로

$\square$ 안에 들어갈 수 있는 자연수는 1, 2, 3, 4, 5입니다.

5 $\frac{1}{5}\times\frac{1}{\square}=\frac{1}{5\times\square}$에서 $10<5\times\square<40$이므로

$\square$ 안에 들어갈 수 있는 자연수는 3, 4, 5, 6, 7로 모두 5개입니다.

6 $2\frac{3}{4}\times1\frac{5}{11}=\frac{\overset{1}{\cancel{11}}}{\underset{1}{\cancel{4}}}\times\frac{\overset{4}{\cancel{16}}}{\underset{1}{\cancel{11}}}=4$

$5\frac{2}{5}\times2\frac{1}{9}=\frac{\overset{3}{\cancel{27}}}{5}\times\frac{19}{\underset{1}{\cancel{9}}}=\frac{57}{5}=11\frac{2}{5}$

$4<\square<11\frac{2}{5}$이므로 $\square$ 안에 들어갈 수 있는 자연수 중에서 가장 큰 수는 11입니다.

7 (이어 붙인 테이프의 전체 길이)

$=\frac{5}{\underset{3}{\cancel{6}}}\times\overset{2}{\cancel{4}}-\frac{1}{\underset{4}{\cancel{12}}}\times\overset{1}{\cancel{3}}=\frac{10}{3}-\frac{1}{4}$

$=\frac{40}{12}-\frac{3}{12}=\frac{37}{12}=3\frac{1}{12}\text{ (m)}$

8 (이어 붙인 테이프의 전체 길이)

$=1\frac{3}{4}\times8-\frac{1}{8}\times7$

$=\frac{7}{\underset{1}{\cancel{4}}}\times\overset{2}{\cancel{8}}-\frac{7}{8}=14-\frac{7}{8}=13\frac{1}{8}\text{ (m)}$

9 (이어 붙인 테이프의 전체 길이)

$=1\frac{3}{5}\times10-\frac{1}{\underset{2}{\cancel{6}}}\times\overset{3}{\cancel{9}}=\frac{8}{\underset{1}{\cancel{5}}}\times\overset{2}{\cancel{10}}-\frac{3}{2}$

$=16-1\frac{1}{2}=14\frac{1}{2}\text{ (m)}$

10 1시간 20분$=1\frac{20}{60}$시간$=1\frac{1}{3}$시간

(자동차가 달린 거리)

$=90\times1\frac{1}{3}=\overset{30}{\cancel{90}}\times\frac{4}{\underset{1}{\cancel{3}}}=120\text{ (km)}$

11 1시간 15분=$1\frac{15}{60}$시간=$1\frac{1}{4}$시간

(지우가 걸은 거리)$=4\times1\frac{1}{4}=\overset{1}{\cancel{4}}\times\frac{5}{\underset{1}{\cancel{4}}}=5$ (km)

12 하루에 1분 30초=$1\frac{30}{60}$분=$1\frac{1}{2}$분 늦어지므로

10일 후에는 $1\frac{1}{2}\times10=\frac{3}{\underset{1}{\cancel{2}}}\times\overset{5}{\cancel{10}}=15$(분) 늦어집니다.

따라서 10일 후 정오에 시계가 가리키는 시각은 12시 15분 전인 오전 11시 45분입니다.

08 소수의 곱셈

029 (소수)×(자연수) 060쪽

1 (1) 2, 18, 1.8 (2) 43, 215, 21.5 2 5.1

3 (1) 1.6 (2) 13.2 (3) 4.5 (4) 58.4

4 (1) > (2) < 5 ㉠, ㉢, ㉡ 6 (위에서부터) 4, 7

5 ㉠ 9.8 ㉡ 11.84 ㉢ 10.2

6
$$\begin{array}{r} 2.㉡\,8 \\ \times \quad ㉠ \\ \hline 1\,7.3\,6 \end{array}$$

8과의 곱의 일의 자리가 6이 되는 수는 2 또는 7입니다.

㉠=2일 때 소수의 일의 자리 수와의 곱이 4이므로 조건에 맞지 않습니다.

㉠=7이고, 2.㉡8×7=17.36이 되는 ㉡=4입니다.

030 (자연수)×(소수) 061쪽

1 $7\times1.3=7\times\frac{13}{10}=\frac{7\times13}{10}=\frac{91}{10}=9.1$

2
$$\begin{array}{r} 1\,2 \\ \times\,1.6 \\ \hline \end{array} \Rightarrow \begin{array}{r} 1\,2 \\ \times\,1\,6 \\ \hline 7\,2 \\ 1\,2 \\ \hline 1\,9\,2 \end{array} \Rightarrow \begin{array}{r} 1\,2 \\ \times\,1.6 \\ \hline 1\,9.2 \end{array}$$

3 <

4 60.2 cm^2 5 ㉢, ㉠, ㉡ 6 0.56

4 $7\times8.6=60.2$ (cm^2)

5 ㉠ 21.42 ㉡ 20.92 ㉢ 21.7

6 곱의 결과가 1568의 $\frac{1}{100}$인 소수 두 자리 수이므로 곱하는 수는 56의 $\frac{1}{100}$인 0.56이 됩니다.

031 (소수)×(소수)① 062쪽

1 4, 8 / 32 / 0.32

2
$$\begin{array}{r} 0.3 \\ \times\,0.9 \\ \hline \end{array} \Rightarrow \begin{array}{r} 3 \\ \times\quad 9 \\ \hline 2\,7 \end{array} \Rightarrow \begin{array}{r} 0.3 \\ \times\,0.9 \\ \hline 0.2\,7 \end{array}$$

3 (1) 0.28 (2) 0.134 (3) 0.021

4 ㉠ 5 12.48 6 0.268 m^2

4 ㉠ 0.684 ㉡ 0.48 ㉢ 0.065

5 가장 큰 수: 7.8, 가장 작은 수: 1.6
➡ $7.8\times1.6=12.48$

6 $0.67\times0.4=\frac{67}{100}\times\frac{4}{10}=\frac{268}{1000}=0.268$ (m^2)

032 (소수)×(소수)② 063쪽

1 16, 21, 336, 3.36 2 > 3 ㉠

4 (1) 552.08 (2) 5.5208 5 (1) 7.5 (2) 3.8

6 58.72 kg

3 ㉠ 17.55 ㉢ 16.34

5 소수점 아래 끝자리의 0은 생략하는 것에 주의합니다.

6
$$\begin{array}{r} 3\,6.7 \\ \times\quad 1.6 \\ \hline 2\,2\,0\,2 \\ 3\,6\,7 \\ \hline 5\,8.7\,2 \end{array}$$

← 소수 한 자리 수 (36.7)
← 소수 한 자리 수 (1.6)
← 소수 두 자리 수 (58.72)

실전개념 응용 문제

064~065쪽

1 $7.5\,cm^2$	2 $28.8\,cm^2$	3 $15.125\,cm^2$
4 10	5 5	6 5개
7 16.56	8 22.96	9 90
10 35.89	11 10.65	12 238.875

1 (가로)$=2.5\times1.2=3$ (cm)
(직사각형의 넓이)$=3\times2.5=7.5$ (cm^2)

2 (평행사변형의 넓이)$=6.4\times4.5=28.8$ (cm^2)

3 (마름모의 넓이)$=5.5\times5.5\times0.5=15.125$ (cm^2)

4 $4.3\times2.45=10.535$이므로 □ 안에 들어갈 수 있는 가장 큰 자연수는 10입니다.

5 $1.25\times3.8=4.75$이므로 □ 안에 들어갈 수 있는 가장 작은 자연수는 5입니다.

6 $5.5\times0.7=3.85$, $6.8\times1.3=8.84$이므로 □ 안에 들어갈 수 있는 자연수는 4, 5, 6, 7, 8로 5개입니다.

7 어떤 수를 □라고 하면
□$+3.6=8.2$, □$=8.2-3.6=4.6$입니다.
따라서 바르게 계산하면 $4.6\times3.6=16.56$입니다.

8 어떤 수를 □라고 하면
□$-2.8=5.4$, □$=5.4+2.8=8.2$입니다.
따라서 바르게 계산하면 $8.2\times2.8=22.96$입니다.

9 어떤 수를 □라고 하면
□$\div1.5=40$, □$=40\times1.5=60$입니다.
따라서 바르게 계산하면 $60\times1.5=90$입니다.

10 가장 큰 소수 한 자리 수: 9.7
가장 작은 소수 한 자리 수: 3.7
➡ $9.7\times3.7=35.89$

11 가장 큰 소수 두 자리 수: 8.52
가장 작은 소수 두 자리 수: 1.25
➡ $8.52\times1.25=10.65$

12 가장 큰 소수: 97.5, 가장 작은 소수: 2.45
➡ $97.5\times2.45=238.875$

5학년 총정리 TEST ③

066~067쪽

1

2 $12\times1\frac{9}{10}=\overset{6}{\cancel{12}}\times\frac{19}{\underset{5}{\cancel{10}}}=\frac{114}{5}=22\frac{4}{5}$

3 3개	4 $5\frac{2}{5}$	5 $18\frac{1}{5}\,m^2$
6 $2\frac{9}{10}$ m	7 $6\frac{2}{3}$ km	8 ㉢, ㉡, ㉠, ㉣
9 0.48	10 (1) 0.24 (2) 0.342 (3) 0.01	
11 50.12 kg	12 $21.125\,cm^2$	13 6
14 43.56	15 22.36	

1 $\frac{5}{\underset{2}{\cancel{8}}}\times\overset{1}{\cancel{4}}=\frac{5}{2}=2\frac{1}{2}$, $\frac{8}{\underset{3}{\cancel{15}}}\times\overset{2}{\cancel{10}}=\frac{16}{3}=5\frac{1}{3}$,
$\frac{5}{\underset{2}{\cancel{6}}}\times\overset{3}{\cancel{9}}=\frac{15}{2}=7\frac{1}{2}$

3 $\frac{1}{7}\times\frac{1}{□}=\frac{1}{7\times□}$에서
$21<7\times□<49$ ➡ $3<□<7$입니다.
□$=4, 5, 6$

4 ㉠ $1\frac{1}{5}\times3\frac{3}{4}=\frac{\overset{3}{\cancel{6}}}{\underset{1}{\cancel{5}}}\times\frac{\overset{3}{\cancel{15}}}{\underset{2}{\cancel{4}}}=\frac{9}{2}=4\frac{1}{2}$

㉡ $2\frac{2}{5}\times4\frac{1}{8}=\frac{\overset{3}{\cancel{12}}}{5}\times\frac{33}{\underset{2}{\cancel{8}}}=\frac{99}{10}=9\frac{9}{10}$

➡ $9\frac{9}{10}-4\frac{1}{2}=9\frac{9}{10}-4\frac{5}{10}=5\frac{4}{10}=5\frac{2}{5}$

5 (직사각형의 넓이)$=5\frac{3}{5}\times3\frac{1}{4}$
$=\frac{\overset{7}{\cancel{28}}}{5}\times\frac{13}{\underset{1}{\cancel{4}}}=\frac{91}{5}=18\frac{1}{5}$ (m^2)

6 (이어 붙인 테이프의 전체 길이)
$=\frac{4}{5}\times4-\frac{1}{10}\times3=\frac{16}{5}-\frac{3}{10}$
$=\frac{32}{10}-\frac{3}{10}=\frac{29}{10}=2\frac{9}{10}$ (m)

7 1시간 20분$=1\frac{20}{60}$시간$=1\frac{1}{3}$시간

(수진이가 걸은 거리)$=5\times1\frac{1}{3}=5\times\frac{4}{3}$

$=\frac{20}{3}=6\frac{2}{3}$ (km)

8 ㉠ 12 ㉡ 11.6 ㉢ 8.04 ㉣ 20.8

12 (마름모의 넓이)$=6.5\times6.5\times0.5=21.125$ (cm^2)

13 $2.05\times2.9=5.945$이므로 □ 안에 들어갈 수 있는 가장 작은 자연수는 6입니다.

14 어떤 수를 □라고 하면
□$-3.6=8.5$, □$=8.5+3.6=12.1$입니다.
따라서 바르게 계산하면 $12.1\times3.6=43.56$입니다.

15 가장 큰 소수 한 자리 수: 8.6
가장 작은 소수 한 자리 수: 2.6
➡ $8.6\times2.6=22.36$

09 분수의 나눗셈 (1)

033 (진분수)÷(자연수) 070쪽

1 (1) $\frac{5}{7}\div2=\frac{5}{7}\times\frac{1}{2}=\frac{5}{14}$ (2) $\frac{7}{9}\div5=\frac{7}{9}\times\frac{1}{5}=\frac{7}{45}$

2 < 3 $\frac{7}{36}$ m 4 ㉢

5 (1) $\frac{21}{5}\div7=\frac{\overset{3}{\cancel{21}}}{5}\times\frac{1}{\underset{1}{\cancel{7}}}=\frac{3}{5}$

(2) $\frac{24}{7}\div9=\frac{\overset{8}{\cancel{24}}}{7}\times\frac{1}{\underset{3}{\cancel{9}}}=\frac{8}{21}$

6 (○)( )( )

4 ㉠, ㉡ $\frac{1}{16}$ ㉢ $\frac{1}{24}$

6 $\frac{1}{8}\div5=\frac{1}{8}\times\frac{1}{5}=\frac{1}{40}$, $\frac{4}{5}\div8=\frac{\overset{1}{\cancel{4}}}{5}\times\frac{1}{\underset{2}{\cancel{8}}}=\frac{1}{10}$,

$\frac{7}{10}\div14=\frac{\overset{1}{\cancel{7}}}{10}\times\frac{1}{\underset{2}{\cancel{14}}}=\frac{1}{20}$

034 (대분수)÷(자연수) 071쪽

1 (1) $2\frac{3}{7}\div4=\frac{17}{7}\times\frac{1}{4}=\frac{17}{28}$

(2) $3\frac{1}{8}\div9=\frac{25}{8}\times\frac{1}{9}=\frac{25}{72}$

2 $\frac{11}{21}$ 3 < 4 ①, ④, ⑤

5 $\frac{13}{20}$ kg 6 $\frac{5}{7}$

2 $4\frac{5}{7}\div9=\frac{\overset{11}{\cancel{33}}}{7}\times\frac{1}{\underset{3}{\cancel{9}}}=\frac{11}{21}$

5 $3\frac{1}{4}\div5=\frac{13}{4}\times\frac{1}{5}=\frac{13}{20}$ (kg)

6 $3\frac{4}{7}\div5=\frac{\overset{5}{\cancel{25}}}{7}\times\frac{1}{\underset{1}{\cancel{5}}}=\frac{5}{7}$

10 소수의 나눗셈 (1)

035 (소수)÷(자연수) 072쪽

1 (1) 43, 4.3 (2) 17, 1.7

2 (1) $18.3\div3=\frac{183}{10}\div3=\frac{183\div3}{10}=\frac{61}{10}=6.1$

(2) $40.5\div15=\frac{405}{10}\div15=\frac{405\div15}{10}=\frac{27}{10}=2.7$

3 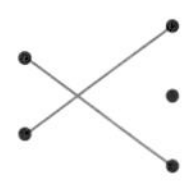

4 ( )(○) 5 4.6 kg

6 13.5 cm^2

5 $55.2\div12=\frac{552}{10}\div12=\frac{552\div12}{10}$

$=\frac{46}{10}=4.6$ (kg)

6

```
       1 3.5
   15) 2 0 2.5
       1 5
       -----
         5 2
         4 5
       -----
           7 5
           7 5
       -----
             0
```

036 몫이 1보다 작은 (소수)÷(자연수) 073쪽

1 285 / 285, 5 / 57 / 0.57

2 (1)
$$\begin{array}{r} 0.24 \\ 9\overline{)2.16} \\ \underline{18} \\ 36 \\ \underline{36} \\ 0 \end{array}$$
(2)
$$\begin{array}{r} 0.82 \\ 9\overline{)4.92} \\ \underline{48} \\ 12 \\ \underline{12} \\ 0 \end{array}$$

3 0.45

4 0.76

5
$$\begin{array}{r} 0.48 \\ 7\overline{)3.36} \\ \underline{28} \\ 56 \\ \underline{56} \\ 0 \end{array}$$

6 0.87 L

3 $3.15\div7=\dfrac{315}{100}\div7=\dfrac{315\div7}{100}=\dfrac{45}{100}=0.45$

4 $18.24\div24=\dfrac{1824}{100}\div24=\dfrac{1824\div24}{100}$
$=\dfrac{76}{100}=0.76$

6 $7.83\div9=\dfrac{783}{100}\div9=\dfrac{783\div9}{100}=\dfrac{87}{100}=0.87\,(\mathrm{L})$

037 소수점 아래 0을 내려 계산하는 (소수)÷(자연수) 074쪽

1 2120 / 2120, 8 / 265 / 2.65

2 (1)
$$\begin{array}{r} 5.95 \\ 4\overline{)23.80} \\ \underline{20} \\ 38 \\ \underline{36} \\ 20 \\ \underline{20} \\ 0 \end{array}$$
(2)
$$\begin{array}{r} 4.65 \\ 8\overline{)37.20} \\ \underline{32} \\ 52 \\ \underline{48} \\ 40 \\ \underline{40} \\ 0 \end{array}$$

3 2.65

4 1.46, 2.85, 3.35

5 >

6 28.24

3
$$\begin{array}{r} 2.65 \\ 24\overline{)63.60} \\ \underline{48} \\ 156 \\ \underline{144} \\ 120 \\ \underline{120} \\ 0 \end{array}$$

6 $\square\times5=141.2$
➡ $\square=141.2\div5=\dfrac{14120}{100}\div5=\dfrac{14120\div5}{100}$
$=\dfrac{2824}{100}=28.24$

038 몫의 소수 첫째 자리에 0이 있는 (소수)÷(자연수) 075쪽

1 (1) 704, 7.04 (2) 805, 8.05

2

3 <

4
$$\begin{array}{r} 7.05 \\ 8\overline{)56.40} \\ \underline{56} \\ 40 \\ \underline{40} \\ 0 \end{array}$$

5 ②, ④

6 2.05 m

6 $24.6\div12=\dfrac{2460}{100}\div12=\dfrac{2460\div12}{100}$
$=\dfrac{205}{100}=2.05\,(\mathrm{m})$

실전개념 응용 문제 076~079쪽

1 $4\frac{2}{5}$ cm
2 $3\frac{5}{8}$ cm
3 $5\frac{3}{5}$ cm
4 $\frac{1}{24}$
5 $\frac{13}{20}$
6 $23\frac{1}{25}$
7 $\frac{9}{35}$ km
8 $\frac{21}{80}$ km
9 $\frac{17}{30}$ km
10 0.5
11 1.65
12 0.3
13 5.02 cm
14 5.04 cm
15 12.1 cm
16 6
17 11개
18 5.95
19 2, 4, 8 / 0.3
20 9, 6, 3 / 3.2
21 9, 8, 6, 4 / 24.65
22 21초
23 39초
24 낮 12시 3분

1 (직사각형의 넓이)$=2\times$(세로)$=8\frac{4}{5}$

(세로)$=8\frac{4}{5}\div2=\dfrac{\overset{22}{\cancel{44}}}{5}\times\dfrac{1}{\underset{1}{\cancel{2}}}=\dfrac{22}{5}=4\frac{2}{5}\,(\mathrm{cm})$

2 (평행사변형의 넓이)$=6\times$(높이)$=21\frac{3}{4}$

(높이)$=21\frac{3}{4}\div 6=\frac{87}{4}\times\frac{1}{6}=\frac{29}{8}=3\frac{5}{8}$ (cm)

3 (삼각형의 넓이)$=$(밑변)$\times 3\div 2=8\frac{2}{5}$

(밑변)$=8\frac{2}{5}\times 2\div 3$

$=\frac{42}{5}\times 2\times\frac{1}{3}=\frac{28}{5}=5\frac{3}{5}$ (cm)

4 어떤 수를 □라고 하면

$□\times 9=3\frac{3}{8}$, $□=3\frac{3}{8}\div 9=\frac{27}{8}\times\frac{1}{9}=\frac{3}{8}$입니다.

➡ $\frac{3}{8}\div 9=\frac{3}{8}\times\frac{1}{9}=\frac{1}{24}$

5 어떤 수를 □라고 하면

$□\times 8\div 4=2\frac{3}{5}$,

$□=2\frac{3}{5}\times 4\div 8=\frac{13}{5}\times 4\times\frac{1}{8}=\frac{13}{10}$ 입니다.

➡ $\frac{13}{10}\div 8\times 4=\frac{13}{10}\times\frac{1}{8}\times 4=\frac{13}{20}$

6 어떤 수를 □라고 하면

$□\div 16\times 5=2\frac{1}{4}$,

$□=2\frac{1}{4}\div 5\times 16=\frac{9}{4}\times\frac{1}{5}\times 16=\frac{36}{5}=7\frac{1}{5}$ 입니다.

따라서 바르게 계산하면

$16\times 7\frac{1}{5}\div 5=16\times\frac{36}{5}\times\frac{1}{5}=\frac{576}{25}=23\frac{1}{25}$ 입니다.

7 (나무 사이의 간격 수)$=8-1=7$(군데)

(나무 사이의 간격)$=1\frac{4}{5}\div 7=\frac{9}{5}\times\frac{1}{7}=\frac{9}{35}$ (km)

8 (나무 사이의 간격 수)$=$(나무 수)$=20$(군데)

(나무 사이의 간격)$=5\frac{1}{4}\div 20=\frac{21}{4}\times\frac{1}{20}=\frac{21}{80}$ (km)

9 도로의 양쪽에 12그루를 심었으므로 한쪽에는 6그루를 심었습니다.

(나무 사이의 간격 수)$=6-1=5$(군데)

(나무 사이의 간격)$=2\frac{5}{6}\div 5=\frac{17}{6}\times\frac{1}{5}=\frac{17}{30}$ (km)

10 어떤 수를 □라고 하면

$□\times 5=12.5$, $□=12.5\div 5=2.5$입니다.

따라서 바르게 계산하면 $2.5\div 5=0.5$입니다.

11 어떤 수를 □라고 하면

$□\times 4=26.4$, $□=26.4\div 4=6.6$입니다.

따라서 바르게 계산하면 $6.6\div 4=1.65$입니다.

12 어떤 수를 □라고 하면

$□\times 8=19.2$, $□=19.2\div 8=2.4$입니다.

따라서 바르게 계산하면 $2.4\div 8=0.3$입니다.

13 (삼각형의 높이)

$=$(삼각형의 넓이)$\times 2\div$(밑변)

$=15.06\times 2\div 6=30.12\div 6=5.02$ (cm)

14 (사다리꼴의 넓이)

$=${(윗변의 길이)$+$(아랫변의 길이)}$\times$(높이)$\div 2$이므로 높이를 □ cm라고 하면 $(3+6)\times□\div 2=22.68$,

$□=22.68\times 2\div 9=45.36\div 9=5.04$ (cm)입니다.

15 (마름모의 넓이)

$=$(직사각형의 넓이)$\div 2=$(가로)$\times$(세로)$\div 2$

$30.25=$(가로)$\times 5\div 2$,

(가로)$=30.25\times 2\div 5=60.5\div 5=12.1$ (cm)

16 $25.04\div 4=6.26$이므로 □ 안에 들어갈 수 있는 가장 큰 자연수는 6입니다.

17 $35.2\div 4=8.8$, $98.6\div 5=19.72$이므로 □ 안에 들어갈 수 있는 자연수는 9, 10, 11, ⋯, 19로 11개입니다.

18 4와 9.2 사이는 $9.2-4=5.2$이고 5.2를 8등분 했으므로 수직선에서 한 칸은 $5.2\div 8=0.65$입니다.

따라서 ㉠$=4+0.65+0.65+0.65=5.95$입니다.

19 몫이 가장 작으려면 나누는 수를 가장 큰 수인 8로 하고 나누어지는 수는 나머지 수 카드의 수로 가장 작은 소수 한 자리 수를 만들면 2.4입니다. ➡ $2.4\div 8=0.3$

20 몫이 가장 크려면 나누는 수를 가장 작은 수인 3으로 하고 나누어지는 수는 나머지 수 카드의 수로 가장 큰 소수 한 자리 수를 만들면 9.6입니다.
➡ $9.6 \div 3 = 3.2$

21 몫이 가장 크려면 나누는 수를 가장 작은 수인 4로 하고 나누어지는 수는 나머지 수 카드의 수로 가장 큰 소수 한 자리 수를 만들면 98.6입니다.
➡ $98.6 \div 4 = 24.65$

22 일주일은 7일이므로 이 시계는 하루에
$2.45 \div 7 = 0.35$(분)씩 늦게 가는 셈입니다.
따라서 이 시계는 하루에 $0.35 \times 60 = 21$(초)씩 늦게 가는 셈입니다.

23 일주일은 7일이므로 이 시계는 하루에
$4.55 \div 7 = 0.65$(분)씩 빠르게 가는 셈입니다.
따라서 이 시계는 하루에 $0.65 \times 60 = 39$(초)씩 빠르게 가는 셈입니다.

24 일주일은 7일이므로 이 시계는 하루에
$5.25 \div 7 = 0.75$(분)씩 빠르게 가는 셈입니다.
4일 후에는 $0.75 \times 4 = 3$(분) 빨라졌으므로 4일 후 정오에 이 시계는 낮 12시 3분을 가리킵니다.

11 분수의 나눗셈 (2)

039 분모가 다른 (분수)÷(분수) ① 080쪽

1 (1) $\frac{3}{5} \div \frac{5}{6} = \frac{18}{30} \div \frac{25}{30} = 18 \div 25 = \frac{18}{25}$

(2) $\frac{7}{9} \div \frac{3}{5} = \frac{35}{45} \div \frac{27}{45} = 35 \div 27 = \frac{35}{27} = 1\frac{8}{27}$

2 < **3** ㉡ **4** 33

5

6 ( )( )(○)

4 $\frac{3}{8} \div \frac{7}{12} = \frac{3}{\underset{2}{\cancel{8}}} \times \frac{\overset{3}{\cancel{12}}}{7} = \frac{9}{14}$

➡ ㉠=12, ㉡=7, ㉢=14

6 $21 \div \frac{7}{11} = \overset{3}{\cancel{21}} \times \frac{11}{\underset{1}{\cancel{7}}} = 33$, $24 \div \frac{4}{5} = \overset{6}{\cancel{24}} \times \frac{5}{\underset{1}{\cancel{4}}} = 30$,

$22 \div \frac{8}{9} = \overset{11}{\cancel{22}} \times \frac{9}{\underset{4}{\cancel{8}}} = \frac{99}{4} = 24\frac{3}{4}$

040 분모가 다른 (분수)÷(분수) ② 081쪽

1 16 / 32 / 32 / $6\frac{2}{5}$ **2** < **3** $\frac{3}{4}$

4 ㉡, ㉢ **5** 3일 **6** $3\frac{3}{7}$배

3 $1\frac{7}{8} \div \square = 2\frac{1}{2}$

➡ $\square = 1\frac{7}{8} \div 2\frac{1}{2} = \frac{15}{8} \div \frac{5}{2} = \frac{\overset{3}{\cancel{15}}}{\underset{4}{\cancel{8}}} \times \frac{\overset{1}{\cancel{2}}}{\underset{1}{\cancel{5}}} = \frac{3}{4}$

5 $2\frac{1}{4} \div \frac{3}{4} = \frac{\overset{3}{\cancel{9}}}{\underset{1}{\cancel{4}}} \times \frac{\overset{1}{\cancel{4}}}{\underset{1}{\cancel{3}}} = 3$(일)

6 ㉠ $\frac{\overset{2}{\cancel{18}}}{7} \times \frac{10}{\underset{1}{\cancel{9}}} = \frac{20}{7}$ ㉡ $\frac{15}{4} \div \frac{9}{2} = \frac{\overset{5}{\cancel{15}}}{\underset{2}{\cancel{4}}} \times \frac{\overset{1}{\cancel{2}}}{\underset{3}{\cancel{9}}} = \frac{5}{6}$

➡ $\frac{20}{7} \div \frac{5}{6} = \frac{\overset{4}{\cancel{20}}}{7} \times \frac{6}{\underset{1}{\cancel{5}}} = \frac{24}{7} = 3\frac{3}{7}$(배)

12 소수의 나눗셈 (2)

041 자릿수가 같은 (소수)÷(소수) 082쪽

1 18, 3 / 18, 3 / 6

2 (1)
$$\begin{array}{r} 4 \\ 4.4\overline{)\,17.6} \\ 17\,6 \\ \hline 0 \end{array}$$
(2)
$$\begin{array}{r} 16 \\ 0.2\overline{)\,3.2} \\ 2 \\ \hline 1\,2 \\ 1\,2 \\ \hline 0 \end{array}$$

3 8

4 (위에서부터) 6, 3, 4, 2

5 ( )
(○)
( )

6 8 m

3 $14.4 \div 1.8 = \frac{144}{10} \div \frac{18}{10} = 144 \div 18 = 8$

6 (평행사변형의 넓이)=(밑변)×(높이)
➡ (높이)=(평행사변형의 넓이)÷(밑변)
$63.52 \div 7.94 = 6352 \div 794 = 8$ (m)

042 자릿수가 다른 (소수)÷(소수) 083쪽

1 2378, 820 / 2378, 820 / 2.9

2 ③

3 (1)
```
        2.1
3.6) 7.5 6
     7 2
       3 6
       3 6
         0
```
(2)
```
           5.3
40.7) 2 1 5.7 1
      2 0 3 5
        1 2 2 1
        1 2 2 1
              0
```

4 5.74, 4.1, 1.4　5 ㉠, ㉣　6 3.5

5 소수점의 위치를 똑같이 옮긴 것을 찾습니다.

6 □×4.6=74.06
➡ □=74.06÷4.6=7406÷460=16.1
바르게 계산하면 16.1÷4.6=161÷46=3.5입니다.

043 (자연수)÷(소수) 084쪽

1 550, 22 / 550, 22 / 25

2 (1)
```
      4 0
0.3) 1 2.0
     1 2
         0
```
(2)
```
        2 6
7.5) 1 9 5.0
     1 5 0
       4 5 0
       4 5 0
           0
```

3 

4 40, 400　5 50　6 24개

4 나누는 수는 그대로이고 나누어지는 수가 10배, 100배가 되었으므로 몫도 10배, 100배가 됩니다.

5
```
             5 0
1.44) 7 2.0 0
        7 2 0
            0
```

6
```
              2 4
3.25) 7 8.0 0
        6 5 0
        1 3 0 0
        1 3 0 0
              0
```

044 몫을 반올림하여 나타내기 085쪽

1 둘째, 1.5　2 셋째, 1.48　3 14.15

4 14.154

5 (1)
```
    5.3 6 6
3) 1 6.1
   1 5
     1 1
       9
       2 0
       1 8
         2 0
         1 8
           2
```
/ 5.37

(2)
```
     7.4 2 8
0.7) 5.2
     4 9
       3 0
       2 8
         2 0
         1 4
           6 0
           5 6
             4
```
/ 7.43

실전개념 응용 문제 086~089쪽

1 $\frac{14}{15}$ m　2 $1\frac{1}{2}$ m　3 $\frac{9}{14}$ m

4 $\frac{5}{6}$　5 $2\frac{2}{5}$　6 10

7 4배　8 64 kg　9 $85\frac{1}{5}$ km

10 (　)(　)(○)　11 20.12÷5.03

12 ㉢, ㉣, ㉠, ㉡

13
```
        1.8
7.2) 1 2.9 6
       7 2
       5 7 6
       5 7 6
           0
```

14 3.5　15 정민　16 13

17 6　18 75　19 6 cm

20 8 m　21 8 cm　22 16도막

23 1.7배　24 1.4배

1 (높이)=(평행사변형의 넓이)÷(밑변)

$$=\frac{8}{15}\div\frac{4}{7}=\frac{\overset{2}{\cancel{8}}}{15}\times\frac{7}{\underset{1}{\cancel{4}}}=\frac{14}{15}\ (\text{m})$$

2 (삼각형의 넓이)=(밑변)×$1\frac{4}{5}$÷2=$1\frac{7}{20}$ (m^2)

(밑변)=$1\frac{7}{20}\times2\div1\frac{4}{5}$

$$=\frac{\overset{3}{\cancel{27}}}{\underset{\underset{2}{\cancel{4}}}{\cancel{20}}}\times\overset{1}{\cancel{2}}\times\frac{\overset{1}{\cancel{5}}}{\underset{1}{\cancel{9}}}=\frac{3}{2}=1\frac{1}{2}\ (\text{m})$$

3 (다른 대각선)=(마름모의 넓이)×2÷(한 대각선)

$$=\frac{3}{\underset{8}{\cancel{16}}}\times\overset{1}{\cancel{2}}\div\frac{7}{12}=\frac{3}{\underset{2}{\cancel{8}}}\times\frac{\overset{3}{\cancel{12}}}{7}=\frac{9}{14}\ (\text{m})$$

4 어떤 수를 □라고 하면

□×$\frac{9}{4}=1\frac{7}{8}$, □=$1\frac{7}{8}\div\frac{9}{4}=\frac{\overset{5}{\cancel{15}}}{\underset{2}{\cancel{8}}}\times\frac{\overset{1}{\cancel{4}}}{\underset{3}{\cancel{9}}}=\frac{5}{6}$입니다.

5 어떤 수를 □라고 하면

□×$\frac{7}{11}=1\frac{29}{55}$,

□=$1\frac{29}{55}\div\frac{7}{11}=\frac{\overset{12}{\cancel{84}}}{\underset{5}{\cancel{55}}}\times\frac{\overset{1}{\cancel{11}}}{\underset{1}{\cancel{7}}}=\frac{12}{5}=2\frac{2}{5}$입니다.

6 어떤 수를 □라고 하면

$\frac{5}{6}$×□=$8\frac{1}{3}$, □=$8\frac{1}{3}\div\frac{5}{6}=\frac{\overset{5}{\cancel{25}}}{\underset{1}{\cancel{3}}}\times\frac{\overset{2}{\cancel{6}}}{\underset{1}{\cancel{5}}}=10$입니다.

7 (지호의 가방 무게)÷(동생의 가방 무게)

$$=3\frac{1}{3}\div\frac{5}{6}=\frac{\overset{2}{\cancel{10}}}{\underset{1}{\cancel{3}}}\times\frac{\overset{2}{\cancel{6}}}{\underset{1}{\cancel{5}}}=4(\text{배})$$

8 (막대 1 m의 무게)

$$=8\frac{4}{5}\div2\frac{3}{4}=\frac{44}{5}\div\frac{11}{4}=\frac{\overset{4}{\cancel{44}}}{5}\times\frac{4}{\underset{1}{\cancel{11}}}=\frac{16}{5}\ (\text{kg})$$

(막대 20 m의 무게)=$\frac{16}{\underset{1}{\cancel{5}}}\times\overset{4}{\cancel{20}}=64$ (kg)

9 1시간=60분이므로 40분=$\frac{40}{60}$시간=$\frac{2}{3}$시간입니다.

(1시간 동안 달리는 거리)

$$=56\frac{4}{5}\div\frac{2}{3}=\frac{\overset{142}{\cancel{284}}}{5}\times\frac{3}{\underset{1}{\cancel{2}}}=\frac{426}{5}=85\frac{1}{5}\ (\text{km})$$

10 3.5÷0.5=7, 7.2÷1.2=6, 1.8÷0.2=9

➡ 9>7>6이므로 계산 결과가 가장 큰 것은 1.8÷0.2입니다.

11 20.12÷5.03=4, 18.88÷2.36=8,
9.84÷1.64=6

➡ 4<6<8이므로 계산 결과가 가장 작은 것은 20.12÷5.03입니다.

12 ㉠ 72÷4.8=15, ㉡ 91÷6.5=14,
㉢ 55÷2.5=22, ㉣ 64÷3.2=20

➡ 22>20>15>14이므로 계산 결과가 큰 것부터 기호를 쓰면 ㉢, ㉣, ㉠, ㉡입니다.

13 나누는 수와 나누어지는 수의 소수점을 같은 자리씩 옮겨야 하는데 소수점을 잘못 옮겼습니다. 나누어지는 수의 소수점도 오른쪽으로 한 자리 옮겨 계산합니다.

14 어떤 수를 □라 하면 □×4.6=74.06이므로
□=74.06÷4.6=16.1입니다.
따라서 바르게 계산한 값은 16.1÷4.6=3.5입니다.

15 수정: 34÷4.25는 3400÷425와 몫이 같으므로 8입니다.

16

```
          1 3
6.13)7 9.6 9
     6 1 3
     1 8 3 9
     1 8 3 9
           0
```

17 31.38÷□=5.23에서 □=31.38÷5.23=6입니다.

18 1.36×□=102에서 □=102÷1.36=75입니다.

19 (직사각형의 넓이)=(가로)×(세로)이므로
(가로)=(직사각형의 넓이)÷(세로)
=22.8÷3.8=6 (cm)

20 (평행사변형의 넓이)=(밑변)×(높이)이므로
(높이)=(평행사변형의 넓이)÷(밑변)
=63.52÷7.94=8 (m)

21 (삼각형의 넓이)=(밑변)×(높이)÷2
(밑변)=(삼각형의 넓이)×2÷(높이)
$=19\times2\div4.75=38\div4.75=8$ (cm)

22 (자른 리본의 도막 수)
=(전체 리본의 길이)÷(자른 리본 한 도막의 길이)
$=12.8\div0.8=16$(도막)

23 (집~공원)÷(집~학교)$=1.36\div0.8=1.7$(배)

24 $4.3\div3=1.43$……이므로 몫을 반올림하여 소수 첫째 자리까지 나타내면 소수 둘째 자리 숫자가 3이므로 버림하여 1.4입니다.

6학년 총정리 TEST

090~091쪽

1 (○)( )( )	2 >	3 $\frac{14}{25}$ km
4 1.3	5 5.05 cm	6 8.375
7 9, 8, 2 / 4.9	8 45초	9 (그림)
10 $\frac{35}{32}(=1\frac{3}{32})$	11 $32\frac{1}{32}$ kg	
12 ㉢, ㉣, ㉡, ㉠	13 호영	14 6
15 7 m	16 1.8배	

1 $\frac{1}{6}\div4=\frac{1}{24}$, $\frac{5}{8}\div5=\frac{1}{8}$, $\frac{9}{10}\div18=\frac{1}{20}$

2 $3\frac{3}{4}\div5=\frac{\overset{3}{\cancel{15}}}{4}\times\frac{1}{\underset{1}{\cancel{5}}}=\frac{3}{4}=\frac{90}{120}$

$3\frac{2}{5}\div6=\frac{17}{5}\times\frac{1}{6}=\frac{17}{30}=\frac{68}{120}$

3 (나무 사이의 간격 수)$=6-1=5$(군데)
(나무 사이의 간격)$=2\frac{4}{5}\div5=\frac{14}{5}\times\frac{1}{5}=\frac{14}{25}$ (km)

4 어떤 수를 □라고 하면
□×5=32.5, □=32.5÷5=6.5입니다.
따라서 바르게 계산하면 6.5÷5=1.3입니다.

5 (사다리꼴의 넓이)
={(윗변의 길이)+(아랫변의 길이)}×(높이)÷2이므로
높이를 □ cm라고 하면 (4+6)×□÷2=25.25,
□=25.25×2÷10=50.5÷10=5.05 (cm)입니다.

6 5와 10.4 사이는 $10.4-5=5.4$이고 5.4를 8등분 했으므로 수직선에서 한 칸은 $5.4\div8=0.675$입니다.
➡ ㉠$=5+0.675+0.675+0.675+0.675+0.675$
$=8.375$

7 몫이 가장 크려면 나누는 수를 가장 작은 수인 2로 하고 나누어지는 수는 나머지 수 카드의 수로 가장 큰 소수 한 자리 수를 만들면 9.8입니다.
➡ $9.8\div2=4.9$

8 일주일은 7일이므로 이 시계는 하루에
$5.25\div7=0.75$(분)씩 빠르게 가는 셈입니다.
따라서 이 시계는 하루에 $0.75\times60=45$(초)씩 빠르게 가는 셈입니다.

9 분수의 나눗셈은 나눗셈을 곱셈으로 바꾸고 분수의 분모와 분자를 바꾸어 줍니다.

10 어떤 수를 □라고 하면
$\square\times\frac{8}{5}=1\frac{3}{4}$, $\square=1\frac{3}{4}\div\frac{8}{5}=\frac{7}{4}\times\frac{5}{8}=\frac{35}{32}$입니다.

11 (막대 1 m의 무게)
$=10\frac{1}{4}\div3\frac{1}{5}=\frac{41}{4}\div\frac{16}{5}=\frac{41}{4}\times\frac{5}{16}=\frac{205}{64}$ (kg)
(막대 10 m의 무게)
$=\frac{205}{\underset{32}{\cancel{64}}}\times\overset{5}{\cancel{10}}=\frac{1025}{32}=32\frac{1}{32}$ (kg)

12 ㉠ $54\div4.5=54\times\frac{10}{45}=12$
㉡ $93\div6.2=93\times\frac{10}{62}=15$
㉢ $95\div3.8=95\times\frac{10}{38}=25$
㉣ $50\div2.5=50\times\frac{10}{25}=20$
$25>20>15>12$이므로 계산 결과가 큰 것부터 기호를 쓰면 ㉢, ㉣, ㉡, ㉠입니다.

13 민수: $6\div0.24$는 $600\div24$와 몫이 같으므로 25입니다.

14 □$=27.18\div4.53=6$

15 (평행사변형의 넓이)=(밑변)×(높이)
(높이)=(평행사변형의 넓이)÷(밑변)
$=56.14\div8.02=7$ (m)

16 $5.3\div3=1.76$……이므로 몫을 반올림하여 소수 첫째 자리까지 나타내면 1.8입니다.

Ⅱ 도형과 측정

13 각도

045 직각보다 작은 각과 큰 각 096쪽

1 예각 2 둔각 3 가, 나, 라 / 마 / 다, 바
4 ① 5 예

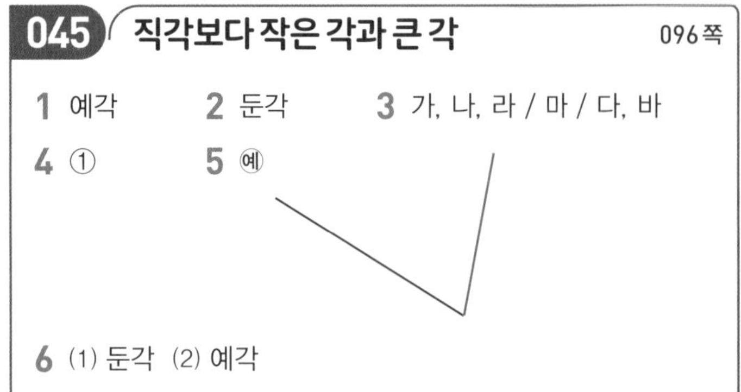

6 (1) 둔각 (2) 예각

4

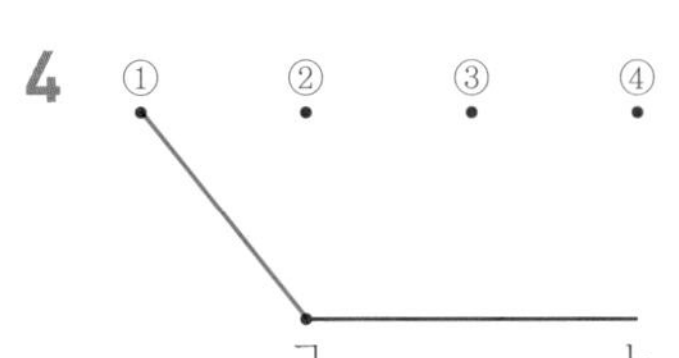

②와 이으면 직각이 되고 ③, ④와 이으면 예각이 됩니다.

046 각도의 합과 차 097쪽

1 110 2 (1) 120 (2) 175 3 ③
4 70 5 (1) 60 (2) 85 6 35°

3 ① 130° ② 105° ③ 140° ④ 135° ⑤ 132°

6 ㉠$=90°-55°=35°$

047 삼각형의 세 각의 크기의 합 098쪽

1 45° 2 30 3 45°
4 135° 5 85, 35 6 150

1 삼각형의 세 각의 크기의 합은 180°이므로
㉠$+75°+60°=180°$입니다.
㉠$=180°-75°-60°=45°$

2 □$°=180°-(70°+80°)=30°$

3 삼각형의 세 각의 크기의 합은 180°이므로
$180°-(110°+25°)=45°$입니다.

4 각도기로 크기를 재지 않아도 삼각형의 세 각의 크기의 합을 이용해서 구할 수 있습니다.
㉠+㉡$+45°=180°$ ➡ ㉠+㉡$=180°-45°=135°$

5 직선이 이루는 각도는 180°이므로
㉡$=180°-145°=35°$입니다.
삼각형의 세 각의 크기의 합은 180°이므로
㉠$=180°-(60°+35°)=85°$입니다.

6 삼각형의 나머지 한 각의 크기는
$180°-(60°+90°)=30°$이고,
직선이 이루는 각도는 180°이므로
□$°=180°-30°=150°$입니다.

048 사각형의 네 각의 크기의 합 099쪽

1 360 2 95 3 115°
4 200° 5 250 6 60

1 사각형의 꼭짓점이 한 점에서 모이고 겹치는 부분이 없이 평면을 이루므로 360°입니다.

2 사각형의 네 각의 크기의 합은 360°이므로
□$°=360°-(100°+75°+90°)=95°$

3 $360°-(85°+120°+40°)=115°$

4 ㉠$+60°+$㉡$+100°=360°$
➡ ㉠+㉡$=360°-160°=200°$

5 ㉠+㉡+㉢+㉣$=360°$
➡ $110°+$㉡+㉢$=360°$
➡ ㉡+㉢$=360°-110°=250°$

6

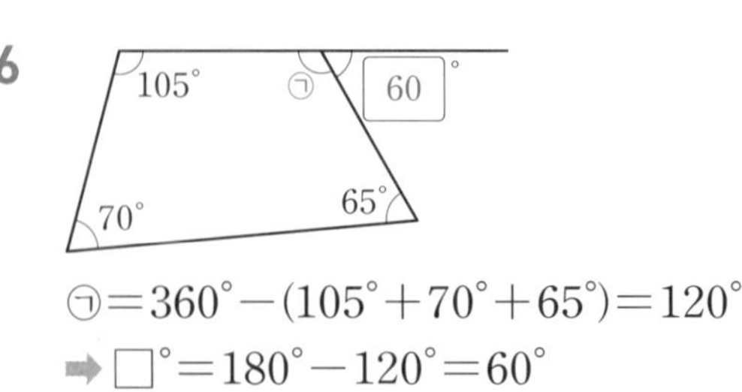

㉠$=360°-(105°+70°+65°)=120°$
➡ □$°=180°-120°=60°$

실전개념 응용 문제

100~101쪽

1 8개	2 4개	3 11개 / 5개
4 50°	5 25°	6 95°
7 240°	8 60°	9 180° / 120°
10 60	11 70°	12 40°

1

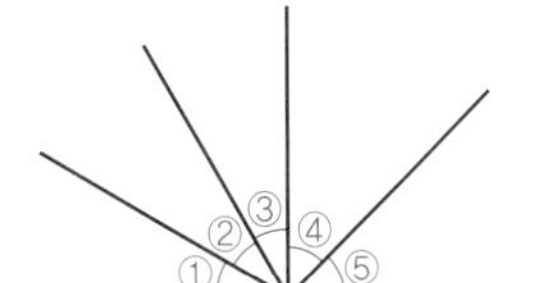

작은 각 1개짜리: ①, ②, ③, ④, ⑤ ➡ 5개
작은 각 2개짜리: ①+②, ②+③, ③+④ ➡ 3개
➡ 모두 8개입니다.

2

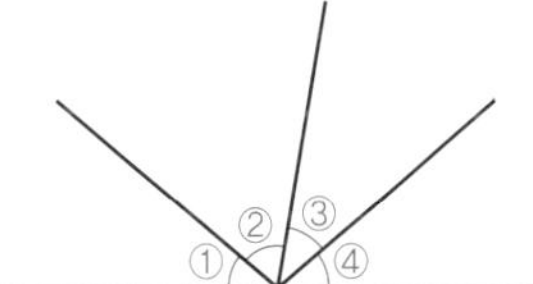

작은 각 2개짜리: ①+②, ②+③ ➡ 2개
작은 각 3개짜리: ①+②+③, ②+③+④ ➡ 2개
➡ 모두 4개입니다.

3

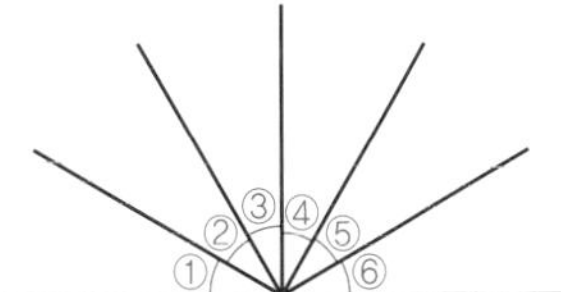

• 예각: 작은 각 1개짜리: ①~⑥ ➡ 6개
작은 각 2개짜리: ①+②, ②+③, ③+④, ④+⑤, ⑤+⑥ ➡ 5개
➡ 모두 11개입니다.

• 둔각: 작은 각 4개짜리: ①+②+③+④, ②+③+④+⑤, ③+④+⑤+⑥ ➡ 3개
작은 각 5개짜리: ①+②+③+④+⑤, ②+③+④+⑤+⑥ ➡ 2개
➡ 모두 5개입니다.

4

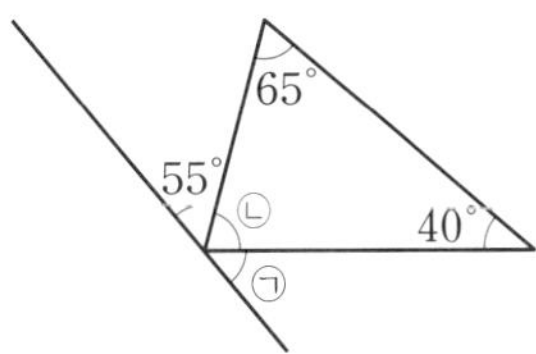

삼각형의 세 각의 크기의 합은 180°이므로
㉡=180°−(65°+40°)=75°입니다. 직선이 이루는 각도는 180°이므로 ㉠=180°−55°−75°=50°입니다.

5

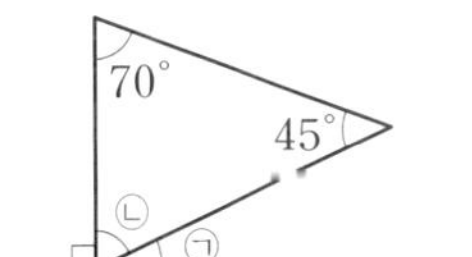

삼각형의 세 각의 크기의 합은 180°이므로
㉡=180°−(70°+45°)=65°입니다. 직선이 이루는 각도는 180°이므로 ㉠=180°−90°−65°=25°입니다.

6

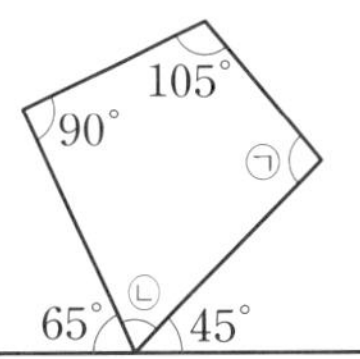

직선이 이루는 각도는 180°이므로
㉡=180°−65°−45°=70°입니다.
사각형의 네 각의 크기의 합은 360°이므로
㉠=360°−(90°+105°+70°)=95°입니다.

7 숫자 눈금 한 칸의 크기는 360°÷12=30°이므로
3시는 30°×3=90°, 5시는 30°×5=150°입니다.
따라서 두 각도의 합은 90°+150°=240°입니다.

8 숫자 눈금 한 칸의 크기는 360°÷12=30°이므로
8시는 30°×4=120°, 10시는 30°×2=60°입니다.
따라서 두 각도의 차는 120°−60°=60°입니다.

9 숫자 눈금 한 칸의 크기는 360°÷12=30°이므로
7시는 30°×5=150°, 11시는 30°×1=30°입니다.
따라서 두 각도의 합은 150°+30°=180°, 두 각도의 차는 150°−30°=120°입니다.

10 각 ㄱㅂㄴ과 각 ㄴㅂㄹ의 크기는 접힌 부분으로 서로 같습니다. 따라서 각 ㄱㅂㄹ의 크기는 30°이므로 각 ㄹㅂㅁ의 크기는 90°−30°=60°입니다.

11 삼각형의 세 각의 크기의 합은 180°이므로 각 ㄹㄴㄷ의 크기는 90°−80°=10°입니다. 각 ㄹㄴㄷ과 각 ㄹㄴㅁ의 크기는 서로 같으므로 각 ㅁㄴㄷ의 크기는 20°입니다.
따라서 ㉠=90°−20°=70°입니다.

12

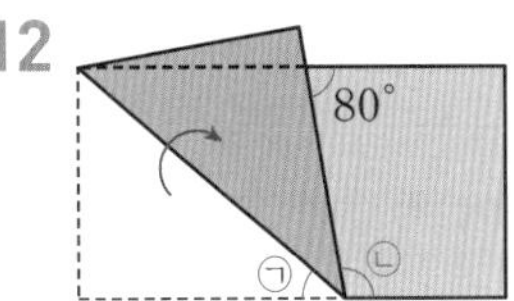

종이를 접어서 만들어진 사각형에서
㉡=360°−(90°+90°+80°)=100°입니다.
종이를 접은 부분의 각도는 ㉠으로 서로 같고 직선이 이루는 각도는 180°이므로 100°+㉠+㉠=180°,
㉠+㉠=80°이므로 ㉠은 40°입니다.

14 평면도형의 이동

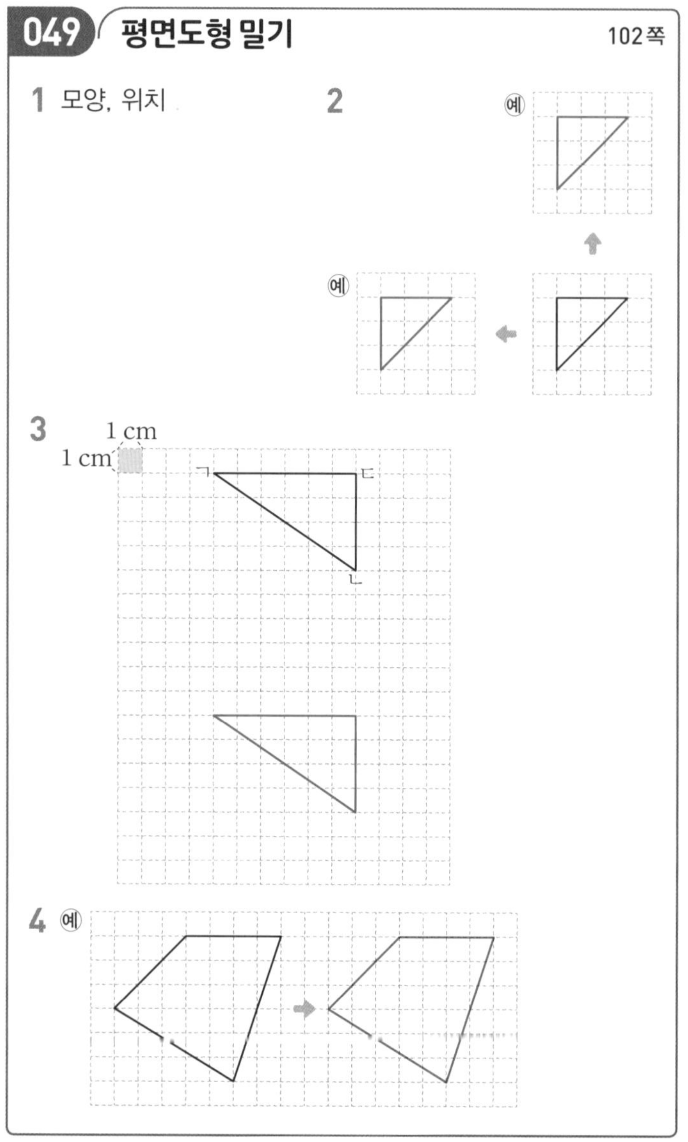

1 도형을 밀면 모양은 변하지 않고 위치만 바뀝니다.

2 도형을 밀어서 이동시키므로 각 변의 칸 수를 세어 똑같이 그려 줍니다.

3 기준이 되는 점을 각각 이동시킨 다음 점을 연결하면 쉽게 그릴 수 있습니다. 모눈 한 칸이 1 cm이므로 10칸씩 세어 이동시킵니다.

4 도형의 각 변이 모눈 몇 칸인지 세어 똑같이 그려 줍니다.

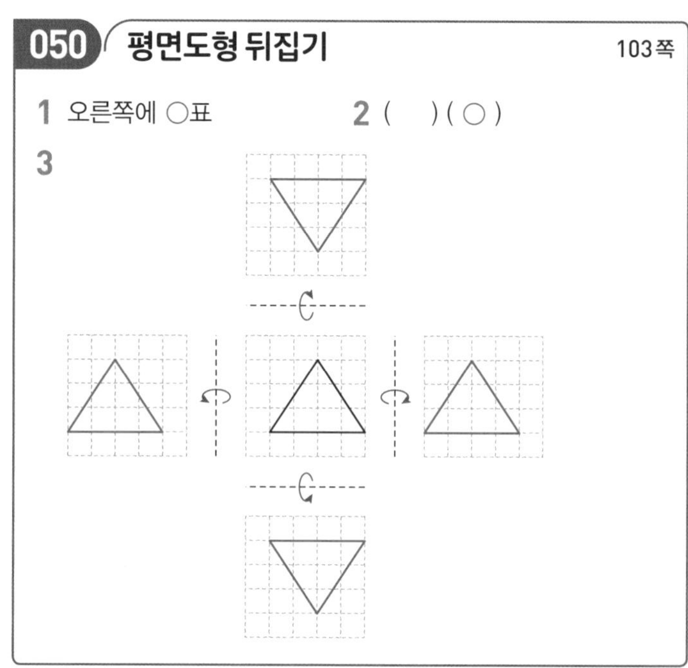

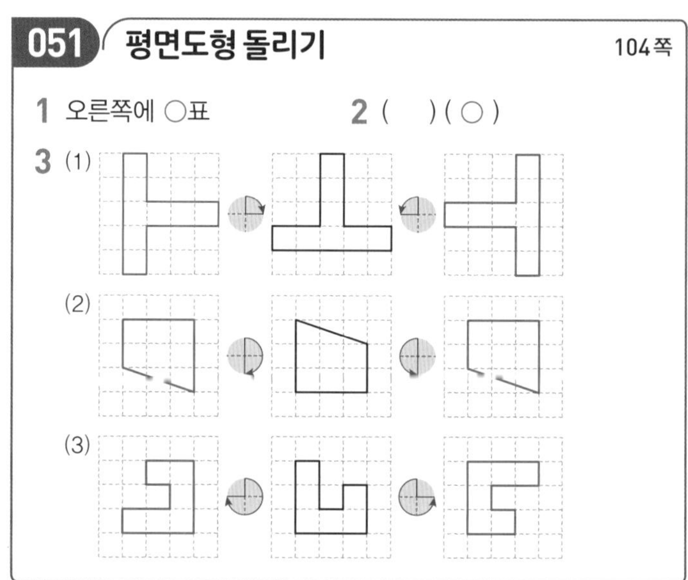

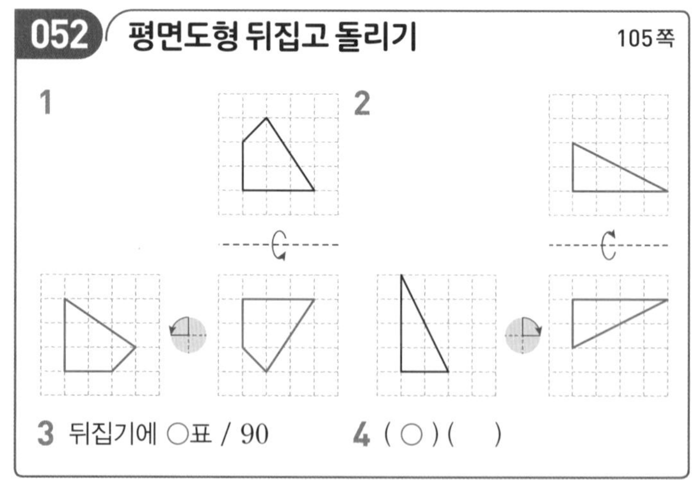

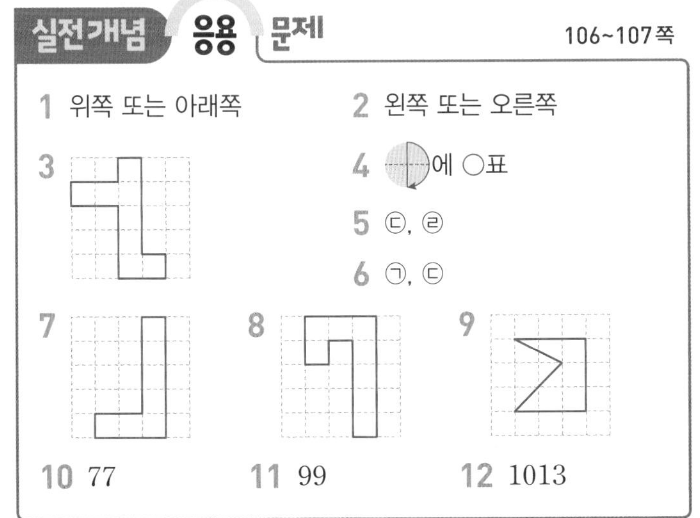
실전개념 응용 문제 106~107쪽

1 위쪽 또는 아래쪽 2 왼쪽 또는 오른쪽
3
4 (그림)에 ○표
5 ㉢, ㉣
6 ㉠, ㉢
7
8
9
10 77 11 99 12 1013

1 위쪽과 아래쪽이 바뀌어 있으므로 왼쪽 도형을 위쪽(아래쪽)으로 뒤집었습니다.

2 왼쪽과 오른쪽이 바뀌어 있으므로 왼쪽 도형을 왼쪽(오른쪽)으로 뒤집었습니다.

3 위쪽과 아래쪽을 바꾸고, 왼쪽과 오른쪽을 바꿉니다.

4 도형의 왼쪽 부분이 오른쪽으로 바뀌었으므로 시계 방향으로 180°만큼 돌린 것입니다.

5 도형의 왼쪽 부분이 오른쪽으로 바뀌었으므로 시계 방향으로 180°(또는 시계 반대 방향으로 180°)만큼 돌렸습니다.

6 도형의 위쪽 부분이 오른쪽으로 바뀌었으므로 시계 방향으로 90°(또는 시계 반대 방향으로 270°)만큼 돌렸습니다.

7 위의 도형은 시계 반대 방향으로 90°(또는 시계 방향으로 270°)만큼 돌린 것입니다.

8 위의 도형은 시계 반대 방향으로 90°만큼 돌리고 위쪽(또는 아래쪽)으로 뒤집었습니다.

9 위의 도형은 오른쪽(왼쪽 또는 위쪽, 아래쪽)으로 뒤집고 시계 방향으로 90°(또는 시계 반대 방향으로 270°)만큼 돌렸습니다.

10 아래쪽으로 밀었을 때의 수: 25
시계 방향으로 180°만큼 돌렸을 때의 수: 52
➡ 두 수의 합: 25+52=77

11 시계 방향으로 180°만큼 돌렸을 때의 수: 182
➡ 두 수의 차: 281−182=99

12 수 카드로 만들 수 있는 가장 작은 세 자리 수: 208
208을 왼쪽으로 뒤집었을 때의 수: 805
➡ 두 수의 합: 208+805=1013

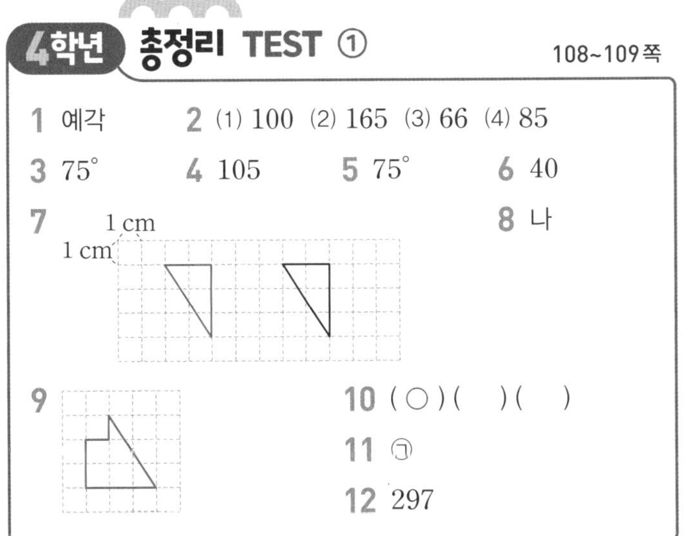
4학년 총정리 TEST ① 108~109쪽

1 예각 2 (1) 100 (2) 165 (3) 66 (4) 85
3 75° 4 105 5 75° 6 40
7 8 나
9 10 (○)( )( )
11 ㉠
12 297

1 직각보다 작으므로 예각입니다.

2 자연수의 덧셈, 뺄셈과 같은 방법으로 계산하고 °를 붙입니다.

3 직선이 이루는 각도는 180°이므로
㉠=180°−35°−70°=75°입니다.

4
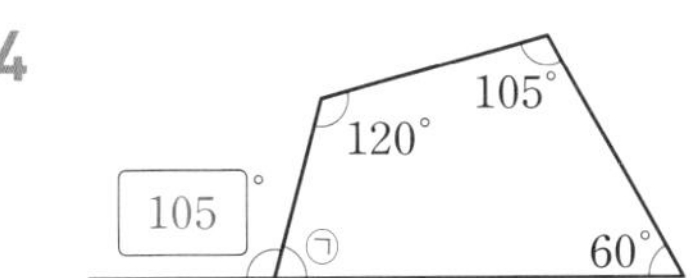

사각형의 네 각의 크기의 합은 360°이므로
㉠=360°−(120°+60°+105°)=75°입니다.
□°=180°−75°=105°

5
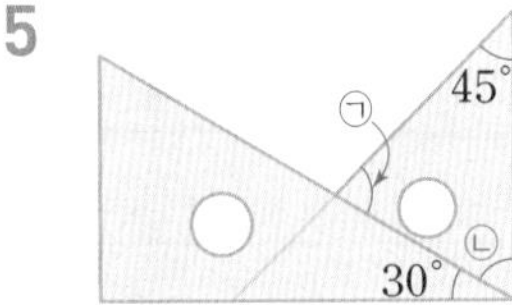

직각 삼각자의 한 각은 직각이므로 ㉡=90°−30°=60°입니다. 삼각형의 세 각의 크기의 합은 180°이므로
㉠=180°−(60°+45°)=75°입니다.

6
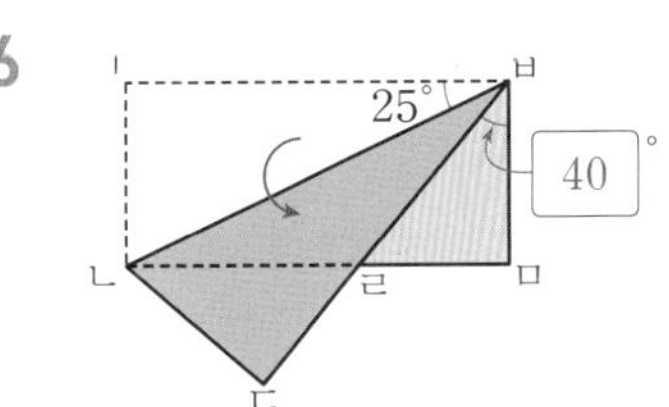

각 ㄱㅂㅅ과 각 ㄴㅂㄹ의 크기는 서로 같습니다.
따라서 각 ㄱㅂㄹ의 크기는 50°이므로 각 ㄹㅂㅁ의 크기는 90°−50°=40°입니다.

8 가: 왼쪽이나 오른쪽으로 뒤집기
다: 위쪽이나 아래쪽으로 뒤집기
나의 모양은 보기의 도형을 두 번 뒤집어야 나옵니다.

9 움직인 도형을 시계 반대 방향으로 270°(또는 시계 방향으로 90°)만큼 돌려 보면 처음 도형이 됩니다.

10
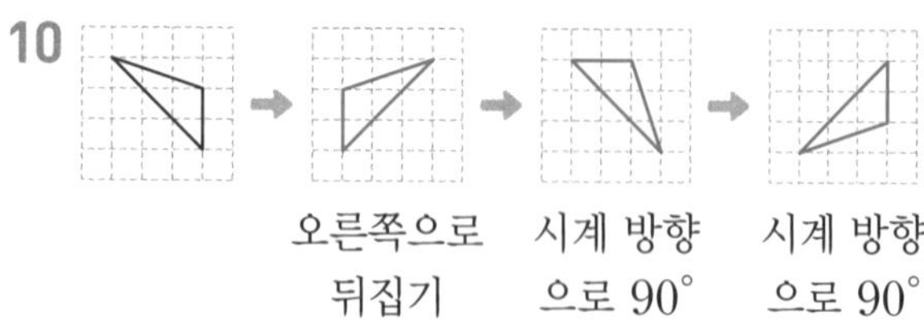
오른쪽으로 뒤집기 / 시계 방향으로 90° / 시계 방향으로 90°

11 ㉡의 방법으로 움직이면 그림과 같습니다.
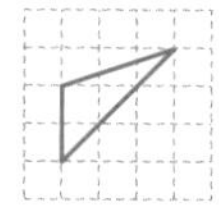

12 세 자리 수가 적힌 카드를 시계 반대 방향으로 180°만큼 돌렸을 때의 수: 805
➡ 두 수의 차: 805−508=297

15 삼각형

053 이등변삼각형의 성질 110쪽

1 각 ㄱㄷㄴ
2 (1) 26 cm (2) 18 cm
3 예
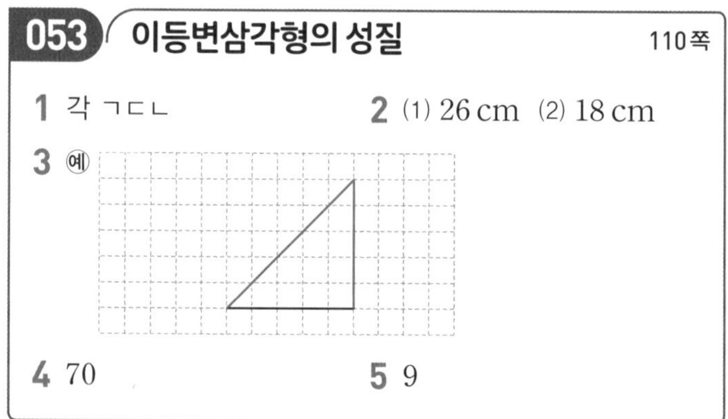
4 70
5 9

1 각 ㄱㄴㄷ과 겹쳐지는 각 ㄱㄷㄴ이 크기가 같습니다.

054 정삼각형의 성질 111쪽

1 정삼각형
2 (1) 45 cm (2) 21 cm
3
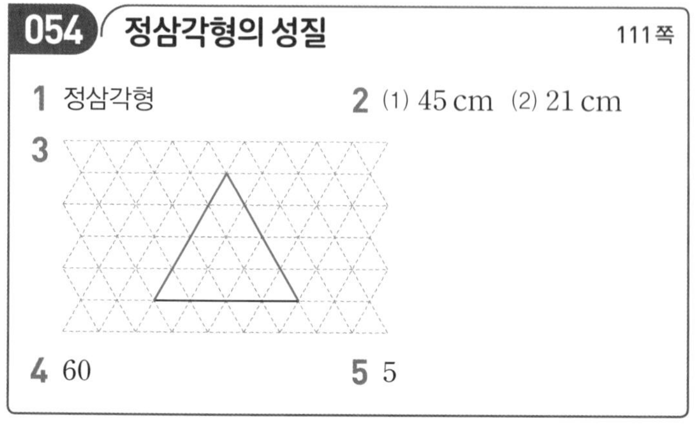
4 60
5 5

16 사각형

055 수직과 평행 112쪽

1 (1) 수직 (2) 평행
2 (○)( )(○)
3 직선 다와 직선 라
4 6 cm

4 평행선 사이의 거리는 평행선 사이에 그은 선분 중 가장 짧은 선분의 길이입니다.

056 사다리꼴 113쪽

1 (1) ㄴㄷ (2) 사다리꼴
2 ②
3
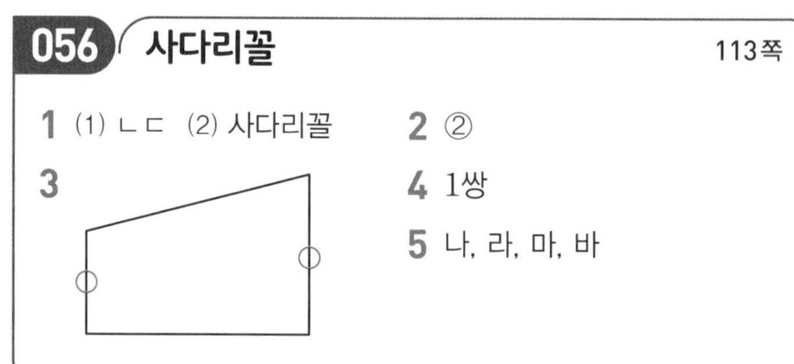
4 1쌍
5 나, 라, 마, 바

5
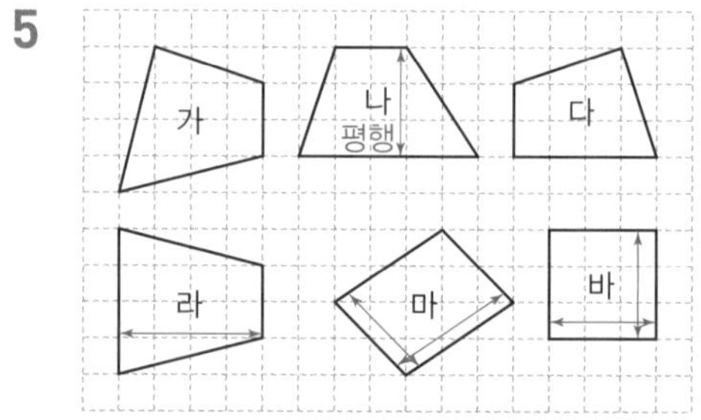

057 평행사변형 114쪽

1 평행사변형
2 나, 라
3
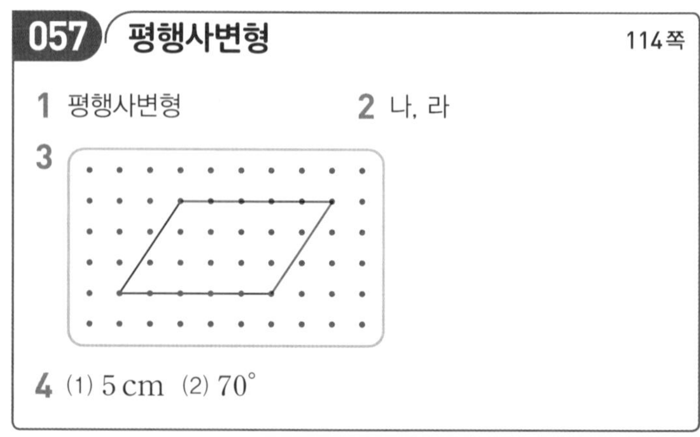
4 (1) 5 cm (2) 70°

4 평행사변형은 마주 보는 두 변의 길이가 같고, 마주 보는 두 각의 크기가 같습니다.

058 마름모 115쪽

1 마름모　　2 나, 마, 바
3 (1) 4 cm (2) 55°　　4 6 cm

2 네 변의 길이가 모두 같은 사각형을 찾습니다.

3 마름모는 네 변의 길이가 모두 같고 마주 보는 두 각의 크기가 같습니다.

4 $24 \div 4 = 6$ (cm)

17 다각형

059 다각형 116쪽

1 다각형이 아닙니다. / 예 다각형은 선분으로만 둘러싸인 도형인데 라는 곡선이 포함되어 다각형이 아닙니다.
2 가, 다, 바
3　　4 540°

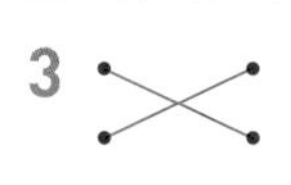

2 나, 라 ➡ 선분이 아닌 굽은 선이 있습니다.
마 ➡ 둘러싸지 않고 열린 곳이 있습니다.

3 변의 수에 따라 이름을 붙이므로 변의 수를 세어 봅니다.

4 정다각형은 모든 각의 크기가 같습니다.
$108° \times 5 = 540°$

060 대각선 117쪽

1　　2 ④
3 가, 다, 나
4 15 cm

2 마름모와 정사각형은 두 대각선이 서로 수직으로 만납니다.

3 가: $\frac{6 \times (6-3)}{2} = 9$(개), 나: $\frac{4 \times (4-3)}{2} = 2$(개),
다: $\frac{5 \times (5-3)}{2} = 5$(개)

4 직사각형은 두 대각선의 길이가 같습니다.

실전개념 응용 문제 118~121쪽

1 28 cm	2 48 cm	3 32 cm
4 80°	5 160°	6 80°
7 14 cm	8 13 cm	9 15 cm
10 19°, 57°	11 86°	12 60°
13 85°	14 70°	15 18°
16 125°	17 150°	18 95°
19 16 cm	20 12 cm	21 9 cm
22 / 9개	23 / 14개	
24 20개		

1 삼각형 ㄱㄴㄷ은 이등변삼각형이므로
(변 ㄱㄴ)=(변 ㄱㄷ)입니다.
세 변의 길이의 합이 20 cm이므로
(변 ㄱㄴ)+(변 ㄱㄷ)$=20-8=12$ (cm)이고
(변 ㄱㄴ)=(변 ㄱㄷ)=6 cm입니다.
따라서 (사각형 ㄱㄴㄷㄹ의 네 변의 길이의 합)
$=6+8+6+8=28$ (cm)입니다.

2 삼각형 ㄱㄴㄷ은 이등변삼각형이므로
(변 ㄱㄴ)=(변 ㄱㄷ)입니다.
세 변의 길이의 합이 40 cm이므로
(변 ㄴㄷ)$=40-16-16=8$ (cm)이고
(변 ㄷㄹ)=(변 ㄱㄹ)=12 cm입니다.
따라서 (사각형 ㄱㄴㄷㄹ의 네 변의 길이의 합)
$=16+8+12+12=48$ (cm)입니다.

3 삼각형 ㄱㄴㄷ은 이등변삼각형이므로
(변 ㄱㄴ)=(변 ㄴㄷ)입니다.
세 변의 길이의 합이 22 cm이므로
(변 ㄱㄷ)$=22-6-6=10$ (cm)이고
(변 ㄱㄹ)=(변 ㄷㄹ)=10 cm입니다.
따라서 (사각형 ㄱㄴㄷㄹ의 네 변의 길이의 합)
$=6+6+10+10=32$ (cm)입니다.

4 삼각형 ㄱㄴㄷ에서
(각 ㄱㄴㄷ)+(각 ㄱㄷㄴ)=180°−90°=90°
➡ (각 ㄱㄴㄷ)=45°
삼각형 ㄷㄴㄹ에서
(각 ㄷㄴㄹ)+(각 ㄷㄹㄴ)=180°−110°=70°
➡ (각 ㄷㄴㄹ)=35°
따라서 (각 ㄱㄴㄹ)=(각 ㄱㄴㄷ)+(각 ㄷㄴㄹ)
=45°+35°=80°입니다.

5 삼각형 ㄱㄴㄷ에서 (각 ㄱㄷㄴ)=(각 ㄱㄴㄷ)=70°
(각 ㄴㄱㄷ)=180°−70°−70°=40°
삼각형 ㄱㄹㅁ에서 (각 ㄱㅁㄹ)=(각 ㄱㄹㅁ)=30°
(각 ㄹㄱㅁ)=180°−30°−30°=120°
따라서 (각 ㄴㄱㅁ)=(각 ㄴㄱㄷ)+(각 ㄹㄱㅁ)
=40°+120°=160°입니다.

6 삼각형 ㄱㄴㄷ은 정삼각형이므로 (각 ㄴㄷㄱ)=60°
삼각형 ㅁㄷㄹ에서 (각 ㄷㅁㄹ)=(각 ㄷㄹㅁ)=80°
(각 ㅁㄷㄹ)=180°−80°−80°=20°
따라서 (각 ㄴㄷㄹ)=(각 ㄴㄷㄱ)+(각 ㅁㄷㄹ)
=60°+20°=80°입니다.

7 (직선 가와 직선 다 사이의 거리)
=(직선 가와 직선 나 사이의 거리)
+(직선 나와 직선 다 사이의 거리)
=8+6=14 (cm)

8 (직선 가와 직선 다 사이의 거리)
=(직선 가와 직선 나 사이의 거리)
+(직선 나와 직선 다 사이의 거리)
=5+8=13 (cm)

9 (직선 가와 직선 다 사이의 거리)
=(직선 가와 직선 나 사이의 거리)
+(직선 나와 직선 다 사이의 거리)
=5+10=15 (cm)

10

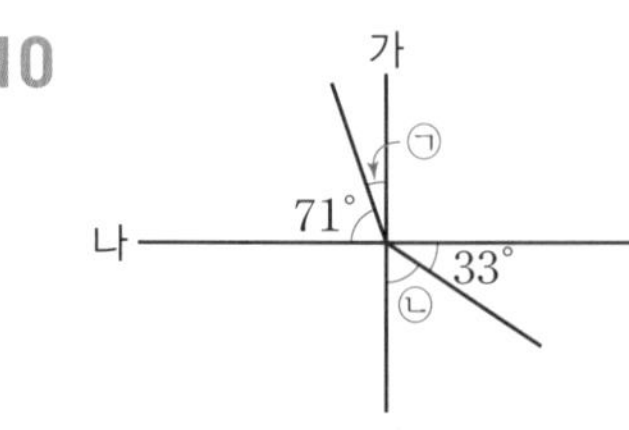

직선 가에 대한 수선이 직선 나이므로 직선 가와 직선 나가 이루는 각도는 90°입니다.
㉠=90°−71°=19°, ㉡=90°−33°=57°입니다.

11

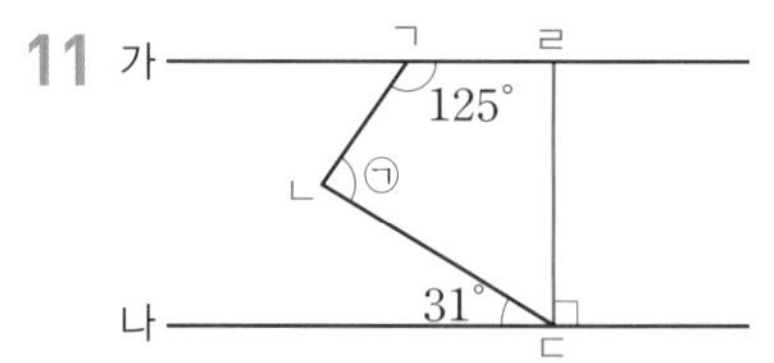

평행선에 점 ㄷ을 지나는 수직인 선분을 그으면 사각형 ㄱㄴㄷㄹ이 생깁니다.
(각 ㄹㄷㄴ)=90°−31°=59°
사각형의 네 각의 크기의 합은 360°이므로
㉠=360°−(125°+59°+90°)=86°입니다.

12

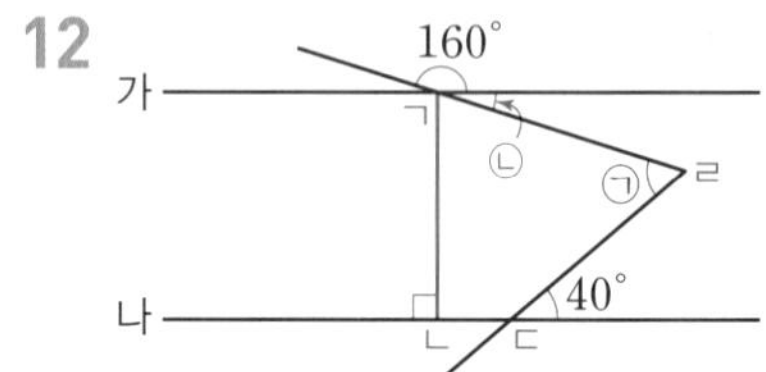

평행선에 점 ㄱ을 지나는 수직인 선분을 그으면
사각형 ㄱㄴㄷㄹ이 생깁니다.
㉡=180°−160°=20°이므로
(각 ㄴㄱㄹ)=90°−20°=70°,
(각 ㄴㄷㄹ)=180°−40°=140°입니다.
사각형의 네 각의 크기의 합은 360°이므로
㉠=360°−(70°+90°+140°)=60°입니다.

13 평행사변형은 이웃하는 두 각의 크기의 합이 180°이므로
각 ㄱㄴㄷ의 크기는 180°−55°=125°입니다.
따라서 각 ㄱㄴㄹ의 크기는 125°−40°=85°입니다.

14 평행사변형은 이웃하는 두 각의 크기의 합이 180°이므로
각 ㄴㄷㄹ의 크기는 180°−65°=115°입니다.
따라서 각 ㄱㄷㄹ의 크기는 115°−45°=70°입니다.

15 마름모는 이웃하는 두 각의 크기의 합이 180°이므로
각 ㄱㄴㄷ의 크기는 180°−150°=30°입니다.
따라서 각 ㄱㄴㄹ의 크기는 30°−12°=18°입니다.

16

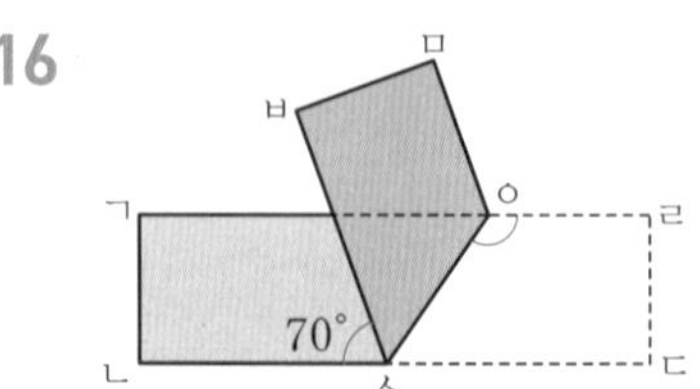

각 ㅂㅅㄷ의 크기는 180°−70°=110°입니다.
각 ㅇㅅㄷ과 각 ㅇㅅㅂ의 크기는 같으므로 각 ㅇㅅㄷ의 크기는 55°입니다.
각 ㅇㄹㄷ과 각 ㄹㄷㅅ의 크기는 90°이므로 각 ㅅㅇㄹ의 크기는 360°−(55°+90°+90°)=125°입니다.

17 마름모는 이웃하는 두 각의 크기의 합이 180°이고 각 ㄹㄱㅁ과 각 ㄹㅂㅁ의 크기는 같으므로 각 ㄹㅂㅁ의 크기는 180°－30°＝150°입니다.

18

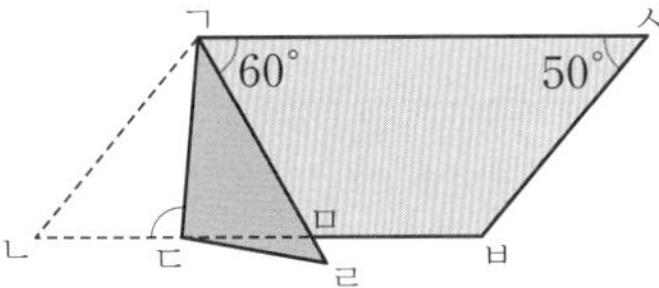

평행사변형은 이웃하는 두 각의 크기의 합이 180°이므로 각 ㅅㄱㄴ의 크기는 180°－50°＝130°이고, 각 ㄴㄱㄹ의 크기는 130°－60°＝70°입니다.
각 ㄴㄱㄷ과 각 ㄷㄱㄹ의 크기는 같으므로 각 ㄴㄱㄷ의 크기는 35°입니다.
따라서 삼각형의 세 각의 크기의 합은 180°이므로 각 ㄱㄷㄴ의 크기는 180°－(50°＋35°)＝95°입니다.

19 (정사각형의 모든 변의 길이의 합)＝20×4＝80 (cm)
정오각형은 모든 변의 길이가 같으므로
(정오각형의 한 변의 길이)＝80÷5＝16 (cm)입니다.

20 (정사각형의 모든 변의 길이의 합)＝18×4＝72 (cm)
정육각형은 모든 변의 길이가 같으므로
(정육각형의 한 변의 길이)＝72÷6＝12 (cm)입니다.

21 (정삼각형의 모든 변의 길이의 합)＝24×3＝72 (cm)
정팔각형은 모든 변의 길이가 같으므로
(정팔각형의 한 변의 길이)＝72÷8＝9 (cm)입니다.

22

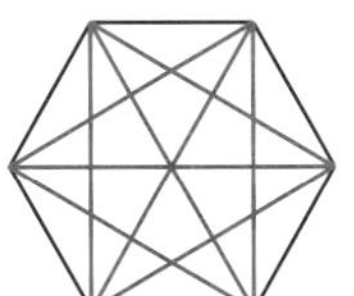

육각형의 한 꼭짓점에서 그을 수 있는 대각선은 모두 6－3＝3(개)이므로 3×6＝18(개)입니다. 그런데 2개씩 겹치므로 육각형에 그을 수 있는 대각선의 수는 모두 18÷2＝9(개)입니다.

23

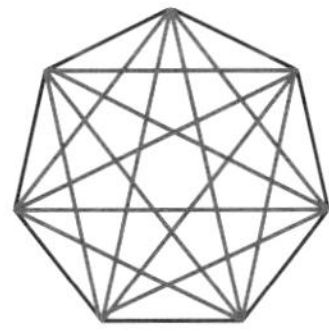

칠각형의 한 꼭짓점에서 그을 수 있는 대각선은 모두 7－3＝4(개)이므로 4×7＝28(개)입니다. 그런데 2개씩 겹치므로 칠각형에 그을 수 있는 대각선의 수는 모두 28÷2＝14(개)입니다.

24 팔각형의 한 꼭짓점에서 그을 수 있는 대각선은 모두 8－3＝5(개)이므로 5×8＝40(개)입니다. 그런데 2개씩 겹치므로 팔각형에 그을 수 있는 대각선의 수는 모두 40÷2＝20(개)입니다.

4학년 총정리 TEST ②

122~123쪽

1 60 **2** 35° **3** ( )(○)
4 ① **5** 80, 100
6 (위에서부터) 90, 8, 6 **7** 오각형
8 6 cm **9** 6 cm **10** 가, 다
11 70° **12** 130°

1 주어진 도형은 세 변의 길이가 모두 같은 정삼각형이므로 한 각의 크기는 60°입니다.

2

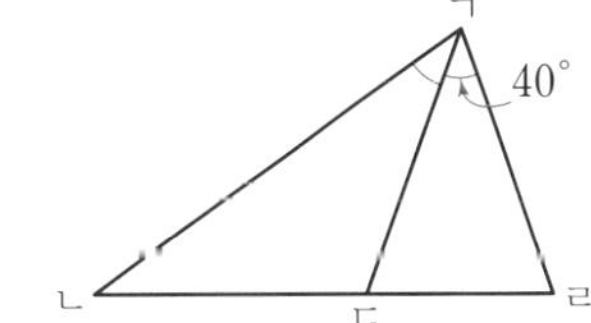

삼각형 ㄱㄷㄹ이 이등변삼각형이므로
(각 ㄱㄷㄹ)＝(각 ㄱㄹㄷ)
＝(180°－40°)÷2＝140°÷2＝70°
(각 ㄱㄷㄴ)＝180°－70°＝110°
삼각형 ㄱㄴㄷ도 이등변삼각형이므로
(각 ㄴㄱㄷ)＝(각 ㄱㄴㄷ)
＝(180°－110°)÷2＝70°÷2＝35°

3 직각 삼각자의 직각 부분을 이용하여 수선을 긋습니다.

4 마주 보는 한 쌍의 변이 서로 평행한 사각형이므로 사다리꼴입니다.

5 평행사변형은 마주 보는 두 각의 크기가 같습니다.

6 마름모는 마주 보는 꼭짓점끼리 이은 선분이 서로 수직으로 만나고 이등분합니다.

7 변이 5개인 다각형이므로 오각형입니다.

8 변 ㄱㄹ과 변 ㄴㄷ이 평행한 사다리꼴입니다. 두 평행선에 수직인 변 ㄱㄴ의 길이가 평행선 사이의 거리입니다.

9 (정삼각형의 모든 변의 길이의 합)＝16×3＝48 (cm)
정팔각형은 모든 변의 길이가 같으므로
(정팔각형의 한 변의 길이)＝48÷8＝6 (cm)입니다.

10 두 대각선의 길이가 같은 사각형은 직사각형, 정사각형입니다.

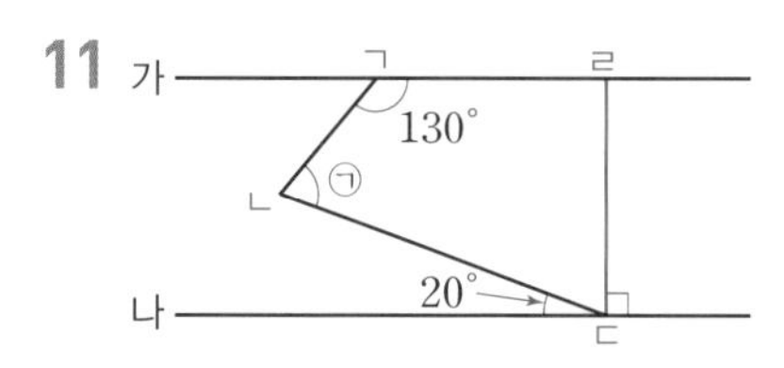

11 평행선에 점 ㄷ을 지나는 수직인 선분을 그으면 사각형 ㄱㄴㄷㄹ이 생깁니다.
(각 ㄹㄷㄴ)$=90^\circ-20^\circ=70^\circ$
사각형의 네 각의 크기의 합은 360°이므로
㉠$=360^\circ-(130^\circ+70^\circ+90^\circ)=70^\circ$입니다.

12 각 ㅂㅅㄷ의 크기는 $180^\circ-80^\circ=100^\circ$입니다.
각 ㅇㅅㄷ과 각 ㅇㅅㅂ의 크기는 같으므로 각 ㅇㅅㄷ의 크기는 50°입니다.
각 ㅇㄹㄷ과 각 ㄹㄷㅅ의 크기는 90°이므로 각 ㅅㅇㄹ의 크기는 $360^\circ-(50^\circ+90^\circ+90^\circ)=130^\circ$입니다.

18 다각형의 넓이

061 평행사변형의 넓이 126쪽

1 ⑩

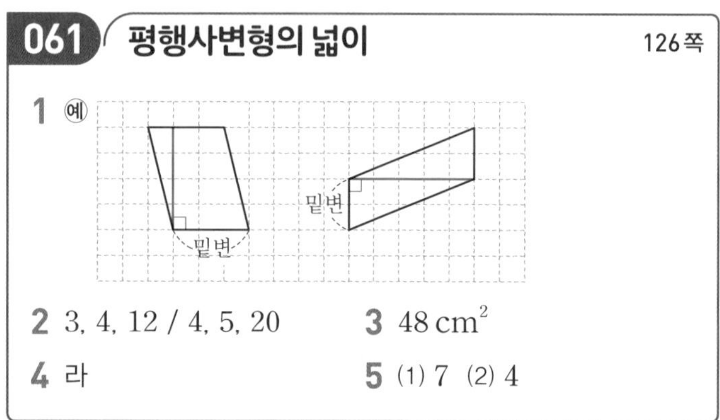

2 3, 4, 12 / 4, 5, 20 **3** 48 cm^2
4 라 **5** (1) 7 (2) 4

4 가, 나, 다: $4\times3=12$ (cm^2)
라: $3\times3=9$ (cm^2)

062 삼각형의 넓이 127쪽

1 (○)( )( ) **2** 4, 5, 10 / 7(4), 4(7), 14
3 56 cm^2 **4** 다 **5** (1) 6 (2) 12

3 $14\times8\div2=56$ (cm^2)

4 가, 나, 라: $4\times4\div2=8$ (cm^2)
다: $4\times5\div2=10$ (cm^2)

063 마름모의 넓이 128쪽

1 12, 2, 48 **2** 9, 14, 63
3 56 m^2 **4** (1) 18 (2) 16

1 마름모의 넓이는 삼각형 2개로 나누어 구할 수 있습니다.

2 마름모의 대각선을 두 변으로 하는 직사각형을 그려 보면 마름모의 넓이의 2배가 됩니다.

3 $16\times7\div2=56$ (m^2)

4 (1) $126\times2\div14=252\div14=18$
(2) $72\times2\div9=144\div9=16$

064 사다리꼴의 넓이 129쪽

1 ㉡, ㉣ **2** 3, 5, 5, 20 / 5, 7, 3, 18
3 34 cm^2 **4** (1) 6 (2) 4

1 사다리꼴에서 평행인 한 쌍의 변이 밑변이 되고 위치에 따라 윗변과 아랫변이 됩니다.

3 $(10+7)\times4\div2=17\times4\div2=68\div2=34$ (cm^2)

4 (1) $(\square+8)\times7\div2=49$,
$(\square+8)\times7=98$,
$\square+8=14$,
$\square=6$
(2) $(5+13)\times\square\div2=36$,
$18\times\square=72$, $\square=4$

실전개념 응용 문제 130~131쪽

1 8 cm	**2** 3 cm	**3** 12 cm
4 12	**5** 15	**6** 12 cm
7 100 cm^2	**8** 133 cm^2	**9** 100 cm^2
10 16	**11** 26	**12** 12

1 (직사각형의 넓이)$=8\times6=48$ (cm^2)
(삼각형의 넓이)$=$(밑변)$\times$(높이)$\div2$
$=12\times$(높이)$\div2=48$
➡ (높이)$=48\times2\div12=8$ (cm)

2 (삼각형의 넓이)$=11\times6\div2=33$ (cm^2)
(사다리꼴의 넓이)$=(9+13)\times$(높이)$\div2$
$=22\times$(높이)$\div2=33$
➡ (높이)$=33\times2\div22=3$ (cm)

3 (평행사변형의 넓이)$=15\times8=120$ (cm^2)
(사다리꼴의 넓이)$=(8+12)\times$(높이)$\div2$
$=20\times$(높이)$\div2=120$
➡ (높이)$=120\times2\div20=12$ (cm)

4 15 cm인 변을 밑변으로 하면 높이가 20 cm이므로 삼각형의 넓이는 $15\times20\div2=150$ (cm^2)입니다.
25 cm인 변을 밑변으로 하고 높이가 □ cm일 때도 넓이는 같으므로
$25\times\square\div2=150$, $\square=150\times2\div25=12$입니다.

5
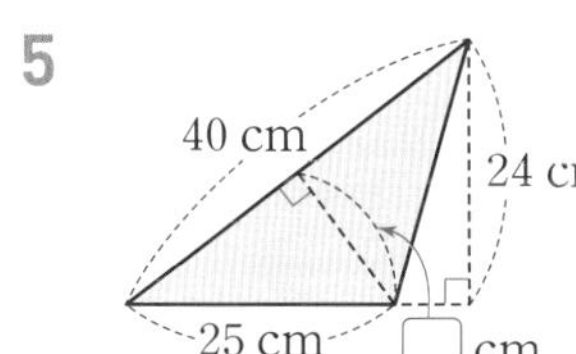

$40\times\square\div2=25\times24\div2$,
$40\times\square\div2=300$,
$\square=300\times2\div40$,
$\square=15$

6
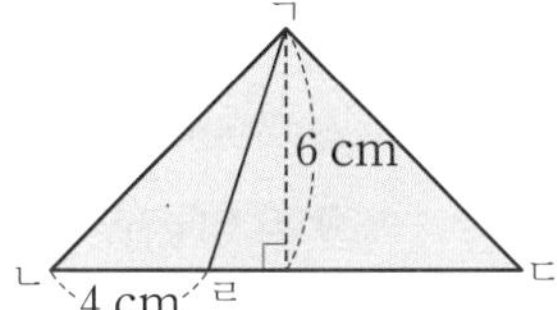

(삼각형 ㄱㄴㄹ의 넓이)$=4\times6\div2=12$ (cm^2)
(삼각형 ㄱㄹㄷ의 넓이)$=$(삼각형 ㄱㄴㄹ의 넓이)$\times2$
$=12\times2=24$ (cm^2)
변 ㄹㄷ의 길이를 □ cm라 하면
$\square\times6\div2=24$, $\square=24\times2\div6=8$입니다.
따라서 (변 ㄴㄷ)$=$(변 ㄴㄹ)$+$(변 ㄹㄷ)
$=4+8=12$ (cm)입니다.

7
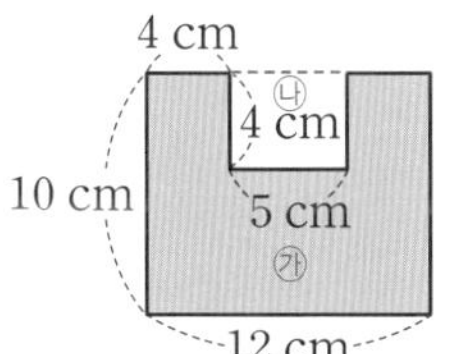

(㉮ 직사각형의 넓이)$-$(㉯ 직사각형의 넓이)
$=(12\times10)-(5\times4)=120-20=100$ (cm^2)

8 밑변이 14 cm이고, 높이가 각각 13 cm, 6 cm인 두 삼각형의 넓이의 합을 구합니다.
(색칠한 부분의 넓이)$=14\times13\div2+14\times6\div2$
$=91+42=133$ (cm^2)

9
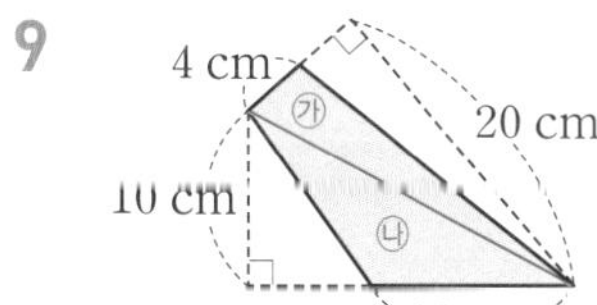

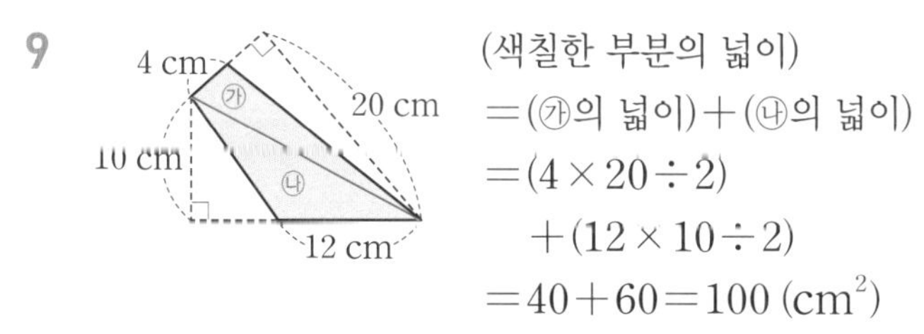

(색칠한 부분의 넓이)
$=$(㉮의 넓이)$+$(㉯의 넓이)
$=(4\times20\div2)$
$+(12\times10\div2)$
$=40+60=100$ (cm^2)

10 (삼각형 ㉯의 넓이)$=4\times14\div2=28$ (cm^2)
(사다리꼴 ㉮의 넓이)$=$(삼각형 ㉯의 넓이)$\times7$
$=28\times7=196$ (cm^2)
➡ $(\square+12)\times14\div2=196$,
$\square+12=196\times2\div14$, $\square+12=28$, $\square=16$

11
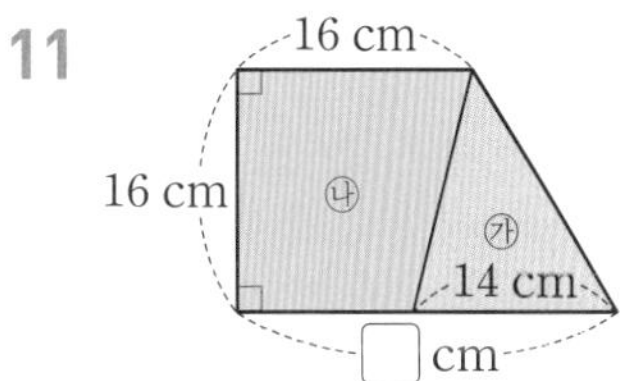

(㉮의 넓이)$=14\times16\div2=112$ (cm^2)
(㉯의 넓이)$=112\times2=224$ (cm^2)
(㉮$+$㉯의 넓이)$=112+224=336$ (cm^2)
➡ $(16+\square)\times16\div2=336$,
$16+\square=336\times2\div16=42$, $\square=42-16=26$

12
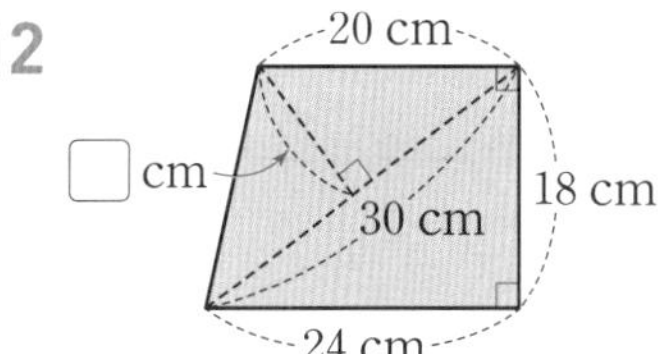

(사다리꼴의 넓이)$=(20+24)\times18\div2=396$ (cm^2)
삼각형 2개로 나누어 넓이의 합을 구해 보면
$30\times\square\div2+24\times18\div2=396$,
$30\times\square\div2=180$, $\square=180\times2\div30$, $\square=12$

19 합동과 대칭

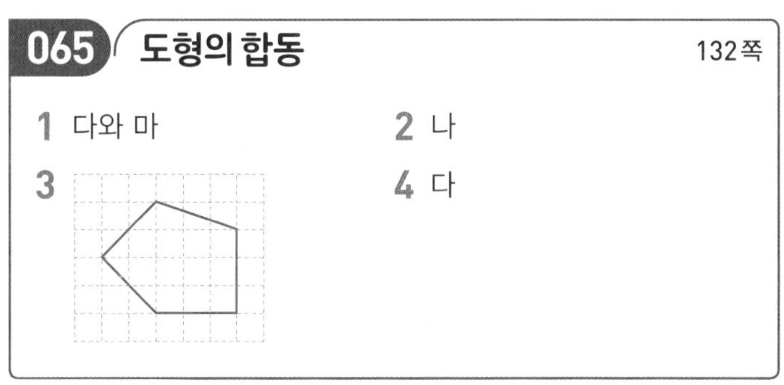
065 도형의 합동 132쪽

1 다와 마
2 나
3
4 다

4 다: 길이가 주어진 두 변 사이의 각의 크기를 알아야 그릴 수 있습니다.

066 합동인 도형의 성질 133쪽

1 (1) 점 ㅁ (2) 변 ㅁㅂ (3) 각 ㄹㅂㅁ
2 60° **3** (1) 점 ㅇ (2) 60° (3) 6 cm
4 14 cm

1 합동인 도형을 겹쳐 보았을 때 만나는 점이 대응점, 만나는 변이 대응변, 만나는 각이 대응각입니다.

2 각 ㅁㄹㅂ의 대응각은 각 ㄷㄱㄴ이고 각 ㄷㄱㄴ의 크기는 $180°-(90°+30°)=60°$입니다.

3 (3) 변 ㄱㄴ의 대응변은 변 ㅇㅅ이므로 변 ㄱㄴ의 길이는 6 cm입니다.

4 합동인 사각형의 대응변의 길이가 같으므로 변 ㅁㅇ의 길이는 2 cm, 변 ㅁㅂ의 길이는 4 cm, 변 ㅂㅅ의 길이는 5 cm입니다.
사각형 ㅁㅂㅅㅇ의 둘레는 $2+4+5+3=14$ (cm)입니다.

067 선대칭도형의 성질 134쪽

1 ③ **2**
3 **4** (위에서부터) 50, 4
5 45
6

ㄱ ㄴ

1 ③ 어느 방향으로 접어도 완전히 겹쳐지지 않습니다.

4 선대칭도형은 대응각의 크기와 대응변의 길이가 같습니다.

5 선대칭도형의 성질과 삼각형의 세 각의 크기의 합이 180°임을 이용합니다.

068 점대칭도형의 성질 135쪽

1 나, 라, 바 **2**
3 **4** 45
5 **6**

실전개념 응용 문제 136~137쪽

1 80°	**2** 67°	**3** 22°
4 864 cm²	**5** 1500 cm²	**6** 256 cm²
7 10 cm	**8** 520 cm²	**9** 936 cm²
10 21 cm	**11** 29 cm	**12** 184 cm²

1
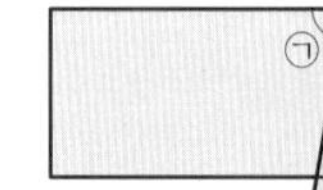
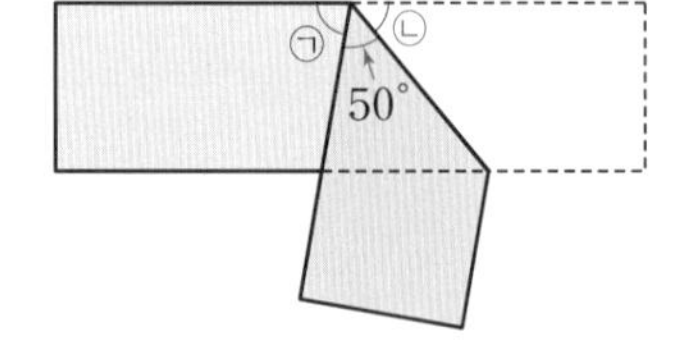

종이가 접힌 부분과 접기 전의 부분은 합동이므로 ㉡$=50°$입니다. ➡ ㉠$=180°-50°-50°=80°$

2 삼각형 ㄱㄹㅂ과 삼각형 ㅁㄹㅂ은 서로 합동이고, 각 ㄱㅂㄹ과 각 ㅁㅂㄹ은 대응각이므로 크기가 같습니다.
(각 ㄱㅂㄹ)$=(180°-14°)\div2=83°$
➡ (각 ㄱㄹㅂ)$=180°-30°-83°=67°$

3 삼각형 ㄱㄴㅂ과 삼각형 ㄱㅁㅂ은 서로 합동이고, 각 ㄴㄱㅂ과 각 ㅁㄱㅂ은 대응각이므로 크기가 같습니다.
㉠$=90°-28°-28°=34°$,
(각 ㄱㅂㄴ)=(각 ㄱㅂㅁ)$=90°-28°=62°$,
㉡$=180°-62°-62°=56°$입니다.
➡ ㉡$-$㉠$=56°-34°=22°$

4 삼각형 ㄱㄴㅁ과 삼각형 ㄷㅂㅁ은 서로 합동이므로
(변 ㄱㄴ)=(변 ㄷㅂ)=24 cm
(변 ㄴㅁ)=(변 ㅂㅁ)=10 cm
(변 ㄴㄷ)=(변 ㄴㅁ)+(변 ㅁㄷ)=10+26=36 (cm)
➡ (직사각형 ㄱㄴㄷㄹ의 넓이)=36×24=864 (cm^2)

5 삼각형 ㄱㄴㅁ과 삼각형 ㄷㅂㅁ은 서로 합동이므로
(변 ㅁㄷ)=(변 ㄱㅁ)=34 cm
(변 ㄴㄷ)=(변 ㄴㅁ)+(변 ㅁㄷ)=16+34=50 (cm)
➡ (직사각형 ㄱㄴㄷㄹ의 넓이)=50×30=1500 (cm^2)

6 (변 ㄱㄴ)=(변 ㄹㄷ)=(변 ㄹㅂ)=16 cm
(변 ㄱㅁ)=(변 ㅂㅁ)=12 cm
(변 ㄱㄹ)=(변 ㄱㅁ)+(변 ㅁㄹ)=12+20=32 (cm)
➡ (삼각형 ㄱㄴㄹ의 넓이)=32×16÷2=256 (cm^2)

7 선분 ㄷㅇ의 길이를 □cm라 하면
(8+6+10+□)×2=68, 24+□=34, □=10

8 완성한 도형의 넓이는 윗변이 9 cm, 아랫변이 17 cm, 높이 20 cm인 사다리꼴 넓이의 2배입니다.
➡ (선대칭도형의 넓이)
=(9+17)×20÷2×2
=520 (cm^2)

9 (선분 ㄹㅂ)=(선분 ㄷㅂ)=13 cm이므로
(선분 ㄱㄹ)=(98−13−13)÷2=36 (cm)입니다.
➡ (직사각형 ㄱㄴㄷㄹ의 넓이)=36×26=936 (cm^2)

10 (선분 ㅂㅇ)=(선분 ㄷㅇ)=6 cm
(선분 ㄱㅂ)=(선분 ㄹㄷ)=9 cm
➡ (선분 ㄱㄷ)=(선분 ㄱㅂ)+(선분 ㅂㅇ)+(선분 ㅇㄷ)
=9+6+6=21 (cm)

11 (선분 ㄹㅁ)=(선분 ㄱㄴ)=22 cm
(선분 ㄱㅂ)=(선분 ㄹㄷ)=8 cm
➡ (선분 ㄴㄷ)=(선분 ㅁㅂ)
=(118−22−8−22−8)÷2
=29 (cm)

12 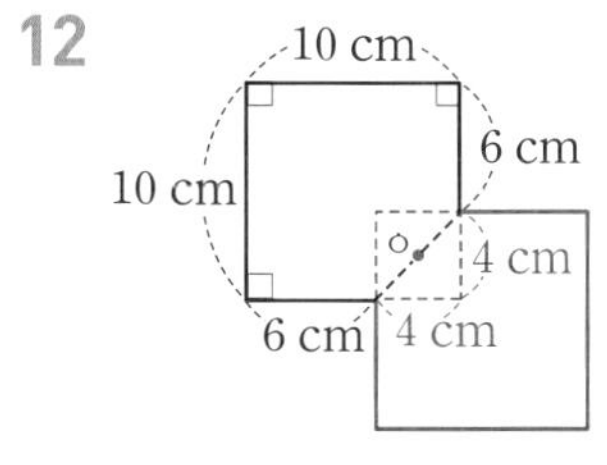

한 변의 길이가 10 cm인 정사각형 2개의 넓이의 합에서 한 변의 길이가 4 cm인 정사각형의 넓이를 뺍니다.
➡ (점대칭도형의 넓이)
=(10×10)×2−4×4
=200−16=184 (cm^2)

20 직육면체

069 사각형 6개로 둘러싸인 도형 138쪽

1 ②, ④, ⑤　　2 ㉢ / ㉡, ㉣ / ㉠
3 (1) ○ (2) × (3) ×　　4 ②, ⑤

3 (2) 선분으로 둘러싸인 부분은 면이고 면은 모두 6개입니다.
(3) 정육면체는 직육면체라고 할 수 있지만 직육면체는 정육면체라고 할 수 없습니다.

4 ① 꼭짓점은 8개입니다.
③ 면은 모두 정사각형 모양입니다.
④ 면의 크기는 모두 같습니다.

070 직육면체의 성질 139쪽

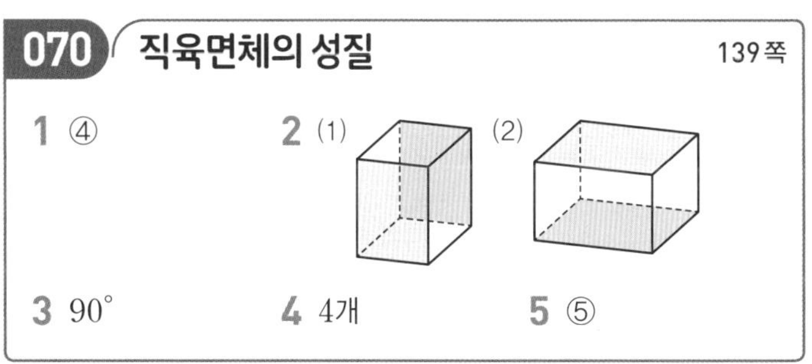

5 서로 만나지 않는 면은 평행합니다.

071 직육면체의 겨냥도 140쪽

1 ④
2 수정
3 1개
4 4개
5 17 cm

5 8+4+5=17 (cm)

072 직육면체의 전개도 141쪽

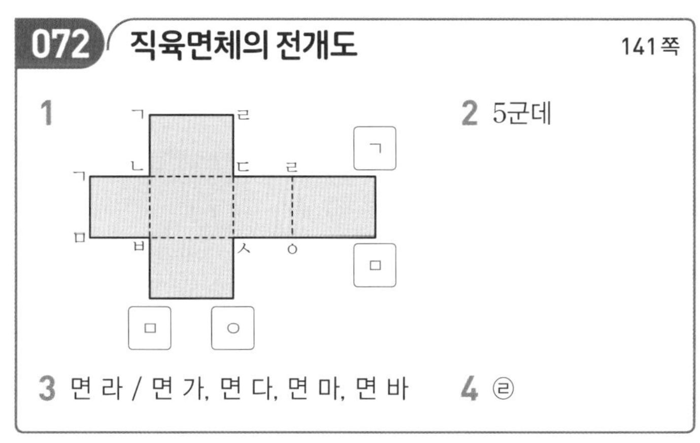

2 직육면체의 전개도에서 접는 부분은 점선으로 나타냅니다.

3 직육면체에서 평행한 면은 만나지 않고, 만나는 면은 모두 수직으로 만납니다.

4 ㉠ 면이 1개 부족합니다.
㉡ 만나는 모서리의 길이가 같지 않습니다.
㉢ 접었을 때 겹치는 면이 생깁니다.

실전개념 응용 문제 142~143쪽

1 11 cm　2 15 cm　3 52 cm
4 92 cm　5 163 cm　6 80 cm
7
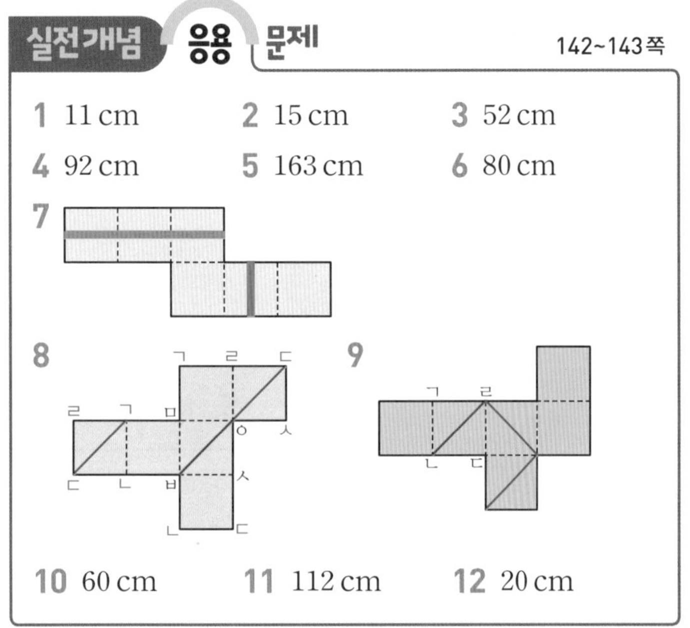

10 60 cm　11 112 cm　12 20 cm

1 모서리 ㅂㅁ의 길이를 □cm라 하면, 직육면체는 길이가 같은 모서리가 4개씩 있으므로
(10+□+3)×4=96, 13+□=24, □=11입니다.

2 모서리 ㄹㅇ의 길이를 □cm라 하면
(7+9+□)×4=124, 16+□=31, □=15입니다.

3 정육면체는 모서리가 12개이고 그 길이가 모두 같으므로 한 모서리의 길이를 □cm라 하면 □×12=156, □=13입니다.
정육면체의 면은 정사각형이므로 한 면의 둘레는 13×4=52 (cm)입니다.

4 가로의 2배, 세로의 4배, 높이의 2배만큼 묶어야 하므로 한 모서리의 길이의 8배만큼 필요합니다.
따라서 매듭의 길이를 포함하여 사용한 끈의 길이는 9×8+20=72+20=92 (cm)입니다.

5 30×2+12×4+15×2
=60+48+30=138 (cm)이고 매듭의 길이는 25 cm이므로 상자를 묶는 데 사용한 끈의 길이는
138+25=163 (cm)입니다.

6 8 cm의 4배, 12 cm의 4배만큼 필요하므로 사용한 색 테이프의 길이는 8×4+12×4=32+48=80 (cm)입니다.

7 색 테이프를 붙인 면은 4개입니다. 전개도를 접었을 때 색 테이프가 붙는 면을 찾아 전개도에 나타냅니다.

8 전개도를 접었을 때 만나는 꼭짓점을 찾아 나타냅니다. 점선으로 나타낸 선은 바닥면의 보이지 않는 면을 지나는 선입니다.

9 전개도를 접었을 때 만나는 꼭짓점을 찾아 나타냅니다.

10 전개도의 둘레에는 길이가 6 cm인 선분이 4개, 2 cm인 선분이 8개, 10 cm인 선분이 2개 있습니다.
➡ 6×4+2×8+10×2=24+16+20=60 (cm)

11 정육면체의 한 모서리의 길이를 □cm라고 하면 □×4=32, □=8입니다. 전개도의 둘레에는 길이가 8 cm인 선분이 14개 있으므로 8×14=112 (cm)입니다.

12 면 라와 평행한 면은 면 나입니다.
(면 나의 둘레)=7+3+7+3=20 (cm)

5학년 총정리 TEST 144~145쪽

1 12 cm²　2 나, 8 cm²　3 9
4 70 cm²　5 84 cm²　6 75°
7　8 9 cm
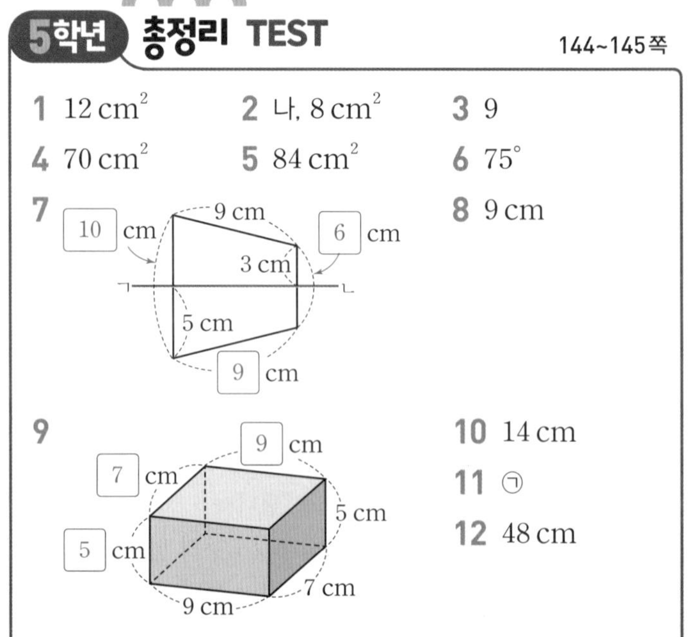

10 14 cm
11 ㉠
12 48 cm

1 (평행사변형의 넓이)=(밑변)×(높이)
$=3\times4=12\ (cm^2)$

2 (삼각형의 넓이)=(밑변)×(높이)÷2
(가의 넓이)$=6\times9\div2=27\ (cm^2)$
(나의 넓이)$=10\times7\div2=35\ (cm^2)$
➡ 나의 넓이가 $35-27=8\ (cm^2)$ 더 넓습니다.

3 두 대각선의 길이를 각 변으로 하는 직사각형을 그려 보면 마름모의 넓이는 직사각형 넓이의 $\frac{1}{2}$입니다.
(마름모의 넓이)$=\square\times12\div2=54\ (cm^2)$
$\square=54\times2\div12=9$

4 사다리꼴의 넓이에서 삼각형의 넓이를 빼서 구합니다.
(사다리꼴의 넓이)$=(12+8)\times10\div2=100\ (cm^2)$
(삼각형의 넓이)$=12\times5\div2=30\ (cm^2)$
➡ (색칠한 부분의 넓이)$=100-30=70\ (cm^2)$

5 (변 ㄱㄴ)=(변 ㅁㅇ)=7 (cm)
(직사각형의 넓이)$=12\times7=84\ (cm^2)$

6 합동인 도형은 대응각의 크기가 같으므로
(각 ㄱㄴㄷ)=(각 ㅅㅇㅁ)=50°,
(각 ㄹㄱㄴ)=(각 ㅂㅅㅇ)=150°입니다.
사각형의 네 각의 크기의 합은 360°이므로
(각 ㅇㅁㅂ)=360°−85°−150°−50°=75°입니다.

7 대응점으로부터 대칭축까지의 거리가 같고, 대응변의 길이가 같다는 선대칭도형의 성질을 이용합니다.

8 점대칭도형이므로 (변 ㄱㄴ의 길이)=(변 ㄷㄹ의 길이), (변 ㄴㄷ의 길이)=(변 ㄹㄱ의 길이)입니다.
(변 ㄱㄴ의 길이)=□cm라고 하면
$(8+\square)\times2=34$, $8+\square=17$, $\square=9$입니다.

9 직육면체에서 마주 보는 면은 서로 합동인 직사각형입니다.

10 겨냥도에서 보이지 않는 모서리는 점선으로 나타냅니다.
$3+3+8=14$ (cm)

11 면의 수는 모두 6개로 맞지만 ㉠ 전개도의 경우 만나는 모서리의 길이가 다릅니다.

12 정육면체의 모서리는 12개이고 길이가 모두 같습니다.
➡ (모든 모서리의 길이의 합)$=4\times12=48$ (cm)

21 각기둥과 각뿔

073 각기둥 140쪽

1 ⑤ 2 높이 / 꼭짓점 / 모서리
3 18개 4 26 5 나 / 가 / 다

1 각기둥은 밑면의 모양이 다각형이고 옆면의 모양이 항상 직사각형입니다.

4 가의 꼭짓점의 수: 8, 나의 꼭짓점의 수: 6,
다의 꼭짓점의 수: 12
➡ $8+6+12=26$

074 각뿔 149쪽

1 다, 삼 2 ㉠ 3 9개
4 19 5 사각뿔

2 ㉡ 각뿔의 밑면은 다각형입니다.
㉢ 각뿔의 밑면은 1개입니다.
㉣ 각뿔의 옆면의 모양은 삼각형입니다.

3 밑면이 팔각형이므로 꼭짓점은 $8+1=9$(개)입니다.

4 가의 면의 수: 9, 나의 면의 수: 4, 다의 면의 수: 6
➡ $9+4+6=19$

5 각뿔의 이름은 밑면의 모양에 따라 붙입니다.

22 직육면체의 부피와 겉넓이

075 직육면체의 부피 구하기 150쪽

1 $270\ cm^3$ 2 8 3 10
4 (1) 15000000 (2) 4300000 (3) 5 (4) 7.2

1 $9\times6\times5=270\ (cm^3)$

2 $6\times\square\times4=192$, $\square\times24=192$, $\square=192\div24=8$

3 정육면체는 모든 모서리의 길이가 같으므로
$\square\times\square\times\square=1000$ ➡ $\square=10$입니다.

076 직육면체의 겉넓이 구하기 151쪽

1 (1) 24, 24, 8, 8, 12, 12 / 88 (2) 24, 8, 12 / 88

2 310 cm^2

3 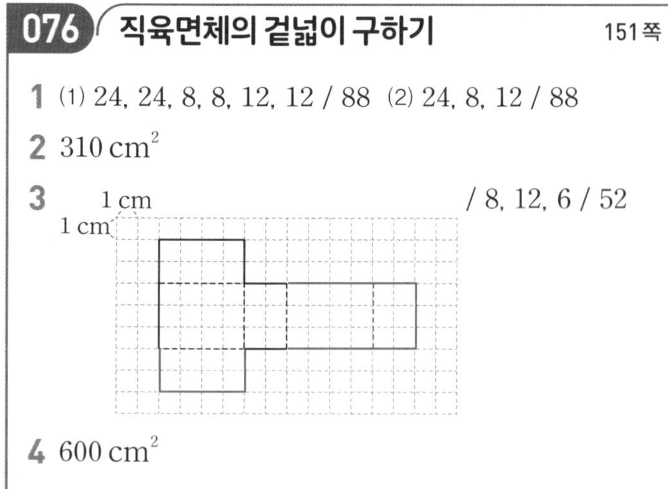

/ 8, 12, 6 / 52

4 600 cm^2

2 $(50+35+70)\times2=155\times2=310\ (cm^2)$

3 직육면체의 겉넓이를 구하는 방법 중 합동인 세 쌍의 면의 넓이의 합으로 구하는 것입니다.

4 $10\times10\times6=600\ (cm^2)$

실전개념 응용 문제 152~153쪽

1 칠각뿔, 8개	2 팔각기둥	3 십이각뿔
4 120 cm	5 144 cm	6 75 cm
7 12	8 35 cm^2	9 9
10 88 cm^2	11 2056 cm^2	12 750 cm^3

1 각뿔의 밑면의 변의 수를 □개라 하면 □×2=14, □=7이므로 밑면의 모양이 칠각형인 칠각뿔입니다. 칠각뿔의 면은 모두 8개입니다.

2 각기둥의 한 밑면의 변의 수를 □개라 하면 꼭짓점의 수는 (□×2)개, 모서리의 수는 (□×3)개입니다.
➡ □×2+□×3=40, □×5=40, □=8
따라서 꼭짓점의 수와 모서리의 수의 합이 40개인 각기둥은 밑면의 모양이 팔각형이므로 팔각기둥입니다.

3 (팔각기둥의 모서리의 수)=8×3=24(개)
모서리의 수가 24개인 각뿔의 밑면의 변의 수를 □개라 하면 □×2=24, □=12입니다.
따라서 밑면이 십이각형인 각뿔이므로 십이각뿔입니다.

4 (모든 모서리의 길이의 합)
$=(5+12+13)\times2+20\times3$
$=60+60=120\ (cm)$

5 옆면이 6개인 각기둥은 육각기둥이고, 육각기둥의 한 밑면의 변의 수는 6개입니다.
➡ (모든 모서리의 길이의 합)$=(8\times6)\times2+8\times6$
$=96+48=144\ (cm)$

6 옆면이 5개인 각뿔은 오각뿔이고, 오각뿔의 한 밑면의 변의 수는 5개입니다.
➡ (모든 모서리의 길이의 합)$=6\times5+9\times5$
$=30+45=75\ (cm)$

7 (8×16+16×□+8×□)×2=832,
(128+24×□)×2=832,
128+24×□=416, 24×□=288, □=12입니다.

8 (겉넓이)
=(면 ㉮의 넓이+면 ㉯의 넓이+면 ㉰의 넓이)×2
➡ (28+20+면 ㉰의 넓이)×2=166,
48+(면 ㉰의 넓이)=83
➡ (면 ㉰의 넓이)$=83-48=35\ (cm^2)$

9 전개도로 만든 입체도형의 가로를 9 cm, 세로를 9 cm, 높이를 □ cm라고 하면
(직육면체의 부피)=9×9×□=729,
81×□=729, □=9입니다.

10 (정육면체의 한 면의 넓이)$=24\div6=4\ (cm^2)$
이어 붙인 입체도형에는 4 cm^2인 면이 22개입니다.
➡ (입체도형의 겉넓이)$=4\times22=88\ (cm^2)$

11 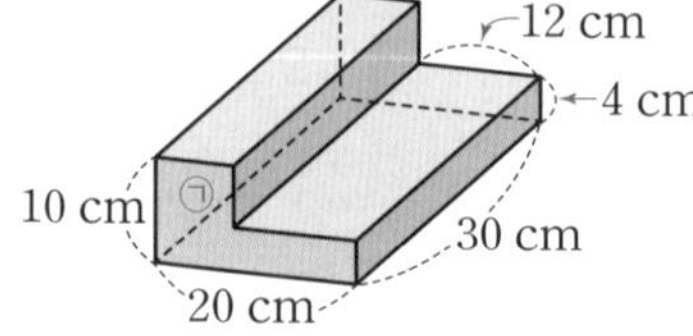

㉠을 밑에 놓인 면으로 생각하여 겉넓이를 구해 봅니다.
(㉠의 넓이)
$=20\times10-12\times6=200-72=128\ (cm^2)$
(옆으로 둘러싸인 면의 넓이)$=(20\times30+30\times10)\times2$
$=1800\ (cm^2)$
➡ (입체도형의 겉넓이)
$=128\times2+1800=2056\ (cm^2)$

12

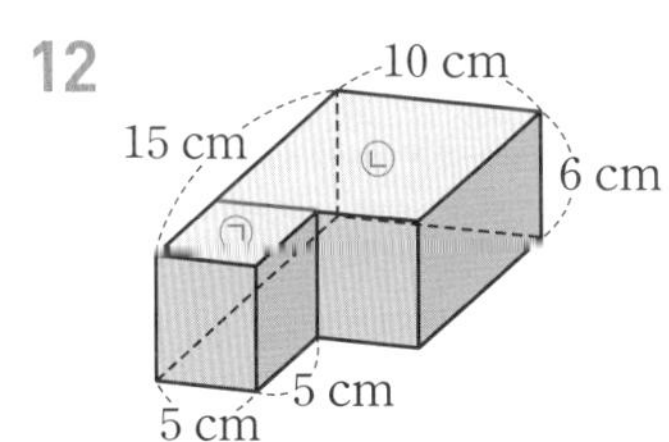

㉠과 ㉡ 두 부분으로 나누어 부피를 구해 봅니다.
(㉠의 부피)$=5\times5\times6=150$ (cm^3)
(㉡의 부피)$=10\times10\times6=600$ (cm^3)
➡ (입체도형의 부피)$=150+600=750$ (cm^3)

23 원의 넓이

077 원주와 지름 구하기 154쪽

1 원주율 2 3배 3 3
4 3.1 5 9 cm 6 12 cm
7 24.8 cm 8 86.8 cm

2 (원주)÷(지름)$=36\div12=3$(배)

4 (원주율)=(원주)÷(지름)
$=62\div20=3.1$

6 (지름)=(원주)÷(원주율)
$=72\div3=24$ (cm) ➡ (반지름)$=12$ cm

078 원의 넓이 구하기 155쪽

1 432 cm^2 2 147 cm^2 3 60.75 cm^2
4 251.1 cm^2 5 10 cm 6 <
7 ㉡, ㉠, ㉣, ㉢

2 $7\times7\times3=147$ (cm^2)

4 $9\times9\times3.1=251.1$ (cm^2)

6 $3.5\times3.5\times3=36.75$ (cm^2)

7 ㉠ $7\times7\times3=147$ (cm^2)
㉡ $9\times9\times3=243$ (cm^2)
㉣ $6.5\times6.5\times3=126.75$ (cm^2)

24 원기둥, 원뿔, 구

079 원기둥 156쪽

1 (○)( )( )(○) 2 가, 라
3 504 cm^2 4 624 cm^3

3 $6\times6\times3\times2+12\times3\times8=216+288=504$ (cm^2)

4 $4\times4\times3\times13=624$ (cm^3)

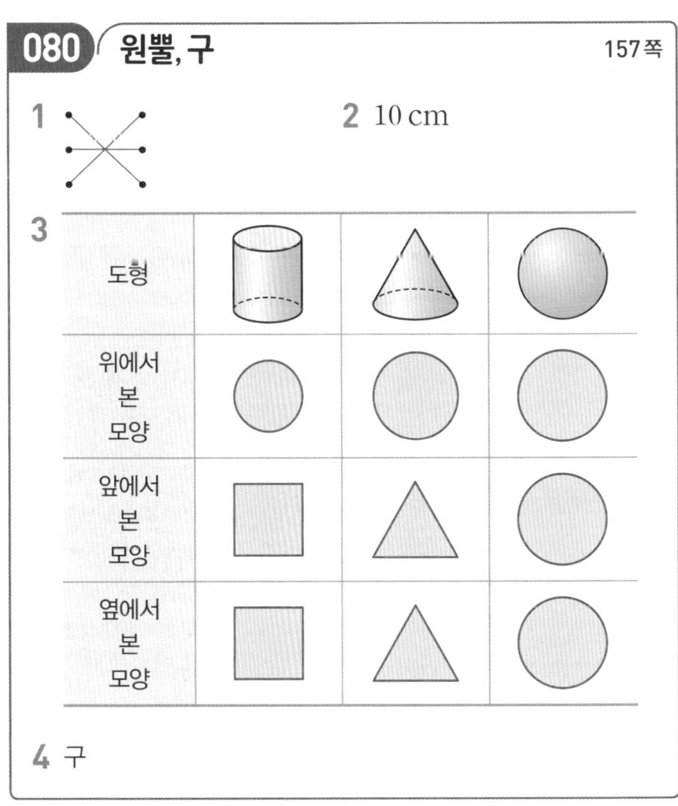

080 원뿔, 구
157쪽
1
2 10 cm
3
도형
위에서 본 모양
앞에서 본 모양
옆에서 본 모양
4 구

실전개념 응용 문제 158~159쪽

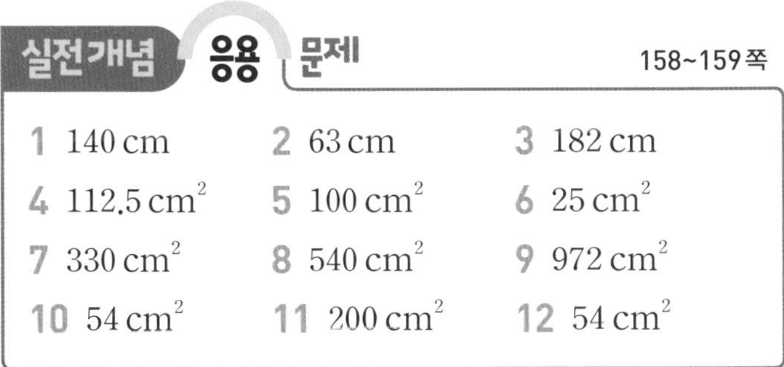

1 140 cm 2 63 cm 3 182 cm
4 112.5 cm^2 5 100 cm^2 6 25 cm^2
7 330 cm^2 8 540 cm^2 9 972 cm^2
10 54 cm^2 11 200 cm^2 12 54 cm^2

1 (끈의 길이)=(곡선 부분의 길이)+(직선 부분의 길이)
$=10\times2\times3+10\times4\times2$
$=60+80=140$ (cm)

2 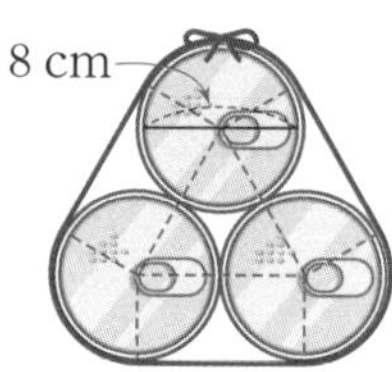

(끈의 길이)
$=$(곡선 부분의 길이)
$+$(직선 부분의 길이)$+$(매듭의 길이)
$=8\times3+8\times3+15$
$=24+24+15=63$ (cm)

3 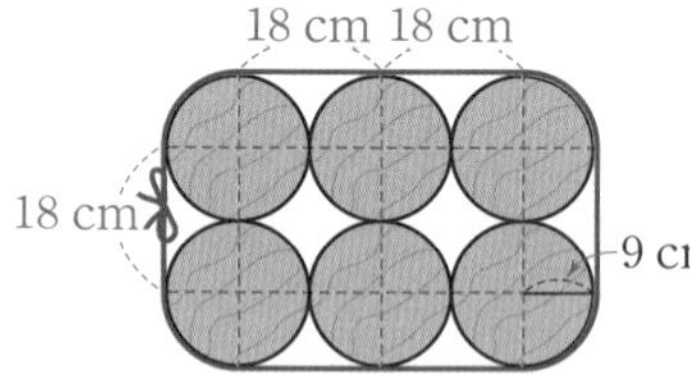

(끈의 길이)
$=$(곡선 부분의 길이)$+$(직선 부분의 길이)$+$(매듭의 길이)
$=9\times2\times3+18\times6+20$
$=54+108+20=182$ (cm)

4 (색칠한 부분의 넓이)
$=15\times15\times3\times\frac{1}{2}-30\times15\times\frac{1}{2}$
$=337.5-225=112.5$ (cm^2)

5 (색칠한 부분의 넓이)$=20\times20-10\times10\times3$
$=400-300=100$ (cm^2)

6 (색칠한 부분의 넓이)$=10\times10-10\times10\times3\times\frac{1}{4}$
$=100-75=25$ (cm^2)

7 (옆면의 가로)$=$(밑면의 둘레)$=5\times2\times3=30$ (cm)
(옆면의 세로)$=$(원기둥의 높이)$=11$ cm
➡ (옆면의 넓이)$=30\times11=330$ (cm^2)

8 (한 밑면의 넓이)$=6\times6\times3=108$ (cm^2)
(옆면의 넓이)$=6\times2\times3\times9=324$ (cm^2)
➡ (전개도의 넓이)$=108\times2+324=540$ (cm^2)

9 (한 밑면의 넓이)$=9\times9\times3=243$ (cm^2)
(옆면의 넓이)$=18\times3\times9=486$ (cm^2)
➡ (원기둥의 겉넓이)$=243\times2+486=972$ (cm^2)

10 주어진 입체도형은 원뿔이고, 원뿔을 앞에서 본 모양을 반으로 잘랐을 때 생기는 직각삼각형이 돌리기 전 평면도형과 같습니다.
➡ (평면도형의 넓이)$=9\times12\div2=54$ (cm^2)

11 (직사각형 모양 종이의 넓이)$=20\times10=200$ (cm^2)

12 (평면도형의 넓이)$=6\times6\times3\div2=54$ (cm^2)

6학년 총정리 TEST

160~161쪽

1 각뿔의 꼭짓점 / 높이 / 모서리		2 육각기둥
3 122 cm^2	4 216 cm^3	5 칠각뿔
6 가	7 9	8 ㉢, ㉠, ㉡
9 672 cm^2	10 20 cm	11 294 cm^2
12 600 cm^3		

2 각기둥의 이름은 밑면의 모양에 따라 정해집니다.

3 $(7\times3+3\times4+7\times4)\times2=(21+12+28)\times2$
$=61\times2=122$ (cm^2)

4 한 모서리의 길이가 $18\div3=6$ (cm)이므로
(정육면체의 부피)$=6\times6\times6=216$ (cm^3)입니다.

5 □각뿔의 면의 수는 (□$+1$)개, 꼭짓점의 수도 (□$+1$)개이므로 □$+1+$□$+1=16$, □$+$□$=14$, □$=7$입니다.

6 (가의 겉넓이)$=(6\times11+6\times8+11\times8)\times2$
$=(66+48+88)\times2=404$ (cm^2)
(나의 겉넓이)$=(12\times8+12\times4+8\times4)\times2$
$=(96+48+32)\times2=352$ (cm^2)

7 (원주)$=$(원의 지름)$\times$(원주율)
➡ $27=$□$\times3$, □$=9$

8 ㉠ (원의 넓이)$=9\times9\times3=243$ (cm^2)
㉡ (원의 지름)$=36\div3=12$
➡ (원의 넓이)$=6\times6\times3=108$ (cm^2)

9 (한 밑면의 넓이)$=7\times7\times3=147$ (cm^2)
(옆면의 넓이)$=7\times2\times3\times9=378$ (cm^2)
➡ (원기둥의 겉넓이)$=147\times2+378=672$ (cm^2)

10 선분 ㄱㄴ은 원뿔의 모선이고 원뿔에서 모선의 길이는 모두 같습니다.

11 색칠한 부분의 넓이는 원의 넓이의 반과 같습니다.
(색칠한 부분의 넓이)$=14\times14\times3\times\frac{1}{2}=294$ (cm^2)

12 만들어지는 입체도형은 밑면의 반지름이 5 cm, 높이가 8 cm인 원기둥입니다.
(입체도형의 부피)$=5\times5\times3\times8=600$ (cm^3)

Ⅲ 규칙성, 자료와 가능성

25 막대그래프

081 막대그래프 166쪽

1 (1) 색깔 / 학생 수 (2) 좋아하는 학생 수 (3) 1명

2 (1) 책 수 / 이름 (2) 쉽게 알 수 없습니다.

2 (2) 책이 모두 몇 권인지 알아보기 쉬운 것은 자료를 조사해서 표로 나타내는 것입니다.

082 막대그래프로 나타내기 167쪽

1 (1) 나무 수 (2) 예 1그루 (3) 그루 / 나무 수 / 반

2 (1) 예

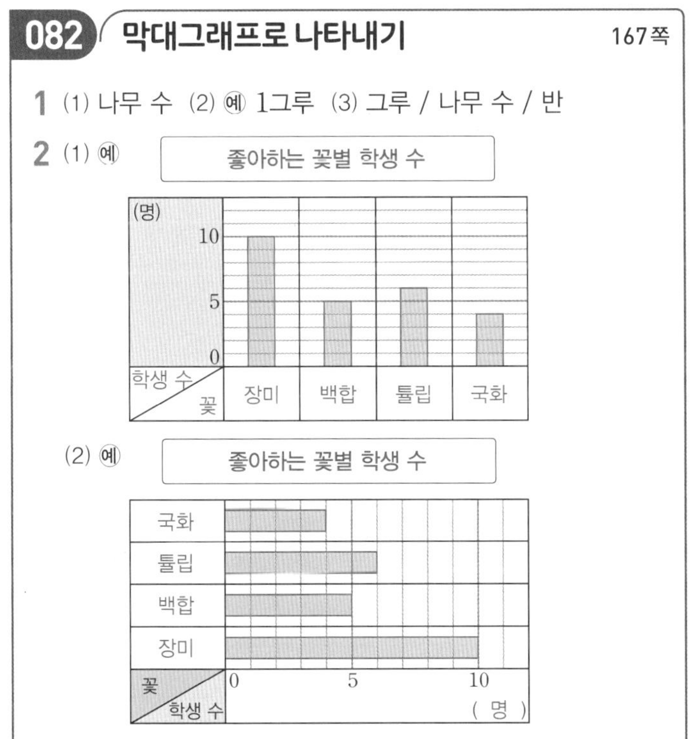

1 (2) 나무 수가 7그루에서 10그루까지이므로 한 칸이 1그루를 나타내는 것이 좋을 것 같습니다.

26 꺾은선그래프

083 꺾은선그래프 168쪽

1 (1) 날짜 / 키 (2) 2 cm (3) 콩나물의 키의 변화

2 (1) 시각 / 기온 (2) 오전 9시와 낮 12시 사이 (3) 약 12℃

1 (2) 0에서 10 cm까지를 5칸으로 나타냈으므로 세로 눈금 한 칸은 $10 \div 5 = 2$ (cm)를 나타냅니다.

084 꺾은선그래프로 나타내기 169쪽

1 (1) 키 (2) 예

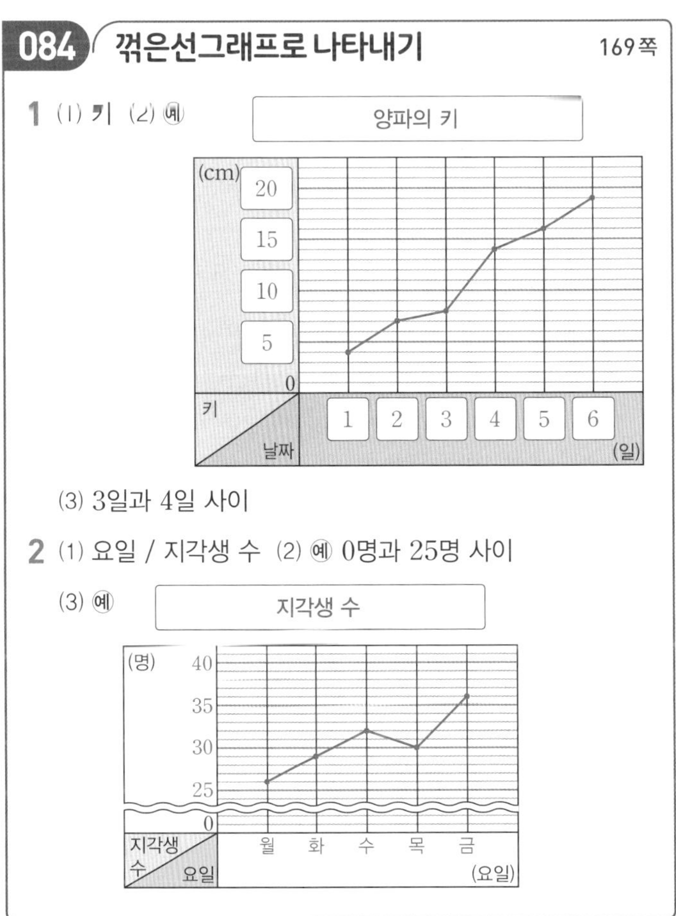

(3) 3일과 4일 사이

2 (1) 요일 / 지각생 수 (2) 예 0명과 25명 사이

(3) 예

2 (2) 자료의 가장 작은 수가 26이므로 0～25까지는 생략해서 나타낼 수 있습니다.

실전개념 응용 문제 170~171쪽

1 32명 2 33명 3 찬호

4 재호 5 2칸 6 10칸

7

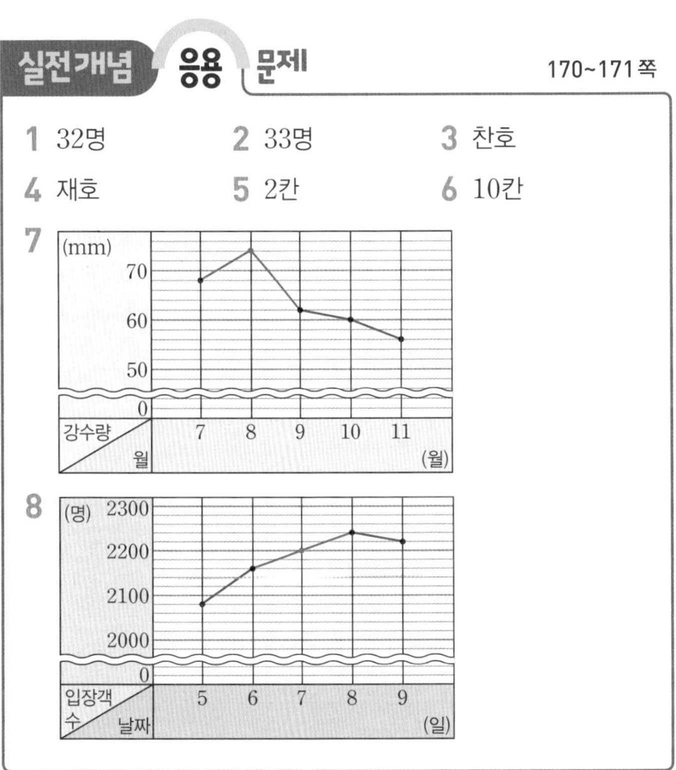

1 받고 싶은 선물별 학생 수를 알아보면
학용품: 7명, 게임기: 12명, 인형: 8명, 책: 12−7=5(명)
➡ (조사한 학생 수)=7+12+8+5=32(명)

2 게임: 15명, 운동: 7명, 음악 감상: 6명,
독서: 15÷3=5(명)
➡ (조사한 학생 수)=15+7+6+5=33(명)

3 수진이네 모둠의 그래프는 눈금 한 칸이 1개, 지호네 모둠의 그래프는 눈금 한 칸이 2개를 나타냅니다.
두 그래프 중에서 길이가 가장 긴 것만 비교해 보면
수진: 11개, 찬호: 18개로 찬호가 가장 많이 먹었습니다.

4 우정이네 모둠의 그래프는 눈금 한 칸이 1권, 시현이네 모둠의 그래프는 눈금 한 칸이 2권을 나타냅니다.
두 그래프 중에서 길이가 가장 짧은 것만 비교해 보면,
재호: 3권, 민영: 4권으로 재호가 가장 적게 읽었습니다.

5 세로 눈금 한 칸은 10명을 나타내고 2020년과 2021년의 세로 눈금은 4칸 차이가 나므로 40명 차이입니다. 40명은 세로 눈금 한 칸을 20명으로 할 때 세로 눈금 2칸 차이입니다.

6 세로 눈금 한 칸은 1 cm를 나타내고 목요일과 금요일의 세로 눈금은 5칸 차이가 나므로 5 cm입니다. 5 cm는 세로 눈금 한 칸을 0.5 cm로 할 때 세로 눈금 10칸 차이입니다.

7 세로 눈금 한 칸은 2 mm이므로 8월은 7월보다 3칸 더 위로 그립니다.

8 세로 눈금 한 칸은 20명이므로 7일은 6일보다 2칸 더 위로 그립니다.

4학년 총정리 TEST

172~173쪽

1 학생 수 **2** 예 1명

3 예

놀이 기구별 학생 수

(명) 10 5 0
학생 수 / 놀이 기구
파도풀 슬라이드 물놀이풀 바닥분수

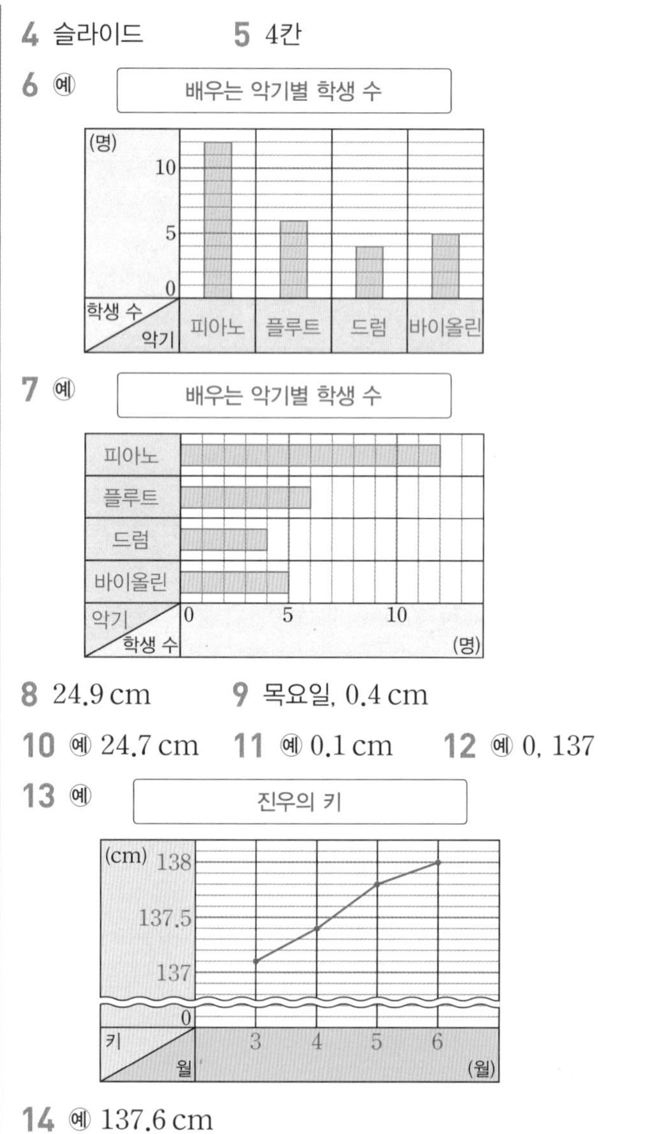

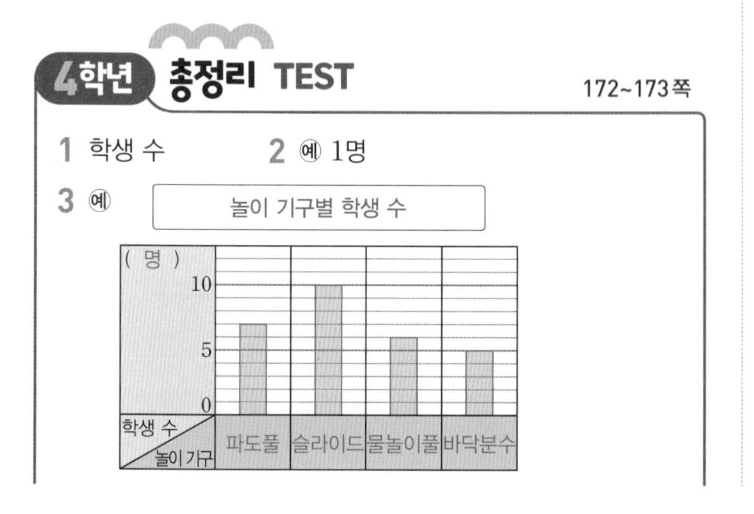

2 세로 눈금 한 칸은 학생 1명을 나타내는 것이 좋습니다.

3 학생 수에 알맞게 막대를 그리고 빈 곳에 알맞은 말을 써넣습니다.

4 막대의 길이가 가장 긴 것을 찾으면 슬라이드입니다.

6 학생 수에 알맞게 막대를 그리고 빈 곳에 알맞은 말을 써넣습니다.

8 24에서 24.5까지 0.5 cm를 5칸으로 나타내었으므로 세로 눈금 한 칸은 0.1 cm를 나타냅니다. 목요일의 세로 눈금을 읽으면 24.9 cm입니다.

9 선이 가장 많이 기울어진 곳을 찾으면 수요일과 목요일 사이입니다. 이때 세로 눈금 4칸만큼 자랐으므로 0.4 cm 자랐습니다.

10 수요일 오전 9시 키인 24.5 cm와 목요일 오전 9시 키인 24.9 cm의 중간인 24.7 cm였을 것입니다.

11 키를 소수 첫째 자리까지 나타내었으므로 세로 눈금 한 칸은 0.1 cm를 나타내면 좋을 것 같습니다.

12 0 cm와 137 cm 사이에 자료 값이 없으므로 0 cm와 137 cm 사이에 물결선을 넣으면 좋을 것 같습니다.

14 4월 1일에 137.4 cm이고 5월 1일에 137.8 cm이므로 그 중간인 137.6 cm라고 예상할 수 있습니다.

27 규칙과 대응

085 두 양 사이의 관계 174쪽

1 (1)

자동차의 수(대)	1	2	3	4	……
블록의 수(개)	25	50	75	100	……

(2) 예 블록의 수는 자동차의 수의 25배입니다. / 예 자동차의 수는 블록의 수의 $\frac{1}{25}$입니다. (3) 250개 (4) 12대

2 (1) ○ ○ ○ ○ ● ● ● ● ● (2) 9개 (3) 예 흰 바둑돌의 수는 검은 바둑돌의 수보다 1개 적습니다. / 예 검은 바둑돌의 수는 흰 바둑돌의 수보다 1개 많습니다.

1 (3) 블록의 수는 자동차의 수의 25배이므로 $10\times25=250$(개) 필요합니다.

(4) 자동차의 수는 블록의 수의 $\frac{1}{25}$이므로

$300\times\frac{1}{25}=12$(대) 만들 수 있습니다.

086 대응 관계를 식으로 나타내는 방법 175쪽

1 (1)

□	12	13	14	15	16	17
△	15	16	17	18	19	20

(2) 예 □＋3＝△ (또는 △－3＝□) (3) 23살 (4) 22살

2 예 ○×12＝◇ (또는 ◇÷12＝○)

3 (1) 예 ☆×12＝□ (또는 □÷12＝☆) (2) 120개 (3) 25개

4 20마리

3 (2) $10\times12=120$(개) (3) $300\div12=25$(개)

4 $160\div8=20$(마리)

28 평균과 가능성

087 평균 176쪽

1 36쪽 2 가 도서관
3 (1) 13살 (2) 18살 4 100점

1 $\frac{26+46+50+28+30}{5}=\frac{180}{5}=36$(쪽)

2 가: $\frac{725}{5}=145$(권) 나: $\frac{710}{5}=142$(권)

3 (1) $\frac{16+13+12+11}{4}=\frac{52}{4}=13$(살)

(2) $\frac{52+\square}{5}=14$, $52+\square=70$, $\square=18$

088 일이 일어날 가능성 177쪽

1 (1) 불가능하다에 ○표 (2) 반반이다에 ○표
(3) 확실하다에 ○표 (4) ~아닐 것 같다에 ○표

2 (1) $\frac{1}{2}$ (2) 0 3 1

3 회전판은 모두 빨간색이므로 가능성은 확실합니다.

실전개념 응용 문제 178~179쪽

1 37개 2 61개 3 8개
4 14개 5 100개 6 일곱째
7 90점 8 862상자 9 47.6 kg
10 ㉢ 11 ㉢ 12 ㉢, ㉠, ㉡

1 정사각형의 수가 1개 늘어날 때마다 성냥개비의 수는 3개씩 늘어납니다.
➡ (성냥개비의 수)＝(정사각형의 수)×3＋1
＝12×3＋1＝37(개)

2 정오각형의 수가 1개 늘어날 때마다 성냥개비의 수는 4개씩 늘어납니다.
➡ (성냥개비의 수)$=$(정오각형)$\times 4+1$
$=15\times 4+1=61$(개)

3 (성냥개비의 수)$=$(정육각형의 수)$\times 5+1=41$,
(정육각형의 수)$\times 5=40$,
(정육각형의 수)$=40\div 5=8$(개)

4 정사각형의 수는 순서의 2배입니다. 따라서 일곱째 줄에 만든 정사각형의 수는 $7\times 2=14$(개)입니다.

5 (구슬의 수)$=$(순서)$\times$(순서)이므로 열째에 늘어놓은 구슬의 수는 $10\times 10=100$(개)입니다.

6 (블록의 수)$=$(순서)$\times$(순서$+1$)입니다.
$56=7\times 8$이므로 블록 56개가 놓여 있는 것은 일곱째입니다.

7 (4회까지의 점수의 합)$=92\times 2+88\times 2=360$(점)
➡ (4회까지의 평균 점수)$=360\div 4=90$(점)

8 (다섯 과수원의 귤 수확량의 합)$=840\times 3+895\times 2$
$=4310$(상자)
➡ (다섯 과수원의 평균 귤 수확량)$=4310\div 5=862$(상자)

9 (전체 학생들의 몸무게의 합)$=13\times 50+12\times 45$
$=1190$ (kg)
➡ (전체 학생들의 평균 몸무게)$=1190\div 25=47.6$ (kg)

10 ㉠ $\frac{1}{2}$ ㉡ 0 ㉢ 1

11 ㉠ 1 ㉡ $\frac{1}{2}$ ㉢ 0

12 ㉠ $\frac{1}{2}$ ㉡ 0 ㉢ 1

5학년 총정리 TEST

180~181쪽

1 28	2 13개	3 7분 30초
4 4시간 10분	5 41 cm	6 25개
7 결승에 올라갈 수 없습니다.		8 7220 kg
9 누나	10 ㉣	11 0

12
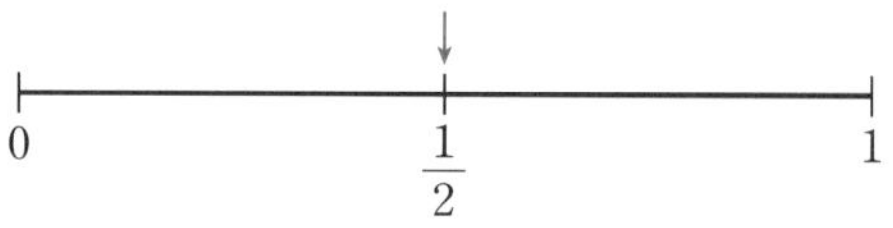

1 ㉠$=6\times 2+1=13$, ㉡$=7\times 2+1=15$
➡ ㉠$+$㉡$=13+15=28$

2 탁자의 수를 □(개), 의자의 수를 △(개)라고 할 때 두 양 사이의 대응 관계를 식으로 나타내면 □$\times 4=$△ 또는 △$\div 4=$□입니다. 따라서 의자 52개가 있다면 탁자는 $52\div 4=13$(개) 있습니다.

3 2개의 수도꼭지를 동시에 틀면 1분에 $12+8=20$ (L)씩 물을 받습니다. 물을 받는 시간을 □(분), 받는 물의 양을 △ (L)라고 할 때 두 양 사이의 대응 관계를 식으로 나타내면 □$\times 20=$△ 또는 △$\div 20=$□입니다.
따라서 물 150 L를 받으려면 $150\div 20=7.5$(분)
➡ 7분 30초가 걸립니다.

4 기차가 달린 시간을 □(시간), 달린 거리를 △ (km)라고 할 때 두 양 사이의 대응 관계를 식으로 나타내면
□$\times 120=$△ 또는 △$\div 120=$□입니다.
따라서 500 km를 가려면 $500\div 120=4\frac{1}{6}$ (시간)
➡ 4시간 10분 동안 달려야 합니다.

5 색 테이프의 수를 □(장), 이어 붙인 색 테이프 전체의 길이를 △ (cm)라고 할 때 두 양 사이의 대응 관계를 식으로 나타내면 $5\times$□$-$(□-1)$=$△입니다.
따라서 이어 붙인 색 테이프 전체의 길이는
$5\times 10-(10-1)=50-9=41$ (cm)입니다.

6 직각삼각형의 수를 □(개), 성냥개비의 수를 △(개)라고 할 때 두 양 사이의 대응 관계를 식으로 나타내면
□$\times 2+1=$△입니다.
직각삼각형 12개를 만드는 데 필요한 성냥개비 수는
$12\times 2+1=25$(개)입니다.

7 (평균)$=(37+26+28+25)\div 4=116\div 4=29$(번)
➡ 29번$<$30번이므로 3반은 결승에 올라갈 수 없습니다.

8 전체 생산량은 $7430\times 5=37150$ (kg)이므로
(라 농장의 생산량)
$=37150-(8530+7820+5340+8240)$
$=7220$ (kg)입니다.

9 진우네 가족이 딴 전체 감의 수는 $90\times 5=450$(개)이므로
(어머니가 딴 감의 수)$=450-(92+108+102+52)$
$=96$(개)입니다.
따라서 감을 가장 많이 딴 사람은 누나입니다.

11 상자 안에 들어 있는 공은 노란색, 빨간색이므로 검은색 공이 나오는 것은 불가능합니다.

12 주사위의 눈 1~6 중에 짝수는 2, 4, 6으로 3개이므로 짝수의 눈이 나올 가능성은 반반입니다.

29 비와 비율

089 두 수를 비교하기 182쪽

1 예 연필 수는 지우개 수보다 8 큽니다. /
예 연필 수는 지우개 수의 3배입니다.

2 (1)

나이	올해	1년 후	2년 후	3년 후
민주	13	14	15	16
동생	9	10	11	12

(2) 예 민주는 동생보다 4살 많습니다.

3

봉지 수	1	2	3	4	5
빨간색 구슬 수	9	18	27	36	45
파란색 구슬 수	3	6	9	12	15

/ 3 / 3

4 (1) 8개 / 40장 (2) 5

090 비 183쪽

1 5, 6

2 (1) 5, 9 (2) 3, 8

3 (1) 13, 20 (2) 5, 8 (3) 3, 7 (4) 25, 12

4 22, 35 / 35, 22

5 ㉢

6 

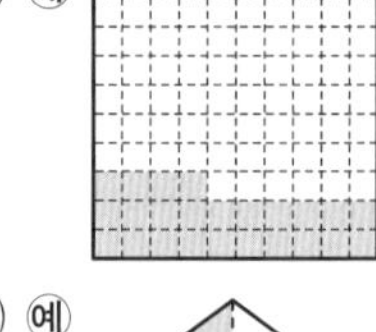

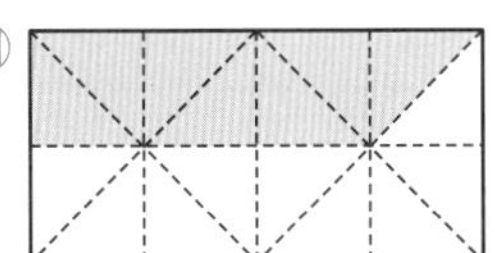

091 비율 184쪽

1

비	비교하는 양	기준량
7과 3의 비	7	3
9에 대한 2의 비	2	9

2

3 $\frac{8}{15}$

4 $\frac{560}{400}(=\frac{7}{5})$ / 1.4

5 (1) $\frac{2}{5}$ (2) 2.5

6 0.75

3 긴 쪽에 대한 짧은 쪽의 길이의 비율
➡ $\frac{(\text{짧은 쪽의 길이})}{(\text{긴 쪽의 길이})}=\frac{8}{15}$

5 (2) $\frac{(\text{밀가루의 양})}{(\text{설탕 양})}=\frac{5}{2}$ ➡ $5\div2=2.5$

6 $\frac{(\text{민수가 가진 연필 수})}{(\text{지호가 가진 연필 수})}=\frac{35-20}{20}=\frac{15}{20}$
➡ $15\div20=0.75$

092 백분율 185쪽

1 (1) 100 / 45 / 45 (2) 100 / 36 / 36

2

분수	소수	백분율
$\frac{39}{100}$	0.39	39 %
$\frac{5}{100}(=\frac{1}{20})$	0.05	5 %
$\frac{13}{25}$	0.52	52 %

3 75 %

4 (1) 예

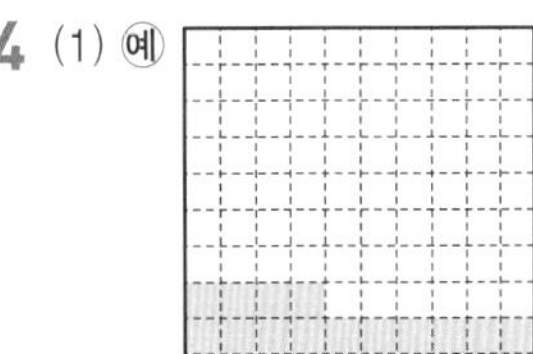

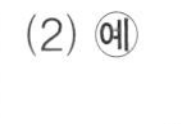

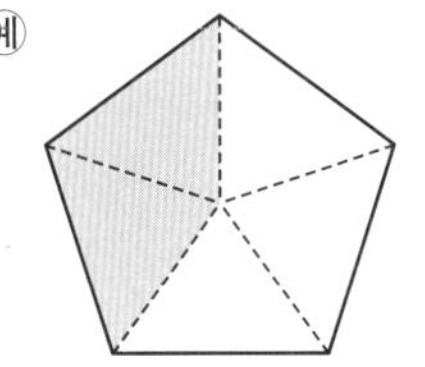

5 85 %

6 가 가게

3 $\frac{3}{4}\times100=75(\%)$

4 (1) $100\times\frac{6}{25}=24$이므로 100칸 중 24칸을 색칠합니다.
(2) $5\times\frac{40}{100}=2$이므로 5칸 중 2칸을 색칠합니다.

5 $\frac{17}{20}\times100=85(\%)$

6 가: $\frac{6000}{20000}=\frac{3}{10}=0.3$ ➡ 할인율: 30 %
나: $\frac{6000}{24000}=\frac{1}{4}=0.25$ ➡ 할인율: 25 %

실전개념 응용 문제 186~187쪽

1 $780\ cm^2$	2 $300\ cm^2$	3 $260.1\ cm^2$
4 귤	5 스케치북	6 5000원
7 나 은행	8 나 은행, 2000원	
9 나 은행	10 325포인트	11 36권
12 $32.4\ cm^3$		

1 (새로 만든 직사각형의 가로)$=40+40\times\frac{30}{100}=52$ (cm)
➡ (새로 만든 직사각형의 넓이)$=52\times15=780$ (cm^2)

2 (새로 만든 마름모의 대각선 ㄱㄷ의 길이)
$=30-30\times\frac{20}{100}=24$ (cm)
➡ (새로 만든 마름모의 넓이)$=25\times24\div2$
$=300$ (cm^2)

3 (새로 만든 삼각형의 밑변의 길이)
$=36-36\times\frac{15}{100}=30.6$ (cm)
(새로 만든 삼각형의 높이)$=20-20\times\frac{15}{100}=17$ (cm)
➡ (새로 만든 삼각형의 넓이)$=30.6\times17\div2$
$=260.1$ (cm^2)

5 (스케치북의 할인율)$=\frac{480}{3200}\times100=15$(%)
(색연필의 할인율)$=\frac{1000}{4000}\times100=25$(%)
(가위의 할인율)$=\frac{700}{3500}\times100=20$(%)

6 (할인받은 금액)$=25000\times\frac{20}{100}=5000$(원)

7 (가 은행의 1개월 이자율)$=\frac{100}{10000}\times100=1$(%)
(나 은행의 1개월 이자율)$=\frac{520}{40000}\times100=1.3$(%)

8 (가 은행의 1년 이자율)$=\frac{4200}{70000}\times100=6$(%)
(나 은행의 1년 이자율)$=\frac{4000}{50000}\times100=8$(%)
➡ (가 은행의 1년 이자)$=100000\times\frac{6}{100}=6000$(원)
(나 은행의 1년 이자)$=100000\times\frac{8}{100}=8000$(원)

9 (가 은행의 이자)$=6000\times\frac{7}{100}=420$(원)
(나 은행의 이자)$=9000\times\frac{5}{100}=450$(원)

10 3250의 10 %만큼을 포인트로 적립해 주므로
$3250\times\frac{10}{100}=325$(포인트)를 적립 받을 수 있습니다.

12 8 % ➡ $\frac{8}{100}=0.08$
(늘어난 부피)$=30\times0.08=2.4$ (cm^3)
➡ (얼음의 부피)$=30+2.4=32.4$ (cm^3)

30 여러 가지 그래프

093 그림그래프 188쪽

1 (1) 1개, 5개, 2개 / 2개, 3개, 4개
(2)

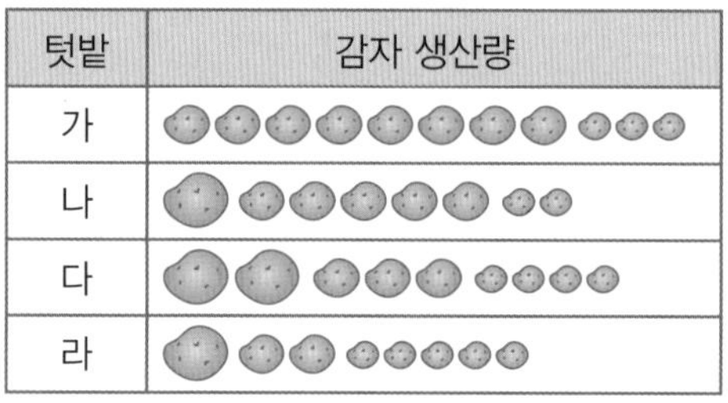

텃밭	감자 생산량
가	
나	
다	
라	

(3) 다 텃밭 (4) 가 텃밭

094 띠그래프 189쪽

1 (1) 라 마을 (2)

마을	가	나	다	라	합계
백분율(%)	25	40	20	15	100

(3) 300명

2 (1)

꽃	장미	국화	튤립	기타	합계
학생 수	64	40	32	24	160
백분율(%)	40	25	20	15	100

(2) 0 10 20 30 40 50 60 70 80 90 100(%)
장미 (40 %) | 국화 (25 %) | 튤립 (20 %) | 기타 (15 %)

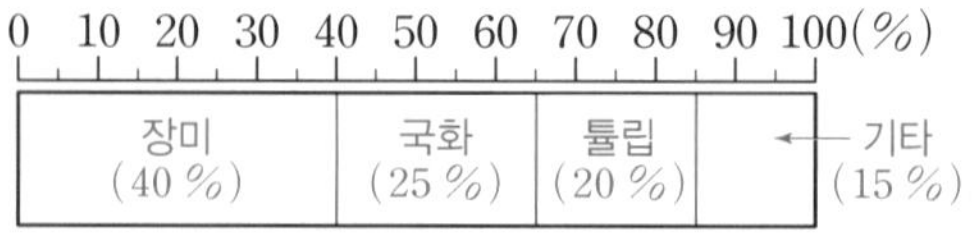

(3) 1.25배

1 (3) 20 %가 60명이므로 전체 학생 수는
$60\times5=300$(명)입니다.

095 원그래프 190쪽

1 (1) 운동 선수 (2) 2배

2 (1)

과일	사과	포도	딸기	수박	기타	합계
학생 수	6	4	5	3	2	20
백분율(%)	30	20	25	15	10	100

(2)

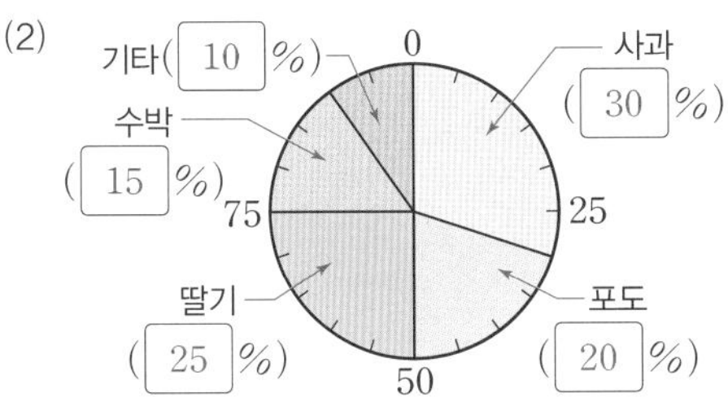

096 여러 가지 그래프 191쪽

1 ㉠, ㉢

2 (1)

산	백두산	금강산	한라산	설악산	합계
학생 수	70	60	40	30	20
백분율(%)	35	30	20	15	100

(2) 0 10 20 30 40 50 60 70 80 90 100(%)

백두산 (35 %) | 금강산 (30 %) | 한라산 (20 %) | 설악산 (15 %)

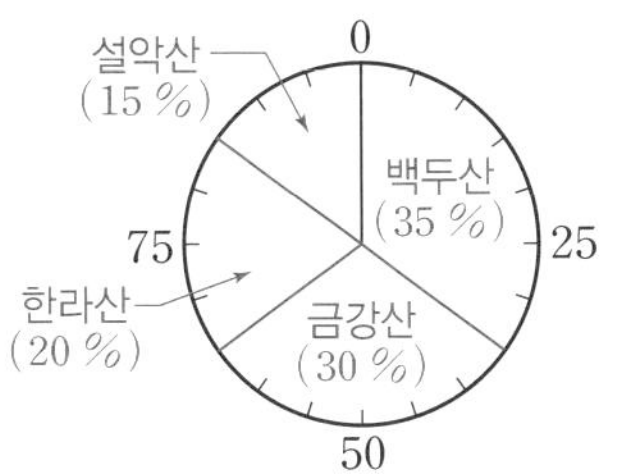

실전개념 응용 문제 192~193쪽

1 200명 **2** 20권 **3** 1800명

4 14명 **5** 30 g **6** 750대

7 7.5 cm **8** 3.5 cm **9** 25 cm

10 0 10 20 30 40 50 60 70 80 90 100(%)

가요 (40 %) | 동요 (25 %) | 팝송 (20 %) | 클래식 (15 %)

11 3 cm **12** 8 cm

1 전체 학생 수를 □라 하면 $□\times\frac{30}{100}=60$(명)입니다.

➡ $□=60\div\frac{30}{100}$, $□=60\times\frac{100}{30}$, $□=200$

2 한 달 동안 읽은 전체 책 수를 □라 하면

$□\times\frac{25}{100}=5$(권)입니다.

➡ $□=5\div\frac{25}{100}$, $□=5\times\frac{100}{25}$, $□=20$

3 초등학생 수는 35 %이고 5 %일 때 초등학생 수는 $630\div7=90$(명)입니다.
전체 비율은 5 %의 20배이므로
(전체 학생 수)$=90\times20=1800$(명)입니다.

4 수학을 좋아하는 학생 수의 비율은 전체의 $100-(30+20+5+35)=10$(%)입니다.
사회를 좋아하는 학생(20 %)은 수학을 좋아하는 학생(10 %)의 2배이므로 사회를 좋아하는 학생은 $7\times2=14$(명)입니다.

5 지방의 비율은 전체의 $100-(45+25+10+5)=15$(%)입니다.
탄수화물(45 %)은 지방(15 %)의 3배이므로 지방은 탄수화물의 $\frac{1}{3}$입니다.

따라서 지방은 $90\times\frac{1}{3}=30$ (g)입니다.

6 나 공장의 자전거 생산량은 전체의 30 %이므로 5 %일 때 자전거는 $900\div6=150$(대)입니다.
전체 생산량은 5 %의 20배이므로
(전체 생산량)$=150\times20=3000$(대)입니다.
(가 공장의 자전거 생산량)$=3000\times\frac{25}{100}=750$(대)

7 학용품의 비율은 25 %이므로 띠그래프에서 학용품이 차지하는 부분의 길이는 $30\times\frac{25}{100}=7.5$ (cm)입니다.

8 공책의 비율은 35 %이므로 전체 길이가 10 cm인 띠그래프에서 공책이 차지하는 부분의 길이는
$10\times\frac{35}{100}=3.5$ (cm)입니다.

9 (개그맨의 비율)$=100-(35+30+15)=20$(%)이므로 띠그래프의 전체 길이는 $5\times5=25$ (cm)입니다.

11 (햄스터의 비율)
$=100-(30+30+10+10)=20(\%)$이므로
띠그래프에서 햄스터가 차지하는 부분의 길이는
$15\times\frac{20}{100}=3\,(\text{cm})$입니다.

12 전체 길이가 40 cm인 띠그래프에서
(강아지의 길이)$=40\times\frac{30}{100}=12\,(\text{cm})$,
(토끼의 길이)$=40\times\frac{10}{100}=4\,(\text{cm})$입니다.

6학년 총정리 TEST ①

194~195쪽

1 $\frac{14}{25}$	2 1280원	3 가 은행
4 0.8	5 55 %	6 50 %
7 ㉠	8 60명	9 1500명
10 192명	11 6000원	12 75가구

1 긴 쪽은 25 cm, 짧은 쪽은 14 cm이므로 긴 쪽에 대한 짧은 쪽의 길이의 비는 14 : 25입니다.
따라서 비율을 분수로 나타내면 $\frac{14}{25}$입니다.

2 (할인율)$=800\div5000=0.16$ ➡ 16 %
8000원의 16 %만큼 할인받는 것이므로
$8000\times\frac{16}{100}=1280$(원)을 할인받을 수 있습니다.

3 (가 은행)$=40000\times\frac{6}{100}=2400$(원)
(나 은행)$=50000\times\frac{4}{100}=2000$(원)
(다 은행)$=115000\times\frac{2}{100}=2300$(원)

4 (직사각형의 세로)$=500\div25=20\,(\text{cm})$
➡ 가로에 대한 세로의 비율: $\frac{20}{25}=0.8$

5 (지효와 동생이 마신 우유의 양)
$=250+200=450\,(\text{mL})$
(남은 우유의 양)$=1000-450=550\,(\text{mL})$
➡ $\frac{550}{1000}\times100=55(\%)$

6 (고추를 심은 밭의 넓이)$=500\times\frac{60}{100}=300\,(\text{m}^2)$
(오이를 심은 밭의 넓이)$=200\times\frac{3}{4}=150\,(\text{m}^2)$
➡ 고추를 심은 밭의 넓이에 대한 오이를 심은 밭의 넓이의 비율: $\frac{150}{300}\times100=50(\%)$

8 $240\times\frac{25}{100}=60$(명)

9 전체 학생 수를 □명이라고 하면 $\square\times\frac{25}{100}=375$입니다.
$\square=375\div\frac{25}{100}=375\times\frac{100}{25}=1500$

10 가요는 40 %, 국악은 10 %이므로 가요는 국악의 $40\div10=4$(배)입니다.
따라서 가요를 듣는 학생은 $48\times4=192$(명)입니다.

11 $30000\times\frac{20}{100}=6000$(원)

12 ㉯ 신문은 20 %, ㉰ 신문은 25 %이므로
㉰ 신문을 구독하는 가구는 ㉯ 신문을 구독하는 가구의 $25\div20=1.25$(배)입니다. 따라서 ㉰ 신문을 구독하는 가구는 $60\times1.25=75$(가구)입니다.

31 비례식과 비례배분

097 비의 성질

198쪽

1 10, 14	2 ㉡, ㉣	3 ①
4 ④	5 6 : 5	6 2 : 3

2 ㉡ $9:13=(9\times3):(13\times3)=27:39$
㉣ $9:13=(9\times10):(13\times10)=90:130$

6 (가로) : (세로)$=3.4:5.1$
$=(3.4\times10):(5.1\times10)=34:51$
➡ $34:51=(34\div17):(51\div17)=2:3$

098 비례식

199쪽

1 (1) 4 : 3, 16 : 12 (2) 4, 3, 16, 12		
2 11, 10, 22	3 ㉠, ㉣	4 ㉡
5 ㉠, ㉢	6 180	

1 $4:3=\frac{4}{3}$, $2:5=\frac{2}{5}$, $12:25=\frac{12}{25}$,

$16:12=\frac{16}{12}=\frac{4}{3}$ ➡ 4 : 3과 16 : 12의 비율이 같습니다.

3 ㉡ $4:7=\frac{4}{7}$, $12:14=\frac{12}{14}=\frac{6}{7}$

➡ 비율이 같지 않습니다.

㉢ $3:2=\frac{3}{2}$, $4:6=\frac{4}{6}=\frac{2}{3}$ ➡ 비율이 같지 않습니다.

4 $2:5=(2\times2):(5\times2)=4:10$

6 $20:45=4:9$ ➡ $20\times9=180$

099 비례식의 성질 200쪽

1 (1) 15, 30 (2) 6, 30 (3) 같습니다.
2 (1) 4 / 4 / ○ (2) 18 / 8 / ×
3 (1) 9 (2) 15
4 72
5 ㉡
6 (1) 7 (2) 210쪽

4 외항의 곱도 360이므로 5×㉠=360 ➡ ㉠=72입니다.

5 ㉠ □×5=45, □=9

㉡ □×30=210, □=7

㉢ $\frac{3}{4}$×□=6, □=8

6 (2) 3×□=90×7

□=630÷3

=210

100 비례배분 201쪽

1 4, 3 / $\frac{4}{7}$ / 200 / 4, 3 / $\frac{3}{7}$ / 150
2 5, 3 / 25 / 5, 3 / 15
3 (1) 12, 42 (2) 100, 180
4 21자루 / 15자루
5 (1) 14, 15 (2) 70장 / 75장

5 (2) (1반)$=145\times\frac{14}{29}=70$(장)

(2반)$=145\times\frac{15}{29}=75$(장)

실전개념 응용 문제 202~203쪽

1 1시간 20분	2 75 km	3 2시간 10분
4 360 cm^2	5 120 cm^2	6 1728 cm^2
7 15번	8 오후 12시 48분	9 22분 55초
10 640 cm^2	11 308 cm^2	12 2058 cm^2

1 걸리는 시간을 □분이라 하고 비례식을 세우면 8 : 12=□ : 120입니다.
➡ 8×120=12×□, 12×□=960, □=80이므로 80분은 1시간 20분입니다.

2 1시간 40분 동안 갈 수 있는 거리를 □km라 하고 비례식을 세우면 1시간 40분은 100분이므로 20 : 15=100 : □입니다.
➡ 15×100=20×□, 20×□=1500, □=75

3 걸리는 시간을 □분이라 하고 비례식을 세우면 15 : 27=□ : 234입니다.
➡ 15×234=27×□, 27×□=3510, □=130이므로 130분은 2시간 10분입니다.

4 세로를 □cm라 하고 비례식을 세우면 8 : 5=24 : □, 5×24=8×□, 8×□=120, □=15
➡ (직사각형의 넓이)=24×15=360 (cm^2)

5 높이를 □cm라 하고 비례식을 세우면 5 : 3=20 : □, 3×20=5×□, 5×□=60, □=12
➡ (삼각형의 넓이)=20×12÷2=120 (cm^2)

6 높이를 □cm라 하고 비례식을 세우면 3 : 4=36 : □, 4×36=3×□, 3×□=144, □=48
➡ (평행사변형의 넓이)=36×48=1728 (cm^2)

7 (가의 톱니 수) : (나의 톱니 수)=12 : 8이므로 (가의 회전수) : (나의 회전수)=8 : 12입니다. 가가 10번 도는 동안 나가 돈 횟수를 □라 하고 비례식을 세우면 8 : 12=10 : □입니다.
➡ 12×10=8×□, 8×□=120, □=15

8 한 시간에 2분씩 늦어지고, 오전 7시부터 오후 1시까지 6시간입니다. 오후 1시까지 늦어지는 시간을 □라 하고 비례식을 세우면 1 : 2=6 : □입니다.
➡ 2×6=1×□, □=12
오후 1시에는 12분 늦어지므로 시계가 가리키는 시각은 오후 12시 48분입니다.

9 물통을 가득 채우는 데 걸리는 시간을 □라 하고 비례식을 세우면 5 : 12=□ : 55입니다.

➡ $5\times55=12\times\square$, $12\times\square=275$, $\square=22\frac{11}{12}$입니다. $22\frac{11}{12}$분은 22분 55초입니다.

10 (밑변) : (높이)=5 : 8

밑변: $52\times\frac{5}{5+8}=20$ (cm),

높이: $52\times\frac{8}{5+8}=32$ (cm)

➡ (평행사변형의 넓이)$=20\times32=640$ (cm^2)

11 (가로)+(세로)$=72\div2=36$ (cm)

가로: $36\times\frac{11}{11+7}=22$ (cm),

세로: $36\times\frac{7}{11+7}=14$ (cm)

➡ (직사각형의 넓이)$=22\times14=308$ (cm^2)

12 직사각형의 둘레가 182 cm이므로 (가로)+(세로)$=182\div2=91$ (cm)입니다.

가로: $91\times\frac{7}{7+6}=49$ (cm),

세로: $91\times\frac{6}{7+6}=42$ (cm)

➡ (직사각형의 넓이)$=49\times42=2058$ (cm^2)

6학년 총정리 TEST ②

204~205쪽

1 3, 5 / 21, 35	2 (위에서부터) 8 / 104 / 8	
3 12	4 15 cm	5 4 / 3, 5
6 3 : 2	7 ⑤	8 720원
9 250 cm^2	10 48 cm / 8 cm	
11 오후 9시 32분	12 16 cm	

1 3 : 5 ➡ $\frac{3}{5}$, 12 : 25 ➡ $\frac{12}{25}$,

9 : 10 ➡ $\frac{9}{10}$, 21 : 35 ➡ $\frac{21}{35}=\frac{3}{5}$

3 : 5와 21 : 35의 비율이 같으므로 비례식으로 나타내면 3 : 5=21 : 35 또는 21 : 35=3 : 5입니다.

2 $8\times\square=64$, $\square=64\div8=8$

➡ 전항에 8을 곱했으므로 후항에도 8을 곱합니다.

3 5 : 3=20 : □이므로 $\square=3\times4=12$입니다. (×4, ×4)

4 세로를 □ cm라고 하면 8 : 3=40 : □이므로 $\square=3\times5=15$입니다.

5 12와 20의 공약수인 4로 각 항을 나눕니다.

6 (어제 마신 우유의 양) : (오늘 마신 우유의 양)

$=1.2:\frac{4}{5}=\frac{12}{10}:\frac{4}{5}=(\frac{12}{10}\times10):(\frac{4}{5}\times10)$

$=12:8=(12\div4):(8\div4)=3:2$

7 ①, ②, ③, ④의 □ 안에는 모두 3이 들어갑니다.

⑤ $\square\times8=0.4\times5$, $\square\times8=2$, $\square=\frac{1}{4}$

8 지하철 요금을 □원이라 놓고 비례식을 세우면 2 : 3=480 : □입니다.

➡ $2\times\square=3\times480$, $2\times\square=1440$, $\square=720$

9 높이를 □ cm라 놓고 비례식을 세우면 5 : 8=□ : 20입니다.

➡ $5\times20=8\times\square$, $8\times\square=100$, $\square=12.5$

➡ (평행사변형의 넓이)$=20\times12.5=250$ (cm^2)

10 재호: $56\times\frac{6}{6+1}=56\times\frac{6}{7}=48$ (cm)

지선: $56\times\frac{1}{6+1}=56\times\frac{1}{7}=8$ (cm)

11 오전 8시부터 오후 10시까지는 14시간이므로 14시간 동안 늦어지는 시간을 □분이라 놓고 비례식을 세우면 1 : 2=14 : □입니다.

➡ $1\times\square=2\times14$, $\square=28$이므로 오후 9시 32분을 가리킵니다.

12 (직사각형 ㄱㄴㄷㄹ의 넓이)$=22\times12=264$ (cm^2)

(㉯의 넓이)$=264\times\frac{4}{7+4}=264\times\frac{4}{11}=96$ (cm^2)

(선분 ㅁㄹ)$\times12\div2=96$

➡ (선분 ㅁㄹ)$=96\times2\div12=16$ (cm)

수학 반편성 배치고사 1 회 208~211쪽

1 ④	2 ②	3 ③	4 ⑤
5 ④	6 ②	7 100 cm	8 ④
9 ②	10 ①	11 ⑤	12 ④
13 ④	14 ①, ③	15 ④	16 ④
17 가	18 ①	19 ④	20 ⑤
21 ④	22 ⑤	23 ④	24 ②
25 ④			

1 나누는 수가 나누어지는 수보다 작으면 몫이 1보다 큽니다.

2 나는 삼각기둥이고 모서리의 수는 $3\times3=9$(개)입니다.

3 (모서리의 수)=(밑면의 변의 수)×2이고
(꼭짓점의 수)=(밑면의 변의 수)+1이므로
(모서리의 수)>(꼭짓점의 수)입니다.

4 나누는 수가 같을 때 나누어지는 수가 $\frac{1}{100}$이 되면 몫도 $\frac{1}{100}$이 됩니다.

5 (남학생 수) : (전체 학생 수)$=14:25$

6 (읽은 책 쪽수)$=120\times\frac{60}{100}=72$(쪽)

7 (새로 만든 정사각형의 한 변의 길이)
$=20+20\times0.25=25$ (cm)
➡ (새로 만든 정사각형의 둘레)$=25\times4=100$ (cm)

8 백두산에 가 보고 싶은 학생은 전체의 25 %이므로
(백두산에 가 보고 싶은 학생 수)$=400\times\frac{25}{100}=100$(명)
입니다.

9 학습 만화의 비율을 □ %라고 하면 동화책의 비율은
(□×3) %이므로 □×3+□+5+10+25=100,
□×4=60, □=15입니다.
따라서 학습 만화의 비율은 15 %이고, 동화책의 비율은
$15\times3=45$(%)입니다.

10 수학: $100-(30+20+15+10)=25$(%),
사회: 20 % ➡ $25\div20=1.25$(배)

11 $15\times8\times10=1200$ (cm^3)

12 $(6\times7+6\times8+7\times8)\times2=146\times2=292$ (cm^2)

13 (철근 1 m의 무게)=(철근의 무게)÷(철근의 길이)
$=\frac{12}{25}\div\frac{3}{5}=\frac{\overset{4}{\cancel{12}}}{\underset{5}{\cancel{25}}}\times\frac{\overset{1}{\cancel{5}}}{\underset{1}{\cancel{3}}}=\frac{4}{5}$ (kg)
➡ (철근 4 m의 무게)$=\frac{4}{5}\times4=\frac{16}{5}=3\frac{1}{5}$ (kg)

14 ① $22.41\div8.3=2241\div830$
③ $22.41\div8.3=224.1\div83$

15 나누어지는 수가 모두 같으므로 나누는 수가 작을수록 몫이 큽니다.

16 (쌓기나무의 개수)$=4+1+3+2+1+2=13$(개)

17 가 모양을 앞에서 본 모양 ➡
나, 다의 모양을 앞에서 본 모양 ➡

18 삼촌의 나이를 □라 두고 비례식을 세우면 4 : 7=12 : □
입니다.

19 진우네 반 학생 중 동생이 있는 학생 수와 전체 학생 수의 비는 25 : 100이므로 전체 학생 수를 □라 하고 비례식을 세우면 25 : 100=6 : □
➡ 6×100=25×□, □=600÷25=24(명)

20 (민호네) : (수진이네)$=5:3$
(민호네 모둠이 받을 귤 수)$=32\times\frac{5}{5+3}=20$(개)입니다.

21 (접시의 둘레)$=12\times2\times3=72$ (cm)

22 ①, ④ (원주)=(지름)×(원주율)
②, ③ 원주율은 원의 크기와 관계없이 일정합니다.

23 (색칠한 부분의 넓이)$=10\times2\times10-10\times10\times3\div2$
$=200-150=50$ (cm^2)

24 ② 원기둥의 밑면은 원이고, 각기둥의 밑면은 다각형입니다.

25

10 cm
14 cm

돌리기 전의 직사각형 모양의 종이는 가로가 10 cm, 세로가 14 cm입니다.
(직사각형 모양 종이의 넓이)$=10\times14=140$ (cm^2)

수학 반편성 배치고사 2회

212~215쪽

1 ③	2 85 cm	3 ②	4 ①
5 ②	6 ③	7 ③	8 ③
9 ④	10 ⑤	11 ③	12 ④
13 ②, ④	14 <	15 ③	16 ②
17 ⑤	18 ③	19 ⑤	20 ②
21 ②	22 ③	23 ②	24 ④, ⑤
25 ①			

2 (밑면에 있는 모서리의 길이의 합)$=5\times5=25$ (cm)
(나머지 모서리의 길이의 합)$=12\times5=60$ (cm)
➡ (모든 모서리의 길이의 합)$=25+60=85$ (cm)

4 $31.2\div5=\frac{3120}{100}\div5=\frac{3120\div5}{100}=\frac{624}{100}=6.24$

5 ① $1\frac{1}{3}=\frac{4}{3}$ ➡ $4:3$ ② $3:4$ ③ $4:11$
④ $4:25$ ⑤ $4:9$

7 (탄수화물의 비율)$=\frac{180}{250}\times100=72(\%)$

8 라 신문은 10 %이므로 다 신문은 $10\times2=20(\%)$입니다.
(가 신문의 비율)$=100-(25+20+10)=45(\%)$

9 띠그래프에서 가장 긴 부분을 차지하는 곡물은 쌀입니다.
(쌀 수확량)$=2000\times\frac{32}{100}=640$ (kg)입니다.

10 원그래프에서 작은 눈금 한 칸은 5 %를 나타내므로 동화책은 $5\times9=45(\%)$입니다.
(동화책이 차지하는 부분의 길이)$=20\times\frac{45}{100}=9$ (cm)입니다.

12
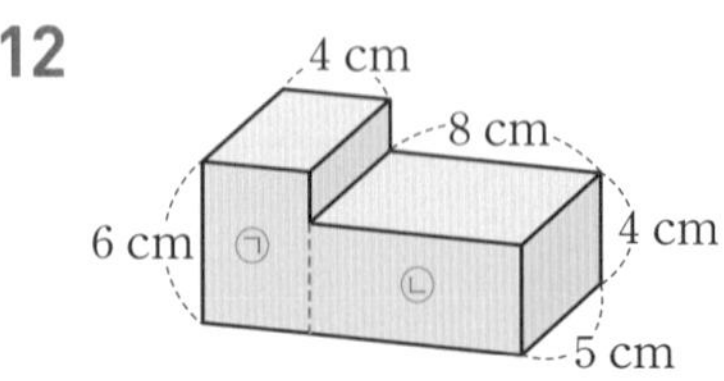

(㉠의 부피)+(㉡의 부피)$=(4\times5\times6)+(8\times5\times4)$
$=120+160=280$ (cm^3)

13 ① $\frac{\cancel{8}^{4}}{\cancel{9}_{3}}\times\frac{\cancel{3}^{1}}{\cancel{2}_{1}}=\frac{4}{3}$ ② $3\times7=21$
③ $\frac{19}{\cancel{15}_{3}}\times\frac{\cancel{10}^{2}}{13}=\frac{38}{39}$ ④ $\frac{\cancel{14}^{2}}{\cancel{5}_{1}}\times\frac{\cancel{15}^{3}}{\cancel{7}_{1}}=6$
⑤ $5\times\frac{5}{2}=\frac{25}{2}=12\frac{1}{2}$

15 1시간 30분$=1\frac{30}{60}=1\frac{5}{10}=1.5$시간
(한 시간 동안 달리는 거리)
=(달린 거리)÷(달린 시간)$=135\div1.5=90$ (km)

17 위에서 본 모양에 각 자리에 놓을 쌓기나무 수를 써 보면 $1+2+3+4=10$(개)가 필요합니다.

18 내항의 곱과 외항의 곱이 같은 것을 찾습니다.

19 전항을 □라고 하면 □ : 12의 비율이 $\frac{3}{4}$이므로
$\frac{□}{12}=\frac{3}{4}$, □$=3\times3=9$입니다.

20 ㉯가 25번 돌 때 ㉮가 도는 횟수를 □라 하고 비례식을 세우면 $6:5=$□$:25$, $5\times$□$=6\times25$, □$=30$입니다.

21 (지름)=(원주)÷(원주율)$=51\div3=17$ (cm)
(반지름)$=17\div2=8.5$ (cm)

22 연못의 지름을 □m라고 하면 □$\times3=192$,
□$=192\div3=64$입니다.
(연못의 반지름)$=64\div2=32$ (m)
(연못의 넓이)$=32\times32\times3=3072$ (m^2)

23
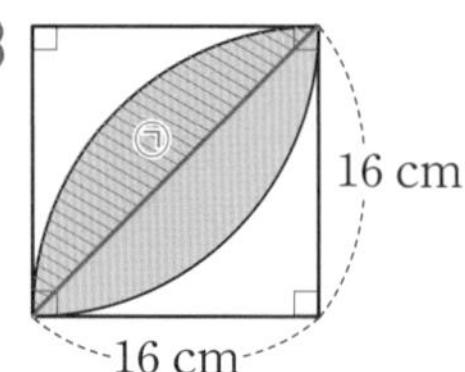

(색칠한 부분의 넓이)
=(㉠의 넓이)$\times2$
$=(16\times16\times3\times\frac{1}{4}-16\times16\div2)\times2$
$=(192-128)\times2=64\times2=128$ (cm^2)

24 ① 원뿔의 밑면은 원이고, 각뿔의 밑면은 다각형입니다.
② 원뿔은 꼭짓점이 1개이지만 각뿔은 꼭짓점의 수가 밑면의 모양에 따라 다릅니다.
③ 원뿔의 옆면은 굽은 면이고 각뿔의 옆면은 삼각형입니다.

25 반원 모양의 종이를 지름을 기준으로 한 바퀴 돌리면 구가 만들어지고, 반원의 지름의 반이 구의 반지름이 되므로 $16\div2=8$ (cm)입니다.

한 권으로 미리 봄 다시 봄

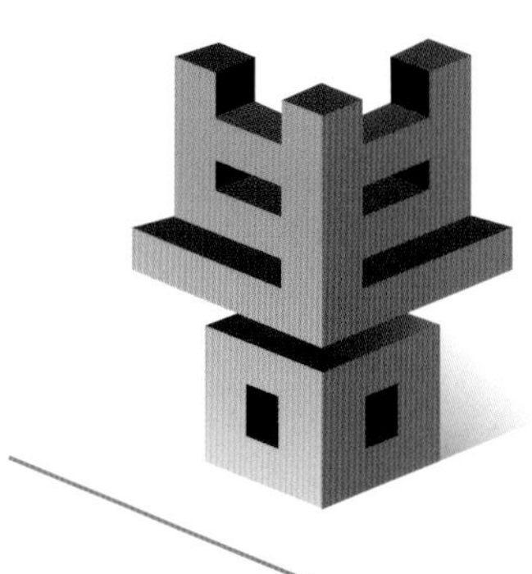

봄 초등수학4·5·6 개념 총정리

초등 **4·5·6학년** 100개 필수 개념 25일 완성

이젠교육 https://ezenedu.kr/

학습자료 홈페이지 〉 자료실 〉 MP3/학습자료
정답 및 오류 홈페이지 〉 자료실 〉 정답지/정오표

- 제품명 : 봄 초등수학456 개념 총정리
- 제조자명 : ㈜이젠교육
- 제조국명 : 대한민국
- 제조년월 : 판권에 별도 표기
- 사용학년 : 8세 이상

※ KC마크는 이 제품이 공통안전기준에 적합하였음을 의미합니다.